应用气象论文选集

（上　册）

主　编　陈正洪

内 容 简 介

本书从陈正洪教授独著及合作发表的360余篇论文中选取126篇全文及34篇摘要，按照应用气象、气候变化及防灾减灾的顺序整理编排而成。全书共9章，前7章均为纯粹的应用气象，分别是生态气象、农业气象、城市气象、医疗气象、工程气象、能源气象（风能）、能源气象（太阳能），涉及调查考察、监测、评估、预报服务、方法研究、标准制定、服务系统开发及成果推广应用；第8章为气候变化影响评估，包括气候变化事实、未来预估、影响评估及应对等全过程；第9章为气象灾害影响评估，涉及暴雨洪涝、山洪地质灾害、低温雨雪冰冻、高温、大风及龙卷风、飑线（在工程气象部分）、森林及城市火灾（在生态气象部分）等气象灾害及次生灾害的监测、影响评估及预报服务。本选集可作为他积极倡导的"研究型服务""服务让社会受益"等理念和实践的总结和升华。

全书内容涉及面广、实用性强，相信对相关部门、行业、高校的专业技术人员甚至有兴趣的社会大众开展相关研究和服务有较好的参考借鉴作用，对我国应用气象和专业气象服务的发展起到积极的促进作用。

图书在版编目(CIP)数据

应用气象论文选集/陈正洪主编．—北京：气象出版社，2021.4

ISBN 978-7-5029-7391-9

Ⅰ.①应… Ⅱ.①陈… Ⅲ.①应用气象学—文集
Ⅳ.P49-53

中国版本图书馆CIP数据核字(2021)第033126号

Yingyong Qixiang Lunwen Xuanji

应用气象论文选集

陈正洪　主编

出版发行：气象出版社
地　　址：北京市海淀区中关村南大街46号　　邮政编码：100081
电　　话：010-68407112（总编室）　010-68408042（发行部）
网　　址：http://www.qxcbs.com　　E-mail：qxcbs@cma.gov.cn
责任编辑：林雨晨　　终　　审：吴晓鹏
责任校对：张硕杰　　责任技编：赵相宁
封面设计：地大彩印设计中心
印　　刷：北京建宏印刷有限公司
开　　本：787 mm×1092 mm　1/16　　印　　张：65.5
字　　数：1677千字
版　　次：2021年4月第1版　　印　　次：2021年4月第1次印刷
定　　价：360.00元（上下册）

本书如存在文字不清、漏印以及缺页、倒页、脱页等，请与本社发行部联系调换。

序

应用气象学是大气科学的一级分支学科，是将气象学的基本原理、方法和成果应用于农业、林业、城市、生态、环境、医疗、水文、电力、能源、交通、军事等诸多方面，同各个行业、各专业学科相结合而形成的交叉学科，是气象服务于国民经济的前沿阵地。随着我国社会经济的持续发展，新发展理念的深入人心，应用气象学已焕发出极强的生命力。

陈正洪同志就是这样一位专攻应用气象的代表人物，经过30多年的风吹雨打、反复锤炼，已成长为中国气象局首席气象服务专家、享受国务院政府特殊津贴专家，2015年被评为全国先进工作者。我是在1996年认识陈正洪同志的，那时我主持了国家“九五”科技攻关计划“重中之重”项目“我国短期气候预测系统研究”，而他正值“青春年少”，参加了华中区域气候变化、气候模式预测产品释用技术及国家气候中心承担的气候异常对能源、交通、重大工程影响评估等3个专题，经常向我请教一些问题，足见他的积极性和参与度之高。后来，在国家“十五”科技攻关项目中，他直接参加了我和任国玉共同主持的课题，开展了湖北省城市热岛效应对气温变化影响评估工作，提出了武汉站气温序列中城市化影响显著以及城市热岛强度具有非对称性变化等原创性成果。2008年冬季我国南方发生了罕见的雨雪冰冻灾害，他还向我提供了湖北洪湖出现严重冰冻的有力证据。近年来，我一直关注他和他带领的团队开展的新能源气象研究和服务工作以及取得的成就，他们建立了光伏发电功率预报技术体系，开展了大量风电、光伏项目的资源评估工作，这些成果为保障能源安全、应对气候变化提供了重要途径。

30多年来，陈正洪研究员一直孜孜不倦地致力于应用气象的研究、业务及服务工作，取得了不少原创性成果，主持或参与完成了100多项科研项目，主持或指导完成了400多项重大工程项目的气候分析论证工作，其中完成的8项成果获得省部级科技奖。更难能可贵的是，他从不将成果束之高阁，而是不遗余力地去应用、推广并在实践中检验和修正这些成果，使得城市环境气象预报系统、医疗气象预报系统、紫外线监测预报系统、光伏发电功率预测预报系统、风电功率预测预报系统、区域性气候可行性论证技术指南及其系统等成果在全国范围内推广应用，湖北省森林火险天气等级预报系统、武汉市空气质量预报业务系统、北京市城市集中供热节能气象预报系统、深圳市城市暴雨强度公式推求系统等在当地得到了切实应用，真正做到了“边研究、边应用、边服务”，为我国社会经济可持续发展贡献了气象人的知识和智慧，是当代应用气象领域的“开拓”者之一，引领了应用气象技术发展。

他勤于耕耘，善于总结。30多年来，他共完成科技论文360余篇，主编或参编科技专著和科普书籍16本，主编或参与完成各类技术标准10项、技术指南5项，取得软件著作权9项，主笔或指导完成的决策服务材料30多份。他涉猎的科研领域十分广泛，本论文集汇集的是他在应用气象领域的部分关键性、原创性科研成果，按生态、农业、城市、医疗、工程、能源气象及区域气候变化、气象防灾减灾等8个应用方向分类编排，每个应用方向又包含诸多方面的内容，尤其是能源、工程气象等应用方向成果又自成体系，大致包括了监测、评估、预报、指标制订、系统开发、推广应用等不同组分，对于从事应用气象及相关领域的研究者和应用气象用户，具有技术指引和应用指导作用，是一本内容涉及面广、实用性强的文集。相信对广大读者开展应用气象及相关研究和服务具有很好的参考、借鉴作用，尤其是对气象行业如何更好地服务于社会经济可持续发展，包括供给侧结构改革、民生保障、能源安全、生态环境保护、绿色发展、全民健康、全域旅游等，将起到一定的技术支撑作用。

值得注意的是，近年来社会上成立了许多气象服务公司，与气象部门的相关工作形成互补和相互促进态势，启动了一个非常巨大的气象服务市场。这些公司具有机制灵活、直接面向市场、广泛采用互联网＋技术等特点，但其服务工作迫切需要应用气象技术支撑。本书出版也可为这些气象服务公司的业务拓展和内涵延伸起到很好的指导和参考作用。

总之，用好气象，服务社会经济可持续发展是一项造福于社会，有利于民众，前途光明的事业。特作此序，与陈正洪同志及广大读者共勉之。

中国工程院院士 丁一汇

2020 年 10 月 30 日

前　言

我于1964年1月4日出生于湖北省大冶县金湖公社（现为大冶市金湖街道办事处）株林村虾子地湾的一个大家庭，是兄弟姐妹8人中最小的。父亲尚儒，母亲信佛，与邻为友，勤俭节约，重视教育，所以我一直能上学读书。我从小立志要当数学家，自从1980年参加高考被录取到南京大学气象系（现为大气科学学院）学习气候学以来，与气象事业结下不解之缘。此后，1984年我考入华中农学院农学系（现为华中农业大学植物科学学院）攻读农业气象专业硕士学位，1987年到湖北省气象部门工作至今，先后在湖北省气象科学研究所、湖北省农业气象中心、武汉城市气象工程技术中心、武汉区域气候中心、湖北省气象科技服务中心、湖北省气象服务中心等六个单位工作过，一直在气象科研、业务或服务一线，不离不弃，转眼间我已入行气象事业四十年了。

回顾自己的科研之路，起步可谓不迟。可能是本人愚钝，在大学、研究生期间甚至毕业后几年，未曾正式发表一篇科技论文；直到1989年，才在《湖北林业科技》发表第一篇科技论文，顿悟科学研究和论文写作中的“道”和“乐”，从此打开了再也关不了的一扇门。此后，长年穿梭于山林野地、办公室、家里三点一线。我笃信“笨鸟先飞、勤能补拙”的道理，忘了节假日，甚至还会忘了生日，常常“挑灯夜战”，以平均每年10篇的速度发表了一系列科技论文，至今总共发表论文360余篇，似乎在重复楚人“三年不飞”“三年不鸣”的故事。从我发表第一篇论文至今，已30多年了，弹指一挥间！

我有个三十年情结。记得在大学做毕业论文期间，那是1983年底到1984年初，每天都在实验室里，与系里的老师也就熟了。有一天许多老师都领到一个“红本本”，原来是中国气象学会颁发的“从事气象工作三十年以上纪念”荣誉证书。那时从事气象工作三十年实在不易，基本是20世纪50年代初以前参加工作的老一辈气象工作者；从那时起，我也希望若干年后能拿到同样的“红本本”，这或许是这么多年我一直未曾放弃气象工作的原因之一吧。

现在，从事气象工作三十年的人太多，中国气象学会已不再开展这个活动了，看来我是不可能拿到这个“红本本”了。于是我就萌发了出一本论文集，纪念这即将远去的三十年的想法。这里有一段青春激扬的岁月，这里有服务于社会经济主战场的初心，这里有野外考察的艰难，这里有从农村到城市的跨越，这里有追逐新能源的步伐，这里有学习与创新的原动力，这里更有团队协作攻关的好作风！这一想法得到许多同行挚友的支持，于是就有本书的诞生。

回顾这三十年的科研工作，主要集中在应用气象、区域气候变化、气象防灾减灾等三个方向，但持续开展时间最长、能构成一定技术体系的当属“应用气象”，并可以分为六个主要领域，即生态气象（林木物候、负氧离子、山林火灾、城市火险）、农业气象（农业、林果、烟草、动物）、城市气象（城市热岛、排水防涝、供电供热供水、城市交通）、医疗气象（高温热浪、慢病、传染病、环境）、工程气象（大型桥梁、核电站、长江航道、三峡工程）、能源气象（风能、太阳能）。由于我总是自觉或不自觉地把应用气象的技术与方法融入区域气候变化（气候变化的事实、预估、影响评估、应对，气候预测）、气象防灾减灾（暴雨洪涝、山洪地质灾害、高温、大风强对流、低温雨雪冰冻）研究中，于是就可以顺理成章地把后二者并入应用气象中，其中气象灾害研究也不限于上面所列内容，还有如龙卷风、飑线、火灾、雾灾等气象灾害研究成果，分布在工程气象和生态气象等相关章节中。

在整理文稿过程中还发现，这些年也积累了不少科学文献综述和考察报告，也按类列入文集中。由于各种原因，还有部分论文散布于各类会议、内部交流刊物，而编著者认为是有一定参考价值的，将被优先选入文集，让这部分成果首次公开发表。比如“我国东部亚热带丘陵山区马尾松物候特征之分析”1990 年刊发在《湖北气象》上。当年该杂志为内刊，而至今国际上关于常绿针叶林的物候研究少之又少，因此本次收入“第一章 生态气象”中；“气候因子对烤烟质量影响研究进展”“我国烟草种植区划研究进展与展望”“恩施烟草气象条件调查分析及对策建议”等综述和调研报告刊发在《华中师范大学学报（自然科学版）》教学与研究卷，网上查不到，这些论文可以与已发表的烟草气象论文构成系列，故收入“第二章 农业气象”中；“汉口盛夏热岛效应的统计分析及应用”一文，汇集在《湖北省自然灾害综合防御对策论文集》中，该文较早建立了城市热岛强度的非对称概念和每日最大、最小、平均城市热岛强度预报方程，故收入“第三章 城市气象”中；又如《长江上游历代枯水和洪水石刻题记年表的建立》刊发在《暴雨·灾害》一书上，该书是《暴雨灾害》杂志的前身，该文为国家气候中心任国玉博士所推崇，此次收入“第九章 气象灾害影响评估”中。

除了自己留存纪念外，我想这些论文共同构成了本人及领衔的团队以应用气象研究为主的技术体系和方法论，也能给读者一个清晰的思路和应用参考，包括找准需求、坚持调查考察、提炼科学问题、提出解决方案、注重资料收集、重点是方法发展或应用、诊断分析和科学计算包括新技术应用，最后得出分析结论、提出对策、开展服务，条件成熟的还可编制软件系统，不但有利于成果应用，也有利于成果推广等。所以编著本书的目的不仅仅是论文的罗列，不仅仅是授人以“鱼”，更希望是授人以“渔”，可对以上技术体系推而广之，使之发挥更大的作用，促进我国应用气象工作，更好地服务社会经济的发展。

由于时间仓促、时代快速发展及本人水平所限，本书差错在所难免，望读者批评指正。

陈正洪于武汉

2020 年 10 月 8 日

目　　录

上　册

三、城市气象

（城市热岛、排水防涝、供电供热供水、城市交通）

四、医疗气象

（高温热浪、慢病、传染病、环境）

五、工程气象

（大型桥梁、核电站、长江航道、三峡工程）

下 册

六、能源气象Ⅰ

(风能资源监测、预报、评估)

七、能源气象Ⅱ

(太阳能资源监测、预报、评估)

八、气候变化影响评估

(气候变化的事实、预估、影响评估、应对,气候预测)

九、气象灾害影响评估

(暴雨洪涝、山洪地质灾害、高温、大风强对流、低温雨雪冰冻)

附录 论文、论著总览

1

生态气象

林木物候　负氧离子
山林火灾　城市火险

湖北恩施土家族苗族自治州巴东森林花海——张洪刚　摄

武大樱花——肖玫　摄

我国亚热带东部丘陵山区油桐物候特征分析*

摘　要　利用我国亚热带东部丘陵山区课题组于1983—1985年在111°E不同纬度处,对四个山系不同坡向、不同海拔高度栽培的三年桐和千年桐周年物候观测资料,结合在鄂西、湘西的现场调查考察资料,分析了不同品种油桐物候期随纬度、海拔高度、坡向等地理要素的变化特征,并发现了油桐具有最佳种植高度范围,对生产具有指导意义。

关键词　油桐;物候;纬度;高度;递变率

1　引言

油桐(*Vernicia*,*fordii*)是我国亚热带丘陵山区代表经济树种之一,其主要产品桐油用途十分广泛。油桐原产我国亚热带,目前鄂湘贵川四省毗邻的武陵山系油桐总产量超过全国总产量的一半,所以对其物候特征及生态适应性分析具有重要意义。

我国亚热带东部丘陵山区课题组于1983—1985年在111°E经线上不同纬度处,对四个山系不同坡向上栽培的三年桐和千年桐进行物候剖面观测。千年桐测点是:南岭南坡480 m处、雪峰山西坡300 m和1 000 m处;三年桐测点是:雪峰山西坡500 m和800 m处、神农架北坡200 m和500 m处、大别山北坡340 m和800 m处。由于三年桐和千年桐物候特征、可种植区域和高度分布均有较大差异,故应予区别开,并作对比分析。笔者曾于1987年底深入鄂西.湘西北山区对油桐栽培现状、物候及气候生态适应性情况进行了考察,取得了大量第一手资料。下面将对这些资料进行分析,并得到了一些有意义的结果。

2　物候期

油桐树体形态特征,在一年的生育周期内可通过以下物候期表现出来,依次为:(1)树液流动,(2)芽膨大,(3)芽开放,(4)展叶,(5)现蕾,(6)花序形成,(7)开花,(8)抽梢,(9)花落完,(10)果止长,(11)果成熟,(12)叶变色,(13)叶落完。在以上物候顺序中,千年桐的抽梢期在现蕾期之后,叶变色期则先于果成熟期。这些特征年复一年,重复出现,它是由植物的遗传特性及在不同时期对气象条件要求不同和气象要素存在年变化等原因引起,现以油桐中心产区雪峰山500 m处物候特征为例,来表现各发育期出现日期、持续时间和桐果增长等与主要气象因素(月平均气温、降水量、日照时数)的配合情况(图1)。

早春二月,当旬均温≥3 ℃时,油桐树体内树液开始流动;当旬均温≥10 ℃时,花芽始膨大,多在3月上旬至4月上旬,通常作为年内生育周期的始期;当旬均温≥12 ℃、13 ℃、13～14 ℃、14.5～15℃时,分别对应芽开放、展叶,现蕾及花序形成、开花及抽梢等,此期光温水不断增加以满足油桐早期营养生长的要求,当旬均温≥20℃时,明显标志着花落完,从此进入幼

* 陈正洪.地理科学,1991,11(3):287-294.

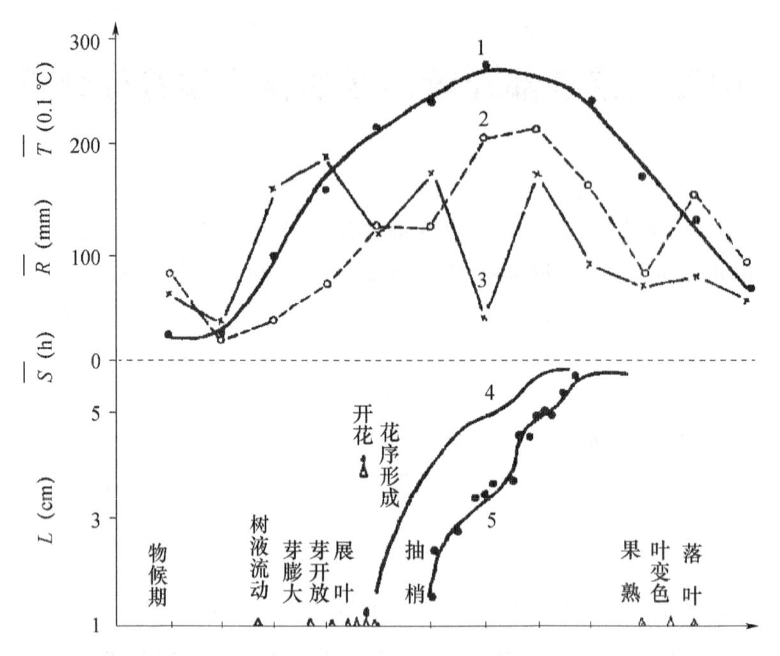

图 1　三年桐物候期、果径增长与气象要素配合情况

(雪峰山西坡 500 m 处:1. $\overline{T}$ 为月均温;2. $\overline{S}$ 为月均日照时数;3. R 为月均降水量;4. L 为果径。大别山北坡 340 m 处:5. L 为果径)

果膨大期;到果止长时,气温开始从一年的极高值下降到 22～20 ℃,若降水不足,出现干旱,则果止长期提早,反之推迟,干旱与否以及果止长期随地理位置、海拔高度变化有较大差异;当旬均温降至 17℃、光照也锐减时,标志着进入了果熟期,而叶变色和落叶是在霜降之后,即 10 月下旬至 11 月上旬的几次霜或寒风就把叶子扫光,不过有时到小雪节气尚有残叶挂在树上,通常把落叶期作为年内生育周期的末期。从芽膨大到落叶的全生育期长度各地变幅较大,从 190 天到 310 天,必然对产量构成、耕作方式产生深刻影响。

山区油桐栽培通常选在弱风向阳处,小气候条件优良,如有逆温存在则会使早春油桐物候期提早,在以后分析中应引起注意。

3　物候期的变化持征

不同纬度、不同海拔高度、不同品种油桐各物候期有明显差异。

1. 物候期随纬度的变化特征

据图 2、表 1 可以看出,当海拔高度基本相同时,从云开大山甘埇(480 m)到雪峰山大坪(300 m)即从南亚热带到中亚热带,千年桐物候期及其变化具有如下特点:

(1)从芽膨大到开花之间各期,物候期由南向北呈现一致性推迟。因为早春时节,南亚热带温度高,较早打破花芽的休眠,3 月 7 日广东甘埇站千年桐芽膨大、3 月 18 日已达展叶盛期,而纬度较北的湖南大坪站直到 4 月 7 日花(叶)芽才开始活动(芽膨大),4 月 14 日才展叶,两个物候期南北均相差一个月。至于开花期,甘蛹也比大坪早一个月,这一特点可为山区蜜蜂养殖工作者参考。总之,开花及以前各物候期的纬距递变情况为:每北移一纬距,发育期在 1984 年推迟 5.3～6.1 天、在 1985 年推迟 3.4～7.5 天,平均为 5.5 天。

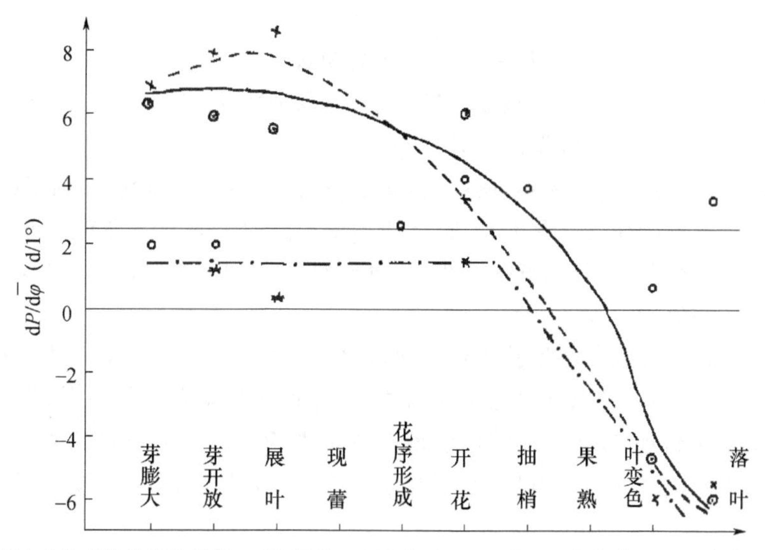

(d*P*/d*φ*为物候期纬度递变率：千年桐有⊙–1984年和×–1985年；三年桐和○–1984年和⋇–1985年)

图 2 油桐各物候期纬度递变特点

表 1 两个品种油桐物候特征差异及其纬距递变率(1984 年)

山系	坡向	站名	品种	经度(E)	纬度(N)	海拔(m)	芽膨大(日/月)	芽开放(日/月)	展叶(日/月)	花形序成(日/月)
云开大山	南	甘埇	千年桐	111°19′	22°16′	480	7/3	14/3	18/3	11/4
雪峰山	西	大坪	千年桐	110°17′	27°20′	300	4/4	12/4	14/4	17/4
雪峰山	西	岩屋界	三年桐	110°19′	27°20′	500	20/3	3/4	12/4	17/4
大别山	北	朱冲	三年桐	114°59′	31°35′	340	10/3	31/4	15/4	23/4
神农架	北	竹溪	三年桐	110°49′	32°51′	340		6/4	10/4	
物候期纬距递变率(天/1°)			千年桐				6.1	5.7	5.3	1.2
			三年桐				−2.4*	−0.7*	0.7	1.4

山系	坡向	站名	品种	开花(日/月)	抽梢(日/月)	果熟(日/月)	叶变色(日/月)	落叶(日/月)	全生育期日数(d)
云开大山	南	甘埇	千年桐	23/4	21/3	27/10	13/10	30/11	270
雪峰山	西	大坪	千年桐	23/5	20/4		20/9	30/10	212
雪峰山	西	岩屋界	三年桐	22/4	26/4	30/9	14/10	31/10	225
大别山	北	朱冲	三年桐	28/4	8/5	13/9	29/9		
神农架	北	竹溪	三年桐	21/4		6/10	17/10	25/10	
物候期纬距递变率(天/1°)			千年桐	5.9	5.9		−4.5	−6.1	−11.6
			三年桐	1.4	2.8	−4.0	−3.5	−3.3	

* 由大别山北坡 300～800 m 高度层存在坡地暖带使发育期提早所致。

从芽膨大到芽开放所需要天数(D)以及从芽膨大到展叶所需天数，均为南短北长。如前者在广东为 8 天、湖南 20 天、河南 30 天(三年桐)，这个长度与纬度(φ)呈较好的线性关系，因此可建立由芽膨大日期(第一次物候记录)到芽开放日期(第二次物候记录)间所需天数的预报方程。

$$D = -44.54 + 2.36\varphi$$

展叶和开花是生育前期两个十分显著的形变期，其间所需天数，各地差异较小，通常展叶后35～40天桐芽开花，故可由展叶期预报开花期。

(2)从幼果始膨大(花落完)到果熟、落叶期，属于果实生长和完熟阶段。到了秋季，日照迅速减少，温度降低，该过程随纬度北移而加快，促使纬度较高地区油桐果实成熟期提早、较早落叶。果熟期的纬距递变情况为：每北移一纬距，生育期在1984年提前4.5～6.1天，在1985年提前4.6～4.8天，平均为4.8天。

落叶通常在霜降之后完成。尽管我国冬季风较强盛，每次寒潮爆发南下均能引起急剧降温，但到了长江以南尤其是南岭以南时已是强弩之末，所以千年桐落叶期的纬距递变率较大，达−6.1天/1°。从果熟(或叶变色)到落叶期，南亚热带需60天，中亚热带约需30天，北亚热带仅需30天甚至20天(三年桐)。可见，对于北缘种植区，用“秋风扫落叶”来描述油桐落叶情况，真是恰当不过了。

(3)从芽膨大到落叶(全生育期)或开花到落叶(果实生长完熟期)所需天数，南亚热带比中亚热带长1.8～2个月，即每北移一纬距，全生育期或果实生长完熟期长度缩短天数相当，均为10天左右。湖南大坪站油桐全生育期仅212天，一年中仍有5个月的空闲，另外从芽开放到开花期约需1个月，此间叶子尚小、叶面指数低，所以林间隙地总共有半年时间光照充足，此为桐粮、桐农间(套)作提供了可能。

三年桐及开花以前各物候期在中亚热带(雪峰山)较早，并向北亚热带推迟，此点与千年桐一致；所不同的是因大别山北坡的朱冲(河南侧)1984年早春时节300～800 m存在坡地暖带使芽膨大、芽开放反常地较湖南大坪早，另外三年桐果实生长到完熟期间各物候期在中亚热带仅比北亚热带提早几日，或者二地无差异，所以三年桐全生育期长度随纬度变化的差异很小，各生育期的纬距递变率也较小。开花期、开花至落叶期间所需天数的纬距递变率较大(图2)，平均为2～4天/1°，尚只千年桐同期的1/2～1/3。因此三年桐花期在30°N以北仍较早，与湖南大坪只差10天，这与该地春季气温回升快的显著大陆性气候特征是相适应的，但该地晚霜冻结束迟、倒春寒多发、花期易遭冷冻害。低温仍为三年桐向北大面积发展的限制因子，所以一定要选择有优越越冬(春)的小气候区植桐。

2.物候期随高度的变化特征

由于高度上升，气温、积温均一致地下降，使油桐各物候期随高度上升而变化。根据表2和图3、4分析表明：

表2　三年桐物候期的高度变化(雪峰山西坡，1984年)

站名	海拔(m)	芽膨大(日/月)	芽开放(日/月)	展叶(日/月)	花序形成(日/月)	开花(日/月)	抽梢(日/月)	果熟(日/月)	叶变色(日/月)	落叶(日/月)	全生育期长度
岩屋界	500	20/3	3/4	12/4	17/4	22/4	26/4	30/9	14/10	31/10	225天
铲子垴	760	3/4	10/4	15/4	18/4	1/5	7/5	18/10	23/10	2/11	213天
递变率*		5.4	2.7	1.2	0.4	2.0—3.5	2.8—4.2	3.0—6.9	2.0—3.5	0.2—0.8	−4.6

*物候期高度递变率(天/100 m)，为1983—1985年共三年的变化范围。

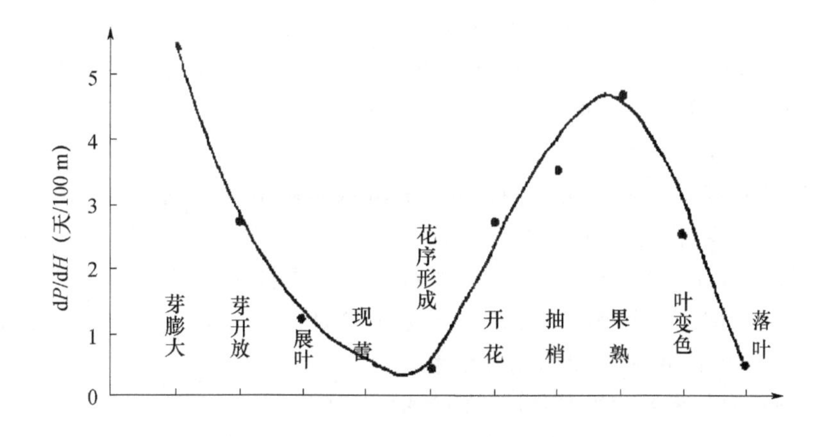

图 3　三年桐各物候期高度递变特点

（雪峰山西坡 1983—1985 年，共三年平均的物候期高度递变率 dP/dH）

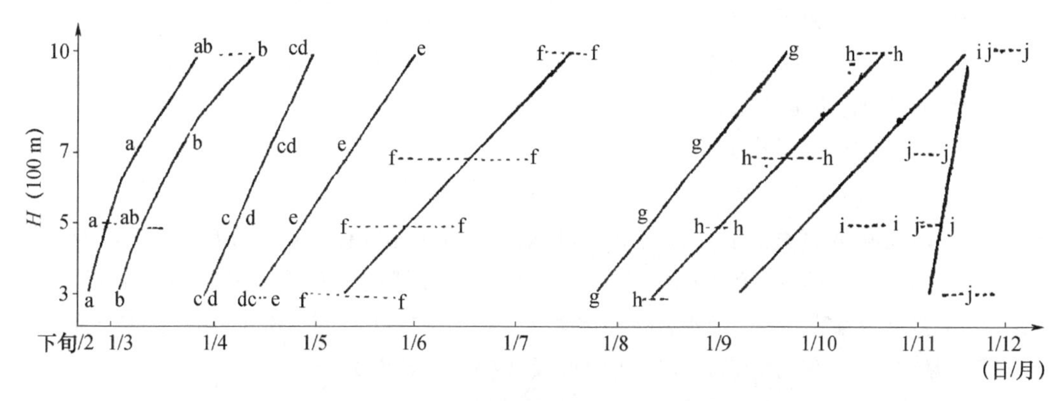

图 4　三年桐平均物候期的高度变化情况

（a. 芽萌动，b. 展叶，c. 现蕾，d. 开花，e. 幼果小指大，f. 幼果核桃大，

g. 果止长，h. 果着色，i. 果成熟，j. 叶落完，H. 海拔高度。神农架南坡）

三年桐各物候期，随高度上升一致地表现为推迟的特性。发育早期（芽膨大、芽开放）和果实生育期的高度递变率较大，达 2～5 天/100 m，果熟、芽膨大期的递变率为开花期的两倍。展叶到花序形成各期、落叶期的递变率为 0.2～1.2 天/100 m。落叶常在霜降后山上山下一起完成。总之，物候期高度递变率较小，各期平均为 2 天/100 m。全生育期和果实生长完熟期长度均以低处长、高处短，后者在高低处仍然相差较大，每升高 100 m 使之缩短的天数与北移一纬度的效果相当。可见油桐在山区栽培对高度选择（温度）是十分敏感的，中亚热带超过 800 m 或北亚热带超过 600 m 种植三年桐是较少的，即使小气候条件极其优越的地方，产量品质仍较差。

千年桐开花及以前各期的物候期高低差别较小，高度递变率仅为 0.5 天/100 m 左右，所以千年桐不宜向高处发展，因为高度上升时气温降低，花期出现日期并未推迟多少，油桐花芽易受晚霜冻、低温连阴雨、大风等危害的可能性显著增大，当然高处还有有效积温不足等原因。

4　产量与物候期的关系

油桐产量与气候条件有较好的相关性，在耕作条件一定的情况下，产量 Y 可示为：

$$Y=a+b\sum T+c\overline{T}+d\sum S+e\sum R+\varepsilon$$

式中，$\sum T$，$\overline{T}$，$\sum S$ 和 $\sum R$ 分别为≥10℃有效积温，4 月平均气温，9、10 月日照时数和年降雨量，ε 为误差项或强迫项。以上四个因子在不同地区应有所取舍，如中心产区一般不存在缺水问题，可以从方程中省去降雨项。

应用上述方程，以雪峰山西坡为例，1000 m 处根本不能种植千年桐，产量为零，因为千年桐花期高低处相差甚微，但高处开花期温度 $\overline{T}$ 不够，根本无法满足正常受精座果的要求，另外 $\sum T$ 也不够，即使是三年桐，对 $\sum T$、$\overline{T}$ 要求弱些，800 m 处 1985 年尚只有 2%着果率，每株只结几个果。

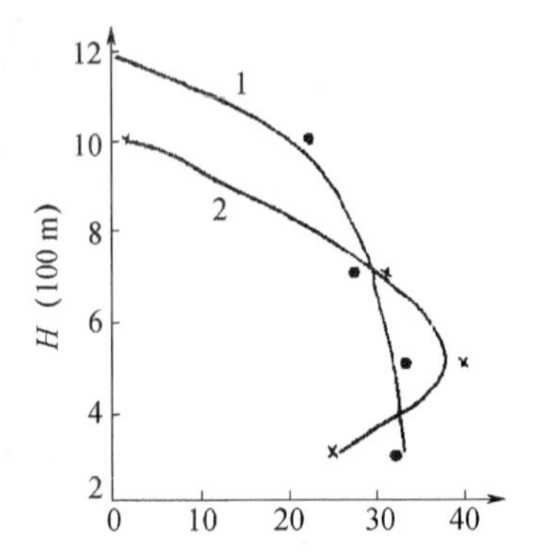

图 5　鄂西山区油桐产量和出油率(%)的高度变化

(1. 为出油率%，2. 为株产籽 1/2 kg，H 为海拔高度)

根据笔者在神农架南坡和来凤县进行的产量调查(图 5)，发现 400～500 m 左右株产桐籽量最高达 20～25 kg，此高度之上、之下桐籽产量均较低，到 1000 m 处只有 1～2 kg。而出油率在低海拔处较高，300～500 m 间在 32%以上，到 800 m 为 27%，若再上升，出油率则急剧下降，在 1200 m 处已降至零。所以无论是产量还是质量，均以 300～700 m 较理想，是该地油桐适宜栽培高度，海拔低于 300 m 或高于 800 m 均不适宜油桐的栽培。这是因为中心产区 300～700 m 高度层的温光条件适宜，能满足油桐正常生长发育，而且盛夏因多巴山夜雨，伏旱不重，几乎不存在“七干球八干油”的危害，所以产量品质均较好，充分显示其优越性。海拔高程在 300 m 以下的河谷洼地，由于盛夏极端温度高、降水较少旱情严重，对产量构成不利。800 m 以上的二高山上，由于花期低温阴雨、对产量构成尤其对油脂形成转换十分不利。

因此可以建立产量或出油率的单因子预报方程：

$$Y=a+bH(b<0, H<800\ \text{m})$$

即：

$$Y=a_1+b_1\overline{T}(\text{或}\sum T)(b_1>0)$$

因为 $\overline{T}$ 或 $\sum T$ 等逐年有变化，但是广大山区许多地方并没有气象站，用油桐物候期可以预报或代替气象因子，如花期迟早与海拔高度、纬度及 4 月平均气温 $\overline{T}$ 有较好关系，故可用开花期年日序数来替换进入预报方程，又如可用生育期长度代替 $\sum T$，果熟期的年日序数代替 $\sum S$。根据大别山北坡 340 m 和 800 m 两处 1984 年和 1985 年的油桐产量、气象条件，物候期等一一对比(表 3)不难发现这些关系。

表 3　油桐产量与气象因素、物候期以及海拔高度的关系(大别山北坡)

站名	海拔(m)	年际	产量	$\overline{T}$4 月(℃)	$\sum T_{生育期}$(℃·d)	$\sum S_{生育期}$(h)	$\sum R_{年}$(mm)	开花期(日/月)	果熟期(日/月)	果实生长期长度*(d)	全生育期长度(d)
朱冲	340	1984	188	13.6	4680	1214	1000	28/4	29/10	118	270
桃花尖	800	1984	27	12.2	4380	1465	951	20/5	26/10	140	264
朱冲	340	1985	250	15.8	4541	1172	1256	28/4	5/10	118	247
桃花尖	800	1985	65	14.1	4240	1324	1112	24/5	11/10	144	241

* 从开花到果实停止生长持续日数；产量单位 kg 籽/0.1 hm^2

5 油桐种植高度的建议

由以上分析可知，油桐在我国亚热带东部丘陵山区的种植高度属低山（800 m 以下）和二高山（800～1200 m），而经济栽培主要是低山。由于两个品种对气候条件要求有显著差异，前人已指出应选择两套指标来对油桐种植进行区划。其实我国东部 25°—32°N 间主要种植三年桐，24°N 以南主要种植千年桐，尽管千年桐产量高，但因它的种植高度很低，农民通常要种高产值的作物或果树。所以我国广大亚热带丘陵山区内油桐种植主要是三年桐。三年桐主要分布在我国亚热带东部区域的西部山区，平原地区不宜也少有种植，这些分布特性完全是由以下油桐对气候条件的要素指标所决定的：$\overline{T}_{年}>14$ ℃，$\overline{T}_{4月}>14\sim15$ ℃，$\sum T_{生长期}>4500\sim5000$ ℃·d，$T_{1月}>2\sim6$ ℃，$\sum S_{年}>1300$ h。

因为油桐花芽既怕越冬低温冻害，在越冬休眠期又需一定低温来完成花芽的“春化”过程，所以 $T_{1月}$ 只有在一定范围内取值；而且开花期所在的 4 月月平均气温要求在 14 ℃以上、15 ℃以上更好，才使开花受精正常进行，不致受冻，这两个要求结合起来可以充分说明油桐中心产区只集中在武陵山系的低山区，使之成为我国一大天然聚宝盆。

根据上面的三年桐栽培要求的一些气候指标，可推求我国亚热带东部丘陵山区几大山系上油桐能种植的高程（表 4）。由此不难发现，中心产区即鄂湘贵川四省毗邻的武陵山系油桐最适种植高度为 300～800 m，一般不超过 1000 m；由中心产区向南亚热带产区推移，适宜种植高度上升，并有种植下限，如南岭东段南坡的连平剖面上油桐只能种在 1400 m 以上；若向北缘产区推移，适宜种植高度要降低，如可种植高度在大别山西段南坡罗田剖面为 600 m 以下。

表 4 中国东部亚丘山区油桐经济种植高度(m)

剖面代表站	种植高度	剖面代表站	种植高度	剖面代表站	种植高度	剖面代表站	种植高度
（南岭）		（罗霄山）		（雪峰山）		（武夷山）	
连平	>1400	太和	<600	新化	<600	崇安	<500
龙南	>800	灵县	<600	黔阳	<600	等溪	<600
乐昌	800						
郴州	<800					龙泉	<800
（天目山）		（武当山）		（神农架）		（大别山）	
临安	<500	房县	<500	秭归	<700	罗田	<600
安吉	<500			房县	<600	新县	<500

影响山区植物物候的因素很多，大的因素有经度、纬度、海拔高度、大地形走向，中小环境因素有坡度、坡向、开阔度、下垫面及其他小气候状况。本文理所当然地抓住主要问题即大的因素（经度除外）进行分析，同时注意到了坡地暖带造成生育期反常的情况，另外坡向也在考虑之列。此外在分析物候期随纬度变化时，原则上要求取高度、坡向等地形形态相同，仅纬度不同的两点比较才合适，但这些要求都难以一一做到。所以本文所得的结果是初步的，在此抛砖引玉，并有待今后深入研究。

致谢：倪国裕高工、沈国权副司长、姚介仁高工曾对本研究给予厚爱，特此致谢。

参考文献

[1] 竺可桢,宛敏渭.物候学[M].北京:科学出版社,1980.
[2] 张福春.物候[M].北京:气象出版社,1985.
[3] 陈正洪.大别山北坡油桐果实发育与气象条件//大别山区农业气候资源及其合理利用论文集[C].北京:气象出版社,1989:171-175.
[4] 姚介仁,等.亚热带东部丘陵山区林木物候的观测分析//中国亚热带东部丘陵山区农业气候资源研究[M].北京:科学出版社,1989:96-111.
[5] 周伟国,等.湖北省油桐品种资源调查研究报告[J].湖北林业科技,1986(2):1-8.

我国东部亚热带丘陵山区马尾松物候特征之分析*

摘　要　本文首次详尽揭示了我国南方最重要的用材树种马尾松的物候特征，物候期随纬度、经度、高度变化而递变的规律，马尾松生长发育与气象条件的关系，以及对马尾松种植高度提出建议。

关键词　马尾松；物候；纬度；经度；高度；递变率

1　前言

马尾松系亚热带适生树种，喜温喜湿喜光照，阳坡比阴坡生长好，不耐低温（<－13℃可使幼林针叶梢受冻害），一般认为年平均温度13～20 ℃，年降雨量在800 mm以上的地区均为其适生范围，所以广泛分布于北纬21°41′—33°51′和东经103°—122°之间区域内，占南方立木总蓄积量的半数以上，是我国南方重要的用材和产脂树种。因其耐瘠薄，宜作先锋树种。总之发展马尾松对合理利用我国亚热带丘陵山区的农业气候资源、提供更多的木材原材料、保持水土和改善生态环境具有重要意义。

我们曾于1984—1985年连续两年在我国东部亚热带丘陵山区的六座山系（即东经111°17′—116°29′，北纬22°12′—31°35′范围内的云开大山、南岭山脉、罗霄山、雪峰山、天目山和大别山）不同高度、坡向进行了马尾松各物候期、树高、胸径生长量等以及气象条件的系统的平行剖面观测（少数还有1983年观测的），取得大量宝贵的资料，下面将据此作详细分析。

2　马尾松的主要物候期

马尾松在一年内的主要物候期可以通过自身树体形态特征变化逐一表现出来，即：1）顶芽膨大，2）抽销，3）针叶露现，4）封顶，5）雄花开放，6）雌球花开放，7）种子散落。由于马尾松属于常绿乔木，针叶生命周期为两年，树液四季均有活力，所以缺少明显的树液始流动和落叶两个物候期。另外我们还分析发现，在南亚热带，雌球花先于雄花开放，或者同时开放；而在北亚热带，雄花可先于雌球花开放达一个月之久（见表1）。

以顶芽膨大作为马尾松一年内生育周期（小周期）生理活动始期，在广东为1月下旬，在湖南海拔1325 m高处为4月上旬，差异颇为突出；而以种子散落作为一年内生育末期，该期变化于9月下旬—1月下旬，先后相差可达三个多月；从顶芽膨大到种子散落期之间的天数记为全生育期长度，在广东为330天左右，至河南缩短到180天，几乎相差一倍，可见马尾松在南方生长始期早，结束期迟，生产潜力最大，是南方丘陵山区应予大力发展的重要用材树种。

* 陈正洪：湖北气象，1991，9(2)：37-41.

表 1　马尾松物候期及其纬距递变率(1984,海拔约 500 m)

	山系坡向	站名	经度(E)	纬度(N)	顶芽膨大	抽梢	针叶露现	封顶	雄花开放	雌球花开放	球果成熟	种子散落	顶芽膨大—球果成熟间天数
物候期(日/月)	云开大山(S)	甘埇	111°19′	22°16′	5/2	25/2	19/3	18/3	8/3	19/3	7/12	10/1	306
	罗霄山(W)	秋田	113°53′	26°27′	29/3	5/4	19/4	19/4	25/4	27/4	14/11	4/12	260
	天目山(S)	鲍家口	119°27′	30′21′	12/4	14/4	29/4	23/4	25/4	(22/4)	30/10	23/12	253
	大别山(S)	天柱山	116°28′	30°43′	22/3	31/3	21/4	10/5	17/4	15/4	15/11	25/11	248
	大别山(S)	百家山	116°12′	31°13′	18/3	5/4	12/4	(1/5)		(21/5)	4/11	28/11	260
	大别山(S)	罗家山	116°12′	31°04′	16/3	2/4	19/4	5/5	12/5	15/5	20/9	13/11	243
	大别山(N)	蜂子笼	115°00′	31°36′	20/3	(11/4)	30/4	20/5	23/4	—		25/11	
纬距递变率(天/度)	站与站间		甘埇—罗家山		4.5	4.2	2.5	5.5	7.5	6.5	－8.9	－6.6	－13.4
			甘埇—秋田		12.6	9.5	7.4	8.1	11.7	9.3	5.5	－8.8	－17.6
			秋田—罗家山		－2.8	－0.7	0	3.0	3.7	3.9	－12.0	－4.6	－9.6
			秋田—蜂子笼		－1.8	1.2	2.2	5.7	－0.6	—	—	－1.8	—
			罗家山—蜂子笼		8.0	18.0	22.0	30.0	－38.0	—	—	24.0	—
			天柱山—百家山*		－8.0	10.0	－18.0	－18.0	—	12.0	－22.0	6.0	－4.0
			鲍家口—天柱山*		－52.5	－35.0	－20.0	42.5	－20.0	－17.5	40.0	－70.0	－42.5

* 指 1985 年。(　)指订正结果;纬距递变率为负,说明该物候期随纬度北移而提前,为正则指物候期随纬度北移而推迟。

3　马尾松主要物候期的递变规律

3.1　随纬度递变规律

表 1 同时还列出了整个东部亚热带丘陵山区内各观测剖面上海拔 500 m 高处马尾松各物候期随纬度变化而递变的具体数据,由此不难发现:

1)顶芽膨大:该生育期在湖南比广东迟到 50 天,其递变率为 12.1 天/度,即每北移 1 个纬度,芽膨大出现日期推迟 12 天左右,南岭,武夷山以北基本上是北迟于南,惟大别山南坡西段(湖北省一侧)相反。据研究指出大别山南坡 300～500 m 高度层在冬春季有一个坡地暖带(逆温层)的存在,所以导致该生育期反常提早,早于湖南,其间纬距递变率为－2.8 天/度;与广东相比仅迟一个月,递变率为 4.5 天/度。此物候期南北皆早、中间偏迟的情况可能还与此期南、北方晴暖，中间地带以阴雨低温天气控制有密切关系。

另外据反映以芽膨大作为一年内发育始期，有时不易辨认，而且易被忽视，一旦发现后再补上则会造成较大误差达半个月之久，所以观察时应特别留心。

2)抽梢、针叶露现、封顶三个物候期纬距递变特点与顶芽膨大基本一致，递变值也只有轻微差异，从广东到湖南，抽梢延迟 40 天，差异最为显著，递变率高达 9.5 天/度，大别山东西两段的南北差异都加大，其他各地间递变趋势相同(只有秋田—蜂子笼和天柱山—百家山由负变正)，递变值略微缩小。

针叶露现和封顶在我国东部亚热带西边各观测站间的纬度递变率均为正，即从南向北一致地推迟：封顶期比针叶露现期的递变率略大，也即向北推迟时日稍多些。

从湖南到湖北，这三个发育期均无显著差异，平均来看，纵然大别山西段南坡有一定小气候影响，早春 2、3 月温度高，但到四月后南方回温较快，植物发育较迅速，三个发育期均有 0～5.7 天/度左右的递减率。

3)雄花开放—种子放落：我国东部亚热带西侧各主要站间随纬度北移的递变值，在前二物候期均为正，雌花开放由南向北推迟天数比雄花开放推迟天数略少。而后二物候期则为负，即北比南早。到了秋季，纬度越高日照缩短越快，松树提前完成了球果成熟和种子散落的生育过程。如球果成熟在大别山为 9 月 20 日，广东为 12 月 7 日，二地相差可达两个半月，纬距递变率为－8.8 天/度。

4)抽梢—雄花开放所需天数(P)(见表 2)：随着纬度北移，P 不断延长，参数 P 最能反映马尾松早期生长发育期随纬度北移而发生变化的情况，广东早春温度高，15 天便可完成早期全部物候活动，湖南中部山区需 20 天，湖北则需 40 天。

表 2　两物候期间天数(1984，海拔约 500 m)

物候期 / 地址站名	顶芽膨大—封顶(Q)	抽梢—雄花开放(P)	雌球花开放—球果成熟(A)	顶芽膨大—种子散落(B)
广东・甘埇	43	15	263	335
湖南・秋田	23	20	208	251
湖北・罗家山	51	40	128	144

5)顶芽膨大—封顶所需天数(Q)(见表 2)：因封顶后一般不再长高，故可用 Q 来表示马尾松当年高度生长情况，可见马尾松在南部及北部的高度生长情况较好，中部的向上生长量稍差，因此在河南、湖北等地，若选择早春气候温暖地形下栽植马尾松，其高度有效生长期反而比南部(湖南)长些，不过由于马尾松幼林怕冷，将限制其过度北移。

6)雌球花开放～球果成熟的天数(A)和全生育期长度(B)(见表 2)，只要气象条件适宜，全生育期长度越长，那么生长量将会越大，因为马尾松的胸径在整个生育期内较均匀地生长。所以可用全生育期长度来表示年材积量 R(正比关系)，可见全生育期长度随纬度(4)北移递减很快，广东与湖北相差一倍以上，纬距递度率达到 20 天/度。而且在广东马尾松一年可抽梢 2～3 次，所以推测马尾松在广东的亩产材积量至少是湖北的两倍以上，将我们的观测结果绘成 B—φ 曲线图，并与林业工作者得到的 R—φ 曲线图(略)作对比发现二者趋势十分吻合，即 φ 增加，B、R 均迅速减小，因此马尾松能成为我国南方尤其是华南的主要用材林树种。

A 表示生殖生长期长度，随纬度北移而递减。A 越大，那么种子越丰满，所以建议育苗、选种场均应在南亚热带设立。另外据前人研究，马尾松的树高，胸径和木材生长速度均与种源产地的纬度呈负相关，因为马尾松群落在不同纬度长期生长发育，必然会受到当地环境影响并适应这种环境，如华南马尾松生育期长，几乎全年都在生长，一年还可抽梢 2～3 次，种子也饱满，树体高大，年产量大；而在较高纬度处因气象条件限制，如极端最低气温、年平均气温、全年活动积温低，导致全生育期缩短至 144 天，不及全年的 1/2 时间，树体发育慢，树体较小，年产量当然就低。材积量 R 随高度上升，在 1500 m 以下，变化不大（表 5 略）因为低处温度高，但降水是高处多，二者相互牵制和平衡。

总之上半年物候期随纬度北移而推迟，递变率一般为 3.0～7.4 天/度：下半年则相反，随纬度北移而提早出现，递变率一般为－4.6～－8.9 天/度，其生育期在华南长，在亚热带北缘地区大别山区短，两地可相差 4～6 个月。

3.2 随经度递变规律

将天目山与大别山两地 300 m 海拔高度处（纬度基本一致），马尾松各物候期在 1985 年的差异列表 3。

表 3 马尾松各物候期经度递变率(1985 年,300m)

山系 站名	经度 (E)	纬度 (N)	芽膨大 (日/月)	抽梢 (日/月)	针叶露现 (日/月)	封顶 (日/月)	雄花开放 (日/月)	雌球花开放 (日/月)	球果成熟 (日/月)	种子散落 (日/月)	全生育期天数 (d)
天目山 西天目	119°29′	30°19′	12/4	15/4	24/4	21/4	23/4	19/4	26/10	25/12	257
大别山 赴公岭	116°29′	30°41′	20/3	27/3	14/4	4/5	12/4	10/4	10/11	20/11	245
经度递变率(天/度)			8.0	6.0	3.0	－4.7	4.0	3.0	－5.3	12.0	4.0

可见马尾松物候期随经度东移而推迟，仅封顶和果熟两个发育阶段反常提早，全生育期随经度东移而延长，递变率为 4 天/度，据其他植物物候研究，该值一般小于 1 天/度，而马尾松各物候期随经度变化有如此大的差异，表明还有很大的地形气候影响，尚待进一步研究。

3.3 随海拔高度递变的规律

选择罗霄山西坡 6 个不同海拔高度布点为典型剖面（1984 年）来分析马尾松物候期之高度递变规律，见表 4。

表 4 马尾松各物候期之高度递变规律(罗霄山西坡,1984 年)

站名	海拔 (m)	芽膨大 (日/月)	抽梢 (日/月)	针叶露现 (日/月)	封顶 (日/月)	雄花开放 (日/月)	雌球花开放 (日/月)	球果成熟 (日/月)	种子散落 (日/月)	全生育期 (d)	芽膨大—球果成熟 (d)
酃县林科所	224	19/3	7/4	13/4	17/4	22/4	23/4	10/11	3/12	259	236
酃县大院	1325	8/4	16/4	24/4	26/4	28/4	30/4	16/11	16/12	254	222
高度递变率 (天/100 m)		1.8	0.8	1.0	0.8	0.5	0.6	0.5	1.4	0.5	1.3

由表 4 可知，马尾松各物候期均随海拔高度上升而推迟，但随高度递变率(每上升 100 m 物候期延迟的天数)比纬距递变率小得多。如芽膨大及种子散落的高度递变率略大，分别为 1.8 和 1.4 天/100 m，也不过是纬距递变率的 1/3～1/4，其余物候期高度递变率最多只有 0.5～1.0 天/100 m，并随发育程度加深而渐渐稳定在 0.6 天/100 m 左右，故这些物候期具有所谓的“同步性”或“可预报性”，后面一个或几个物候期可以利用前一发育期出现日期所预报，实际上就是温度条件随高度上升而递减导致各物候期的一致性推迟。但是在大别山南坡和北坡的 300～800 m 左右，早春时节往往存在逆温层，导致物候高度倒置，即高度上升物候反而提早。如大别山北坡蜂子笼站和桃花尖站海拔高程分别为 500 m、800 m，但顶芽膨大、抽梢和雄花开放三个物候期在 1984 年均是低处落后于高处，分别对应为 20/3—10/3、11/4—31/3、23/4—20/4。可见前两个物候期低处落后于高处达 10 天之久，足见逆温甚强；直到 4 月下旬的雄花开放，二处物候期才趋向一致。这种通过物候期倒置揭示出的逆温层在农林生产上有着极其积极的意义。

在湖南罗霄山西坡全生育期的天数随海拔升高而递减，但山上山下相差不大，两地虽具有 1100 m 高度差，该值仅缩短了 14 天，递减率约为 1.3 天/100 m，这个差别主要是早春时节高处温度低，顶芽膨大推迟 20 天左右，在生殖生长阶段又缩短了 6～7 天，后期(秋季)温度高低对物候期的推迟或提前的影响较小(日照长短影响最大)等原因所致。而在河南大别山北坡，全生育期天数随海拔上升而增加，300 m 高差内全生育期增加 13 天以上。

综上所述，海拔每上升 100 m 与纬距北移一个纬距所引起的物候递变值(规律)，具有极大的非等价性。

4　马尾松生长、种植高度与气象条件

3.1 中已讨论了马尾松的一些生长尺度指标随纬度而递减的规律。下面从表 5(略)可知，马尾松的胸径生长量与高度变化无明显相关，株高生长量在 300～800 m 之间变化不大，全剖面略有随海拔升高(气温降低)，株高年生长量加大的趋势。所以，马尾松在 300 m 以下生长稍差，300～1400 m 都比较适宜。因此建议马尾松的适宜种植高度应在各地温暖用材经济林层上，即：北亚热带应在 500～600 m 以下，中亚热带 800～900 m 以下，南亚热带 1200 m 以下。

致谢：承湖北省应用气候所乔盛西高工审阅全文，特此致谢。

参考文献：略。

枇杷开花习性与品种选择*

摘　要　枇杷开花是喜温性的，与前三天的累积温度（包括当天）有关，气温越高，开花量越多。降水能促进开花、有弱短光照要求。在武汉地区迟花品种大红袍、华宝二号因开花迟、花期长，可以避开一些冻害，着果率较高，应予合理利用。而早花品种荸荠种较早进入幼果期，易遭冻害，不宜向冬季温度较低的武汉地区大量引种。

关键词　枇杷；开花；气温；冻害

1　前言

枇杷系我国亚热带地区特产的常绿果树，春末夏初结实，时值水果淡季，又因果肉柔软多汁，甜酸适度，风味佳良，营养丰富，颇受欢迎。叶子加工后的枇杷露更是众所周知的止咳润肺良药。

枇杷是顶生花序，花量多少相差较大，从 30 至 270 朵以上不等。枇杷冬季开花，花期长达 4 个月以上。枇杷开花是分批的，一般在 10 月中旬至次年 2 月中旬，若温度为 11～14 ℃开花最多，10 ℃以下则延迟开花。一穗花约需半至两个月开完，整树则需 2～3 个月。开花迟早、花期长短因地区、品种、枝梢类型和环境条件不同差异颇大。枇杷并不是所有的花都能正常结实，因为开花早了易受冻害，开花迟了营养不良，一般地一穗花上有 2～3（日本）或 5～6（中国）朵花结实就可以了，以 12 月中下旬所开的花最有效。

2　观测材料、方法

笔者于 1986 年 12 月 1 日至 30 日在华中农业大学枇杷园对 1983 年嫁接树三个品种（大红袍、华宝二号、荸荠种）共 83 个花序（穗）日开花量（Y）与同期气象因子（X_i）进行对比观测，经多元回归统计分析表明：日开花量与气象条件密切相关，并发现不同枇杷品种具有不同的开花习性，并借此可确定品种的抗寒性差异。

所选花序要求生长健康、离地面 1.5～1.8 m 并要求分布在树体外围，始花期要求一致（11 月 28 日—12 月 3 日之间）。对选定花序编号，并逐一绘成花序模式图。每天跟踪观测记录开花动态。观测时间是每日下午 4:00—5:30。该年 12 月平均气温 3.2 ℃高于常年 1.2 ℃，属延长回暖天气，没有冻害。

3　结果分析

（1）从福建、浙江引入品种“大红袍”（共选入符合条件花穗 4 个），Y 与 X_i 的回归方程为：

$$Y=-0.022+0.874X_1-0.513X_2-0.192X_3+0.194X_4+0.093X_5 \quad (1)$$

* 陈正洪：湖北林业科技，1991，(1)：9-11.

偏相关系数分别为 0.67，−0.50，−0.20，0.52，−0.17(显著性水平 $\alpha=0.04$)，另外

$$Y=0.449+0.572X_1-0.243X_2 \quad (\alpha=0.04) \tag{2}$$

$$Y=0.414+0.429X_1 \quad (\alpha=0.05) \tag{3}$$

$$Y=1.023+0.517X_2 \quad (\alpha=0.01) \tag{4}$$

其中，Y:为日开花量；X_1：日最高气温，X_2：日平均气温；X_3：日照时数；X_4：降水量(08—08)，X_5：总云量。方程回归样本数为 30。

回归方程结果表明：枇杷日开花量与日最高气温 X_1 呈正相关，且相关系数最大，说明温度(尤其是午后温度)对开花贡献最大。生产实践表明，枇杷之所以能在冬季开花结实，就是因为每一花穗上花量多、开花期长，其中必定有几朵花能利用两次冷空气之间的间歇回暖天气(日最高气温在 10 ℃以上)集中展瓣开花；而当日最高气温下降到一定程度时，一些已展开的花瓣又收缩合拢了。

日开花量与日平均气温呈负相关。前二因子项可近似表达为 $0.70(X_1-X_2)$。可见枇杷开花是要求一定温度作为基础，首先是满足自身生长的要求，只有超过平均温度那一部分才能满足更高一级生育活动开花之所需。X_1-X_2 为日较差的一半，在一地区与天气型有关，如阴云天或冷空气侵袭时，平均温度较低，枇杷开花要求的日最高温度上不去，日较差小，缺乏促进开花的张驰力，不利于开花。相反在晴天静风条件下，日较差大，则十分有利于枇杷开花。

日开花量与降水量 X_4 呈正相关，且偏相关系数也较大，说明降水能促进开花。植物开花要求先吸足水分才始膨大，通过膨压张力而展瓣。冬季降水一般较少，尤其是久晴后花瓣组织内水分不足，此时对植株体内的水分或大气降水吸收效率高。如武汉地区 1986 年 12 月上旬天气晴好，1—14 日(9 日除外)日最高气温均在 10℃以上，自 11 日始降小雨，13—14 日开花量猛增，出现了全月开花高峰。15 日降了中雨，日最高气温迅速降到 7.7℃，开花几乎停止。另外枇杷开花与日照时数呈负相关，仅弱短光照要求。云量对开花无影响。

另外对当地种“华宝二号”(4 个花序)回归分析结果与上述结果基本一致，只是降水促进开花作用更显著。

(2)外来种“荸荠种”(3 个花穗入选)的日开花与气候因子(X_i)的回归方程为：

$$Y=0.881+0.22X_1+0.794X_2+0.077X_3-0.005X_4+0.029X_5 \tag{5}$$

或 $Y\approx0.88+0.794X_2 \quad (\alpha=0.02)$

结果表明：日平均气温在五个因子中起绝对重要的作用。其他几个因子对开花作用均很小故可删除。同前述二品种“大红袍”和“华宝二号”对比分析发现“荸荠种”易于满足较低气温要求，而冬季里 X_2 一般比 (X_1-X_2) 略大，说明该品种能更有效地利用 0 ℃以上温度提供的能量用于开花，所以花期早而集中最易受冻。而前述二品种开花迟花期长，可避开一些冻害。

(3)日开花量与十三个气候因子回归分析表明：前三日(包括当日)的累积温度对枇杷日开量贡献最大，偏相关系数在 0.7 以上。

(4)根据对三个品种 83 个花序始花日期(第 1 朵花开放)的记录统计累积频率，见表 1。

不难发现，大红袍为迟花品种，荸荠种为早花品种，华宝二号亦为迟花品种，但较大红袍略早。

表 1 三品种的候均始花序数累积频率

品种	11月						12月						1月始花花序、百分数		记录花序总数
	1	2	3	4	5	6	1	2	3	4	5	6			
大红袍					0	0.1	0.2	0.33	0.33	0.36	0.36	0.39	19	0.61	31
华宝二号			0	0.12	0.18	0.18	0.35	0.54	0.71	0.82	0.88	0.88	2	0.12	17
莩荠种	0	0.03	0.11	0.17	0.26	0.4	0.74	0.89	1.0				0	0.0	35

笔者又于 1987 年 5 月 20 日对三个品种各十个果子(随机取样)的三个成熟度参数:横、纵径及着色度进行测量,“大红袍”三个参数平均值依次为 2.65 cm、2.89 cm 及 8.5%;“华宝二号”分别为 2.60 cm、3.18 cm 及 12%;莩荠种的三个参数依次为 3.17 cm、3.46 cm 及 64%,这就说明开花迟成熟便迟、开花早成熟就早。可见三个品种开花成熟迟早顺序为:莩莽种、华宝二号和大红袍,与上述分析结果完全一致。

4 小结

枇杷开花感温性好,前几日累积温度及当日温度高,开花量就多。不同品种开花对温度有不同要求。大红袍、华宝二号要求温度较高、日较差大时利于开花,此即寒潮间歇回暖天气,只有部分日子,所以此二品种开花迟、花期长,可以避开一些冻害,相对地提高了抗寒性,着果率较高,应在武汉(北缘)合理开发利用;而莩荠种则对温度要求较低,较低温度时也能开花,开花期早、花期短而集中较早进入幼果期,最易受冻害,不宜向冬季温度条件差的地方大量引种。

枇杷开花有弱短光照要求。降水能显著促进开花。

参考文献:略。

武汉大学樱花花期变化特征及与冬季气温变化的关系*

摘　要　根据对武汉大学樱园日本樱花花期连续 62 a(1947—2008 年)的记录资料和同期气象资料,通过前 54 a(1947—2000 年)花期变化趋势及与气候因子相关性的分析,寻找关键因子和关键期,建立了花期-气候因子的线性和非线性关系模式,为气候变化提供有力证据,并对后 8 a(2001—2008 年)花期进行了预报检验。结果表明:(1)54 a 来,日本樱花始花日期显著提前,每 10 a 提前 2.17 d,共提前 11.72 d;落花期略有推迟,每 10 a 推迟 0.34 d,共推迟 1.83 d;开花期间持续天数显著增加,每 10 a 增加 2.50 d,共增加 13.55 d,这些指标的年际变幅后期明显增大;(2)上年 12 月—当年 3 月各月平均气温与始花期均呈负相关,其中 2 月、冬季平均气温达极显著,是始花期显著提前的主要原因,2 月、冬季平均气温每升高 1 ℃,始花期分别提前 1.66 d 和 2.86 d;(3)利用 2 月、冬季平均气温建立了始花期的(非)线性关系模式,对后 8 a 的始花期进行了预报试验和检验,平均误差 3 d 左右,尤其是对 2004 年、2007 年的异常早花情况,非线性模式有较好模拟效果。

关键词　日本樱花;始花期;落花期;持续天数;气候变化;花期预报

1　引言

过去近 100 年尤其是近 20 多年来,全球平均气温显著上升,所有观测证据表明气候变暖已经对许多自然系统产生了影响[1,2],我国也表现出类似的变化趋势和影响[3,4]。根据物候学理论,前期气候条件如光、温、水等对植物物候早晚有重要影响[5],其中气温是影响中国木本植物物候的主要因子[6,7],经度、纬度、海拔高度[8]以及局地地形地貌[9]因可影响温度高低有时也被作为影响因子。作为自然生态系统重要组成部分的地表植物必将受到气候变暖的影响,其中最易于观测到的影响是物候期的变化[10]。

国内外大量观测研究表明,最近几十年尤其是近 20 多年,几乎所有林木及农作物的春季物候期(如现蕾、开花、抽梢、萌芽、展叶等)均明显提前,秋季物候期则有所推迟,全年生长季延长。无论在欧洲各地[11~17],在美国和加拿大[18~20],在中国[4,6,7,21~23],春季物候期提前 3—28 天不等,在日本,观测到城市热岛效应造成樱花开花期提前[24]。

樱花是春季不可缺少的观赏性树种,武汉大学生物学院肖翊华教授自 1947 年起进行了连续 62 a 樱花花期的观测,从未中断,是一份难得的长序列物候气候变化材料。根据截止 1997 年连续 51 a 的日本樱花开花期资料,他发现进入 20 世纪 80 年代始花期有提前的倾向,并根据十分有限的气象资料和信息,推测此与全球气候变暖尤其是持续暖冬有关①。这与陕西杨

---

* **陈正洪**,肖玫,陈璇.生态学报,2008,28(11):5209-5217.

① 肖翊华,刘文芳,肖玫.珞珈山日本樱花五十一年的开花期与气温变化的关系.湖北省植物生理学会第十一次学术讨论会,1997 年 12 月.

凌最近 10 a 日本樱花花期比 1980 年代提早 10 d[23]以及日本樱花开花期提前[24]的结论一致。本研究将进行武汉大学樱花开花期的气候变化效应分析，从而为当地及全球气候变化提供重要证据。武汉市近年气候变暖加剧[25]，城市热岛效应更是十分显著[26]，近年则有加强加快趋势[27]，除了全球气候变化，加强的城市热岛效应必将使武汉大学的樱花花期显著提前。

此外，树木花期预报在林果、养蜂、园林、旅游业等方面有很大的实用价值。根据花期与气候（主要是前期气温）的关系，就可开展花期预报，目前在我国对牡丹[28]、桂花[29]、梨花②、桃花[30,31]、迎春花[32]等物种的开花期进行了预报。武汉大学樱花闻名中外，每到樱花盛开时节，武汉大学的樱花大道花雨纷飞，游人如织。本研究还将分析樱花花期变化特征，找出影响花期迟早的关键气候因子和关键期，建立花期-气候关系式，开展花期预报，以指导人们合理安排时间观赏樱花以及校方的樱花旅游管理工作。

2 资料与方法

2.1 资料

观测样本和时间：该校的樱花以日本樱花为主，有早樱花、垂直樱花、晚樱花等 6 种，观测固定于日本樱花（*P. yedoensis Mats.*）。从武汉大学老斋舍（现樱园）1939 年栽植的 28 棵日本樱花树开始，1957、1985 年曾补栽一部分，20 世纪 90 年代后不断进行过补充、更新。

观测时间：1947—2008 年持续 62 a。每年 3—4 月份间进行观测。

观测项目：始花期、落花期。始花期标准为每株树有 3～5 朵花开放，落花期标准为每株树花落 70%～80%。

观测人员：肖翊华，刘文芳、肖玫、陈权龙参加了部分时间的记录。

气象资料源为武汉市气象站同期逐月平均气温。

2.2 方法

将始花期、落花期转换为日序数（从每年 1 月 1 日记为 1，1 月 2 日记为 2，……，余类推），并计算始花至落花期的持续天数（花期天数）。从而得到始花期、落花期、花期天数等 3 个物候期的 62 a 完整序列。

其中 1947—2000 年共 54 a 资料用于花期及其变化特征分析和建立花期-气温拟合模式，2001—2008 年共 8 a 资料用于模式预测效果的独立样本检验。

求取每个物候期（日序数）的多年或每 10 a 间的平均值、最早和最晚日期或最长和最短天数，均方差，变化趋势，及与上年 4 月—当年 3 月逐月平均气温、冬季（上年 12 月—次年 2 月份）平均气温的相关系数，寻找花期对温度高低的敏感期，建立物候期（日序数）与关键期平均气温的线性和非线性回归方程。

根据后 8 a 关键期的实际气温代入方程，便可得到逐年的预测物候期（日序数），与实际情况相比较，可以检验方程拟合效果。

② 吴秀芝，李瑞林. 砀山县梨花盛开气象条件及其服务. 安徽气象，1998，(2)：46-47.

3 结果分析

3.1 始花期基本特征与变化趋势分析

54 a 平均结果表明，武汉地区日本樱花平均始花期的日序数是 78.5，对应日期平年是 3 月 19—20 日，闰年为 3 月 18—19 日。

最早是 3 月 6 日（1987、1997 年），此外 3 月 10 日前出现的还有 5 a，分别是 3 月 9 日（1977、1979、1995 年）、3 月 10 日（1992、1993 年），7 a 中有 5 a 是连续暖冬开始年 1986 年之后。

最晚为 4 月 4 日（1969 年），其次是 3 月 31 日（1980 年），3 月 28 日（1985），3 月 25 日有两年（1949、1984 年），这 5 a 均出现在连续暖冬开始年 1986 年之前。

图 1 为 1947—2000 年期间始花期日序数逐年变化与线性拟合结果。54 a 间，始花期日序数有两个明显的变化特点：一是显著减少趋势，速率为每 10 a 减少 2.17 d，总共减少 11.72 d，也就是花期提前约 12 d；二是从 20 世纪 60 年代中后期开始变率明显加大，最早、最晚都出现在此后。

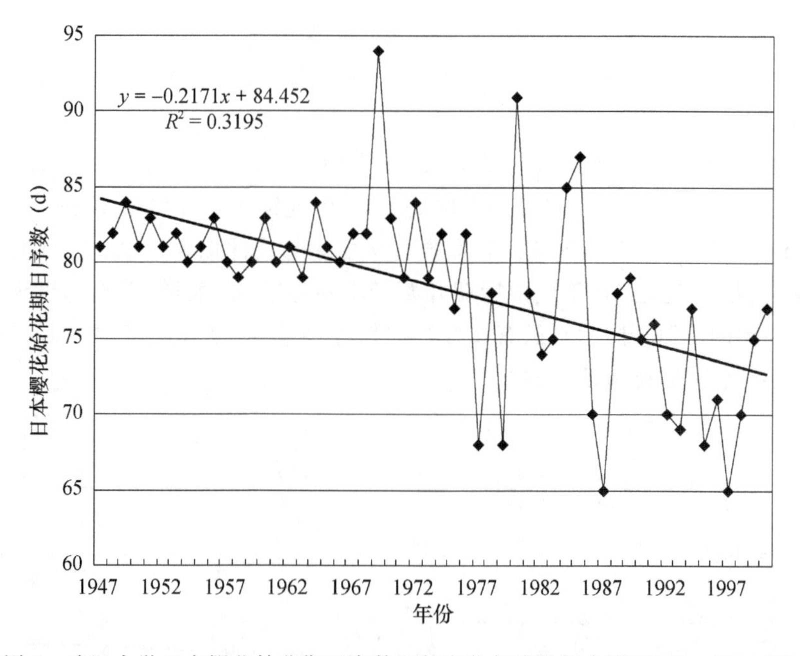

图 1 武汉大学日本樱花始花期日序数逐年变化与线性拟合图（1947—2000 年）

始花期每 10 a 基本特征见表 1，可见最早始花期逐步提前，近 4 a 与第一个 10 a 比，已提前 15 d；最晚始花期前 20 a 较稳定，中间 20 a 最迟；此后（从 20 世纪 80 年代中期起）逐步提前，后 4 a 与之相比，已提前 14 d。而每 10 a 平均数据表明，日序数在前 30 a 稳定在 80～82 之间，即平均始花期为 3 月 20—22 日，日序数从 20 世纪 70 年代中期开始就明显减小，后 4 a 与之相比，已经减小 10 左右，即平均始花期为 3 月 12 日左右，提前了 8～10 d。

均方差大小则可以表示始花期的稳定性程度，前 20 a 始花期很稳定，多数年与平均日期一般相差不过 1～2 d（最早与最晚只差 4 d），而从 20 世纪 60 年代中期开始，均方差显著增大，多数年与平均日期可相差 5～8 d(最早与最晚可差 10～16 d)。

表 1　武汉大学日本樱花始花期基本特征的逐年代差异与变化(1947—2000 年)

年份	最早的始花期(月－日)	最晚的始花期(月－日)	平均始花期日序数(d)	平均始花期(月－日)	始花期日序数均方差(d)
1947－1956	03－21	03－25	81.8	03－21±1	1.3
1957－1966	03－20	03－24	80.7	03－20±1	1.6
1967－1976	03－18	04－04	82.4	03－22±1	4.6
1977－1986	03－09	03－31	77.4	03－18±1	8.1
1987—1996	03－06	03－20	72.8	03－13±1	4.8
1997—2000	03－06	03－17	71.8	03－12±1	5.4

3.2　落花期基本特征与变化趋势分析

54 a 平均结果表明,武汉大学日本樱花平均落花期的日序数是 92.5,对应日期平年是 4 月 2—3 日,闰年为 4 月 1—2 日。

最早是 3 月 20 日(1977 年),此外 3 月 29 日前出现的还有 5 a,分别是 3 月 25 日(1993 年)、3 月 26 日(1996 年)、3 月 27 日(1979、1986 年)、3 月 29 日(1978 年),6 a 中有 4 a 是连续暖冬开始年 1986 年之前。

最晚为 4 月 16 日(1969 年),其次是 4 月 15 日(1980、1996 年),4 月 10 日(1998、1999)、4 月 9 日(1985 年)、4 月 7 日(1976、2000 年),这 8 a 中连续暖冬开始年 1986 年前后各 4 a。

图 2 为 1947—2000 年期间落花期日序数逐年变化与线性拟合结果。54 a 间,落花期日序数主要表现为有从 20 世纪 60 年代中后期开始变率明显加大,最早、最晚都出现在此后,这一点与始花期是一致的。但不同的是虽有线性增加趋势,但不明显,速率为每 10 a 增加 0.338 d,总共增加 1.83 d,也就是花期延迟约 2 d。

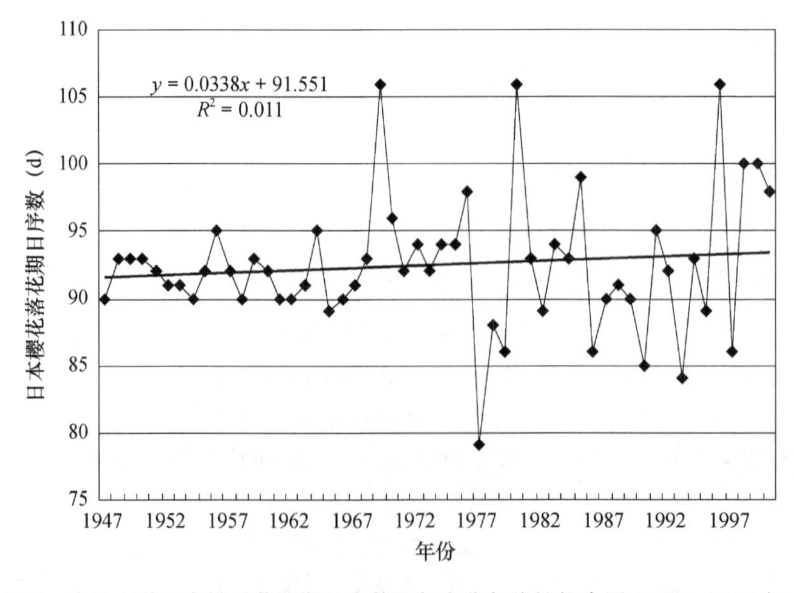

图 2　武汉大学日本樱花落花期日序数逐年变化与线性拟合图(1947—2000 年)

落花期每 10 a 基本特征见表 2，可见最早落花期提前，后 3 个时段与前 3 个时段相比，提前 3～12 d；最晚落花期前 20 a 较稳定，均为 4 月 4 日，后 4 个时段则明显推迟，推迟 6～12 d。而每 10a 平均落花期变化很小，相差不过 1～5 d。

落花期日序数均方差则呈逐步增大趋势，前 20 a 变化不大，多数年与平均日期一般相差不过 1～2 d(最早与最晚只差 4 d)，而从 20 世纪 60 年代中期开始尤其是 20 世纪 80 年代中期，均方差显著增大，多数年与平均日期可相差 3～7 d(最早与最晚可差 6～14 d)。

表 2　武汉大学日本樱花落花期基本特征的逐年代差异与变化(1947—2000 年)

年份	最早的落花期(月—日)	最晚的落花期(月—日)	平均落花期日序数	平均落花期(月—日)	落花期日序数均方差(d)
1947—1956	03—31	04—04	92	04—02±1	1.3
1957—1966	03—30	04—04	91.2	04—01±1	1.6
1967—1976	04—01	04—16	95	04—05±1	2.3
1977—1986	03—20	04—15	91.3	04—01±1	3.5
1987—1996	03—25	04—15	91.5	04—01±1	7.3
1997—2000	03—27	04—10	96	04—06±1	4.8

3.3　花期天数基本特征和变化趋势

54 a 平均结果表明，武汉大学日本樱花平均花期天数为 15.0 d。

最短是 9 d(1965、1984 年)，此外 10 d 的还有 7 a，分别是 1947、1949、1951、1953、1960、1962、1967 年，均为连续暖冬开始年 1986 年之前。

最长为 36 d(1996 年)，此外大于 20 d 的还有 9 a，分别是 1983、1987、1991、1992、1995、1997、1998、1999、2000 年，除 1983 年外，9 年均出现在连续暖冬开始年 1986 年之后。

图 3 为 1947—2000 年花期天数逐年变化与线性拟合结果。54 a 间，花期天数也有两个明显的变化：一是显著增多趋势，速率为每 10 a 增加 2.5 d，总共增加 13.5 d，也就是花期提前约 13.5 d；二是从 20 世纪 80 年代开始变率明显加大，最长花期出现在此后。加上校园内樱花品种越来越多，开花习性(早晚)不同，因此人们可以有更长的观赏期。

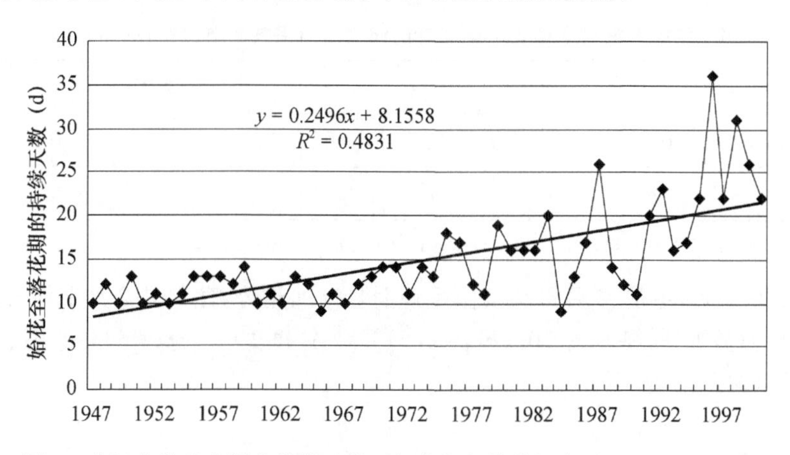

图 3　武汉大学日本樱花花期天数逐年变化与线性拟合图(1947—2000 年)

花期天数每 10 a 基本特征见表 3，可见最短花期变化较小、一直到 20 世纪 90 年代后期突然增多；最长花期从 20 世纪 60 年代就开始增多，在 1980 中后期则显著增多，最长为 36 d，与第一个 10 a 比，已增多 1.4～1.7 倍。花期天数在 1986 年前有缓慢增加，每年代增加 1 d 左右；此后急剧增加，每年代增加 5 d 左右。最后和最早一个时段比，平均花期增加了 13.7 d。由于落花期只略有延迟，花期延长主要由始花期提前所致。

均方差大小则可以表示花期的稳定性程度，与平均花期天数一样，花期天数也经历了缓升—急升的变化，转折点在 20 世纪 80 年代中后期。前 30 a 里，多数年花期与平均花期一般相差不过 1～2 d(最早与最晚只差 3～4 d)，而从 20 世纪 70 年代中后期开始，均方差显著增大，多数年与平均日期可相差 4～7 d(最早与最晚可差 8～15 d)。

表 3　武汉大学日本樱花花期天数基本特征的逐年代差异与变化(1947—2000 年)

年份	最短花期(d)	最长花期(d)	平均花期天数(d)	花期天数均方差
1947—1956	10	13	11.3±1	1.3
1957—1966	9	14	11.5±1	1.6
1967—1976	10	17	13.6±1	2.5
1977—1986	9	20	14.9±1	3.5
1987—1996	11	36	19.7±1	7.5
1997—2000	20	31	25.3±1	4.3

由于始花期、花期天数的变幅急剧增大，为了指导人们合理安排时间观赏樱花以及校方的樱花旅游管理工作，开展始花期和花期长度预报就显得更加必要。

3.4　始花期与前期气温变化的关系

相关分析表明(表 4)，始花期日序数与上年 12 月—当年 3 月等 4 个月平均气温为负相关，与上年 11 月以前的气温不相关。其中与上年 12 月平均气温为弱的负相关，从 1 月份开始，始花期日序数与气温的相关性显著增加，其中与 2 月相关性极显著，从而与冬季平均气温也是极显著。

表 4　武汉大学日本樱花始花期与前期气温的相关系数(1947—2000 年)

时间	上年						当年			冬季
	7 月	8 月	9 月	10 月	11 月	12 月	1 月	2 月	3 月	
相关系数	−0.02	−0.02	0.00	−0.11	0.05	−0.17	−0.27*	−0.52***	−0.27*	−0.50***

冬季为上年 12 月—当年 2 月平均；*，*** 表示分别通过 0.05、0.001 的信度检验。

1947—2000 年间，冬季、2 月平均气温呈现明显增加趋势，尤其是 2 月平均气温进入 20 世纪 90 年代以后明显加速，冬季每 10 a 升高 0.27℃，2 月每 10 a 升高 0.33℃，不过从 54 a 来看冬季平均气温升温更显著(图 4)。

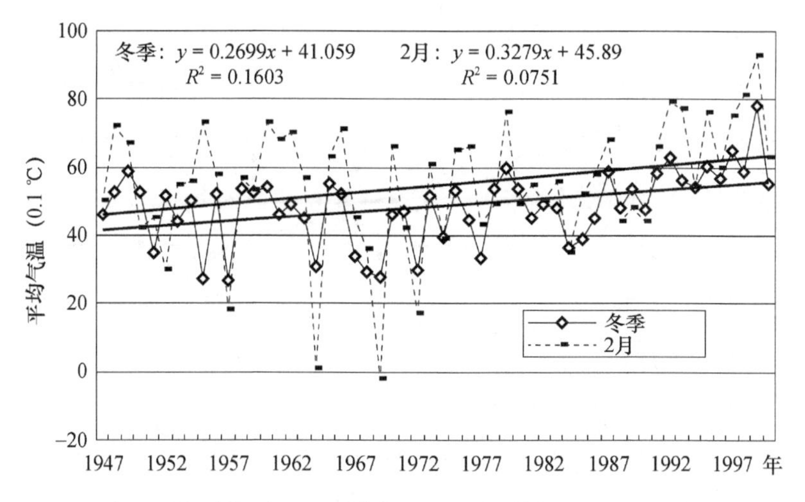

图 4　武汉市冬季、2 月平均气温逐年变化图(1947—2000 年)

1947—2000 年间的始花期日序数与冬季、2 月平均气温相关、曲线拟合情况见图 5 和图 6。显然这两个时段气温高则日序数小，开花早，气温低则日序数大，开花晚。线性拟合结果表明，冬季平均气温每升高 1 ℃，日序数将减少 2.86，开花提前 2.86 d。2 月份则是平均气温每升高 1 ℃，日序数将减少 1.66，开花提前 1.66 d，当平均气温超过 7.2℃，开花期将加快提前；当平均气温低于 2℃，开花期将大大延迟。所以对 2 月用 3 次方程拟合取得比线性更好的效果：

具体方程如下：

始花期日序数(Y)与冬季平均气温(x_1)的回归方程

$$Y=-0.286x_1+92.346 \qquad (r=0.50, \alpha=0.001) \qquad (1)$$

始花期日序数(y)与 2 月平均气温(x_2)的回归方程

$$Y=-0.166x_2+87.595 \qquad (r=0.52, \alpha=0.001) \qquad (2)$$

$$Y=-0.00005x_2^3+0.0067x_2^2-0.388x_2+88.466 (r=0.53, \alpha=0.001) \qquad (3)$$

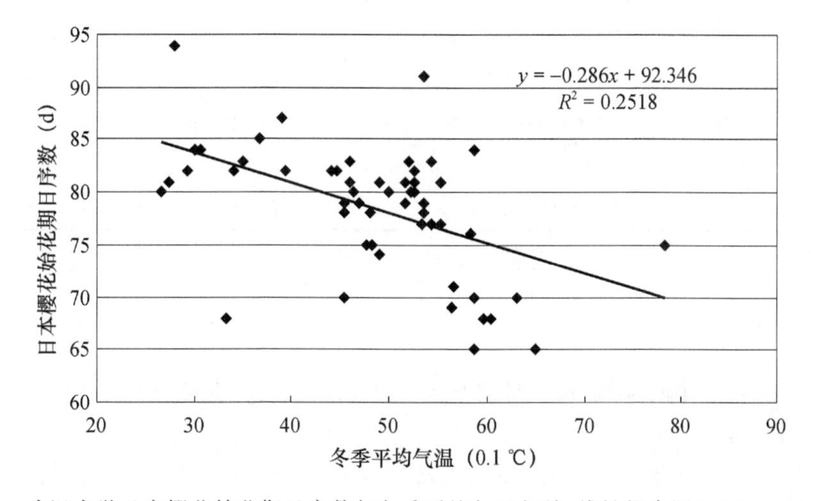

图 5　武汉大学日本樱花始花期日序数与冬季平均气温相关、线性拟合图(1947—2000 年)

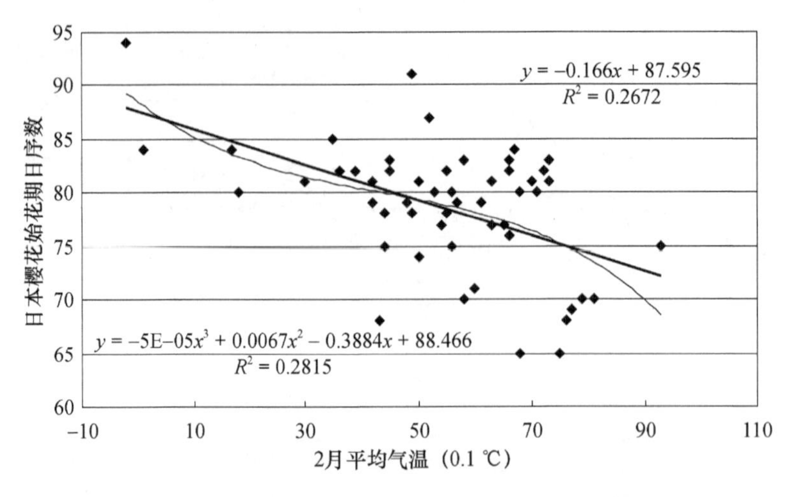

图 6　武汉大学日本樱花始花期日序数与 2 月平均气温相关、曲线拟合图(1947—2000 年)

3.5　利用前期气温对始花期预报检验

利用以上拟合方程，和每年 2 月或冬季平均气温，就可以推算出 2001—2008 年每年的始花期、花期天数，并与实际观测结果对比，平均误差为 3 d 左右。尤其是对 2004、2007 年的异常早花情况，非线性模式有较好效果(表 5)。

表 5　武汉大学日本樱花始花期、花期天数推算与检验(2001—2008 年)

年份	冬季平均气温 x_1 和距平*(℃)	2 月平均气温和距平 x_2(℃)	式(1)推算的始花期日序数和日期(月・日)	式(2)推算的始花期日序数和日期(月・日)	式(3)推算的始花期日序数或日期(月・日)	实测始花期日序数、日期(月・日)	式(3)推算结果与实测结果之差(d)
2001	64(1.2)	69(1.8)	74.0(3・14—15)	76.1(3・16—17)	77.1(3.17—18)	70(3・11)	6
2002	72(2.0)	100(4.2)	71.8(3・12—13)	71.0(3・11—12)	66.6(3.7—8)	69(3・10)	−2
2003	59(0.7)	71(1.3)	75.5(3・15—16)	75.8(3・15—16)	76.8(3.17—18)	79(3・20)	−2
2004	72(2.0)	112(5.4)	71.8(3・11—12)	69.0(3・9—10)	58.8(2.27—28)	57(2・26)	1
2005	49(−0.3)	36(−2.2)	78.3(3・19—20)	81.6(3・22—23)	80.8(3.21—22)	86(3・27)	−5
2006	53(0.1)	58(0)	77.2(3・18—19)	78.0(3・18—19)	78.7(3.19—20)	77(3・18)	1
2007	73(2.1)	10.7(4.9)	71.5(3.12—13)	69.8(3.10—11)	62.4(3.3—4)	61(3・2)	1
2008	4.7(−0.5)	5.0(−0.8)	78.9(3.18—19)	79.5(3.19—20)	79.6(3.19—20)	71(3.12)	7

气温距平是相对于 1971—2000 年 30 a 平均值。

4　小结与讨论

根据 1947—2000 年间连续 54 a 对武汉大学樱园日本樱花花期的记录资料及同期气象资料的研究分析表明：

(1)日本樱花平均始花期为 3 月 18—20 日，平均落化期为 4 月 1—3 日，持续天数平均为 15 d。最早始花期、最长持续天数都出现在 1987 年以后，而最晚始花期、最短持续天数都出现在 1984 年以前。

(2)平均始花期显著提前约 12 d;落花期延后约 2 d,因此始花至落花期的持续天数显著增加达 2 周左右。前 20 a 或 30 a,始花期、落花期以及持续天数都比较稳定,后期变幅明显加大。

(3)始花期与上年 12 月—当年 3 月份各月平均气温为负相关,与上年 11 月份以前各月平均气温不相关。离始花期越近,相关越显著,其中与 2 月份、冬季平均气温相关系数最大;2 月份、冬季平均气温每升高 1 ℃,始花期分别提前 1.66 d 和 2.86 d;前 54 a,武汉市 2 月份、冬季平均气温则已显著升高,每 10 a 升幅分别为 0.43℃、0.31 ℃,它们是樱花始花期显著提前的主要原因,从而证明樱花花期可较明确地反映武汉市冬季、早春季气温升高的事实。

(4)利用 2 月、冬季平均气温建立了始花期的(非)线性拟合方程,对 2001—2008 年的始花期进行了预报试验和检验,平均误差在 3 d 左右。尤其是对 2004 年、2007 年的异常早花情况,非线性模式有较好效果。如果能考虑 3 月 1 日至开花前的气温异常情况,误差会进一步缩小。

进入 21 世纪,由于冬季气温出现大幅波动,2001—2008 年始花期也出现大幅波动,最早竟然出现在冬季,即 2004 年 2 月 26 日。按线性趋势计算,加上最近 8 a,1947—2008 年 62 a 来,武汉大学日本樱花始花期每 10 a 提前 2.22 d,共提前 13.79 d(两周),比 2000 年前又提前了2 d。以上结果充分证明,受全球气候变化以及城市热岛效应的共同影响,武汉大学日本樱花的物候季节已出现大幅提前,如果未来气温继续升高,在武汉春天开花的日本樱花将频繁地在冬天开放。

参考文献

[1] IPCC. Summary for Policymakers of Climate Change 2007:The Physical Science Basis. Contribution of Working Group I to the Fourth Assessment Report of the Intergovernmental Panel on Climate Change [M]. Cambridge:Cambridge University Press,2007.

[2] IPCC. Climate Change 2007:Impacts,Adaptation and Vulnerability. Contribution of Working Group II to the Fourth Assessment Report of the Intergovernmental Panel on Climate Change[M]. Cambridge,UK and New York,USA:Cambridge University Press,2007.

[3] 丁一汇,任国玉,石广玉,等.气候变化国家评估报告(Ⅰ):中国气候变化的历史和未来趋势[J].气候变化研究进展,2006,2(1):3-8.

[4] 林而达,许吟隆,蒋金荷,等.气候变化国家评估报告(II):气候变化的影响与适应[J].气候变化研究进展,2006,2(2):51-56.

[5] 竺可桢,宛敏谓.物候学[M].北京:科学出版社,1984.

[6] 张福春.气候变化对中国木本植物物候的可能影响[J].地理学报,1995,50(5):402-410.

[7] 徐雨晴,陆佩玲,于强.气候变化对我国刺槐、紫丁香始花期的影响[J].北京林业大学学报,2004,26(6):94-97.

[8] 陈正洪.中国亚热带东部丘陵山区油桐物候特征分析[J].地理科学,1991,11(3):287-294.

[9] CHEN Z H,YANG H Q,NI G Y. The cold and hot damage to the citrus in the Three Gorges area of the Changjiang River[J]. Chinese Geogrphic Science,1994,4(1):66-78.

[10] 陆佩玲,于强,贺庆棠.植物物候对气候变化的响应[J].生态学报,2006,26(3):923-929.

[11] MENZEL A,FABIAN P. Growing season extended in Europe[J]. Nature,1999,397:659.

[12] MENZEL A,ESTRELLA N,FABIAN P. Spatial and temporal variability of thephenological seasons in Germany from 1951—1996[J]. Globe Change Biology,2001,7:657-666.

[13] AHAS R,AASA A,MENZEL A,et a1. Changes in European spring phenology[J]. International Journal

of Climatology,2002,22:1727－1738.

[14] FRANK M,CHMIELEWSKI,ANTJE M,et al. Climate changes and trends in phenology of fruit trees and field crops in Germany,1961—2000[J]. Agricultural and Forest Meteorology,2004,121(1):69－78.

[15] AHAS R,JAAGUS J,AASA A. The phonological calendar of Estonia and its correlation with mean air temperature[J]. International Journal of Biometeorology,2000,4(4):159－161.

[16] PEFIUELAS J,FILELLA I. Phenology:responses to a warming world[J]. Science,2001,294:793－795.

[17] WALKOWSZKY A. Changes in phenology of the locust tree(*Robinia pseudoaeacia*)in Hungary[J]. International Journal of Biometeorology,1998,41:155－160.

[18] BRADLEY N L,LEOPOLD A C,ROSS J,et al. Phenological changes reflect climate change in Wisconsin [J]. Proceedings of the National Academy of Sciences of USA,1999,96:9701－9704.

[19] SHETLER S,ABU－ASAB M,PETEMON P,et al. Earlier plant flowering in spring as a response to global warming in the Washington DC area[J]. Biodiversity and Conservation,2001,10:597－12.

[20] BEAUBIEN E G,FREELAND H J. Spring phenology trends in Alberta,Canada:links to ocean temperature[J]. International Journal of Biometeorology,2000,44:53－59.

[21] 柳晶,郑有飞,赵国强.郑州植物物候对气候变化的响应[J].生态学报,2007,27(4):1471-1479.

[22] 陈述逑,张福春.近50年北京春季物候的变化及其对气候变化的响应[J].中国农业气象,2001,22(1):1-5.

[23] 罗佳.陕西杨凌近30年来日本樱花花期[J].西北农林科技大学学报:自然科学版,2007,35(11):165-170.

[24] CMOTO Y,AONO Y. Estimation of change in blooming dates of flower by urban warming[J]. Journal of Agricultural Meteorology,1990,46(3):123－129.

[25] 陈正洪.武汉、宜昌20世纪平均气温突变的诊断分析[J].长江流域资源与环境(学报),2000,9(1):56-62.

[26] REN G Y,CHU Z Y,CHEN Z H,et al. Implications of temporal change in urban heat island intensity observed at Beijing and Wuhan stations[J]. Geographic Research Letters, 2007, 34, L05711, doi: 10.1029/2006GL027927.

[27] 陈正洪,王海军,任国玉.武汉市热岛强度非对称变化趋势研究[J].气候变化研究进展,2007,3(5):282-286.

[28] 魏秀兰,孔凡中,张宗灏.菏泽牡丹开花期的长期预报[J].气象,2001,27(6):55-57.

[29] 姜纪红,朱明,楼茂园,等.桂花开花与花期气象条件的关系[J].浙江农业科学,2002,(5):225-227.

[30] 张秀英,胡东燕.桃花花期预报的探讨[J].北京林业大学学报,1995,17(4):88-93.

[31] 李军.桃始花期的长期预报模型[J].西北植物学报,2005,25(9):1876-1878.

[32] 车少静,赵士林,智利辉.迎春始花期预报方法的研究[J].中国农业气象,2004,25(3):70-73.

樱花始花期预报方法*

摘　要　根据对1981—2016年连续36年武汉大学樱园日本樱花始花期的记录资料及同期气象资料的研究分析表明:(1)樱花始花期提前,但变化趋势不明显,变率特别大,平均始始花期为3月14至15日(闰年为13至14日);(2)为改进始花期预报方程,计算1月1日及2月1日至开花前期至2月25日、2月底、3月5日、3月10日、3月15日的活动积温,发现积温与始花期相关性显著,可作为樱花始花期预报方程的因子;(3)分析始花期与1月1日及2月1日至开花前期至2月25日、2月底、3月5日、3月10日、3月15日累计日照时数关系,发现始花期与累计日照时数呈负相关;(4)用活动积温作为预报因子改进始花期预报方程,有效地提高预报准确率。

关键词　樱花;始花期;积温;始花期预报

1　引言

随着人民生活水平的不断提高,在满足基本需求以后,以精神需求为主导的旅游需求,越来越旺盛。其中,赏花游受到人们追捧。准确的预测观赏植物的开花期可为公众的出游安排提供指导。根据物候学理论,前期气候条件如光、温、水等对植物开花早晚有重要影响[1],其中气温是影响中国木本植物物候的主要因子[2-6],开花前期气温积累对开花期亦有重要影响[7],而且,根据生物学原理,前期积温条件随着时间推近,对花期影响越大。另外始花期受多种因子的影响,如开花前期累计日照的情况等。

武汉大学的樱花已是闻名中外,每到樱花盛开时节,花雨纷飞,游人如织。可每年花期早晚不一,时长时短。武汉大学生物学院肖翊华教授等自1947年起进行了连续70年樱花花期的观测,从未中断,是一份难得的长序列物候气候变化材料。并且,肖教授发现进入1980年代樱花开花期有提前的倾向,并根据十分有限的气象资料和信息,推测此与全球气候变暖尤其是持续暖冬有关。这与陕西杨凌最近10年日本樱花花期比1980年代提早10天[8]以及在日本樱花开花期明显提前[9]的结论一致。另外,观测表明[10],全球平均气温在1880—2012年期间升高了0.85℃,空间分布上以北半球中高纬度大陆升温最明显[11],同样近几十年中国地区也经历着以气候变暖为主要特征的气候变化[12-17]。气候变化的原因一般包括自然强迫、气候系统的内部变率和人类活动(温室气体和气溶胶排放、植被覆盖和土地利用变化等)等。基于类似大量模拟研究,IPCC(政府间气候变化委员会)AR5(第5次评估报告)指出[17],极有可能(95%以上信度)的是1951—2010年观测到的全球平均表面温度上升中,一半以上是由温室气体浓度的人为增加和其他人为强迫共同导致的。

始花期预报在旅游业有很大的实用价值。根据樱花始花期预报方法研究[18-20],开展花期预报,可以指导人们合理安排时间观赏樱花以及校方的樱花旅游的管理工作。气温与物候现

* 舒斯,肖玫,**陈正洪**.生态学报,2018,38(2):405-411.(通讯作者)

象的相关性是利用物候学方法重建历史温度变化的基础。对北半球中高纬度地区的研究表明[21]，在影响植物物候期的诸多环境要素中(气温、光照、降水、养分等)，气温所起作用最大[22]。一般来讲，在一定范围内，气温的升高可促进酶的活性[23]，使春季物候期提前[24]，秋季物候期推迟[25]，植物的生长期延长[26]。2008 年陈正洪等[27]用武汉大学樱园日本樱花 62 年连续的花期资料研究了樱花始花期、落花期、持续天数气候变化特征，建立了始花期预报模型，发现始花期与冬季及 2 月平均气温密切相关，其中基于 2 月份平均气温的非线性模型对异常早花有较好的模拟效果。植物的发育进度主要不由物候现象发生时的温度决定，而是与过去一段时间内温度的累加值成比例，这一累加值被称为植物完成发育期所需要的积温[28]。同时，一些植物需要一定的低温条件打破休眠才能促进芽(叶芽和花芽)的发育[29]。仅选取 2 月份平均气温预报始花期，需要等到 2 月底才能进行预报，而且每年只能预报一次，不能全面地考虑樱花始花期前期气温的影响。另外，在陈正洪等[27]研究基础上，新累计了 2009 至 2016 年的花期资料，而且近几年始花期提前没有以前明显，是否与近几年雾霾影响有关呢？因此，十分有必要改进始花期预报方程，本文将引入活动积温的概念，并加入日照时数，进一步研究樱花始花期的预报方法，希望能有效地提高预报准确率，更好的为公众的出游安排提供指导。

2 资料和方法

2.1 资料

本文使用樱花始花期为武汉大学樱园日本樱花树 1981—2016 年共 36 年观测资料，始花期标准为每株树有 3～5 朵花开放。气象资料为武汉市气象站同期逐日平均气温、日照时数等。

2.2 方法

将始花期转换为日序数(1 月 1 日记为 1，1 月 2 日记为 2，……)，从而得到 36 年完整始花期日序数，其中前 30 年资料用于建立预报模式，后 6 年资料用于预测效果的独立样本检验。计算日序数与前期积温、累计日照时数的相关系数，并建立始花期预报方程。

3 樱花始花期预报因子选取

3.1 始花期基本特征

36 年平均结果表明，武汉地区日本樱花平均始花期的日序数是 73.3，对应日期平年是 3 月 14 至 15 日，闰年为 3 月 13 至 14 日。最早为 2 月 26 日(2004 年)，此外 3 月 5 日前出现的还有 3 月 2 日(2007 年)、3 月 3 日(2016 年)。最晚为 3 月 28 日(1985 年)，此外 3 月 25 日及以后出现的还有 3 月 25 日(1984 年)、3 月 27 日(2005 年)、3 月 26 日(2012 年)。

图 1 为 1981 年至 2016 年期间始花期日序数逐年变化与线性拟合结果，可以发现，1981 至 2016 年始花期日序数有两个特点：一是呈缓慢减少趋势，但变化趋势不明显；二是变率特别大，特别是 2000 年以后。均方差大小可以表示始花期的稳定性程度，计算可以发现均方差较大，最早与最晚可相差 30 d。

图 2 为 1981 年至 2016 年期间始花期日序数与 2 月份平均气温逐年变化，可以发现，

2 月份平均气温后期(2000 年以后)增加不明显,且变率较大,这与始花期日序数后期变化相对应。

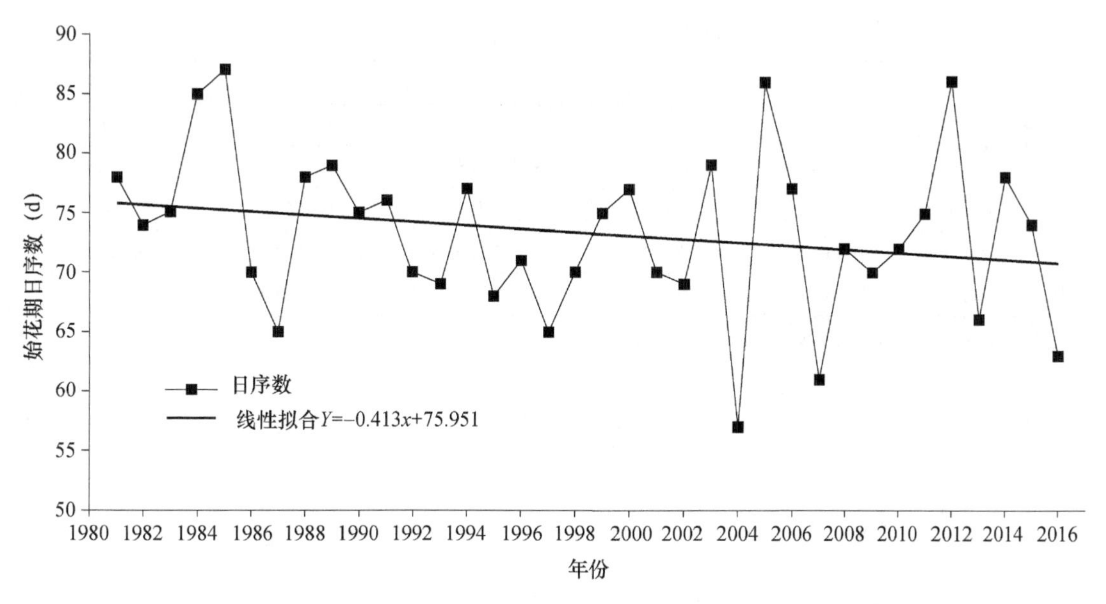

图 1 樱花始花期日序数逐年变化与线性拟合图(1981—2016 年)

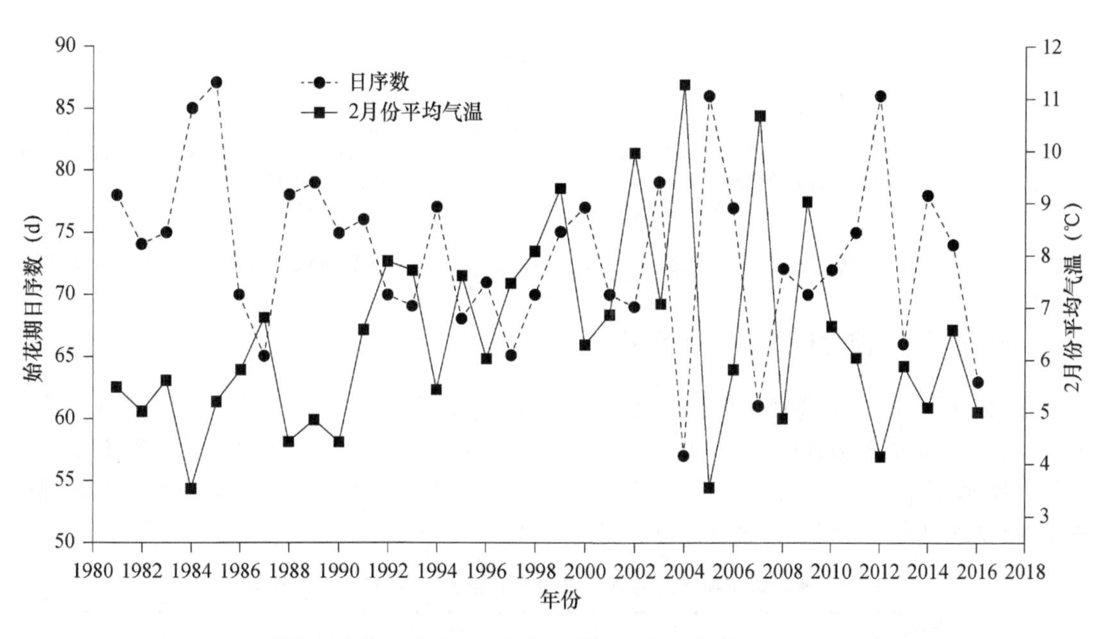

图 2 樱花始花期日序数与 2 月份平均气温逐年变化(1981—2016 年)

3.2 始花期与前期积温的关系

为了改进始花期预报方程,引入活动积温的概念,始花期一般在 3 月中旬,早的出现在 2 月下旬,晚的出现在 3 月下旬,因此分别分析计算 1 月 1 日与 2 月 1 日至 2 月 25 日、2 月底、3 月 5 日、3 月 10 日、3 月 15 日≥0℃活动积温与始花期的相关性(表 1),可以发现,樱花始花期与前期积温显著负相关，与2月1日至3月15日积温表现最为明显，相关系数达到－0.816(图3)，其次是2月1日至3月5日积温(图3)，相关系数为－0.798。

表1　樱花始花期与前期积温相关关系(1981～2010年)

积温	相关系数	积温	相关系数
1月1日至2月25日≥0 ℃(X_1)	－0.628**	2月1日至3月5日≥0 ℃(X_6)	－0.798**
2月1日至2月25日≥0 ℃(X_2)	－0.728**	1月1日至3月10日≥0 ℃(X_7)	－0.716**
1月1日至2月底≥0 ℃(X_3)	－0.671**	2月1日至3月10日≥0 ℃(X_8)	－0.786**
2月1日至2月底≥0 ℃(X_4)	－0.770**	1月1日至3月15日≥0 ℃(X_9)	－0.753**
1月1日至3月5日≥0 ℃(X_5)	－0.709**	2月1日至3月15日≥0 ℃(X_{10})	－0.816**

** 表示通过0.01的显著性检验

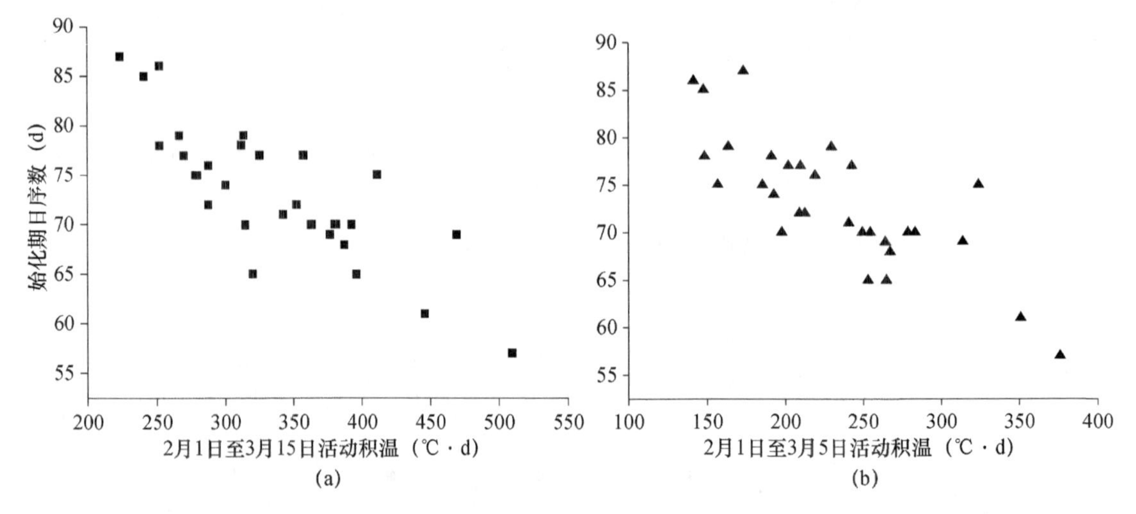

图3　樱花始花期日序数与2月1日至3月15日、2月1日至3月5日活动积温点聚图(1981—2010年)

3.3　始花期与前期日照时数的关系

分别分析1月1日、2月1日至2月25日、2月底、3月5日、3月10日、3月15日累计日照时数与始花期的相关性(表2)。可以发现樱花始花期与2月1日至2月25日、2月底、3月5日、3月10日、3月15日累计日照时数呈负相关，与2月1日至2月25累计日照时数表现最明显，相关系数为－0.579，其次是2月1日至2月底累计日照时数。

表2　樱花始花期与前期累计日照时数相关关系(1981—2010年)

日照时数	相关系数	日照时数	相关系数
1月1日至2月25日(X_{11})	－0.477**	2月1日至3月5日(X_{16})	－0.514**
2月1日至2月25日(X_{12})	－0.579**	1月1日至3月10日(X_{17})	－0.484**
1月1日至2月底(X_{13})	－0.482**	2月1日至3月10日(X_{18})	－0.540**
2月1日至2月底(X_{14})	－0.557**	1月1日至3月15日(X_{19})	－0.476**
1月1日至3月5日(X_{15})	－0.460*	2月1日至3月15日(X_{20})	－0.518**

* 表示通过0.05的显著性水平检验，** 表示通过0.01的显著性水平检验

4 樱花始花期预报

4.1 积温预报樱花始花期

樱花始花期一般在 3 月中旬，早的出现在 2 月下旬，晚的出现在 3 月下旬。始花期与前期活动积温呈显著负相关，积温值越高，花期越早，反之越迟。通过回归分析，用 1981—2010 年 1 月 1 日与 2 月 1 日至 2 月 25 日、2 月底、3 月 5 日、3 月 10 日、3 月 15 日活动积温分别建立樱花始花期 2 月 25 日、2 月底、3 月 5 日、10 日、15 日共 5 个预报方程：

$$Y=0.016X_1-0.122X_2+88.593 \quad (R^2=0.536, sig<0.001) \tag{1}$$

$$Y=0.019X_3-0.119X_4+89.711 \quad (R^2=0.601, sig<0.001) \tag{2}$$

$$Y=0.013X_5-0.106X_6+93.295 \quad (R^2=0.641, sig<0.001) \tag{3}$$

$$Y=0.004X_7-0.088X_8+96.200 \quad (R^2=0.619, sig<0.001) \tag{4}$$

$$Y=0.002X_9-0.081X_{10}+99.782 \quad (R^2=0.666, sig<0.001) \tag{5}$$

用后 6 年 2011—2016 年积温预报樱花始花期，并与实际观测结果对比(表 3)，随着花期的临近，误差越来越小，最小平均误差 3 d 左右，而且使用 3 月 10 日与 15 日预报方程，去掉后 6 年中始花期早于 3 月 10 日的两年，始花期的误差在 1 d 左右(括号内表示去掉后 6 年中始花期早于预报时间年份后的平均绝对误差)。

表 3 樱花始花期预报与检验(2011—2016 年) (单位:d)

年份	2011	2012	2013	2014	2015	2016	平均绝对误差
式(1)预报结果与实测结果之差(2 月 25 日)	−2.30	−6.60	9.87	0.81	0.05	10.8	5.07
式(2)预报结果与实测结果之差(2 月 28/29 日)	−1.53	−6.53	8.93	0.27	0.45	8.81	4.42
式(3)预报结果与实测结果之差(3 月 5 日)	0.20	−5.05	8.91	0.14	0.91	*6.30*	3.59(3.04)
式(4)预报结果与实测结果之差(3 月 10 日)	0.63	−4.19	*5.89*	−0.58	1.06	*6.43*	3.1(1.6)
式(5)预报结果与实测结果之差(3 月 15 日)	1.02	−3.43	*6.58*	−0.46	1.01	*7.71*	3.37(1.48)

4.2 前期气温预报樱花始花期

为了对比改进后的始花期预报方程的效果，重新用 1981 年至 2010 年 30 年资料建立前期 2 月份平均温度预报方程，线性拟合结果表明(图 4)，2 月份平均气温每升高 1 ℃，日序数将减少 2.62 d，即开花提前 2.62 d。而且用 3 次方程拟合比线性拟合效果更好[24]。

具体方程如下：

始花期日序数(Y)与 2 月份平均气温(X_{21})的回归方程

$$Y=-2.6213X_{21}+90.641 \quad (R^2=0.5846, sig<0.001) \tag{6}$$

$$Y=-0.1658X_{21}^3+3.6949X_{21}^2-28.479X_{21}+147.22 \quad (R^2=0.6424, sig<0.001) \tag{7}$$

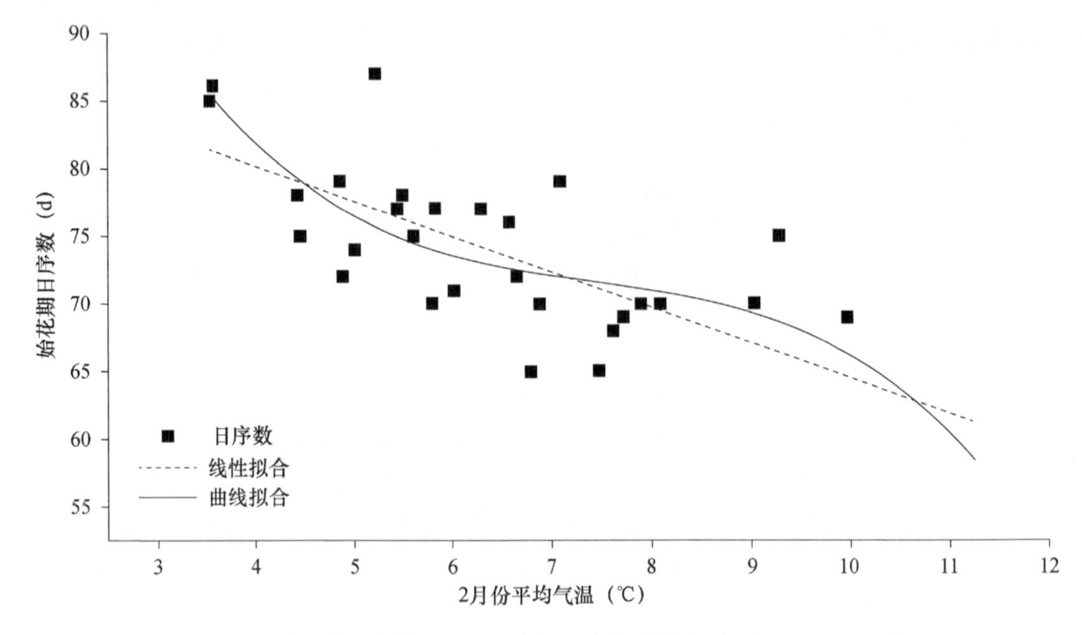

图 4　樱花始花期日序数与 2 月平均气温线性、曲线拟合图(1981—2010 年)

用后 6 年 2010—2016 年预报樱花始花期，并与实际观测结果对比(表 4)，可以发现非线性拟合方程预报结果在异常早的 2013、2016 年预报明显比线性方程效果好，这与陈正洪等[27]研究结果一致。对比前面积温预报结果，可以发现，积温预报的误差比 2 月份平均气温预报的误差更小，而且越接近始花期，积温预报效果越好，这说明积温预报能有效的改进了始花期预报方程。

表 4　樱花始花期预报与检验(2011—2016 年)　　(单位:d)

年份	2011	2012	2013	2014	2015	2016	平均绝对误差
式(6)预报结果与实测结果之差	−0.2	−6.2	9.2	−0.7	−0.5	14.5	5.23
式(7)预报结果与实测结果之差	−1.5	−5.1	7.8	−1.9	−1.4	13.5	5.20

4.3　多因子预报樱花始花期

上述 3.3 中结果表明，2 月 1 日至 2 月 25 日、2 月底、3 月 5 日、3 月 10 日、3 月 15 日活动积温累计日照时数与始花期呈负相关，将其加入预报方程建立新的始花期 2 月 25 日、2 月底、3 月 5 日、10 日、15 日共 5 个滚动预报方程(用 1981－2010 年 30 年建立)：

$$Y=0.013X_1-0.098X_2-0.067X_{12}+91.446 \quad (R^2=0.611, sig<0.001) \tag{8}$$

$$Y=0.009X_3-0.092X_4-0.051X_{14}+92.710 \quad (R^2=0.655, sig<0.001) \tag{9}$$

$$Y=-0.0002X_5-0.079X_6-0.037X_{16}+96.129 \quad (R^2=0.682, sig<0.001) \tag{10}$$

$$Y=-0.007X_7-0.063X_8-0.039X_{18}+99.274 \quad (R^2=0.668, sig<0.001) \tag{11}$$

$$Y=-0.008X_9-0.061X_{10}-0.026X_{20}+101.700 \quad (R^2=0.687, sig<0.001) \tag{12}$$

用后 6 年 2011—2016 年预报樱花始花期，并与实际观测结果对比(表 5)，可以发现，加入累计日照时数对预报结果有所改善，但改善不是很明显，大概在半天左右。

表 5　樱花始花期预报与检验(2011—2016 年)　　(单位:d)

年份	2011	2012	2013	2014	2015	2016	平均绝对误差
式(8)预报结果与实测结果之差(2 月 25 日)	−3.61	−5.25	11.52	1.44	0.63	8.87	5.22
式(9)预报结果与实测结果之差(2 月 28/29 日)	−1.58	−5.40	10.95	0.91	1.01	6.28	4.35
式(10)预报结果与实测结果之差(3 月 5 日)	0.70	−3.62	10.20	0.65	1.27	4.99	3.57(3.29)
式(11)预报结果与实测结果之差(3 月 10 日)	0.79	−2.14	7.33	0.26	1.60	5.25	2.90(1.20)
式(12)预报结果与实测结果之差(3 月 15 日)	1.07	−2.30	7.49	−0.52	1.00	6.71	3.18(1.22)

5　结论与讨论

根据 1981—2016 年连续 36 年对武汉大学樱园日本樱花始花期的记录资料及同期气象资料的研究分析表明:

(1)樱花平均始始花期为 3 月 14 至 15 日(闰年为 13 至 14 日),这 36 年始花期日序数变化趋势不明显,变率比较大,特别是 2000 年以后。

(2)通过分析始花期与 1 月 1 日及 2 月 1 日至 2 月 25 日、2 月底、3 月 5 日、3 月 10 日、3 月 15 日活动积温的关系,发现始花期与积温相关性显著。通过分析始花期与 1 月 1 日及 2 月 1 日至 2 月 25 日、2 月底、3 月 5 日、3 月 10 日、3 月 15 日累计日照时数关系,发生始花期与 2 月 1 日至 2 月 25 日、2 月底、3 月 5 日、3 月 10 日、3 月 15 日累计日照时数呈显著相关。

(3)通过引入活动积温和日照时数改进始花期预报方程,可以发现,用 1 月 1 日与 2 月 1 日至 2 月 25 日、2 月底、3 月 5 日、3 月 10 日、3 月 15 日活动积温建立的预报方程,随着花期的临近,误差越来越小,最小平均误差 3 天左右,而且使用 3 月 10 日与 15 日预报方程,去掉始花期早于 3 月 10 日的两年,始花期的误差在 1 天左右,有效的改进了始花期预报方程。而加入 2 月 1 日至 2 月 25 日、2 月底、3 月 5 日、3 月 10 日、3 月 15 日累计日照时数建立预报方程对预报结果改善不是很明显。

最新研究指出[30]降温和降水作用可能对春季植物物候学有复杂影响,这对改善物候模型有重要意义,因此,还需深入分析始花期前期降温和降水作用的影响。另外,本文使用的资料站点在 2010 年迁过站,经过分析发现气温与日照时数在 2010 年并无突变,所以本文直接使用,但根据最新研究成果,在迁站前后站点的遮挡率有了一定的改变,这是否对日照时数的相关结果有影响,需要进一步研究。

参考文献

[1] 竺可桢,宛敏渭.物候学[M].北京:科学出版社,1973.

[2] 张福春.气候变化对中国木本植物物候的可能影响[J].地理学报,1995,50(5):402-410.

[3] 徐雨晴,陆佩玲,于强.气候变化对我国刺槐、紫丁香始花期的影响[J].北京林业大学学报,2004,26(6):94-97.

[4] 彭少麟,刘强.森林凋落物动态及其对全球变暖的响应[J].生态学报,2002,22(9):1534-1544.

[5] 柳晶,郑有飞,赵国强,陈怀亮.郑州植物物候对气候变化的响应[J].生态学报,2007,27(4):1471-1479.

[6] 李秀芬,朱教君,王庆礼,等.森林低温霜冻灾害干扰研究综述[J].生态学报,2013,33(12):3563-3574.

[7] 刘中新,朱慧丽,李建平,等.麻城龟峰山古杜鹃花期滚动预报方法探讨[J].气象科技,2016,44(1):130-135.

[8] 罗佳.陕西杨凌近 30 年来日本樱花花期的演变及其指示意义[J].西北农林科技大学学报:自然科学版,2007,35(11):165-170.

[9] Omoto Y,Aono Y. Estimation of change in blooming dates of cherry flower by urban warming[J]. Journal of Agricultural Meteorology,1990,46(3):123-129.

[10] 张冬峰,高学杰,罗勇,夏军,Giorgi F. RegCM4.0 对一个全球模式 20 世纪气候变化试验的中国区域降尺度:温室气体和自然变率的贡献[J].科学通报,2015,60(17):1631-1642.

[11] Hartmann D L,Klein Tank A M G,Rusticucci M,Alexander L V,Brnnimann S,Charabi Y,Dentener F J,Dlugokencky E J,Easterling D R,Kaplan A,Soden B J,Thorne P W,Wild M,Zhai P M. Observations:atmosphere and surface / /Stocker T F,Qin D,Plattner G K,Tignor M,Allen S K,Boschung J,Nauels A,Xia Y,Bex V,Midgley P M,eds. Climate Change 2013:The Physical Science Basis. Contribution of Working Group I to the Fifth Assessment Report of the Intergovernmental Panel on Climate Change[M]. Cambridge:Cambridge University Press,2013:159-254.

[12] Wang H J. The weakening of the Asian monsoon circulation after the end of 1970's[J]. Advances in Atmospheric Sciences,2001,18(3):376-386.

[13] Gong D Y,Ho C H. Shift in the summer rainfall over the Yangtze River valley in the late 1970s[J]. Geophyssical Research Letters,2002,29(10):78-1-78-4.

[14] 施雅风,沈永平,胡汝骥.西北气候由暖干向暖湿转型的信号、影响和前景初步探讨[J].冰川冻土,2002,24(3):219-226.

[15] 任国玉,郭军,徐铭志,等.近 50 年中国地面气候变化基本特征[J].气象学报,2005,63(6):942-956.

[16] Zhai P M,Zhang X B,Wan H,Pan X H. Trends in total precipitation and frequency of daily precipitation extremes over China. Journal of Climate,2005,18(7):1096-1108

[17] IPCC. Climate Change 2013:The Physical Science Basis. Working Group I Contribution to the Fifth Assessment Report of the Intergovernmental Panel on Climate Change[M]. Cambridge:Cambridge University Press,2013.

[18] 张爱英,王焕炯,戴君虎,等.物候模型在北京观赏植物开花期预测中的适用性[J].应用气象学报,2014,25(4):483-492.

[19] 张爱英,张建华,高迎新,等.SW 物候模型在北京樱花始花期预测中的应用[J].气象科技,2015,43(2):309-313.

[20] Shi P J,Chen Z H,Yang Q P,Harris M K,Xiao M. Influence of air temperature on the rstowering date of Prunus yedoensis Matsum[J]. Ecology and Evolution,2014,4(3):292-299.

[21] 刘亚辰,王焕炯,戴君虎,李同昇,王红丽,陶泽兴.物候学方法在历史气候变化重建中的应用[J].地理研究,2014,33(4):603-613.

[22] Sparks T H,Jeffree E P,Jeffree C E. An examination of the relationship between flowering times and temperature at the national scale using longterm phenological records from the UK[J]. International Journal of Biometeorology,2000,44(2):82-87.

[23] Bonhomme R. Bases and limits to using'degree. day' units[J]. European Journal of Agronomy,2000,13(1):1-10.

[24] Beaubien E G,Freeland H J. Spring phenology trends in Alberta,Canada:Links to ocean temperature[J]. International Journal of Biometeorology,2000,44(2):53-59.

[25] Bradley N L,Leopold A C,Ross J,Huffaker W. Phenological changes reflect climate change in Wisconsin[R]. Proceedings of the National Academy of Sciences of the United States of America[C],1999,96(17):9701-9704.

[26] Menzel A,Fabian P. Growing season extended in Europe[J]. Nature,1999,397(6721):659.

[27] 陈正洪,肖玫,陈璇.樱花花期变化特征及其与冬季气温变化的关系[J].生态学报,2008,28(11):5209-5217.

[28] Hunter A F,Lechowicz M J. Predicting the timing of budburst in temperate trees[J]. Journal of Applied Ecology,1992,29(3):597-604.

[29] Hnninen H. Effects of climatic change on trees from cool and temperate regions:An ecophysiological approach to modelling of bud burst phenology[J]. Canadian Journal of Botany,1995,73(2):183-199.

[30] Fu Y S H,Piao S L,Zhao H F,Jeong S J,Wang X H,Vitasse Y,Ciais P,Janssens I A. Unexpected role of winter precipitation in determining heat requirement for spring vegetation green-up at northern middle and high latitudes[J]. Global Change Biology,2014,20(12):3743-3755.

[31] 孙朋杰,陈正洪,阳威,向芬,叶冬.武汉气象站周边环境对日照观测的影响[J].太阳能学报,2017,38(2):509-515.

Timing of cherry tree blooming: Contrasting effects of rising winter low temperatures and early spring temperatures*

Abstract: Phenology reflects the interplay of climate and biological development. Early spring phenological phenomena are particularly important because the end of diapause or dormancy is related not only to heat accumulation in the early spring but also probably to winter low temperatures. Although a warmer winter can reduce overwintering mortality in many insects and plants, it also reduces the accumulation of chilling time that often triggers the end of diapause or dormancy. We examined a continuous 67-year time series of the first flowering date of cherry trees and compared three phenological models based on the temperature-dependent developmental rate: (i) the accumulated degree days (ADD) method, (ii) the number of days transferred to a standardized temperature (DTS) method, and (iii) the accumulated developmental progress (ADP) method. The ADP method performed the best but only slightly better than the DTS method. We further explained the residuals from the ADP method by an additive model using the mean winter minimum daily temperatures, the number of days with low temperatures (represented by daily minimum temperature) below a critical low temperature, and the minimum annual extreme temperature. These three temperature variables explained more than 57.5% deviance of the ADP model residuals. Increased mean winter low temperatures can delay the blooming of cherry trees by reducing the accumulation of chilling time, whereas reduced numbers of cold days can shift the blooming to become earlier. Overall, rising winter low temperatures will delay the flowering time, while rising early spring temperatures directly shift earlier the flowering time. The flowering time has been shifted to earlier, and the balance from the opposing effects of rising winter low temperatures and early spring temperatures explains this shift.

Keywords: cherry trees; degree days; developmental progress; developmental rate; root mean squared error

1 Introduction

Changes in phenological events are good proxy of climate change (Pau et al., 2011) and

* SHI Peijian, **CHEN Zhenghong**, Reddy G VP, et al. Agricultural and Forest Meteorology, 2017, 240-241: 78-89. (corresponding auther, SCI)

relevant for safeguarding agriculture and other natural ecosystem service(Fitter and Fitter, 2002; Fu et al., 2015; Guo et al., 2015). Temperatures are a crucial factor of developmental rate(Uvarov, 1931) and thus dictate the occurrence timing of many poikilotherm animals and plants(Gienapp et al, 2005; Kingslover, 2009). At low temperatures, the developmental rate increases exponentially with temperature. In the middle range of temperatures, it increases linearly with temperature. At high temperatures, the developmental rate declines rapidly when approaching the lethal upper thermal limit(Campbell et al., 1974). Rising temperatures have shifted many phenological events to occur earlier, potentially causing profound trophic cascades(Anderson et al., 2013).

Many right-skewed bell-shaped models are available for capturing the developmental rate as a function of temperature(Wagner et al., 1984; Shi et al., 2016, 2017). Some phenological studies have used the accumulated degree days(ADD) model(e. g., Ring and Harris, 1983; Ho et al., 2006), which is based on the hypothesis that developmental rate is a linear function of temperature in the middle range of temperatures(Campbell et al., 1974). In early spring(from early February to early April), daily mean temperatures in the temperate zone of Northern Hemisphere are usually below 20 ℃, with only a few days having the daily maximum temperature above 30 ℃. However, the ADD model neglects the potential deviation from the linear relationship between developmental rate and temperature. To this end, Konno and Sugihara (1986) recommended the use of an exponential equation to replace the linear model by transferring the number of days to a standardized temperature; hereafter, the DTS model. Omoto and Aono(1989) used both the DTS and ADD models model to estimate the blooming date of cherry trees(*Prunus yedoensis* Matsum) and found that the DTS model is superior to the ADD model.

However, these models face challenges for predicting future phenological events under natural fluctuating thermal regimes. Controlled experiments that are often used for measuring the developmental time of insects and plants under constant temperatures have been criticized for lacking the natural thermal variability in ambient environment. To this end, Wagner et al. (1984) proposed a practical model for applying any nonlinear temperature-dependent developmental rates and predicting phenological events by accumulating the developmental progress (ADP). In this proposed ADP model, the expected occurrence date is the day when the accumulation of daily developmental rates from the starting date reaches 100%. Ungerer et al. (1999) have applied the ADP model to estimate the number of generations per year for the southern pine beetle(*Dendroctonus frontalis* Zimmermann) by integrating a nonlinear temperature-dependent developmental rate model proposed by Schoolfield et al. (1981). Ikemoto and Egami(2013) proposed a revision to the Schoolfield model and calculated developmental rates in a natural thermal environment from a controlled thermal experiment. However, to date, no studies have compared these methods in describing the phenological events of plants in early spring.

Besides temperature accumulation, winter low temperatures have been found to significantly affect the phenology of boreal and temperate plants in early spring(Hänninen, 2016). It is thus necessary to separate the effect of winter low temperatures from the effect of temperature/heat accumulation on occurrence time in early spring. Changes in winter extreme temperatures have been widely concerned for affecting the fitness and survival of organisms(Ungerer et al., 1999). Rising winter temperatures are believed to reduce the mortality of overwintering insects and plants, and shift the timing of phenological events to become earlier in spring(Parmesan and Yohe, 2003; Pau et al., 2011; Valtonen et al., 2014). It is important to examine the indirect effect of winter low temperatures on the occurrence time via affecting the dormancy, before considering the direct effect of early spring temperatures.

In this paper, we attempt to examine the effects of winter low temperatures on the first flowering date of cherry trees using a 67-year continuous time series. We further use this dataset to compare the strengths of the three models(ADD, DTS versus ADP). The best method according to the goodness of fit was selected for prediction. Residuals were further explained by winter low temperatures. We also provide several practical computer codes for parameter estimates.

2 Materials and methods

2.1 Data collection

Japanese cherry trees(*P. yedoensis*) are a famous ornamental plant in East Asia. In 1939, 28 cherry trees from Japan were planted in the Wuhan University campus, then a Japanese military hospital. After the world war Ⅱ, three additional plantings(in 1957, 1973 and 1985) were added to the cherry tree population in Wuhan. The first flowering date, defined as the day on which three to five flowers open in several trees(>10) along an avenue in the Wuhan University campus (normally between March and April), has been continuously recorded since 1947(Figure 1). The cherry trees along the avenue always keep high synchronicity and close spatial proximity for the first flowering times, so the mean time was used to represent the first flowering time of each year. Microsite covariates were excluded because of high synchronicity in the first flowering time and close spatial proximity among cherry trees in the campus. If the observation area was larger and more heterogeneous, to use the microsite covariates would likely reduce prediction errors. Although the tree age(depending on the planning date) could affect the first flowering date, the long-term trend should be driven largely by climate. We obtained the daily mean temperature data of Wuhan from the China Meteorological Data Net(data. cma. cn) from 1 January, 1951 to 30 March, 2017; and the daily temperature data from 1 November to 31 December in 1950 was obtained from the Meteorological Service Center of Hubei Province(Figure S1 in Appendix B). We did not use any other earlier daily climatic data as the accuracy cannot be guaranteed during the war time(the Chinese Civil War from June 1946 to June 1950 directly followed the world war Ⅱ).

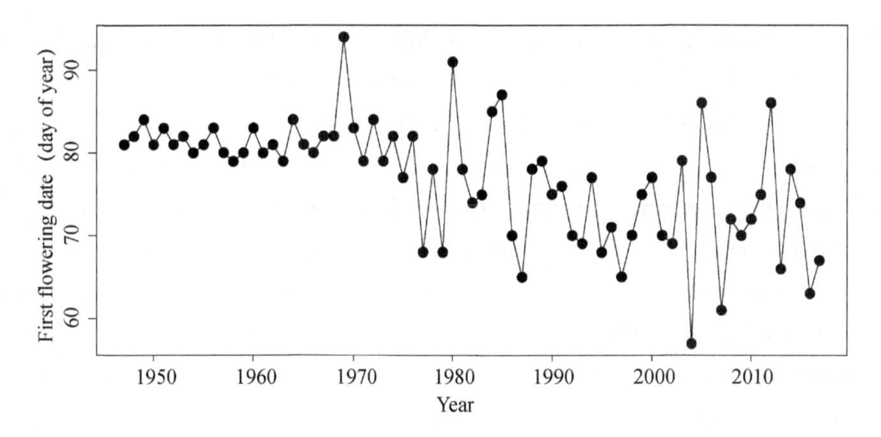

Fig. 1. Time series of the first flowering date of Japanese cherry trees (*P. yedoensis*) in Wuhan University campus from 1947 to 2017.

2.2 *Three phenological models related to temperature-dependent developmental rates*

2.2.1 *Accumulated degree days (ADD) method*

The developmental rate in the middle range of temperatures can be approximated by a linear function, $r=a+bT$, where r represents the developmental rate, T the constant temperature, and a and b model constants (Campbell et al., 1974). A lower developmental threshold ($T_0=-a/b$; called the base temperature in phenology) exists, below which development halts (namely $r=0$). Under the linear relationship hypothesis, the sum of effective temperatures ($>T_0$) required for completing a developmental stage is assumed a constant thermal time k, which has: $k=t\cdot(T-T_0)$, where t represents the developmental time. According to the definition of developmental rate that $r=1/t$, we have $k=1/b$. As T is a constant temperature, we can use the daily mean temperature to replace the constant temperature for predicting the occurrence time of a phenological event:

$$k_i=\sum_{j=S}^{E_i}(T_{ij}-T_0) \tag{1}$$

where the subscript i represents the ith year, S the starting date where temperatures begin to be accumulated for completing the development (usually a constant), E the ending date of the phenological event, and T_{ij} represents the daily mean temperature on the jth day in the ith year. The value in parentheses is defined to be zero if $T_{ij}<T_0$. In practice, the daily mean temperature is known, whereas the base temperature and the required accumulated degree days (i.e., thermal time requirement) are to be estimated. If there are n available historical records for the occurrence date, we could use the average thermal time as the critical accumulated degree days $\bar{k}=\sum_{i=1}^{n}k_i/n$ that will trigger the occurrence of the phenological event. Using this critical accumulated degree days and the observed daily temperatures, we can predict the occurrence dates for different years.

The best combination of starting date and base temperature can be normally determined using the criterion of lowest resultant root mean squared error(RMSE in days). Although not ideal, this practice is feasible for some datasets. There are cases where the RMSE is a monotonic function of S or T_0, and there is no combination of these two parameters that can minimize RMSE. An effective remedy is to optimize these two parameters separately(Ring and Harris, 1983; Aono, 1993). In general, the starting date is first determined by searching the smallest value of the negative correlation between the occurrence time and the mean of daily mean temperatures from a candidate starting date to the occurrence time. If the mean of the daily temperatures is large, the occurrence time will be expected to be moved to earlier time points. Using the approach, the smallest correlation coefficient might correspond to the starting date and is usually regarded as the desired starting date(Aono, 1993).

2.2.2 *Number of days transferred to the standard temperature (DTS) method*

Organisms with phenological events in early spring often experience several cold days during the development. In this case, an exponential model appears to be more suitable (Campbell et al., 1974; Wagner et al., 1984). For instance, Arrhenius'(1889) equation has been used to describe such a relationship:

$$r=A\cdot\exp\left(-\frac{E_a}{R\cdot T}\right)=\exp\left(B-\frac{E_a}{R\cdot T}\right) \tag{2}$$

Here, E_a represents the activation free energy($\mathrm{cal}\cdot\mathrm{mol}^{-1}$); R the universal gas constant($=1.987\ \mathrm{cal}\cdot\mathrm{mol}^{-1}\cdot\mathrm{K}^{-1}$); A is a model constant and normally used after a logarithm transformation $B=\ln(A)$(Ratkowsky, 1990); T denotes the absolute temperature in Kelvin. For calculating the developmental rate of cherry trees, parameters A and B are both unitless, but A has a 10^{12} order of magnitude. For convenience, we directly multiplied the right-hand side of Eq. (2) by 10^{12} to reduce the order of magnitude of A and the size of B. And we changed the unit of E_a from $\mathrm{cal}\cdot\mathrm{mol}^{-1}$ to $\mathrm{kcal}\cdot\mathrm{mol}^{-1}$ by multiplying E_a by 1000 in Eq. (2). Normally, we assume that the multiplication of developmental rate and developmental time is a constant (Konno and Sugihara, 1986; Omoto and Aono, 1989; Aono, 1993), that is, $r_1t_1=r_2t_2=\cdots=$ constant, where the subscript represents a particular developmental rate and time. Let the developmental time be t_s at a standard temperature T_s. When completing a particular developmental stage needs many days, the daily DTS can be obtained based as the follow:

$$(t_s)_{ij}=\exp\left\{\frac{E_a(T_{ij}-T_s)}{R\,T_{ij}T_s}\right\} \tag{3}$$

Here, $(t_s)_{ij}$ represents the number of days transferred to the standard temperature on the jth day in the ith year. T_s is usually defined to be 298.15 K(i.e., 25℃)(Konno and Sugihara, 1986; Omoto and Aono, 1989; Aono, 1993). To complete the whole developmental progress in the ith year would require the following number of days:

$$AADTS_i=\sum_{j=S}^{E_i}(t_s)_{ij} \tag{4}$$

where AADTS represents the annual accumulated DTS from the starting date to the actual first flowering date. If there are n-year phenological records on the occurrence dates of a particular event, we can obtain the mean of AADTS values for many years:

$$\overline{AADTS}=\frac{\sum_{i=1}^{n}AADTS_i}{n} \tag{5}$$

We refer to the above as the critical AADTS which can be used to predict the occurrence date of a given year.

The parameter E_a in Eq. (3) is a constant to be fitted. Aono (1993) found that E_a ranges from 5 to 30 kcal · mol^{-1} for the blooming of cherry trees. In order to obtain the target starting date, we did (1) choose a combination of S and E_a, and calculate the AADTS for each year and the critical AADTS; (2) predict the occurrence date of a given year based on the critical AADTS by accumulating daily DTS values from the candidate starting date to a date when the accumulated daily DTS reaches the critical AADTS; (3) calculate the RMSE for the given combination of S and E_a; (4) repeat the above steps by considering other combinations of candidate S and E_a values. The desired values of S and E_a are the combination that can result in the lowest RMSE.

2.2.3 *Accumulated developmental progress (ADP) method*

A problem of the DTS method is that it cannot estimate the parameter B in the Arrhenius' equation; consequently, the developmental rates at different constant temperatures cannot be predicted. However, we do sometimes need to know the curve shape of developmental rate that is difficult to derive from controlled experiments especially for trees. In addition, to predetermine the standard temperature is somewhat subjective, and for different species it could be challenging (Ikemoto, 2005; Shi et al., 2013) as the use of 298.15 K for all species might be problematic. The concept of developmental rate represents the speed of development per unit time. If the time unit is day, it denotes the proportion of completed developmental progress per day. Thus, the daily developmental rate will stop when the accumulation reaches or exceeds 100% (Wagner et al, 1984; Ungerer et al, 1999). This avoids the unnecessary transformation to a predetermined standard temperature. We refer to this method as the accumulated developmental progress (ADP) method. The daily ADP on the jth day of the ith year can be calculated as:

$$r_{ij}=\exp\left(B-\frac{E_a}{R\cdot T_{ij}}\right) \tag{6}$$

Here, we also directly multiplied the right-hand side of Eq. (6) by 10^{12} to reduce the size of B, which is helpful for carrying out parameter estimates, and changed the unit of E_a from cal · mol^{-1} to kcal · mol^{-1} by multiplying E_a by 1000. The annual accumulated ADP (hereafter, AAADP) of the ith year is then,

$$AAADP_i=\sum_{j=S}^{E_i}r_{ij} \tag{7}$$

The critical AAADP is theoretically equal to 1, namely completing 100% of developmental progress. We need to therefore find a date to which the accumulated daily ADP from the starting date equals or exceeds 1. The detailed operation steps for the ADP method are as follows:(1) provide a combination of starting date(i. e., S), B, and E_a, and calculate the AAADP for each year; (2) predict the occurrence date for each year by accumulating daily ADP values from the candidate starting date to a date when the accumulated daily DTS reaches 1;(3) calculate the RMSE for the given combination of S, B, and E_a;(4) repeat the above steps by considering other combinations of candidate S, B, and E_a. Because there are three variables that use the candidate values, we can use the optimization method proposed by Nelder and Mead(1965) to estimate the best target values of B and E_a. In this case, we also need to provide a group of candidate integer values for S.

2.3 *Model assessment*

To evaluate model validity, we divided the dataset into two parts: training set and test set. The training set was used to fit the models and estimate parameters, and the test set was used to evaluate the prediction errors. We calculated the RMSEs for the training set and test set using the three models, respectively. Because there is no general rule on how to choose the number of observations in each of the two parts(Hastie et al., 2009), the dataset was randomly divided into two parts based on the golden ratio(i. e., 0.618), which was repeated 100 times. There are totally 67 observations of the first flowering date, so the data length of the training set is 41 and that of the test set is 26 for every repetition. Then the RMSEs were calculated to compare three methods for the training set and test set.

2.4 *Effects of winter low temperatures on the occurrence times*

The blooming date of many plants in early spring can be affected by winter low temperatures(Hänninen, 2016). Winter low temperatures such as the mean daily minimum temperature, the minimum annual extreme temperature, and the number of days with low temperatures($\leqslant$ a critical low temperature) have all been reported to affect the population densities of poikilotherms(Uvarov, 1931; Ungerer et al., 1999; Friedenberg et al., 2008). Many fruit and nut trees require a certain level of chilling accumulation during winter time before breaking the endodormancy(Luedeling and Brown, 2011; Guo et al., 2015). The effect of chilling can be captured by three indices: (i) the mean daily minimum temperatures from 1 November of the preceding year to the starting date, i. e., 27 January for the present studied plant, (x_1), (ii) the number of days with low temperatures $\leqslant$ a critical value(x_2), and (iii) the minimum annual extreme temperature(x_3). If winter chilling is independent from the heat(or rate) accumulation in early spring, the unexplained deviance in the heat or rate accumulation model can be reflected by the residuals(=observed occurrence times - predicted occurrence times). The predicted occurrence times using the rate accumulation model represent the theoretical occurrence times. If a residual is positive, it indicates a delayed(later) flowering time; if it is negative, an advanced(earlier) flowering time(see Figure S2 in Appendix B). Although the residuals might also result from other factors such as randomness and environmental factors, the residuals could be largely affected by the winter chilling. Here we used the ADP method to represent the rate accumulation model and the generalized additive model to explore the effect of mean daily minimum temperatures from 1 November of the preceding year to the starting date, the number of days with low temperatures below a critical value during this period, and the minimum annual extreme temperature on the residuals between the observed and predicted occurrence dates. To find the critical low temperature below which the number of days are counted, we provided a group of candidate low temperatures ranging from −6 to 0 ℃ in 0.05 ℃ increments. Then the target critical low temperature is associated with the highest adjusted coefficient of determination from using the generalized additive model. All analyses were carried out on the platform of R software (version 3.2.2; R Core Team, 2015). We also developed R scripts for implementing the ADD, DTS, and the ADP methods (Appendix A).

3 Results

The ADD method provides an estimate of starting date (in day of year) to be 41 (i.e., 10 February) and an estimate of base temperature to be 0.87 ℃ (Figure 2). At the 41st day, the correlation coefficient between the flowering dates and the mean of daily mean temperatures from the candidate starting dates to the flowering dates is the lowest (= −0.61). That is, the higher the mean of daily mean temperatures during the period, the earlier the first flowering date of cherry trees in spring is. The RMSE is equal to 4.6387 days. Note in this method, we first estimated the starting date based on the smallest correction coefficient, then estimated the base temperature using the lowest RMSE.

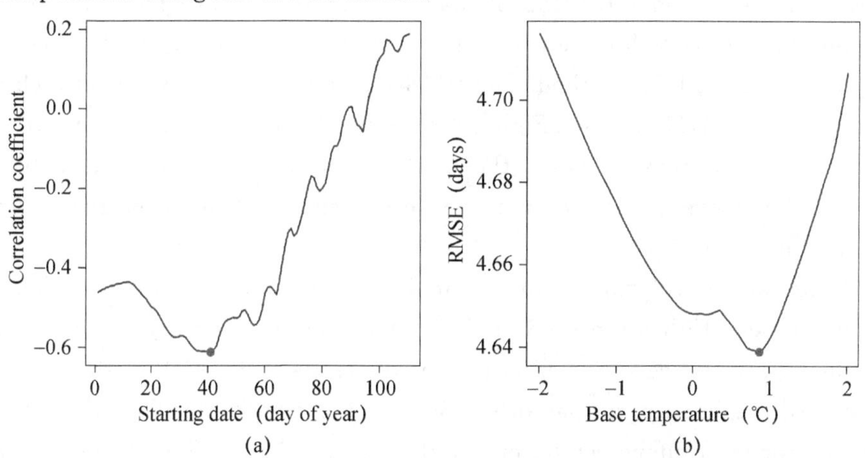

Fig. 2. Determination on the starting date and base temperature of first spring flowering of Japanese cherry trees using the accumulated degree days (ADD) method. (a) At different starting dates there are different correlation coefficients between the flowering times and the mean of daily mean temperatures from the starting date candidate to observed flowering time. The coefficient reaches the minimum when $S=41$; (b) when $S=41$, at 0.87 ℃, the root mean squared error (RMSE) between the observed and predicted occurrence times reaches the minimum.

The DTS method provides an estimate of the starting date around 27(i. e. ,27 January), and an estimate of the activation free energy(E_a)to be 18. 77 kcal · mol^{-1}, and the RMSE is equal to 4. 2935 days, which is lower than that of the ADD method. It suggests the DTS method is better than the ADD method. Figure 3 exhibits the RMSE contour in different combinations of S and E_a candidates.

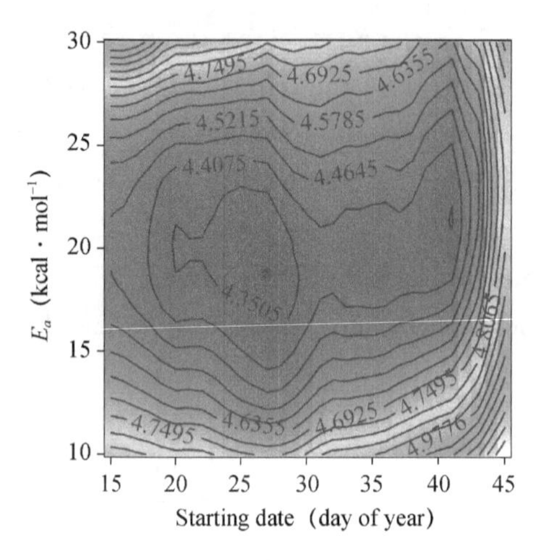

Fig. 3. The contour of root mean squared errors as a function of starting date and E_a using the number of days transferred to the 'standard' temperature(DTS). When$S=27$ and $E_a=18.77$ kcal · mol^{-1}, RMSE reaches the minimum.

The ADP method provides an estimate of starting date also around 27, the same as the estimate by the DTS method. However, the ADP method can provide the parameter estimates of B and E_a at the same time. $\hat{B}=2.2668$, and $\hat{E}_a=18.8840$ kcal · mol^{-1}(where these hat symbols represent estimates for the parameters). The estimate of E_a of the ADP method is very close to that of the DTS method. The RMSE is equal to 4. 2928 days, which is slightly lower than that of the DTS method. Figure 4 exhibits the daily mean temperatures from the starting date to the first flowering date, the developmental rates based on the daily mean temperatures, and the comparison between the observed and predicted occurrence times of the first flowering in spring.

Figure 5 shows the comparison of the prediction errors among three models using the training and test sets. Either the DTS or ADP method is better than the ADD method for both the training and test sets(Figure 5a-b). For the test set, the ADP method is the best because it obtained the smallest median of RMSEs for 100 random divisions than the ADD and DTS methods. For the training set, it appears that the ADP and DTS methods can obtain the approximate prediction errors. In fact, we have limited the activation free energy(E_a) in the ADP method to be equal to the final estimate of the DTS method to make a balance comparison for the test set, and only the parameter B in the Arrhenius' equation was estimated using the optimization approach. If we also estimated E_a in the ADP method using the optimization approach, the RMSEs will be smaller than those using the DTS method. That is, for both the training and test sets, the ADP method is actually the best.

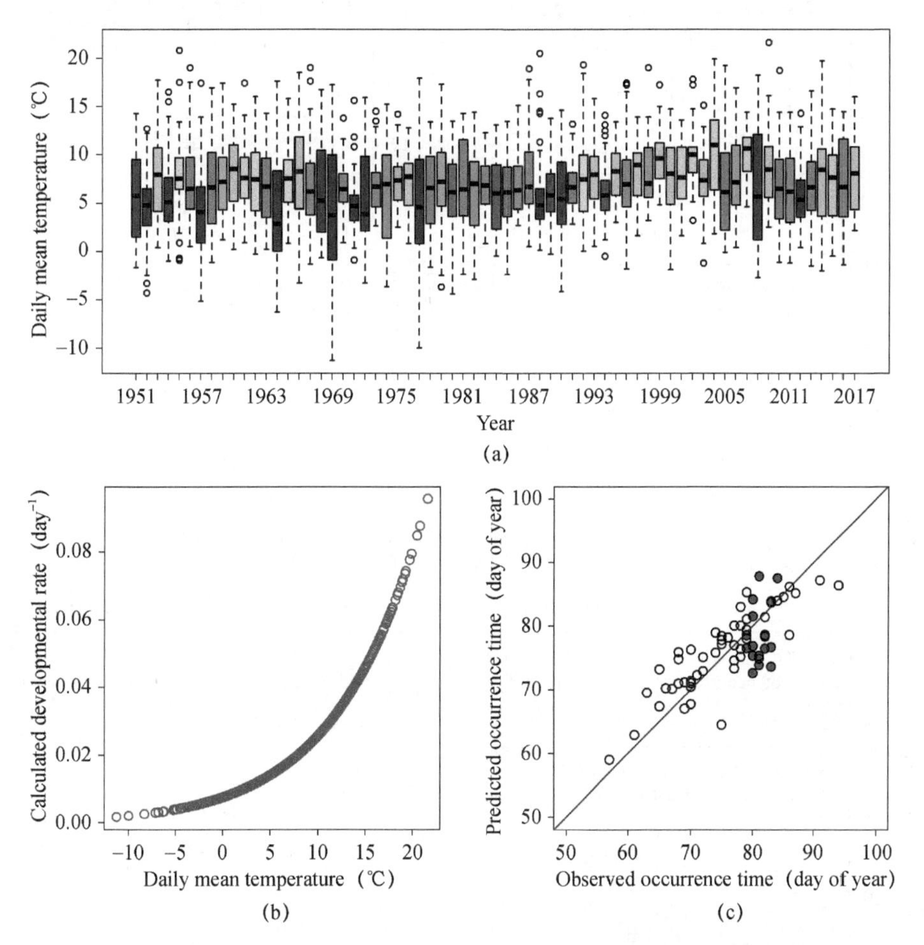

Fig. 4. Predicted results using the accumulated developmental progress (ADP) method based on Arrhenius' equation. (a) Boxplot of daily mean temperatures from the starting dates to the first observed flowering dates from 1951 to 2017, where different colours in boxes are used to help distinguish different medians of daily mean temperatures each year; (b) predicted developmental rate curve (namely Arrhenius' equation); (c) comparison between the observed and predicted occurrence times, where the red points represent the flowering dates from 1951 to 1968.

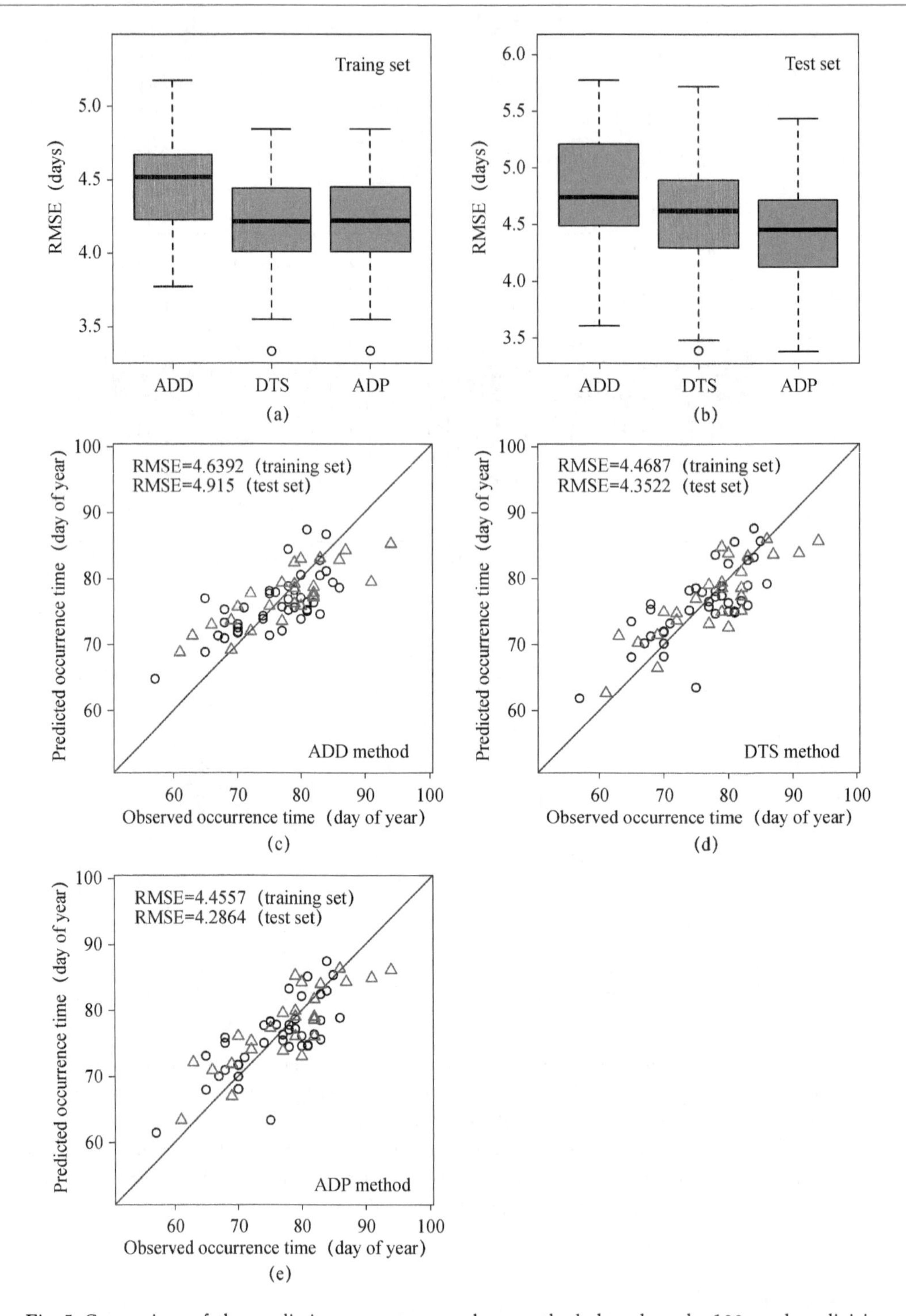

Fig. 5. Comparison of the prediction errors among three methods based on the 100 random divisions for training and test sets. (a)RMSEs for the training set; (b)RMSEs for the test set; (c)an example using the accumulated degree days(ADD)method; (d)an example using the number of days transferred to the 'standard' temperature(DTS)method; (e)an example using the accumulated developmental progress(ADP)method. The black open circles represent the training set, and the red open triangles represent the test set.

The optimal value of the critical low temperature is −5.6 ℃. Figure 6 exhibits the effects of three indices of winter low temperatures on the residuals of occurrence dates unexplained by the ADP method. All three variables have significant effects on the residuals(all P values<0.01;Table 1). The adjusted coefficient of determination is 0.471, and the deviance explained is 57.5%, that is, more than a half of the deviance of residuals that cannot be explained by the ADP method can be further explained by these three variables. Therefore, considering the influence of winter chilling is rather useful in further reducing errors in prediction(Figure 7). After considering the influence of winter chilling, the correlation coefficient between the observed and predicted occurrence times of the first flowering of cherry trees reaches 0.92($p<0.001$), and the RMSE is only 2.7971 days for a 67-year time series. The secondary residuals(=observed occurrence dates-predicted occurrence dates-explainable residuals by using the above three winter low temperature variables)are obviously reduced(Figure 7b). Using the Shapiro-Wilk test to examine whether the secondary residuals follow a normal distribution, we find that $W=0.9849$ and $P=0.5909>0.05$, which means that the secondary residuals are normal. We noted that there are smaller variations in flowering dates from 1951 to 1968 with 81.2±1.5 days than the variations from 1951 to 2017 with 76.6±7.2 days. However, the residuals from 1951 to 1968 do not exhibit smaller variations than those from 1951 to 2017(Figure 4c). After introducing the effects of winter low temperature and its duration, the most residuals from 1951 to 1968 largely decrease and are on or approximate to the straight line of $y=x$(Figure 7 a). It shows that winter low temperature and its duration explain why there are smaller variations in flowering dates from 1951 to 1968.

Table 1 Fitted results using the generalized additive model($n=67$).

Item	Reference degrees of freedom	F	P	R^2_{adj}	Deviance explained
$s(x_1)$	4.189	7.391	<0.01	0.471	57.5%
$s(x_2)$	6.557	3.993	<0.01		
$s(x_3)$	5.217	3.425	<0.01		

Here, $s(\cdot)$ represents smoothing function. x_1 represents the mean of daily minimum temperatures from 1 November of the preceding year to the starting date(27 January); x_2 represents the number of days with low temperatures ≤−5.6 ℃ during the period from 1November of the preceding year to the starting date; x_3 represents the minimum annual extreme temperature. The response variable is the residuals between the observed and predicted occurrence dates by using the ADP method.

The increased winter low temperatures will result in the delay of the spring flowering of cherry trees by decreasing the chilling accumulation(Figure 6 a), while an increased number of days with low temperatures below a critical low temperature will also result in delayed spring flowering. However, these two variables are negatively correlated, with a correlation coefficient between x_1 and x_2 of −0.72 ($p<0.001$). Thus, the increased mean winter low temperature will be followed by the reduced number of days with extreme low temperatures in winter, which will counteract the effect of the former by advancing flowering. Interestingly, the empirical critical value for the accumulation of chill hours is 7.2 ℃, which includes most daily minimum temperatures in winter, meaning that x_1 can reflect the traditional accumulation of chilling hours. From this, we draw the following conclusions: (i)if the mean of winter low temperatures is low, the number of days with extreme low temperatures will increase; (ii)if the mean of winter low temperatures is high, the number of days with extreme low temperatures will decrease; and (iii) these two variables will have converse effects on the occurrence dates of spring flowering of cherry trees. Whether a phenological event is delayed or advanced will to an extent rely on the trade-off between these two variables' effects. In order to judge which is more important in affecting the occurrence date, we dropped x_1 and x_2 separately and then together in the generalized additive model and checked the changes of the explained deviance. Without x_1, the explained deviance is 26.9%; without x_2, the explained deviance is 30.9%; without both these variables (with only x_3 remaining), the explained deviance is 12.6%. Obviously, the contribution of x_1 is greater than that of x_2. Overall, the increase of mean winter low temperatures will delay the occurrence date of spring flowering of cherry trees by reducing the accumulation of chilling time.

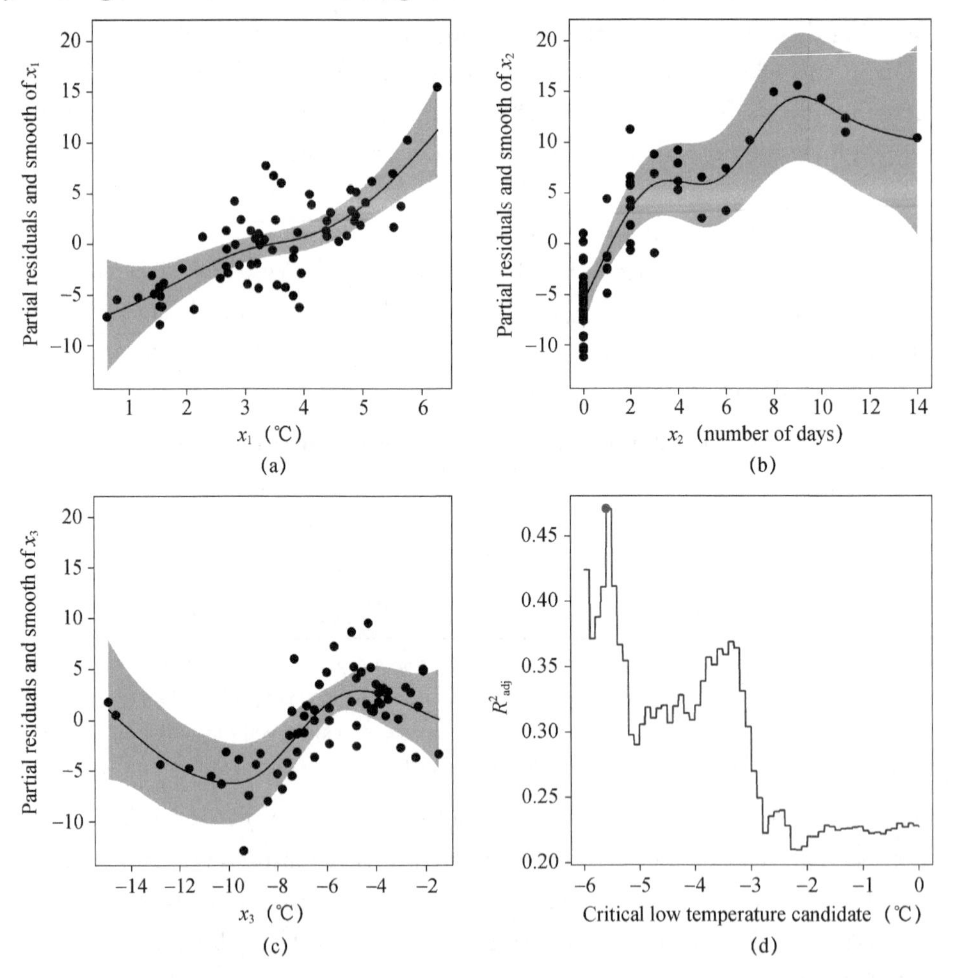

Fig. 6. Generalized additive model fit to: (a) x_1, the mean of daily minimum temperatures from 1 November of the preceding year to the starting date (27 January); (b) x_2, the number of days with daily minimum temperature $\leqslant -5.6$ ℃ during the period from 1 November of the preceding year to the starting date; (c) x_3, the minimum annual extreme temperature; (d) it exhibits the effects of different the low critical temperature candidates on the adjusted coefficient of determination of the generalized additive model fit. The critical low temperature in (b) is actually the consequence of (d).

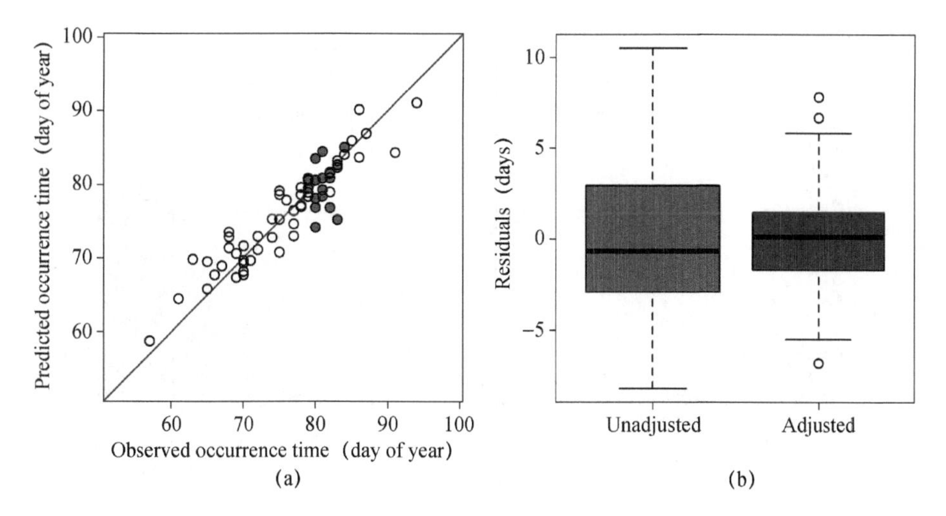

Fig. 7. Effect of winter low temperatures on the predicted residuals. (a)Comparison between the observed and predicted occurrence times before and after considering the effects of winter low temperatures on the residuals, where the red points represent the flowering dates from 1951 to 1968; (b) comparison of the predicted residuals between neglecting the effect of winter low temperatures(unadjusted) and considering the effect of winter low temperatures(adjusted).

4 Discussion

Compared with the ADD, DTS methods, the ADP method potentially has a wider use. It can apply to other nonlinear developmental rate curves that have a mathematical property of Jensen's inequality(Ruel and Ayres, 1999). There are many nonlinear equations in describing the temperature-dependent developmental rates of plants and pokilotherms(e. g., Wagner et al., 1984; Shi et al., 2016, 2017; Ratkowsky and Reddy, 2017). For some phenological events occurring in summer or autumn, biological organisms experience extreme high temperatures in summer that can decrease the developmental rates. The Arrhenius' equation then need to be replaced by other non-linear equations such as the beta model(Yin et al., 1995), the square root model(Ratkowsky et al., 1983). However, for the phenological events of early spring, the Arrhenius' equations appears to be suitable. In Eq. (2), we used a new parameter B that is the logarithm transformation of A to reduce the possibility of appearing a right long tail of distribution of model parameter. Here, we used the bootstrap method(Efron and Tibshirani, 1993) to check the robustness of parameter fitting using two cases of Arrhenius' equation with A and B, respectively. Figure 8 exhibits the histograms of parameters' estimates in two cases using the 2000 bootstrap replications. The equation with parameter A apparently leads to a right long tail which deviates from a normal distribution(Figure 8 a), whereas another equation with parameter B has a better property of behaving close to a linear model. That is, the estimators of the set of parameters have distributions closely approximating a normal distribution(Ratkowsky 1983; Figure 8c-d). However, the 95% confidence interval of parameter E_a when using the equation with B shows wider than that with A(Figure 8b and 8d).

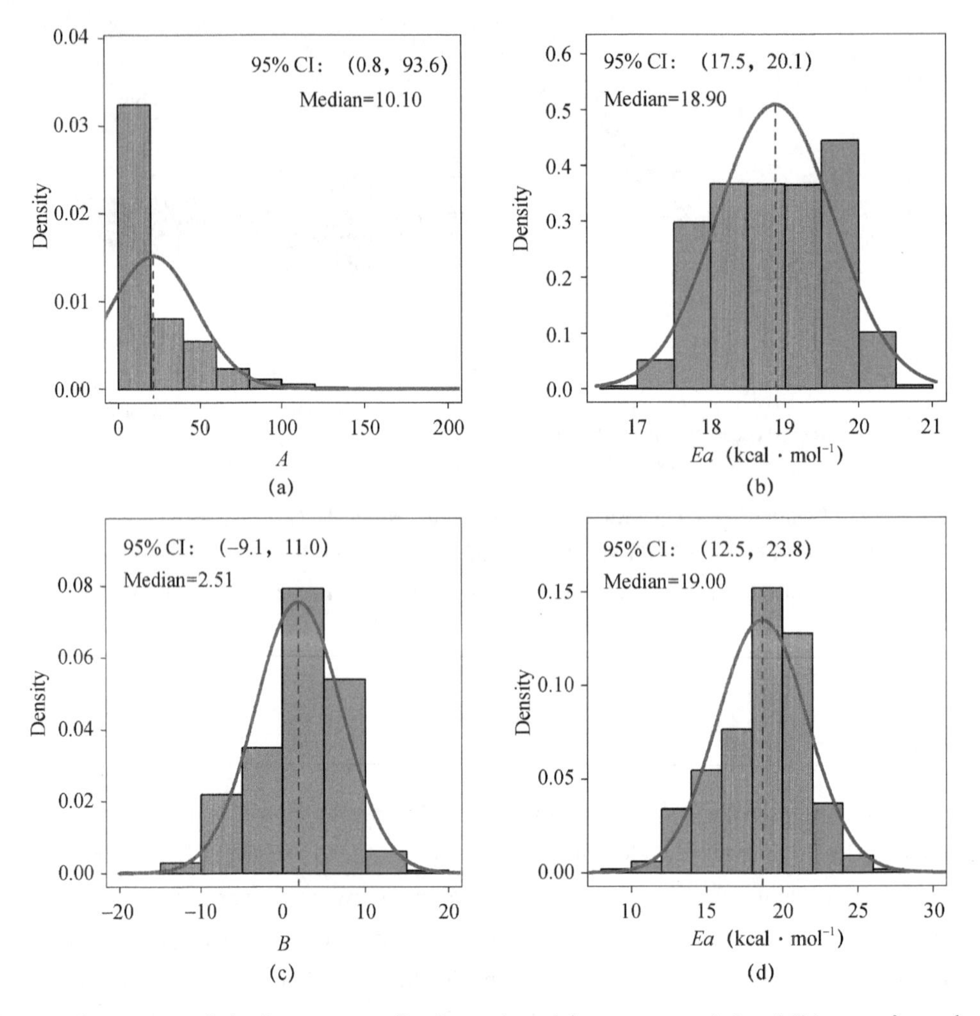

Fig. 8. Histograms of the bootstrap replications of model parameters. (a) and (b) come from the Arrhenius' equation with parameter A, whereas (c) and (b) come from that with parameter B. Please see Eq. (2) for details. The number of bootstrap replications is 2000 for every panel. The read bell-shaped curve represents the probability function of the normal distribution. 95% CI represents 95% confidence interval based on 2000 simulations.

Previous studies have suggested the accumulation of chilling hours to be linked to an empirical critical temperature, ranging from 7.2 to 10 ℃ (Aron and Gat, 1991). Luedeling and Brown (2011) compared three winter chill models (the dynamic model, the Utah model, and the chilling hours model) for fruit and nut trees, and found that the chilling time requirements were consistently defined most clearly by the dynamic model. If the hourly climatic data in a long-term time series are available, choosing a traditional winter chilling model might be ideal. Although several studies have proposed using the sine function based on the daily minimum and maximum temperatures to simulate hourly temperatures (Linvill, 1990; Aron and Gat, 1991; Shi et al., 2012; Martínez-Lüscher et al., 2017), this could lead to large deviations from the actual readings. Indeed, many studies on winter chilling models have not provided a final comparison of predicted occurrence dates with the actual observations, probably due to the lack of long-term phenological records or the lack of hourly meteorological data(Guo et al., 2015). Therefore, it appears practical in the present study to use daily minimum temperatures in winter as the proxy for the accumulation of chilling time.

Under the scenario of global warming, winter temperatures are usually expected to rise (Ungerer et al., 1999; Fu et al., 2015). Fu et al. (2015) studied the effect of rising winter and spring temperatures on the advance of spring leaf unfolding and found that a reduced accumulation of chilling time might counteract the advance of leaf unfolding caused by high early spring temperatures. Martínez-Lüscher et al. (2017) recently reported that with temperature increasing the flowering time of apricot in Southern UK remained relatively unchanged because the delayed chilling might counteract flowering advances. However, different from the results of Fu et al. (2015), Martínez-Lüscher et al. (2017) did not find that rising temperature decreased the chilling accumulation but it delayed the onset of chill accumulation and the completion of the average chill accumulation necessary to start heat accumulation. Our study here revealed a different counteracting pattern. There is a counteracting effect between the mean winter low temperatures and the number of days with extreme low temperatures. It indicates that winter low temperatures might have fewer influence on the first flowering time relative to the heat(or rate) accumulation in early spring because two key variables of winter weather counteracts each other.

Compared to other phenological models (e. g., Hänninen, 1990; Kramer, 1994; Chuine, 2000; Chuine et al., 2016; Hänninen, 2016), the ADP method is simpler and easier to implement. The Arrhenius' equation has a clear thermodynamic meaning (Eyring, 1935; Sharpe and DeMichele, 1977; Shi et al., 2017), allowing us to divide the effects of temperature rise on the occurrence time of a phenological event into two parts: (1) the effect of winter low temperatures on the time for endodormancy release, and (2) the effect of early spring temperatures on the development (i. e., ecodormancy release) after completing the first stage. The effect of the chilling accumulation has not been consistently defined and explored in literature (Chuine, 2000; Hänninen, 2016). For instance, Chuine et al. (2016) used 11 to 13 records for predicting the budbreak/flowering dates of three species, and the calculated RMSE values are rather high (see Table 2 in Chuine et al. [2016]). For walnut ($n=11$), all the RMSE values exceed 5 days. The calculated RMSE in the present study is only 2.8 days for $n=67$ after considering the effects of winter low temperatures.

Hänninen (1990) introduced a 'competence' function to consider the effect of chilling temperatures, as a weight between 0 and 1, when calculating the developmental rate under a given forcing temperature. Of the four models (sequential, parallel, deepening rest, and four phase) proposed for the competence function, the sequential model assumes that the development can only start when the chilling accumulation reaches a critical value, and the corresponding competence function is equal to 0 before this critical value and 1 thereafter. Other three models, however, lack support from rigorous experimental observations. It is, nonetheless,difficult to justify the weighted summation of the effects of chilling temperatures and forcing temperatures. We must also admit that the generalized additive model used in the present study also lacks a theoretical support of thermodynamics. However,the chosen variables can significantly reduce the residuals,signifying their contribution to variance explained.

To this end,Chuine et al. (2016)have proposed a 'unified' model for budburst of trees. However,their model combines many empirical formulae and assumes a negative exponential relationship between the critical state of forcing and the total state of chilling. This assumed negative exponential relationship could enhance calculation errors in practice. Interestingly, Chuine(2000)has demonstrated that the negative exponential relationship does not normally exist. There seems to be further some confusion on the definition of biological development in Chuine(2000)and Chuine et al. (2016). In the former reference,it was defined as the growing degree days(i. e. ,accumulated degree days);however,in the latter one,it was defined as the sum of the daily rates of development. As mentioned above,developmental rate can be defined as $r=a+bT=1/k(T-T_0)$,where k represents the thermal time required for completing a developmental stage. In Chuine(2000),the developmental rate is defined as $T-T_0$,which mandatorily constrains all thermal times for different phenological events and for different tree species to a constant(i. e. ,$k=1$). Chuine(2000)and Chuine et al. (2016)do not follow the method of Hänninen(1990,2016)as no competence function was considered.

There is no convincing evidence to demonstrate the existence of an explicit and strong relationship between the effect of chilling accumulation and that of heat accumulation on the firstflowering time. Also,there is no any general rule for defining the critical starting date and threshold temperature for chilling accumulation of the plants in different climatic zones. Sugiura et al. (2010)studied the threshold temperature for the chilling accumulation of the flower bud of the 'Hakuho' peach(*Prunnus persica* L. Batsch)using 8 candidate temperatures from −6 to 15 ℃ in 3 ℃ increments,and found that 6 ℃ with 1400-hour chilling accumulation was most effective for breaking the endodormancy. However,such an elaborate experiment still cannot explicitly distinguish the effect of chilling accumulation from that of heat accumulation. 6 ℃ might exceed the lower developmental threshold at which heat accumulation starts. With regard to the cherry tree in the subtropical monsoon region,its first flowering time was also largely affected by winter low temperatures as shown by the present study. Of course,a suitable method by correctly defining the chilling requirement without doubt can reflect the effects of winter low temperatures(e. g. ,Guo et al. ,2015;Martínez-Lüscher et al. ,2017),and vice versa. However,we argue that there are no relevant evidence to clearly elucidate the physiological mechanisms of the effect of chilling requirement on the first flowering time of cherry trees. In fact,the physiological mechanisms controlling bud burst and flowering of plants in early spring are not precisely known(Allen et al. ,2014). Moreover,there is a flaming dispute on whether the effects of chilling accumulation and heat accumulation are overlapped in time(Allen et al. ,2014;Chuine et al. ,2016;Martínez-Lüscher et al. ,2017). There are too much theoretical hypotheses and models around this question that were proposed to provide a key, but no one can state that their methods are absolutely correct and general for bud burst, flowering, leaf-unfolding of different plants (also shooting for many bamboo species) in spring. However, the effects of winter low temperatures on the development, growth and survival of plants and pokilothermsare empirically observed and explained (e. g., Uvarov, 1931; Ungerer et al., 1999; Shi et al., 2012; Hänninen, 2016). Our recent thermal experiment on the occurrence times of seedlings emergence and leaf-unfolding of four bamboo species has further demonstrated that there is strongly linear relationship between temperature and developmental rate in the mid-temperature range (unpublished data). Liu et al. (2006) reported that the developmental time of bud sprouting of *Platanus acerifolia* Willd. decreased with increasing temperature (from 15 to 25 ℃). For a whole thermal range (from the lowest threshold temperature to the highest threshold temperature), there is a right-skewed bell-shaped curve for the forcing temperature effect (Campbell et al., 1974). Sharpe and DeMichele (1977), and Ratkowsky et al. (2005) already clearly provided detailed physiological and thermodynamic explanations. These explanations and predictions can fit the actual observations of temperature-dependent developmental rates for many species well (especially for crops, aquatic and terrestrial arthropods; e. g., Watts, 1972; Quinn et al., 2013; Ratkowsky and Reddy, 2017). In addition, we need point out that the previous models that combined the effect of chilling requirement and forcing requirement produced large prediction errors, which were reflected by large RMSEs between the observed and predicted occurrence times. We didn't attempt to compare our methods with those in the present study, because there are too much 'integrated' models with different critical values for calculating the chilling accumulation. We must admit that an integrated phenological model combing the effects of winter low temperatures (or chilling accumulation) and early spring temperatures (or heat accumulation) is probably better in further increasing the goodness of fit. However, we stopped such an attempt based on the following two points: (i) the physiological mechanism of winter low temperatures' effect is unknown, and (ii) some phenological events occurring in other seasons are not affected by winter low temperatures. In this case, to use a non-parametric fitting technique such as generalized additive model (Hastie and Tibshirani, 1990; Hastie et al., 2009) in the present study to fit the residual data is then reasonable. This technique needn't know the interacting mechanism. In spite of a possibility of over-fitting, the plots of partial residuals still could reflect the impact tendencies of all predictors. Even though we did not develop an integrated model, the goodness of fit is still overall better than the reported results by the relevant references we have searched (e. g., Chung et al., 2011; Allen et al., 2014; Chuine et al., 2016).

Some phenological models have considered the effects of other factors, such as the age structure of trees, drought, photoperiod and precipitation, and some microsite covariates including aspect, slope and elevation of individual tree on the occurrence time (Gienapp et al., 2005; Ohashi et al., 2012; Allen et al., 2014). These factors are probably useful for further reducing the prediction errors for a short-term time series. However, microsite factors were less important predictors than climatic variables especially daily air temperature for a long-term time series(Allen et al. ,2014;Martínez-Lüscher et al. ,2017). In any case,the calculated correlation between observations and predictions has reached 0.92 in this study,demonstrating convincingly that temperature is still the cardinal determinant for early spring phenology of plants.

Acknowledgements

We are grateful to David A. Ratkowsky,Ping Zhang,Liang Guo,Lei Chen and Zengfang Yin for their useful help during the preparation of this manuscript. We thank Yingping Wang and two anonymous reviewers for their invaluable comments. We are also deeply thankful to Yihua Xiao,Wenfang Liu,Quanlong Chen for recording the blooming dates of cherry trees. P. Shi was supported by the National Natural Science Foundation of China(No. 31400348), Open Project of Guangdong Provincial Key Laboratory of Applied Botany,South China Botanical Garden,Chinese Academy of Sciences(No. AB2016014),and the PAPD of Jiangsu Province;C. Hui was supported by the National Research Foundation of South Africa(No. 76912 and 81825);J. Huang was supported by the 100 Talent Program of the CAS(No. Y421081001). This material is also partly based upon work that is supported to G. V. P. Reddy by the National Institute of Food and Agriculture,U. S. Department of Agriculture,Hatch project under Accession(No. 1009746).

Appendix A. Supplementary data

Supplementary data associated with this article can be found,in the online version,at http://dx.doi.org/10.1016/j.agrformet.2017.04.001.

References

Allen,J. M. ,Terres,M. A. ,Katsuki,T. ,Iwamoto,K. ,Kobori,H. ,Higuchi,H. ,Primack,R. B. ,Wilson,A. M. Gelfand,A. ,Silander Jr J. A. ,2014. Modeling daily flowering probabilities:expected impact of climate change on Japanese cherry phenology. Glob. Change Biol. 20,1251-1263.

Anderson,J. J. ,Gurarie,E. ,Bracis,C. ,Burke,B. J. ,Laidre,K. L. ,2013. Modeling climate change impacts on phenology and population dynamics of migratory marine species. Ecol. Model. 264,83-97.

Aono,Y. ,1993. Climatological studies on blooming of cherry tree(*Prunus yedoensis*)by means of DTS method. Bull. Univ. Osaka Pref. ,Ser. B 45,155-192(in Japanese with English abstract).

Aono,Y. ,Kazui,K. ,2008. Phenological data series of cherry tree flowering in Kyoto,Japan,and its application to reconstruction of springtime temperature since the 9th century. Int. J. Climatol. 28,905-914.

Aono,Y. ,Saito,S. ,2010. Clarifying springtime temperature reconstructions of the medieval period by gap-filling the cherry blossom phenological data series at Kyoto,Japan. Int. J. Biometeorol. 54,211-219.

Aron,R. ,Gat,Z. ,1991. Estimating chilling duration from daily temperature extremes and elevation in Israel. Clim. Res. 1,125-132.

Arrhenius,S. A. ,1889. Über die Dissociationswärme und den Einfluss der Temperatur auf den Dissociationsgrad der Elektrolyte. Z. Phys. Chem. 4,96-116.

Campbell,A. ,Frazer,B. D. ,Gilbert,N. ,Gutierrez,A. P. ,Mackauer,M. ,1974. Temperature requirements of some aphids and their parasites. J. Appl. Ecol. 11,431-438.

Chuine,I. ,2000. A unified model for budburst of trees. J. Theor. Biol. 207,337-347.

Chuine,I. ,Bonhomme,M. ,Legave,J. -M. ,de Cortázar-Atauri,I. G. ,Charrier,G. ,Lacointe,A. ,Améglio,T. , 2016. Can phenological models predict tree phenology accurately in the future? The unrevealed hurdle of endodormancy break. Glob. Change Biol. 22,3444-3460.

Efron,B. ,and Tibshirani,R. J. ,1993. An Introduction to the Bootstrap. Chapman and Hall/CRC,New York.

Eyring,H. ,1935. The activated complex in chemical reactions. J. Chem. Phys. 3,107-115.

Fitter,A. H. ,Fitter,R. S. R. ,2002. Rapid changes in flowering time in British plants. Science 296,1689-1691.

Friedenberg,N. A. , Sarkar, S. , Kouchoukos, N. , Billings, R. F. , Ayres, M. P. , 2008. Temperature extremes, density dependence,and southern pine beetle(Coleoptera:Curculionidae)population dynamics in east Texas. Environ. Entomol. 37,650-659.

Fu,Y. H. ,Zhao,H. ,Piao,S. ,Peaucelle,M. ,Peng,S. ,Zhou,G. ,Ciais,P. ,Huang,M. ,Menzel,A. ,Peñuelas, J. ,Song,Y. ,Viatsse,Y. ,Zeng,Z. ,Janssens,I. A. ,2015. Declining global warming effects on the phenology of spring leaf unfolding. Nature 529,104-107.

Gienapp,P. ,Hemerik,L. ,Visser,M. E. ,2005. A new statistical tool to predict phenology under climate change scenarios. Global Change Biol. 11,600-606.

Guo,L. ,Dai,J. ,Wang,M. ,Xu,J. ,Luedeling,E. ,2015. Responses of spring phenology in temperate zone trees to climate warming:a case study of apricot flowering in China. Agric. Forest Meteorol. 201,1-7.

Hänninen,H. ,1990. Modelling bud dormancy release in trees from cool and temperate regions. Acta For. Fenn. 213,1-47.

Hänninen,H. ,2016. Boreal and temperature trees in changing climate:modelling the ecophysiology and seasonality. Springer.

Hastie,T. ,Tibshirani,R. ,1986. Generalized additive models. Stat. Sci. 1,297-318.

Hastie,T. ,Tibshirani,R. ,1990. Generalized additive models. Chapman & Hall,London,UK.

Hastie,T. ,Tibshirani,R. ,Friedman,J. ,2009. The elements of statistical learning:data mining,inference,and prediction(2nd edition). Springer,Berlin,Germany.

Ho,C. -H. , Lee, E. -J. , Lee, I. , Jeong, S. -J. , 2006. Earlier spring in Seoul, Korea. Int. J. Climatol. 26, 2117-2127.

Ikemoto,T. ,2005. Intrinsic optimum temperature for development of insects and mites. Environ. Entomol. 34, 1377-1387.

Ikemoto,T. ,Egami,C. ,2013. Mathematical elucidation of the Kaufmann effect based on the thermodynamic SSI model. Appl. Entomol. Zool. 48,313-323.

Kingsolver,J. G. ,2009. The well-temperatured biologist. Am. Nat. 174,755-768.

Konno,T. ,Sugihara,S. ,1986. Temperature index for characterizing biological activity in soil and its application to decomposition of soil organic matter. Bull. Natl. Inst. Agro-Environ. Sci. 1,51-68(in Japanese with English abstract).

Kramer,K. ,1994. Selecting a model to predict the onset of growth of *Fagus sylvatica*. J. Appl. Ecol. 31, 172-181.

Linvill,D. E. ,1990. Calculating chilling hours and chill units form daily maximum and minimum temperature observations. HortScience 25,14-16.

Liu,Z. ,Wang,G. -X. ,Jiang,J. -P. ,2006. Temperature characteristics of winter buds' dormancy in *Platanus acerifolia*. Acta Ecol. Sin. 26:2870-2876(in Chinese with English abstract).

Luedeling, E., Brown, P. H., 2011. A global analysis of the comparability of winter chill models for fruit and nut trees. Int. J. Biometeorol. 55, 411-421.

Martínez-Lüscher, J., Hadley, P., Ordidge, M., Xu, X., Luedeling, E., 2017. Delayed chilling appears to counteract flowering advances of apricot in southern UK. Agric. Forest Meteorol. 237, 209-218.

Nelder, J. A., Mead, R., 1965. A simplex algorithm for function minimization. Comp. J. 7, 308-313.

Ohashi, Y., Kawakami, H., Shigeta, Y., Ikeda, H., Yamamoto, N., 2012. The phenology of cherry blossom (*Prunus yedoensis* "Somei-yoshino") and the geographic features contributing to its flowering. Int. J. Biometeorol. 56, 903-914.

Omoto, Y., Aono, Y., 1989. Estimation of blooming date for *Prunus yedoensis* by means of kinetic method. J. Agric. Meteor. 45, 25-31 (in Japanese with English abstract).

Parmesan, C., Yohe, G., 2003. A globally coherent fingerprint of climate change impacts across natural systems. Nature 421, 37-42.

Pau, S., Wolkovich, E. M., Cook, B. I., Davies, T. J., Kraft, N. J. B., Bolmgren, K., Betancourt, J. L., Cleland, E. E., 2011. Predicting phenology by integrating ecology, evolution and climate science. Glob. Change Biol., 17, 3633-3643.

Quinn, B. K., Rochette, R., Ouellet, P., Sainte-Marie, B., 2013. Effect of temperature on development rate of larvae from col-water American lobster (*Homarus americanus*). J. Crustacean Biol., 33, 527-536.

R Core Team, 2015. R: a language and environment for statistical computing. R Foundation for Statistical Computing, Vienna, Austria. https://www.R-project.org/

Ratkowsky, D. A., 1983. Nonlinear Regression Modeling: a unified practical approach. Marcel Dekker, New York.

Ratkowsky, D., 1990. Handbook of nonlinear regression models, Marcel Dekker, New York.

Ratkowsky, D. A., Olley, J., Ross, T., 2005. Unifying temperature effects on the growth rate of bacteria and the stability of globular proteins. J. Theor. Biol. 233, 351-362.

Ratkowsky, D. A., Reddy, G. V. P., 2017. Empirical model with excellent statistical properties for describing temperature-dependent developmental rates of insects and mites. Ann. Entomol. Soc. Am., 110, in press, doi: 10.1093/aesa/saw098.

Ratkowsky, D. A., Lowry, R. K., McMeekin, T. A., Stokes, A. N., Chandler, R. E., 1983. Model for bacterial culture growth rate throughout the entire biokinetic temperature range. J. Bacteriol. 154, 1222-1226.

Ring, D. R., Harris, M. K., 1983. Predicting pecan nut casebearer (Lepidoptera: Pyralidae) activity at College Station, Texas. Environ. Entomol. 12, 482-486.

Ruel, J. J., Ayres, M. P., 1999. Jensen's inequality predicts effects of environmental variation. Tends Ecol. Evol. 14, 361-366.

Schoolfield, R. M., Sharpe, P. J. H., Magnuson, C. E., 1981. Non-linear regression of biological temperature-dependent rate models based on absolute reaction-rate theory. J. Theor. Biol. 88, 719-731.

Sharpe, P. J. H., DeMichele, D. W., 1977. Reaction kinetics of poikilotherm development. J. Theor. Biol. 64, 649-670.

Shi, P, Reddy, G. V. P., Chen, L., Ge, F., 2016. Comparison of thermal performance equations in describing temperature-dependent developmental rates of insects: (I) empirical models. Ann. Entomol. Soc. Am. 109, 211-215.

Shi, P., Reddy, G. V. P., Chen, L., Ge, F., 2017. Comparison of thermal performance equations in describing temperature-dependent developmental rates of insects: (II) two thermodynamic models. Ann. Entomol. Soc. Am. 110, 113-120.

Shi, P., Sandhu, H. S., Ge, F., 2013. Could the intrinsic rate of increase represent the fitness in terrestrial ectotherms? J. Therm. Biol. 38, 148-151.

Shi, P., Wang, B., Ayres, M. P., Ge, F., Zhong, L., Li, B.-L., 2012. Influence of temperature on the northern distribution limits of *Scirpophaga incertulas* Walker (Lepidoptera: Pyralidae) in China. J. Therm. Biol. 37, 130-137.

Sugiura, T., Sakamoto, D., Asakura, T., Sugiura, H., 2010. The relationship between temperature and effect on endodormancy completion in the flower bud of 'Hakuho' peach. J. Agric. Meteorol. 66, 173-179 (in Japanese with English abstract).

Ungerer, M. J., Ayres, M. P., Lombardero, M. J., 1999. Climate and the northern distribution limits of *Dendroctonus frontalis* Zimmermann (Coleoptera: Scolytidae). J. Biogeogr. 26, 1133-1145.

Uvarov, B. P., 1931. Insects and climate. Trans. Entomol. Soc. 79, 1-232.

Valtonen, A., Leinonen, R., Pöyry, J., Roininen, H., Tuomela, J., Ayres, M. P., 2014. Is climate warming more consequential towards poles? The phenology of Lepidoptera in Finland. Glob. Change Biol. 20, 16-27.

Wagner, T. L., Wu, H.-I, Sharpe, P. J. H., Shcoolfield, R. M., Coulson, R. N., 1984. Modelling insect development rates: a literature review and application of a biophysical model. Ann. Entomol. Soc. Am. 77, 208-225.

Watts, W. R., 1972, Leaf extension in *Zea mays* II. Leaf extension in response to independent variation of the temperature of the apical meristem, of the air around the leaves, and of the root-zone. J. Exp. Bot., 23, 713-721.

Yin, X., Kropff, M. J., McLaren, G., Visperas, R. M., 1995. A nonlinear model for crop development as a function of temperature. Agric. For. Meteorol. 77, 1-16.

Influence of air temperature on the first flowering date of *prunus yedoensis* Matsum*

Abstract:Climate change is expected to have a significant effect on the first flowering date(FFD) in plants flowering in early spring. *Prunus yedoensis* Matsum is a good model plant for analyzing this effect. In the current study, we used a degree day model to analyze the effect of air temperatures on the FFDs of *P. yedoensis* at Wuhan University from a long time series from 1951 to 2012. Firstly, the starting date(=7 February) is determined according to the lowest correlation coefficient between the FFD and the daily average accumulated degree days(ADD). Secondly, the base temperature(=−1.2 ℃) is determined according to the lowest root mean square error(RMSE) between the observed and predicted FFDs based on the mean of 62-year ADDs. Thirdly, based on this combination of starting date and base temperature, the daily average ADD of every year was calculated. Performing a linear fit of the daily average ADD to year, we find that there is an increasing trend that indicates climate warming from a biological climatic indicator. In addition, we find that the minimum annual temperature also has a significant effect on the FFD of *P. yedoensis* by using the generalized additive model. The current study provides a method for analyzing the climate change on the FFD in plants flowering in early spring.
Keywords: Accumulated degree days(ADD); Base temperature; Correlation coefficient; Root mean square error; Starting date

1 Introduction

Temperature can significantly affect developmental rate in poikilothermic animals and plants(Sharpe and DeMichele 1977; Schoolfield et al. 1981; Craufurd et al. 1996; Ikemoto 2005; Trudgill et al. 2005). In the mid-temperature range, the relationship between developmental rate and temperature approximates linearity(Campbell et al. 1974; Shi et al. 2011). The linear model is widely used to describe the temperature-dependent developmental rates:

$$r=a+bT \tag{1}$$

Here, r represents development rate($=1/D$, where D represents developmental time required for completing a specific developmental stage) at constant temperature T; a and b are constants. There are two important thermal parameters related to the aforementioned linear model: the lower developmental threshold($LDT=-a/b$)(also referred to as the base temper-

---

* SHI Peijian, **CHEN Zhenghong**, YANG Qingpei, et al. Ecology and Evolution, 2014, 4(3): 292-299. (SCI)

ature, T_{base}, in the degree day model) and the sum of effective temperatures (SET = $1/b$). The LDT represents the temperature at which developmental rate equals zero, i. e., the intersection between the straight line of developmental rate and x-axis; the SET represents the accumulated degree days (ADD) required for completing a specific developmental stage. For different developmental stages of the same species, the SETs might be different, but the LDTs were demonstrated to be identical for most insects and mites (Jarošík et al. 2002, 2004; Kuang et al. 2012). Eq. (1) can be rewritten as:

$$\text{SET} = D(T - \text{LDT}) \tag{2}$$

Here, T is constant temperature. When we attempt to use variable air temperature (as a function of time) to calculate ADD, the following equation is recommended (Aono 1992; Marletto et al. 1992; Lopez and Runkle 2004):

$$\text{SET} = \sum_{i=\text{SD}}^{\text{ED}} \left(\int_0^1 (T_{\text{air},i} - T_{\text{base}}) \, dt \right) \tag{3}$$

Here, $T_{air,i}$ represents variable air temperature on the i-th day, which is a function of time t within one day; SD represents the starting date for a specific biological event; ED represents the ending date for this specific biological event; T_{base} is, as mentioned above, an equivalent concept of LDT. The integral symbol can be dropped if the fixed daily average temperature is used. For some insects and mites with small body size and short lifecycle, the LDT and SET can be directly estimated by observing developmental times at different constant temperatures in the lab based on Eq. (1). However, many plants are larger and have a longer lifecycle. Thus, these two thermal parameters, in general, cannot be obtained from an experiment of temperature-dependent development. Therefore, Eq. (3) is widely used to estimate these two thermal parameters without a requirement for setting different constant temperature environments. In practice, a starting date and a base temperature of development is needed to be known to calculate the ADD required for reaching a specific biological event of plants.

The influence of air temperature from weather data on the first flowering date (FFD) in plants, especially the woody *Prunus* trees, has received much attention (Lindsey and Newman 1956; Lindsey 1963; Aono 1992; Fitter et al. 1995; Wielgolaski 1999; Ho et al. 2006; Chen et al. 2008; Miller-Rushing et al. 2008). Japanese cherry blossom (*Prunus yedoensis* Matsum) is an important ornamental in East Asia. Some studies have been carried out to explore the effect of air temperature in winter and early spring on the FFD of this plant (Aono 1992; Ho et al. 2006; Chen et al. 2008; Ohashi et al. 2012). Aono (1992) reported that the base temperature of *P. yedoensis* in Japan ranged from -2 to 6℃ by using the method of lowest root mean square errors (RMSEs) in days between the observed and predicted FFDs based on the mean of ADDs for some standard years; Ho et al. (2008) drew a conclusion that the base temperature of *P. yedoensis* in Seoul, Korea was 5.8 ℃ by minimizing the standard deviation of ADDs; Ohashi et al. (2012) directly provided an empirical estimate of 5℃ as the base temperature of *P. yedoensis*.

We provide a new method for estimating the starting date and base temperature of *P. ye-*

doensis based on the extensive meticulous FFD observations by Prof. Yihua Xiao and his daughter, Prof. Mei Xiao, in Wuhan University(30°32′21″N, 114°21′42″E) from 1951 to 2012. Based on the estimates of starting date and base temperature, we explored the influence of air temperature on the FFDs of *P. yedoensis*.

2 Materials and methods

2.1 FFD data of *P. yedoensis*

P. yedoensis in Wuhan University can date back to the Second World War. The Japanese army occupied Wuhan City and planted 28 *P. yedoensis* in Wuhan University in 1939. Additional plantings were made in 1957, 1985, and since the 1990s. Prof. Yihua Xiao began to record the FFD of *P. yedoensis* in 1947. And the observations have been continuously maintained since. After Prof. Yihua Xiao died, his daughter, Prof. Mei Xiao continued this work, making daily observations from March to April each year. The FFDs were ascertained when the number of full-opening flowers on a tree ⩾3. The FFD data from 1947 to 1950 were not used because the weather data during these years are unavailable.

2.2 Weather data

The daily minimum, maximum and average air temperatures in Wuhan City(30°37′24″N, 114°08′40″E) from 1951 to 2012 were collected from the website of the China Meteorological Data Sharing Service System(http://cdc.cma.gov.cn/).

2.3 Degree day model

We sought to find a starting date, a base temperature, and the ADD required for reaching the FFD. First, we set a wide combinations of starting dates(from 1 January to the earliest FFD during 62 years) and base temperatures(from −6 to 6℃); Second, we calculated the ADDs for all combinations of starting date and base temperature by the proposed method listed in UC IPM Online(http://www.ipm.ucdavis.edu/WEATHER/ddconcepts.html). This generated a comprehensive set of candidate degree day models for further inspection.

Air temperature(T_{air}) was defined as a function of time t(Shi et al. 2012):

$$T_{air}(t) = T_{min} + (T_{max} - T_{min})\frac{1+\sin(2\pi t - \pi/2)}{2} \tag{4}$$

Here, T_{min} represents the daily minimum air temperature; T_{max} represents the daily maximum air temperature. On the latest FFD during 62 years, the daily maximum air temperature is only 25.3℃, which is not too high to affect the development of *P. yedoensis*. In general, there is an upper developmental threshold to terminate development in poikilothermic animals and plants. This upper developmental threshold is usually around 30 ℃. Thus, we did not consider the upper developmental threshold of *P. yedoensis* flowering in early spring. However, we need to consider the LDT(i.e., base temperature). When $T_{air} \geqslant T_{base}$, the effective temperatures were accumulated.

The candidate models were inspected by obtaining the correlation coefficient derived from comparing the daily average ADD over the days from the starting date to the FFD for each subset of models that shared a given base temperature. The starting date corresponding to the lowest negative correlation coefficient was chosen as the best estimate of starting date for each of the 13 model sets representing all base temperatures. The most frequent starting date found among the 13 data sets was chosen as the final estimate of starting date.

Using the starting date estimated by the previous step, we analysed which of the remaining candidate models had the lowest RMSE in days between the observed and predicted 62-year FFDs. For any combination of starting date and base temperature, the 62-year ADDs from the starting date and the FFD could be calculated. Then we used the mean of 62-year ADDs as the critical value of ADDs to calculate the predicted FFD each year(Ring and Harris 1983; Aono 1992). For checking whether the final estimates of starting date and base temperature are accurate, we also inspected the isoline plot of RMSE in days to see the distribution of RMSE for different combinations of starting date and base temperature.

Finally, since the starting date and base temperature have been estimated by the above steps, the daily average ADD over the days from the starting date to the FFD each year was then ascertained. We tested whether there is a linear relationship between the daily average ADD and year. If there is a significant warming trend in climate, we hypothesized the slope item should be statistically significant. The daily average ADD, as a biological climatic indicator, is different from that of the daily average temperature(over the days from the starting date to the FFD). The former has a more explicit biological relevance than the latter because the latter is based on the empirical meteorological record only. The former is linked with the ADD for *P. yedoensis* to develop.

2.4 Considering the effect of minimum annual temperature on the FFD

Considering that the minimum annual temperature might affect the FFD of *P. yedoensis*, we used the generalized additive model(Hastie and Tibshirani 1990; Chambers and Hastie 1991) with two predictors to describe the FFD. These two predictors are: 1) x_1, the daily average ADD over the days from the starting date to the FFD, and 2) x_2, the minimum annual temperature.

$$FFD = s(x_1) + s(x_2) \tag{5}$$

Here, $s(\cdot)$ is the smoothing function. Because these effects of predictors might be linear, the multiple linear regression was also used to compare the effects with those from the generalized additive model.

$$FFD = \beta_0 + \beta_1 x_1 + \beta_2 x_2 \tag{6}$$

R version 2.15.0(2012-03-30)(http://www.r-project.org/) was used to perform all calculations. And the package of "mgcv" was used to fit the generalized additive model.

3 Results

3.1 Starting date and base temperature in the degree day model

Fig. 1 displays the correlation coefficients between the daily average ADD and the FFD for different combinations of starting date and base temperature. When the starting date=day 38(day of the year), the correlation coefficient reaches its minimum at each given base temperature. When the base temperatures are ≤0 ℃, there are only small differences among the minimum correlation coefficients. That is, results indicate 7 February(i. e., day 38) for the starting date, and show the base temperature might be no more than 0 ℃.

Fixing the starting date at day 38, we calculated the RMSEs in days for the different base temperatures(Fig. 2). When the base temperature=−1.2 ℃, the corresponding RMSE is the lowest(=4.586). Thus, the best estimate of base temperature is set at −1.2 ℃.

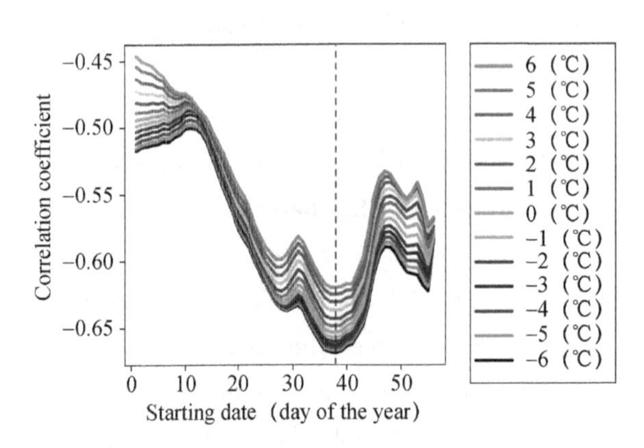

Figure 1. Correlation coefficients between the FFDs and the daily average ADDs for different combinations of starting date and base temperature. The vertical dashed line represents the starting date of day 38.

Figure 2. RMSEs for the combinations of base temperatures(ranging from −6 to 6 ℃ in 0.1 ℃ increments) and a fixed starting date of day 38. The vertical dashed line represents the base temperature of −1.2 ℃.

We also calculated all RMSEs in days for different combinations of starting date and base temperature(Fig. 3). Smaller than 4.6 RMSE isoline, there are two peaks of RMSE isolines (<4.6 but >4.5). However, ideal RMSE isolines should have only one peak. Thus, these two peaks should not be used to accurately estimate the starting date and base temperature. The combination of starting date of day 38 and base temperature of −1.2 ℃ can result in a low RMSE of 4.586(also <4.6). In fact, the difference in RMSEs between any combination in either peaks and the current combination of a starting date of day 38 and a base temperature of −1.2 ℃ is very small, because the lowest RMSE from all combinations is still higher than 4.5. The correlation coefficient corresponding to the starting date of day 38 is −0.658 ($P<0.05$).

Fig. 4 shows the comparison between the observed and predicted FFDs by using the degree day model. The correlation coefficient between them is 0.7511.

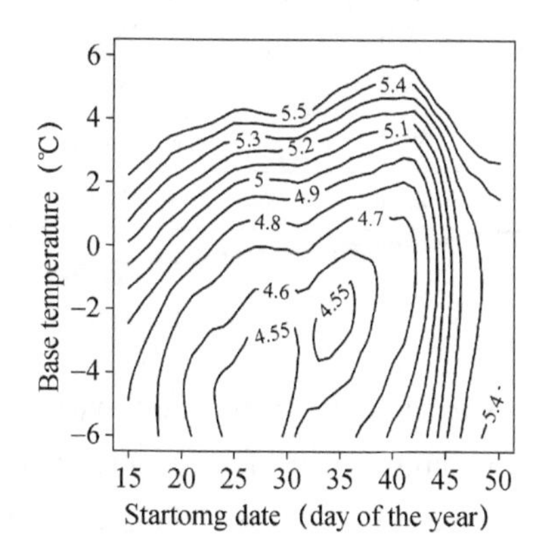

Figure 3. The RMSE isolines for different combinations of starting date and base temperature.

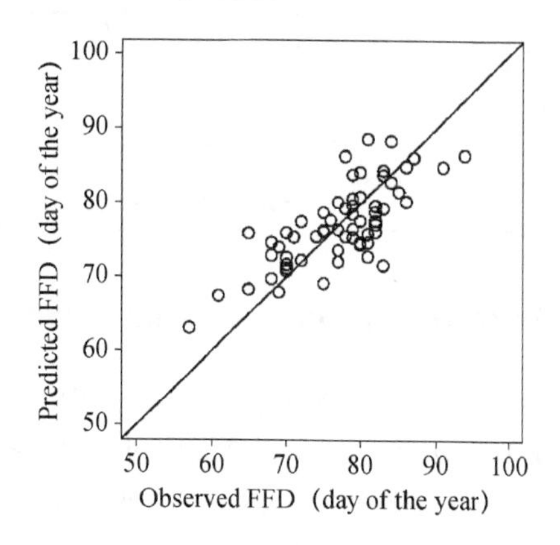

Figure 4. The comparison between the observed and predicted FFDs by the degree day model.

3.2 Effect of the minimum annual temperature on the FFD

Using the generalized additive model, the two predictors are statistically significant($P <$ 0.05 for both). The adjusted coefficient of determination(R_{adj}^2) = 0.513, and deviance explained = 53.7%. Fig. 5 displayed the fit. The daily average ADD over the days from the starting date to the FFD has an obvious linear effect on the FFD; the minimum annual temperature has a non-linear effect on the FFD. However, the latter effect can approximate linearity. We also used multiple linear regression to analyze the effects of these two predictors on the FFD(Table 1). $R_{adj}^2 = 0.4898$; $F_{(2,59)} = 30.28$; $P = 8.96 \times 10^{-10} < 0.05$. The multiple linear model also can describe the effects of the daily average ADD and the minimum annual temperature on the FFD very well. These two predictors both have a negative effect on the FFD.

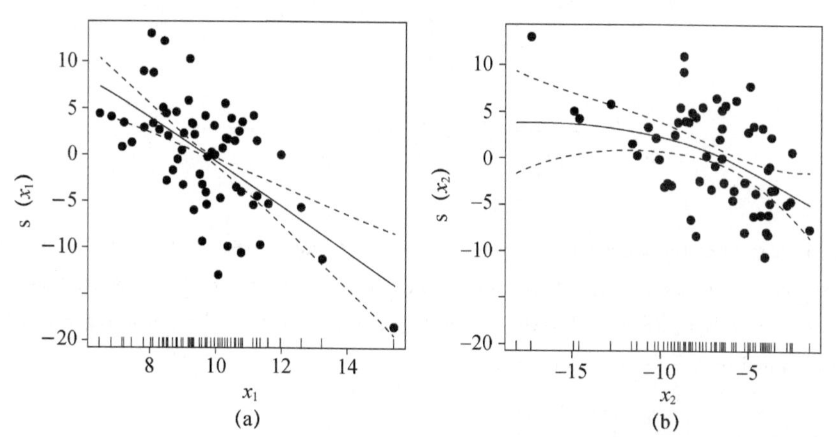

Figure 5. Generalized additive fit of the FFD to two predictors: (a) x_1, the daily average ADD(over the days from the starting date to the FFD); and (b) x_2, the minimum annual temperature. The dashed curves are pointwise twice standard-error bands. Each panel represents the contribution of that predictor to the fitted value. The points represent the partial residuals.

Table 1 Multiple linear fit of the FFD to two predictors

	Estimate	Standard error	t value	Pr(> |t|)
β_0	97.0151	4.9379	19.647	$<2\times10^{-16***}$
β_1	−2.4834	0.4367	−5.687	$4.25\times10^{-7***}$
β_2	−0.5792	0.1956	−2.960	$4.42\times10^{-3**}$

3.3 Is there evidence of climate warming?

Carrying out a linear fit of the daily average ADD(over the days from the starting date to the FFD) to year, the linear model's slope is statistically significant ($P=0.0031<0.05$). $R_{adj}^2=0.1223$. There is an increasing trend for the daily average ADD, as a biological climatic indicator(see Table 2 and Fig. 6).

Table 2 Linear fit of the daily average ADD to year

	Estimate	Standard error	t value	Pr(> |t|)
(Intercept)	−53.9092	20.6294	−2.613	0.0113*
Year	0.0321	0.0104	3.082	0.0031**

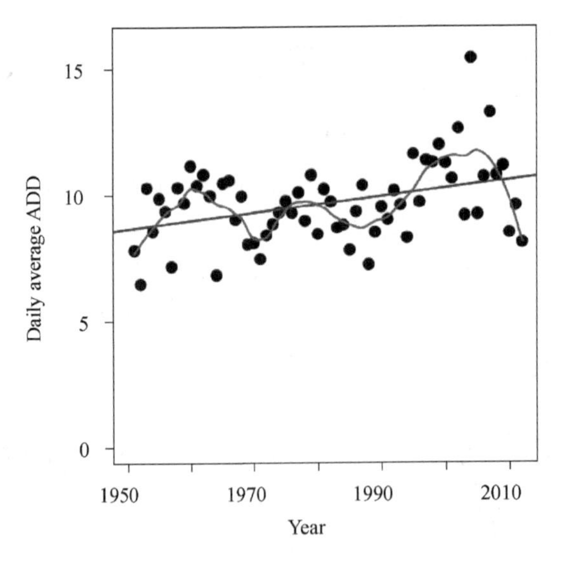

Figure 6. Linear fit of the daily average ADD to year. Any a daily average ADD was calculated based on the combination of a starting date of day 38 and a base temperature of −1.8 ℃. The points represent 62-year daily average ADDs; the straight line is obtained by the linear regression; and the curve is obtained by the local regression(loess).

4 Discussion

4.1 Comparing other methods for estimating the starting date and base temperature

Previous investigators(e. g. , Lindsey and Newman 1956; Lindsey 1963; Boyer 1973) suggested using the coefficient of variation of ADDs or the standard deviation of ADDs to determine the starting date and base temperature. Ho et al. (2006) also suggested using the standard deviation of ADDs to attain this objective. However, in our opinion, it is very difficult to use these two methods to accurately determine the starting date and base temperature. Fig. 7 illustrates the standard deviation and coefficient of variation of ADDs from the current data. From this figure, we cannot clearly estimate the starting date. Although the standard deviations for some base temperatures can reach their lowest values around day 40 (Fig. 7(a)), the starting dates are predicted to be different for different base temperatures. And there are break points (beyond which there is a rapid increase for the curve of coefficient of variation versus starting date) when the starting day approximates day 40 from Fig. 7(b), but we also cannot clearly ascertain the accurate starting date. Relative to these two methods, the lowest correlation coefficient method (see Fig. 1) can clearly determine the starting date. During the range having biological meaning for *P. yedoensis* from −6 to 6℃, all the lowest correlation coefficients occur when the starting date = day 38 (namely 7 February each year). Ho et al. (2006) obtained a combination of starting date of day 36 and base temperature of 5.8 ℃ for *P. yedoensis* in Seoul, Korea based on the method of the lowest standard deviation of ADDs. According to Fig. 7(a), when the base temperature was set higher than −1.2, the standard deviation would be smaller. That is, the base temperature would be found at the highest preliminary value on the condition that the ADD did not equal 0. Thus, to use the method of standard deviation or that of coefficient of variation to estimate the starting date and base temperature is not feasible. At least, they failed in accurately estimating the starting date and base temperature. The final estimates will result in a larger RMSE between the observed and predicted FFDs.

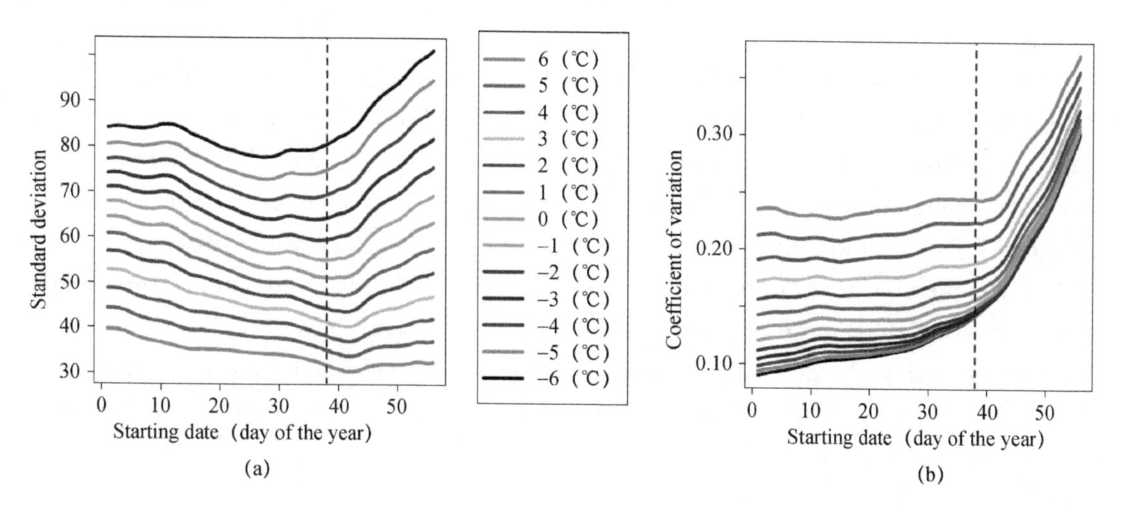

Figure 7. Standard deviation and coefficient of variation of ADDs.

(a) Standard deviations for the base temperatures range from −6 to 6 ℃ in 1 ℃ increment;

(b) Coefficients of variation for the base temperatures range from −6 to 6 ℃ in 1 ℃ increment.

The vertical dashed line represents the starting date of day 38.

4.2 Some factors presumedly affecting the predicted results

Some investigators(Ring and Harris 1983;Aono 1992)obtained a lower RMSE in days by using the degree day model. Ring and Harris(1983)calculated the starting date of day 72 and base temperature of 3.3℃ for the 50% emergence of the female pecan nut case bearer(*Acrobasis nuxvorella* Nuenzig)using the data of 1918—1923. The corresponding RMSE equals 3.42. They only used six-year data,which is presumedly the reason of obtaining a small RMSE. Aono(1992)obtained a group of RMSEs in days ranging 1.37 to 3.06 for the FFDs of *P. yedoensis* in different sites of Japan. The recorded years are 1961—1985,i. e.,25 years. In the current study,the recorded years in Wuhan University are 1951—2012,i. e.,62 years. It is natural that the RMSE of 4.586 calculated in the current study is larger than the report from Aono(1982) because the longer recorded time means more climatic variation especially the daily maximum and minimum air temperatures in winter and early spring among years,which further leads to larger annual differences in the FFDs. In fact,Ho et al. (2006)used a 83-year FFD data set of *P. yedoensis*,and the RMSE based on the combination of starting date of day 32 and base temperature of 5.8 ℃ is also shown to be large(see Fig. 4(c) published in Ho et al. 2006).

Miller-Rushing et al. (2008)stated that population size and sampling frequency both had significant effects of the FFD in plants. An increased density might show an earlier FFD than that of a smaller population(see Fig. 1 published in Miller-Rushing et al. 2008 for further details). However,in Wuhan University,the population size of *P. yedoensis* is relatively stable since this plant could not naturally increase its population size. And sampling frequency also has little effect on the FFD in this site because the observation method is consistent during the past 62 years.

There is another important factor that might substantially affect the model prediction. That is the distance of 22.8 km between Wuhan Weather Bureau(where the climate site is located)and Wuhan University. The urban heat island intensity in Wuhan City has been demonstrated to exhibit an asymmetrical change(Chen et al. 2007). Excluding the effect of the urban heat island,22.8 km may have some effects on daily air temperature difference between Wuhan Weather Bureau and Wuhan University. Even so,the daily air temperature data of Wuhan Weather Bureau still in general reflect that in Wuhan University. Using the degree day model or using the generalized additive model has shown a satisfactory goodness-of-fit ($R^2>0.50$). However,if the climate site was nearer to Wuhan University,it might further improve the goodness-of-fit.

4.3 Lower developmental threshold of *P. yedoensis*

In general,we refer to $-a/b$ based on Eq. (1) as the lower developmental threshold (LDT),but as noted above,it is the equivalent concept of base temperature(T_{base})in the degree day model. Interestingly,Lindsey and Newman(1956)stated that the average meteorological threshold determined(i. e. ,base temperature)was slightly higher than thresholds determined by physiologists in constant-temperature experiments(i. e. ,LDT). To our experience,the LDTs of insects and mites usually range from 5 to 15 ℃(also see Kiritani 2012). Leach et al. (1986)reported that the LDT of the rhabditid nematode(*Goodeyus ulmi* Goodey) is 1. 3 ℃. Craufurd et al. (1996)reported that the LDTs for 50% seed germination of 12 cowpea genotypes(*Vigna unguiculata* L.)ranged from 6 to 12 ℃. However,there is no direct experimental evidence to prove that the LDTs for the FFDs of plants flowering in early spring also range from 5 to 15 ℃. In the current study,the developmental time up to the FFD does not only denote the developmental process of flowering. It should include the time from breaking dormancy in winter to the FFD,so the ADD required should be large. Based on the combination of a starting date of day 38 and a base temperature of −1. 2 ℃,the daily average ADD for 62 years equals 371. 5. We believe that the LDT of *P. yedoensis* is relatively low(below 0 ℃). This conclusion is different from the studies of Ho et al. (2006)and Ohashi et al. (2012). However,it is located in the range from −2 to 6 ℃ reported by Aono(1992). We must point out that the LDT for a plant is actually not a real physiological temperature. It means the lowest environmental temperature at which a plant can bear for development. For different plants,their body sizes are different that might lead to the difference for bearing coldness. In fact,the concept of LDT is an ecological terms. We should not equate it to a physiological temperature,because the water will become ice below zero degree. However,for a plant, when the air temperature is below zero degree, the inner temperature in a plant should be high than zero degree.

Previous studies have neglected the correlation coefficients betweenthe daily average ADD and the FFD for different combinations of starting date and base temperature. Some studies have used the correlation coefficients between the daily(or monthly)average temperature and the FFD for different combinations of starting date and base temperature. However, the present study implies that a better choice is to use the daily average ADD. We determined the starting date by observing the minimal correlation coefficient. Then we suggested determining the base temperature by using the least RMSE method based on the given starting date. These two steps can predict the FFDs of *P. yedoensis* very well. However,whether this method can be applied to other species deserves further investigation.

Acknowledgements

We are thankful to Drs. Takaya Ikemoto and Chuan Yan for their valuable help during the preparation of this work.

References

Aono,Y. 1992. Climatological studies on blooming of cherry tree(*Prunus yedoensis*)by means of DTS method. Bull. Univ. Osaka Pref. Ser. B 45:155-192.

Boyer,W. D. 1973. Air temperature,heat sums,and pollen shedding phenology of longleaf pine. Ecology 54:

420-426.

Campbell, A., B. D. Frazer, N. Gilbert, A. P. Gutierrez, and M. Mackauer. 1974. Temperature requirements of some aphids and their parasites. J. Appl. Ecol. 11:431-438.

Chambers, J. M., and T. J. Hastie. 1991. Statistical models in S. Chapman and Hall, London.

Chen, Z., H. Wang, and G. Ren. 2007. Asymmetrical change of urban heat island intensity in Wuhan, China. Adv. Clim. Change Res. 3(5):282-286.

Chen, Z., M. Xiao, and X. Chen. 2008. Change in flowering dates of Japanese cherry blossoms (*P. yedoensis* Mats.) in Wuhan University campus and its relationship with variability of winter. Acta Ecol. Sin. 28: 5209-5217.

Craufurd, P. Q., R. H. Ellis, R. J. Summerfield, and L. Menin. 1996. Development in cowpea (*Vigna unguiculata*). I. The influence of temperature on seed germination and seedling emergence. Expl. Agric. 32:1-12.

Fitter, A. H., R. S. R. Fitter, I. T. B. Harris, and M. H. Williamson. 1995. Relationships between first flowering date and temperature in the flora of a locality in central England. Func. Ecol. 9:55-60.

Hastie, T. J., and R. J. Tibshirani. 1990. Generalized additive models. Chapman and Hall, London Ho, C.-H., E.-J. Lee, I. Lee, and S.-J. Jeong. 2006. Earlier spring in Seoul, Korea. Int. J. Climatol. 26:2117-2127.

Ikemoto, T. 2005. Intrinsic optimum temperature for development of insects and mites. Environ. Entomol. 34:1377-1387.

Jarošík, V., A. Honěk, and A. F. G. Dixon. 2002. Developmental rate isomorphy in insects and mites. Am. Nat. 160:497-510.

Jarošík, V., L. Kratochvíl, A. Hon • k, and A. F. G. Dixon. 2004. A general rule for the dependence of developmental rate on temperature in ectothermic animals. Proc. R. Soc. Lond. B(Suppl.) 271:S219-S221.

Kiritani, K. 2012. The low development threshold temperature and the thermal constant in insects and mites in Japan (2nd edition). Bull. Natl. Inst. Agro-Environ. Sci. 31:1-74.

Kuang, X., M. N. Parajulee, P. Shi, F. Ge, and F. Xue. 2012. Testing the rate isomorphy hypothesis using five statistical methods. Insect Sci. 19:121-128.

Leach, L., D. L. Trudgill, and B. P. Gahan. 1986. Influence of food and temperature on the development and moulting of *Goodeyus ulmi* (Nematoda: Rhabditida). Nematologica 32:216-221.

Lopez, R. G., and E. S. Runkle. 2004. The effects of temperature on leaf and flower development and flower longevity of *Zygopetalum* Redvale "Fire Kiss" orchild. HortScience 39(7):1630-1634.

Lindsey, A. A. 1963. Accuracy of duration temperature summing and its use for *Prunus serrulata*. Ecology 44: 149-151.

Lindsey, A. A., and J. E. Newman. 1956. Use of official weather data in spring time - temperature analysis of an Indiana phenological record. Ecology 37:812-823.

Marletto, V., G. P. Branzi, and M. Sirotti. 1992. Forecasting flowering dates of lawn species with air temperature: application boundaries of the linear approach. Aerobiologia 8:75-83.

Miller-Rushing, A. J., D. W. Inouye, R. B. Primack. 2008. How well do first flowering dates measure plant responses to climate change? The effects of population size and sampling frequency. J. Ecol. 96:1289-1296.

Ohashi, Y., H. Kawakami, Y. Shigeta, H. Ikeda, and N. Yamamoto. 2012. The phenology of cherry blossom (*Prunus yedoensis* "Somei-yoshino") and the geographic features contributing to its flowering. Int. J. Biometeorol. 56:903-914.

Ring, D. R., and M. K. Harris. 1983. Predicting pecan nut casebearer (Lepidoptera: Pyralidae) activity at College Station, Texas. Environ. Entomol. 12:482-486.

Schoolfield, R. M., P. J. H. Sharpe, and C. E. Magnuson. 1981. Non-linear regression of biological temperature-dependent rate models based on absolute reaction-rate theory. J. Theor. Biol. 88:719-731.

Sharpe, P. J. H., D. W. DeMichele. 1977. Reaction kinetics of poikilotherm development. J. Theor. Biol. 64:649-670.

Shi, P., T. Ikemoto, C. Egami, Y. Sun, and F. Ge. 2011. A modified program for estimating the parameters of the SSI model. Environ. Entomol. 40:462-469.

Shi, P., B. Wang, M. P. Ayres, F. Ge, L. Zhong, and B. -L. Li. 2012. Influence of temperature on the northern distribution limits of *Scirpophaga incertulas* Walker (Lepidoptera: Pyralidae) in China. J. Therm. Biol. 37: 130-137.

Trudgill, D. L., A. Honěk, D. Li, N. M. van Straallen. 2005. Thermal time - concepts and utility. Ann. Appl. Biol. 146:1-14.

Wielgolaski, F. -E. 1999. Starting dates and basic temperatures in phonological observations of plants. Int. J. Biometeorol. 42:158-168.

湖北省旅游景区大气负氧离子浓度分布特征以及气象条件的影响*

摘　要　通过利用湖北省气象服务中心在全省27个旅游景区内建设的30个大气负氧离子自动监测站数据，对湖北省旅游景区大气负氧离子浓度分布特征及气象条件对负氧离子浓度的影响进行了分析。研究表明：湖北省旅游景区的大气负氧离子资源十分丰富，西部山区高于东部平原地区，整体呈现从东向西、从北向南逐渐增加的趋势，鄂西南地区为全省大气负氧离子最为丰富的地区。负氧离子浓度夏季最高，冬季最低，秋季略大于春季。从3月开始，负氧离子浓度逐月增加，至8月达到最大值，后又逐渐减小。凌晨和上午的负氧离子浓度要大于下午和晚上，夜间呈逐渐上升的趋势。大气负氧离子浓度晴天最大，阴天小于晴天，而雾霾天和小雨天负氧离子浓度均较小；中雨以上降水、闪电活动与负氧离子浓度呈正相关。

关键词　旅游景区；负氧离子；分布特征

1　引言

大气负氧离子是带负电荷的单个气体分子和轻离子团的总称，是空气正常组成部分之一，被誉为"空气中的维生素和生长素"。自然界中大气负氧离子来源主要有空气分子在大气上层的电离现象，水分子的裂解，植物尖端放电和绿色植物光合作用产生的光电效应，以及火山爆发、雷雨、闪电等大气中很多物理过程。空气中负氧离子含量的多少是衡量空气清新的标志之一，它被认定为一种重要的、无形的旅游资源，对游客有很大的吸引力[1,2]。

近年来，国内外学者对不同地区大气负氧离子的分布及变化规律、影响因子等开展了一些研究，发现负氧离子存在较明显的日、月和年际变化，与气温、湿度、降水量等气象因子也存在一定相关性，但由于大气负离子受周边环境影响较大，在不同地区不同时间的观测结果均存在较大差异，因此各学者得出的研究结论不尽相同[2~5,9~11]，各结果间可比性不强。

湖北地处亚热带，位于典型的季风区内。全省除高山地区外，大部为亚热带季风性湿润气候，光能充足，热量丰富，无霜期长，降水充沛，雨热同季。降水主要集中在春夏两季，冬季降水量稀少。降水在空间上极不均匀，呈现出从东南和西南分别向西北递减的趋势[6,8]。春夏季是湖北地区雷暴天气多发期，7月是每年雷暴发生最多的月份。夏季山区雷暴日数一般比平原地区要多，即西部和东部地区夏季平均雷暴日数较多，中部地区相对较少[7]。

本文基于同一布局的旅游景区大气负氧离子观测站网，利用高时间分辨率的负氧离子观测资料，按照大气负氧离子统一定义标准，根据大气负氧离子设备所观测到的结果，结合湖北省气候特征，对旅游景区大气负氧离子分布特征及其影响因子进行了客观分析。

* 谭静，**陈正洪**，罗学荣，阳威，舒斯，徐金华. 长江流域资源与环境，2017，26(2)：314-323.

2 资料和方法

2.1 资料

2014 年 1 月开始至今，湖北省气象服务中心已陆续在全省 5A 和部分 4A 共 27 个旅游景区内建设了大气负氧离子自动监测站 30 个。初步形成全省旅游景区大气负氧离子监测网，为游客提供景区负氧离子浓度实时监测数据。

利用 30 个站点 2014 年 5 月—2016 年 5 月连续记录的逐小时大气负氧离子观测值（迁移率 $K \geqslant 0.4\ cm^2/(V \cdot s)$，参照其他气象观测数据质量控制方法，对数据进行预处理：大气负氧离子浓度值长时间为 0（较小个位值）、长时间维持在一个数值无变动（如 750 等），10 min 值时大时小跳变在 10000 以上，或长时间在数万以上，均判断为数据异常；每日至少有 18 个有效小时平均值（每月至少有 23 个有效日平均值），则认为该日（月）数据有效。

2.2 方法

根据气象地理区划，将湖北省划分为鄂东北、鄂东南、江汉平原、鄂西北和鄂西南 5 个区域。按照气候资料统计上的规定，我们以 3—5 月为春季，6—8 月为夏季，9—11 月为秋季，12—2 月为冬季。

负氧离子数据剔除异常值后，采用算术平均值方法对各站小时均值、月/年均值、极大极小值等进行统计分析，相关性分析结果利用 SPSS 进行单因素 Pearson 相关性分析获得。

3 湖北旅游景区大气负氧离子分布特征

3.1 大气负氧离子浓度的空间变化特征

图 1 为湖北省旅游景区大气负氧离子浓度年均值的空间分布图。从图上可看出，湖北旅游景区大气负氧离子年均浓度呈现从东往西、从北往南逐渐增加的趋势，西部山区高于东部平原地区，鄂西南地区为全省大气负氧离子最为丰富的区域。恩施咸丰坪坝营景区全年均值为 30 个景区中最高，达 3206 个/cm^3；宜昌次之，五峰境内的柴埠溪峡谷和长阳境内的武落钟离山景区年均值也分别为 2045 个/cm^3 和 3106 个/cm^3。

神农架景区也是负氧离子富集区域，但由于所选两个测站海拔高度都较高，其中神农顶景区测站海拔高度 2857 m，受到所选测站海拔高度影响，导致观测值较景区低海拔地区实际值偏低。

另在负氧离子监测站选址时，考虑到设备用电问题，经过测试后将部分景区的监测站建在了景区门口或未靠近景区核心景点的位置。由于测站未靠近瀑布、湖泊或森林，且部分测站会受到游客活动干扰，造成部分景区的负氧离子浓度观测值较实际偏低（如孝感观音湖景区、黄陂云雾山景区等）。后期我们将对 30 个负氧离子测站逐一进行维护，对观测值偏低的景区采用手持设备进行测量检验，对不恰当的测站可能会重新选址。

由图 1 可知全省大部分景区的年均负氧离子浓度均在 1000 个/cm^3 以上，西部景区大气负氧离子常年在 2000 个/cm^3 以上。

图 1　湖北省旅游景区大气负氧离子浓度年均值分布(个/cm^3)

3.2　大气负氧离子浓度的季节变化特征

图 2 为湖北省旅游景区大气负氧离子浓度逐月变化曲线,在不同时刻和不同季节,由于地面接受太阳辐射能量不同,导致负氧离子浓度随时间发生变化。

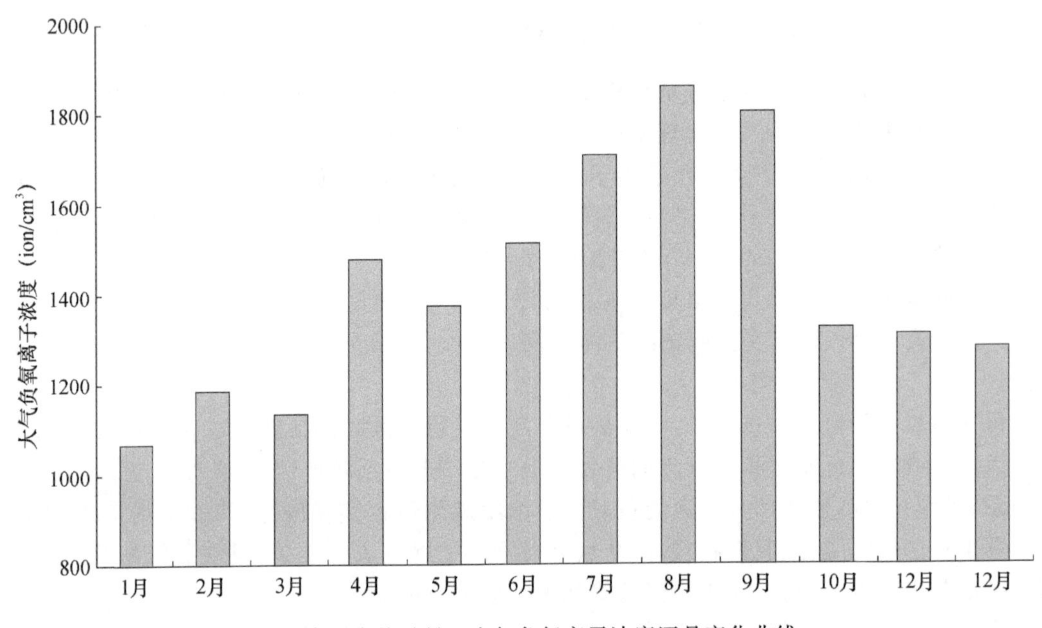

图 2　湖北省旅游景区大气负氧离子浓度逐月变化曲线

上图可看出负氧离子整体呈单峰分布，峰值出现在 8 月。3 月起，进入春季以后，气温逐渐升高，逆温现象逐渐消失，上升气流显著，易形成局部的对流，污染物被扩散到高空大气，从而使近地面大气得到净化。因此负氧离子浓度从春季开始逐月升高，至 8 月达到最大值。同时随着温度升高和降水量的增多，植物光合作用加强，吸收、净化污染物的能力也不断的加强，这也是负氧离子浓度增大的另一个重要原因。而 4 月是湖北省雷暴活动的高峰月[16]，闪电和强降水会使负氧离子浓度迅速增加，因此在该月负氧离子浓度值也较大。

10 月以后进入秋冬季节，气温开始逐渐下降，月均相对湿度减少，静风频率较高，大气层结稳定，容易出现逆温现象，不利于污染物的扩散；而且冬季植物处于落叶和休眠的状态，光合作用微弱，净化空气的能力也相对减弱，使得负氧离子浓度逐月下降。

统计了各个季节不同地区负氧离子浓度值及年变幅，结果如下表所示。

表 1　湖北省旅游景区大气负氧离子浓度季节均值及年变幅(个/cm³)

负氧离子浓度	春	夏	秋	冬	年变幅
湖北省	1294	1692	1478	1185	507
鄂东北	1118	1678	1314	1024	653
鄂东南	1575	1236	1264	1212	363
江汉平原	1148	1293	954	1179	339
鄂西北	896	1334	1673	1216	777
鄂西南	1482	2371	1891	1203	1169

由上表可知，湖北地区大气负氧离子浓度夏季最高，全省平均达 1692 个/cm³，冬季最低，平均为 1185 个/cm³，春、秋季次之，但秋季略大于春季。这与大多数学者的研究结果是一致的[9~15]。全省负氧离子年均变幅 507 个/cm³，西部地区大于东部地区；最大为鄂西南，负氧离子浓度年变幅达到 1169 个/cm³。说明湖北地区负氧离子浓度呈现出明显的季节变化。

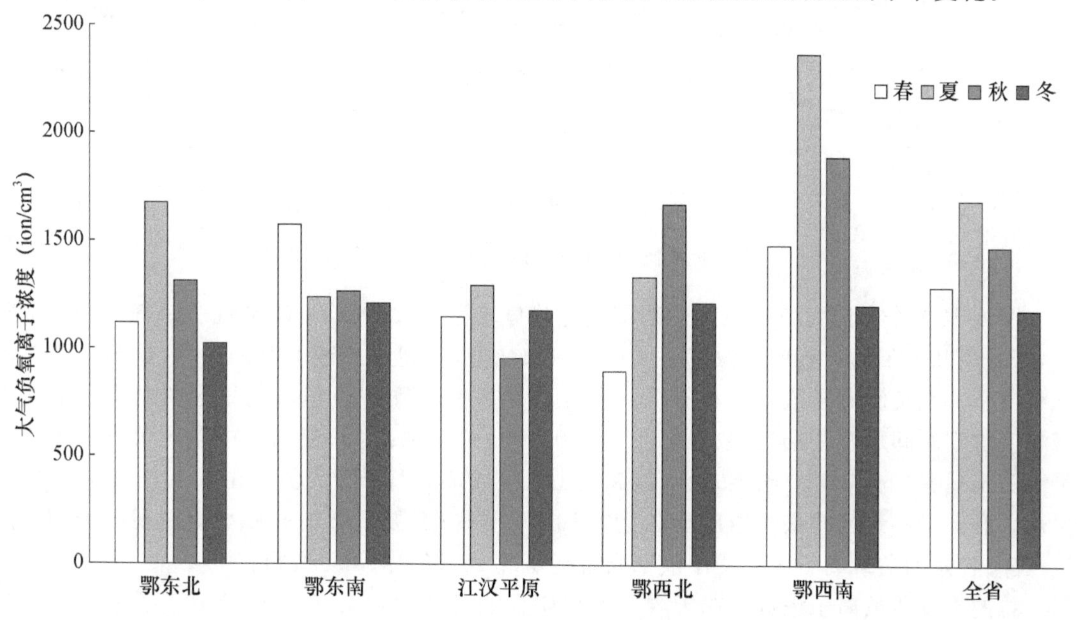

图 3　湖北省旅游景区大气负氧离子浓度季节变化柱状图

从图 3 柱状图可直观地看到湖北地区各季节大气负氧离子浓度，不同地区在不同季节变化情况并不完全一致，存在较大差异。这主要与测站所处位置、各地区植被分布和各季节天气特征不同有很大关系。

夏季负氧离子浓度最高，是由于夏季植被生长旺盛、代谢活动旺盛、光合作用强，植被覆盖率高；大气紫外线照射强烈，且强降水、雷雨天气出现频繁，空气相对洁净，湿度大等多种有利因素造成的。

而冬季植物光合作用弱，多雾，空气污染相对严重，空气中的悬浮颗粒物较多，加上气候干燥，空气湿度小，使得负氧离子浓度处于一年中的最低值。

3.3　大气负氧离子浓度的日变化特征

为了研究湖北各景区大气负氧离子浓度的日变化，根据景区大气负氧离子数据到报情况及数据整体质量，选取了黄陂云雾山景区、襄阳隆中风景名胜区、恩施咸丰坪坝营生态旅游区、京山绿林景区、十堰武当山风景区和宜昌柴埠溪峡谷风景区 6 个景区为例，计算了 6 个站点 2016 年 1—2 月的逐小时平均值，来进行分析。

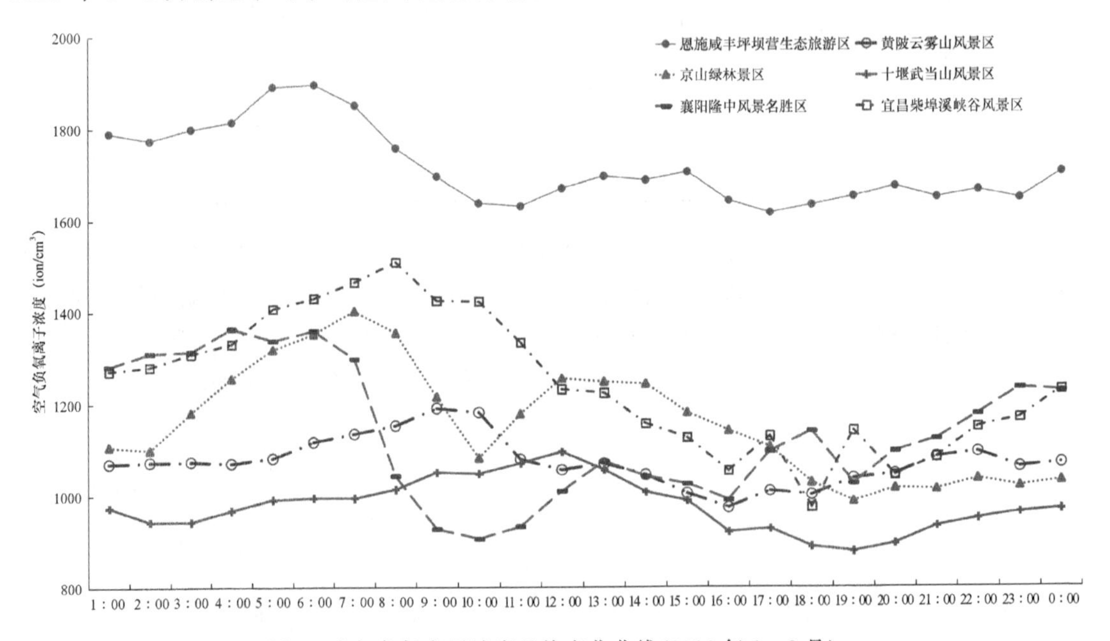

图 4　大气负氧离子浓度日均变化曲线（2016 年 1—2 月）

图 4 中，6 个景区大气负氧离子浓度变化趋势较为一致，大体上均呈现一个峰值和一个谷值，即凌晨和上午的负氧离子浓度要大于下午和晚上，夜间呈逐渐上升的趋势，这与金琪对湖北省春季大气负氧离子浓度分布特征的研究结果基本一致[12]。但不同景区负氧离子浓度的峰谷值出现时间略有区别，大致集中在早上 07:00—09:00 之间；襄阳隆中景区负氧离子浓度最大值出现在早上 06:00 附近；而十堰武当山景区的负氧离子最大值则在 11:00—12:00 之间出现。襄阳隆中景区的最小值出现在上午 10:00 左右；黄陂云雾山的最小值出现在 16:00 附近；其余各站的负氧离子浓度最小值都出现在傍晚 18:00—19:00 之间。

总的来说负氧离子浓度在一天内呈现出明显的日变化，12:00 以后负氧离子浓度整体呈下降趋势，而过了凌晨又开始逐渐上升。

4 气象条件对大气负氧离子浓度的影响

4.1 气象要素与大气负离子浓度相关系数

气温、气压、相对湿度、风速风向和降水量等气象要素对大气负氧离子的浓度有较大的影响,本文利用湖北省各旅游景区内,相同观测环境、相同采集时间且连续观测的自动站气象要素数据与大气负氧离子浓度观测数据进行相关性分析。由于大气负离子浓度在短时间内受周围环境影响会有很大变化,不适合进行长时间序列的分析,因此以月为单位来进行研究。

选取数据较稳定,采集质量较高的武汉植物园、襄阳隆中风景名胜区和鄂州梁子岛生态旅游区三个景区为例,分别选取四个季节的代表月份,以各景区所观测的逐月逐10分钟大气负离子浓度为因变量,同时次自动站观测的逐10分钟气温、气压、相对湿度、风速风向和降水量为自变量,利用SPSS进行单因素Pearson相关性分析。结果如表2所示。

表2 气象要素与大气负氧离子浓度相关系数

	时间	样本数	气温	相对湿度	风速	风向	降水量	气压
武汉植物园	201601	4458	−0.594*	0.007	0.066*	0.002	0.014	0.056*
	201604	4318	−0.112*	0.204*	0.119*	0.107*	0.236*	0.095*
	201507	4893	−0.055*	0.062*	0.225*	0.201*	0.527*	−0.025
	201510	2358	−0.273*	0.197*	0.075*	0.088*	0.113*	0.007
	时间	样本数	气温	相对湿度	风速	风向	降水量	气压
襄阳隆中景区	201601	4461	−0.399*	0.28*	−0.107*	0.034*	0.057*	0.153*
	201505	4463	−0.259*	0.103*	0.388*	−0.059*	0.542*	0.036**
	201508	4462	−0.162*	0.12*	0.055*	−0.026	0.338*	0.028
	201510	3069	−0.183*	0.082*	−0.031	0.019	0.457*	0.009
	时间	样本数	气温	相对湿度	风速	风向	降水量	气压
鄂州梁子岛	201601	4463	−0.16*	−0.101*	0.103*	0.015		−0.084*
	201505	4352	−0.194*	0.186*	0.209*	0.042*	0.063*	−0.033**
	201508	2504	−0.323*	0.287*	−0.192*	−0.153*	−0.009	0.008
	201510	3231	−0.285*	0.246*	0.173*	−0.095*	0.159*	0.006

注:**表示通过0.05显著性检验,*表示通过0.01显著性检验,未标注表示未通过检验。

结果表明,气温与大气负氧离子浓度呈负相关,相对湿度和降水量呈正相关,气压、风向风速与负氧离子浓度相关性表现不明显。但总体而言,六个基本气象要素在以月为单位进行相关性分析时,所表现出的相关性结果均不明显主要是因为大气负离子受到气象要素的影响十分复杂,且在不同天气状况下会有短时的跳变发生,以较长时间序列进行整体相关性分析时,相关性表现不明显。这一结论与金琪[12]、黄世成等[14]的研究结果较为一致。

但对典型天气状况进行个例分析时,则能呈现较好的相关性结果,因此选取了典型个例来分别研究各气象要素对大气负离子浓度的影响。

4.2 不同天气状况对大气负氧离子浓度的影响

大气负离子浓度与天气现象密切相关,在不同天气状况下,大气负离子浓度有很大的不同。以襄阳隆中风景名胜区 2 月逐日负氧离子浓度均值为例，分析不同天气状况对测站大气负氧离子浓度的影响。

2016 年 2 月，襄阳市共有三天出现了降水，分别是 9 日、10 日和 12 日，其中 9—10 日降水量较小，仅小雨量级；12 日的 24 h 降水量为 25.6 mm，达中雨量级；13 日开始襄阳地区天气转晴，特别是 15—16 日和 20 日，襄阳为晴天，天空云量较少；而 23—25 日，襄阳出现了霾。

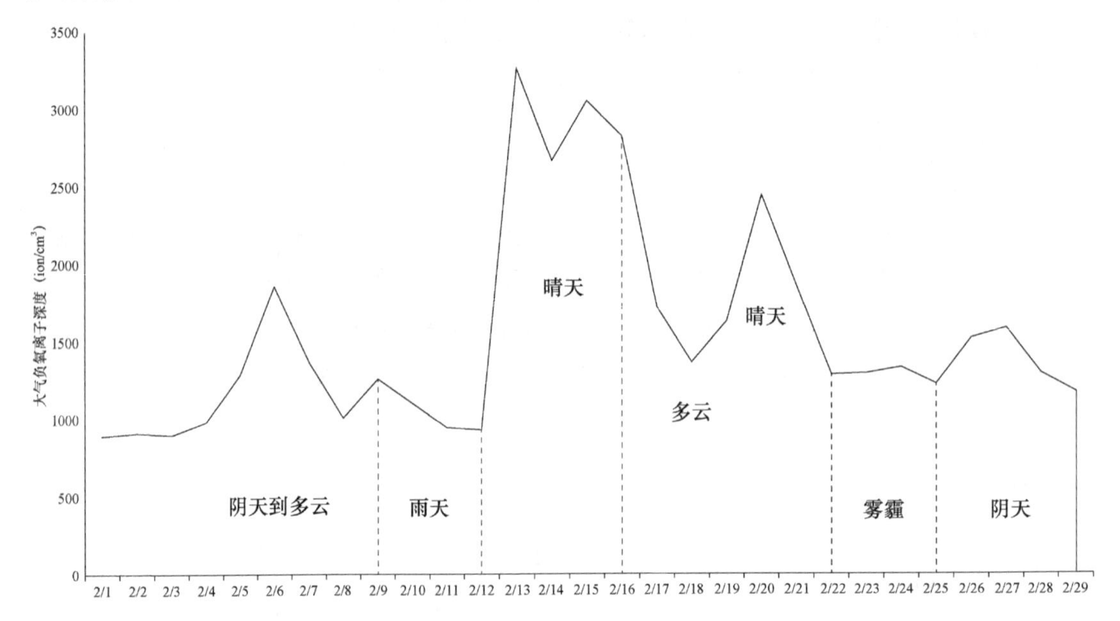

图 5　襄阳隆中风景名胜区 2016 年 2 月大气负氧离子浓度逐日曲线

从上图可以发现雨天大气负氧离子浓度要明显小于晴天，主要是由于晴天紫外线到达量大于雨天，而紫外线是空气中负氧离子的主要来源。13—29 日，襄阳地区无降水发生，大气负氧离子浓度在 13—16 日和 20 日出现了两个峰值，这两个时段襄阳均为晴天，说明晴天负氧离子比阴天多，这是由于晴天阳光照射更为充足，丰富的紫外线有助于负氧离子的产生，同时，晴天太阳辐射要明显强于阴天，植物的光合作用也更强烈。而 23—25 日，襄阳出现了霾，对应时段负氧离子浓度也处于低值，说明雾霾天或空气污染严重时不利于负氧离子产生。

4.3　较强降水对大气负氧离子浓度影响

研究表明雷阵雨或中雨以上降水会使空气中负氧离子浓度有明显的增大[3]。为研究强降水与负氧离子浓度的关系，选取襄阳隆中景区出现中雨的 2 月 12 日为例，将 01:00—23:00 的逐小时降水量与负氧离子逐小时浓度进行对比。结果如图 6 所示。

在出现较强降水的时段内，负氧离子浓度明显增大(相关系数达 0.73)。12 日襄阳隆中的降水出现在早晨 06:00—08:00 及下午的 13:00—23:00，降水出现了三个峰值时段，分别对应 06:00—08:00、13:00—14:00 和 18:00—19:00，该日负氧离子浓度在这三个时间段也出现了三个明显的峰值，13:00 由 11:00 的 249 个/cm^3 上升到 1002 个/cm^3，18:00 由 535 个/cm^3 迅速攀升至当日最高值 2066 个/cm^3。说明中雨以上量级的强降水有利于负氧离子的增加，可能是由于充沛的水汽条件和降水运动对于水分子的剪切作用，有利于负氧离子的产生。而随着降水过程的减弱，负氧离子浓度迅速降低，这可能与空气中的水滴半径较大，负氧离子易附着在其表面发生沉降有关。

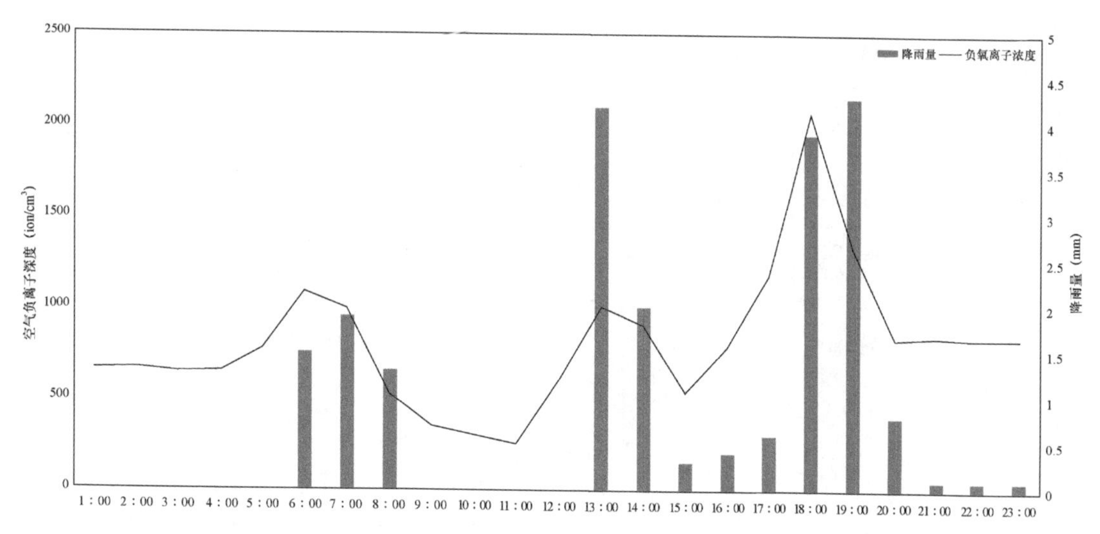

图 6　襄阳隆中风景名胜区 2016 年 2 月 12 日大气负氧离子浓度与降水量对比(相关系数 0.73)

选取 2016 年 3—4 月全省出现中雨以上降水的 6 次过程进行分析，在出现降水的时段，降雨量与大气负离子浓度间也呈现较强的正相关性，对比结果及相关系数值如表 3 和图 7。

表 3　2016 年 3—4 月六次降水过程大气负氧离子浓度与降水量相关系数

降水过程	*a*	*b*	*c*	*d*	*e*	*f*
相关系数	0.71*	0.75*	0.79*	0.71*	0.81*	0.77*

注：* 表示通过 0.01 显著性检验。

总的来看，在所有个例中，中雨以上的降雨与空气中负氧离子浓度均表现出较强正相关性，总体相关系数达 0.7 以上，这与金琪[12]等对湖北春季大气负氧离子浓度的分析是一致的，说明强降水对负氧离子浓度的影响与季节无关。

4.4　雷电对负氧离子浓度的影响

为了研究雷电和负氧离子浓度的关系，选择雷雨过程较多的四月来进行分析。2016 年 4 月 15 日夜间至 4 月 16 日白天，湖北出现了一次全省范围的雷雨大风天气，湖北省三维闪电监测网监测数据显示，从 15 日 15:00 至 16 日 10:00 全省自西向东共出现了 9607 次闪电，其中正闪 1444 次，负闪 8163 次。出现闪电最多的地区为黄冈 3034 次，其次是咸宁 2622 次。

以此次过程为例，结合景区大气负氧离子数据到报情况和数据整体质量，选取了襄阳隆中风景名胜区、荆门钟祥明显陵景区、京山绿林景区、随州玉龙温泉欢乐谷、孝感双峰山旅游度假区、十堰武当山风景区、咸宁三国赤壁名胜区和咸宁潜山国家森林公园 8 个景区，分析了雷电天气过程对于各景区大气负氧离子浓度的影响。

各景区所在地区在此次过程中出现的总闪电次数和时间如表 4 所示。

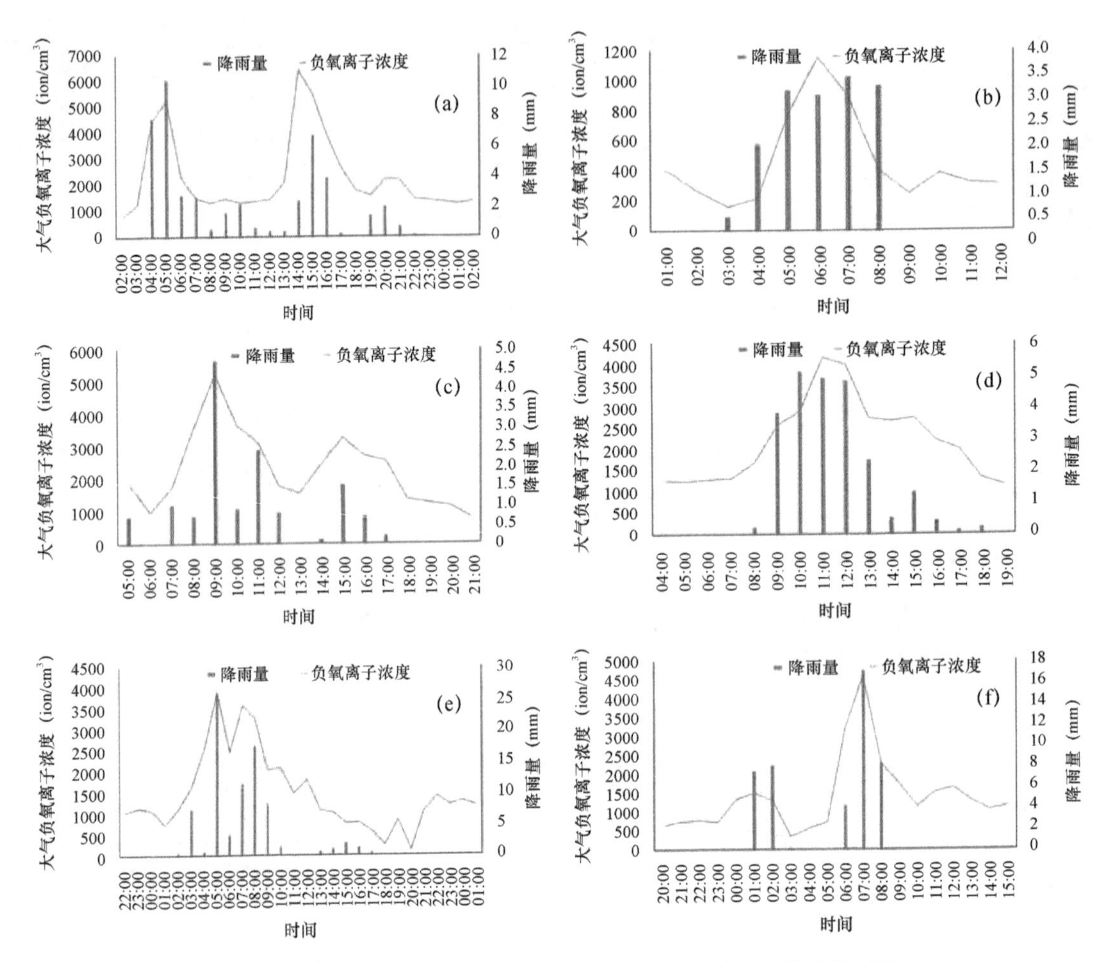

图7 2016年3—4月六次降水过程大气负氧离子浓度与降水量对比

(a)咸宁潜山3月8日;(b)京山绿林4月6日;(c)鄂州梁子岛4月3—4日;(d)神农架神农顶4月17日;(e)咸丰坪坝营4月5日;(f)鄂州梁子岛4月19—20日

表4 4月15—16日闪电次数及出现时间统计

地区	闪电总次数	开始出现时间	结束时间	持续时间	最大时间段
十堰	16	4.15 16:59	4.15 22:53	5小时54分	20:30—21:15
襄阳	80	4.15 18:19	4.16 01:37	7小时18分	18:52—19:58
荆门	445	4.15 17:37	4.16 02:21	8小时44分	19:20—23:47
随州	37	4.15 18:55	4.16 02:29	7小时34分	20:56—22:38
孝感	317	4.15 19:27	4.16 02:53	7小时25分	21:11—02:27
咸宁	2622	4.15 20:33	4.16 05:42	9小时9分	20:33—22:11 23:17—02:15 02:26—04:56

将各景区4月15日15:00—4月16日17:00的大气负氧离子数据，与该地区相同时段内出现的闪电频次进行对比，分析出现闪电过程前后该地区大气负氧离子浓度的变化情况，对比结果如图8。

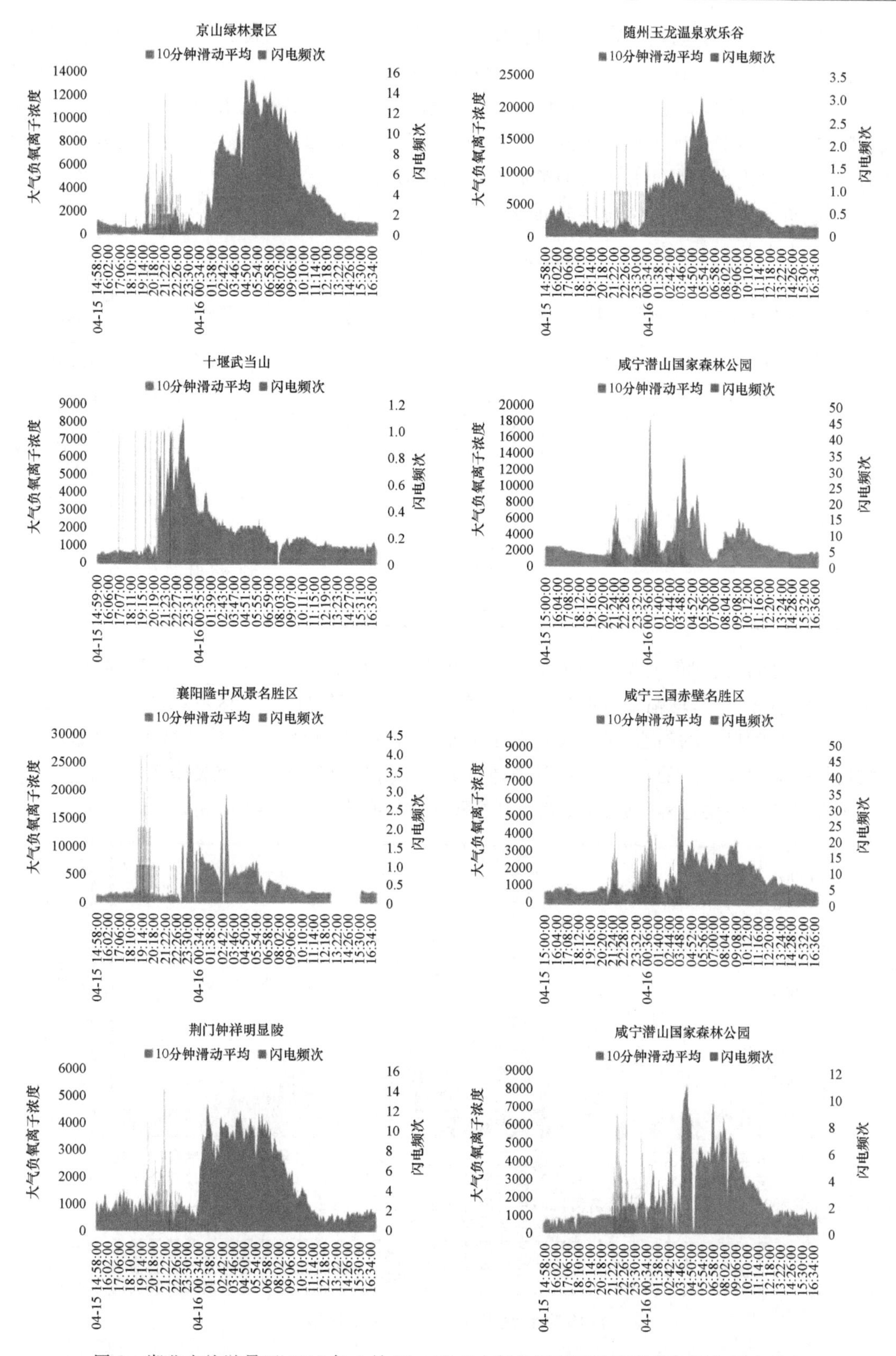

图 8　湖北省旅游景区 2016 年 4 月 15—16 日大气负氧离子浓度变化与闪电频次对比

图 8 橙色代表的是该地区在 15 日夜间至 16 日白天闪电出现频次，蓝色表示对应景区在 15 日 15:00～16 日 17:00 大气负氧离子浓度变化的情况。

由上述对比图可清楚地发现，闪电与大气负氧离子浓度值之间有着明显的相关性，当该区域有闪电活动时，对应地区的负氧离子浓度值有明显增大的过程。但这一增大过程并不是实时的，相对闪电出现的时间有一定的滞后性。我们对闪电初次出现时间与负氧离子浓度开始增大时间、负氧离子浓度大值持续时间等关系进行了统计，结果如表 5 所示。

表 5　闪电出现时间与负氧离子值增大时间对比

地区	闪电出现时间	闪电平均强度	景区	负氧离子值增大时间	滞后时间	负氧离子大值持续时间
十堰	16:59	39.18	十堰武当山	20:40	约 3 小时 40 分	约 10 小时 35 分
襄阳	18:39	24.93	襄阳隆中	22:55	约 4 小时 15 分	约 9 小时
荆门	17:37	25.49	钟祥明显陵	00:20	约 5 小时	约 10 小时 40 分
			京山绿林	01:00	约 5 小时 30 分	约 12 小时
随州	18:55	32.72	玉龙温泉	00:17	约 5 小时 25 分	约 10 小时 40 分
孝感	19:27	23.17	双峰山	01:00	约 5 小时 30 分	约 11 小时 40 分
咸宁	20:33	26.37	赤壁名胜区	00:00	约 3 小时 30 分	约 13 小时 20 分
			潜山森林公园	00:36	约 4 小时	约 11 小时 24 分

由表 5 可知，大气负氧离子浓度值一般会在出现闪电后的 3.5～5.5 小时明显增大，且与该景区的均值相比较，增幅十分明显。在连续多次出现强闪电活动的区域，负氧离子浓度几乎都能维持十小时以上的高值，随后又逐渐下降至正常水平。说明闪电活动对大气负氧离子浓度的增加是有明显作用的，主要是因为放电现象是空气中负氧离子的重要来源之一。

下面以此次雷雨过程较强的咸宁潜山国家森林公园为例，来详细分析。

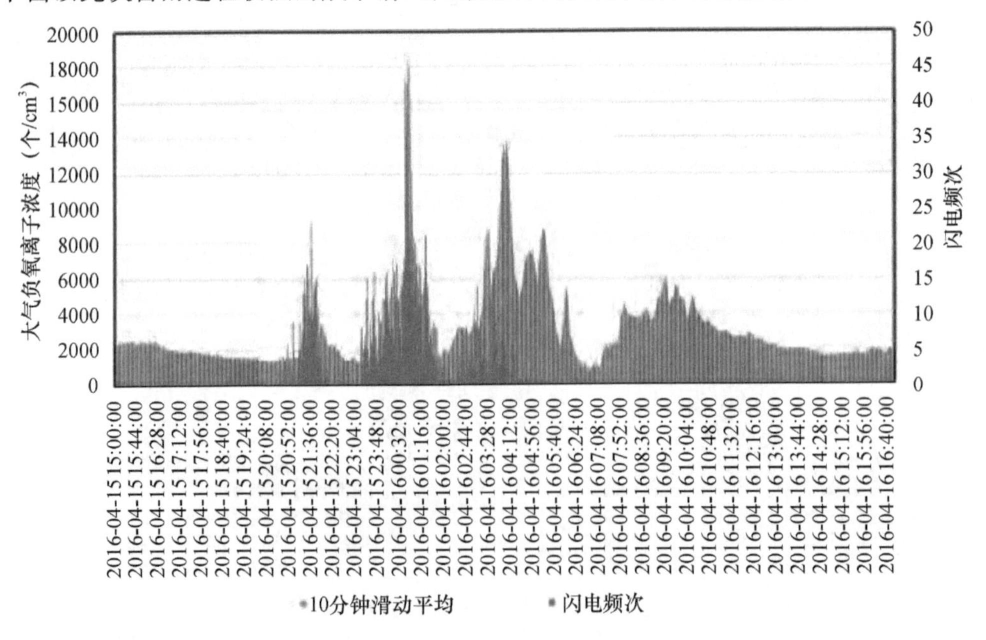

图 9　咸宁潜山国家森林公园 2016 年 4 月 15—16 日大气负氧离子浓度变化与闪电频次对比

此次雷雨过程，咸宁地区共出现了2622次闪电，从上图橙色部分可以明显看出，闪电活动有三个较集中时段，分别是20:33—22:11(A)、23:17—02:15(B)和02:26—04:56(C)。而咸宁潜山国家森林公园的大气负氧离子浓度监测结果显示，该景区从16日00:30以后，负氧离子浓度值开始出现明显增大的过程，且同样出现了三个峰值，分别是00:38—01:05(a)、02:15—06:20(b)和07:55—10:50(c)，比三个闪电活动频繁时段各滞后约4小时、4小时和5小时。

3个闪电频繁活动时段从时长上比较A<C<B，对应的负氧离子浓度峰值维持时间也是a<c<b，这说明闪电出现频次越多，对应负氧离子浓度峰值维持时间也越长。

总的来说，闪电活动对该区域大气负氧离子浓度的影响很大，两者有很好的正相关性。当本地区有闪电活动时，负氧离子值会增大，且增幅十分明显。负氧离子值的增加相比闪电出现的时间有一定的滞后性，一般会在闪电出现后的3.5～5.5小时开始有明显增大的过程，且几乎都能维持10小时以上的高值；与闪电活动次数、强度等有一定的相关性，闪电活动越频繁，强度越大，负氧离子浓度值增幅越大，持续时间越长。

5 讨论

(1)湖北省大部分旅游景区年均负氧离子浓度值均在1000个/cm^3以上；西部山区高于东部平原地区，其中恩施和宜昌大部分景区负氧离子浓度年均值达2000个/cm^3以上。

(2)湖北旅游景区负氧离子分布呈现出明显的季节变化，夏季最高，冬季最低，春、秋次之，但秋季略大于春季。负氧离子浓度从3月开始逐月增加，至8月达到最大值，后又逐渐减小。年均变幅较大，为507个/cm^3，西部地区大于东部地区，最大年均变幅为鄂西南。

(3)各景区负氧离子浓度日变化趋势较为一致，大体上均呈现一个峰值和一个谷值，即凌晨和上午的负氧离子浓度要大于下午和晚上，夜间呈逐渐上升的趋势。

(4)大气负氧离子浓度也受到气象条件的影响，但关系较复杂。大体来说，晴天负氧离子浓度最大，阴天小于晴天，而雾霾天和小雨天负氧离子浓度均较小；当出现中雨以上降水时，空气中负氧离子会明显增大，两者呈显著正相关；闪电活动与该区域负氧离子浓度有很好的正相关性，出现闪电后的3.5～5.5小时，负氧离子值会明显增大，并维持10小时以上的高值。

大气负氧离子在夏季最大，冬季最小，但相关性研究中负氧离子浓度却与温度表现出了负相关，说明在影响大气负氧离子浓度分布的要素中，温度并不是决定性的因素，负氧离子对周围自然环境(河流、湖泊、森林等)更为敏感，按照景区类型、海拔高度等的不同对景区负氧离子分布特征来进行研究也是十分有必要的。

总的来说，湖北省旅游景区的大气负氧离子资源十分丰富，对旅游景区大气负氧离子的监测数据进行深入分析，可全面系统的研究我省旅游景区环境中的负氧离子分布规律，为各个旅游景区更好地开发利用负氧离子这一自然资源，创造更优质的旅游环境做理论参考。

参考文献

[1] 钟林生，吴楚才，肖笃宁，等.森林旅游资源评价中的空气负离子研究[J].生态学杂志，1998,17(6):56-60.
[2] 刘和俊.安徽主要旅游景区空气负离子效应研究[D].合肥:安徽农业大学，2013.
[3] 叶彩华，王晓云，郭文利，等.空气中负离子浓度与气象条件关系初探[J].气象科技，2000(4):51-52.
[4] 冯鹏飞，于新文，张旭.北京地区不同植被类型空气负离子浓度及其影响因素分析[J].生态环境学报，

2015,24(5):818-824.

[5] 韦朝领,王敬涛,蒋跃林,张庆国.合肥市不同生态功能区空气负离子浓度分布特征及其与气象因子的关系[J].应用生态学报,2006,17(11):2158-2162.

[6] 陈前江,延军平.1970 年以来湖北省气候变化与旱涝灾害相应分析[J].江汉大学学报,2015,43(4):308-316.

[7] 王学良,余田野,汪姿荷.近 52 年湖北雷暴气候特征及其变化研究//第十二届防雷减灾论坛[C].中国气象学会,2014:1-15.

[8] 曹小雪,黄建武,揭毅.近 52 年来武汉市气候变化特征分析[J].江西农业学报,2014,26(9):80-85.

[9] 吴楚材,郑群明,钟林生.森林游憩区空气负离子水平的研究[J].林业科学,2001,37(5):76-81.

[10] 穆丹.佳木斯绿地空气负离子浓度及其与气象因子的关系[J].应用生态学报,2009,20(8):2038-2041.

[11] 姚成胜,吴甫成,郭建平,等.岳麓山空气负离子及空气质量变化研究[J].环境科学学报,2006,(10):35-37.

[12] 金琪,严婧,杨志彪,王海军.湖北春季大气负氧离子浓度分布特征及与环境因子的关系[J].气象科技.2015,43(4):728-733

[13] 段炳奇.空气离子及其与气象因子的相关研究[D].上海:上海师范大学,2007.

[14] 黄世成,徐春阳,周嘉陵.城市和森林空气负离子浓度与气象环境关系的通径分析[J].气象,2012,38(11):1417-1422.

湖北省林火气候的综合分区研究*

摘　要　本文根据主导因子及综合分区原理，对与湖北省森林火灾有关的主要气候要素进行单项及综合区划，得到3级共8个林火气候区，其中，重、中等火灾区各占1/7，轻火灾区占5/7。

关键词　林火气候；主导因子；综合分区

1. 引言

W. 柯本于1900年首次提出了气候分类，把植物地理与气候条件结合起来考虑，从一开始就建立了综合区划的基本方法。因气候因子很多，所以要抓主导因子，分类时便有主次之分，这就是最早使用的主导因子逐级分区法的基础，该法至今在气候分类中应用仍很广泛。1956年张宝堃等采用的也是该法，同时采用了综合性因子，即某一因子可以是多个因子信息的综合。通常把气候因子归并为几大类即热量、水分、辐射因子等，每大类中又包含许多项。气候分类中的主要因子往往为热量因子，也有个别用水分因子的如新疆的农业气候区划就是如此。

本文所作湖北省林火气候区划，只考虑与湖北省林火发生有紧密关系的因子，数量选用3～5个。前期研究表明[1]：水分条件如降水量、降水日数及蒸降比等对我省大范围的森林火灾起决定性作用，特别需要指出的是，温度虽在某一次性森林火灾进程中有重要作用，但并不是引发大量火灾的必要条件。因而在本区划中未加考虑。

首先确定区划原则：①根据国家森防总办要求，本文亦作3级区划；②水分因子为主导因子，③遵循气候相似原理和地域分异规律，区界应与天然区域某些界线相符(地理，植被等)，④指标意义明确，能反映主要林火气候问题，⑤分区简单明了，符合火灾指标及划分结果，有利于防火部门应用及重点布防，⑥除气候因子外，综合区划时还应适度考虑地形地貌及界线，各地优势树种、地被物及其燃烧性、交通、农业人口密度、用火习惯、火源等。

2　资料与方法

本文采用全省77个气象站1961—1980年共20年的年、季均值，选取的主要因子为降水量、蒸降比、晴天日数，通过对比分析表明，这些因素的年均值与防火季(11—4月)均值间有极好正相关，为了方便只采用年均值，并参考森林火灾燃烧率(1987—1989年3年平均)。

3　结果与分析

3.1　单项分区及其图解

1)水分指标　降水多少最能直接影响到植被含水量多寡。降水量大，植被湿润不易起火，

* 陈正洪. 华中农业大学学报，1993，12(4)：369-375.

反之易于起火。共考虑下列水分指标:年均相对温度、年降水量、年降水日数,年蒸发量。通过一系列统计分析[1]表明,年降水量指标较为重要,基本上能反映我省林火气候的区域差异性,并由此可划分为 3 大带:北部少雨带(<1000 mm),中部过渡带(1000~1300 mm),南部多雨带(>1300 mm),见图 1。

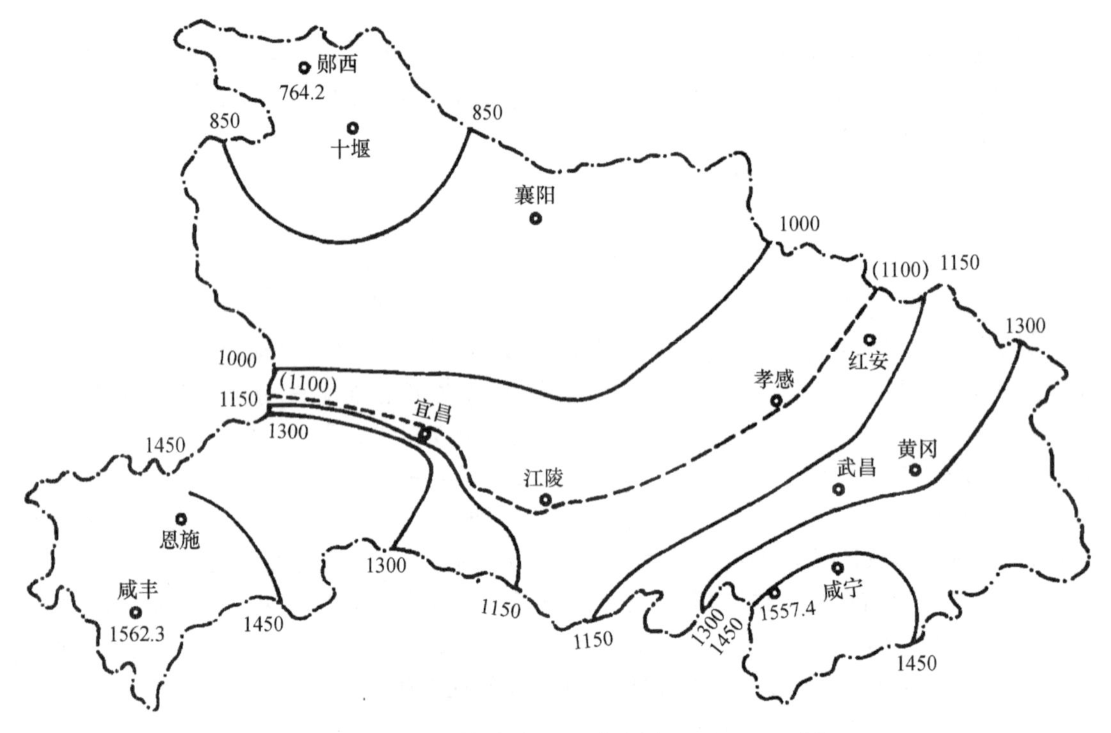

图 1　湖北省年均降水量(mm)分布图(1961—1980 年)

2)干燥程度指标　它可反映出大气及植被和引燃物的干燥程度即着火难易度和可否蔓延成灾。统计两类指标 K_1=年蒸发量/年降水量、$K_2=\frac{0.16(\geqslant 10\ ℃降水量)}{\geqslant 10\ ℃积温}$,对比分析表明:二者趋势完全一致,但 K_1 的跨度大且等级界线易于确定,故选定 K_1,并作 3 级划分,$K_1>1.5$、$K_1=1.0\sim1.5$、$K_1<1.0$ 分别对应干旱、半湿润、湿润区,见图 2。①干旱带($K_1>1.5$)为我省北部 14 个县和巴东县,即鄂西北、鄂北岗地、江汉平原北部等。南界西起竹山经保康,到应山一线,在荆门钟祥向南下凹。这些地区正是湖北省的少雨干旱区,又称“旱包子”。最干旱区($K_1>1.75$)为鄂西北 4 县及枣阳、荆门。②半湿润带(K_1:1.0~1.5)共 48 个县市,从三峡经江汉平原到鄂东一大片,以 1.25 为临界值划分亚区,则刚好为 31°N 这一重要分界线,南湿北干。③湿润带($K_1\leqslant1.0$)则主要集中在鄂西南 9 县、鄂南 5 县共 14 县市。极湿润($K_1<0.75$)仅鄂西南 5 县。

可见 K_1 是极好的综合指标,因为它往往包含了风速、辐射、蒸发、降水等许多因子。

3)年晴天日数指标　它最能表现可能着火日数,以 200、150、100 为界划分极少、少、中、多日照带,见图 3。鄂西山区、鄂东及鄂南均为<200 天的低值区,尤以鄂西南 6 县市年晴天日数不到 100 天,系我省多雨区。而广大江汉平原,鄂北为大片≥200 天的高值区,利于着火,成为火灾高发区,不过平原湖区林业面积小,火灾损失也小。

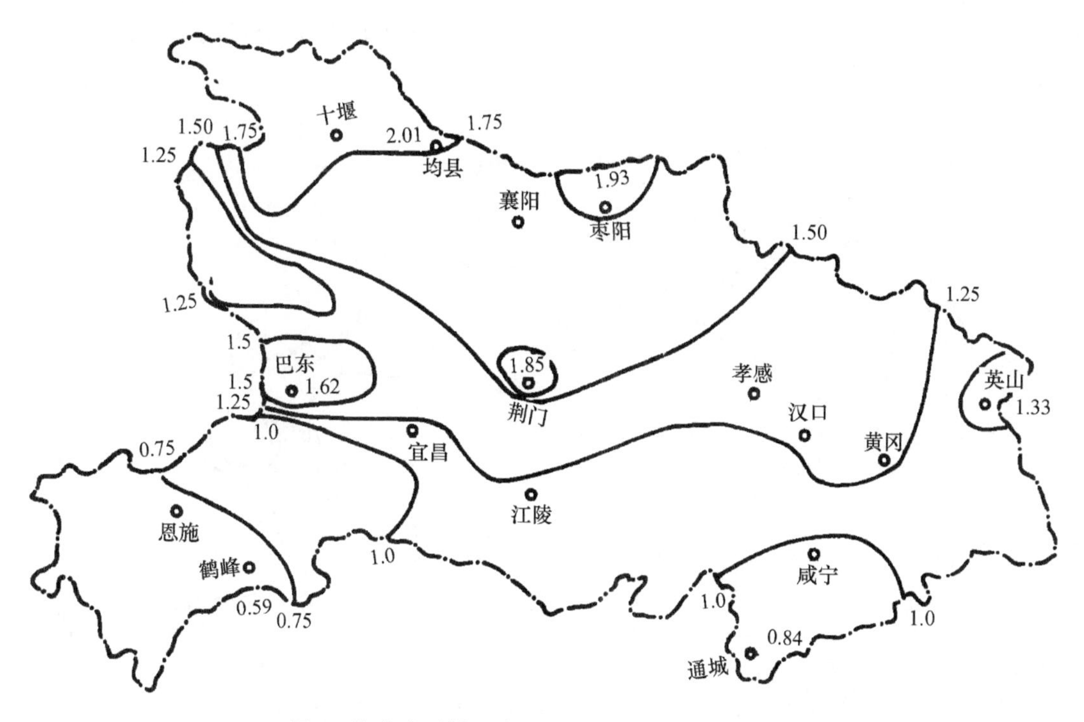

图 2　湖北省干燥程度 K_1 分布图(1961—1980 年)

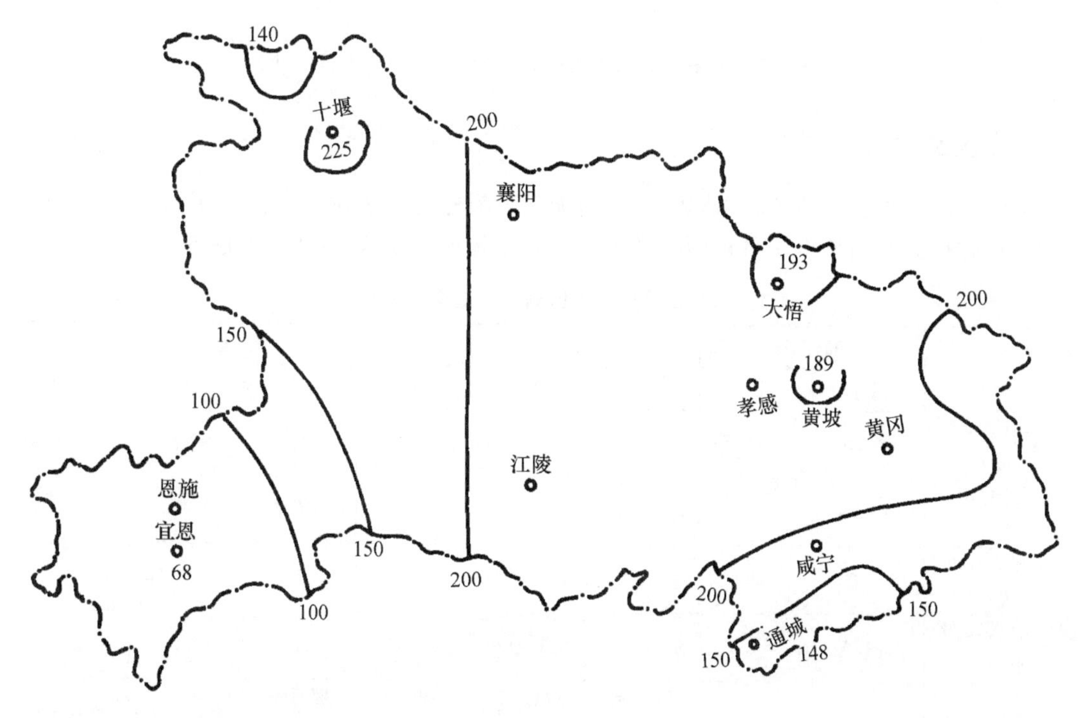

图 3　湖北省年均晴天日(d)(日低云量≤2.0)分布图(1961—1980 年)

4)森林火灾燃烧率 能较好地表示火灾危害及控火能力,与发火频次也有较好的对应关系,是较好的火险综合指标。本文以它为参考量,并以 1.0、0.5 为界划分高、中、低三级火险,见图 4。

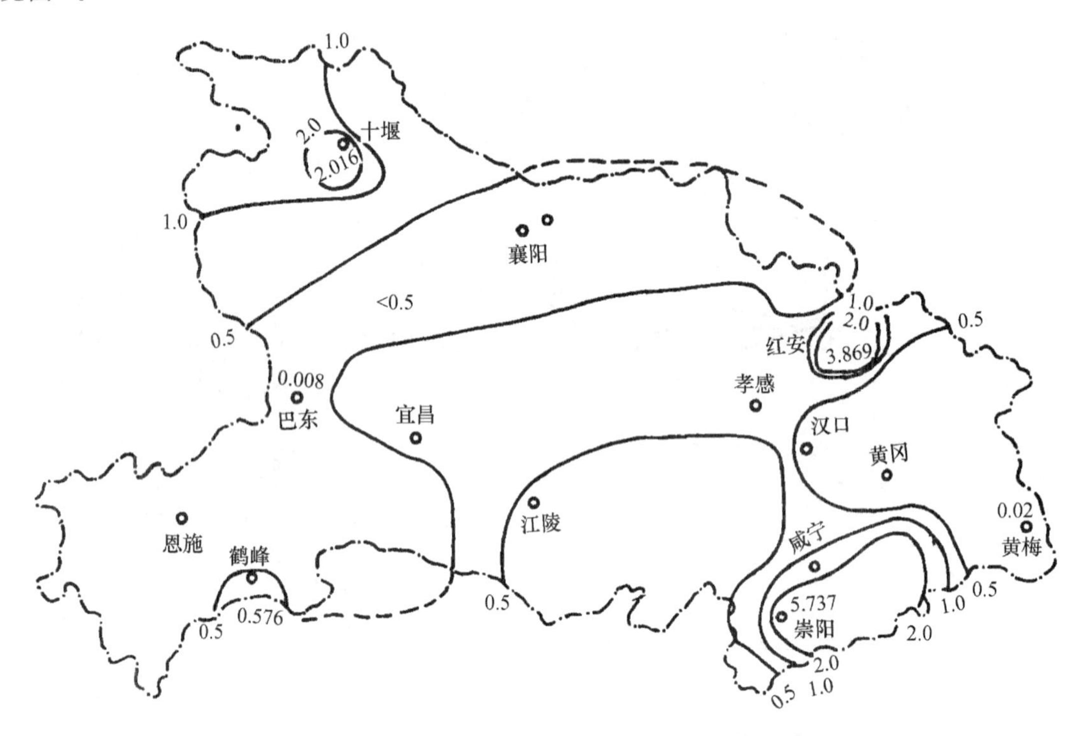

图 4 湖北省森林火灾燃烧率(‰)分布图(1987—1989 年)

3.2 分区结果及评述

以年降水量为主导因子,年蒸降比、年晴天日数为辅助因子,森林火灾燃烧率为参考因子,从而进行叠加并适当调整便可得到我省 3 级共 8 个林火气候区,见表 1 及图 5。

表 1 湖北省林火气候区划主要指标及分区结果*

火险等级(代号)	高(Ⅰ)		中(Ⅱ)		低(Ⅲ)			
亚级代号	Ⅰa	Ⅰb	Ⅱa	Ⅱb	Ⅲa	Ⅲb	Ⅲc	Ⅲd
年均降水量(mm)	<850	>1400	1000~1150	1000~1300	850~1000	>1300	>1300	1100~1300
年均干燥度(K)	>1.75	<1.0	1.25~1.5	1.25~1.5	1.5~1.75	<1.0	1.0~1.25	1.0~1.25
年均晴天日数(天)	150~200	<200	>200	150~200	150	<150	150~200	>200
森林火灾燃烧率(‰)	>1.0	>1.0	0.5~1.0	0.5~1.0	<0.5	<0.3	<0.3	<0.5
所属大区名称	鄂西北	鄂南	中部(孝感大部江汉平原北部丘岗地)	宜昌东部、北部(长江以北)	鄂西大山区鄂北岗地	鄂西南(长江以南)	鄂东、江汉平原东部	江汉平原湖田区

* 红安属Ⅰ级,鹤峰属Ⅱ级。

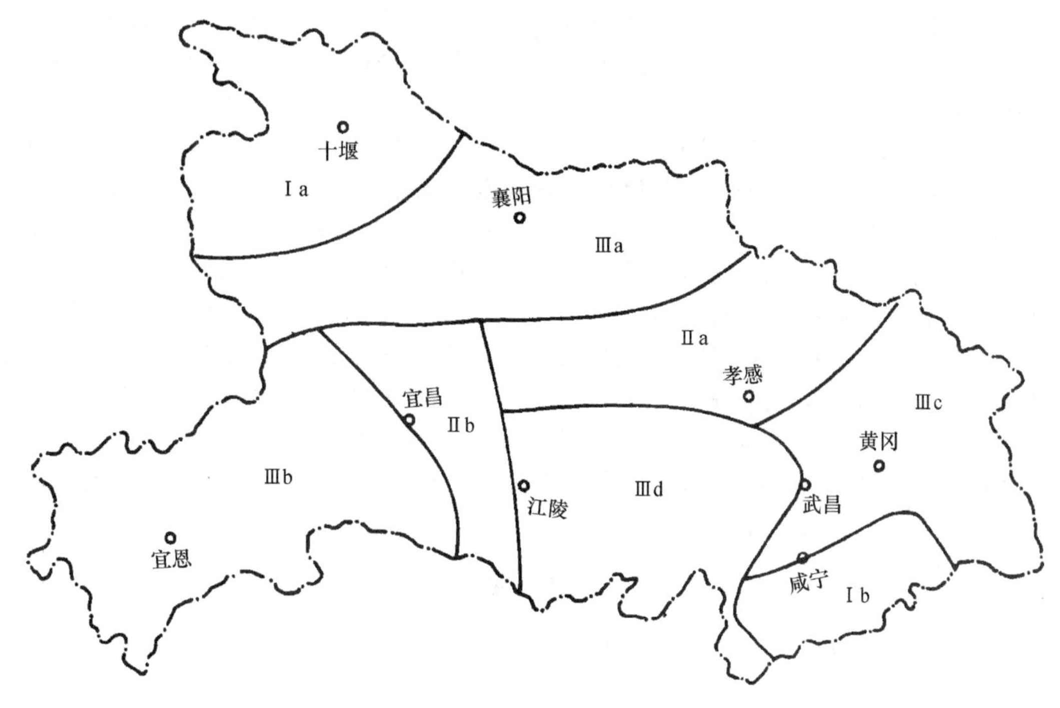

图 5　湖北省林火气候综合分区图

1）Ⅰ级高火险区　①Ⅰa 亚区：鄂西北极干旱少雨重火灾区，包括郧西、十堰、竹溪、竹山、房县、郧县、均县等。该区地理气候特点为：紧邻神农架北边林区、山高林深，尤其是以十堰为中心一带，由于交通便利，近年人口剧增，火源格外复杂，该区又是我省著名的"旱包子"，降水量最少，气候最干燥，冬春连旱十年九遇，使之成为我省的一大片重火灾区。②Ⅰb 亚区：鄂南秋冬高温干旱严重火灾区，包括祟阳、通山、大冶、阳新等，属幕阜山区北坡地段林区，林木蓄积量为我省东部之冠。该区虽是我省年降水量的高值中心，春季多连阴雨，但秋冬季气温高，天晴气爽极其干燥，植被枯黄含水率低，尤其是漫山遍野滋生着一种最佳引然物芭茅，往往与林区连成一片，且这里与湖南、江西贫困山区毗邻，保持一些不良用火习惯如炼山开荒、野炊、林内乱扔烟头等，外来火比例也较高，极易发生大火。尤其是秋冬旱之后的春旱年份，因该区春温回升快，春耕季节火种多，往往造成四面楚歌之场面。因此鄂南亦是全省的火灾窝子。

2）Ⅱ级中等火险区　①Ⅱa 亚区：中部（孝感大部，江汉平原北部）干旱多晴中等火灾区；包括孝感、广水、大悟、红安、京山、钟祥、荆门及松滋等。该区横跨我省中部丘陵岗地，位于大洪山南边至大别山北段余脉，林业面积在全省居中等水平，但人口密度大，火源种类多而复杂。属干旱少雨区，年降水量仅 1000 mm 左右，且晴天日数仅次于鄂北岗地，即可能着火日数多，故火灾仍较严重，如产材大县京山县，森林火灾次数多，损失重，几乎可划入Ⅰ级区。②Ⅱb 亚区：宜昌地区东及北部少雨冬暖中等火灾区，包括兴山、宜昌、远安、当阳等，该区地处长江以北、神农架主峰东南部，属西部山区向中部平原过渡区，森林覆盖率高，但公路交通发达，人为火源移动性大，不易控制。所属沟谷地，冬暖，年降水量少，火险较高。但高山区湿润，据观测研究神农架南坡高山地带是我省降水的高值中心区，较少着火，故火环境不及鄂西北。

Ⅱa、b 两区实际上连成一片，从西向东横跨湖北省中部。

3）Ⅲ级低火险区　①Ⅲa 亚区：鄂西少晴半湿润、鄂北岗地多晴干燥轻火灾区，包括神农架、保康、巴东、秭归、南漳、谷城、襄阳、襄樊市、宜城、枣阳、随州市等。鄂西有湖北省唯一的国家级自然保护区，有林海之称，该区山高，降水量远远大于平原、沟谷地，又属华西秋雨区内，年降水日数亦多，且山高冬春气温低、积雪长久，从气候上看是不利于着火的。同时山高人稀，火源相应较少，加之防火水平在全省居领先地位，使这一大片林区为少火灾区。而鄂北岗地气候条件虽利于着火，但这里人口稠密，林地稀少，林场相对集中，林下的杂草、枝叶被村民收拾得一干二净(因缺柴烧)，故火灾异常少。②Ⅲb 亚区：鄂西南多雨寡照极轻火灾区，包括整个鄂西州及宜昌地区的秭归、长阳、五峰等，地处我省西南边陲，属武陵山系，是我省著名的多雨中心，尤以华西秋雨、春季连阴雨最严重，固有“天无三日晴”之称，使这一大片林区火灾少发，损失甚少。③Ⅲc 亚区：鄂东多雨湿润少晴轻火灾区，包括鄂东、江汉平原东部。地处大别山南坡，鄂东大峡谷地区北段，林地稀少，仅集中在高山区，且年雨量大，气候湿润、不易着火。④Ⅲd 亚区：江汉平原湖田湿润少林轻火灾区，因林地稀少，少有火灾损失。

由上可见，湖北省重、中等火灾区各只占 1/7，而轻火灾区为 5/7，此系湖北省森林火灾的一大特点，对于重点布防极为有利。

参考文献

[1] 陈正洪，马乃孚，魏静，等. 湖北省林火气候的 FOF 解析. 南京大学学报，1991，27(S1)：425-432.

湖北省近40年森林火灾年际变化及其与重大天地现象间的关系*

摘　要　湖北省近40年森林火灾年际变化特点是：森林火灾活动逐年代下降，可连续多年偏重或轻发生，重灾年3～4年再现一次，且不足总年数1/3，但造成的损失却超过2/3以上。研究发现厄尔尼诺出现年、南方涛动指数≤－0.4年和太阳活动的峰谷年三者均具有近3年周期，且多同期出现，当年或当年度气候偏干，火活动强或极强，反之，则气候偏湿，火活动弱，从而构成完整的天地生作用体系，根据厄尔尼诺、南方涛动指数和太阳活动情况，对森林火灾有较好的预见性。

关键词　森林火灾；重大天地现象；天地生体系

1　引言

湖北省森林覆盖率为25.7%，属乏材省份。森林火灾是湖北省林业的主要灾害，据不完全统计，从1951—1989年(缺1966—1970年)，全省共发生森林火灾19334次，年均567次[1]，远远超出东北各省年均10次左右的数字；烧山面积累计1026000 hm^2，相当于“87·5”大兴安岭特大火灾的过火面积，年均32000 hm^2。但森林火活动逐年变化不一。

森林火灾长期预测至今尚未有好的方法，国内外学者发现一些重大天地现象如太阳活动(SSN)、恩索(ENSO)事件等与野外火活动有较好的对应关系[2～5]。值得注意的是，据研究，厄尔尼诺(EN)期间，美国南部及墨西哥湾降水偏多，火活动明显下降，相反，中国东部广大地区上空当年冬季风强盛，降水偏少。本文旨在探讨这些重大的天地现象与湖北省近40年干湿指数及森林火灾间的联系，为湖北省森林火灾长期预报提供新方法。

2　资料与方法

森林火灾资料包括湖北省1951—1989年(缺1966—1970年)及神农架林区1969—1989年逐年的火活动指标(包括发火次数、过火面积2项指标)。为了消除趋势影响及资料的中断，特作如下处理，即对两地均作两段平均及标准化，全省分1951—1965年和1971—1989年两段，神农架分1969—1972年和1973—1989年两段。其中神农架1969年仅取4月8—12日28处大火资料，过火6670 hm^2。

3　结果与讨论

3.1　湖北省森林火灾的年际变化(图1a)

湖北省森林火灾年际变化显著。1951—1965年15年间火灾频发，年均928次，过火

* **陈正洪**，孟斌. 华中农业大学学报，1995，14(3)：292-296.

60661 hm^2，尤其是1953—1958年及1961年最严重；而1971—1989年19年间发火频次剧降，年均285次，火场大大缩小，年均6128 hm^2，分别为前15年的1/3和1/10；具体表现为：

1)40年来火活动逐年代下降明显。

2)火灾可连续多年偏重偏多(1953—1958年，1986—1988年)或偏轻(1981—1985年)，似有一种"惯性"。

3)超过"0"线的年份仅及总数1/3，其损失则超过总损失的2/3以上。

4)火灾重发、多发基本同步，且有3年左右波动周期。

5)神农架林区21年来火灾变化与全省基本一致。1969年、1972年的特、重大火灾，1978年、1981年、1988年火灾频发，均能对应全省火灾高值年，仅1986年林区火灾少，与全省有异。但1987年、1988年火灾持续增多，则对应80年代末全省火灾重发时段，林区火灾具有4年左右的波动。

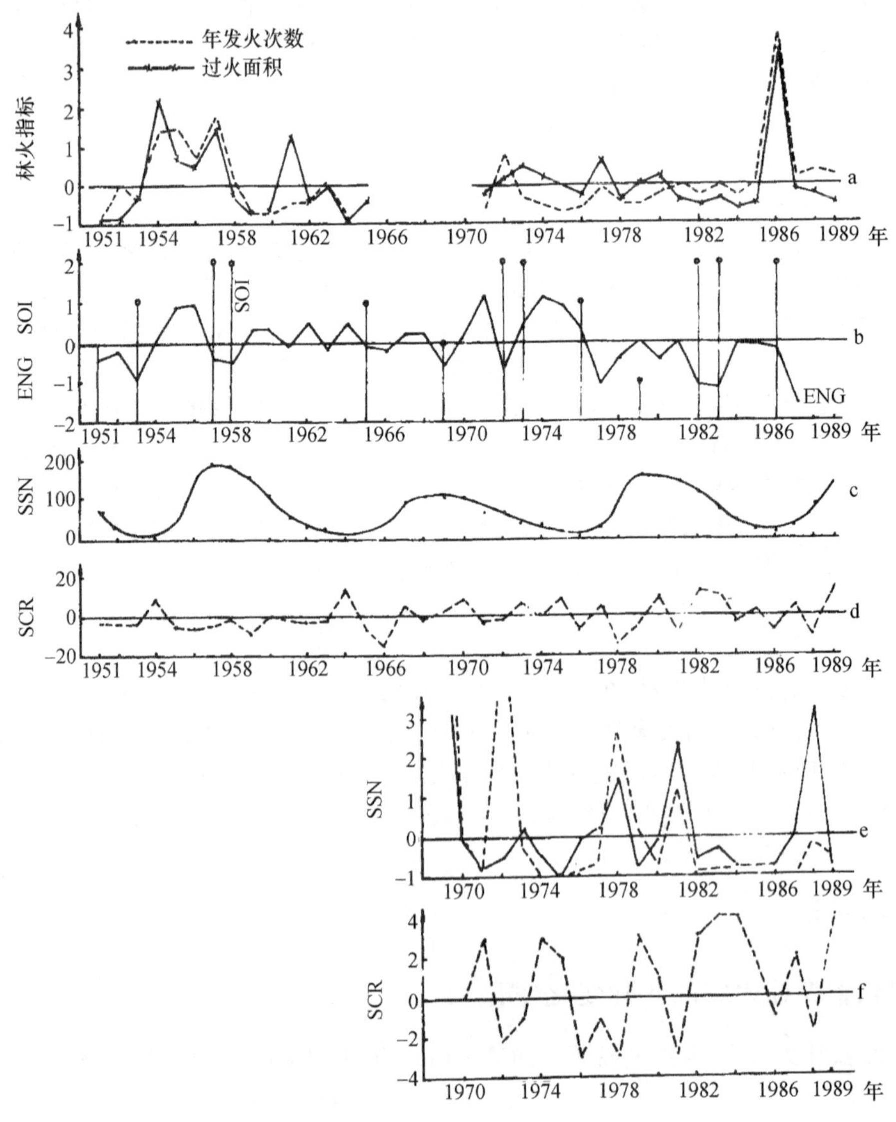

图1 湖北省1951—1989年(a)、神农架1969—1989年(e)林火指标年变化及与重大天地现象对照图

3.2 厄尔尼诺(EN)、南方涛动(SO)、太阳活动与林火的遥相关性

从图1a-c可看出,EN事件发生当年或下一年,火活动2项指标或其一常常偏高,火活动达到相对或极端强盛状态,如1957年、1969年、1972年、1973年、1986年均为EN当年,1952年、1954年、1977年均为EN次年,火活动较(极)强;另外1958、1965、1979、1983年EN出现,当年火活动相对前后几年仍较强。1951—1989年共有EN 13次,平均3年一次,共有12次EN当年或次年火活动强或极强,吻合率为12/13。

前人利用百年以上EN等级(ENG)资料得出3.6年和6年左右的周期,而1951—1989年间约为3年周期,恰与前述我省3年左右重灾年波动周期一致,且EN在五六十年代各有4、2次,50年代火灾就较重;七八十年代EN各为4、3次,70年代火灾较重。

图1b还可反映出SOI(SO指数)逐年变化,且SOI的低谷(负极值)年与EN出现大多数是一致的,如1951年、1957年、1958年、1969年、1972年、1982年、1983年,SOI≤−0.4,同年出现强EN事件,另外在SOI低值年的次年或前一年对应EN事件共3次,所以SOI≤−0.4与EN事件具有一定等价性。如SOI≤−0.4共12年,当年、次年火灾多发各7年和3年,计10年,总概率为10/12。

太阳黑子数(SSN)达极大或极小分别用M、m标出,显然图1c曲线具有正弦波的基本形状,也很平滑,其中仅1972年出现一次次高值。此间M、m各出现3次(1957年、1968年、1978年)、4次(1954年、1964年、1976年、1986年)。可见SSN极值年与ENG高等级、SOI负极值能较好对应,至多差半至一年(EN出现在圣诞节前后正是跨年时期)。SSN的M、m或次高值年火活动强的有1954年、1957年、1972年、1986年,次年火活动强的有1964、1968、1976年。

总之,上述3种重大天地现象相互关联、补充甚至可等同,若有二者满足,可较好预报火活动强盛年,否则火活动弱。

3.3 干湿指数(SCR)与林火

由于EN、SO、SSN等先影响到各地气候(1级响应),而各地冬春季气候(干、湿)异常则是导致局部火活动多发与否的关键环境条件(2级响应)。同时我们把EN、SO间及受SSN影响称作0级响应,从而构成完整的天地生相互作用体系。干湿程度则是重大天地现象与火灾间的“桥梁”,故需一个合适的评定方法。

过去关于干湿程度的评定方法众多,但我省森林多分布于山区,所以用于评判林火的干湿指数应由各大山区综合而得。本文选用4个代表站即房县、恩施、咸宁、麻城,分别代表鄂西北、西南、东南、东北4大片山地林区,构成方法如下:

1)确立干湿指数划分标准,见表1。

2)单站干湿指数　$S_i=S_n+S_{di}$　$(i=1,2,3,4)$

3)四站干湿总指数　$SS=S_1+S_2+S_3+S_4$

4)全省综合干湿等级划分,将$SS\geqslant 6$,3~5,−2~2,−5~−3,≤−6划分为特湿、湿、平、干、特干5级,逐年变化见图1d。统计表明39年间各级年数分别为9、4、8、10、8。

表1 单项干湿积分标准

年雨量		年雨日	
距平	积分1(*Sr*)	距平(mm)	积分2(*Sd*)
>200	2	>10	2
(100,200]	1	(3,10]	1
[−100,100]	0	[−3,3]	0
[−200,−100)	−1	(−3,−10]	−1
<−200	−2	<−10	−2

可见全省特干年出现概率为5年一遇，而干年(包括特干年)则为2.2年左右一遇，说明我省干旱十分频繁，几乎2～3年一遇，这与ENG、SOI的3年左右波动及太阳黑子数的11年周期的1/4分周期几乎一致。显然(特)干年及次年全省火活动指标上升或达最大，火灾则多发、重发，如1986年冬春、秋季全省特干，当年火灾2项指标均达到近20年的最大值；连续多年干或平、干年相连，则火灾会十分严重，如1953—1958年(除1954年夏季降水多而集中外)连干，森林火灾指标则是湖北省历史上有火灾记录以来最高的，其中有3年年火灾数超过2000次，烧山面积有5年超过66700 hm^2，有2年竟高达200000 hm^2，损失惨重。相反，湿、特湿年火灾轻，如最近的1989年特湿，SS＝14，系历史最高的，火灾损失小，而连续多年偏湿，如1980—1983年，火灾则连年少发。

自1962年以后，尤其是七八十年代，(特)湿年出现机会较多，对林火有抑制作用，使得后20年火灾相对前20年少，但只要哪一年出现全省性特干，仍可导致火灾峰值。

3.4 试报检验

自1986年强EN事件导致全省大范围严重的森林火灾及1986—1988年重火灾期后，1989—1990年连续2年火灾极轻发生。此后我们开始逐年发布下一年度全省森林火灾年景预报，主要依据1991年系近20年第2次太阳活动高峰年，1991—1992年底出现强EN，1993年下半年EN彻底消失，1993年底至1994年初SOI指数偏高等发布预报4次，即全省及神农架林区森林火灾1991—1992年度，1992—1993年度偏重；1993—2994年度、1994—1995年度正常偏轻，前3个年度趋势预测全部与实况相吻合，最后一次有待检验。

4 问题与讨论

由于重灾年虽年数少但损失重，故应重点抓住，且据本研究，重灾年的重大天地现象预兆明显，可预报性强，也是本研究最有价值的一点。

由于火灾可连续多年偏轻发生，往往易导致思想麻痹，一旦气候反常(偏干)，火灾就会大量发生，猝不及防，如1986年的火灾就是在这种背景下发生的。

近年来有一种认识，即凡EN年，长江流域夏季多雨，而对秋冬情况知之甚少，故需深入研究。

天地生相互作用潜在着极深的物理化学机理和数量关系，本研究仅揭示其相关性和定性关系，有待深入研究。

参考文献

[1] 湖北省林业厅.湖北省林业志[M].武汉:湖北人民出版社,1988:169-174.

[2] Albert J S,Donald A H,Willlam A M. Relations between El Nino/Southern Oscillation anomalies and wildland fire acfivity in the United States[J]. Agre. For. Meteorol. ,1985,36:93-104.

[3] Thomas W S. Julio L B. Fire-Southern Oscillation relations in the Southwestern United States[J]. Science,1990,249:1017-1020.

[4] 陈正洪.厄尔尼诺—南方涛动—太阳黑子对野外火活动的遥相关性[J].森林防火,1991(2):47-48.

[5] 王述洋,郑焕能,马岩,等.大兴安岭森林火灾重烧时段周期性演变与厄尔尼诺现象、太阳黑子活动关系的研究[J].森林防火,1991(3):3-6.

湖北省林火气象预报技术研究*

摘　要　综合运用多种回归技术，研制出湖北省不同时间尺度(短、中、长期)森林火险预报模式或判别模型，其中森林火险天气等级标准经简化已在省地县三级广泛应用，据此在省级建立了自动化预报系统，并已投入到日常防火业务中。

关键词　森林火险；等级标准；预报；湖北省

1. 引言

湖北省属乏材省份，森林火灾却十分严重。近年来随着气候变暖，森林覆盖率提高，森林火灾更为频发。森林防火，重在于防。由于火险高低、火灾发生及蔓延对气象条件具有高度依赖性，利用气象因子等对其预报是林火管理的重要内容之一。虽然国内外已有百种以上森林火险短期预报方法，但多为区域性的，无一为全球通用，而对中长期预报方法研究更少[1,2]。可见对湖北省林火气象预报技术进行一些探索十分迫切和必要。

2　资料与方法

共取得52个(林业)县市1949年以来至1990年5月全部可能取得的森林火灾个例3000多个，以1987年1月至1990年5月的资料较完整，按6个林火气候区[3]逐日统计发火次数f_1，过火面积f_2。

抄录6个林火气候区各一个代表站1987年1月至1990年5月防火季(1—5月，11—12月)逐日(788日)26项气象要素值$x_{0i}(i=1\cdots26)$，令$x_{027}=f_1$，对$x_{0ij}(i=1\cdots27,j=1\cdots788)$分区建立顺序数据文件，前3年及后5个月分别供研究和试报检验使用。

全省及各地区1979—1989年逐年f_1、f_2，凡全省$f_1\geqslant260$次记为多火灾年，反之为少火灾年，分别记为“1,0”，做预报序列Hf。

对全省1953—1989年(缺1966—1970年)的f_1、f_2分1953—1965年、1971—1989年2段分别求取距平百分率。

从1987年1月至1990年4月，凡有林火记录的均按以下3条标准统计严重火灾事件1次：①过火面积$\geqslant$67 hm^2，且有2个或2个以上着火点；②过火面积$\leqslant$67 hm^2，且火灾持续时间$\geqslant$1 d；③过火面积$\geqslant$67 hm^2，且着火点只有1个；共得到42次严重火灾过程。

3　森林火灾长期预报法

用Hf与前期100、500 hPa的月均大气环流及太平洋海温场资料作相关分析发现，前一年春季3—4月欧洲高压、极地涡旋和阿留申低压与我省森林火灾存在正相关，且三者同时加强对应我省当年火灾多发。选取$r\geqslant0.65$、$\alpha=0.05$的相关区高度(或温度)和平均值为预报因

* 陈正洪，马乃孚，施望芝，李玉祥. 华中农业大学学报，1996，15(3)：299-304.

子，用逐步回归法得到3个预报方程：

100 hPa　$Hf_1=2.9208+0.0019x1+0.0072x_3(r=0.93)$

x_1 为1月60°—70°N、140°—160°E,60°N、130°E，x_3 为2月60°N、140°—130°W

500 hPa　$Hf_2=11.4303-0.0131x_2+0.0057x_3-0.043x_5(r=0.99)$

x_2 为2月100°N、130°—160°E,15°N、135°—145°E

x_3 为3月75°N、10°E,70°N、10°—30°E,60°—65°N、50—35°E

x_5 为4月80°N、150°—130°W,75°N、160°—140°W,70°N、170°—140°W,65°N、165°—145°W,55°—60°N、150°—140°W

海温场　$Hf_3=11.61+0.0055x_1-0.0052x_5(r=0.82)$

x_1 为1月50°N、160°—155°W，x_5 为4月10°—15°N、180°

根据每年3个拟合值用投票法可作出最终预报，即有2个或2个以上拟合值≥0.5，计为有火灾(1)，否则计为无火灾(0)。历史拟合及对1990—1992年试报全部正确(表1)。

表1　1979—1992年湖北省森林火灾拟合值与实况对照

	1979	1980	1981	1982	1983	1984	1985	1986	1987	1988	1989	1990	1991	1992
Hf_1	0.4	0.1	1.2	−0.1	1.0	0.1	10.0	0.8	0.7	0.8	−0.1	2.0	0.9	1.1
Hf_2	0.0	0.0	0.9	−0.1	0.9	−0.1	1.0	1.1	1.0	1.0	0.2	0.1	−0.3	0.9
Hf_3	0.1	0.6	0.9	0.1	0.4	0.2	0.9	0.8	0.7	1.3	0.0	0.1	0.7	1.1
Hf	0.0	0.0	1.0	0.0	1.0	0.0	1.0	1.0	1.0	1.0	0.0	0.0	1.0	1.0

另外还用距平百分率与一些重大天地现象指标制时序对照图(略)发现：太阳黑子数极值年，厄尼诺等级≥1，南方涛动指数≤−0.4的当年或次年，全省各地多为火灾多发重烧，反之则轻，拟合率可达(8～9)/10，如1957、1972、1986、1991—1992年厄尼诺事件出现，太阳黑子数为峰或谷年，当年火活动强盛。据此自1991年冬起以湖北省农业气象中心参阅件形势逐年发布下一年度(防火季)全省火灾趋势，预报1991—1992、1995—1996年度为重烧时段，1993—1994年度为轻烧时段，至今预报全部正确。

4　严重火灾的环流预报法

42次严重火灾过程共有358个火烧日，逐次逐日普查天气图，重点分析易着火的500 hPa环流形势，另外还把700、850 hPa上的情况作为参考，得到4种环流型，其中前二者为优势型，占总天数的91%(表2)。

研究揭示出有利于火灾发生发展的环流形势指标为：

500 hPa　西北气流或平直环流位于25°—50°N,90°—120°E

30°～40°N,100°～115°E范围内至少1站西北风≥18 m/s

700 hPa　高压脊前西北气流或平直环流位于25°—40°N、100°—115°E

30°—40°N,105°—115°E范围内至少1站西北风≥8 m/s

850 hPa　高压脊前西北气流或平直环流位于25°—30°N、95°—115°E

30°—40°N,100°—120°E范围内至少1站西北风≥8 m/s

850 hPa　30°—40°N,100°—110°E范围内至少有3个站高度≥848 hPa

上述各层环流形势及要素同时满足，且≥3 d，则第 4 d 始有利于湖北省严重火灾发生发展。

表 2　500 hpa 不同环流形势下林火发生天数

标准类型	30°～50°N,85°～105°E	25°～45°N,90°～120°E	25°～40°N,95°～120°E	25°～35°N,45°～120°E
	西北气流型	平直环流型	长江流域辐合型	西南气流型
1	89	104	3	14
2	42	69	1	11
3	10	12	2	1
合计	141	185	6	26

5　全省及分区森林火险天气等级标准

由于湖北省东西、南北跨度均大，地形复杂，气候多样，使得火环境及火灾指标存在极大区域性差异，分区统计、建立预报模式十分必要，结果为：序号 1～6 分别代表鄂南、鄂西北、中部丘岗地、鄂北、鄂西南、鄂东北，气象代表站对应为黄石、房县、钟祥、枣阳、五峰、英山，全部为发报站，全省用 0 代替。

首要任务是筛选出关键气象预报因子，主要依下列 3 条原则优选：①利用 x_{0ij}，从 26 个气象因子中找出与 x_{027} 相关系数最大的；②考虑到南方特色的气温日较差；③ 天气报文上有的或可转化的。共得到 3 类因子，即：

当天因子

x_1 为 14 时气温/℃　　x_2 为当天气温日较差/℃

x_3 为 14 时相对湿度/%　　x_4 月为 14 时风速(m/s)

前期因子

x_5 为前 3 d 日平均气温累计值/℃

x_6 为前 3 d 降雨量累计值/mm

x_7 为前期日降雨量≤1.0 mm 至当天的连旱天数/d

x_8 为前期日降雨量≤5.0 mm 至当天的连旱天数/d

限制因子

x_9 为当天 14 时前 30 h 降雨量/mm

x_{10} 为当天积雪有无

另外 x_1≥32℃或 x_3<25%也在考虑之列。

为了消除气象因子序列的极端不均匀性，可先将其作 20 个左右的(等)间隔划分，并统计出全部 637 d 内每一间隔里的气象因子频次 P，发火次数累积 $\sum f_1$，令 $y_i=\sum f_1/p$，从而构造出了 y_i 与 $x_i(i=1\cdots8)$的新序列，y_i 实为火灾发生率。各因子的间隔划分是通过大量对比试验后得到的(表略)，如 x_1、x_2 分别在 −2.0～38.0 ℃之间，0～100%间作 20 个等间隔划分。

共设计了 8 类曲线对 y_i 与 x_i 进行相关优选，最后得到的 $r_{\max}$≥0.95，a≤0.01，以第 2 区(鄂西北)为例，结果如下：

当天 $y_1=[0.06627+0.00078(x_1+8)^2]\cdot 100/0.968$

$y_2=(-0.17255+0.00441x_2^2)\cdot 100/0.956$

$y_3=(-2+1.68505e^{17.37045x_3})\cdot 100/1.007$

$y_4=[0.0119+0.5373(x_4+1)^2]\cdot 100/1.946$

前期 $y_5=[-1+0.79563(x_5+15)^{0.16787}]\cdot 100/0.638$

$y_6=[0.49361-0.39913\log(x_6+1)]\cdot 100/0.894$

$y_7=[-2+2.052(x_7+1)^{0.10556}]\cdot 100/0.894$

$y_8=[0.00126+0.4415\log(x_8+17)]\cdot 100/0.755$

综合火险指数采取逐步合成法：

当天火险指数 $yy_1=f(x_1\cdot x_2\cdot x_3\cdot x_4)=(y_1+y_2+y_3+y_4)/4$

前期火险指数 $yy_2=f(x_5\cdot x_6\cdot x_7\cdot x_8)=(y_5+y_6+y_7+y_8)/4$

综合火险指数 $yy_3=ayy_1+byy_2$（通过优选确定 $a=b=0.5$ 时最佳）

然后将 yy_1、yy_2、yy_3 划分为 5 级，详见表 3。对第 4、5 区风速 x_4 与 y_4 相关不显著，令 $yy_1=(y_1+y_2+y_3)/3$。

表 3 湖北省森林火险天气等级划分一览

火险等级	火险程度	发火概率/%	YY_3	限制因子
1	极低	≤2	[0,20]	$x_9\geqslant1.0$ min $x_{10}\geqslant0.01$ mm
2	低	≤3	(20,40]	
3	中	5～30	(40,60]	
4	高	30～70	(60,80]	
5	极高	50～100	(80,100]	$x_1\geqslant32$℃ $x_3\leqslant25\%$

3 级以上中高火险对发火日数的概括率越大说明预报效果越好，本标准回代结果为，3 个区在 90%以上，2 个区在 80%～90%，最低 79%，对重大火灾（日过火≥100 hm^2）的概括率达 100%；而对 1990 年 1—5 月试报，3 个区概括率为 100%，其余为 81.8%、75%、50%（因第一区当年春季多雨仅发生 2 次火灾，样本太少）。

6 湖北省森林火险天气等级预报自动化系统及其应用

本系统采用 FORTRAN 语言编制主、子程序。首先通过人机对话，在赋给年・月・日・时次等参数后，由微机自动选站，并读取所需的火险气象要素值，经一系列机器运算和人机对话后，最后自动打印出预报结果，表图并茂并自动存盘（图略）。

其中一步是 14:00 时相对湿度在报文中没有，但可由 14:00 时气温 x_1、露点 x_0 导出：

$$x_3=(10^{7.45x_0/(235+x_0)}/10^{7.45x_1/(235+x_1)})100\%$$

也可通过建立回归方程求出，如 4 月黄石：

$$x_3=4.54-0.08x_1+0.09x_0 \quad (r \text{ 可大至 } 1)$$

该系统已于 1992 年 4 月 1 月正式投入预报应用，自动化运行正常而稳定，应用效果显著，防火季每日固定专人在武汉中心气象台值班，凡高火险时段及时电告省护林防火办抄录，以第

2区为例，1992年4月3级以上火险对火灾概括率达100%，尤其是连续多日4～5级的高火险时段(13—18日)内天天发火，有2 d起火多起，有2次火灾延烧至次日，又如1992年夏秋持久干旱，火险季提前来到，10月25日至11月30日持续高火险，对省防火办发布火险预报11次，一般1～3 d内有火灾发生，共有13次火灾发生信息反馈，并全为极轨卫星捕捉。经多方努力，从1995年11月1日起，武汉中心气象台正式利用电视传媒向全省发布逐日火险天气等级(分区)。

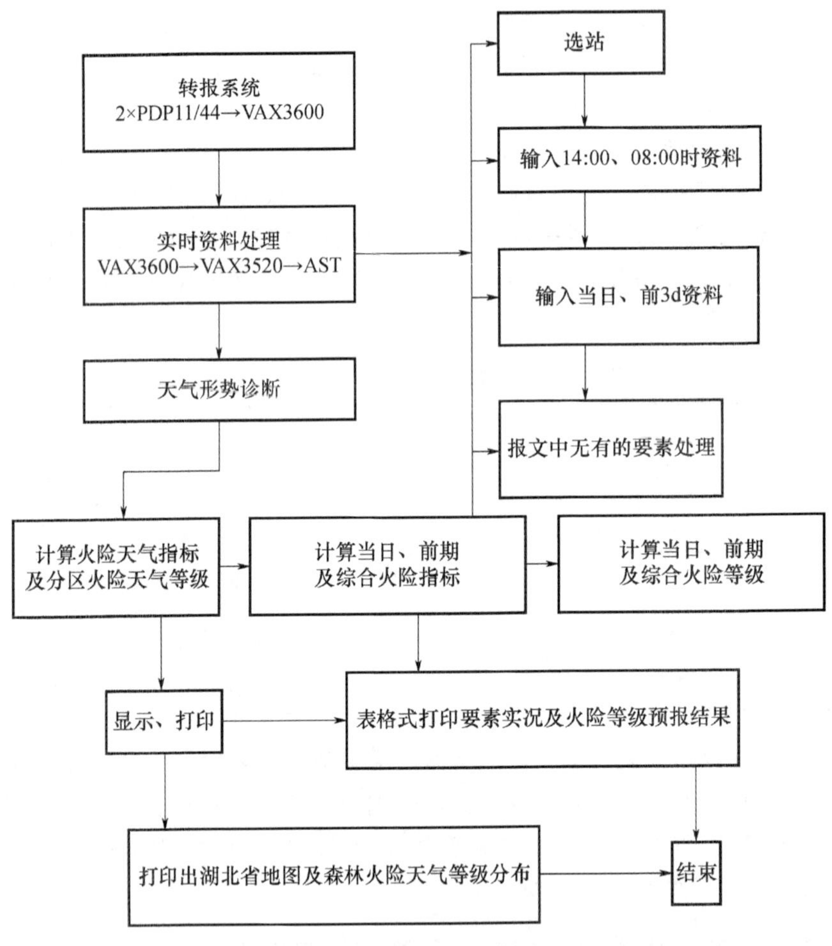

图1　湖北省森林火险天气等级预报自动化系统结构及功能

参考文献

[1] 宋志杰，王正非，郑焕能，等.林火原理和林火预报[M].北京：气象出版社，1991：158-389.

[2] 邸雪颖，王宏良，姚树人，等.林火预测预报[M].哈尔滨：东北林业大学出版社，1993.

[3] 陈正洪.湖北省林火气候的综合分区研究[J].华中农业大学学报，1993，12(4)：369-375.

武汉市火险天气等级标准初探*

提　要　通过对武汉市1980—1991年逐日火灾与气象资料的相关分析，发现火灾率与相对湿度呈负相关，与气温日较差、连旱天数、最大风速呈正相关，与当天降雨量不相关。通过权重系数法分季建立火灾率多因子综合预报方程，并制订合理的火险天气等级划分标准。经回代和试报检验表明，3级以上中、高火险日数少，但对火灾概括率高。

关键词　火灾率；火险天气等级；气象因子；相关分析

1. 引言

武汉市是华中地区的一座大城市，火灾十分严重[1]，如1994年火灾次数高达664次，直接经济损失835万余元，两项指标分别占湖北省的44.9%和35.6%．因此，建立武汉市火险天气标准对武汉市乃至华中地区大、中城市防火灭火具有实际意义。

2　资料与方法

以武汉市1980—1994年4776次火灾个例为原始资料，并按冬(12—2月)、春(3—5月)、夏(6—8月)、秋(9—11月)及冬半年(10—3月)、夏半年(4—9月)和全年共7个时段($k=1,2,\cdots,7$)进行统计分析。取1980—1991年共12年4383日逐日发火次数f与11个气象要素值X_i($i=1,2,\cdots,11$)为原始资料序列，将每个因子X_{ik}作j个(等)间隔划分($j=1,2,\cdots,10$或20或21)，然后对每一因子求出12年每一间隔内的火灾(发生)率$Y=Y_{ik}(j)$(即$X_{ik}(j)$时的火灾总数$\sum f$与该因子出现的总次数$p_{ik}(j)$之比)。将不同j的$Y_{ik}(j)$与$X_{ik}(j)$序列建立函数关系[2]：

$$Y_{ik}=f(X_{ik})$$

共设计8类曲线型，旨在求出相关系数r的最大值和相应的拟合曲线，从而得到r_{ik}矩阵，并绘制所有通过F检验($T<0.1$)的函数曲线图，逐一分析其可能含义。根据r的大小确定入选因子顺序，并确定因子组合的系数为bi，分季建立综合火险指数Z的多因子综合预报模式。然后将Z值合理划分为5个火险等级，并作回代和试报检验，最后确定该标准推广应用的修正方式。

3　相关普查及因子分析

对11个气象因子按7个时段分别求出最大相关系数$\max(r_{ik})$，并进行F检验。最后选定5个关键气象因子，即热量因子-气温日较差X_1、水分因子-当天14时相对湿度X_2、前期日降雨量≤1.0 mm的连旱天数X_3、前期日降雨量≤10.0 mm的连旱天数X_4及动力因子-当天最大风速X_5。这5个因子的4季的$\max(r)$平均值按绝对值大小依次为X_2：0.83，X_1：0.76，X_4：0.73，X_3：0.7，X_5：0.58。Y与X_2负相关，与其余4个因子为正相关，即不论何季节，空气越干燥，气温日较差及风速越大，连旱越久，火灾率就越高。另外冬季14时气温越高，火灾率越高。Y与降雨量间找不到显著相关，但可在X_2、X_3、X_4中体现。

* 陈正洪，杨红青．应用气象学报，1998，9(3)：376-379.

图1给出武汉市四季及冬、夏半年火灾率与气象因子的最佳拟合曲线。由图1可知，各入选因子的两个临界值（火灾率开始增高、显著增高的转折处）分别为 X_1：10 ℃、17℃，X_2：60%～70%、20%～30%，X_3、X_4：5～10 d、20～30 d，X_5：2～3 m/s、5～6 m/s，另外冬季14时气温的两个临界值为13℃、27℃。

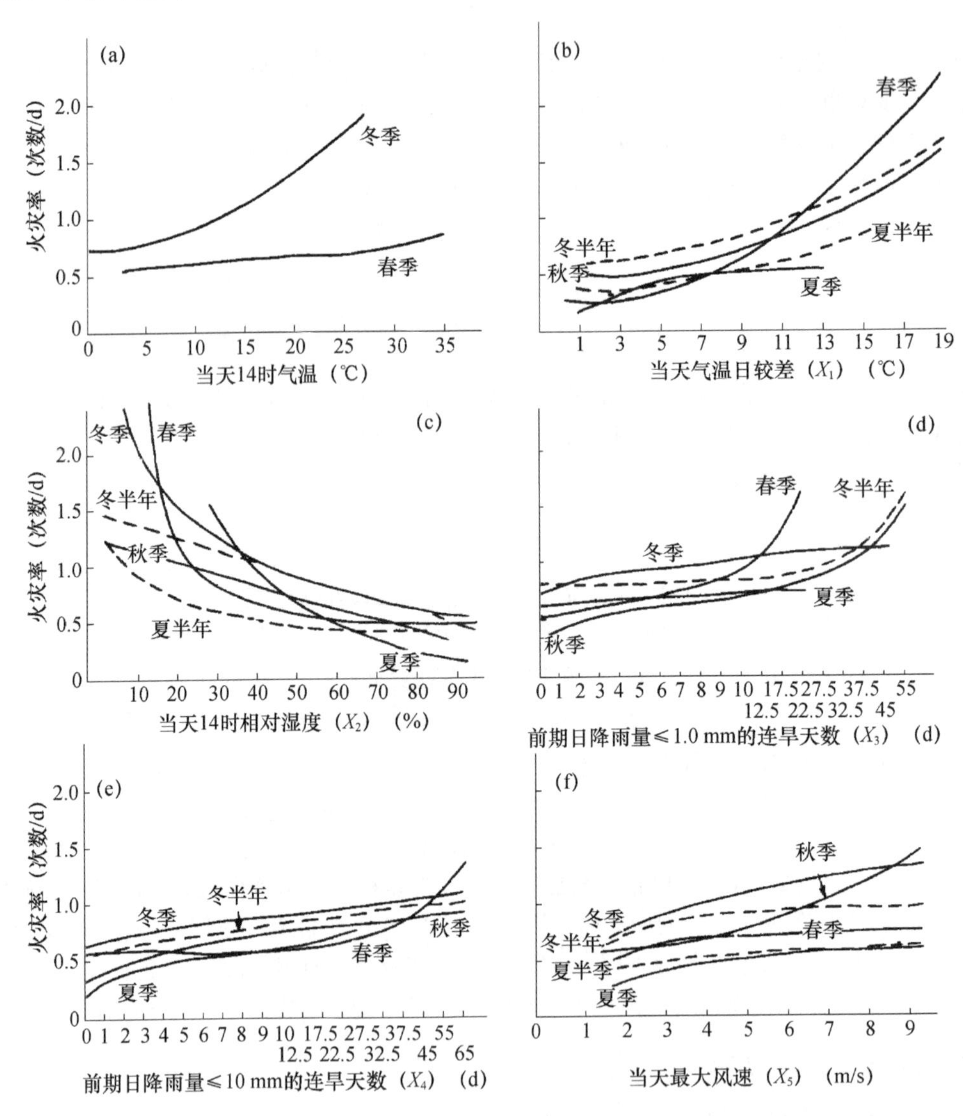

图1　1980—1991年武汉市4季及冬、夏半年火灾率与气象因子的最佳拟合曲线

(a)当天14时气温；(b)当天气温日较差；(c)当天14时相对湿度；(d)前期日降雨量≤1.0 mm的连旱天数；(e)前期日降雨量≤10 mm的连旱天数；(f)当天最大风速

4　火险天气等级标准的研制

4.1　因子的组合

对因子的组合均分季进行。已经求出各季气象因子与火灾率的数学关系，而实际上火灾

的发生和蔓延是受多个气象因子综合影响的，考虑到 r 的大小在一定程度上可以表示气象因子对火灾的贡献程度，检验效果又是一个很重要的指标，其好坏除与 r 有关外，还与统计样本数 n 的大小密切相关，于是对每一个因子的贡献设定一个综合权重系数值$|r_i|(n_i-2)^{1/2}$，标准化的权重系数为：

$$b_i = |r_i|(n_i-2)^{1/2} / \sum |r_i|(n_i-2)^{1/2} \tag{1}$$

式中，n_i 是对应的样本数，即实际的 j 值。由 b_i 得到综合火险指数为：

$$Z = \sum (b_i \cdot Y_i) \tag{2}$$

式中，Y_i 是由 X_i 导出的火灾率函数式。

表 1 给出选定的 5 个气象因子 4 季的标准化权重系数 b_i。

表 1　5 个气象因子的标准化权重系数 b_i

	X_1	X_2	X_3	X_4	X_5	合计
冬	0.195 *	0.281	0.224	0.158	0.142	1.0
春	0.143	0.254	0.250	0.230	0.124	1.0
夏	0.165	0.254	0.224	0.205	0.152	1.0
秋	0.187	0.179	0.206	0.179	0.237	1.0
平均	0.173	0.242	0.226	0.193	0.164	1.0

* 系当天 14 时气温对应的 b 值。

根据表 1 的系数值及式(2)，得到 4 季各自的综合火险指数 Z(公式略)。从各式中的常数项可知冬季火灾基数最大约 3 天 2 次、夏季最小约 5 天 1 次，秋、春居中且前者略多(平均为 3 天 1 次)。

4.2　火险天气等级划分

由于综合火险指数 Z 值(亦为日着火次数)的实际意义十分明确，于是对 Z 合理划分以确定火险等级，考虑到季节不同，Z 值差异很大，火险天气等级划分也应分季进行(表 2)。

表 2　武汉市 4 季日着火次数指标划分及对应的火险等级

日着火概率					
冬	≤0.8	(0.8,0.9)	(0.9,1.0)	(1.0,1.1)	>1.1
春	≤0.65	(0.65,0.75)	(0.75,0.85)	(0.85,0.95)	>0.95
秋	≤0.55	(0.55,0.65)	(0.65,0.75)	(0.75,0.85)	>0.85
夏	≤0.4	(0.4,0.45)	(0.45,0.55)	(0.55,0.65)	>0.65
火险级代号	Ⅰ	Ⅱ	Ⅲ	Ⅳ	Ⅴ
火险级名称	低火险级(基数Ⅰ级)	较低火险级(基数Ⅱ级)	中等火险级	高火险级	极高火险级

对 Z 值的划分主要依据各式的常数项、最大取值及 Z 与 X_i 拟合曲线的转折等初步确定，再按以下原则调试，才能得到最佳的划分方案。①4～5 级高火险日数尽可能少，3～5 级中、高火险日数只占全部的 50%以下；②3 级以上中、高火险对火灾概括率在 60%以上(森林火险中 3～5 级中、高火险对火灾概括率为 80%以上)；③日着火次数 Z 随火险级由低到高逐渐增大

尤其4～5级的Z比1～2级明显地高；④以上3个指标从冬、春(秋)、夏依次下降，冬与夏差别最显著。

4.3 回代检验

应用表2标准进行回代检验，结果如下：

(1)4～5级高火险日数共890天，占全部日数的20.3%，1～2级低火险日数则达2306天，占全部的52.6%，后者是前者的2.6倍，而4～5级火险下发生的火灾次数占全部火灾次数的32.0%，在1～2级火险下发生的占38.6%。

(2)3级以上火险对火灾次数的概括率为61.4%，大于规定的下限60%。

(3)随火险级升高，日着火次数明显升高，4～5级火险下为1.06次/d，而1～2级火险下为0.49次/d，二者相差1倍多。

(4)从冬到夏，中、高火险日数渐少，如冬季3级以上火险日数占全部的61.1%，而夏季该日数仅占全部的38.3%，春、秋居中。

4.4 预报效果检验

应用表2标准，对武汉市1992～1993年逐日进行火险等级预报试验，结果如下：

(1)在两年共731天里，由于雨水多，尤以1993年春夏持续低温阴雨，使4～5级高火险仅128天，占全部日数的17.5%，而此间发火次数占全部火灾次数的24.4%，1～2级低火险多达393天，占全部日数的53.8%，火灾次数占全部的38.7%。

(2)3级以上火险对火灾次数的概括率为59.7%，接近60%的标准。

(3)随火险从1级升到5级，日着火概率从0.193次/d升到0.667次/d。

(4)从冬到夏，中、高火险日数渐少，如冬季3级以上火险日数占全部的71.2%，而夏季仅占31.5%，春、秋居中。以上检验结果基本符合上文提出的4个条件，说明该标准正确合理，可以投入试应用。

5 小结与讨论

(1)城市火灾率Y与5个气象因子显著相关，r的绝对值从大到小依次为最小相对湿度、气温日较差、前期日降雨量≥10.0 mm和≥1.0 mm的连旱天数、日最大风速，此外还与冬季日最高气温、实效湿度有关。Y与相对湿度负相关，与其他几个因子全为正相关，尤其是湿度、气温日较差与Y的拟合程度高，最小Y值小(往往$Y \leqslant 0.4$或$\leqslant 0.5$)，且曲线变幅大，说明城市火灾虽然十分复杂，仍具有一定可预报性。

(2)分季建立了武汉市火灾率的多因子综合预报方程，并提出火险等级划分原则，据此制订出划分标准，经检验效果较好。

参考文献

[1] 陈正洪，杨红青，张谦，等.(武汉市)城市火灾的时间变化特征及与(湖北省)森林火灾的对比分析//湖北省自然灾害综合防御对策论文集(二)[C].北京：地震出版社，1994:43-49.

[2] 陈正洪，马乃孚，施望芝，等.湖北省林火气象预报技术研究[J].华中农业大学学报，1996，15(3):299-304.

国家标准“城市火险气象等级”的研制*

摘　要　比较各地城市火险气象预报因子、方法和等级标准，选取普遍采用的5个气象因子；日最小相对湿度、连续无降水日数对城市火险的贡献最大，指数范围0～40和0～30，日最高温度、日最大风力0～20，日降水量为0～－20，综合指数范围一般为0～100，进行等间隔划分，得到从低到高的5级城市火险气象等级标准。通过两项试验来优化等级划分效果：1)从北到南选取5个城市，比较上述方法与各地方法计算的2001年1月、4月、7月、10月逐日火险等级，经过反复调试，使两套方法计算的等级完全一致和相差一级合计在85%以上；2)统计全国31个中心城市2000—2003年逐日城市火险气象等级5级分布的概率，使之基本符合正态分布。从而得到各气象因子的划分范围、对应城市火险气象指数值以及综合城市火险气象等级标准，并给出相应名称和指示意义。

关键词　城市火险；气象因子；指数；等级

1　引言

随着中国社会经济的发展，城市火灾损失愈来愈大。据统计，中国火灾年平均损失，20世纪70年代不到2.5亿元，80年代不到3亿元，90年代则猛升到14亿元，特大火灾时有发生，给人民生命财产造成巨大损失，城市火灾已成为发生频率高、破坏性强、影响大的城市灾害之一。

尽管城市火灾有自然灾害与人为灾害双重属性[1]，其自然属性主要是因为城市火灾的发生、发展与气象条件关系密切。利用气象预报能力进行城市火险预报是可行的，为此，《气象法》规定“各级气象主管机构所属的气象台站应当根据需要，发布……火险气象等级预报等专业气象预报……。”

为了做好该工作，必须首先制定标准。1995年，出台国家行业标准(LY/T1172－95)《全国森林火险气象等级》，有效地指导了全国各地森林火险的评价和预报工作，为减轻森林火灾起到了重要作用。近年来，全国各地气象、消防部门协作，开展了城市火灾(火险)与气象条件的关系及其预报研究，有的还提出了当地的城市火险气象等级标准，但各地采用的计算方法、选择的因子、预报指标、等级划分都相差很大，不便于比较，但这些工作为我们制订国家标准打下了很好的基础[2~7]。建立一套简便、全国通用的城市火险气象等级标准，使该项业务正规化、标准化很必要。

2002年国家标准委员会和中国气象局下达了国家标准“城市火险气象等级”的研制任务。通过广泛收集文献和资料，分析比较全国各地的现行标准和现有研究成果，经过课题组反复调试，先后制订了国家标准“城市火险气象等级标准”征求意见稿、审定稿，通过了20多位专家的书面和会议审查，已经正式出版和初步应用。

* 陈正洪，杨宏青，张强.地理科学，2007，27(3)：440-444.

2 资料与方法

2.1 资料及初步分析

较完整地收集到了各地关于城市火灾(火险)气象研究的论文,十几个省市开展了城市火险气象预报研究,并制订了当地的城市火险气象等级标准,有的已投入业务。其中武汉城市火险气象等级标准在武汉和湖北省各地准业务使用多年,并推广到全国许多省市如昆明、浙江、广西、河南、宁夏等地,北京、南京等地也借鉴和引用了该成果。

将各地方法所选气象因子(数)、火灾与气象因子的关系(式)、等级划分方法或标准等进行整理分类。各地多采用三大类因子共5个气象因子:1)热力因子(温度);2)水分因子(相对湿度、降水量、连续无降水日数);3)动力因子(风力或风速),这些因子的组合可以较好地解释气象条件对火灾发生、发展的影响性质和程度。还有一些因子如水汽压、实效湿度、气温日较差、日照、天气状况等只有少数地方采用,本标准不拟采用。

2.2 方法

1)选取全国各地普遍采用的日最高温度、日最小相对湿度、日最大风力(风速)、连续无降水日数、日降水量等5个物理意义明确、出现次数多、地域代表性广的气象因子来构成城市火险气象指数(等级);

2)根据不同气象因子与城市火灾的影响规律和统计结果,给出单项气象因子不同大小范围对应的城市火险气象指数值,指数范围一般为0～20,考虑到日最小相对湿度、连续无降水日数对城市火险贡献大,故将其指数分别范围扩大至0～40和0～30。

3)将单因子对应的城市火险气象指数值相加得到城市火险气象指数(范围为0～110);

4)将综合城市火险气象指数在0～100范围内进行等间隔划分(以20、40、60、80为临界值),便得到从低到高的5级城市火险气象等级标准,并给出相应的名称和指示意义。

5)从北到南选取呼和浩特、丹东、北京、武汉、南宁等5城市,比较上述方法与各地方法计算2001年1、4、7、10月逐日火险等级,经过反复调试、比较因子和指数值范围,以求达到两个标准计算等级完全一致、相差一级率合计在85%以上,从而得到各气象因子的划分范围、对应的城市火险气象指数值以及综合城市火险气象等级标准。还计算31个省(区、市)中心城市2000—2003年逐日综合指标及5级分布概率,使火险等级概率分布基本符合准正态分布,即两头小,中间大。

3 火灾气象分析与指标选取

3.1 日最高气温对应的城市火险气象指数分量UFDIT

温度对城市火灾或火险的作用较复杂,并不能简单地认为温度高火灾就多,反之也不能认为温度低火灾就少,如1年中冬半年温度低,但火灾最多;夏半年温度高火灾少;但一旦气候异常偏高,如若在冬天出现小阳春,在夏天出现热浪,就易滋生群发性火灾、尤其是重特大火灾。根据在武汉的研究和全国许多地方的经验,分季划分温度指标可以较好解决这种矛盾。考虑到温度的南北地域或海拔差异很大,对该因子划分出适用于不同地域的两套指标。根据中国的大陆性气候特点，春季回温快，各地气温夏半年相差不大，但在冬半年相差很大，故在3—11月两套温度指标只差2℃，但在12—2月两套温度指标则差10 ℃（表1、表2）。

表1　日最高气温对应的城市火险气象指数分量UFDIT(适用于40°N以南)

气象因子		火险指数分量					
		0	4	8	12	16	20
日最高气温(℃)	3—5月	≤13.0	13.1～17.0	17.1～21.0	21.1～25.0	25.1～29.0	>29.0
	6—8月	≤23.0	23.1～27.0	27.1～31.0	31.1～35.0	35.1～39.0	>39.0
	9—11月	≤16.0	16.1～20.0	20.1～24.0	24.1～28.0	28.1～32.0	>32.0
	12—2月	≤2.0	2.1～6.0	6.1～10.0	10.1～14.0	14.1～18.0	>18.0

表2　日最高气温对应的城市火险气象指数分量UFDIT(适用于40°N以北)

气象因子		火险指数分量					
		0	4	8	12	16	20
日最高气温(℃)	3—5月	≤11.0	11.1～15.0	15.1～19.0	19.1～23.0	23.1～27.0	>27.0
	6—8月	≤21.0	21.1～25.0	25.1～29.0	29.1～33.0	33.1～37.0	>37.0
	9—11月	≤14.0	14.1～18.0	18.1～22.0	22.1～26.0	26.1～30.0	>30.0
	12—2月	≤−8.0	−7.9～−4.0	−3.9～0.0	0.1～4.0	4.1～8.0	>8.0

3.2　日最小相对湿度对应的城市火险气象指数分量UFDIH

相对湿度(空气的干燥程度)对城市火灾或火险的作用规律较单一，即相对湿度低(空气干燥)，火险就高，发生火灾或重特大的可能性大；反之相对湿度高(空气潮湿)，火险就低，发生火灾或重特大的可能性小。而且空气极端干燥或极端潮湿有两个明显的临界值，日最小相对湿度在20%(北方)～30%(南方)以下为极端干燥，日最小相对湿度在60%(北方)～70%(南方)为极端潮湿，相对湿度在临界值附件对应的火灾次数或火险指数曲线有明显的突变点。同样考虑相对湿度有一定的南北地域差异，对该因子也划分出适用于不同地域的两套指标(表3、表4)。

表3　日最小相对湿度对应的城市火险气象指数分量UFDIH(适用于40°N以南)

气象因子	火险指数分量					
	0	8	16	24	32	40
日最小相对湿度(%)	>70	61～70	51～60	41～50	31～40	≤30

表4　日最小相对湿度对应的城市火险气象指数分量UFDIH(适用于40°N以北)

气象因子	火险指数分量					
	0	8	16	24	32	40
日最小相对湿度(%)	>60	51～60	41～50	31～40	21～30	≤20

3.3　最大风力(风速)对应的城市火险气象指数分量UFDIW

风力(风速)对城市火灾或火险的作用具有正负两面性，即在起火初期，大风有可能吹灭火源；当火势较大时，风无论大小都是起助燃和扩散火种的作用(表5)。

表5 日最大风力(风速)对应的城市火险气象指数分量 UFDIW

气象因子	火险指数分量					
	0	4	8	12	16	20
风力(级)	≤1	2	3	4	5	≥6
风速(m/s)	≤1.5	1.6～3.3	3.4～5.4	5.5～7.9	8.0～10.7	≥10.8

3.4 连续无降水日数对应的城市火险指数 UFDINR 分量

国内外大量的森林或城市火灾研究中，均把连续无降水日数作为火灾或火险预报的重要因子。对城市火灾，通常下雨时、雨后1～3天较少有火灾发生，雨后7～10天火灾开始增多，雨后15～20天就会有大量火灾发生(表6)。

表6 连续无降水日数对应的城市火险气象指数分量 UFDINR

气象因子	火险指数分量										
	0	3	6	9	12	15	18	21	24	27	30
连续无降水日数(d)	≤2	3～4	5～6	7～8	9～10	11～12	13～14	15～16	17～18	19～20	>20

3.5 日降水量对应的城市火险指数分量 UFDIR

对一般性可燃物，当日降水量能起到减轻火灾或降低火险的作用，因此对综合火险指数为负的贡献。在城市因有房屋阻挡，多数情况下雨水并不是直接降落在可燃物上，属于间接作用(表7)。

表7 日降水量对应的火险指数分量 UFDIR

气象因子	火险指数分量					
	0	−4	−8	−12	−16	−20
日降水量(mm)	0	0.1～1.0	1.1～9.9	10.0～24.9	25.0～49.9	≥50.0

3.6 综合城市火险气象指数 UFDI 的计算

将所有单项气象因子对应的城市火险气象指数值相加(其中当日降水量为负作用故为负)得到综合城市火险气象指数，范围为0～110。计算公式如下：

$$UFDI = UFDIT + UFDIH + UFDIW + UFDINR + UFDIR$$

3.7 城市火险气象等级标准的划分、命名

将综合城市火险气象指数在0～100范围内进行等间隔划分(以20、40、60、80为临界值)，便得到从低到高的5级城市火险气象等级标准，并给出相应的名称和指示意义。当气象因子取历史实况值，所得到的为火险等级实况值；当气象因子取未来预报值，所得到的为火险等级预报值(表8)。

表8　城市火险气象等级的划分、命名

级别	名称	危险程度	易燃程度	蔓延扩散程度	指数范围	表征颜色	预防策略或预报服务用语(供参考)
一级	最低火险	最低	难	难	≤20	灰	
二级	低火险	低度	较难	较难	[21,40]	蓝	
三级	中等火险	中度	中等	中等	[41,60]	黄	注意防火,防止大意,避免发生家庭、公共场所、电器火灾
四级	高火险	高度	容易	容易	[61,80]	橙	加强防火,管好火源,排除火灾隐患,谨防生产性和非生产性火灾
五级	极高火险	极度	极易	极易	>80	红	高度警惕,严格控制火源,排除一切火灾隐患,严防群发性和重特大火灾

因为国内外多数森林或城市火险等级为从低到高的5级划分法,所以本标准也采用从低到高的5级划分。至于命名规则,特别注意低火险的命名方法是与森林火险的命名方法相区别,即对森林火灾,1级火险(一般为下雨当时)或2级火险(一般为雨后1～3 d)情况下,可燃物含水量很高,发生森林火灾的可能性极小,因而火险极低,故命名为1级没有危险,2级低度危险,3级中等火险,4级高火险,5级极高火险。但对城市火灾,由于雨水一般不是直接降落在可燃物上,下雨当时或雨后1～3 d仍然有发生火灾的可能性,只是一般不会发生群发性或重特大火灾,因而命名为1级最低火险,2级低火险,3级中等危险,4级高度危险,5级极度危险。

4　各地标准比较及各级概率分布

中国地域广阔,各地地理、气候、火源、可燃物差别很大,为了检验该标准,我们分区域选择了内蒙、丹东、北京、武汉以及南宁五城市,将国家标准“城市火险气象等级”与五城市现有的标准进行了比较,验证时间为2002年1月、4月、7月、10月,分别代表四个季节,结果见下表,结果表明,在用于验证的123 d里,火险等级完全吻合的,其余4城市均在50%以上(除北京外),若以火险等级完全吻合或相差一级算为吻合,那么以上5城市中4城市的火险等级吻合率均高达97%以上,北京的吻合率也达83%,可见该标准是可行的(表9)。

表9　城市火险气象等级国家标准与五城市城市火险气象等级的结果对比

城市	完全吻合		相差一级		完全吻合及相差一级		相差二级及以上	
	天数(d)	占总天数比(%)	天数(d)	占总天数比(%)	合计天数(d)	占总天数比(%)	天数(d)	占总天数比(%)
呼和浩特	67	54.5	53	43.1	120	97.6	3	2.4
丹东	69	56.1	53	43.1	122	99.2	1	0.8
北京	51	41.5	51	41.5	102	83.0	21	17.0
武汉	77	62.6	45	36.6	122	99.2	1	0.8
南宁	69	56.1	53	43.1	122	99.2	1	0.8

此外，计算了全国31个中心城市2000—2003年逐日综合指标，统计5级分布的概率，可见火险等级的概率分布基本符合准正态分布，较为理想(图1)。

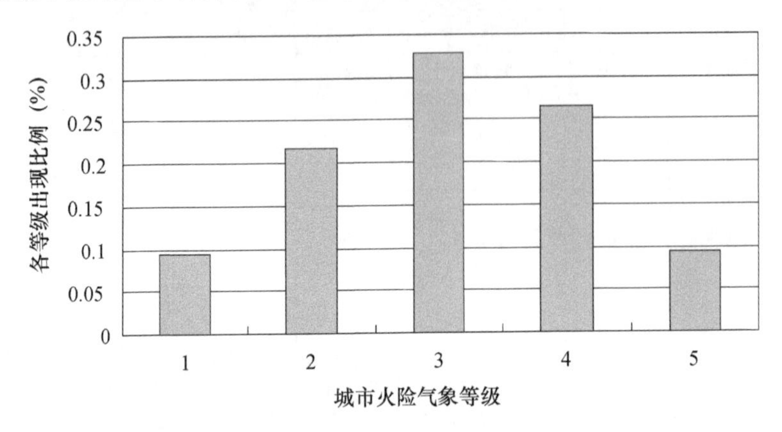

图1　全国31个城市平均的火险等级概率分布直方图

5　小结与讨论

该标准规定了全国城市火险气象等级的命名、划分标准以及城市火险气象指数的计算方法及使用方法等，适用于城市中与气象条件密切相关的一般性可燃物火险等级的气候评价和短期、中期预报以及短期气候预测。

本标准实施后，各地应统一使用城市火险气象等级国家标准。如已开展城市火险气象等级预报工作的，也可两个标准并行使用一段时间，可互相比较和借鉴，如果当地地理、气候、火源、可燃物等情况特殊，可对国家标准的UFDI划分范围作适当调整，但等级必须统一为5个级别。如某地尚没有开展城市火险气象等级预报工作的，如果当地地理、气候、火源、可燃物等情况特殊，也可在使用本标准一段时间后对城市火险气象等级国家标准的UFDI划分范围作适当调整。

参考文献

[1] 魏一鸣. 自然灾害复杂性研究[J]. 地理科学，1998，18(1)：25-31.
[2] 杨城，王作东，刘洪彦. 丹东市城镇火灾分析及火险预报[J]. 气象，1989，15(12)：45-48.
[3] 唐毅，张世源. 呼和浩特城市火险预报方法[J]. 内蒙古气象，1993，(2)：15-18.
[4] 康嫦娥. 城市火灾的气象条件分析及火险预报[J]. 气象，1993，19(7)：47-51.
[5] 毛贤敏，刘桂芬，刘素洁. 城乡火险预报模式探讨[J]. 应用气象学报，1996，7(1)：76-81.
[6] 陈正洪，杨宏青. 城市火灾气象预报研究(Ⅰ)—城市火灾中关键气象因子的诊断分析[J]. 火灾科学，1998，7(1)：44-54.
[7] 王晓云，潘丽卿，李炬. 北京城市近郊区火险气象等级预报方法[J]. 气象科技，2001，(4)：51-54.

城市野地火初探*

摘　要　利用鄂西北干旱气候区内的 4 个市县(林区、非林区市县各 2 个)1987—1989 年的野地火(包括林火)6 项指标,揭示出了城市野地火的典型特征,如各类区域的火险等级顺序为林区城市(高火险)＞林区县(高火险)＞非林区城市(中等火险)＞非林区县(低火险),并从森林燃烧三要素的原理出发,分析了产生这种现象的可能原因,这一认识对我省重点林区的森林防火工作具有指导意义。

关键词　城市;野地火;火险等级;火源;干旱气候

1　引言

城市野地是指城市与郊区交界处的森林、灌木丛、草地、湿地和农用地的总称,其下垫面状况与城市建成区有明显区别,有时也包括城市中心的大型公园、绿地,这些地方通常植被覆盖度较高,具有发生火灾的物质条件。由于紧邻城市,人口密度大,人们外出休闲、烧烤等活动必然带来大量火种,从而具备了发生火灾的火源条件。从火灾三要素(可燃物、火源、火环境)出发,每年冬半年,一旦气候干燥,城市野地尤其是山林、灌木丛和草地,就容易发生火灾,成为火灾集中发生地。本研究通过两组 4 个典型城市野地火 6 项指标的对比分析,获得了一些新认识。

2　资料与方法

本文利用鄂西北干旱气候区内的 4 个市县即十堰市(林区城市)、房县(一般林区县)、襄樊市(非林区城市)和宜城县(非林区一般县)的野地火(包括林火)6 项指标(1987—1989 年三年平均值资料),湖北省其他县市大量森林火灾资料及湖北省森林火险区划结果进行比较,揭示出了城市野地火的一些有趣的特点。所用 6 项指标分别为:

1. 发火频次(X_1——次)
2. 过火面积(X_2——亩)
3. 火灾发生率(X_3——次/1000 万亩)$=X_1$/某县(市)有林面积
4. 火灾燃烧率(X_4——‰)$=X_2$/某县(市)有林面积
5. 火灾率($X_5=\sqrt{X_3X_4}$)
6. 每次火灾过火面积($X_6=$亩/次)

其中 X_3,X_4 为部分消去了林业面积多少对 X_1,X_2 的影响,该指标更具有地域差异比较性,X_5 是综合了 X_3,X_4 两者特征的一项合理指标。

* **陈正洪**.森林防火,1991,(3):13-15.

3 城市野地火、火环境的几个特点

首先要对城市、近郊、远郊、一般林区县、非林区一般县的野地火及其火环境差异有个基本认识，作者通过调查分析后作了初步归纳：

1. 市区或近郊森林草地较分散，面积也有限；远郊区（包括新兴发展区和待开发区）林地较集中，但比一般林区县森林草地的范围少而分散，却比非林区一般县森林草地相对集中些。

2. 城市林地下残枝枯叶杂草多，尤其是近郊区，更是无人问津，引火物较多；远郊区林地下残余物及草丛多被附近农民砍（捡）去当柴烧，因此地表引燃物少，城郊区林下引燃物远较一般林区的少得多。

3. 城市人口密度大，人员流动性更大，交通便利，故人为火源额外多，几乎100%是人为火源致火。

4. 市区火源较单纯，主要有抽烟、上坟烧纸放鞭炮、野炊、小孩玩火、烧渣、机车喷火等非生产性用火。郊区林农菜业区除有上述火源外，还有烧荒等其他生产性用火。

5. 市区和近郊区公园发火后易被人发现，扑火人员和工具均能迅速到达火灾现场，人数也较多，能很快将火扑灭，故小火多，火灾损失较小；远郊区公园林区，火灾发生频率较市区和近郊区低，但着火后不易被发现，参加扑火的人少，故大火多，火灾损失较大。

6. 城市区较之郊区具有气温偏高、湿度偏小的小气候特点，利于着火。

4 对比分析与讨论

由于所选择4县市均属鄂西北少雨干旱气候区，其着火气候背景基本一致，但各项火灾指标及综合结果（火险等级）则有较大差别。见表1。

表1 4县市火灾指标和火险等级对照表（1987—1989年三年平均）

县市及类别 \ 指标项目		发火频数（次）X_1	过火面积（亩）X_2	火灾发生率（次/1000万亩）X_3	火灾燃烧率（‰）X_4	火灾率 X_5	每次火灾过火面积（亩/次）X_6	火险等级划分
林区城市（十堰市）	指标	38.3	2573	300	2.016	24.58	67	Ⅰ（高）
	名次	(2)	(8)	(2)	(5)	(2)	(30)	
非林区城市（襄樊市）	指标	2.66	9	345	0.118	6.38	3.4	Ⅱ（中）
	名次	(38)	(50)	(1)	(40)	(15)	(51)	
林区县（房县）	指标	19	3512	49	0.901	6.62	185	Ⅰ（高）
	名次	(3)	(6)	(25)	(11)	(14)	(12)	
非林区县（宜城县）	指标	3.33	137	39	0.16	2.5	41	Ⅲ（低）
	名次	(33)	(42)	(26)	(36)	(31)	(41)	

注：括号内数值大小指该项指标在全省52个市中所排位置（从大到小）。

通过表中对比分析，不难发现：

(1)林区城市（以十堰市为例）各项森林火灾指标均较大（除 X_6 外），属Ⅰ级火险（高火险）。据湖北省森林防火指挥部办公室1987年第2号公报发布的1986年11月至1987年2月底共4个月全省火灾统计结果，全省发生火灾87次，小小的十堰市就高达35起，占全省的40.2%；过火和毁林面积各为1606亩和719亩，占全省的13.1%和9.4%，便能很好地说明密林区内新兴城市野地火的极端严重性。作者认为，除气候干燥处，十堰市地处武当山系以北，属鄂西北林区带，该市代管一部分林区，近年该市汽车工业迅猛发展，从而人口剧增，人为火源急剧增多，该市是典型的林区城市，往往“烧在屋檐下”，防不胜防，使该市成为全省的火灾中心或“火灾窝子”。

另外荆门市亦是如此(表中未列)。

(2)非林区城市(以襄樊市为代表)的火灾发生率指标(X_3)竟居全省榜首，发火机会亦较多，其他各项指标均较低，襄樊市位于荆山山脉向东边平原岗地过渡区，属南阳盆地向南开口处，地势平坦，林地较少，该市所辖面积较少，只有几个国有林场、公园风景区，可以代表非林区城市。除X_3，X_5外，其余各项均比十堰市的低。除X_3，X_5外，其他指标均比邻近的宜城县低。尤其是火灾损失是全省最少的。该市在湖北省森林火险综合区划中属Ⅱ级中等火险。另外武汉市、鄂州市、孝感市均是如此(表中未列)。

(3)一般林区县(以房县为代表)，林业面积基数最大，其发火次数，总的损失均较大，但消去林业面积影响后的三项指标X_3，X_4，X_5在全省所排位次下降，居全省中、上程度，即单位林业面积上的发火频率，火灾损失均比十堰市低，但比襄樊市高(除X_3外)。林区可燃物虽然多，但人口密度小，交通不便，单位面积上着火机会并不很多，但着火后不易发现，不易扑救，故每次火灾损失(X_6)则较大，该县在全省属Ⅰ级火险。

(4)一般平原、岗地县(以宜城为代表)各项指标均较低，处全省中下程度，因为可燃物少，人口密度也只比林区县高，交通较便利，扑救也较迅速。湖北省鄂东、江汉平原、鄂北岗地大片地区均类同于宜城县，各项指标均低，被划入Ⅲ级火险(低火险)。

5 小结

本文通过4县市及其他有关资料对比得到：

(1)四类区域火险等级顺序为

林区城市(Ⅰ级高火险级)＞林区县(Ⅰ级高火险级)＞非林区城市(Ⅱ级中等火险级)＞非林区县(Ⅲ级低火险级)

(2)城市区因人口密度大，人为火源多，年发火频率比邻近地区高，但损失小些。若消去林业面积差异的影响，城市区各项指标远比邻近地区高得多，尤其是林区城市居全省前列，非林区城市的X_3(火灾发生率)竟居全省第一。

林区城市比非林区城市发火机会多，单位面积上损失也大得多。

(3)城市区、近郊区着火机会多，但发火后易被人们发现，参加扑火的人多而迅速，故小火多，损失亦有限。远郊区公园林区野地，火发生频率(X_1)较市区低，但每次损失较大。

参考文献：略。

(武汉)城市火灾的时间变化特征与(湖北省)森林火灾的对比分析(摘)*

摘　要　利用气象气候要素以及太阳、海洋活动来解释森林火灾和城市火灾在不同时间尺度(年、月、日)下的变化。发现:(1)武汉市城市火灾显然存在年、月、日变化。但与森林火灾比较则变幅小,时间跨度大,重点防火周期长;(2)城市火灾逐年变化有两大起伏,20 世纪 70 年代中期以前,为持续上升趋势,此后下降,80 年代中期又有所回升,此后一直下降。而森林火灾则逐年代下降。二种火灾相邻年际间差异很大,主要由气候(秋冬春干旱程度)决定。(3)城市火灾逐月变化呈单峰型或准正态曲线,峰顶在 12—1 月,冬半年(10—3 月)火灾次数占 63%,为重点防火季;夏半年为一般防火季。而森林火灾则主要集中在 11—4 月,夏半年火灾发生极少。(4)城市火灾日变化为三峰型,即白天最多且多集中在中午前后,深夜多于凌晨。森林火灾日变化为双峰型,上午到中午为主峰,下午到傍晚为次峰。

关键词　城市火灾;森林火灾;时间变化;对比

1　引言

森林火灾的基本规律及与气象的关系在本世纪尤其是 70 年代以来得到了世界各国的高度重视,而对城市火灾的研究则较少。无论是森林火灾还是城市火灾,在不同时间尺度(年、月、日)下均有较大甚至极大变化,且二者的群发性或不发性及大样本统计均与气象条件密切相关。

2　资料

(1)城市火灾:武汉市 1953—1991 年逐年逐月全部火警火灾资料;1969 年、1980—1991 年逐次火灾资料;1971—1980 年重大火灾资料。(2)森林火灾:湖北省 1951—1989 年逐年逐月森林火灾资料;神农架(及邻周)1970—1990 年逐次火灾资料。(3)气象资料:武汉市 1951—1991 年逐年逐月降水量、平均气温;逐时气温、相对湿度。(4)太阳黑子:取自美国天文学会出版的 SOLAR-GEOPHYSICAL DATA Prompt Reports 520 号第 1 部分,时间为 1945—1990 年(其中 1988—1990 年为预测值)。(5)海洋活动:厄尔尼诺(EN)取自 SIMARD 博士,将 1983 以前的 EN 划分了由强到弱四个等级;1986 年,1991—1992 年是强厄尔尼诺年,笔者将此二年 EN 分别记为四、三级,因此构成 1951—1992 年的完整序列。南方涛动指数(SOI)则根据石伟的四季 SOI 值算术平均求得(1951—1987 年)。

3　结果和讨论

城市防火期旷日持久,任务艰巨,应引起有关部门高度重视。但由于火灾的群发性和火灾多发时段受气候条件影响显著,可根据气候的年代变迁、年际变化和逐季逐月差异作超前预测布防,并可根据中短期气象预报临时布防调整。

* 陈正洪,杨宏青,张谦,陈洪保,郭享冠,沈峰. 森林防火,1993,(2):26-28.

神农架林区森林火灾的火源统计分析(摘)*

摘　要　森林防火是神农架林区的头等大事,而控制住火源是森林防火的关键。对1970年至1990年5月共83次森林火灾个例按生产用火、非生产用火和其他进行了分类,发现:1)生产用火占全部火源的47.0%;非生产用火占36.1%;其他用火占16.7%。神农架林区森林火灾全部是人为火源引起的,无雷击或自燃火发生;与外地火源种类比较,神农架林区的火源种类偏少。2)烧荒是最主要的(生产性)火源,占全部火灾次数的30.1%;烤火煮饭是最主要的非生产性火源,占第二位;吸烟致火危害也较大,是仅次于烧火做饭的非生产性火源。3)20年间林区共发生9次重大火灾。12次着火点除2次为烤火做饭引起外,其余6次为烧荒,3次为吸烟,说明烧荒、煮饭易导致重大火灾。4)春季3—5月的4大火源最集中,占4大火源全年致火的67%,秋季次之,冬季较少,而夏季或雨季6—10月极少。

关键词　神农架;森林火灾;火源;种类

1　引言

神农架是湖北省境内唯一的国家级(以上)自然保护区,频繁发生的森林火灾对其有极大威胁,森林火灾不但造成极大的林木损失,防火灭火开支剧增,而且破坏生态平衡,造成水土流失和珍奇野生动物的死亡,因此森林防火是神农架林区的头等大事。而火源是森林燃烧环中三要素之一,是着火的触发因子,在湖北省有效控制森林火灾发生的关键是控制住火源,因此对火源进行分类统计、详细分析并提出具体防治对策,对防火控火有着重要意义。

2　资料

本文收集到从1970年至1990年5月共83次森林火灾个例,其中12次的火源未查清楚或记录不当。

3　结果和讨论

建议在上年11月至翌年5月防火季内严禁火种进山和野外用火是减少火灾发生的根本措施,重点在3—5月控制3种火源即烧荒烧地、烤火做饭和吸烟。

* **陈正洪**.华中农业大学学报,1992,11(3):301-304.

我国森林火灾的长期预报回顾与展望(摘)*

摘　要　对国内外森林火灾长期预报方法进行了简要阐述，主要包括四类，分别为：火灾发生原理法，应用短期气候预报值法，天地生遥相关法，灾变预测法等，并对这些方法的研究进展进行了概述，对我国区森林火险长期趋势预报进行了展望。既要研究一些重大天地生现象(含天气气候)间的关系(0级效应)和这些现象与我国各地气候异常尤其是防火季及之前1—12个月降水状况的关系(一级效应)又要研究这些现象对我国各地野地火的(遥)相关性(二级效应)，从而构造出我国林火天地生相互作用三级网络，结合燃烧环理论，建立林火活动的长期数理预报模型。

关键词　森林火灾；长期预报；展望

1　引言

为了降低成灾率和火灾造成的损失，关键是要全面落实"森林防火，重在预防"的方针，系统开展森林火灾的短、中、长期(趋势)预报研究并合理运用，已经被证明是行之有效的预防火灾的重要途径之一。目前国内外关于短、中期森林火险预报方法很多，不下百种，而长期预报甚少，我国尚未制作全国或区域性森林火险长期预报，仅少数省、区依托长期气候统计预报发布长期火险趋势预告。而潜在的森林火灾活动的长期预告对护林防火、控火灭火、林火管理、计划烧除、年度规划等均有极高参考价值。因此尽早开展我国森林火灾的长期趋势预报(年、季、月)研究和建立相应的业务系统，无疑具有重大的理论和现实意义。

2　国内外进展

国内外对于林火长期预报研究之所以十分有限，因为这种预报往往要求准确的长期天气预报为基础，目前国内外均未能很好掌握该技术。有些科学家便致力于寻找各种各样可行的方法，根据现有文献可将这些研究分为四大类：(1)火灾发生原理法；(2)应用短期气候预报值法；(3)天地生遥相关法；(4)灾变预测法。关于这些预报方法的研究并未广泛开展。

3　展望

国家森防总办有关负责人曾指出，开展我国森林火险长期预报对我国护林防火工作有重要的指导意义。因此开展我国及分区森林火险长期趋势预报已是当务之急。如果能以林火燃烧环三要素为理论依据，以天地生相互作用网络为线索，尽可能地揭示机理和建立预报模式，通过与区域气候模式(RCM)输出的短期气候要素距平预报值相配套便可建立全国及分省区的不同时间尺度的长期趋势(年、季、月)火险预报方程组及相应的业务服务体系，从而为我国乃至世界的林火长期预测提供理论依据和范例。

---

* 张强，祝昌汉，陈正洪. 气象科技，1996，24(3)：23-26.

森林火灾气象环境要素和重大林火研究(摘)*

摘　要　频繁发生的森林火灾不但造成极大的林木损失，而且破坏生态平衡。利用1970—1994年25年间较完整的101次森林火灾资料，分析研究了湖北省神农架林区森林火灾的火源，火环境条件，林火发生、发展、蔓延和熄灭过程的天气气候特征及重大林火燃烧期的某些要素特征，林火日、月和年变化特点，以及林火燃烧期与降水量、温度、相对湿度和风向风速的关系，并从地形气候及主导因子方面给予合理的解释，对指导森林防火灭火具有现实意义。

关键词　森林火灾；气候条件；神农架林区

1　引言

神农架林区是湖北省国家级自然保护区，森林防火工作是当地政府和相关部门天大的事。据不完全统计，1970至1994年25年间，神农架林区共发生森林火灾101次，频繁发生的森林火灾不但造成极大的林木损失，而且破坏生态平衡。本文利用1970—1994年25年间较完整的森林火灾资料，分析研究了湖北省神农架林区森林火灾的火源，火环境条件，林火发生、发展、蔓延和熄灭过程的天气气候特征及重大林火燃烧期的某些要素特征，对指导森林防火灭火具有现实意义。

2　资料

本文利用神农架林区1970至1994年较完整的林场火灾资料，和兴山气象站(海拔275.5 m，31°14′，110°46′E)温度、降水量、风向风速等资料，分析该地区森林火灾的火源和环境条件、森林火灾燃烧过程的天气气候条件，并着重研究5次重大林火燃烧中的一些要素特征。

3　结果和讨论

(1)对5次重大森林火灾的某些要素，如蔓延速度、每日14时气温、风向风速、降水量、每日14时相对湿度等进行了详细讨论，发生重大森林火灾前5～30天降雨量较常年同期偏少6成以上，林火发生前3～5天基本无降水；

(2)林火发生前3～4天和蔓延期平均气温每天升高约2 ℃，一天最大升温达7.1 ℃；

(3)相对湿度在23%～38%之间，下降明显，旱象严重，地被可燃物极其干燥；

(4)当风速小于2 m/s时易着火，风速大于2 m/s时易蔓延。

显然这些指标对山区灭火具有指导意义。

---

* 张尚印，祝昌汉，**陈正洪**. 自然灾害学报，2000，9(2)：111-117.

农业气象

农业　林果
烟草　动物

麦子熟了——崔杨　摄

三峡橙飘香——郑坤　摄

武汉盛夏低温及其对农业的影响初析*

摘　要　本文根据农业生产需要制定了武汉盛夏低温标准，并作了弱、中、强、极强四级划分；首次详尽地对武汉盛夏低温进行了统计分析和最大熵谱周期分析，指出盛夏低温具有3年(弱)、8～9年(中)、12～16年及29～34年(强或极强)的周期；最后对1989年极强低温天气特征及其对农业的影响进行了初步探讨。

关键词　武汉；盛夏低温；周期；过程；等级

1　引言

武汉地区大多数盛夏时节，因高空有强盛副热带高压持久控制，天空晴朗、日射强烈，而且全天风力微弱(仅午后常有一阵南洋暑风)，造成日最高气温多在34℃以上甚至达到40 ℃以上的极端情况。但少数年份盛夏期会有一段或数段低温天气甚至冷夏，使深受高温煎熬的人们能享受到几天的适温。盛夏低温多系冷空气南下而致，可带来一些“及时雨”，使可能或已经出现的旱情得到缓解或解除(如1989年)，但过频繁的冷空气活动能使梅雨期延长引起冷夏则会有夏涝及渍害(如1954年)。盛夏低温会使中稻结实率降低；棉花因养分不足不结桃或因病害加重引起烂铃或蕾铃脱落，严重影响收成(如1989年)。俗话说：“盛夏不热，五谷不结”，就是这个道理。1989年的异常盛夏低温使我省各地多数光敏核不育水稻育性稳定性受到干扰。可见异常盛夏低温，弊大于利，目前尚难以预测和抗御，所以它同盛夏高温干旱一样也是一种大范围的灾害性天气。

前人对南方盛夏低温(包括冷夏)研究甚少。向元珍[1]对南京几个冷夏年进行了天气学分析，绘出了冷夏年的综合指标及大气环流背景。柯怡民[2]发现每次盛夏冷空气都会使所经之处的气温发生不同程度的降低，降温区域、时间均不及其他季节，减弱消失也快，但降温幅度却与其他季节相当，甚至达到“夏季寒潮”(一次过程降温≥8℃)。

2　资料与方法

抄录武汉气象站自1907年创立至1989年逐年7月下旬至8月上旬(共21天，代表盛夏)逐日日最低、平均、最高气温的全部资料，并找出逐年此期内日最低气温 $T_1 \leqslant 20$ ℃、21 ℃、22 ℃、23 ℃，日平均气温 $T_2 \leqslant 23$ ℃、24 ℃、25 ℃、26 ℃，日最高气温 $T_3 \leqslant 26$ ℃、27 ℃、28 ℃、29 ℃的总天数，以及连续两天或两天以上出现的次数，然后对它们进行详尽的统计分析，以期对武汉地区盛夏低温情况有较全面深入了解。对1947—1989年共43年三种温度表示的盛夏低温完整时间序列进行最大嫡谱周期分析。1947年前资料因战乱而很不完整，故只作对比。

* 陈正洪，袁业畅. 湖北农业科学，1990，(8)：9-12，32.

3 结果与讨论

3.1 盛夏低温标准及等级划分

根据武汉地区盛夏低温实际出现情况，并参考已知的粳型湖北光敏核不育水稻育性转换的临界温度和其他农业生产需要，认为：凡盛夏三伏期间（这里取 7 月 21 日至 8 月 10 日）由于冷空气过境使地面气温一天内或一次过程降温幅度≥4℃、某一温度低于某一指标并持续两天或两天以上时称为一次盛夏低温过程，并划分为弱、中、强、极强四个等级。由于三种温度对应的低温指标不一样，故应予区别，详见表 1。如果三种温度中任何一项达到某级低温标准就记为一次某级低温过程。

表 1 盛夏低温的等级划分

等级	日最低气温	日平均气温	日最高气温
弱	A(23 ℃)	A(26 ℃)	A(29 ℃)
中	A(22 ℃)	A(25 ℃)	A(28 ℃)
强	A(21 ℃)	A(24 ℃)	A(27 ℃)
极强	A(20 ℃)	A(23 ℃)	A(26 ℃)

注：A(x ℃)表示至少出现一次连续两天或两天以上某一种气温≤x ℃，>$x-1$ ℃的盛夏低温过程（极强仅≤x ℃）。

3.2 1947—1989 年间的盛夏低温情况

表 2 首先列出了 1947—1989 年间所有达到强和极强盛夏低温标准的情况。表 3 统计了 43 年间不同等级低温情况。由表 2、表 3 不难看出，这 43 年间曾于 1947 年、1954 年、1957 年、1965 年、1972 年、1980 年、1989 年出现多次严重盛夏低温，以 1954 年、1957 年、1972 年、1980 年、1989 年这五次较严重，具有8～9 年的再现期；尤以 1957 年、1989 年最严重，两次间隔时间约 30 年左右。分析指出，中等强度盛夏低温约 8 年左右发生一次，而弱（一般）盛夏低温过程则较频繁，平均 3～4 年出现一次。若要求三种温度指标都同时满足，情况有些不一样。如 1972 年武汉盛夏的日最低气温达到 17.8 ℃的极端最低，属极强情况，但从日平均气温看只属弱低温，日最高气温指标甚至未达到弱低温标准；当然，1989 年三项低温指标均达到极强标准，但这在武汉有记录的历史上是唯一的。

表 2 强和极强盛夏低温的统计情况（7 月 21 日—8 月 10 日）

	连续两天或两天以上≤x ℃的次数				≤x ℃的总天数				极端低温	低温等级
日最低气温	20 ℃	21 ℃	22 ℃	23 ℃	20 ℃	21 ℃	22 ℃	23 ℃		
1954 年			1^{+}	1^{+}			3	3	21.4 ℃	中
1957 年		1·1	1^{+}·1	1^{++++}·1^{+++}		6	7	11	20.3 ℃	强
1972 年	1	1^{++}	1^{++}	1^{+++}	2	5	5	6	17.8 ℃	极强
1980 年			1	1^{+++}	1	1	2	5	18.6 ℃	中
1989 年	1	1^{++}	1^{++++}	1^{++++}·1	2	4	6	10	19.9 ℃	极强

续表

	连续两天或两天以上≤x ℃的次数				≤x ℃的总天数				极端低温	低温等级
日平均气温	23 ℃	24 ℃	25 ℃	26 ℃	23 ℃	24 ℃	25 ℃	26 ℃		
1954 年		1^{+}	1^{++}	1^{+++}		3	4	6	22.8 ℃	强
1957 年	1	$1^{+}\cdot 1$	$1^{+}\cdot 1^{++}$	$1^{++++}\cdot 1^{+++}$	3	6	8	11	23.0 ℃	极强
1972 年				1		1	1	2	23.4 ℃	弱
1980 年			1^{+}	$1^{+}\cdot 1^{++}$		1	3	7	23.2 ℃	强
1989 年	1	1^{+++}	1^{+++}	$1^{+++++}\cdot 1^{+}$	3	5	5	10	21.9 ℃	极强
日最高气温	26 ℃	27 ℃	28 ℃	29 ℃	26 ℃	27 ℃	28 ℃	29 ℃		
1954 年	1	1^{+}	1^{+++}	1^{+++}	2	3	4	6	23.8 ℃	极强
1957 年	1	1	1·1	1·1	3	4	6	6	24.9 ℃	极强
1972 年									27.5 ℃	
1980 年		1·1	1·1	1·1	1	4	4	4	25.5 ℃	强
1989 年	1	1·1	1·1	1^{+++}	3	4	4	5	23.9 ℃	极强

注：1^{+}表示出现一次连续三天低于某一指标的低温过程；1· 1表示出现两次连续低于某一指标的低温过程；余类推。

表 3 1947—1989 年 43 年里各级盛夏低温统计情况

项目 \ 温度等级	日最低气温				日平均气温				日最高气温			
	20 ℃	21 ℃	22 ℃	23 ℃	23 ℃	24 ℃	25 ℃	26 ℃	26 ℃	27 ℃	28 ℃	29 ℃
	极强	强	中	弱	极强	强	中	弱	极强	强	中	弱
某一温度≤x ℃的实际总次数	2	3	4	7	2	1	4	5	3	2	1	4
累积次数	2	5	9	16	2	3	7	12	3	5	6	10

表 4 盛夏低温的最大熵谱周期分析结果

盛夏低温出现情况	周期(年)		
	弱	中	强或极强
日最低气温：			
≤22 ℃连续两天或两天以上的次数	3	8	16
≤23 ℃连续两天或两天以上的次数	3	8	14
≤22 ℃总天数	3	9	15
≤23 ℃总天数	4	8	15
日平均气温：			
≤25 ℃连续两天或两天以上的次数	3	8	29
≤26 ℃连续两天或两天以上的次数	3	8	33
≤25 ℃总天数	3	9	30～31
≤26 ℃总天数	3	9	29～30
日最高气温：			
≤28 ℃连续两天或两天以上的次数	3	9	12,34
≤29 ℃连续两天或两天以上的次数	3	9	13,32
≤28 ℃总天数	3	9	13,29
≤29 ℃总天数	3	9	13,32

3.3 盛夏低温熵谱周期分析

通过最大熵谱周期分析发现[①]:1947—1989 年 43 年间,弱以上的盛夏低温过程约 3 年左右发生一次,中等以上低温 8—9 年再现,强及极强低温过程约 12—16 年及 30 年左右再现,这些计算结果与上述分析结果相当一致(表 4)。可见,盛夏低温是一种多发性的自然天气现象,其出现具有一定周期性。

3.4 1989 年盛夏低温及其对农业的影响

据分析,1989 年 5—8 月中旬汉口东西湖气象站平均气温比常年偏低 1 ℃左右,属典型凉夏年;特别是 7 月下旬到 8 月上旬,平均气温比常年平均低 3 ℃左右,是自 1907 年有气象记录以来的最低值,此期唯一的具有日最低气温(19.9 ℃)≤20 ℃,日平均气温(21.9 ℃)≤23 ℃、日最高气温(23.9 ℃)≤26 ℃并均能持续两天的一年,达到极强盛夏低温标准(图 1)。上述极端低温分别是历史上同期第 4、1、2 位。

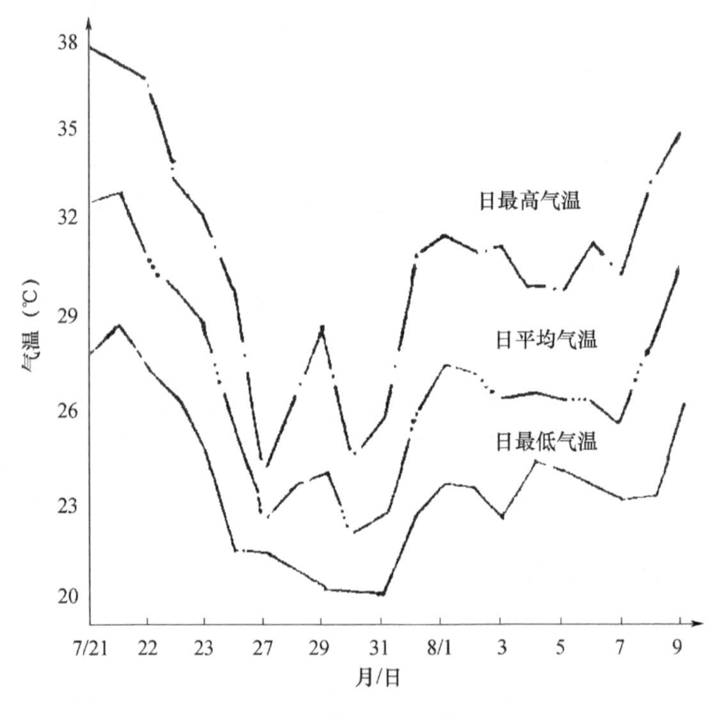

图 1 1989 年武汉盛夏气温逐日变化图

从降温幅度看,7 月 23—27 日的短短五天内,武汉日最高气温由 36.6 ℃降至 23.9 ℃,降温幅度 12.7 ℃,同期江汉平原的一些地方降温幅度达到 18 ℃左右,远远超出"夏季寒潮"(8 ℃)的标准,出现了"盛夏里的秋天"。从低温持续时间看,日平均、最低气温分别≤26 ℃、23 ℃均长达 10 天,历史上只有 1957 年出现过这种情况。

究其原因,该年盛夏期间,热带天气系统十分活跃,西太平洋上有较多的台风生成并多次

---

① 袁业杨,陈正洪.最大熵谱的讨论及其对武汉盛夏低温的分析.1989.

在我国沿海登陆或向北、向西北移动,对副高有切断、消弱作用,从而使副高南撤、东移,随之停留在北方的冷空气就大股南下直抵长江中下游广大地区,导致气温急剧下降。如8911号台风(7月23日14时生成于16.5°N、137.5°E洋面上,然后北上并于7月29日08时在韩国登陆)和8913号台风(8月4日在上海登陆),先后两次对副高南撤、东移产生决定性作用。前者使河套地区冷空气在7月23日大股南下;7月24—27日蒙古冷空气又相继补充南下,使武汉的气温大幅度下降,一直到旬末达到极端低温。后者使我省处于台风外围,吹偏北风3~4级,阵风5级;8月6日台风降为低压并西移,使我省普降中到大雨,气温再次下降,导致7月24日至8月8日期间连续十几天的盛夏低温阴雨天气过程。所以说,1989年是典型的强热带辐合型导致的盛夏低温年。

1989年7月下旬的低温伴阴雨寡照,不利于中稻拔节孕穗和春玉米的开花,使中稻的生育期推迟3—5天;同时,土壤湿度过大(≥80%,部分≥95%),极不利于棉花开花和结伏桃,成为影响该年全省棉花大减产的一个重要因素。当然,低温过程伴随的降雨,也往往能消除或避免高温干旱的巨大危害。

华中农业大学等的观察结果②表明:此段异常低温使多数光敏感核不育系的育性稳定性受到不同程度的不利影响,使本来应该成为不育的花粉变成可育,降低了种子的纯度,使当年正在我省各地推广的几千亩"两系"杂交稻及制种受到较大影响。这也表明"两系"杂交稻的温敏性是实际存在的,排除盛夏低温的干扰,已成为我国农业高新科技"两系"杂交稻在选育、制种、推广上必须解决的一大突出问题。

8月上旬的日暖夜凉(日较差大)、日晴夜雨对农作物生长发育是大有裨益的,这主要是能提高白天的光合作用效率,同时能抑制夜温的呼吸消耗,使中稻抽穗扬花未遇高温,晚稻活棵返青顺利且棉花与春玉米也能正常生长,部分抵消了7月下旬低温阴雨的不利影响。所以对南方盛夏低温(阴雨)的功过是非评定不可一概而论,气象工作者有必要与农业专家合作,深入全面揭示武汉盛夏低温特征及其对农业的影响(尤其是"两系"杂交稻、棉花等),建立盛夏低温预报指标预测模式,更好地使气象为农业科研和生产服务。

* 本文承李泽炳教授审阅,谨此致谢。

主要参考文献

[1] 向元珍,等.长江下游地区的四季天气[M].北京:气象出版社,1986:187-198.
[2] 柯怡明.我国夏季冷空气的活动及其影响[D].武汉:华中农业大学,1988.

② 李泽炳等.盛夏低温对光敏核不育水稻育性稳定性的干扰及其克服对策//HPGMR学术讨论会论文(大会报告).1990.

湖北省主要农业气象灾害变化分析*

摘　要　利用1961—2004年湖北省71个气象台站实测气候资料，采用气候倾向率分析湖北省主要农业气象灾害的变化趋势。分析显示，在26种农业气象灾害中，有17种呈减少趋势，有9种呈增加趋势，但并不意味着气候变化对农业有利。所得结论增强了气象部门为“三农”服务的针对性，也为政府和农业部门充分利用气候资源、趋利避害提供决策依据。

关键词　湖北省；农业气象灾害；变化

1　引言

随着气候变化，极端气候事件如干旱、风暴、热浪、霜冻等对农业的影响逐渐加强。全球气候变化，对这些气候灾害发生的频率和强度有什么影响，目前知道的甚少[1]。有人认为，气温升高，热浪将会频繁发生，从而影响农业生产，冬小麦主产区的干热风可能会使小麦大幅减产[2-4]。由于气温升高，大气层中气流交换增强，大风天气会增加，风暴频率增加和强度增强。某些区域(如我国黄土高原地区)的风蚀作用会导致水土流失加剧，从而影响农业生产。温度升高会使某些要求低温春化阶段的作物受到一定的影响[5]。大气温度升高后会导致土壤耗水量加大，尤其是植被覆盖度低的干旱和半干旱地区，旱灾会更严重而威胁农业的发展[6-7]。这些方面的影响程度尚难确切估计。

以前对气候变化的研究主要集中在温度和降水变化方面，而对农业气象灾害随气候发生变化方面的研究较少。湖北省地处东西、南北气候过渡地带[8-9]，其气候变化与全国相比具有相同点也有自身的特点。湖北省亦是水稻生产的过渡带，双季水稻种植北界位于本省，31°N左右。从湖北省近几年农业生产中出现的一些现象也可以看出，气候变化对农业的影响比较明显。如频繁的夏凉使农作物生长期热量不足而减产，引起棉花产量波动较大，两系杂交水稻制种失败，中稻产量锐减等。连续多年的冬暖使冬小麦和油菜长势过旺，缺乏抗寒锻炼而易受低温冻害的影响。4月下旬—5月中旬的春热使冬小麦灌浆受阻，柑橘异常落花落果等。本文主要分析湖北省主要农业气象灾害的变化情况，旨在揭示其变化趋势，为农业生产应对当前多变的气象灾害服务。

2　资料与方法

利用湖北省71个县(市)气象站1960年12月—2005年2月的5种气象要素资料(平均温度、最高温度、最低温度、降水量、日照时数)，根据农业气象学原理和农业气象指标，统计、整合相应的气象要素。利用直线方程 $y=at+b$(a、b 为回归系数，y 为气象要素，t 为时间)中的斜率(a)来描述气象要素的变化趋势，并对该方程进行信度检验，$a\times10$ 为气候倾向率(气温：℃/

* 冯明，陈正洪，刘可群，吴义城，毛飞，英永平. 中国农业气象，2006，27(4)：343-348.

10a,降水:mm/10a,日照:h/10a)。农业干旱资料为17个站点的可能蒸发量(由中国气象科学研究院提供,17个站点为本省上报中国气象局的基本气象观测站),年代为1961—2000年。所有计算的气候倾向率均绘制出全省的分布图,文中仅给出一些有代表性和变化明显的分布图。

通过模糊聚类分析[10-11]方法得出湖北省地理分区结果:鄂西北(9站)、鄂北岗地(9站)、鄂东北(14站)、鄂东南(11站)、江汉平原(13站)、三峡河谷(6站)、鄂西南(9站)。分别统计、计算各区和全省各种灾害的气候倾向率。

3 主要灾害及其定义

影响湖北省农业生产的气象灾害较多,本文主要分析研究9类26种。

春秋两季长短连阴雨[11-12]:3月1日—5月31日或9月1日—11月30日,连续降水日达3～6 d时为春季或秋季短连阴雨,连续降水日数≥7 d为春季或秋季长连阴雨。连阴雨会造成低温寡照,作物光合效率降低。

"寒露风"[13]:9月5日—9月30日,日平均气温连续3 d低于20 ℃(常规稻)或22 ℃(晚杂)。此期为双季晚稻抽穗开花期,若遇"寒露风"将会严重减产。

夏季热害[13]:6月1日—8月31日,日最高气温连续3 d≥35 ℃的过程。在中稻抽穗扬花期、灌浆充实期,易遇连续3 d以上≥35℃的高温天气,引起高温不实或高温逼熟,导致中稻单产下降。

夏季"冷害"[14-15]:6月1日—8月31日,日平均气温连续3 d或以上低于23 ℃的过程。8月正值中迟熟中稻抽穗扬花、乳熟期,棉花开花—结铃期。在中稻抽穗扬花期,"冷害"会引起雄蕊花药不能正常裂药授粉,因受精不良导致空壳率增高,结实率下降。在中稻乳熟期,"冷害"会阻碍灌浆充实,导致千粒重下降。在棉花开花结铃期,"冷害"会阻碍授粉、受精、成铃,引起花铃脱落。若"冷害"发生在8月下旬,双季晚稻(杂交晚稻)正值幼穗分化,对低温反应敏感,若在花粉母细胞减数分裂期(抽穗前10～15 d)遇"冷害",会引起颖花退化,不育率增加,导致结实率下降。盛夏"冷害"因低温阴湿天气,还易诱发稻瘟病,使水稻产量锐减,米质下降。"冷害"还诱发正在制种的"两系"不育系可育,无疑会降低杂交制种的纯度。"冷害"还使得反季节栽培的西(甜)瓜开花授粉受精不良,导致产量锐减,品质下降。

冬季冻害[13]:12月1日—2月底,分别统计日最低气温≤0、−3、−5、−7、−10 ℃的天数。

春季低温[16]:4月1日—30日,日平均气温连续3 d低于12 ℃。易造成水稻和棉花苗期生长不利,若伴随连阴雨则会引起早稻烂种烂秧、棉花死苗、油菜烂籽、小麦赤霉病爆发、小麦遭遇湿害等。

5月热害[13]:指4月21日—5月20日日最高气温连续3 d≥35 ℃的过程。4月下旬—5月中旬的春热使冬小麦灌浆受阻,柑橘异常落花落果等。

小麦赤霉病[1]:4月1—30日,冬小麦抽穗开花期综合指标:$Q=Ry\times R\div S$;Q为综合指标;Ry为雨日(d);R为冬小麦抽穗开花期降雨量(mm);S为冬小麦抽穗开花期日照时数(h)①。

农业干旱指标[17]:时段根据作物生育而定。指标:$I=(P-Ep)/W$,式中,I为综合指标,

① 湖北省气象科学研究所.湖北省综合农业气候区划.1988,97.

P 为降水量(mm),Ep 为可能蒸散量(mm),W 为作物需水量(mm)。本省各种作物生育期时段及 W 值[18]为:冬小麦10月21日—翌年5月31日为400 mm;双季早稻4月1日—7月31日为380 mm;双季晚稻6月21日—10月31日为420 mm;一季中稻5月1日—9月20日为450 mm;棉花4月1日—10月31日为460 mm;油菜9月21日—翌年5月10日为400 mm。

4 结果与分析

4.1 全省灾害变化分析

表1为各地20种农业气象灾害的气候倾向率计算结果。由表中可见,有5种灾害呈现出增加趋势,有15种灾害呈现出减少趋势。灾害趋势增加的有:籼稻"寒露风"次数、夏季"冷害"次数和低温天数、5月热害次数和高温天数,其余的减少;从信度检验结果可看出,随着冬季气候变暖,各低温级别的天数随之明显减少,大多通过了0.01和0.05水平的显著性检验,特别是冬季最低气温≤0 ℃、≤3 ℃天数的气候倾向率减少显著。这种趋势对减少越冬作物受冻害威胁较有利,而不利之处反映在两方面,一是各种作物的病虫菌卵易于越冬;二是越冬作物缺少低温"锻炼",后期易受强冷空气的危害。

4.2 各地灾害变化分析

4.2.1 春季和秋季连阴雨

从分区结果可见,除鄂西南地区春季短连阴雨为增加趋势外,其他各区均为减少趋势。而春秋两季长连阴雨减少的趋势比短连阴雨更大。连阴雨减少利大于弊,有利之处是增加作物光合作用,对提高产量和品质有利,不利之处是易形成干旱。

1)春季短连阴雨

各站分析结果显示,71站中有20站为增加趋势,51站为减少趋势。增加的地区为黄石、阳新、武穴一带,新洲、黄陂一带,鄂西南部分县市,宜昌、长阳、当阳、远安、秭归一带;增加较为明显的新洲和蕲春,倾向率为0.11～0.20次/10a。其他地区均为减少,减少最明显的单站是随州和房县,倾向率为0.44次/10a左右;减少最明显的地区为鄂西北,倾向率为−0.26次/10a左右;减少最小的是鄂东南地区。

2)春季长连阴雨

71站春季长连阴雨变化趋势分析结果中,6站为增加趋势,65站为减少趋势。增加的县市为老河口、枣阳、麻城、云梦、京山、应城,6站平均倾向率0.03次/10a;增加较为明显的京山,倾向率0.09次/10a。减少最明显的地区是鄂东南,减少最小的是鄂北岗地;单站倾向率减少最大的是来凤和黄梅(均为−0.26次/10a)。

表1 主要农业气象灾害气候倾向率(1961—2004年)

	春季短连阴雨(次/10a)	春季长连阴雨(次/10a)	秋季短连阴雨(次/10a)	秋季长连阴雨(次/10a)	籼稻寒露风(次/10a)	粳稻寒露风(次/10a)	夏季热害次数(次/10a)	夏季高温天数(d/10a)	夏季冷害次数(次/10a)	夏季低温天数(d/10a)
鄂西北	−0.26	−0.07	−0.28	−0.20	—	—	−0.20	−1.63	0.13	0.68
鄂北岗地	−0.22	−0.02	−0.15	−0.19*	—	—	−0.27	−1.73	0.07	0.31

续表

	春季短连阴雨(次/10a)	春季长连阴雨(次/10a)	秋季短连阴雨(次/10a)	秋季长连阴雨(次/10a)	籼稻寒露风(次/10a)	粳稻寒露风(次/10a)	夏季热害次数(次/10a)	夏季高温天数(d/10a)	夏季冷害次数(次/10a)	夏季低温天数(d/10a)
鄂东北	−0.10	−0.05	−0.29	−0.14	0.02	0.04	−0.07	−0.42	0.06	0.45*
鄂东南	−0.04	−0.16	−0.25	−0.18	0.04	−0.03	0.03	−0.38	0.02	0.37*
江汉平原	−0.11	−0.09	−0.24	−0.20*	0.01	−0.08	0.00	−0.17	0.05	0.36
三峡河谷	−0.07	−0.09	−0.31	−0.27*	—	—	0.25	−2.41	0.09	0.55
鄂西南	0.03	−0.13	−0.21	−0.37*	—	—	−0.04	−0.45*	0.14*	0.90
全省平均	−0.11	−0.25	−0.09	−0.21*	0.02	−0.05	−0.10	−0.86	0.07	0.50

	TL≤0 ℃天数(d/10a)	TL≤−3 ℃天数(d/10a)	TL≤−5 ℃天数(d/10a)	TL≤−7 ℃天数(d/10a)	TL≤−10 ℃天数(d/10a)	春季低温次数(次/10a)	春季低温天数(d/10a)	5月热害次数(次/10a)	5月高温天数(d/10a)	赤霉病指数(/10a)
鄂西北	−4.80**	−3.43**	−1.72**	−0.51*	−0.04	−0.13	−0.85*	0.04	0.32*	−1.97*
鄂北岗地	−6.44**	−4.46**	−2.17**	−0.76*	−0.06	−0.20*	−1.13*	0.01	0.18	−1.78
鄂东北	−5.03**	−3.47**	−1.70**	−0.55*	−0.06	0.17*	−0.96*	0.00	0.07	−1.46
鄂东南	−5.50**	−2.54**	−0.85*	−0.27*	−0.07	−0.11	−0.68*	0.00	0.09	−0.36
江汉平原	−6.45**	−2.49**	−0.85*	−0.27*	−0.06	−0.18*	−1.04**	0.00	0.04	−0.41
三峡河谷	−2.38*	−0.53	−0.14	−0.03	−0.01	−0.04	−0.25	0.04	0.18	−1.01
鄂西南	−3.37**	−1.53*	−0.48	−0.11	−0.02	−0.09	−0.64	0.00	0.06	−1.33
全省平均	−5.08**	−2.77**	−1.19*	−0.38*	−0.05	−0.14	−0.84*	0.01	0.12	−1.15

注:1)寒露风的气候倾向率为35站平均,选择仅有双季晚稻种植的地区;TL为冬季日最低气温。2)** 和 * 分别表示通过信度 α=0.01和0.05的显著性检验。

3)秋季短连阴雨

71站秋季短连阴雨倾向率中,仅来凤为增加趋势,倾向率为0.12次/10a,其他均为减少趋势。减少最明显的是三峡河谷,减少最小的是鄂北岗地;单站倾向率减少最大的是罗田(−0.58次/10a)。

4)秋季长连阴雨

71站秋季长连阴雨倾向率中,减少最明显的是鄂西南,减少幅度较小的是鄂东北,单站倾向率减少最大的是咸丰和来凤(−0.43次/10a)。

4.2.2 寒露风

双季晚稻种植区位于中东部平原和丘陵地区,气候倾向率选择了35个站进行分析。表1显示籼稻寒露风危害次数和粳稻寒露风危害次数变化趋势正好相反,说明湖北省种植双季晚籼比种植双季晚粳的风险更大。35站中晚籼生长期可能遇到寒露风危害的有8站倾向率为负,有27站为正;35站晚粳中生长期可能遇到寒露风危害的有6站倾向率为正,有29站为负。晚籼生长期遇寒露风倾向率最大的在鄂东南地区(0.04次/10a),最小的是江汉平原(0.01次/10a);晚粳倾向率减小最大的是江汉平原西部(荆州,−0.14次/10a),最小的是江汉平原东部(江夏,−0.03次/10a)。

4.2.3 夏季热害

随着夏季最高气温降低夏季热害也呈现减少趋势。71 站中有 50 站呈减少趋势，有 20 站为增加趋势，1 站趋势不变。平均倾向率热害次数为－0.10 次/10a，高温天数为－0.086 d/10a，高温天数的减少比热害次数的减少幅度要大。热害次数和高温天数的全省分布较为一致，减少的地区为山区，增加的地区在江汉平原和鄂东南西部。热害减少最明显的是郧县，倾向率为－0.596 次/10a。高温天数减少最明显的是秭归，倾向率为－4.68 d/10a。热害和高温天数增加最明显的均是五峰，倾向率分别为 0.37 次/10a 和 2.89 d/10a（主要为迁站所致）。

4.2.4 夏季冷害

夏季是湖北省高温热害的重发时段，而近年来天气气候却一反常态。与夏季热害变化正好相反，夏季冷害呈增加趋势。夏季冷害 71 站中有 64 站为增加趋势，有 7 站呈减少趋势。从地理分布看（图 1），山区的冷害次数增多，最大值为 0.074 次/10a（咸丰），最小值为－0.118 次/10a（五峰）。低温天数 71 站中有 69 站为增加趋势，仅有蔡甸（－0.232 d/10a）和五峰（－1.011 d/10a）两站呈减少趋势。冷害次数和低温天数增加较为明显的地区是鄂西南，增加较少的地区是鄂东南（冷害次数）和鄂北岗地（低温天数）。各地的低温天数比冷害次数增加幅度大，单站最大倾向率为 2.01 d/10a（咸丰）。

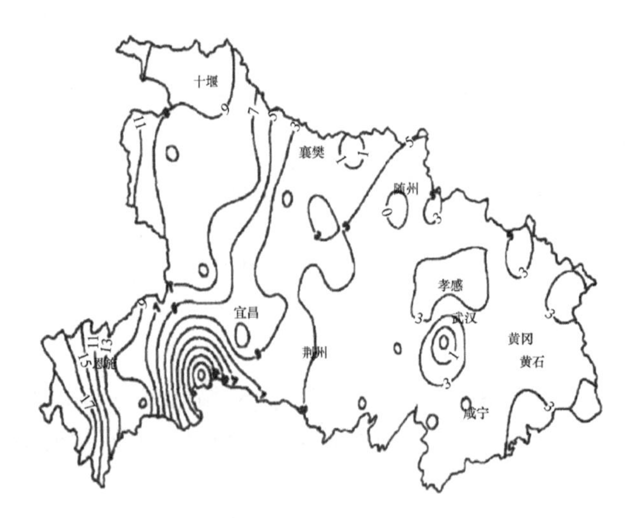

图 1 夏季低温天数倾向率等值线分布图（d/100a）

图 2 给出了湖北省各地夏季低温天数不同年代的变化曲线。从图中可看出，本世纪前 4 年的平均值明显高于上世纪各年代的平均值。这说明湖北省各地目前均受到夏季低温的影响，从表 1 倾向率的信度检验结果看，鄂东北和鄂东南的夏季低温天数增加较显著。

4.2.5 冬季冻害

随着冬季气温升高，湖北省冬季发生冻害的概率也相应减少。5 种级别低温冻害指标的气候倾向率均为负值。减少趋势最明显的是冬季最低气温≤0 ℃的天数。并且，随着低温级别的增加，倾向率减少的趋势下降。以≤0 ℃天数的倾向率为例（如图 3），全省均为减少，东部地区比西部地区减少明显，减少幅度最明显的地区是江汉平原，较小的是三峡河谷。单站倾向率绝对最大值为武汉（－9.739 d/10a），最小值为秭归（0.635 d/10a）。

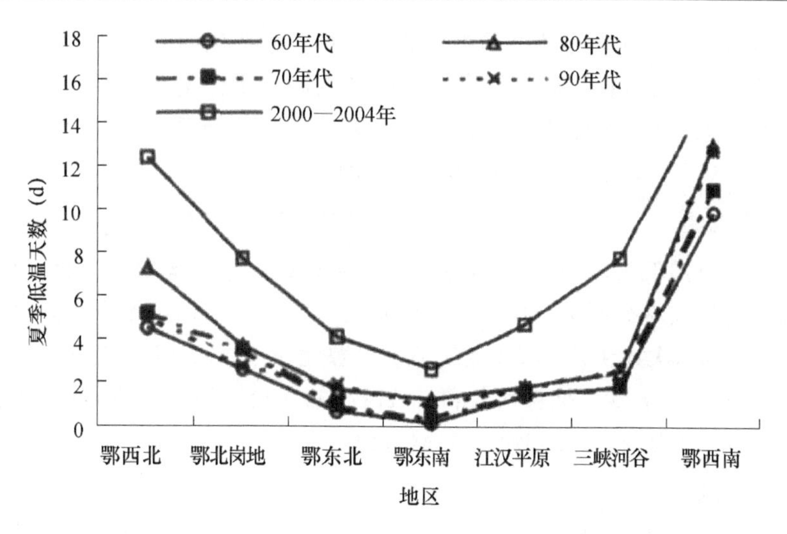

图 2　湖北省各地区 20 世纪 60—90 年代平均夏季低温天数变化曲线

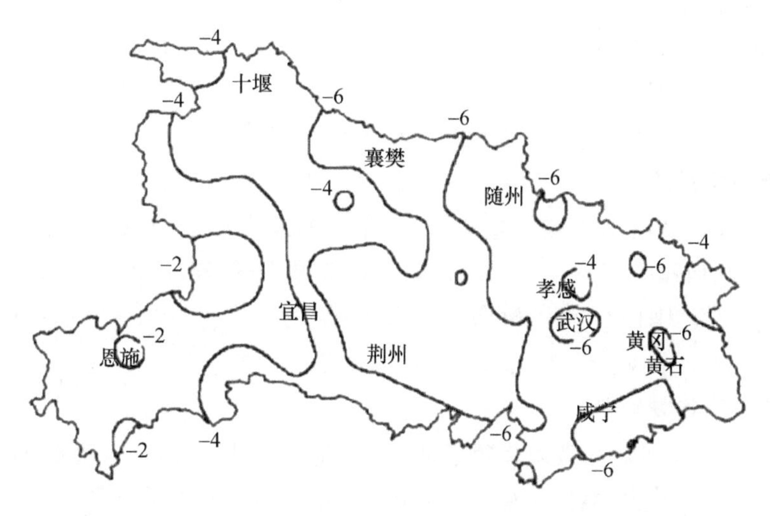

图 3　湖北省冬季日最低气温≤0 ℃天数倾向率等值线分布图(d/10a)

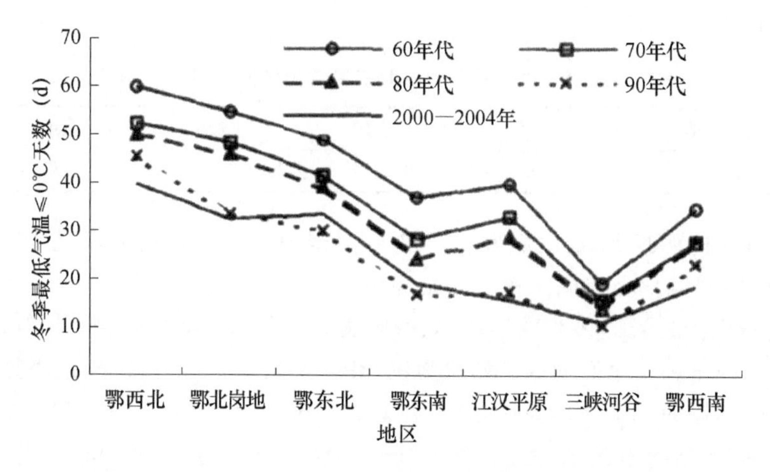

图 4　湖北省各地区 20 世纪 60—90 年代冬季最低气温≤0 ℃天数变化曲线

图4给出了各地不同年代冬季日最低气温≤0 ℃天数变化曲线。从图中可看出，20世纪60—80年代的冬季冻害天数平均值明显高于90年代和本世纪前4年的平均值，说明湖北省各地目前的冻害天数正在减少。从表1倾向率的信度检验结果看，全省平均和6个地区的冬季日最低气温≤0 ℃天数通过了信度 α=0.01的检验。

4.2.6 春季低温

由于湖北省春季最低气温呈升高趋势[19-20]，春季低温危害概率也随之下降。71站春季低温次数和天数的倾向率分别为－0.140次/10a和－0.839 d/10a；相应倾向率为正值的站数仅为2个和1个。低温次数和天数减少较明显的是鄂北岗地，单站最大值分别为－0.26次/10a（安陆）和－1.79 d/10a（五峰）；低温次数和天数减少幅度较小的是三峡河谷，单站最小值分别为－0.0127次/10a（兴山）和－0.1304 d/10a（兴山）。

4.2.7 5月高温

全省71站5月热害次数高温天数气候倾向率呈增加趋势，倾向率大于零的分别有43站和61站，小于零的分别有14站和8站，为零的分别有14站和2站。高温危害次数增加明显的地区是西部山区，最大值为0.1135次/10a（竹山）；东部地区高温危害次数减少，最小值为－0.028次/10a（武穴）。高温天数增加的范围比危害次数更广，强度也更大，仅东部地区少数站为减少。倾向率最大值为0.587d/10a（郧西），最小值为－0.061 d/10a（黄石）。

4.2.8 赤霉病指数

赤霉病指数气候倾向率呈减少趋势，与近年来湖北省小麦赤霉病发病减少是一致的。71站中有62站倾向率为负值，9站为正值。增加的范围，略主要在鄂东南、江汉平原中南部和鄂西南局部。倾向率减少最明显的是鹤峰（－4.700/10a），增加最明显的是通城（3.669/10a）。

4.2.9 主要农作物干旱

表2给出了湖北省6种主要农作物干旱气候倾向率。从中可看出，秋播夏收作物（小麦和油菜）的干旱倾向率为减少趋势，油菜的干旱倾向率减小幅度略大于小麦。春播（双季早稻、一季中稻、棉花）和夏播（双季晚稻）的干旱倾向率为增加趋势，双季晚稻的干旱倾向率最大，棉花的干旱倾向率最小。

表2 湖北省主要农作物农业干旱气候倾向率(指数/10a)

	双季早稻	双季晚稻	一季中稻	小麦	棉花	油菜
倾向率	1.17	1.24	0.78	－0.21	0.63	－0.30

油菜的干旱倾向率减少，最大值为－0.92/10a（老河口），东部的武汉是17站中唯一增加的，倾向率为0.24/10a。小麦倾向率有3站为正，14站为负，负值最大为－0.76/10a（恩施），正值最大为0.66/10a（武汉）。双季早稻、双季晚稻、一季中稻和棉花的干旱倾向率增加是东部大于西部。双季早稻干旱倾向率7站均为正，最大为2.06/10a（武汉），最小为0.62/10a（嘉鱼）；双季晚稻干旱倾向率7站均为正，最大为1.70/10a（嘉鱼），最小为0.56/10a（荆州）；一季中稻干旱倾向率17站均为正，最大为1.88/10a（武汉），最小为0.04/10a（恩施）；棉花干旱倾向率有15站为正，2站为负，正值最大为2.01/10a（武汉），负值最大为－0.20/10a（恩施）。

5 结论与讨论

湖北省主要农业气象灾害变化趋势有增有减。早稻寒露风、夏季冷害、5月热害均有增加的趋势，而冬季冷害等却有减少的趋势，由此带来小麦赤霉病减少，水稻和棉花干旱倾向率增加，小麦和油菜干旱倾向率减少。

湖北省冬季气温升高[21]，农作物冬季发生冻害的概率也相应减少。冬暖使冬小麦和油菜生长过旺，缺乏抗寒锻炼。虽然冬季变暖是一种趋势，但有的年份冬季和春季也会有强冷空气影响本省，从而使这两种作物易受低温冻害的影响。如2005年冬季本省气温偏低，春季气温变幅较大，有数次强冷空气影响，导致冬小麦和油菜单产分别比上年减少2 kg/667 m^2 和9 kg/667 m^2。

近几年"夏凉"发生次数的增加，对全省粮食和棉花生产影响很大。如地处江汉平原的荆州市近4 a夏季发生的低温冷害过程，2002年8月12—14日为：21.4 ℃、20.4 ℃、21.6 ℃；2003年8月15—17日为：22.9 ℃、21.4 ℃、21.6 ℃；2004年8月14—17日为：22.1 ℃、19.6 ℃、20.7 ℃、22.1 ℃；2005年8月18—24日为：20.0 ℃、19.3 ℃、17.8 ℃、16.3 ℃、17.5 ℃、20.4 ℃、22.0 ℃。温度越来越低，持续时间越来越长，造成杂交稻、籼稻、棉花等作物发生冷害。而且2005年这段低温过程，从持续时间和低温强度上看，均为1905年有气温资料记载以来的极值。从统计局公布的产量数据看，2002年中稻单产比上年下降93 kg/667m^2，2003年和2005年棉花单产比上年分别下降26 kg/667m^2 和5 kg/667m^2。

农业属于脆弱性产业，气候变化条件下农业气象灾害的演变对农业生产减灾、防灾具有重要意义。

参考文献

[1] Rind D, Goldberg R, Ruedy R. Change in climate variability in the 21st century [J]. Climatic, 1989, 14: 5-37.
[2] 陈景玲. 二氧化碳倍增对草被冠层的光合与蒸散的影响[J]. 气象科技, 1995, 23(3): 58-61.
[3] Parry M. The potential effect of climate changes on agriculture and land use [J]. Advances in Ecological Research, 1992, 22: 63-91.
[4] 高素华，王春乙. CO_2 浓度升高对冬小麦、大豆籽粒成分的影响[J]. 环境科学, 1994, 15(5): 24-30.
[5] Eddy JA. Lessons from the natural science [M]. HDPReport, 1996, 6: 30-51.
[6] Turner BL, Moss RH. Region land use and global land cover change [M]. IGBP Report, 1993, 24: 8-15.
[7] 林而达. 气候变化与农业[J]. 地学前缘, 1997, 4(4): 221-226.
[8] 冯明. 湖北省主要作物生育期间热量资源变化的研究[J]. 南京气象学院学报, 1997, 20(3): 387-391.
[9] 冯明，王中柱，王保家. 湖北省气温及水稻生育期内有效积温变化的分析[J]. 华中农业大学学报, 1998, 17(6): 599-605.
[10] 冯明. 湖北省降水变化分析[J]. 长江流域资源与环境, 1993, 2(3): 226-231.
[11] 冯明，邓先瑞，吴宜进. 湖北省连阴雨的分析[J]. 长江流域资源与环境, 1996, 5(4): 379-384.
[12] 徐精文，杨文钰，任万君，等. 川中丘陵区主要农业气象灾害及其防御措施[J]. 中国农业气象, 2002, 23(3): 49-52.
[13] 中国农业百科全书编撰出版领导小组. 中国农业百科全书(农业气象卷)[M]. 北京：农业出版社, 1986, 93-94.
[14] 马乃孚，杨景勋. 厄尔尼诺与华中夏季低温[J]. 长江流域环境与资源, 2000, 9(4): 491-496.
[15] 姜爱军，周学东，董晓敏. 农田旱涝冷热灾害的诊断分析及其应用[J]. 中国农业气象, 1995, 16(4): 19-22.

[16] 张养才,何维勋,李世奎,等.中国农业气象灾害概论[M].北京:气象出版社,1991,35.
[17] 刘敏,李书睿,倪国裕.湖北省农业干旱的指标和时空分布特征[J].华中农业大学学报,1994,13(6):621-624.
[18] 贺维农.农业常用数据资料[M].北京:农业出版社,1981,34-35.
[19] 陈正洪,叶柏年,冯明.湖北省1981年以来不同时间尺度气温的变化[J].长江流域环境与资源,1997,6(3):227-232.
[20] 冯明,叶柏年,陈正洪.湖北省80年代以来气温变化分析[J].湖北气象,1996,15(4):22-25.
[21] 冯明.湖北省气候变化及其对夏收作物的影响[J].中国农业气象,1997,18(4):36-42.

鄂西山地油桐产量与气候条件的关系*

摘　要　本文采用HUDA时间二次多元回归分析法对鄂西山区三个不同油桐栽培区内的典型县来凤、巴东和郧西按历年逐月平均气温、降水和日照百分率分别与该县历年桐籽总产量建立回归方程，通过逐月求导，可了解三要素在三个地区油桐整个生长发育期共14个月(生物时段)的产量贡献大小，找出了对油桐产量构成影响最大的几个关健物候期，选出产量预报因子，评价气候条件优劣。

关键词　鄂区山区；油桐；气温；降水；日照

1　引言

湖北省油桐主产于鄂西山区，共包括三个主要栽培区[1]：鄂西南中低山中心产区、长江三峡河谷中心产区和鄂西北低山主产区。本文选择来凤、巴东和郧西三个十万亩县分别作为各区代表来分析气候对产量波动的影响。

鄂西油桐广布于800 m以下的低山阳坡上，气候条件基本满足油桐生长发育的要求，这里桐油品质较佳，尤以来凤的“金丝桐油”闻名于世，可产量低而不稳，亩产桐油平均不过5 kg，大小年特征显著。以来凤县为例(图1)，总产量在1949年后几经波折，给产量分析带来许多困难。

外界气候条件对油桐产量有着重要贡献[2,3,4]，而且在油桐各个生长发育期间的贡献是不均匀的。本文旨在较全面地揭示不同地区逐月光、温、水对油桐的生长发育和总产量的影响及其程度。

为了了解从上年花芽分化直到当年果熟期间逐月气候要素平均值变化所引起的产量效应以及地区间的差异，采用了HUDA时间二次多元回归分析法[5]对三县按气温、降水和日照百分率逐月求导，可了解三要素在三个地区油桐整个生长发育期14个月(生物时段)的产量贡献大小，得出了一些有益的结果。

2　油桐产量资料的处理

选择来凤、巴东和郧西三县的1961—1980年逐年桐籽收购量资料(此间栽培面积基本稳定)和同期逐月气候资料(月平均温度、降水量和日照百分率)的20年序列进行分析。

桐籽总产量Y可表示为$Y=Y_t+Y_c$或$Y_c=Y-Y_t$，Y_t、Y_c分别为趋势产量和气候产量，Y_0为预报产量，若加上预报误差ε，便为实际产量Y，即$Y=Y_0+\varepsilon=Y_t+Y_c$，考虑到油桐产量逐年变化情况(图1)采用年序$t$为自变量的非线性(三次幂指数)方程，来对趋势产量进行模拟，三县分别为：

---

*　**陈正洪**.湖北林业科学，1990，(2)：25-30.

$$Y_t\begin{bmatrix}来凤\\巴东\\郧西\end{bmatrix}=\begin{bmatrix}306.7 & 150.7 & -10 & 0.2\\249.6 & 51.1 & -1.8 & 0.05\\-668.2 & 1778.7 & -159.4 & 4.2\end{bmatrix}\begin{bmatrix}1\\t\\t^2\\t^3\end{bmatrix}$$

并得到三县的 20 年气候产量序列Y_o（$=Y-Y_t$），（见图 1）。

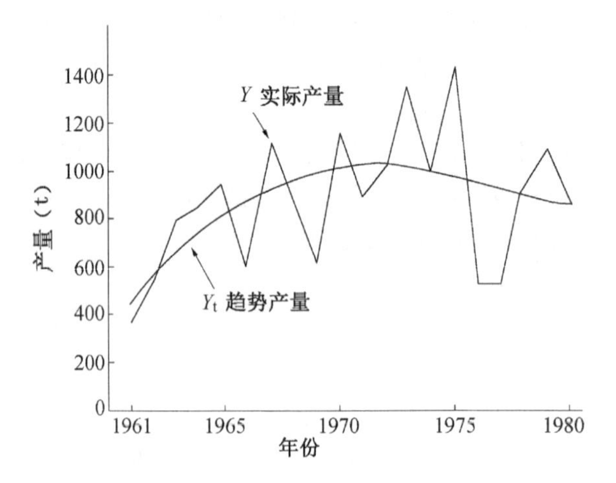

图 1　来凤县 20 年桐籽产量序列的趋势分析

以三年桐的物候期为划分生物时段的依据，自上年 9 月花芽分化至当年 10 月果熟共 14 个月，记上年 9 月 $t=1$，逐月后推至 14。因此可将温度 T 对气候产量的 HUDA 多元回归方程写成：$\hat{Y}_{cT}=C+\sum\limits_{i=1}^{14}\cdot\sum\limits_{j=i}^{2}b_j(t_j T_o)$，其中 t_j 为时间的 j 次项，T_i 为第 t 生物时段的平均气温，C 为常数项，b_j 为第 j 次项的回归系数。然后求偏导$\dfrac{\partial\hat{Y}_{cT}}{\partial\hat{Y}_i}$（$t=1\cdots\cdots14$），即第 t 时段温度增加一个单位（度）对产量的贡献大小。降水量和日照百分率对气候产量的贡献分配情况同气温运算一样。

3　结果与讨论

依据上述方法对三县分别求出三个回归方程，然后计算 14 个偏导数并绘图说明（图 2、图 3、图 4）。

3.1　温度对油桐产量的影响

从目前油桐经济种植海拔高度看，一般不超过 800 m，主产区在北纬 27—33 度之间，说明它对年平均气温、积温、极端低温等热量条件要求较严格，年均温、一月均温不宜过高或过低。由图 2 可知来凤县气温变化会产生三种不同的产量效益：增产、减产、平产。上年 9 月气温较历年 9 月平均气温的变化对产量无影响（平产），10 月始有 20 吨/度（简记为 TC）增产，然后逐步提高，3、4 月达到高峰 130TC，5、6 月增值略降，7 月又无影响，并急剧转变为负，8 月为 110TC 的减产，10 月减产高达－430TC。

植物在不同生长发育期不仅形态发生根本变化，对气象条件要求也不同，而气象要素在一年内逐月分配不均，所以须结合各地植物发育状况与气象因子的变化来分析气候对产量的贡献。下面将对气温变化对油桐产量构成的影响方式、程度进行详尽分析：

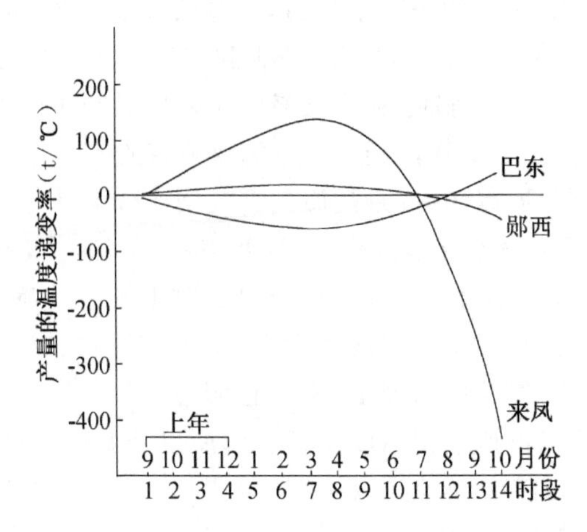

图 2　逐月平均气温每上升 1 ℃ 对各县油桐籽总产量的正负效益

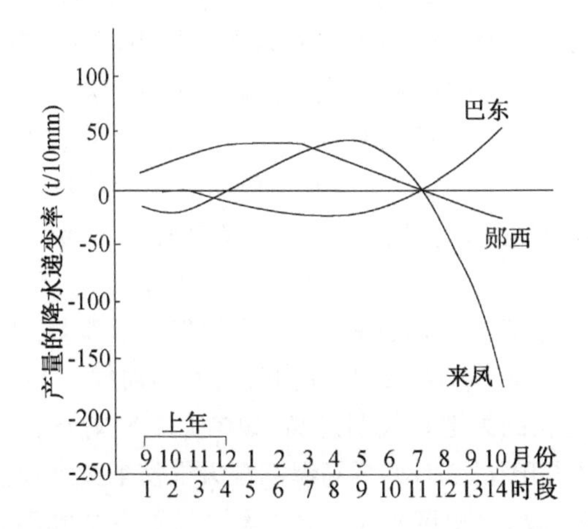

图 3　逐月降水每增加 10 mm 对各县油桐籽总产量的正负效益

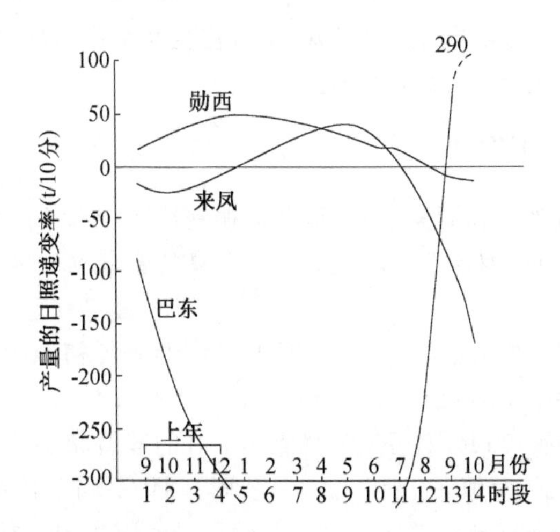

图 4　逐月平均日照百分率每增加 10 分对各县油桐籽总产量的正负效益

以来凤为代表的鄂西南，一年四季降水较均匀，春秋多连阴雨，夏旱也较轻。上年秋季9、10月正是花芽形成分化期，要求气温较高降水较少和充足日照，以促进花芽正常分化形成，由营养生长转入生殖生长，产生足够多的饱满花芽。而来凤县正处于华西秋雨区东缘，阴雨绵绵，9月温情墒情较好，有利于花芽分化，但10月温度则略嫌低。花芽及幼树越冬期怕冻，受冻与否常决定来年产量高低，所以1—2月气温偏高的增产效益随冬季加深、气温降低而增大，从45TC升到120TC。3月后气温逐步升高，但鄂西南春雨又来临，乍暖还寒，桐花开始开放，要求气温在14.5 ℃以上、降水不宜过多和光照充足，若“桐子开花遇冷风，十窝桐籽九窝空”，因为低温降低了花粉活性，大大减少蜜蜂活动频次，使桐花受精、座果率均大大降低。此期气温条件往往决定着当年产量，气温增高越多，增产越明显。梅雨时节5、6月的降水最多，幼果吸水膨大收益，而各旬旬均温仍比最佳温度24 ℃低，所以升温仍有较大增产效益。

7—8月为盛夏期，但鄂西南降水仍较多，是我省最轻干旱区，降水偏多时会抑制7月气温升高幅度，说明不存在“七热球”的危害；8月伏旱频次增多，气温猛然升高，对桐果生长油脂积累转化十分不利，即“八热油”。以上结论与调查结果一致。9、10月是果熟期，以日照减少气温下降促进油脂累积转化果熟为特征，而鄂西南因地形作用，温度较高对果正常成熟(结实率、籽粒重、出油率等指标)产生不利影响，越是成熟前减产越多，这一点不为前人所知，但是10月气温对下一年花芽分化又嫌较低，前后相互牵制，不过升温使当年减产远比下年增产多。

可见上半年月均温偏高下半年月均温偏低年份的油桐产量较高。花芽形成期(上年10—12月)，升温有弱增产效益；花芽分化期(上年9月)及果实因形期(7月)气候条件适宜，温度偏离对产量无影响。

巴东县的产量气温变化趋势与来凤县相反，但变幅较小仅来凤的2/5；减产时段多达12个(来凤9个)。上年9月与当年8月均有10TC的减产，其间曲线下凹，9、10月气温偏高可增产。可见长江三峡河谷中油桐生长的关键是气温过高，如冬而不冷则不利于花芽经受生理上要求的低温锻炼，春温过高又使桐花开放提前，盛夏高温潮湿天气使果实生长油脂形成转化受抑制。

郧西县的趋势与来凤一致，但幅度极小，可以认为几乎不受气温变化影响，这可能与当地品种的长明适应性有关，从而使该县成为我国第4大产桐县。

总之，三县油桐栽培对气温要求差异悬殊，据气温变化采取的增、稳产措施应各不相同，但产量预报指标均应取3、4月和10月的均温。

3.2 降水对油桐产量的影响

水分是植物赖以生存的生命要素之一，鄂西油桐栽培区降水条件总的来说是适宜的，但因季节差异和年际差异大，而油桐各发育阶段对水分多寡的要求也不尽相同，所以仍然存在供需的时空分布矛盾。

鄂西南降水虽多，但四季分配均匀，对油桐生长仅春未夏初嫌少，秋季降水嫌多(图3)。来凤县上年4月降水偏多会导致减产，10月最大为−20吨/10 mm(简记为TR)。1月后逐渐变为增产，4月、5月最大为40TR，随后又下降直至7月的零值，8月已呈负效益−35TR，10月急剧下降到−175TR的巨大负值。上年9、10月秋雨寡照，不利于花芽分化形成，而越冬期雨水适中利于花芽越冬。桐花开放的3、4月尤其是幼果迅速膨大的5月，要求间隙性晴雨天气，但此期多低温连阴雨，降水性质对油桐生殖发育不利。6月里桐果第一次迅速膨大，需水量极大供水却不足，降水偏多年份的增产效益明显。7月的温、水皆宜，不存在“七干球”的危害。8

月后恰值油脂转化的关键期，因秋雨绵绵日照减少，促使早熟，生长期缩短，会导致大幅度减产。秋雨因而成为主要限制性因子。

郧西县的变化趋势与来凤县基本一致，自上年 9 月至当年 7 月共 11 个月缺水，正效益峰值早在隆冬 1、2 月就达 38TR，而鄂西北的秋冬春旱严重以“旱窝子”著称。7、8 月降水较多，气候最佳。9、10 月降水嫌多，有弱负效益，但幅度仅及来凤的 1/4 左右。

巴东素以“巴山夜雨”著称，坡陡谷深处多雷阵雨(8、9 月)，湿度大，使得产量降水变化趋势与郧西县相反。冬前影响小，4、5 月减产最多达 50TR。到 8 月变为增产，10 月最大达 50TR。所以巴东县上半年降水嫌多但影响不大，下半年嫌少。

综上所述，应选 1 月(郧西)，4 月(巴东、来凤)和 10 月(三县)降水量为产量预报指标，鄂西油桐栽培几乎不存在“七干球、八干油”的危害，而有“九十干旱油分少”(巴东)和“九十干旱好收成”(来凤、郧西)，这是我省主栽培区的重要特点。

3.3 日照百分率对油桐产量的影响

日照在植物全生育过程产量构成中有重要作用。由于鄂西山区地形复杂，日照的年日变化显著、变幅大，而油桐在全生育期中对光照要求也不尽相同，也有供需的时空分配不均的矛盾。将图 4 与图 3 对比，发现郧西、来凤的产量日照百分率变化曲线形状及正负效益总月数和极值大小及出现月份分别与该二县的产量降水变化曲线形状一致，即冬春和初夏日照和降水一致增加，同时油桐生育期对二因素的需求也是逐步增多的。盛夏降水适中，唯日照稍多；秋季降水过多但日照仍然不少，超过油桐果熟前对一二因素的要求，所求两地光、水变化及油桐对二者的要求具有同步性，故选择产量预报因子时可互相替换，取一便可。

如郧西自上年花芽分化形成期直至越冬期，要求光照多；初春开花期及初夏幼果期，要求降水多(但鄂西北岗地冬春旱严重)、光照充足(花芽分化、越冬，受精以及初夏迅速升温的保证)。而盛夏后期及秋季，实际需水较少，光照也嫌多。

不过巴东的变化曲线呈极端下凹形状，在 4 月达到负极低值 600 吨/10 分(简记为 TS)。去冬到今夏(1—7 月)均有较大的负效益，9 月为 0，10 月有 29TS 增产。所以巴东整个冬春夏日照偏多，对油桐生产不利。如花期日照偏多，蒸发就大，花丝凋萎，失去散粉能力，雌花柱头黏液浓度过高，花而不实即“烧花”。其实，巴东全年日照较来凤高二成但比郧西低一成，但巴东的冬春气温远比郧西高，空气又湿热，如 1 月和 4 月就分别高出 3.9 ℃和 2.4 ℃，产生极强的光温效应，对油桐生长反而有害。据考察三峡河谷 400 m 以下很少有油桐栽培，除与柑橘争地被淘汰外，还有严重的干、裂、落果等原因，另外产量也比海拔 400～600 m 层次的低，9 月日照适宜，因为随太阳高度角度减小，日照也急剧减少。10 月则因地形起伏厉害所导致的阻挡作用使日照偏低，产生正效益。

可见日照每提高 10 分，郧西在 1 月、来凤在 5 月和巴东在 10 月分别有较大正效益，而巴东 1—7 月均有 30 t 以上负效益，郧西和来凤在 10 月各有 15 t 和 170 t 的负效益。这些月份的日照可考虑作为各地产量预报因子。

4 总结

(1)各地油桐栽培对气象条件的要求分别为：来凤县花期光温水均不足，盛夏和秋季三要素均偏高；郧西县大部分月份降水和日照略嫌不足(尤其是越冬期)，而秋季三要素均略偏高，温度条件适宜，利于稳产；巴东县几乎整个生长季日照、气温（及光温效应）严重超出，易导致灼伤、干果，仅10月三要素均稍不足。

（2）三县6—8月正是果实膨大、油脂形成转化的关键期，所有的阶段气候产量随气象要素变化曲线均发生正负转折，说明产量波动几乎不受气象条件影响：可见鄂西山区气候条件基本满足油桐生长的要求，使鄂西及毗邻四省的武陵山系成为我国重要油桐产区。

（3）三县花期4月、果熟前期10月对气候条件的变化总是十分敏感的，通常是曲线的峰或谷，故可选作产量预报因子的时段，在生产管理上也应给予足够重视。

（4）处于北亚热带的郧西县，1月降水、日照偏少，若它们升高则对油桐产最构成有较大正效益，故有“旱包子”之称的鄂西北地区应多兴建水利设施。

在油桐全生育过程中，还受许多其他气象因子的影响，如大风引起砍树、落花、落果、暴雨、冻热害等，尚待进一步研究。

（参考文献：略）

枇杷冻害的研究(Ⅰ):枇杷花果冻害的观测试验及冻害因子分析*

摘　要　本文首次将电导法应用到枇杷花果冻害研究上,并以褐变法为对照,对环境因子(冷冻温度、时间)、生物因子(生育期、品种)和管理水平在枇杷花果冻害发生发展中的作用方式和贡献大小逐一进行了量化及原理性分析,以用于鉴定品种的抗寒力和推算冻害临界温度,从而为果园综合防冻提供一定的科学依据。

关键词　枇杷;冻害;电导法;褐变法;低温;低温持续时间

1　引言

枇杷是我国特有的常绿阔叶果树,原产中亚热带,对低温敏感,现在我国南方各地均有栽培。长江中下游属北亚热带,因枇杷秋冬开花常遇隆冬及早春低温冻害,限制了枇杷的发展。

果树抗寒研究主要采取果园物候观测和实验室处理测定分析[1~4]。本文所用的电导法由Dexter[4]首先应用到植物器官抗寒研究上,其原理是基于低温下降有不同程度地改变植物细胞透性使电导率加大的效应。之后,Wilenr[5]改进资料的处理方法,用相对电解质渗透率代替绝对电导度,扩大了应用范围。国内[6~9]近年来也报道了用电导法测定品种抗寒力和临界温度的结果。

我们以枇杷的低温敏感器官花果为试材,使用电导法和褐变法,通过试验分析来揭示枇杷冻害发生发展特征及其与内(生物)、外(环境)因子和管理水平等的关系。

2　试验方法

试验期　1986年12月至1987年3月

样本　荸荠种、华宝2号和大红袍3个栽培品种,样本均采用华中农业大学枇杷园1983年嫁接树。成年实生枇杷样本采自华中师范大学校园绿化树。

冷冻温度　0、−2.2、−2.7、−3、−3.5、−4、−4.5、−5、−6、−7、−8和−10 ℃等。

冷冻时间　1、2、3、5、6、8、9、13、24小时。

样本处理　每天日出前采得正常花果,按不同品种、发育期(见附录1)划分标记,每组15个花(果),用小塑料袋包装封好后在0 ℃冰瓶预冷4小时以上,再放入已调至某一温度的冰水(加盐)二态控温的低温稳定系统容器底部(自己设计,精确度经热电偶试验确认为±0.3 ℃),以2 ℃/hr.左右的速率降温。冷冻时间是按样本取出迟早达到的,然后在室温下回温。再将每一组分为3份:1份用于褐变观测,2份用于电导试验。

试验测定　褐变法是按附录2的标准检查每组受冻个数及程度,再评分。电导法测定前要求去掉花萼、花丝等阶段变化器官,留下花托、果肉(包括胚珠)等低温敏感器官组织,将每组

* **陈正洪**. 中国农业气象,1991,12(4):16-20.

花(果)放入 50 mL 磨口试剂瓶中,并加入 20 mL 鲜蒸馏水后盖上盖子,室温下静置 24 小时,再用 DDS—Ⅱ配铂电极的电导率仪测出浸出液的电导度,后经沸水煮 15 分钟,再静置 24 小时后测定组织完全杀死时浸出液电导度(最大值),重复两次。

资料处理　经各种订正后换算到相对电解质渗透率(R),R=(煮沸前电导度－对照电导度)/(煮沸后电导度－对照电导度),R 为标准化值,变程为 0～1.0。

方程拟合　(a)$R-T$ Logistic 方程基本形式:$R=R_0+(1-R_0)/(1+A\exp(BT))$($R_0=\min R(0\ ℃,T_{10})$,$A$、$B>0$,$T\leqslant 0$),$b=B$,$a=\ln(A)$　(1)

(b)$R-T$ 单因子线性拟合:$R=C_1+MT$

(c)$R-T$、t 双因子线性拟合:$R=C_2+mT+nt$

所有方程拟合度均经 F 或 χ^2 检验达到极显著。R_0 为本底值,b(M 或 m)为冷冻温度敏感度,a(n)为冷冻时间敏感度。

3　结果与讨论

3.1　冷冻温度(*T*)是冻害形成的主导因子

图 1 是华宝 2 号幼果的 R-T 系列曲线,R 与 T 呈反相关,曲线呈 S 形并符合 Logistic 方程特征。为此将温度分 3 个区来讨论:

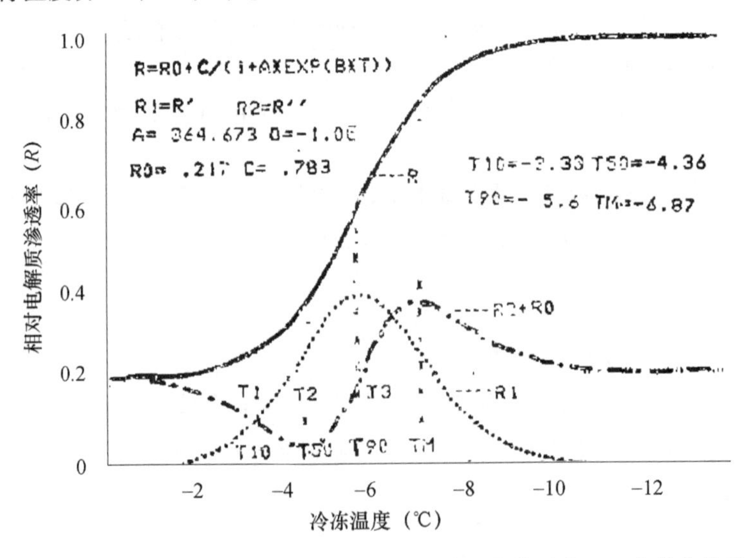

图 1　相对电解质渗透率(R)与冷冻温度(T)的 Logistic 关系曲线及其 1、2 次微分曲线 R_1-T、R_2-T 和拐点温度(华宝 2 号幼果期,冷冻时间为 5 小时)

Ⅰ区(高温未冻):$-3\ ℃\leqslant T<0\ ℃$,$R=R_0$(本底值),曲线平缓,斜率几乎为 0,即 R 递增率小,说明温度较高细胞膜未受伤害。

Ⅱ区(中温渐冻),又可分为 3 个小区:

Ⅱa 区(轻冻):$-4\ ℃\leqslant T<-3\ ℃$,曲线缓慢上升,斜率开始增大。可观察到少数幼果的个别胚开始变为黄褐色,说明幼果胚的膜组织始受冻,但解冻后膜的半透性可以恢复。R_3-T 曲线出现第 1 个拐点,令 $R_4=0$,得到 $T_1=\ln(A/11)/B$。

Ⅱb 区(半致死):$-5\ ℃\leqslant T<-4\ ℃$,曲线开始变陡,斜率较大。褐变观测到许多幼果的

胚变成黄褐色,花托仅有少许伤斑,表示膜的半透性开始丧失,外渗增大,但花托始受冻,故 R 值迅速增大。加速度曲线 R_2-T 出现第 1 个拐点,令 $R_3=0$,得到 $T_2=\ln(A/3.732)/B$。

Ⅱc 区(重冻):-6 ℃$\leqslant T<-5$ ℃,曲线斜率最大,褐变观察到幼果的胚珠、花托受冻严重,说明组织完全冻死。递增速率曲线 R_1-T 出现唯一的拐点,令 $R_2=0$,得到 $T_3=\ln(A)/B$。

Ⅲ区(全冻死):$T<-6$ ℃,曲线形状与左边曲线变化趋势相反,幼果几乎全部冻死。

另据褐变观测分析得出 3 级冻害临界温度 T_{10}、T_{50}、T_{90}(冻害积分分别为 0.1、0.5、0.9 时对应的温度)分别为-3.5 ℃、-4.5 ℃、-5.5 ℃,不难发现它们与拐点温度 T_1、T_2、T_3 有较好的对应效果。

由上可见,只有较低温度才会对花果组织产生伤害,而且当温度低至某一程度后,温度的细小变化即使只 1 ℃也会在枇杷花(果)形态、生理上产生急剧变化。所以说冷冻温度是冻害发生发展的关键因子,临界温度是存在的,所用的两种研究方法是可行的,且还可相互验证。

需要指出两点:其一,生理变量——温度曲线拐点的出现通常对应着相(态)突变。R-T 等系列曲线拐点温度已在本文中经褐变法验证,证实是各级冻害临界温度,这是有一定生理基础的。因此可据实验测定的 3 级拐点温度来预测 3 级冻害临界温度。我们对 3 个品种不同发育期的枇杷花果 3 级冻害临界温度作出的预报,可供果园霜冻预报、抗寒育种和引种栽培等工作参考,其二,在茶叶、橘叶等试材上电导法研究表明,TL_{50}(半致死温度)与 T_3 相吻合,此时细胞膜半透性遭破坏,可是枇杷花果的低温敏感器官首先是胚珠,它只占样本总量的小部分(不存在像叶片一样受冻的均匀性)但它是生殖生长的关键器官,因此 TL_{50} 肯定比 T_3 低,这里 $T_{50}(TL_{50})\approx T_2$。

3.2 冷冻时间(t)是冻害形成的辅助因子

图 2 是成年实生枇杷花蕾褐变试验结果。

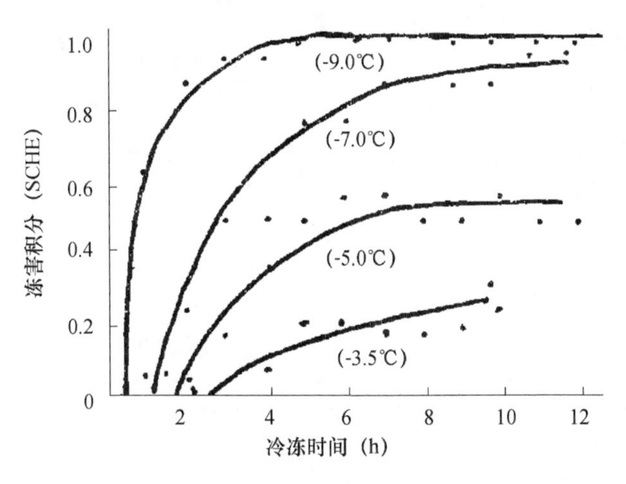

图 2 (不同冷冻温度下)冻害程度与冷冻时间的关系(成年实生枇杷第 1~3 发育阶段平均情况)

SCHE-t 曲线呈双曲线型,没有拐点,说明冻害程度随时间 t 延长的递增速率在高温区最大、之后缓缓下降,当 t 足够长时达到最小(理论上为 0)。可见当枇杷花果暴露于冻害温度环境下,前几个小时对冻害的贡献最大,而自然界中冬季危害低温的出现通常也就几个小时,故足以导致冻害发生。

由图 2 可知,-3.5 ℃、-5 ℃时,t 的延长也不能使花蕾达到严重冻害的程度,而-7 ℃时的曲线能全面反映冻害过程，3 级冻害临界时间 t_{10}、t_{50}、t_{90} 分别为 1 h、3 h、7 h，说明半致死温度在 −5～−7 ℃之间。

从图 4 中依 $R=30\%$（与半致死温度对应的电导率）的等值线找出半致死温度和相应时间值，再进行回归分析得出：$T=(-5.946/t)-2.24$（$r=0.994$，$\alpha<0.01$）

又以华宝 2 号幼果低温处理后的电导试验为例，模拟参数 $b=0.723+0.049t$（$r=0.93$，$\alpha=0.05$），随 t 的延长而迅速增大。b 值变大时，R 值也增大，说明冻害加剧或抗寒力下降。所以说冷冻时间也是冻害形成的影响因子。

总之，当环境温度较高时（$>T_{10}$），时间延长并不能加重冻害程度；当温度低于 T_{10} 尤其是 $<TL_{50}$ 后，冷冻时间的延长能显著加重冻害程度，t 与 T 具有等价性，$T=(a/t)+b$。可见，冷冻时间是冻害形成中的辅助因子。Young 曾规定 30 分钟为最短时间[3]，所以即使其他条件相同，而冷冻时间不同，冻害临界温度就有较大差异，说明冻害临界温度不是固定不变的生物学常数，而是随冷冻时间变化而变化。

3.3 花果不同发育期(D)抗寒力的“梯度差异”

图 3 是褐变观测结果。可见随着发育进程（附录 1），冻害积分逐渐增加，冻害加剧。散点连线呈几个“梯级”变化，并以露白、开花、粤闭期为显著转折点，这几个时期可能是枇杷早期花果的生理活动转换期。

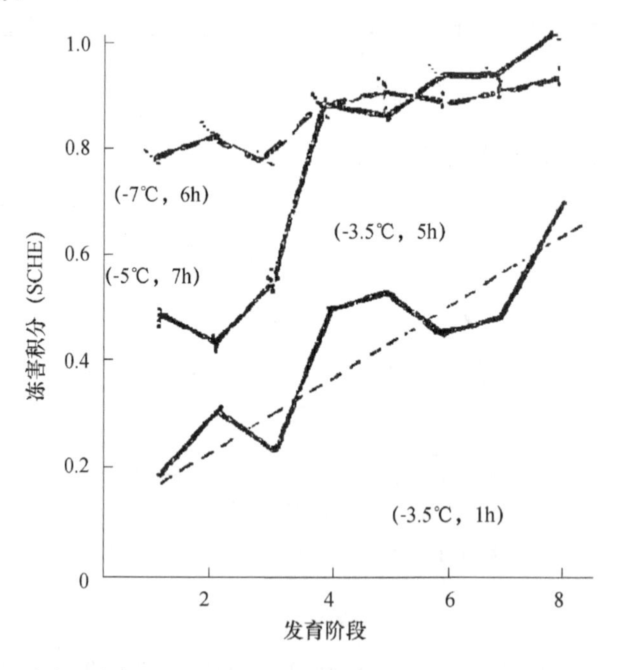

图 3 冻害程度与花果不同发育阶段“阶梯”变化关系（成年实生枇杷）

R-T 拟合方程参数 b 与发育程度 D（开花前后天数）呈线性相关，如华宝 2 号花果作 −5 ℃、2hr 处理，便得到 $b_2=1.237+0.0017D$（$r=0.976$，$\alpha=0.01$）。可见随着枇杷花蕾露白，开花结果，发育程度逐步加深，抗寒性由强变弱，幼果最不耐寒。据调查，枇杷耐低温的临界值呈“梯度”分布[9-10]。在开花后期（1—2 月），营养缺乏、个体小的花蕾最易受冻，从而出现受冻“双峰型”。

3.4 不同枇杷品种(S)抗寒力的差异

由表1可知,在武汉地区,华宝2号的b、M、m(取绝对值)3个冷冻温度敏感度均最小,说明该品种耐寒性强,地区适应好。大红袍的b值最大(b_2除外),M、m值仅比荸荠种略小,冷冻时间敏感度n值最大,说明该品种最不抗寒且对冷冻时间很敏感。同时进行的热电偶测定枇杷果实体内温度结果表明,荸荠种花果有器官外结冰而阻止体内进一步降温的特殊现象,相对提高了抗寒性,不过开花早易遭受隆冬冻害,着果率仍较低。至于大红袍由于开花较迟、开花期长,从而间接增加了抗寒性。

表1 3个枇杷品种抗寒力参数的比较(幼果期)

品种 \ 参数	b_2*	b_3	b_5	b_9	M	m	n
华宝2号	0.768	0.877	1.05	1.129	−0.074	−0.076	1.0174
荸荠种	1.323	1.203	1.494	1.544	−0.128	−0.129	0.0084
大红袍	1.228	1.324	1.639	1.765	−0.122	−0.126	0.0205

* b的下标为冷冻时间(h)。

另外,比较成年实生枇杷与2年结果栽培枇杷(华宝2号)的抗寒性b值特征发现,前者的b、M、m或n都比后者小得多,尚不及一半,表明前者抗寒力远比后者强,此点不但与栽培实践相符,还与褐变观测一致。成年实生枇杷树体高大根系发达,既抗寒又耐土壤瘠薄等不利条件。

3.5 多因子对冻害的综合贡献

图4能说明T、t总是一起出现而加重冻害程度,T、t一定时,随发育程度(D)加深而T_{50}升高;T、D一定时,t的延长使T_{50}也升高;t、D一定时,温度降低,冻害加剧。T、t、D等多个因子对枇杷花果冻害的综合作用是复杂的,但都可在一个Logistic方程中表示出来,详细研究见另文[9]。

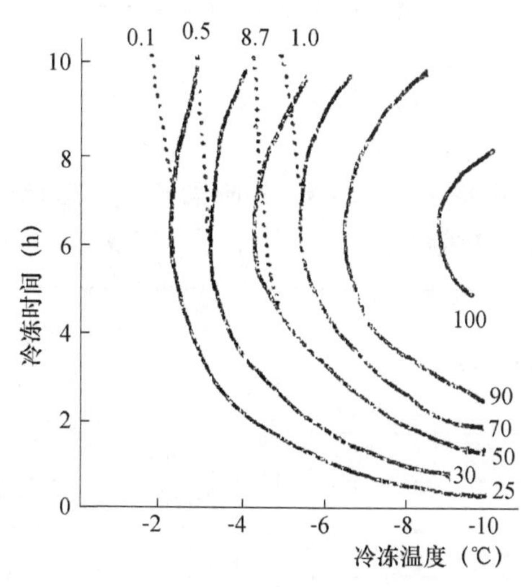

图4 冷冻温度(T)和时间(t)对冻害的综合贡献(等值线图)

4 结束语

(1)电导法应用于枇杷花果冻害研究上是可行的,并与褐变观测结果相吻合,但它对低温更敏感、操作简便、数据定量可模式化。

(2)抗寒力、冻害临界温度不是生物学常数,而是受许多因子影响而变化的。

(3)冻害程度(f)与作用因子间能用 Logistic 方程模拟,参数 b 能详细反映它们之间的联系,并可用来预报 3 级冻害临界温度。

(4)冷冻温度(T)是冻害构成中的关键因子,冷冻时间(t)是冻害形成中的辅助因子。当 $T<T_{10}$(尤其是 TL_{50})时,t 与 T 具有等价性:$T=(a/t)+b$;实际冻害往往发生在最初几小时低温过程。f-T 曲线为"S"型,呈"缓—急—缓"递增;f-t 曲线为"双曲线"型,递增速率从大到小,直至为 0。

(5)f-D 散点连线呈"阶梯"型,即枇杷花果抗寒力随发育加深不断下降,在生理活动转折期(露白、开花、萼闭期)陡增,其间则较稳定。幼果最不耐寒。

(6)华宝 2 号是各方面抗性均较好的当家品种,实生枇杷树较抗寒。

致谢:本研究承王炳庭、黄文郁、马慰曾、章恢志、蔡礼鸿等教授专家悉心指导,谨此致谢。

参考文献

[1] 杨家骃. 枇杷耐寒品种开花生物学特性与越冬性的关系[J]. 园艺学报,1963,(1)
[2] D. O. Ketchi et al. J. Amer. Soc. Hort. Sci. ,1973,98(3):257-261
[3] E. L. Proebsting et al. J. Amer. Soe. HortSci. ,1978,103(2):192-198
[4] S. T. Dexter et al. J. Amer. PLANT PHYSIOLOGY,1930,(5):225-223
[5] J. Wilner et al. Can. J. PLANT Sci. 1960,(40):630-637
[6] 郭金铨. 在冷害过程中咖啡离体叶细胞膜透性变化的研究[J]. 植物生理学报,1969,(3)
[7] 杨家骃等. 电导法测定柑橘耐寒性的灵敏度和精确性的检验[J]. 南京农学院学报,1980,(1)
[8] 吴经柔. 细胞原生质透性测定——电导法[J]. 中国果树,1980,(2)
[9] 陈正洪. 植物抗寒力指标研究进展(综述)[J]. 湖北林业科技,1991,(3)

附录 1

枇杷花(果)发育阶段的划分:

根据果园物候观测和实验要求,以花(果)各阶段显著形态特征为标准,同时考虑个体大小、重量,离开花当天前后的天数等差异。

发育阶段	显著形态特征定义	粗分	离开花当天前后天数(d)	*1 组纵径值(cm)
1	未露白	开花以前花蕾期	−50～−40	0.5
2	已露白		−30～−10	0.7
3	从花瓣始展到开花前夕	开花期	−10～−5	1.0
4	开花		−3～+5	0.6

续表

发育阶段	显著形态特征定义	粗分	离开花当天前后天数(d)	*1 组纵径值(cm)
5	花瓣未脱落,而花粉囊至少有 3 个变色到至多有 3 个未变色。		7～10	1.3
6	花瓣未全部脱落,而花粉囊全部变为褐色或至多有 2 个未变色,花丝尚有鲜色未干涸。	开花以后幼果期	15～20	1.32
7	花瓣脱落,而花萼尚未合拢前		25～30	1.36
8A	花萼合拢	萼闭期	40～60	1.4
8B	脱毛,迅速膨大	萼变绿	80～	1.64

* 华宝 2 号,1986 年 12 月 24 日测定,每组测定 5 个果子取平均。

附录 2

枇杷花(果)受冻等级划分标准:

根据对 0～－10 ℃,－20 ℃和 1—24 小时(1 或 2 小时间隔)处理后,进行大样本解剖实验认识,以胚、花托、花药器等器官在回温后褐变及其程度来划分,共划出死或重伤,中伤,轻伤,未冻(及对照)4 个等级。

1. 胚变色:A. 花托呈黑发亮状或水渍伤斑,为死;

B. 花托呈严重青肿状,为重伤;

C. 花托呈正常绿色,或有少许变色斑存在,为中伤;

D. 花托呈完全正常绿色,最少还有 2 胚珠未冻,为轻伤;

E. 花托呈完全正常绿色,为未冻。

2. 胚未变色:

A. 花托呈严重青肿状,或发黑、或水肿,受伤部位深广,为重伤;

B. 花托呈青绿色,受伤范围小,浅薄,为轻伤;

C. 花托呈完全正常绿色,但胚珠周围的子房外壁组织变为褐色,为轻伤;

D. 花托呈完全正常绿色,为未冻;

3. 开花及开花前期,(1—4)阶段

A. 花药器全部冻成褐色,为中伤;

B. 花药器部分冻成棕色,为轻伤;

(可同时参考花瓣变色情况)

枇杷冻害的研究(Ⅱ):枇杷花果冻害的模式模拟及其应用*

摘　要　本文以枇杷的低温敏感器官花果为试材,应用修订后的 Logistic 方程建立了普遍适用的半经验半理论植物抗寒生理多维模式,并举例介绍了方程参数 b 的应用。

关键词　枇杷;冻害;电导法;低温;低温持续时间;模式模拟

1　引言

我国学者[1-2]①通过在咖啡、苹果(花芽)、柑橘、小麦等材料上的电导法试验,首次成功地把 Logisict 方程引进植物抗寒研究中。用该方程可很好地拟合相对电解质渗透率或电导度 R-冷冻温度 T 的关系曲线,并可用拐点温度 $-\ln(A)/B$ 来推算半致死温度 TL_{50}。

该方程一般只突出了低温对冻害程度的影响,后来苏维埃等②在参数 A 中引进冷冻时间这一重要因子,建立 3 维模式,但从自然条件下各种变化万千的环境因子和生物因子组合的复杂性考虑仍嫌不足。

本文将在以前工作的基础上同时考虑 2 个气候学因子(T,t)和 2 个生物学因子(D,S)对冻害的贡献;通过 R-T 的 Logistic 方程参数 b 建立多维模式,并用来推算 3 级冻害临界温度(T_{10},T_{50},T_{90})和鉴定品种的相对抗寒力。

2　模式的建立

笔者认为一个好的抗寒生理研究模式要求具备两个条件:一是具有一定的生理意义,边界条件明确;二是能包含多个影响因子的综合作用,比较普遍适用。

根据 Logistic 方程本身的特征及其在植物抗寒研究上的应用适应性,前文[3]对 b 值的因子相关及其特征分析,以及模式本身的要求,建立了半经验半理论的电导法抗寒研究多维模式方程组,即:

$$\begin{cases} R=R_0+(1-R_0)/(1+e^{a+bT}) \\ b=b_0\cdot b(t)\cdot b(D)\cdot b(S)\cdots\cdots \\ b_0=b(t=0.5\ h, D=-40\ \text{天}, S=1\cdots\cdots) \\ a=a(t) \qquad (A=e^a, B=b) \end{cases}$$

式中:R 为相对电解质渗透率(无量纲,变程为 0~1.0),R_0 为本底值,T 为冷冻温度(℃),t 为冷冻时间(小时),D 为发育程度(开花前后的天数,开花当天记为 0,开花前<0,开花后>0),S

* 陈正洪.中国农业气象,1992,13(2):37-39.

① 朱根海等.应用 Logistic 方程确定植物组织低温半致死温度的研究,南京农业大学,1986.

② 苏维埃等.胁强、时间与胁变三者在植物抗逆性中的数量关系.中科院上海植生所,1986.

为品种相对抗寒力指标(无量纲,变程为 0～1.0),b_0 为理论最小值(最抗寒状态)。

以华宝 2 号为例,讨论方程参数的意义,并建立该品种的 4 维抗寒模式。研究表明华宝 2 号在 3 个品种中是最抗寒的[3],所以令其 $S=1$(最大),其他条件均最佳时(花蕾期即开花前 40 天等)则有 $b(S)=1$,由试验结果得出表 1。

表 1　参数 b 随 D,t 的变化情况

发育发育	发育期	D(d)	b—t 回归方程	相关系数	通过 F 检验的最小置信度(α)
1	花蕾期	−40	$b=1.084+0.056t$	0.98	0.011
4	开　花	0	$b=1.209+0.032t$	0.83	0.085
7	萼未闭	50	$b=1.258+0.03t$	0.93	0.035
8	萼闭期	80	$b=1.377+0.046t$	0.94	0.033

可见,冷冻时间(t)延长时,参数 b 就线性增加,表示抗寒力减弱;当 t 一定时,从花蕾期到萼闭期,即 D 从−40 到 80(d),b 值逐渐增大,表示抗寒力下降。

若其他条件相同,参数 a 与 t 一般呈负相关,有时不相关,甚至少数呈微弱正相关。华宝 2 号在开花期有:$a=6.1+(3.6/t)$($r=-0.81$,$\alpha=0.094$),所以 a 随 t 延长而减少,但变化不大,故将 a 取平均值 6.8,不再考虑其变化。因此得到华宝 2 号的 4 维模式,即:

$$\begin{cases} R=R_0+(1-R_0)/(1+e^{a+bT}) \\ b=b_0(1+q_1\cdot t)(1+q_2\cdot D) \\ a=\bar{a}(t)=6.8 \end{cases}$$

其简易立体图 1、2 能充分体现多因子共同作用对冻害程度的贡献(图示 3 个因子)。

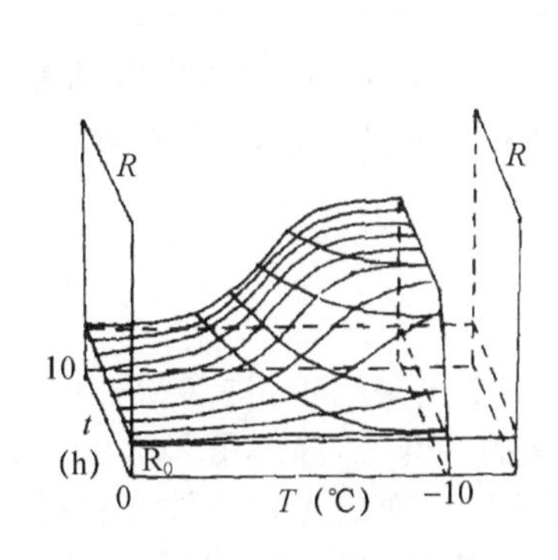

图 1　$R=R(T,t)$关系立体图解

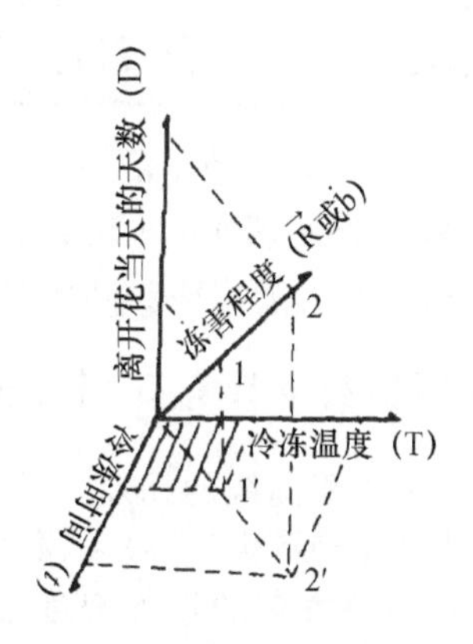

图 2　抗寒生理多维模式图解(图示 3 个因子)

3　参数 b 的意义及其应用

3.1　参数 b 的意义

方程参数 b 具有特别意义,有人把 b 称作冷冻温度敏感度。根据我们的研究发现,b 隐含

有更多影响因子的信息，如：

令　$b_1=b_0\cdot b(t)$，称之冷冻时间敏感度；

$b_2=b_0\cdot b(D)$，称之发育程度敏感度；

$b_3=b_0\cdot b(s)$，称之品种抗寒力敏感度；

……（其他影响因子）

可见 b 是一个多功效敏感测试参数。凡是对植物抗寒性有影响的因子发生变化时，b 值的变化均可显著地表现出来。凡不利于提高抗寒性因子的作用（如冷冻时间延长），均会导致 b 值升高，相当于植物抗寒力低或下降；凡有利于提高抗寒性的因子（如成年树较之幼年树），均会导致 b 值下降，相当于植物抗寒力高或增强。

3.2　应用参数 b 确定品种相对抗寒性(S)

参数 b 对只能定性描述、比较的影响因子进行定量化。如需测定 5 个不同品种相对抗寒力差异，分别记为 S_1,S_2,S_3,S_4,S_5。在合适的冷冻时间下，对不同品种的同一低温敏感部位样本进行多点温度处理后，通过 R—T 模式方程拟合确定参数对应为 b_1,b_2,b_3,b_4,b_5，就可以根据 b 值大小顺序确定品种抗寒力指标。若有 $b_1>b_2>b_3>b_4>b_5$，则品种抗寒力强弱顺序为 $S_1<S_2<S_3<S_4<S_5$。并可通过 b 值将 S 定量化，令抗寒性最弱的品种 $S_1=0$，最强的 $S_5=1$，经过线性标准化变换，5 个品种的相对抗寒力分别为

$$0:\frac{b_1-b_2}{b_1-b_5}:\frac{b_1-b_3}{b_1-b_5}:\frac{b_1-b_4}{b_1-b_5}:1$$

表 2　3 个品种的相对抗寒力指标 S 的差异

S / 品种	S_2	S_3	S_5	S_9
华宝 2 号	1	0.87	0.72	0.64
荸荠种	0.44	0.56	0.27	0.22
大红袍	0.54	0.44	0.13	0

由表 2 可见，3 个栽培品种由于处理时间不同，使得 b 值有差异，从而造成 S 的差异，所以得到的不是 3 个数据而是 3 组数据。华宝 2 号抗寒力较强，荸荠种次之，大红袍较弱。同一品种植物组织抗寒力随冷冻时间的延长而显著下降。

3.3　应用参数 b 计算 3 级冻害指标温度

Logistic 方程曲线的拐点一直被当作十分有意义的突变点来讨论，许多研究中以拐点温度 $-a/b$ 代替半致死温度 TL_{50}，我们则根据枇杷花果受冻的特殊性，提出用 Logistic 方程及其 1 次和 2 次微分方程的拐点温度来确定 3 级冻害温度，并经褐变法等验证效果较好。比较 3 个品种幼果期和华宝 2 号 4 个典型发育阶段花果的拐点温度 T_1,T_2,T_3（计算值）与由褐变法得到的 3 级冻害临界温度 T_{10},T_{50},T_{90}（冻害积分分别为 0.1、0.5、0.9 所对应的温度），发现两者并无显著差异，即：

$$\begin{cases}T_{10}\approx T_1=-\ln(A/11)/b\\T_{50}\approx T_2=-\ln(A/3.732)/b\\T_{90}\approx T_3=-\ln(A)/b\\0>T_1>T_2>T_3,b>0\end{cases}$$

说明 $R—T$ 系列曲线随温度降低时每出现一个波动或转折就意味着受冻组织受破坏的部位和受冻程度一次次地突然增加,致使浸出液量陡然增多。它反映了温度降低时,植物冻害加重过程不是均一的而是跳跃式的,如具体表现在电解质外渗量上呈阶段平缓和关键点突变相结合,故有 3 级冻害临界温度产生。

有了 3 级冻害温度指标及其动态变化的正确认识,并收听低温天气预报以掌握气温下降趋势(强度、时间),便可因时制宜地采取增温防冻措施。另外在引种上尤其是向北缘栽培区引种时,必须了解品种的抗寒力、冻害临界温度、两地的低温及其出现频率等。

4 结束语

实际冻害的发生往往是多个因子综合作用的结果。根据 T,t,D,S 等因子对 R 的增值效应,建立以 Logistic 方程为基础的半经验半理论的电导法植物抗寒生理多维模式 $R=R(T,t,D,S,\cdots\cdots)$,其中 b 是一个多功效参数,可以反映出各个因子与冻害程度的关系,还可应用它来计算 3 级冻害临界温度、品种相对抗寒性。该模式在植物抗寒研究上普遍适用,简单易懂,便于应用,可以考虑选入各种影响因子(理论上为无限),有较大的应用价值。

参考文献

[1] 郭金铨.在冷害过程中咖啡离体叶细胞膜透性变化的研究[J].植物生理学报,1979(3).
[2] 朱根海,等.小麦抗冻性的季节变化以及温度对脱锻炼的效应[J].南京农学院学报,1984(2).
[3] 陈正洪.枇杷花果冻害的观测试验及冻害因子分析[J].中国农业气象,1991,12(4).

长江三峡柑橘的冻害和热害(一)*

摘　要　本文从柑橘冻害和热害的危害因子和指标等级划分的研究和选取入手，着重探讨了长江三峡地区(湖北境内)两害显著的时空变化特征、差异与关联性及对柑橘生产的影响；揭示了20世纪80年代以来冬暖春热的重大气候变化是使两害向“两极分化”的根本原因；讨论了三峡水利工程对两害时空格局的可能调整及减灾原理；最后提出了可能的时策。

关键词　长江三峡；柑橘；冻害；热害；时空分布；气候变化

1　引言

长江三峡地处鄂西川东山区，是全国柑橘主产区和优质橙类基地之一，实为长江柑橘带的龙头。周总理生前视察长江时提出了“用柑橘树绿化长江峡区两岸”的宏愿。

本文所指三峡地区仅限于湖北省境内的十县一市即宜昌地区全部及鄂西州的巴东县。早在公元前270年，世界文化名人屈原就在秭归写下了著名诗篇《橘颂》，说明该区植橘历史悠久；该区柑橘面积尤其是产量在全省占有相当大的比重，1976年面积占19.5%，产量比例则高达90.0%，1990年仍各占32.3%、28.8%，而且在峡内优质橙类已占柑橘总产的65%—85%；自1976—1990年15年间，该区柑橘面积、产量分别增长了2.5和5.1倍。随着气候变暖、三峡工程的上马，可望三峡地区柑橘业又有一次大发展。

该区向以冬暖著称，近年气候又变暖，冻害频次极低，但仍时有冻害发生，如1977年全区大冻，1984年局部轻冻，1991年中冻。由于种植面积连年扩大、不耐寒品种比例提高及高海拔建园，那么同等程度的低温今天造成的损失远比过去大，故需重新考虑低温危害指标和品种布局。

自1978年以来，该区多次遭受长期高温热害而减产。如1988年5月3日秭归、兴山日最高气温达到40.8 ℃、40.3 ℃，有如酷暑，导致严重的落花落果，全区当年较上年减产72.4%，引起了普遍关注，成为新的热点。

柑橘的冻害和热害，加剧了大小年现象甚至使产量多年上不来，严重地限制了柑橘业的稳步发展，开展研究、寻找对策十分必要。

本文所用资料，主要包括各站常规气象资料(低温自建站到1992年止，高温至1988年止)、柑橘产量和面积资料(1976—1991年)、峡区气候和物候梯度考察资料、冻害和热害考察资料及有关成果。省内另设4个对照点(恩施、郧县、武汉、阳新)。

---

* 陈正洪，杨宏青，倪国裕. 长江流域资源与环境，1993，2(3)：225-230.

2　三峡地区柑橘的冻害

2.1　三峡地区冬暖成因

在全国柑橘(气候)区划中,长江三峡被划入最适宜区[1-2],主要因为该区极端低温多在-5～2 ℃范围,几可乎与北热带媲美,成为全省乃至全国的冬暖中心。

至于其成因已为地形、水体、天气三方面解释[3-4]。地形:南北均有数道几千米高山屏障,使冬季北来冷空气难以逾越,南来气流下沉增温,冬季坡地逆温显著。水体:冬季从四川来的客水温度高,江水对空气增热,峡谷内湿度大花房效应显著。天气:多数大冻年西南暖槽恰好延伸到本区东缘,起到相当大的庇护作用。

尽管如此,一旦西南暖槽弱未能东伸覆盖全区或只覆盖一部分,本区仍可遭到冻害的侵袭,如1977年、1991年;而且上述地形、水体作用存在地理、时间差异,气候格局、寒流路径和强度的调整[5],使低温冻害的时空差异明显。

2.2　冻害因子及指标选取

柑橘冻害因子包括气象因子、生物因子、土地条件和管理水平等,但导致大范围冻害的则是极端最低气温[6-7]。对夏橙、甜橙类、蜜橘类,临界低温达到-5 ℃、-7 ℃、-9 ℃时分别严重受冻。

2.3　三峡地区柑橘冻害的空间差异

2.3.1　四次大冻的比较

1949年以来,我省乃至长江流域柑橘经历了四次大冻[8],三峡地区也不例外,详见表1。

表1　解放后4个大冻年三峡地区及对照区极端低温一览(℃)

地点		1955	1969	1977	1991—1992
三峡地区	巴东	-3.4	-5.3	-9.4	-5.9
	秭归		-4.0	-8.9	-3.4
	兴山		-5.9	-9.3	-6.9
	长阳		-10.0	-12.0	-4.0
	宜昌市	-6.2	-8.9	-9.8	-5.3
	枝城		-10.9	-13.8	-5.3
	枝江		-12.6	-14.8	-7.2
	当阳		-12.3	-15.6	-8.4
	远安		-13.5	-19.0	-8.6
	五峰		-11.9	-15.0	-9.2
对照区	恩施	-4.1	-3.3	-12.3	-3.2
	郧县	-8.3	-7.9	-13.5	-10.3
	武汉	-14.6	-17.3	-18.1	-9.6
	阳新		-14.9	-8.3	-9.5

由表 1 可见，除 1977 年为全区大冻外，其余 3 次仅局部重冻即峡外冻害重、峡内则轻或未冻，充分显示了三峡河谷冬暖的局部优势。

1955 年：峡内的巴东仅－3.4 ℃，秭归当时无记录，但可推断出应与巴东相当或略高（秭归的年极端低温 33 年里有 31 年高于巴东），且当时多为蜜橘类抗寒品种，几乎无冻害。峡口的宜昌市仅－6.2 ℃，对蜜橘类只会产生 0－2 级的轻度冻害，峡外当时极少种植，可能会有中度冻害，但损失极小。

1969 年：除秭归－4 ℃未冻外，巴东、兴山橙类均会有一定冻害，峡外柑橘严重受冻，冷中心在远安、当阳等地。

1977 年：峡内亦达－8.9～－9.4 ℃，峡外低至－12.0～－19.0 ℃，为百年难遇的全区大冻，许多几十年的老树成年树被冻死。

1991 年：宜昌、枝城以西在－6.9 ℃以内，尤其是秭归、长阳仅－3.4 ℃、－4.0 ℃几乎未受冻，奇怪的是兴山、巴东低达－6.9 ℃、－5.9 ℃，甜橙类为中冻，夏橙无收；以东的极端低温在－7～－9 ℃，虽不及前几次低，但低温来得早，兼受前期百年不遇的（夏）秋冬连旱，故受害等级多为 3—4 级，再加上近年面积成倍扩大，其损失超过历年。

对照的恩施极端低温与秭归相当，应当重视。四次大冻相隔 8—10 年（峡外）、15 年以上（峡内）不等。

2.3.2 冻害区划

三峡地区柑橘冻害区划在全国、亚热带、全省、宜昌地区研究[1－2,8－10]①中提到，但均较粗，下面拟作精细区划，并列表 2 说明。

表 2 三峡地区柑橘冻害区划

历年绝对低温平均值(℃)	历年极端最低气温(℃)	≤－5 ℃概率（几年一遇）	夏橙	甜橙类	蜜柑类	综合	分区	对照
≥0.0		罕见	Ⅰ	0	0	0	峡内河谷低地	
－0.1～－1.5	≥－9.0	百年以上	Ⅱ	Ⅰ	0	Ⅰ	秭归	
－1.6～－2.5	－9.1～－11.1	10 年	Ⅲ	Ⅱ	Ⅰ	Ⅱ	巴东	恩施
－2.6～－3.5		8～10 年	Ⅳ	Ⅲ	Ⅰ		兴山、宜昌县峡内部分	
－3.6～－4.5	－11.1～－13.0	5 年	Ⅴ	Ⅳ	Ⅱ	Ⅲ	宜昌市、县、长阳、枝城西部	
－4.6～－5.5		3 年		Ⅳ	Ⅲ	Ⅳ	枝城东部、枝江	
－5.6～－6.5	－13.1～－15.0	2 年			Ⅳ	Ⅳ	当阳	阳新、郧县
≤－6.6	≤－15.1	1.5 年（三年二遇）			Ⅴ	Ⅴ	五峰、远安	武汉

注：0—无冻区 Ⅰ—偶冻区 Ⅱ—轻冻区 Ⅲ—中冻区 Ⅳ—重冻区 Ⅴ—极重冻区

可见三峡地区具有全部 6 个冻害等级，且区域、品种的冻害差异明显：(1)峡内河谷低地为全区、全省的冬暖中心，冻害轻，其中秭归最佳，各品种只要在适宜高度以下几乎不需要用抗冻措施，划为无、偶冻区；而巴东、兴山、宜昌县峡内段次之划为轻冻区，鄂西南与之相当，均应注

① 李学林.宜昌柑橘气候资源评价.1992.

意夏橙、甜橙的防冻问题。(2)向东至峡口,地形屏障和冬暖优势同步减弱,三峡口的宜昌县大部、宜昌市及清江暖区的长阳、出口的枝城西部,统称峡口,同为全省次一级暖区即中冻区,只宜种蜜橘且应重视防冻,甜橙尚只能在本区少量试种。(3)从峡口向东至峡外的枝城东部、松滋为过渡区,与鄂东南、鄂西北河谷库周两个柑橘主产区的低温冻害频率相当,80年代以前发展柑橘是很艰难的,屡遭冻害。(4)向北至当阳、远安及海拔高的五峰均为严重冻区,与武汉相当,似不宜重点发展柑橘。

2.3.3 局部差异

因海拔、坡向、坡度、地形、水体等造成冬季极端低温的差异,改变大区冻害格局。

(1)海拔:一般地高度上升热量条件(包括极端低温)下降,品种布局、栽培方式应相应变化。目前三峡河谷300 m以下种夏橙、450～500 m以下种甜橙类,蜜橘类则可至700～800 m,其上少有种植,而峡口峡外多在400 m以下种蜜橘,这种高度布局基本合理,不过个别地方突破各品种的临界高度,树可成活但经济价值低下。如1991年12月底秭归境内500 m以上蜜橘、300 m以上甜橙叶梢始受冻,以下则未受冻;大冻的1977年秭归临江河谷建柑、结橘尚能安全越冬结实,甜橙也只3级以下冻害,详见表3。

表3 峡内不同海拔柑橘受冻程年度比较(1977年秭归龙江公社)[11]

队别	坡向	海拔(m)	受冻级别及百分比(%)									
			建柑			结橘			甜橙			
			0	1	2	1	2	3	1	2	3	4
桂林7队	东北	500	0	40	60	0	0	100		0	75	25
桂林1队	东北	100～300	100	0	0	94	6	0	33	33	34	0

但冬季晴夜坡地常有逆温现象,据笔者分析,三峡河谷逆温多在250～370 m,500～800 m两层,总厚度300～400 m,上下温差1.3 ℃左右,最大可达4.0 ℃。秭归个别地方成功地将脐橙种到600 m左右,将蜜橘种到800 m以上就是充分利用这一点。

(2)坡向:凡面向水体坡地或南坡冻害轻,反之则重。据对秭归1977年1月柑橘受冻后调查表明,在坡向、海拔相同条件下,临、背江处的甜橙冻害指数分别为0.414、0.536,在海拔相同时,迎、背风坡地甜橙冻害指数分别为0.4、0.53,差别显著。这使三峡两岸“橘柚蔽野”,增产增色。

(3)地形形态:凡冷空气易进难出处冻害重,如北坡及北向喇叭口地形,另外风口处的冻害重。秭归县水田坝乡北接兴山,为一南北向大溪谷实为冷空气通道,且北宽南窄,1991年12月一次雨雪天气叶片枯死90%,部分夏秋梢受冻或致死,而三峡河谷低地未受冻。

(4)水体:水体越大冬暖越显著,三峡河谷较清江、香溪河谷的冬温均高。笔者分析表明,逐日极端低温秭归可比兴山高1.5 ℃左右,冻害指数相应较轻。又如当阳木店水库旁柑树在1992年3月仍绿叶满枝,非保护地冻害多2—4级。

(5)防风林、房屋等微域效应:它们可减轻冻害。如当阳王家店周和村一组有竹林保护橘园,1991年大冻后仍有部分绿叶,受冻较轻。

2.4 三峡地区柑橘冻害的时间变化

2.4.1 年际年代变化

由图1可见，低温指标曲线在20世纪70年代以前有较大起伏即年际差异悬殊；进入80年代，三峡地区≤－5 ℃日数几乎未出现，冻害极少发生，几乎看不出年际差异。70年代前还有连续多年偏重或偏轻并重的特点；而70年代后仅单独出现两年，具有连续多年偏轻的特征。

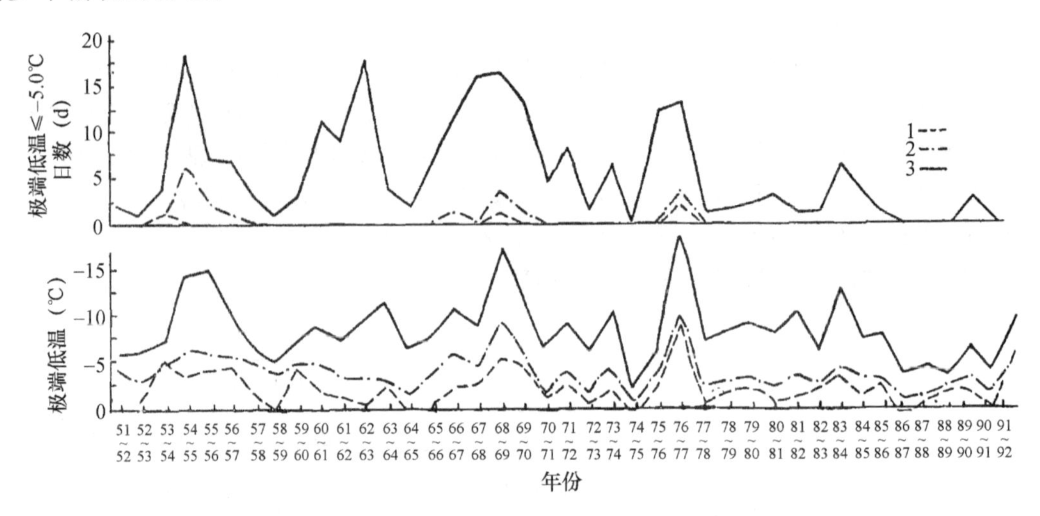

图1 历年(冬春)低温指标的时间变化图(1—巴东，2—宜昌，3—武汉)

将1952—1992年40年间冬季极端低温≤0 ℃、－5 ℃、－10 ℃日数的年代演变情况比较，可见前20年较冷，后20年较暖，尤其是80年代以来冬暖显著，各项指标与前30年均值比较，均具有较大距离，冬季低温危害指标急剧减少。故20世纪五六十年代柑橘发展迟缓，70年代发展迅速，1975年达到最高产量，1977年大冻使三峡地区柑橘产量到1982—1984年才恢复到1976年水平，大冻后至今柑橘得以大发展。

2.4.2 低温再现期问题

关于低温冻害的周期性有无和多长，过去有许多研究和不同看法[4,12],②。一般认为20世纪80年代以前8～11年一大冻，5～6年一中冻，峡外便是如此，而峡内为40～100年一大冻，8～10年一中冻。进入80年代，大的气候格局动摇了，即冬暖更甚，使过去用各种方法算出的冻害周期失真而降低了应用价值。此处不再去讨论什么周期性，仅用历史气象资料，统计各级极端低温的再现年间(并与80年代比较)，以供发展柑橘、改良品种等参考。

统计表明，≤－5 ℃极端低温在峡内为10年以上出现一次，其中秭归最长为30年以上一遇，峡口为6年，再向东2～3年，远安、五峰最频繁，为10年8～9遇。≤－7 ℃情况在峡内仅1977年出现一次，峡口10～20年一遇，其余地方2～6年一遇。≤－9 ℃在峡口以西仅出现一次(秭归未出现)，为百年一遇。对照的恩施同峡内，鄂东南、鄂西北同峡过渡区，武汉同远安等。

② 徐贤德.郧阳地区温州密柑越冬低温的功率谱分析(摘录).农业气象技术材料汇编(湖北省).1986,34-36.

2.4.3 冻害迟早演变

由表 4 可见,极端低温出现期全省各地在 20 世纪 60 年代较 50 年代略迟 2～9 天;此后有逐年代提前之势,70 年代较 60 年代普遍提前 0～11 天,峡内 0～3 天,峡外及对照区提前了 7～11 天,80 年代至今又较 70 年代提前 2～14 天,峡内的巴东只提前 0～2 天,兴山提前 14 天,武汉的冬季极低温提前到 12 月底,已不是“三九”而是“一九”最寒了。

低温来得早,树体尚未达最深休眠抗寒力弱,易受冻。如峡区在 1991 年 12 月底的极端低温并不太低可危害大损失重。这一现象应有所重视。

表 4 极端低温出现期演变(日/月)

年份	三峡地区			对照区	
	巴东	兴山	宜昌	郧县	武汉
1952—1962	17—18/1		16/1	15/1	18/1
1962—1972	20/1	18—21/1	25—27/1	21/1	23/1
1972—1982	17—20/1	19/1	18/1	12－17/1	12/1
1982—1992	17—18/1	5/1	12—22/1	17/1	31/12—3/1

长江三峡柑橘的冻害和热害(二)*

摘　要　本文从柑橘冻害和热害的危害因子和指标等级划分的研究和选取入手,着重探讨了长江三峡地区(湖北境内)两害显著的时空变化特征、差异与关联性及对柑橘生产的影响;揭示了80年代以来冬暖春热的重大气候变化是使两害向"两极分化"的根本原因;讨论了三峡水利工程对两害时空格局的可能调整及减灾原理;最后提出了可能的对策。

关键词　长江三峡;柑橘;冻害;热害;时空分布;气候变化

3　三峡地区柑橘的热害

3.1　高温热害及其时间性[13]

柑橘热害,过去多指盛夏高温对树体、果实的危害。但自1978年始,我国长江流域经历了5次大范围严重的花期高温热害(1978、1981、1985、1988、1990),局部危害还有1979年、1984年、1986年,导致反复减产,频率之高危害之重是冻害所不及的,在80年代对比尤为突出,故近年柑橘热害专指花期高温热害。

柑橘单株花量多但大多中途脱落,而盛花期脱落量占全程的75%~90%,任何异常将对座果率和产量有决定影响,而花期(4月下旬至5月上旬)异常高温使梢叶与花幼果争养分矛盾突出,导致花果大量脱落产生危害。

在国外,日本的松木和夫曾列举的导致落花落果的五类原因中没有高温,美国自三、四十年代就注意到这一问题,但未深入研究,说明并不严重。

3.2　危害因子及指标研究

笔者参加的一项研究[13],已全面系统地揭示了导致三峡地区温州蜜柑早期异常落花落果的关键期和关键因子:(1)关键期为落果峰点当候和前一候或5月上旬;(2)因子有高温、低温、连旱、强蒸发、"火南风",高温是最主要的,无论短期或长期高温均可致灾,因土壤具有一定持水力,干旱需一定时期才构成,而雨后猛晴亦可致灾,"火南风"则是辅助因子,提高温度,加速蒸发。故将小麦灌浆期的"干热风"改为柑橘花期的"热干风"。日照、气温日较差等均为加重危害因子,降水则有缓解之效。

万素琴①对三峡地区罗脐-35的研究有类似的结论,另外还表明前3~4天(包括当天)综合影响大于当天。黄寿波②提出区划因子应从简即只选高温及其持续日数或累积高温,鉴定

* **陈正洪**.长江流域资源与环境,1993,3(4):304-312.

① 万素琴.脐橙生育、产量形成及成熟过程的农业气候分析与模拟(硕士论文).1992,4.

② 黄寿波.温州密柑异常早期落花落果气象指标研究.全国柑橘抗热会议论文.1991,11.

因子应全面即包括日平均气温、日最高气温、14 时相对湿度及风速。

包括作者在内的大量研究所确定或提出的各因子对应指标差别很大,如日最高气温从 28 ℃到 37 ℃不等,最多的为 30 ℃、32 ℃、35 ℃;黄先生则提出花期和幼果期高温指标应有别,考虑资料的可获取性,本文采用黄先生的累积高温为鉴定因子。不过花期临界高温从 28 ℃升到 30 ℃,累积高温从 6.0 ℃又升到 7.5 ℃,同时参考≥35 ℃的天数,即≥30 ℃累积高温 0 ℃、0~7.5 ℃、7.6~15.0 ℃、15.1~30.0 ℃、≥30.1 ℃分别为无、轻、中、重、极重危害五级,出现日最高气温≥35 ℃ 1 天或≥30 ℃ 5 天亦为中害以上。

3.3 三峡地区柑橘热害的空间分布

3.3.1 20 世纪 80 年代几次严重热害比较

表 5 全国三次热害年三峡地区的高温表现(4 月 21 日至 5 月 10 日)

地点		1981 年		1984 年		1985 年		1986 年		1988 年	
		1	2	1	2	1	2	1	2	1	2
三峡地区	巴东	26.7	37.9	11.4	34.6	9.2	32.5	17.0	34.5	35.0	38.5
	秭归	37.2	38.9	15.4	34.9	16.2	34.2	24.0	35.7	48.4	40.8
	兴山	35.6	39.6	18.5	35.3	24.0	34.8	25.5	36.1	51.7	40.3
	长阳	25.3	36.1	7.4	34.2	4.5	32.2	18.3	34.9	40.0	38.7
	宜昌	21.3	36.2	7.1	33.5	2.7	31.4	16.3	34.3	28.5	37.4
	枝城	23.9	35.9	6.5	33.5	1.3	30.8	11.7	33.2	29.3	38.3
	枝江	14.9	33.8	4.2	32.3	1.0	31.0	7.1	32.4	21.0	36.8
	当阳	15.7	34.3	4.8	32.7	0.4	30.4	11.5	33.6	25.9	36.8
	远安	16.1	35.2	5.3	32.7	3.3	32.0	18.9	14.7	27.1	35.5
	五峰	7.8	34.3	0	30.0	0	29.7	1.1	30.6	11.5	33.9
对照区	恩施	11.7	34.0	7.4	33.2	2.6	31.1	8.0	33.8	24.4	35.5
	郧县	18.1	35.8	7.2	32.7	3.7	33.7	16.9	36.2	12.9	35.3
	武汉	15.9	35.4	5.0	33.0	2.6	31.5	8.5	32.6	24.1	36.0
	阳新	19.3	34.9	2.4	32.2	7.3	32.8	8.5	32.8	31.9	37.2

注:1——≥30 ℃的累积高温(℃) 2——极端最高气温(℃)

1981、1985、1988 年是公认的三大热害年,由表 5 可见,1981、1988 年三峡地区乃至全省与长江流域大范围一样严重;1985 年仅局部发生,相比之下,1986 年则远较 1985 年重得多,1984 年与 1985 年相类似。

1981 年:秭归、兴山极端最高气温分别达 38.9 ℃、39.5 ℃,除五峰中害外,余为重害。对照点仅恩施中害,余为重害。当年普遍增产是因为 1977 年大冻后新、老树逐年大量挂果之故,不过仍降慢了恢复速度。

1984 年:仅峡内三县为中、重害,其中兴山极端最高 35.3℃,与秭归同为重害。五峰无害,余均为轻害。

1985年:仅峡口以西、鄂东南中、重害,总产下降。全区则增产17%,14站极端最高34.5 ℃(未达35.0 ℃)

1986年:峡口重害,鄂西北也较严重,其余大部为中害。

1988年:宜昌以西严重热害,除五峰中害外,余均为重害,对照区阳新达极重,郧县中害,余为重害。各项指标为历年最高(鄂西北除外),当年高温出现在4月底5月初,来得迅猛,花幼果脱落率达95%~100%。全区减产72%,全省则达94%,较1977年大冻减产幅度还大。

可见,三大热害年在三峡地区乃至我省应为1981年、1986年、1988年,均发生在20世纪80年代,以1988年最严重,区域差异明显,热害从峡内向峡外渐轻,其走向:轻重中心与冻害恰好相反。三峡地区尤其是峡内河谷地区是全省的春热中心,不难推断其形成也与地形、水体、天气三者有关。

3.3.2 热害区划

首先确定了两套区划方案:A—以≥30 ℃累积高温均值为主导因子,配以历年≥35 ℃日数均值和极端最高气温,*B*—以历年极端高温均值为主,辅助因子不变。*A*的主导因子以≤1.5 ℃、1.6~3,0 ℃、3.1~4.5 ℃、4.6~6.0 ℃、6.1~7.5 ℃、≥7.6 ℃,*B*的主导因子以≤29.5 ℃、29.6~30.5 ℃、30.6~31.5 ℃、31.6~32.5 ℃、32.6~33.5 ℃、≥33.6 ℃各划出0—Ⅴ共6级,下面仅选B方案,详见表6。

表6 三峡地区柑橘热害区划(方案B)

高温热害等级		历年绝对高温均值(℃)	历年≥30.0 ℃日数均值(d)	极端最高气温(℃)	分区	对照点
代号	名称					
0	无热害区	≤28.0	0	≤30.0	峡内≥700 m,峡外≥500 m	
Ⅰ	极轻热去区	28.1~29.5	≤1,>0	≤30.0~34.0	五峰	
Ⅱ	轻热害区	29.6~30.5	1.1~1.9	34.0~36.9	枝江	
Ⅲ	中热害区	30.6~31.5	2.0~2.9	37.0~38.9	当阳、枝城、宜昌、远安	恩施、武汉、阳新
Ⅳ	重热害区	31.6~32.5	3.0~3.9	38.0~	长阳、巴东	郧县
Ⅴ	极重热害区	32.6~33.5	≥4.0	≥40.0	秭归	
		≥33.6			兴山	

根据上表及上节分析,结论如下:

(1)三峡地区热害区域差异明显。

(2)河谷低地是全区、全省甚至可能是全国柑橘热害中心,其中又以兴山最甚。

(3)从河谷向峡外热害渐轻,峡外与省内对照点相当(鄂西北较重与巴东相当)。

(4)五峰因海拔高热害轻或极少发生。

(5)三峡地区柑橘热害与冻害区域差异特点完全相反。

3.3.3 局部差异

热害同冻害一样存在较小尺度的局部差异。

(1)海拔:一般地高度上升花期气温下降,降水增加,热害较轻,从表7显而易见。但由于前期气温亦随高度下降,盛花期推迟。如我们观测到罗脐-35的盛花期高度递变率为2～3 d/100 m;350 m以下均为4月下旬:500 m与350 m差一个月:那么花期遇上高温及其累积危害程度大不一样,一般越往后出现高温的可能性越大,使问题复杂化。再者春季同冬季一样有逆温,逆温层顶部或深处的前期温度及花期高温会较底部的高,危害反而较重,如在秭归临江峡谷,150～300 m间有逆温,150 m居底较冷,250 m居暖层正中较热,所以观测到花期日均温分别为20.6 ℃和22.2 ℃,1984年6月10日前花幼果脱落率分别为85%、97%。

(2)地形形态:凡盆谷低地特别是盆底日间气温易上升,形成"热湖"(恰与冬季晨夜间的"冷湖"对应),较之山坡、山顶、平原地区热害为重。兴山县城便是在较闭合的盆底上,故全省极端最高气温就出现在此(43.1 ℃)。由表7亦可见兴山虽比秭归海拔高,但各项热害指标(除极端高温外)均比秭归大。

表7 三峡河谷花期*高温的高度递变(1983—85年)

地名	海拔(m)	极端最高气温(℃)		≥30 ℃	>30 ℃		≥35 ℃	
		平均	极高	累积高温均值(℃)	日数总和(天)	频率(%)	日数总和(天)	频率(%)
秭归气象站**	150	34.8	35.8	16.6	15	26	1	25
兴山气象站	272	35.3	35.7	19.9	24	42	3	75
兴山畜牧所	460	33.5	33.8	9.0	15	26	0	0
兴山青华站	770	30.2	30.8	0.5	3	5	0	0
石槽溪农科所	1 050	29.1	29.9	0	0	0	0	0

*指4月21日至5月15日,**仅作参考。

(3)水体:大水体附近冬春季平均气温偏高,使花期提前,遇高温的概率较小,春季日最高气温则类似夏季略下降,再者高温时易灌溉,危害有限。

(4)微域差异:据调查[14],峡区内西南坡下午气温较之北坡高,1988年高温热害重。就是宜昌气象台柑橘场东南边较向阳坡地挂果率低于北坡(1986)[15]。树的西南边比北面、外围较之内膛、树下有绿草较之裸地严重。再则采取覆盖灌水措施会有较大改善,如1988年秭归彭家坡省气科所试验地因喷水无异常落花落果现象,当年增产。

3.4 三峡地区柑橘热害的时间变化

3.4.1 年际年代变化

由图2可见,(1)花期高温年际变化极大,有的年份很严重,有的不出现。如宜昌≥30 ℃日数有1953、1960—1961、1981、1985、1988年均在5天以上,而1955、1957、1959、1962—1963、1970、1973—1977、1980、1987年则一次都未出现。(2)重、无热害具连续几年出现(消失)的间段性,如1951—1953、1960—1961、1966—1969、1981—1988年偏重,而1955—1959、1962—1965、1970—1980年偏轻,冬季低温冻害则不具此点。(3)20世纪50—60年代年际差异较大;70—80年代整体偏轻和偏重,年际差异均较小。

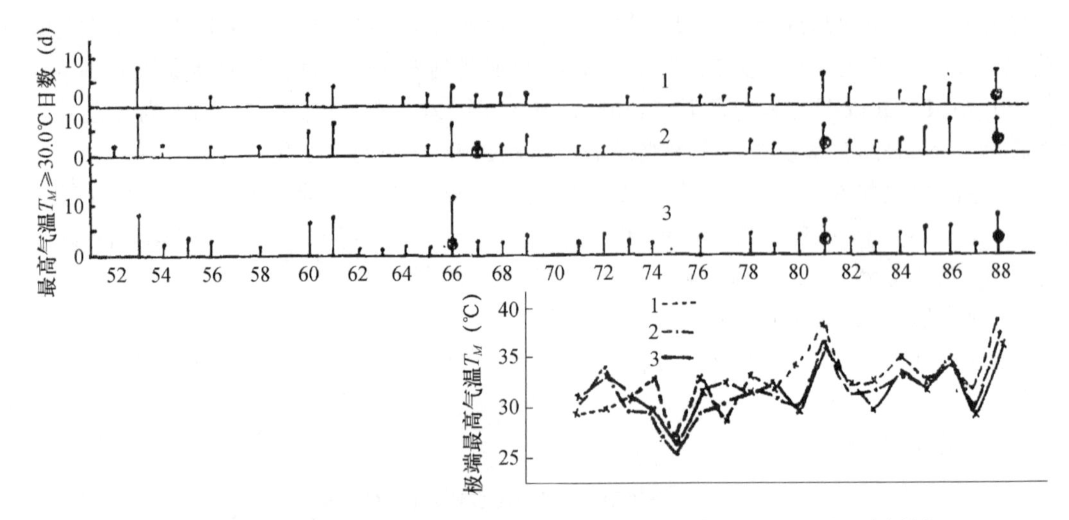

图 2　历年花期(4 月 21 日至 5 月 10 日)高温指标时间变化(30 ℃,35 ℃,余同图 1)

表 8　三峡地区花期高温指标的年代变化

日项	年代	三峡地区				对照点			
		巴东	秭归	宜昌	五峰	恩施	郧县	武汉	阳新
日最高气温≥30 ℃日数均值(d)	50 年代	2.9	4.5	2.0	(0)	2.7*	2.6**	1.3	
	60 年代	3.4	5.1	2.2	0.2	1.5	2.7	1.6	2.4
	70 年代	2.3	3.9	0.2	0.2	1.3	1.5	0.7	0.7
	80 年代***	4.4	5.5	4.0	1.4	3.0	4.1	3.1	3.9
	平均	3.2	4.8	2.1	0.45	2.1	2.7	1.6	2.2

* 1952—1960 年, ** 1953—1960 年, *** 1981—1988 年,余为 10 年。

表 8 可见,各年代间花期高温指标极不平衡,差别极大,20 世纪五六十年代相当,为平均值水平;个别年份可能会发生高温热害,70 年代除郧县有二次≥35 ℃情况,其余均未出现(表 8 中未列),80 年代温度极其偏高,危害重且年份多,如宜昌市除 1977 年未出现≥30 ℃情况,其余年份至少 2 天、有 4 年在 5 天以上,最多达 10 天,另外 1990 年也是全省大范围热害年。80 年代较之 70 年代累积高温高出一个量级,极端高温也高几度(表中未列)。

3.4.2　热害再现期问题

从长序列分析,热害具有周期率和年际差别。统计指出,花期日最高气温≥30 ℃超过 5 天,危害年(段)在峡口以内为 2～5 年,兴山 2 年为最短,峡外则 6～8 年(五峰因海拔高未出现);郧县小于 5 年,阳新、恩施各为 6、9 年,武汉 13 年。

20 世纪 80 年代高温再现期大大缩短,峡内 2 年以下,兴山 1.3 年即五年四遇为全省热害之冠;远安、郧县均为二年一遇,枝城、枝江、当阳为三年二遇,除郧县外全省共余地方 3～4 年一遇。

4　问题与讨论

4.1　冻害、热害与柑橘生产

除轻冻和夏橙冻果只会影响当年产量外,重冻可冻死枝干树体,影响产量 1～5 年,甚至会限制柑橘发展。如1977年大冻当年减产68%,次年进一步减到冻前的12%,使峡内外大量死树,虽经多方努力,产量、单产分别到1982、1984年才恢复到冻前水平。时隔15年后的1991年12月全省大冻,三峡地区冻害较轻,但仍对峡外及兴山、巴东、秭归高海拔处柑橘产生一定程度冻害。峡内夏橙基本无收,兴山、巴东橙类普遍1～4级冻害,估计减产40%左右;当阳、远安等向平原过渡区4级冻害比重大,可能减产70%左右,许多地方无收,2～3年后才能恢复。全省其他地方多5～3级。

表9 三峡地区柑橘生产与冻热害的关系

年	总产		单产		面积	冻害等级*	热害等级*
	1	2	1	2	1		
1976	—	—	—	—		无	无
77	-68	-68	-71	-71	7	大冻	无
78	-61	-88	-66	-90	17	无	轻
79	375	-41	326	-58	9	无	极轻无
80	18	-31	7	-55	10	无	无
81	22	-16	25	-43	-2	无	重
82	39	17	28	-27	8	无	轻
83	41		4	-24	36	无	轻
84	32		59	21	-17	轻	轻
85	17		-25	-10	57	无	中
86	24		-3		27	无	重
87	58		32		19	无	无
88	-72		-73		3	无	重
89	462		308		10	无	(无)
90	-67		-69		5	无	(重)
91	175		160		6	无	(无)
92	—		—			中	(轻)

* 以宜昌市代表全区平均情况 1.较上年增(+),减(—)百分比 2.与1976年比较

热害可严重影响当年产量,1978、1986、1988、1990年的柑橘花期热害均使全区当年大减产,1978年热害使1977年大冻减产后继续减产到低谷(1975—现在),1981年的热害使大冻后的产量恢复迟至1982—1984年;且花果脱落后营养集中在枝条上可能会徒长,又需投入大量人力修剪控制,80年代以来热害陡然频繁,频率高达5年2～4遇。目前尚无大范围防治方法,使之成为柑橘生产中最严重的自然灾害。

4.2 冻、热害的比较

冻、热害同为柑橘生产大敌,将二者作一比较,将会十分有益。显然,冻、热害时空分布恰恰相反,具有互补性。见表10。

表 10　柑橘冻害、热害的对比

			冻害特点	热害特点
时间	发生时期		12—2 月,多在 1 月	4 月下旬至 5 月,多在 5 月上旬
	生育期		缓慢生长或休眠期	盛花、幼果期
	致灾时间长短		几小时至几天	几天
	严重年代		60、70 年代	仅 80 年代
	严重年代		1955、(1964)、1969、1977、1984、1991	1953、(1960)—1961、1966、(1978)、1981、1986、1988、1990
	再现期	峡内	重冻 15～40 年,中冻 8～15 年	重灾 3～4 年,中灾 2～3 年
		峡外	重冻 10～15 年,中冻 5～9 年	重灾 4～10 年,中灾 4～6 年
		武汉	重冻 8～10 年,中冻 3～5 年	重灾 10 年左右,中灾 20 年左右
	后效应		当年减产,甚至多年	仅当年减产
空间	危害部位		叶、新梢、枝、干(生命)	花、幼果
	空间差异		峡内河谷低地最轻、峡外次之	峡内河谷盆地最重,峡外次之
	与全省对照		鄂西南与峡内相当,鄂西北、鄂东南与峡外相当,平原湖区最重	鄂东南、鄂西北与峡外相当,鄂西南较轻、平原湖区最轻
	局地差异	海拔	高处重,逆温内反之	高处轻,逆温层内反之
		坡向	北坡重于南坡	南坡重于北坡
		地形	谷地、山顶重	谷地重
		有防护林	减轻	减轻
		水体	减轻	减轻
		树体	外重于内	外重于内
其他	致灾因子		低温	高温
	配合条件		冰冻持续时间长	干旱、低温、火南风
	致灾生理		植物细胞间、内结冰	生理失调,叶梢与花幼果争养分
			膜被破坏	花果柄处产生脱落酸
	致灾方式		叶脱落、梢枝干枯死	花幼果脱落,不伤害树体
	恢复方法		剪枝保果保树或锯杆重新嫁接	保果或控制枝梢生长
	预防方法		抗冻栽培、低温来临前熏烟、喷水覆盖等升温措施	喷灌水、还有抑蒸剂、保果剂、覆盖保湿降温等

4.3　气候变化与柑橘生产

由于人类生产生活对气候的无意识影响,已使全球气候在 20 世纪 80 年代乃至今后一段时间内变暖。

表 11 表明,宜昌、武汉二地冬暖(11—2 月)、春热(4—5 月)显著。另据对武汉统计[17]春热主要集中在 4 月下旬—5 月上旬,距平月变图上为一高峰。这就很好地解释了 20 世纪 80 年代冻害轻所以柑橘大发展,而热害加剧,人们又为新问题所困扰。

表11 宜昌、武汉80年代月均温距平(与前30年比)(℃)

地点	月份												年
	1	2	3	4	5	6	7	8	9	10	11	12	
宜昌	0.1	1.0	−1.6	0.2	0.8	−0.6	−0.7	−0.3	−0.2	−0.5	−0.2	0.3	—
武汉	0.6	0.1	−1.2	0.5	0.7	−0.3	−0.4	−0.1	−0.1	0	0.4	0.1	0.1

4.4 三峡水利工程的减灾效应

我国政府已批准并开始在宜昌县(峡内)的三斗坪兴建一坐高150～180 m的大坝,建成后"高峡出平湖",不但会淹没大量柑树,并已使种植高度整体上移[17],且会显著改变库周边及下游的气候,改变柑橘冻、热害时空格局。几十年的研究表明[18],大坝建成后冬季极端低温可上升3 ℃左右,春温略增,但极端气温高值下降0.2～0.8 ℃,到那时冻害将极难出现,热害亦有所减轻,且更易全面实施灌溉工程人工减轻高温热害。

5 总结与讨论

(1)两害空间差异均显著,且轻重格局或递变趋势相反,在全省、全国具有独特性、峡口以内是全区乃至全省的冬暖、春热中心即冻害最轻、热害最重处,从峡内向峡口、峡外,低温冻害渐重,高温热害渐轻,再至平原,冻害最重,热害最轻。

(2)两害时间变化明显,且与全省、全国趋势基本一致。但峡内除1977年严重受冻外,其余的1955、1969、1991年则较轻。几次重热害年为1981、1986、1988、1990、1978、1984、1985年仅局部发生。

除年际差异外还有年代变化,20世纪50—60年代冻害较重,80年代极轻,峡内未发生,70年代居中。50—60年代也许出现过热害,70年代几乎无热害,80年代最严重,且连续多年偏重。

(3)两害有局地差异。海拔、坡向、水体、逆温等将改变两害大的格局,三峡工程应能减灾。

(4)气候变化的大趋势是80年代以来冬更暖春变热,使冻、热害"两极分化"即冻害愈轻、热害愈重。

(5)讨论了两害对柑橘生产的影响,并对两害作了系统比较。

本文系统地揭示了三峡地区乃至全省柑橘冻害和热害显著的时空差异及其他一些特点,为今后柑橘发展、减轻或避免两害提供了一定理论依据。

尽管冬暖在20世纪90年代初仍维持,但并不排除短时出现极端低温的可能,如1991年全省大冻,所以防冻仍会受到重视,主要是从领导意识、品种搭配及布局、海拔、抗寒栽培宣传等方面考虑。而热害因频次高、危害重,今后将会特别注重研究和防治,可能会从巨额灌溉工程、生物调控技术(保花果剂)、选育抗热或早花品种、抗热栽培等方面着手。

参考文献

[1] 马泳源,等. 柑橘. 见:中国农林作物气侯区划[M]. 北京:气象出版社,1986:147-159.

[2] 沈兆敏,等. 中国柑橘区划[R]. 见:中国农作物种植区划论文集[C]. 北京:科学出版社,1087:250-271.

[3] 倪国裕,等. 长江三峡水库落成后库区甜橙布局的顶测深讨//亚热带丘凌山区农业气侯资源研究论文集[C]. 北京:气象出版社,1988:168-171.

[4] 乔盛西，等. 长江三峡和清江河谷冬暖成因的进一步探讨及其与柑橘生产[J]. 湖北气象，1984(3):13-20.
[5] 陈照明. 论温州密柑的冻害、冷害和热害[J]. 果茶科技(湖北)，1983(1):1-12.
[6] 石长松. 柑橘冻害或防冻技术[M]. 北京:气象出版社，1989.
[7] 陈正洪，等. 枇杷花果冻害的观测试验及因子分析[J]. 中国农业气象，1991(4):16-20.
[8] 陈正洪，等. 湖北省 1991—1992 年柑橘大冻特征及其成因[J]. 湖北果树，1992(1):19-24.
[9] 张养才. 我国亚热带地区冻害气候规律及柑橘冻害区划[J]. 农业现代化研究，1982(4):25-30.
[10] 张炳庭，等. 湖北省柑橘避冻区划//中国柑橘冻害研究[M]，北京:农业出版社，1983:144-152.
[11] 张君芝. 长江三峡气候与柑橘[J]. 华中农学院学报，1982(1):69-74.
[12] 章文才，等. 中国柑橘冻害研究[M]. 北京:农业出版社，1983.
[13] 娄云霞，等. 温州密柑早期生理落果第一峰点伏况与气象条件关系及其对产量的预见性[J]. 华中农业大学学报，1993，12(2):131-139.
[14] 吴金虎，等. 1988 年柑橘异常落花落果原因及今后防止的对策[J]. 湖北农业科学，1989(1):20-22，32.
[15] 袁民. 宜昌台 1986 年柑橘减产的气象因子分析[J]. 湖北气象，1987(1～2):48-49.
[16] 韩青山. 湖北省二十世纪八十年代的气候变化及其对农业生产的影响[J]. 湖北农学院学报，1991(3):69-73.
[17] 沈兆敏，等. 三峡工程对柑橘生产的影响及其对策//长江三峡工程对生态与环竞影响及其对策研究论文集[C]. 北京:科学出版社，1987:252-258.
[18] 徐裕华，等. 三峡工程对库周气候的影响//长江三峡工程对生态与环境影响及其对策研究论文集[C]. 北京:科学出版社，1987:665-682.

湖北省 1991/1992 柑橘大冻调研报告*

摘　要　采用多种指标详细揭示 1991/1992 柑橘大冻的区域差异性以及对生物、人为、前期气候和当时低温等多方面致灾原因进行了深入细致的分析。此次冻害区域分布与 1955 年、1969 年类似,即鄂西南轻或未冻(0～2 级)、峡外过渡区中等冻害(2～4 级)、其他广大地区重冻(3～4 级),局部如鄂西北西端、大别山南至汉口以北严重受冻(4～5 级)。1991 年是大年,结果多,树体损耗大,前期罕见高温干旱,土壤板结,无法施还阳肥,树势弱;"柑橘热"下在不适宜区大量引种;管理粗放,未按抗寒栽培等等,且低温来得早,升降温幅度大,平流、辐射、融雪三方面降温效应叠加造成年极端低温出现,给我省柑橘业致命打击。本文根据此次冻害暴露的许多敏感问题进行了讨论并提出对策。

关键词　柑橘;冻害;区域差异;成因;对策

1　"91 大冻"简述

1991 年 12 月中旬前持续异常冬暖,自 21 日起强寒潮南侵,湖北省各地经历了大风降温雨雪天气,至 27 日积雪深厚为多年罕见。天气转晴后于 28—29 日出现了极端低温,北部 －11～－18 ℃,东及中部－8～－12 ℃,鄂西南－3～－7 ℃,除鄂西南外远远超出了目前最耐寒品种温州蜜柑所能忍受的临界低温。尽管各地采取了一些应急措施,仍无法抗拒大冻的发生,落叶和死梢、枝、主干甚至死树严重。据统计除枝城宜昌以西的鄂西南未(微)冻可望增、平产外,峡外过渡区及峡内巴东、兴山多 1～3 级冻害,估计 1992 年减产 30%～60%,1993 年可恢复产量,夏橙则全部无经济价值;其他广大地区冻害严重,3 级以上冻害面积达 80%,5 级冻害(死树)达 10%左右,1992 年稍有产量,并影响 3～5 年。全省柑橘冻害面积 7.33 万 hm^2,占全省柑橘栽植面积的 80.4%,损失产量在 25 万 t 以上,直接经济损失将超过 3 亿元。

2　"91 大冻"区城差异

2.1　大区差异

此次冻害的区域差异明显。我们采用冻害等级 P_0、冻害积分 P_1%和 3 级以上冻害所占比例 P_2%以及极端低温 T_m、品种抗寒性(温州蜜柑强、甜橙弱)等来评判各地综合受冻情况。作出 1991/1992 柑橘大冻区划图(图略)。

Ⅰ无(微)冻区　除巴东外鄂西州全部,T_m 为－2.3～－4.3 ℃,P_0 为 0,P_1/P_2 为 0/0,表明温州蜜柑几乎未受冻,甜橙极少落叶现象发生,可望平产或增产。

* 陈正洪,杨宏青,倪国裕. 中国农业气象,1994,15(5):45-48,16.

Ⅱ轻冻区　长江、清江河谷即枝城、宜昌以西至Ⅰ区以东以北，T_m 为－3.4～－5.2 ℃，P_0 2 级，P_1/P_2 为 0.8～10/0，温州蜜柑除海拔 500 m 以上外基本不受冻，300 m 以上甜橙类叶、晚秋梢受冻，但不影响当年产量。海拔较高、北风口处夏橙果实严重受冻少收，甜橙、温州蜜柑轻冻，秭归县因有大批幼树投产估计 1992 年产量可超过大丰年的 1991 年。

Ⅲ_1 中等冻害区　包括巴东、兴山及峡外诸县(由山区过渡到平湖区)，T_m 为－5.3～－8.6 ℃，P_0 为 4 级，P_1/P_2 为 17.7～63.3/3.11～74.3，夏橙果实重冻脱落，脐橙一二年生枝条受冻，甚少老枝主干受冻，温州蜜柑落叶普遍，晚秋梢受冻，估计 1992 年减产 40%～60%，除 4 级冻害橘园外，1993 年可恢复产量。

Ⅲ_2 中等冻害区　包括武昌区、县及鄂州，因受长江、东湖、梁子湖等大水体以及城市热岛保护，T_m 为－6.0～－6.7 ℃比江北及鄂南等邻周高 1.3～3 ℃，同时管理水平较高，灌溉方便，树势强，抗寒措施得力，受冻一般。

Ⅳ重冻区　面积最大，占全省总面积的 1/2 左右，包括鄂南、鄂西北库区以及鄂东、鄂中(江汉平原、鄂北岗地)、T_m 为－6.8～－13.7 ℃，大多在－9 ℃以下。P_0 多为 3～4 级，少量 5 级，P_1/P_2 为 60～90/90～100，受冻严重，大多仅留老干或主干，1992 年基本无收，1994 年以前难以恢复产量。

Ⅴ最重冻害区　为全省 T_m 极低区，T_m 为－10.4～－18.7 ℃，大多在－13 ℃以下，包括鄂西北西端(南三县及郧西)，大别山南(黄冈北半部及孝感全区)，P_0 全部为 4～5 级，且 5 级(冻死)为 90%～95%以上，实属毁灭性冻害，3 年内实难恢复，今后不宜提倡种植。

若与前三次大冻比较区域差异，就可发现“91 大冻”格局与 1955，1969 年较相似，即除鄂西南外全省大部冻害严重；1977 年大冻则是全省大冻、鄂西南也不例外[1]。历史上鄂西北西、南端冻害较轻，一般认为与山体掩护有关，“91 大冻”因南三县积雪深厚，融雪耗热多故极端温度低，低温持续时间长，冻害最重。1991 年 12 月鄂南大冻也与积雪深有关。

2.2　局地差异

2.2.1　海拔高低冻害界限明显

在三峡河谷 500 m 以上温州蜜柑，300 m 以上甜橙叶梢始受冻、此下则未冻，鄂西北400 m 以上柑橘多冻死，此下尚存主干。

2.2.2　坡地暖带冻害轻洼地冻害重

在辐射降温时有坡地暖带存在，在某一高程内(1000 m 以下山体的 2/5～3/5 为上界)高处气温比低处高，冻害较轻；相反洼地易沉积冷空气，冻害较重。

2.2.3　有大水体保护冻害轻

如 1991 大冻后富水库中岛温州蜜柑几乎未冻。一些小水体也有减轻冻害的作用，如武穴市橘园一片枯黄，唯有仙人坝水库橘园还有 70%～80%绿叶。

2.2.4　风口处冻害重

如秭归县水田坝乡北接兴山，为一南北向大峡谷成为冷空气通道，叶片枯死 90%以上，部分夏秋梢受冻或致死。

2.2.5 北坡重于南坡东坡重于西坡

如天门市橘树受冻严重，唯青山、龙尾山南坡橘树受冻轻，有的几乎未受冻。

2.2.6 北部防风林可减轻冻害

如当阳王家店周和村一组有竹林保护橘园受冻轻。

2.2.7 北边房屋阻挡可减缓冻害

如武昌区中科院测地所院内橘树仅0～2级冻害。

2.2.8 城市内或下风向受热岛庇护冻害轻

如武昌区的极端低温历年都比汉口东西湖区高，冻害轻。

2.2.9 多种效应叠加冻害轻

华中农业大学橘园三面环湖，北有狮子山掩护，山上林木繁茂，又位于武汉市下风向，“91大冻”时冻害多为0～2级。

2.2.10 其他

土壤墒情、树势、抗寒栽培和及时采取有效抗冻措施如培土、包干、覆盖、熏烟、摇雪等，均可影响冻害程度。

3 “91大冻”成因

有人总结此次大冻根本原因是“一饥二渴三冻”，也有人认为主要是病虫害，笔者认为致冻因子是多方面的，应包括生物、环境气象因子，而后者应包括前期气候背景和冻害发生时的低温及其持续情况，但关键应是低温强度是否达到某一临界值。

3.1 前期气候成因

3.1.1 前期旷日持久的特大夏秋冬干旱

统计全省77个气象台站8月中旬～12月中旬共132 d降水量、日数及其距平百分率，不难发现此间全省大部降水偏少60%以上，以大别山南、峡外过渡区、鄂中及鄂西北干旱最严重。偏少50%以下的仅12个县市。从降水总量看南部多于北部，东西两边山区多于中部平原，鄂西南、鄂东南有100 mm以上降水，鄂西州各站降水总量尚有200～300 mm，旱情相对较轻，其余地方降水不足100 mm，没有大雨过程，旱情十分严重，且来得早，持续时间长，温高蒸发大，蒸发量为降水量的10倍以上，属百年未遇的大旱。

3.1.2 异常冬暖

1991年9—11月全省气温正常或偏高1 ℃，12月上、中旬全省各地均偏高1～3 ℃，冬暖显著。笔者认为冬暖危害性大，因为：

(1)温高光足加剧土壤和树体干旱，促使很多橘树提前进入“休眠”，出现异常现象如落叶。

(2)高温使晚秋梢大量萌发，极大地消耗了树体营养，较迟进入越冬止长期，大大缩短了抗寒锻炼时间，不利抗寒力提高。

(3)一旦寒潮来临，加大降温幅度或速率。

(4)持续多年冬暖使人们防冻观念淡薄。

3.2 低温情况

3.2.1 天气演变

12 月下旬初，我省在经历了持久的高温干旱后天气形势发生急剧变化。由于乌拉尔山东部阻塞高压的形成与稳定，促使了西伯利亚上空的切断低压加深与发展，地面冷空气不断沉积加强，并随不断分裂的低槽东移，从蒙古经河套大股南下直抵江淮流域，造成当年冬天首次大风强降温雨雪天气。21 日鄂西降水，23 日全省大部降中雨，气温开始下降，24—27 日最大积雪深度北部 15～20 cm，南部 5 cm 左右，31°N 以北大多为历年同期最高值。27 日气温已降至－3～－6 ℃，由于天气转晴，并开始融雪结冰，全省各地在 28—29 日出现了极端最低气温，北部－11～－18.7 ℃，鄂南、中部－7.5～－12 ℃，鄂西南－3～－7 ℃。冰柱达 60 cm 以上，交通中断，水管多处断裂，这是近 15 年或 23 年来少见的。

3.2.2 低温危害

(1)低温来得早　我省历年极端低温多见于“三九”即 1 月下旬。“91 大冻”低温提前 1 个月出现，致使抗寒力还未加强的橘树受冻。

(2)降温幅度大　“91 大冻”前气温偏高，而且降温幅度偏大。过程降温(6～8 d)达 11.2～18.7 ℃。急剧降温易使细胞内结冰使细胞液浓度剧增而“中毒”或体积膨胀使细胞膜受到伤害，而且往往是不可逆的。

(3)升温幅度大　急剧升温易使细胞间或内结的冰融化后膜急剧松驰而致灾。以宜昌市为例，从极端最低温出现日算起，3～4 d 升温幅度为 7.9 ℃。

(4)低温持续时间长　如≤0 ℃日数郧县为 13 d，仅比 1977 年短 1 d，宜昌市为 7 d，与 1977 年相同，老河口≤－9 ℃持续 72 h，而温州蜜柑在≤－9 ℃3h 就严重受冻。在不同品种的受冻临界低温以下，低温时间越长受害越重。

(5)极端强低温　鄂西北、鄂东北北部为两大片低温区达－10～－18 ℃，鄂东南、中部为－9～－12 ℃，远远超出了最抗寒品种温州蜜柑的严重受冻低温临界指标，而鄂西南－3～－8.6 ℃不但远远超出了夏橙果实冻害温度，还对甜橙产生伤害，也使温州蜜柑落叶和枝梢受冻。

与前 3 次大冻比较，1991 年低温除鄂西南外，大多为第 2 或 3 位极端最低的，其中有 7 个站还是有记录以来最低的。若与历年同期(12 月低温)相比，1991 年 12 月低温大多是历年极端最低的。

(6)林内气温更低　随着县市发展，由于气象站多被房屋包围，“热岛”明显而且气象站海拔多较橘园低，极端最低气温偏高 1～3 ℃，林内气温往往比气象台站的低。见表 1。

表 1　气象站与橘园极端最低气温(℃)比较(1991，12 月 28—29 日)

县、市	气象(台)站 T_1	橘园 T_2	$T_1—T_2$
大冶	－7.5	－10.5～－11.0	3.0～3.5
武穴	－9.4	－14	4.6
宜昌	－5.9	－6.5～－9	0.6～3.1

(7)地气温差别大　大雪后马上转晴,积雪深厚,由于辐射,融雪降温,使地面温度远较2 m高处的低,见表2。

可见1991年地气温差较1969、1977年大,而地温对嫁接伤口、树干易产生致命伤害,这是该年死树多的原因之一。

表2　地面与百叶箱极端最低气温(℃)比较

站名	年份	气温	地温	地气温差
巴东	1969	−5.3	−5.9	0.6
	1977	−9.4	−9.1	−0.3
	1991	−5.9	−7.8	1.9
郧县	1977	−13.5	−15.3	1.8
	1991	−10.3	−19.5	9.3

(8)冰凌、霜降　尤如"雪上加霜",加重了冻害。27日晨电线积冰5～20 mm,高山地区50～60 mm,31日前冰柱达60 cm以上,说明1991年柑橘枝叶受冰凌危害严重,转晴后连续几天霜降,可使橘树枝叶细胞脱水加速甚至使枝叶如开水烫过一般,还可使主干死亡。

3.3　生物和人为原因

(1)近年在鄂西南以外山区盲目发展抗寒力弱的甜橙类,以及在可能或不能种植区种植了大量温州蜜柑,甚至进行育苗,以致重灾发生。

(2)前几年我省柑橘业发展最快,所以新区中幼树比例高,尤其是幼年结果树,抗寒力弱。

(3)1991年是大年,结果多,许多地方任其挂果到8月下旬,显著加重了树体营养损耗,对树体是一种摧残。

(4)前期持久少雨高温,旱情严重,许多库塘江河断水,人畜饮水困难,无法施还阳肥,即使施了也因土壤板结无法分解和被吸收,树体极弱,冻前已有大量落叶的征兆。

(5)管理粗放,没有采取严格的抗寒栽培措施,如橘园培土,及其他抗寒措施。

4　对策及讨论

(1)"91大冻"彻底暴露了我们抗冻抗灾意识、能力、措施跟不上,仍无法抗拒大范围低温冻害的发生。北缘地区柑橘发展史就是与冻害相抗争中求发展的历史。人们必须从思想上认识到冻害发生的必然性和周期发生的可能性,应从每次大冻中总结教训,加强科学宣传和研究,如开展区划、选育抗寒品种、提高抗冻技术、做好冻害长、中、短期预测[2],全面提高抗冻水平,使之在今后较长时间内健康、稳步发展。

(2)柑橘防冻是一项系统工程。它包括抗冻品种选育或选择、适地适树、选址、合理密植、抹晚秋梢、疏花疏果,早采收早施肥、壮实树体,极端低温来临前覆盖、包草、喷水、喷抑蒸保温剂、熏烟、打(摇)雪、撒灰化雪等,只有综合考虑才能提高抗冻能力,减少不必要的损失。

(3)有重提柑橘区域化、果树多样化之必要。"91大冻"区域差异显著,再一次证明鄂西南(包括三峡河谷)由于受北面丛山峻岭对冷空气的阻挡、江河流动暖水保护以及有时受到高空西南槽的庇护,为50年一遇的偶冻区,实为我省乃至全国优越的冬暖区、最适栽培区,今后仍应予重点扶持,从果园改造、品种改良、合理布局、最终目标是从提高单产出发,从而提高全省柑橘业丰产稳产系数。两大基地即丹江口、富水水库周围仍易遭大冻危害，几乎十年一遇，冻后2～3年尚难恢复，故不宜再扩大种植面积，更不应大面积发展不抗寒的甜橙类。大别山南到汉口以北是每次大冻的重冻区，应减小柑橘比例，扩大其他传统、落叶果树种植比例，形成综合果树业，大冻之年仍有其他果树补偿，不致于发生毁灭性冻害。

(4)充分利用局地小气候资源，包括水域、北方挡风体(人造防风林、眉形堤、马蹄形墙、山地)、坡地暖带等，是鄂西南以外适量发展柑橘的前提。

(5)近年全球气候变暖尤其是冬暖显著，笔者认为这并不排除短时极端降温发生的可能，往往降温幅度较大，一旦超过果树受害临界低温，只需0.5～3 h便可使柑橘受冻[3]。柑橘是多年生高价经济植物，为了使多年心血不致毁于一旦，一定要与这几个小时相抗争才能事半功倍。

(6)选用早熟品种。目前中熟品种比例大，收获季节集中，不但不利贮运销售和卖好价钱。而且较迟进入越冬期，抗寒力弱，而早熟品种采收早，树体恢复时间长，可较早进入越冬状态，抗寒力强。

(7)冻害发生后要以积极和科学的态度对待，在不能栽培柑橘的地区，应返橘还林、还田、还地或改栽其他落叶果树。其他地方应及时开展恢复、清理措施，做到一年大冻三年恢复，如摘叶、剪枝、松土、施肥、保果、防病虫害，或开展生产自救，间作套种短平快作物豆、菜等，以短补长。

致谢：湖北省农牧厅经济作物处提供部分柑橘冻害资料，谨此致谢！

参考文献

[1] 王炳庭，等.湖北省柑橘避冻区划.中国柑橘冻害研究[M].北京：农业出版社，1983：144-153.
[2] 张力田.湖北省柑橘今冬是否发生冻害问题的初步探讨[J].湖北农业科学，1983，(12).
[3] 陈正洪.枇杷冻害的研究(I)—枇杷花果冻害的观测试验及冻害因子分析[J].中国农业气象，1991，12(4).

湖北省1991年度柑橘冻害与避冻栽培区划*

提　要　文章研究了湖北省各地1992年柑橘单产的减产率与1991年12月最低气温的关系，发现两者之间是一种指数相关关系，它能较好地解释冻害程度与最低气温的关系。用Gumbel分布计算了59个台站5年、10年、20年、25年和50年一遇的最低气温。并根据各地不同的10年一遇最低气温，将湖北省分成适宜、次适宜和不适宜柑橘种植区，为柑橘避冻栽培提供了科学依据。

关键词　最低气温；柑橘减产率；Gumbel分布；避冻栽培区划

1　提出问题

20世纪80年代以来，随着农村经济的发展，湖北省柑橘种植面积迅速扩大，由1983年的2.7×10^4 hm^2，猛增到1991年的9.2×10^4 hm^2，形成了县县种柑橘的"柑橘热"。1991年12月的低温，使柑橘受冻面积超过以往历次冻害，经济损失惨重。大的冻害使人们认识到有必要重新提出柑橘的避冻栽培问题，以减少不必要的损失。

2　1991年12月最低气温与1992年柑橘减产率的关系

湖北省1991年底的柑橘受冻面积达7.3×10^4 hm^2，占总面积的80.4%.损失柑橘25×10^4 t以上，直接经济损失为3亿元。柑橘受冻面积之大、程度之重，超过历次冻害[1]。

本文用柑橘单产减产率表示柑橘的冻害程度，分析了柑橘减产率与最低气温的关系，由此可以看出低温对柑橘产量的影响。根据各地低温与减产率的差异情况，选29个县为代表站。以y代表1992年柑橘的单产减产率，以x代表1991年12月的最低气温。将x,y值点绘成相关散布图(图1)，由图1可见点子的分布近似于指数曲线。曲线的特点是先陡后平，转折点在最低气温−11 ℃附近。柑橘单产减产率随最低气温的降低而急剧增加；过了转折点，最低气温再降低，减产率的增加就相当缓慢。而−11 ℃正是柑橘地上部分冻死的低温指标。

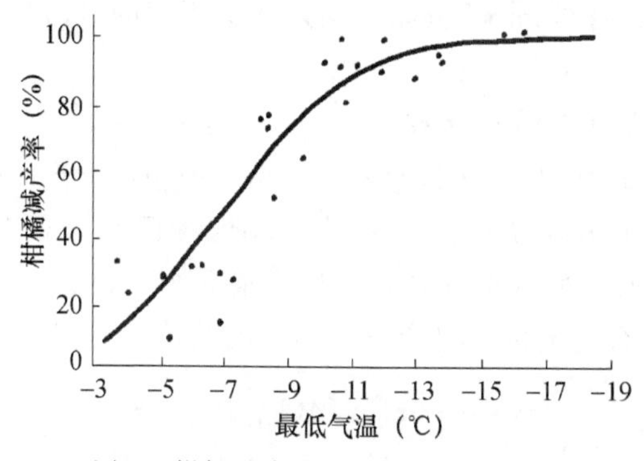

图1　柑橘减产率与最低气温的关系

* 乔盛西，吴宜进，陈正洪. 应用气象学报，1996，7(1)：124-128.

用指数函数表示 y 与 x 的关系：

$$y=a\exp(b/x) \tag{1}$$

对式(1)两边取对数：

$$\ln y=\ln a+b/x \tag{2}$$

令 $y'=\ln y, x'=\frac{1}{x}, a'=\ln a$，将式(2)变换成线性回归方程：

$$y'=5.2467+10.4092x' \tag{3}$$

由式(3)和式(2)可确定参数 a、b，于是有

$$y=189.94e^{10.4092/x} \tag{4}$$

对式(3)作方差分析，$F=33.23\geqslant F_{0.01}^{(1,27)}=7.68$，$y$ 和 x 的指数相关是高度显著的。

在利用式(4)计算柑橘单产减产率时，须注意两点：①在计算结果前面加一个负号，表示减产百分率；②最低气温的适用范围为－3～－16 ℃。

用式(4)计算几个县的减产率，与实际减产率很接近，一般相差在±5%范围内(见表1)，说明式(4)计算的精度是比较高的。由此可见，低温对柑橘产量的影响是显著的。

表1　柑橘单产减产率的计算值与实际值

县名	秭归	宜昌	远安	潜江	宜城	谷城	郧西
1991年12月最低气温(℃)	－3.4	－5.2	－8.9	－9.5	－11.0	－13.7	－15.6
1992年单产减产率计算值(%)	－9	－26	－57	－63	－73	－89	－97
1992年单产减产率实际值(%)	－8	－28	－50	－62	－74	－93	－97
(计算值—实际值)(%)	－1	2	－7	－1	1	4	0

3　用 Gumbel 分布计算不同重现期的最低气温

我国在80年代初所作的柑橘避冻区划，多以最低气温及其出现频率作为分区的主要依据。在当时资料年代短的情况下，经验频率的变化大、代表性差的缺点是显而易见的。

从概率统计学可知，若能从一组年最低气温资料中，找出其概率分布表达式，据此计算出一定重现期的最低气温，以此作为柑橘避冻区划的依据，就有理论根据了。世界气象组织出版的农业气象业务指南指出：用 Gumbel 分布来描述气象要素的极值分布，可以从中获得有价值的经济情报①。

极小值 $x_{\min}$ 的分布服从下列分布函数：

$$F(x)=P(x_{\min}<x)=1-\exp(-\exp(a(x+u))) \tag{5}$$

式中，$F(x)$为极小值的分布函数，$P(x_{\min}<x)$为极小值的概率分布表达式，$1-\exp(-\exp(a(x+u))$为极小值的耿贝尔分布函数，a 及 u 是极小值分布参数。

由冬季最低气温资料合理地估计出参数 a 和 u 的数值后，再将式(5)变换为：

$$x_P=\frac{1}{a}\ln[-\text{In}(1-P)]-u \tag{6}$$

式中，x_p 是给定概率值 P 下的极小值。对本文而言，x_P 是指几年或几十年一遇的最低气温

① 刘树泽、李大山，等，译. 世界气象组织，农业气象业务指南.《黑龙江气象科技》特刊，1982(1).

值。由式(6)可以求出各地5年、10年、20年、25年和50年一遇的最低气温值。

3.1 1991年12月最低气温的重现期

先给出几个代表站的1991年12月最低气温，再用式(6)计算出与其相近的某一重现期的最低气温值 x_P，这个 x_P 值的重现期，即是1991年12月最低气温的重现期。由表2看出1991年12月最低气温的重现期分别为：长江三峡和清江河谷3～5年；江汉平原3年；鄂东南8～9年；鄂北和鄂西北15年。

表2 几个代表站1991年12月最低气温的重现期(年)

地区	三峡和清江河谷（秭归，宜昌，恩施）			江汉平原（公安，武汉）		鄂东南（黄冈，咸宁）		鄂北和鄂西北（老河口，郧县）	
1991年12月最低气温(℃)	−3.4	−5.2	−3.2	−6.0	−9.6	−8.0	−10.7	−13.0	−10.3
与其相近的 x_P(℃)	−3.2	−5.4	−3.5	−5.8	−9.3	−8.1	−10.7	−13.0	−10.2
$\frac{1}{P}$(年)	$\frac{1}{5}$	$\frac{1}{5}$	$\frac{1}{3}$	$\frac{1}{3}$	$\frac{1}{3}$	$\frac{1}{8}$	$\frac{1}{9}$	$\frac{1}{15}$	$\frac{1}{15}$

3.2 不同重现期的最低气温

用湖北省59个气象台站自建站(多为1959年建站)到1991年的历年冬季最低气温资料，按式(6)分别计算出其5年、10年、20年、25年和50年一遇的最低气温。表3给出10个县(市)计算结果。

表3 10个代表站不同重现期的最低气温(℃)

地名	武汉	秭归	宜昌	恩施	郧县	老河口	公安	孝感	黄冈	咸宁
5年一遇	−11.1	−3.2	−5.4	−4.7	−7.7	−10.5	−7.3	−9.6	−7.0	−8.9
10年一遇	−13.3	−4.8	−6.9	−6.1	−9.3	−12.4	−9.3	−11.7	−8.6	−11.0
20年一遇	−15.5	−6.2	−8.3	−7.5	−10.8	−14.5	−11.2	−13.8	−10.1	−12.9
25年一遇	−16.2	−6.7	−8.8	−8.0	−11.3	−15.1	−11.8	−14.4	−10.5	−13.5
50年一遇	−18.3	−8.1	−10.2	−9.4	−12.8	−17.0	−13.9	−16.4	−12.0	−15.5

4 湖北省柑橘避冻栽培区划

4.1 分区的经济指标和低温冻害指标

根据柑橘在10年一遇的周期性冻害中获得正常结果年数的不同，规定：获得9～10年正常结果，为能达到经济栽培目的；获得7～8年正常结果，为基本上能达到经济栽培目的；获得5～6年正常结果，为不能达到经济栽培目的。

湖北省栽培大宗温州密柑等耐寒性较强的宽皮橘类，也有少量甜橙类柑橘。这两类柑橘严重受冻和地上部分冻死的低温指标，前者为−9 ℃和−11 ℃，后者为−7 ℃和−10 ℃。

4.2 避冻栽培分区

根据Gumbel分布计算59个县(市)10年一遇的最低气温值，对照上述分区指标，将湖北柑橘避冻栽培区域分为三个区(图 2)。

Ⅰ区为适宜栽培区:10 年一遇的最低气温高于－7 ℃,不论是栽培宽皮橘类或是甜橙类柑橘,一般都不会出现影响正常结果的低温冻害。由表 2 可知,宜昌、秭归和恩施的 50 年一遇低温仍高于－11 ℃,说明长江三峡和清江河谷盆地在 50 年内也不会出现冻死柑橘地上部分的大冻,是湖北省种植柑橘最适宜地区,也是甜橙类柑橘唯一适栽区。本区发展柑橘的冬暖条件比美国著名的柑橘产区佛罗里达州还要优越[2]。

Ⅱ区为次适宜种植区:10 年一遇的最低气温虽然都高于－11 ℃,但多数地方仍可遇到－9～－11 ℃的低温冻害。由此可见,本区不仅不宜栽培甜橙类柑橘,而且种值温州密柑也有可能遇到严重的低温冻害,影响 2～3 年的正常结果,为次适宜种植区。本区的优势是多湖泊、水库,利用水体增温效应来减轻低温对柑橘的危害,是一项行之有效的措施。湖泊冬暖的小气候资源,有待开发利用。

Ⅲ区为不适宜种植区:10 年一遇的最低气温都低于－11 ℃,5 年一遇的最低气温多低于－9 ℃。本区主要是指 31°N 纬线以北的地区(丹江口水库库区除外),以及江汉平原东部以武汉为中心的冷区。在这 10 年一大冻和 5 年一中冻的地区,种植柑橘达不到经济栽培的目的,是不宜种植区。

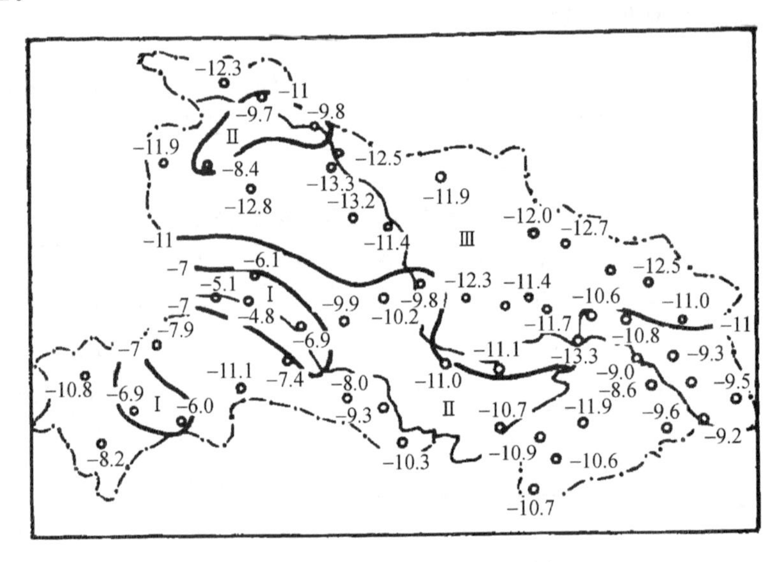

图 2　湖北省柑橘避冻栽培区划

5　小结

(1)湖北省各地的 1992 年柑橘单产减产率,与 1991 年 12 月最低气温呈指数关系,即 $y=189.94e^{10.4092/x}$。

(2)指出前人用经验频率作柑橘区划依据的局限性。提出用 Gumbel 分布计算不同重现期的最低气温的合理性,并计算了湖北省 59 个台站的 5 年、10 年、20 年、25 年和 50 年一遇的最低气温值。

(3)根据各地 10 年一遇(即 $P=\frac{1}{10}$)最低气温的地理分布,将湖北省柑橘避冻栽培区域分成三个区,即适宜、次适宜和不适宜种植区。

致谢:林杏华参加了Gumbel分布的计算工作,特此致谢。

参考文献

[1] 陈正洪,杨宏青,倪国裕,等.湖北省91/92柑橘大冻区域差异[J].华中农业大学学报,1994,13(3):306-309.

[2] 乔盛西,马乃孚.长江三峡和清江河谷冬暖的成因及其与柑橘生产[J].地理研究,1986,5(3):27-36.

[3] 中国自然保护纲要编写委员会.中国自然保护纲要[M].北京:中国环境科学出版社,1987:105.

温州蜜柑早期生理落果的第一峰点与气象条件关系及其对产量的预测*

摘　要　本文分析了温州蜜柑早期生理落果波相特点及第一峰点幅度 P、出现时间 D 与前期气象条件和最终产量的关系。发现 P 类似于"全息照相"中的一个激光点，含有极大的信息量。重点将 P 与前期不同时段各项气象因子进行相关普查，找出了关键期和关键因子，并建立了利用气象因子对 P 的分析预报模式。确立了峰点出现时及以前各类气象因子的三基点值和适宜、危害范围，不利天气条件及因子顺序为"热干风"。最后构造了产量预报流程框架以及农学气象预报模式，给出了一个全新的、具有农学基础的温州蜜柑产量气象预报模式。同时，还提出了预报 D 的方法和关系式。

关键词　温州蜜柑；落花落果；第一峰点；热干风；产量预报

1　引言

柑橘产量由座果数和单果重构成，前者年际间差异极大[1]，可视为柑橘产量大小年现象的原因和征兆。因此，揭示柑橘落花落果规律特征，有助于实施有效的保花保果措施，为高产稳产提供依据。

温州蜜柑在我国柑橘中所占比重大，其落花落果严重，花期和幼果期在高温干旱等天气影响下的异常落果尤为突出[1-6]。国外在 20 世纪三、四十年代就已注意这一问题。我国学者 70 年代末到 80 年代初开始这方面的研究，特别是 1988 年高温危害以后，大量学者从生理生化机制、气象环境条件、栽培措施及防御对策等方面进行了系统地研究，并于 1991 年在浙江黄岩召开了全国柑橘抗热会议。自此已能将花期、幼果期的初夏短期异常热干风与果实膨大期的盛夏长久高温伏旱两者区别开。

关于作物(包括柑橘在内)开花与气象条件的关系及对产量或产量构成影响已有大量研究，但以一点状态来预报产量的报道极少。

笔者认为柑橘早期落果的多少及集中与否既是对树体前期营养和环境条件的一种综合反映，同时它对座果率和最终产量起着决定性或预见性的作用。本文便是试图对温州蜜柑早期生理落果波相第一峰点的前、后效应进行原理性和量化分析，以证实这一观点。

2　观测方法与资料处理

本文物候、气象观测资料(1987—1992 年)来源于湖北省宜昌县柑橘气象试验站。观测地段属于丘陵地带，地势较平坦，海拔高度 115 m，面积 666.7 m²。紫色土，微酸性、肥力中等。枳砧尾张温州蜜柑、乳橘混植园，树龄 15～20 年，栽培管理水平一般。

* 娄云霞，刘云鹏，刘万梅，陈正洪. 华中农业大学学报，1993，12(2)：131-139.

柑橘物候观测以《亚热带丘陵山区经济林木物候观测方法》为蓝本略作修改。在地段东、南、西、北、中五个方位各选取一株尾张温州蜜柑作观测树，每观测树分别在东、西方向再各选一结果母枝作观测枝。自开花始期到稳果期，每候(5天)观测一次花果数。

这样，以开花始期观测到的花蕾数(N_O)，即可统计出第i候的落果率(P_i)。

$$P_i=\frac{N_{i-1}-N_i}{N_O}\times 100\%$$

式中，N_i为第i候的花果观测数；N_{i-1}为前一候的花果观测数。

3 结果分析

3.1 早期生理落果的波相特征

将P_i点绘成图1，图1为逐候落果百分率的动态演变曲线。由此可见，温州蜜柑早期生理落果除1988年仅1次以外，其他都具有双峰特征。第一峰点P明显地比第二峰点P'高。

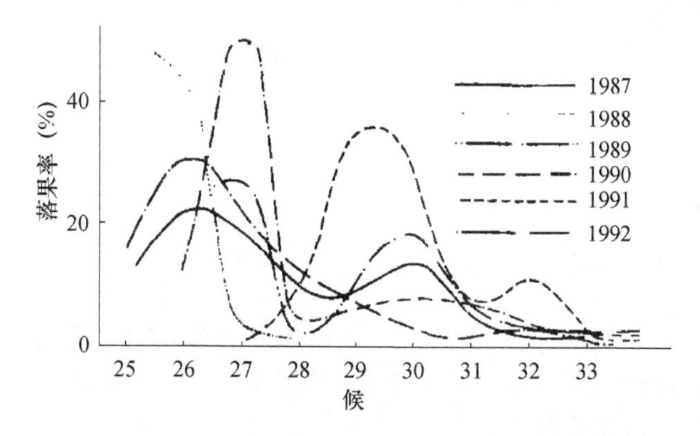

图1 尾张温州蜜柑早期生理落果波相图(1987—1992)

P值年际间差异较大，一般为30%～35%，高的可达50%以上。如果再与前或后一候的落果率相加，则第一峰值更为突出，一般为40%～60%，最高可达95%。同时，第一峰点出现时间D也不稳定，早的出现在25候(5月1—5日)，迟的到29候(5月21—25日)。历年P与D之间尚未发现内在联系。

P'一般为10%左右。且与P之间有一种互补效应，通常是P高则P'低，P低则P'高。

早期总的落果率平均为95%左右，而采前落果一般仅有1%左右，有两年甚至为零。因此，我们认为早期稳果率是影响温州蜜柑产量的关键。

3.2 第一峰点出现时间 D 的预报

D(为第一峰点中值离4月30日的距离)的年际间差异为2天左右。预报D，便可适时采取保花保果措施，做到事半功倍。

普查D与日均温稳定通过10 ℃、11 ℃、……、20 ℃初日的相关程度，发现D与10 ℃、16 ℃初日间分别有$r_{10}=-0.769^{*}$、$r_{16}=0.929^{**}$。同时计算了10 ℃、16 ℃初日与芽开放、开花盛期的相关系数，结果列表1。

表1 D与气象条件及物候的相关普查

	芽开放	16 ℃初日	开花盛期	第一峰点出现期 D
10 ℃初日	−0.753*	−0.798*	−0.830*	−0.769*
芽开放	1	—	0.000	0.333
16℃初日	—	1	0.976**	0.929**
开花盛期	—	—	1	0.961**

1)10 ℃初日与芽开放、开花盛期及 D 呈负相关,通常在 3 月下旬前后,对 D 的预报时效很好,能够于 4 月 10 日前发出预报,其预报方程为:

$$D=2.766e^{8.345/d_1} \tag{1}$$

(d_1 为 10 ℃初日离开 3 月 20 日的距离)

2)16 ℃初日、开花盛期、D 三者间呈显著的正相关。故可同时用 16 ℃初日和开花盛期预报 D。预报方程分别为:

$$D=1.663c^{0.063d_2} \tag{2}$$

(d_2 为 16 ℃初日离开 3 月 20 日的距离)

$$D=3.853+0.222d_3 \tag{3}$$

(d_3 为开花盛期离开 4 月 20 日的距离)

3.3 第一峰点值 P 与气象因子的普查

上年花芽分化至当年花期、幼果期的天气气候条件严重影响着温州蜜柑的开花结实。但不同时期、不同因子的影响程度不一样。为此,利用 P 与上年 10 月至当年 5 月不同时间尺度、多因子进行相关普查,结论如下:

1)从时间上看,以峰点出现当候、前一候、5 月上旬(往往对应开花普遍期)这些关键期的有关要素与 P 相关 r 值最大。3—4 月(萌芽—现蕾—开花始期)也有部分时段的个别要素 r 值较大。特别指出上年 10 月的日照与 P 的 r 值达−0.926**。这是当年 4 月以前所有时段、要素中最大的,且 10 月正是成熟采摘期,又是花芽分化期,树体营养损耗较大,只有光照充足才能保证分化出高质量的花芽原基,次年落花落果少;否则花果脱落多。

2)从要素上看,可选 $r \geqslant 0.90$ 的要素分类排列并列出 r 从大到小的次序,详见表 2。

不难看出,在 14 项要素中温度占了 6 项,且有三项 r 值名列 1、3、4,说明温度尤且是异常高温对落果峰点有着决定性的作用;降水和相对湿度的 r 值有两个负值项,说明大气干旱可促使异常落花落果;蒸发两项中一项列第 2 名,通常蒸发是对温、光、湿、风的高度综合,蒸发过大往往对应高温、干旱、大风等导致树体、花叶生理缺水的逆境;风速也有一项名列第 5 名。由此可以得出导致异常落果的天气条件为热干风。

3)当候 r 值 $\geqslant 0.90$ 仅有两温度项,无降水项。前一候温度项 r 值比当候小,而有一降水项。所以,不论长期持续高温还是短期升温,甚至雨后猛晴快速升温都要增大落果率;而大气或土壤干旱要求有一个前期和持续过程。

表 2　$r \geqslant 0.90$ 的全部气象因子以及排名顺序

时段	气象因子	相关系数(r)	名次
当候	平均最高气温($\overline{T}_M$)	0.958	1
	平均气温($\overline{T}$)	0.939	3
前一候	平均气温日较差($\overline{T}_{Mm}$)	0.938	4
	降雨量(R)	−0.937	5
	蒸发量(E)	0.931	7
	日照时数(S)	0.903	13
上年 10 月	日照时数(S)	−0.926	8
当候+前一候	14^h平均相对湿度之和($\Sigma\overline{U}_{14}$)	−0.920	9
	平均气温之和($\Sigma\overline{T}$)	0.913	11
	日照时数之和(ΣS)	0.901	14
5 月上旬	蒸发量(E)	0.945	2
	14^h 平均风速($\overline{F}_{14}$)	0.937	5
4 月 6—10 日	平均气温($\overline{T}$)	0.905	12
5 月 21—25 日	平均气温($\overline{T}$)	0.919	10

3.4　第一峰点值 P 与多项气象因子的逐步回归分析

为了合理地揭示 P 与多个气象因子的综合效应，遂进行了逐步回归以筛选因子并得到 P 值预报方程。待选因子除 $r \geqslant 0.90$ 的外，还补充了一些相关较显著、意义明确、易于观测的常规气象因子。结果见表 3。

表 3　P 与 4 种时段下多项气象因子的逐步回归结果

时段	因子与序号		选入次序	Bt 方案		
	x_1	i		A	B	C
当候	$\overline{T}$	1	4	−3.53		
	$\overline{T}_M$	2	1	6.95	3.37	3.22
	$\overline{V}$	3	3	24.74	22.77	
	E	4	2	−1.13	−7.1	
		Bo^*		−76.18	66.05	−51.22
		rr		0.99	0.98	0.96
前一候	$\overline{T}_{Mm}$	1	1	11.6	9.54	2.77
	R	2				
	S	3	3	−3.9		
	$\overline{U}_{14}$	4	2	2.05	1.61	
	E	5	4	0.57		
		Bo		−206.81	−155.3	9.09
		rr		1.00	0.99	0.94

续表

时段	因子与序号		选入次序	Bt 方案		
	x_1	i		A	B	C
当候+前一候	$\Sigma\overline{T}$ ΣS $\Sigma\overline{C}_{11}$	1	2	1.31	1.33	
		2	1	−0.9		
		3		−0.21	−0.33	
		Bo		−0.84	18.39	
		rr		1.00	1.00	
5月上旬	$\overline{T}_M$	1				
	R	2	3	0.05	0.06	
	$\overline{U}$	3	4	0.2		
	$\overline{V}_{11}$	4	2	13.01	12.18	11.99
	E	5	1	0.76	0.77	0.69
		Bo		−45.42	28.51	−21.89
		rr		1.00	1.00	1.00

* B_t为回归系数，rr为复相关系数，rr=1.00表示$rr\geqslant0.995$.

其中最佳方案按下列要求选取：

a)因子数目不宜太多，以2～3个为宜

b)$rr\geqslant0.96$

可得到1个预报方程

$$P=-155.3+9.54T_{Mm}+1.61U_{14}(\text{前一候}) \tag{4}$$

和4个鉴定方程

$$P=-51.22+3.22T_M(\text{当候}) \tag{5}$$

或

$$P=-66.05+3.37T_M+22.77V-7.1E(\text{当候}) \tag{6}$$

$$P=18.39+1.33\Sigma T-0.33\Sigma U_{14}(\text{当候加前一候}) \tag{7}$$

$$P=-2.189+11.9V_{14}+0.69E(\text{5月上旬}) \tag{8}$$

可见因子最佳组合的先后次序为温度(日最高气温、气温日较差、平均气温任一项)、湿度、风速或蒸发量、风速，这与相关普查的结果完全一致。

3.5 第一峰点值 P 与产量 Y 的关系

统计结果表明，P与产量指标Y_N、Y_W均存在显著的负相关，详见表4。

所以可建立产量预报最佳关系式：

平均每株结果数 $Y_N=117.1\ e^{3.162/P}(\alpha<0.05)$ (9)

平均每株鲜果重 $Y_w=10.74\ e^{31.77/P}(\alpha<0.01)$ (10)

可见它们都符合(负)指数关系，即早期生理落果第一峰点P变大，则产量呈指数律急剧下降，见图2。

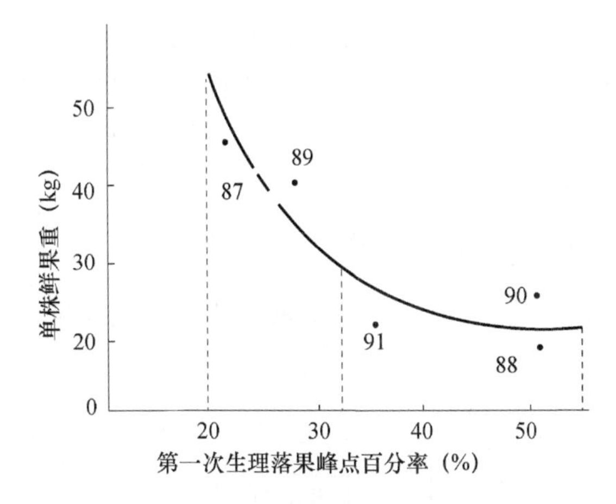

图 2　P 与单株鲜果重的指数曲线关系

表 4　单株产量 Y 与 P 的曲线自动选优结果比较

曲线型	相关系数 r	
	鲜果重 Y_W	结果数 Y_N
直线 $Y=a+bP$	0.841	0.845
双曲线 $1/Y=a+b/P$	0.910	0.874
幂指数 $Y=aP^b$	0.903	0.894
指数Ⅰ $Y=ae^{bP}$	0.867	0.869
指数Ⅱ $Y=ae^{b/P}$	0.920**	0.901*
对数 $Y=a+b\log P$	0.880	0.876
Y_N,Y_W 间的线性相关系数	$r(Y_N,Y_W)=0.987$**	

从图 2 可知，曲线(产量)在 $P<35$ 时下降速度快，而在 $P>35$ 时较平缓，产量稳定在低水平上(基数)，说明 $P_O=30\%\sim35\%$ 是一个临界值，凡 $P>P_O$ 越显著，则异常落果越严重，产量越低；$P<P_O$，则属正常生理落果。

3.6　“热、干、风”各要素临界指标的简易鉴定

上节已确立 P 值正常和异常间的临界范围 30%～35%，取中值 $P_O=32.5\%$；考虑到 1988 年是多年来高温干旱导致柑橘落花落果严重年份，减产幅度为 30%～70%，可作为最坏年景，故可将该年的 P 值上推几个百分点得到上限 $P_{上}=55\%$；而 1987 年风调雨顺，不存在异常落花落果问题，可总作是最好年景，并将该年的 P 值下移几个百分点得到 $P_{下}=20\%$。根据表 3 有关拟合方程，可反推出对应的热、干、风临界指标及适宜、受害范围(候平均或总量，见表 5)。

表 5　“热干风”各项界限指标(候平均或总量)

项目	P(%)	温度(热)			湿度(干)		风
		$\overline{T}_M$(℃)	$\overline{T}_{Mm}$(℃)	$\overline{T}$(℃)	$\overline{U}_{14}$(%)	R(mm)	$\overline{V}_{14}$(m/s)
正常下限	20	22	0	18	90	32.8	0.6
正、异常临界值	32.5	26	9.2	22	60	0.0(2)	2.4
受害上限	55	33	15.6	26	46	0.0(1)	3.5
最适范围	22—28	22—25	2—7	18—21	65—85	5—30	1—2
受害范围	35—55	≥28	10—15	≥23	≤55	≤2	≥2.5

如花期幼果期(4 月下旬至 5 月中旬),候 T_M 在 26～33 ℃之间为异常,≥29(30) ℃则会发生异常落花落果;每候 T_M 均在 22～26 ℃为正常年景,以 22～25 ℃最佳。若出现 $T_M>29$ ℃、$T\geq22(23)$ ℃、$T_{Mm}>9(10)$ ℃、$U_{14}<60\%$、$R<2.0$ mm 甚至 0.0、V_{14} 或 $V_{max}\geq2.4-3.5$ m/s的组合必然导致花果异常多而集中地脱落,造成大减产。

3.7 产量的气象预报框架和实用模式

通过上述分析不难构造出温州蜜柑产量(气象)预报模式的框架(图 3)。

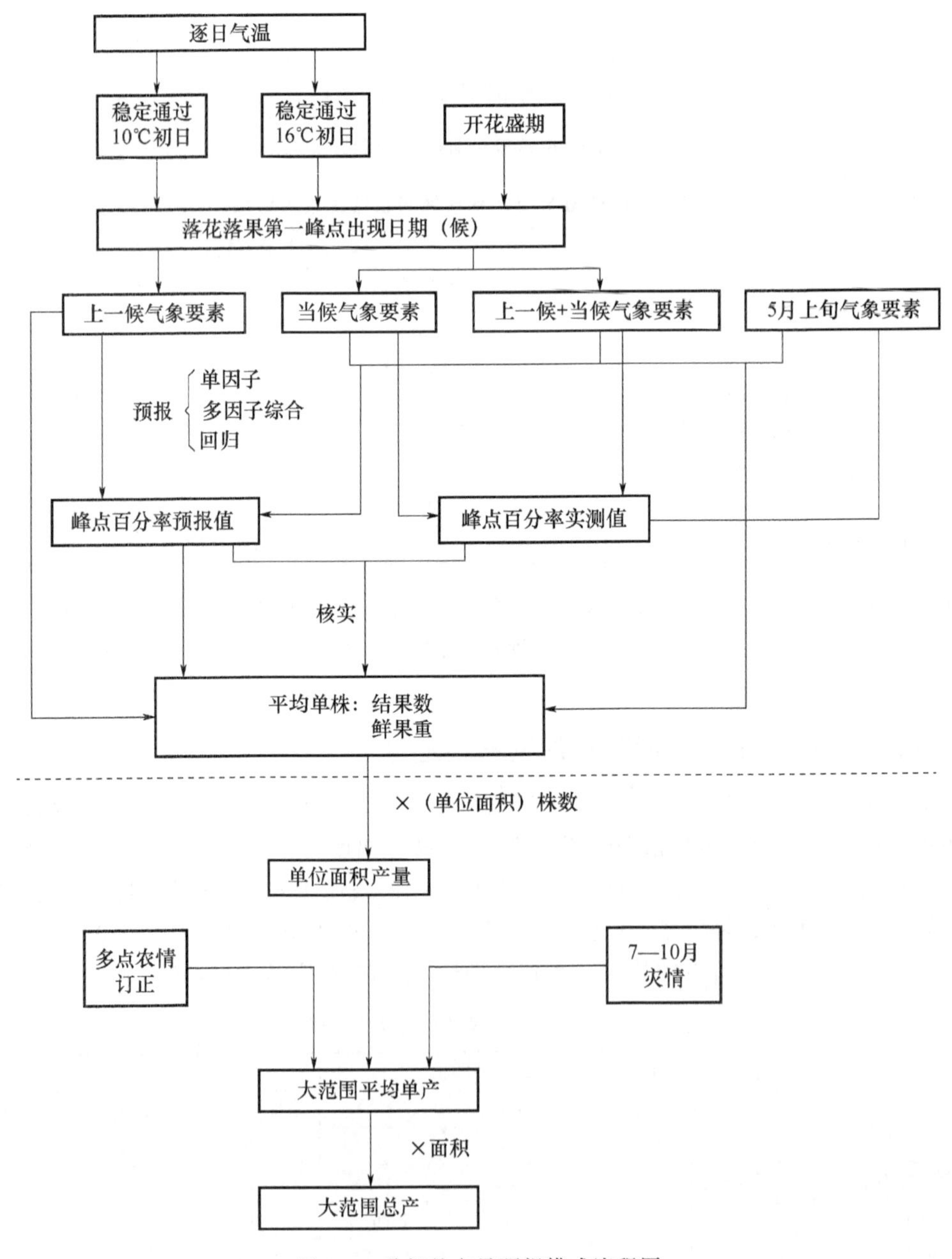

图 3 一种新的产量预报模式流程图

P 值及第一峰点当候或前一候气象因子均可预报产量。式(9)、(10)便是利用 P 值预报单株产量(结果数、鲜果重)的模式。

利用气象因子预报作物产量具有快、好、省的优点,应用领域日益扩大。以上研究结果,只要将式(9)、(10)中的 P 值用气象因子预报或鉴定值代入,便可求出产量。但对 P 值的求算公式很多,笔者认为用于业务使用应遵循下列原则:

1)选入因子应全面,但不宜太多,一般以 2～3 个为宜。

2)应包含导致产量波动的关键因子。如温、湿(风)等。

3)时间上以紧邻 P 出现的当候、前一候、或两候之和为宜。因此,推荐使用(4)、(6)、(7)式来预报 P 值。如用第一峰点出现当候的平均最高气温 T_M 可用(5)和(10)式得到。

$$\text{单株鲜果重}\ Y_W = 1.074\ e^{3.177/P} = 1.074\ e^{3.177/(-5.122+3.22T_M)} \tag{11}$$

4 总结

本文从温州蜜柑早期生理落果第一峰点值 P 及出现期 D 年际间显著差异出发,将它分别与前期气象条件和后期产量作定量分析,较好地论证了一些大胆的设想,得出了许多有意义的结论和方程,为柑橘产量预报提出了一种全新的思维和方法,具体总结如下:

(1)对 D 提出了物候间预报和气象预报两类方法单独运行、互相补充的思想,给出了预报方程,可连续逼近预报。

(2)重点将 P 与前期各类气象因子进行连续相关普查,较好地找出了关键期(峰点当候和前一候、5 月上旬、上年 10 月)和关键因子。P 与关键期的关键气象因子建立了回归方程,从而可用几个甚至 1—2 个简单气象因子来预报或鉴定早期生理落果第一峰点 P 值。

(3)找出了峰点当候或前一候各气象因子的三基点(临界)值及最适、最差条件范围,具体指标详见表 5。高温、干旱、低温等不利气象条件可导致极端异常落果,候均日最高气温 $T_M \geqslant 29$ ℃或日均温 $T \geqslant 23$ ℃或气温日较差 $T_{Mm} \geqslant 10$ ℃、14 点相对湿度 $U_{14} \leqslant 55\%$、14 点风速 $V_{14} \geqslant 2.5$ m/s,以及候降雨量 $R \leqslant 2$ mm 为危害指标群。

(4)证明了在众多因子中高温是主要的,无论短期或长期高温均可致灾;由于土壤具有一定持水能力,干旱需要持续一定时间才会致灾;"火南风"则是辅助因子。故笔者将小麦灌浆期的干热风改写为柑橘花幼果期的"热干风"。

(5)建立了产量 Y 与 P 的数学关系式,发现 P 对 Y 有效好的预见性,这种方法直观,生物学意义明确,方程简单,易于掌握,有一定应用价值。同时,建立了直接利用气象因子预报产量的农学模式 $Y=f_2(P)=f_3[f_1(x_1)]$ 易于业务化和开展专业服务。

总之,P、D 与前期及当时气象条件密切相关,且可利用关键期极少几个气象因子准确地预报 P 值;同时,P 对后期产量有较强的定量预报能力,这就充分证实了笔者最初的观点。

由于受观测资料密度和计算条件、时间的限制,无法鉴定逐日气象指标,也没能够考虑危害高温累积,连续干旱天数等重要因素,这都有待于在今后的研究工作中予以弥补。

致谢:承倪国裕、张麟同志支持笔者工作,李学林、万素琴同志对本文提出宝贵意见,特此表示感谢。

参考文献

[1] 黄明福,等.柑橘保花保果实用新技术[M].长沙:湖南科学技术出版社,1991:1-7.
[2] 吴金虎.1988年柑橘异常落花落果原因及今后防止的对策[J].湖北农业科学,1989,(11):20-22,32.
[3] 邓必贵,等.鄂东南温州蜜柑异常落花落果调查研究[J].湖北农业科学,1987,(1):21-23.
[4] 黎勃等.异常气候对柑橘生产的影响及其对策研究[J].南京大学学报,1991,(1):397-406.
[5] 葛来平,等.柑橘热害与气候成因分析[J].南京大学学报,1991,(11):393-396.
[6] 钱长发.气温对早熟温州蜜柑前期生理落果的影响[J].园艺学报,1985,12(1):23-28.

恩施烟草气象条件调查分析及对策建议*

摘　要　为了解恩施地区气象条件对烟草种植的影响，以及烟草行业对气象服务的需求，特进行此次考察。在考察过程中，通过参观、调查和座谈等方式，了解恩施州不同海拔烟区气象环境条件。结果表明：恩施州的生态气候条件适宜优质烟叶的生产，但当气象要素发生异常时，烟叶的产量和质量都会受到严重影响；近年来的气候异常使得烟草的生长节律和种植高度都发生了较为明显的变化，烟草生产部门对气象灾害的关注程度越来越高；恩施州的人工防雹工作为保障烟草生产做出了重要贡献。这就要求及时开展气候变化对烟草品质、种植制度影响的研究，不断提高烟草气象服务水平，加强灾害监测，保障优质烟草生产。

关键词　烟草；气象条件；气候变化；气象服务

1　引言

恩施土家族苗族自治州位于湖北省西南部，辖六县二市，总面积2.4万km^2。恩施是由巫山、武陵山、齐岳山等三大主要山脉组成的山地。州内地貌类型复杂，有山原，有深谷，也有低山、盆地、丘陵、平原及溶洞等喀斯特地貌。全州平均海拔1000 m左右。海拔1200 m以上、800～1200 m、800 m以下地区的面积比大约为3∶4∶3。

恩施州的烤烟可与“云烟”媲美，以“甜润生津(甜)、清雅飘逸(雅)、留香绵长(香)”的感官质量而著名，白肋烟质量居国内之首，恩施是我国四大烟叶生产基地之一，烟叶在恩施州的经济和社会发展中发挥着重要作用。2012年8月19—24日，“湖北省烟叶典型产区生态基础研究”项目组织了一次联合调研考察，旨在深刻了解气象条件对烟草种植的影响，以及烟草行业对气象服务的需求。现将调查考察结果进行总结。

2　资料与方法

调查前准备：确定了参加人员，进行了人员分工，设计了调查表，明确了考察线路和各地烟草、气象部门联络人。

调查方法：与烟区主管部门和气象部门的技术和管理人员座谈，请他们填写调查表，烟区现场考察和访问，多途径收集资料。调查表共设计了9个问题以对烟区烟草生产基本情况、生态环境需求、主要气象灾害，以及烟草生产对气象服务的需求有一个初步的了解。即：1)烟草种植的关键季节；2)烟草种植的关键因子；3)烟草种植中主要气象灾害；4)过去几年中典型的丰、歉年；5)近几年烟叶产量、质量有哪些变化，气候变化的影响；6)烟草品种变化；7)目前人影(人工增雨、防雹)方面的作用、不足；8)对烟草种植我们还能做些什么服务；9)烟草气象方面还能做哪些研究。

* 李建平，林丽燕，陈正洪，阳威，向晓琴，李灿．华中师范大学学报(自然科学版)(T & S)，2013，47(1)：53-55.

通过座谈和分析调查表，调查考察人员对烟草生产过程中对气象条件的要求，以及气象因子异常时烟草的产量质量变化和病虫害发生发展影响有了初步了解；收集了湖北省农科院植保土肥所袁家富研究员完成的论文《恩施州烟区生态特点及烟叶质量风格探讨》。

3 结果分析

3.1 对烟草气象条件的认识

恩施自治州属亚热带季风性山地湿润气候，四季分明、冬暖夏凉、雨热同季、气象要素分布垂直地域差异明显。海拔 1200 m 以下年平均温度 12～18 ℃，海拔 1500 m 以上年平均温度 8～10 ℃；年降水量 1100～2000 mm；年平均日照时数 1200～1500 h。烟叶在海拔 600～1700 m都有种植，海拔较低地区的烟叶品质优于较高海拔地区。这与气候要素的分布状况是分不开的。烟草播种一般在 2 月底到 3 月初；5 月份移栽，移栽日期随海拔升高而推迟；8 月初开始采收，9 月底各海拔完成采烤。恩施烤烟品种主要为云烟 87，外观质量较好，化学成分含量总体适宜，协调性较好。优质高产的烟叶对气候要素也有较高的要求（如表 1），恩施州的生态气候条件完全能满足优质烟叶的生产需求。当气象要素发生异常，对烟叶产量和质量都会产生重要影响。

表 1 恩施地区烟草生产对气象因子的要求

气象因子	烟草生产的要求	气象因子异常的影响
温度	移栽期要求日平均温度稳定通过 12 ℃； 成熟期温度最好在 20 ℃以上。	温度低于 12 ℃，可能造成烟草早花； 若温度下降到 5 ℃以下，烟叶将失去使用价值。
	烘烤期要求温度少变。	有寒潮出现，预防措施采取不及时，则会出现烤房掉温，大大降低烟叶的等级。
光照	日照时数达到 500～700 h，日照百分率达到 30%以上；采烤期日照时数达到 280～300 h，日照百分率达到 40%以上。	播种后光照不足则出苗推迟，大田后期光照不足影响烟叶品质。
降水	烟草生产要求前期降水比较少，中期适当，后期亦偏少；大田生育期降水量以 400～520 mm、月降水 100～130 mm 为宜。	烟草移栽期，若降水过多，会导致无法移栽； 中期若降水过少，则会影响烟草营养生长； 后期若降水过多，则会烟草不落黄，无法采收。

3.2 气候变化对烟草种植的影响分析

近年来，在全球气候变暖的背景下，气象要素变化波动较大，异常天气越来越多。其中最明显的是，温度的升高对烟草的生长节律和种植高度都已产生较大的影响。据宣恩烟草工作人员介绍，宣恩地区 4、5 月份温度上升接近 2 ℃。费冬冬等通过 1959—2009 年宣恩站平均气温资料研究也表明：近 51 年宣恩春季（3—5 月）平均温度序列都表现出明显的“V”型变化特征，平均温度增温率为 0.48 ℃/10a，增温幅度约为 0.96 ℃[7]。现在的高山相当于原来的二高山，移栽期大大提前，同时这也将烟草种植的海拔上限大大提升，突破了以往 1300 m 的种植禁区，把种植高度推到了 1400～1500 m（利川）、1400～1700 m（宣恩）。

此外，暖冬和烟草重茬的联合作用下，烟草的病虫害也在加重。近几年，烟草气候性斑点病、青枯病、空茎病等对我省烟叶危害呈现上升趋势，严重影响烟草产量和质量。宣恩烟区的部分地区，气候斑点病可使每株烟病叶率高达到20%～25%。

在烟草的旺长期，降水空间分布不均，常常出现“坨子雨”，一些地方雨强风大，烟草倒伏，另一些地方则过于干旱，烟草的营养生长受限制。2012年的日照时数异常偏少，使得当年烟草出苗偏迟10天左右。据宣恩烟草公司的彭五星同志介绍，他们在进行苗期植物生长灯补光的试验，与常规育苗相比，更好地保证了烟草的出苗。

3.3 烟草气象服务需求分析

冰雹在烟草生产中毁灭性的作用是不言而喻的，怎样防雹是烟草生产中永恒的话题。气象部门与烟草公司围绕烟叶生产实施防雹作业，对人影基础设施建设实行高标准、高投入，同时产生高效益。2011年汛期，湖北恩施州人工影响天气工作办公室在全州共布设53个“三七”高炮固定防雹点，配合10门流动火箭炮有针对性地展开气象保障服务，适时展开作业，防雹增雨，保证烟草生产。

烟草部门对气象服务也提出了更多的需求，希望在烟草整个生育期中，气象部门除了提供常规的中长期天气预报外，还能提供烟草关键生育期的灾害性预报，如移栽期的低温阴雨、生长过程中的极端天气、采烤后期的寒潮预报以及病虫害预报等。

4 对策建议

通过此次考察，对气象条件在恩施烟草生产中的重要性有了更充分的认识，气候、土壤、海拔等生态条件决定了烟叶的品质风格，“风调雨顺”为烟草高产优质提供了有效保证，气象条件异常也会给烟草产量和品质带来严重影响。因此，应采取有力措施，保障烟草生产。

(1)深入研究气象条件与烟叶产量、品质的关系。充分了解烟草生产过程中对气象条件的要求，明确气象因子与烟草品质的关系，确定影响烟草种植的关键时期和关键因子，调整移栽期，最大限度地调控烟草各个生育时段的气候条件，保障优质烟叶的生产。

(2)提高烟草气象服务水平。在明确气象条件与烟草品质关系的基础上，与烟草部门加强合作，开发多种满足烟草生产需求的服务产品，采取电话、短信、网络等多种形式，提高烟草气象服务水平。

(3)加强灾害防御。加强烟草生产过程中的灾害监测，研究灾害发生发展规律，针对不同灾害类型采取有效的防治措施，加强灾害防御，使大灾变小，小灾变无。

参考文献

[1] 陈红华，向德恩，李锡宏，等.湖北恩施“清江源”品牌烟叶特色及定向开发[J].中国烟草科学，2011，10(32)(增刊)：7-11.

[2] 祖秉桥，黎妍妍，王林，等.湖北两大品牌烟叶质量特征比较研究[J].中国烟草科学，2011，10(32)：6-9.

[3] 李锡宏，黎妍妍，许汝冰.湖北省烟草主要病害发生规律及原因浅析[J].湖北植保，2010，(5)：15-16.

[4] 刘国顺.烟草栽培学[M].北京：中国农业出版社，2003.

[5] 扈英磊，常保强，严玉彬，等.气候条件对烟草生长的影响分析[J].现代农业科技，2009，(4)：204.

[6] 靳小秋，刘玉平，刘谦，等.气候条件对烤烟生长发育的影响[J].现代农业科技，2009，(4)：135-138.

[7] 费冬冬，骆亚军，杨军，等.近51 a鄂西宣恩地区气温变化特征[J].干旱气象，2011，29(4)：446-454.

气候因子对烤烟质量影响研究进展*

摘　要　气候因子是影响烤烟质量的主要生态因子,适宜的气象条件是生产优质烟叶的必要条件。通过对前人研究结果归纳总结发现:光照和水分是影响烤烟外观质量的主要因子;光照对烤烟香气物质的多少有着重要作用,气候因子的相互匹配对其更重要;光、温、水及其时段分布对烤烟不同化学成分影响不同。本文明确气象因子对烤烟品质的具体影响,并对未来烟草气象的研究进行展望。

关键词　气候因子;烤烟;外观质量;香气;化学成分

1　引言

烟草质量反映和体现烟叶必要性状均衡情况的综合性概念,包括外观质量、感官质量、化学成分、物理性状和安全性等诸多方面,主要通过外观质量、内在质量、化学成分等评价体系进行评价。影响烟草质量的主要因素有品种、气候、地理、土壤以及栽培调制措施等。随着科技的发展,在实际烟叶生产中,品种、土壤和栽培调制措施的人为调控性越来越大,而气候和地理因子相对较少。有研究表明,地理因子是通过改变气象要素来影响烟草质量的,因此气候因子是影响烟叶质量的主要生态学外因[1-6]。不同的气候因子以及不同月份的气候条件与烟叶化学成分有不同的关联度。烟草大田期要求气温前期较低、中期较高、成熟期不低于 20 ℃,为得到优质烟叶,其成熟期温度必须在 20 ℃以上,一般在 24 到 25 ℃下持续 30 天左右较为有利[7];烟草在大田生育期的日照时数最好达到 500～700 h,日照百分率达到 30%以上,采烤期日照时数达到 280～300 h,日照百分率达到 40%以上;生产需水规律一般是前期少,后期亦偏少[8,9]。良好的气候条件是生产优质烟叶的必要条件,那气候因子究竟对烟草质量有哪些影响呢?近年来,众多学者对这些影响做了大量的研究。

2　气候因子对烤烟外观质量的影响

烟叶的外观质量评价标准主要有成熟度、叶片结构、身份、油分、色度、长度、残伤等。烤烟的外观质量是重要的商品等级标准,与光、温、水等气象要素密切相关。

光是作物生长发育中不可缺少的,光照条件不同,烟叶的长和宽都会发生变化[10]。光谱成分的变化也会对烟叶生长产生影响,在复合光中增加红光比例对烟草叶面积的增加有一定的促进作用,但会使叶重降低,叶片变薄;增加蓝光比例对叶片生长具有一定的抑制效应,叶长、宽和叶面积减小[11]。从优质烟叶角度考虑,在生育期要求日光充足但不强烈,光照不足,叶片变薄而大,油分不足;光照强烈,叶片主脉突出,肥厚粗糙,形成粗筋

* 林丽燕,陈正洪,刘静,李建平.华中师范大学学报(自然科学版)(T & S),2013,47(1):56-60.

暴叶,甚至出现褐色枯死斑块等日灼症状,烘烤后颜色不正。一般出现日灼时,都有较高的温度配合。过高的温度对优质烟叶形成不利,当日均温高于 35 ℃时,叶片会变粗、变硬,影响烟叶质量[12]。水分的多少对烤烟外观质量有重要影响,水分不足,就会导致叶片窄长,叶色暗绿,组织紧密,成熟不一致。而烟叶成熟阶段,过多的降水则会导致叶片含水量增加,组织疏松,烘烤后颜色淡,叶片薄,烟叶质量变差。此外,由于烟株高大,叶片柔嫩,大风和冰雹等物理性的伤害对烟叶质量的影响极大。5 级以上的大风,对烟株影响很大,叶片互相摩擦而发生伤斑,最初呈现浓绿色,随后又转为红褐色,直至最后干枯脱落,受害的叶片一般称为“风摩”[13]。

3 气候因子对内在质量的影响

烟叶的内在质量为烟叶评吸时的综合指标,主要包括香气和吃味,其中烟草的香气占有相当大的比例,而烤烟中香气物质的类型、多少决定着烤烟的香气风格。

西柏烷类萜类物质是浓郁香型的典型代表,是烤烟腺毛分泌物的主要成分[14]。水分是影响烤烟腺毛分泌物的重要因子,当雨水过多冲刷损伤腺毛,腺毛分泌物流失严重,影响烤烟香气品质。但过分干燥也不利于腺毛形成。王可等研究也表明干旱不利于西柏烷降解物总量的提高[15]。当水分充足、光照条件较好时,烟叶腺毛数量增多,西柏烷类物质分泌较多。有研究表明在海拔 650 m 以上,年降水量达 800 mm,年积温达 4400 ℃ · d,以及无霜期达 220 d 时,种植期气温越高,西柏烷类物质越多[16]。

叶绿素的降解产物新植二烯是烤烟中性致香物质中含量最高的成分,在烟草燃烧时可直接进入烟气,可以减轻刺激性,还具有携带烟叶中挥发性香气物质进入烟气的功能,是烟叶重要的增香剂。新植二烯及其降解产物是烤烟形成清香型的主要原因之一[17]。光照对烤烟新植二烯含量有重要影响,随光照减弱,新植二烯含量明显增加[18]。相关研究表明为了获得较高的新植二烯含量,烟株生长发育需要满足的环境条件是:海拔 800 m 以上,年日照达1540 h,年降雨量 800 mm 以上,年积温 5000 ℃ · d 左右,年均气温 11 ℃左右,无霜期 220 d[16]。类胡萝卜素类多萜化合物,是含量仅次于新植二烯的挥发性香气物质。年有效积温、年日均温、种植期均温和无霜期对类胡萝卜素降解产物均有促进作用,类胡萝卜素降解产物与年日照时数和年降水量存在二次抛物线关系。烤烟大田期当出现干旱胁迫时,类胡萝卜素物质含量就会下降[20]。此外,较多的光照,能促使烟叶合成较多的类胡萝卜素,对烟叶进行遮阴处理,类胡萝卜素降解产物成分就会有所增加[16,21]。

4 气候因子对烤烟化学成分的影响

4.1 光照因子对烤烟化学成分的影响

光照因子对烤烟化学成分的含量有着重要影响,光照条件与烤烟中主要化学成分相关关系如表 1 所示。

表 1 日照时数与烤烟化学成分的相关关系

		总糖	还原糖	烟碱	总氮	淀粉	蛋白质	钾	氯	钾/氯	糖/碱	氮/碱	备注
日照时数	年总	+		+			−						[24]张永安等
	4 月份	+	+	−	−								[4]黄中艳等
	5 月份	+	+	−	−		−						[4]黄中艳等
	6 月份	+	+	−	−	+		+					[24]张永安等
	7 月份												
	8 月份				−		−						[4]黄中艳等
	伸根期	+		−	−				−	+			[4]黄中艳等[25]丁根胜等
	旺长期	+	+		−	+			−	+			[26]王建伟等(上部叶) [25] 丁根胜等
	成熟期	+									−		[27]张国等
光强		+	+	+		+				+	+	−	[28]乔新荣等
		+	+	+	−	+		先升 后降					[29]刘国顺等

表中“+”代表正相关,“−”代表负相关,备注中编号为文献来源,上部叶代表烤烟的上部叶片,下同。

由表中可以看出,日照时数的增多对烤烟中糖含量有正的影响,对烟碱和总氮有负的影响,对淀粉的积累有促进作用,不利于蛋白质积累。日照时数还与钾、氯的吸收有关,与钾的吸收正相关,与氯的吸收负相关,日照时数的增加提高了烤烟的钾氯比。光照强度与烤烟中氮含量和氮碱比负相关,与糖、烟碱、淀粉含量及钾氯比等均为正相关。此外,当光强增大时,钾的吸收量是先升高后降低。由此可见日照时数的延长有利于提高烟叶品质,而光照过强或是过弱都不利于优质烟叶的生产。

4.2 热量因子对烤烟化学成分的影响

热量因子对优质烤烟的生产有着重要影响,烟季平均温度、气温日较差和≥10 ℃积温与烤烟化学成分相关关系如表 2 所示。

对于平均温度对化学成分的影响黄中艳[4]认为平均温度对烟碱含量影响不显著,与糖含量负相关、与总氮正相关,而丁根胜等[25]则认为各生育时期平均温度与烟碱、总糖含量正相关,与总氮含量负相关。这可能与地理位置和栽培措施有关。总体上来讲,气温日较差与烤烟中总氮的含量为负相关,成熟期气温日较差与烤烟化学成分相关性较好,与糖、钾及钾氯比、氮碱比正相关,与烟碱、总氮负相关;烟季≥10 ℃积温与糖、淀粉含量及糖碱比、氮碱比呈负相关,与烟碱、总氮、钾含量及钾氯比呈正相关。

表 2　热量因子与烤烟化学成分的相关关系

		总糖	还原糖	烟碱	总氮	淀粉	蛋白质	钾	钾/氯	糖/碱	氮/碱	备注
平均温度	4 月份	−										[4]黄中艳等
	5 月份	−										[4]黄中艳等
	6 月份	−										[4]黄中艳等
	7 月份	−	−		+		+					[4]黄中艳等
	8 月份	−	−		+		+					[4]黄中艳等
	伸根期	+		+	−	+				+	+	[30]李亚男等 [25]丁根胜等
	旺长期	+		+		+				+		[25]丁根胜等 [31]黎研研等
	成熟期		−	+	−	+				−		[32]黄中艳等 [25]丁根胜等
	大田期	−	−		−	+		+		+		[25]丁根胜等
气温日较差	4 月份	+		−	−		−					[4]黄中艳等
	5 月份	+		−	−		−					[4]黄中艳等
	6 月份				−		−					[4]黄中艳等
	7 月份	+		−	−		−					[4]黄中艳等
	8 月份	+	+	−	−		−					[4]黄中艳等
	成熟期	+	+	−	−			+	+		+	[30]李亚男等 [27]张国等
≥10 ℃积温		−	−	+	+	−		+		−	−	[33]夏凯等 [31]黎研研等

4.3　降水量对烤烟化学成分的影响

降水量是影响烤烟化学成分的重要气象因子，降水量与各化学成分含量的相关性比较显著。如表 3 所示。降水量与烤烟中糖、淀粉含量呈负相关关系，与烟碱、总氮呈正相关关系。旺长期降雨量还与糖碱比、氮碱比呈负相关，这与戴冕[35]的研究结论相一致。此外，有研究表明：任意时期对烤烟淹水处理，总糖、钾和烟碱含量显著下降，总氮和蛋白质含量显著上升，旺长期淹水影响最大；干旱处理时，总糖、烟碱和总氮含量上升、钾和蛋白质含量降低[36]。由此可见，水分条件是优质烟叶生产的必备条件。

表3 降水量与烤烟化学成分的相关关系

		总糖	还原糖	烟碱	总氮	淀粉	蛋白质	钾	氯	钾/氯	糖/碱	氮/碱	备注
降水量	年总	+											[24]张永安等
	4月份	−	−	+	+						−		[4]黄中艳等
	5月份			+	+			+					[4]黄中艳等[34]周翔等
	6月份	−	−		+				−				[4]黄中艳等[34]周翔等
	7月份	−	−	+				+	−				[4]黄中艳等 [24]张永安等
	8月份		+		+		−	+			+		[34]周翔等
	伸根期	−	−	+	+								[30]李亚男等
	旺长期	−	−			−					−	−	[26]王建伟等上部叶 [25]丁根胜等
	成熟期	+		−	−			+					[30]李亚男等 [31]张国等
	大田期	−	−	+	+		+						[4]黄中艳等

气候因子与烤烟中化学成分不是独立相关的，各气象因子的影响之间是相互联系的。烟碱在高温(≥35 ℃)条件和雨水配合下能更高地积累；光因素左右着还原糖积累过程，温热和水湿因素对其有促进或是抑制作用；烤烟中糖碱比的变化与采烤期积温和水湿因素都是显著的负相关关系，两者的作用是相互加强的[35]。因此，有一些研究认为在光、温、水基本满足烤烟生长需求的情况下，气候因子在大田期内的时段分布和匹配比其大田期总量对烟叶化学成分含量影响更大[37,38]。

5 结论

烤烟大田期的光照和降水是影响烟叶外观质量的主要因子，光、温、水等气象要素的配比对烤烟内在质量的影响更显著，气候因子的要素值及时段分布和匹配对烤烟化学成分都有极其重要的影响。不同生育时期的不同气候因子对不同类型烟草质量影响不同，找出影响烟草质量的关键气候因子，合理调整烟草移栽期，最大限度利用大田期气候资源，对提高烟草品质有十分重要的作用。

目前，湖北省关于烟草种植气候的研究大部停留在理论阶段，实用性不强，明确影响烟草品质的关键气候因子，确定烟草大田期的综合气象指标，提高烟草种植期气象服务水平和及时性，对烟草产业的可持续发展有重要意义。

参考文献

[1] 彭家宇，魏国胜，周恒，等. 湖北咸丰烟区不同海拔生态因素和烟叶化学成分的综合评价[J]. 安徽农业科学，2010，38(16)：8395-8398，8428.

[2] 程亮，毕庆文，许自成，等. 湖北保康不同海拔高度生态因素对烟叶品质的影响[J]. 郑州轻工业学院学报(自然科学版)，2009，24(2)：15-20.

[3] 黎妍妍，林国平，李锡宏，等. 湖北烤烟非挥发性有机酸含量及其与海拔高度的关系分析[J]. 中国烟草科学，2009，30(6)：53-56.

[4] 黄中艳,王树会,朱勇,等.云南烤烟5项化学成分含量与其环境生态要素的关系[J].中国农业气象,2007,28(3):312-317.

[5] 许自成,刘国顺,刘金海,等.铜山烟区生态因素和烟叶质量特点[J].生态学报,2005,25(7):1748-1753.

[6] 程昌新,卢秀萍,许自成,等.基因型和生态因素对烟草香气物质含量的影响[J].中国农学通报,2005,21(11):137-139.

[7] 刘国顺.烟草栽培学[M].北京:中国农业出版社,2003.

[8] 扈英磊,常保强,严玉彬,等.气候条件对烟草生长的影响分析[J].现代农业科技,2009(4):204.

[9] 靳小秋,刘玉平,刘谦,等.气候条件对烤烟生长发育的影响[J].现代农业科技,2009(4):135,138.

[10] 戴冕,冯福华,周会光.光环境对烟草叶片的若干生理生态影响[J].中国烟草,1985(1):1-5.

[11] 史宏志,韩锦峰,远彤,等.红光和蓝光对烟叶生长、碳氮代谢和品质的影响[J].作物学报,1999,25(2):215-220.

[12] 吕芬,周平,王丽萍.云南优质烟区气候条件分析[J].西南农业学报,2006,19(增刊):178-181.

[13] 樊艳萍.浅析气象灾害对郏县烟草生长的影响及对策[J].安徽农学通报,2011,17(2):121,149.

[14] 周冀衡,王 勇,邵 岩,等.产烟国部分烟区烤烟质体色素及主要挥发性香气物质含量的比较[J].湖南农业大学学报(自然科学版),2005,31(2):128-132.

[15] 王可,刘静静,刘强等.调亏灌溉对成熟期烤烟中性致香物质的影响[J].中国农学通报,2011,27(19):105-109.

[16] 张永安,王瑞强,杨述元,等.生态因子与烤烟中性挥发性香气物质的关系研究[J].安徽农业科学,2006,34(18):4652-4654.

[17] 叶荣飞,赵瑞峰.烟草香气物质来源[J].广东农业科学,2011(5):51-53.

[18] 乔新荣,杨兴有,刘国顺,等.弱光胁迫对烤烟化学成分及中性挥发性致香物质的影响[J].烟草科技,2008(9):56-65.

[19] 周冀衡,杨虹琦,林桂华,等.我国不同烤烟产区烟叶主要挥发性香气物质的研究[J].湖南农业大学学报(自然科学版),2004,30(1):20-23.

[20] 韩锦峰,汪耀富,岳翠凌,等.干旱胁迫下烤烟光合特性和氮代谢研究[J].华北农学报,1994,9(2):39-45.

[21] 杨兴有,刘国顺,伍仁军,等.不同生育期降低光强对烟草生长发育和品质的影响[J].生态学杂志,2007,26(7):1014-1020.

[22] 肖金香,刘正和,王燕,等.气候生态因素对烤烟产量与品质的影响就植烟措施研究[J].中国农业生态学报,2003,11(4):158-160.

[23] 王彪,李天福.气象影子与烟叶化学成分关联度分析[J].云南农业大学学报,2005,20(5):742-745.

[24] 张永安,朱亚刚,陈佳波,等.生态因子与烤烟部分化学成分的关系研究[J].安徽农业科学,2007,35(29):9285-9286,9330.

[25] 丁根胜,王允白,陈朝阳,等.南平烟区主要气候因子与烟叶化学成分的关系[J].中国烟草科学,2009,30(4):26-30.

[26] 王建伟,张艳玲,过伟民,等.气象条件对烤烟烟叶主要化学成分含量的影响[J].烟草科技,2011(12):73-76,84.

[27] 张国,朱列书,陈新联,等.湖南烤烟部分化学成分与气象因素关系的研究[J].安徽农业科学,2007,35(3):748-750.

[28] 乔新荣,刘国顺,郭桥燕,等.光照强度对烤烟化学成分及物理特性的影响[J].河南农业科学,2007(5):40-43.

[29] 刘国顺,乔新荣,王芳,等.光照强度对烤烟光合特性及其生长和品质的影响[J].西北植物学报,2007,27(9):1833-1837.

[30] 李亚男,闫鼎,宋瑞芳,等.平顶山烟区气候因素分析及对烟叶化学成分的影响 [J].浙江农业科学,2011

(1):160-164.

[31] 黎妍妍,许自成,王金平,等.湖南烟区气候因素分析及对烟叶化学成分的影响[J].中国农业气象,2007,28(3):308-311.

[32] 黄中艳,朱勇,邓云龙,等.云南烤烟大田期气候对烟叶品质的影响 [J].中国农业气象,2008,29(4):440-445.

[33] 夏凯,齐绍武,郭汉华,等.湖南省不同生态区域烤烟品质变化研究[J].长江大学学报(自然科学版),2009,6(2):6-8.

[34] 周翔,梁洪波,董建新,等.山东烟区降水对烟叶主要化学成分的影响[J].中国烟草科学,2008,29(2):37-41.

[35] 戴冕.中国主产烟区若干气象因素与烟叶化学成分关系的研究[J].中国烟草报,2006,6(1):27-34.

[36] 颜和洪.水分条件对烤烟主要化学成分的影响研究[J].中国农业生态学报,2005,13(1):101-103.

[37] 苏德成.中国烟草栽培学[M].上海:上海科学技术出版社,2005.

[38] 黄中艳,朱勇,王树会,等.云南烤烟内在品质与气候的关系[J].资源科学,2009,29(2):83-90.

影响鄂西烤烟品质的关键气候因子与关键期的诊断分析*

摘　要　通过对鄂西烟区16个县市2005—2011年烤烟外观质量、感官质量、化学成分和物理性状总分与烤烟大田期(5—9月)平均气温距平(dt)、日照时数距平(ds)和降水距平百分率(dpr)的相关分析和显著性检验,确定影响鄂西山区烤烟品质的关键气候因子及关键期,并采用重要性指数对主要影响因子进行了排序。结果表明,鄂西"清江源"烟区大田前期和后期气温较低、"金神农"烟区旺长期干旱、成熟后期降水过多对烤烟品质有重要影响。

关键词　烤烟品质;气候因子;气温;日照时数;降水量;鄂西

1　引言

一般情况下,烤烟品质主要通过外观质量、内在质量、化学成分、物理性状等评价体系进行评价[1-2]。研究表明,湖北烟区烤烟品质的化学成分和感官质量在年度间及地区间存在明显差异[3-4],这种差异可能是由多种因素造成,一般认为农技措施是年度间差异的主要影响因素,而生态因子则是地区间差异的主要影响因素[5-6]。气候因子是最重要生态因子之一,有关气候因子对烟叶品质影响的研究主要集中在对化学成分和香气物质的影响。研究表明,在云南烟区大田期各月气温与烟叶含糖量呈负相关,7—8月气温高可提高烟叶总氮和蛋白质含量[7]。卢志伟[8]研究表明,昆明烟区总糖、还原糖、总氮、烟碱、钾、氯含量受6月的日照时数、平均气温、降水量以及7月的日照时数、降水量的影响较大;香气质、香气量、刺激性和杂气受6月降水、日照 时数、气温和7月气温、日照时数以及8月降水量的影响较大。温永琴等[9]研究表明,云南烟叶在降雨较少、光照较强的年份石油醚提取物含量较高,有利于感官质量的提高。张国等[10]研究表明,在湖南烟区影响烤烟糖碱比的主要是烟季≥35 ℃天数、第3月降水量和采烤期积温。石俊雄等[11]研究表明,在贵州烟区对烟叶化学成分影响最大的因素是6月份的日照时数、7月份的降水量和气温。时鹏等[12]研究表明,恩施烟区日照时数对烟叶化学成分的影响程度最大,降雨量次之,平均温度和积温最弱。上述关于气候因子对烤烟品质的影响的研究大多都是气候因子绝对值与烤烟品质因子的相关性研究。鄂西烟区是我国重要烟区之一,也是湖北省的烤烟主要集中种植区,该区域烤烟大多种植于海拔1000 m以上高山区域,而气象站点多位于海拔1000 m以下,大部在海拔600 m以下,气象站的观测资料并不完全适用于各个烟区。因此,采用气候因子相对指标(距平或距平百分率)与烤烟品质因子进行相关分析,可以确定影响烤烟品质的关键气候因子,可以使得研究结果具有更加广泛的适用性。笔者对鄂西烟区气候因子与"清江源"、"金神农"两大品牌烤烟主要品质(外观质量、感官质量、化学成分、物理性状总分)的相关性进行分析,考察气候因子对烤烟品质的影响,为鄂西烟区烤烟气候区划提供理论基础。

* 林丽燕,**陈正洪**,李建平,阳威,刘静,骆亚军.华中农业大学学报,2014,33(3):60-64.

2 材料与方法

2.1 气象资料

1982—2011 年“清江源”烤烟产区(巴东、恩施、来凤、利川、建始、咸丰、宣恩、鹤峰 8 个县)和“金神农”烤烟产区(竹山、竹溪、郧西、房县、保康、南漳、兴山、秭归 8 个县)各国家气象站的逐月月平均气温、月降水量、月日照时数等。计算烤烟大田期 5—9 月逐月平均气温、累积降水量、日照时数 1982—2011 年 30 年历年均值、2005—2011 年每年逐月值及其与 30 年平均值的差值(即距平值),并计算降水距平值与 30 年平均值的比值,即降水距平百分率。本文中 dt、dpr、ds 分别代表月平均气温距平、月降水距平百分率、日照时数距平,如 dt5 代表当年当地 5 月份气温距平,dt59 为 5—9 月平均气温距平。

2.2 烤烟品质资料

烤烟品质包括外观质量、感官质量、化学成分、物理性状组成等,其中在中国烟草区划、湖北省“金神农”烟叶质量白皮书等的综合评分中,感官质量是最重要的因子。烤烟品质资料来自湖北省烟叶质量评价报告,资料情况如表 1 所示(表 1 中部分年份中烤烟品质总分数据缺失),按《2008 年湖北省烟叶质量评价报告》中质量评价体系打分并计算总分。

表 1 鄂西烟区烤烟品质资料情况[1)]

烤烟品质	年份	区域
外观质量	2005—2011	A
	2006—2011	B
感官质量	2007—2011	A 和 B
化学成分	2007—2011	A 和 B
物理性状	2006—2011	A 和 B

1)A:“清江源”烤烟产区;B:“金神农”烤烟产区。

2.3 数据分析

1)相关分析。使用 SPSS 19.0 对烤烟大田期各月气候因子和烤烟品质数据进行相关分析,同时对相邻 2 个月组合、关键时期(6—8 月,夏季)、烤烟成熟期(7—9 月)、大田期(5—9 月)进行分析。当相关系数显著性水平大于 0.05 时,则认为具有统计学意义,此因子对烤烟品质有重要影响。

2)因子重要性排序。将对烤烟品质有重要影响的因子进行重要性排序,因子重要性≥0.5 且不重叠的为关键气象因子。因子重要性指数=外观质量相关次数×0.15+ 感官质量相关次数×0.5+ 化学成分相关次数×0.25+ 物理性状相关次数×0.1。公式中相应权重系数参考《2009 年度湖北省大田生产烟叶质量评价报告》。

3 结果与分析

3.1 影响烤烟外观质量的关键气象因子分析

鄂西烟区烤烟外观质量总分与各时段气候因子的相关关系如图 1 所示。由图 1a 可以看出“清江源”产区外观质量总分与大田期各月的平均气温距平(除 7、8 月外)、ds6、ds9 呈显著正相关，烤烟大田前期和后期气温、光照条件不足，对较好的外观质量有一定制约作用，在海拔较高地区影响更为明显；外观质量与各月降水距平百分率显著性不高，说明“清江源”烟区的降水量能满足烤烟生产的需求；ds8 与外观质量呈显著负相关，这可能是受到 8 月气温较高的影响。由图 1b 可知“金神农”产区 dt6 与烤烟感官质量显著正相关，其余各月相关性不显著；与 dpr6、dpr9 呈显著负相关；与 ds6、ds9 显著正相关，与 ds8 显著负相关。旺长期(6 月)降水多，平均气温、光照条件不足，不能满足烤烟快速生长的光温需求，不利于较好外观质量的形成。“金神农”成熟后期(9 月)降水较多，会导致叶片含水量增加，组织疏松，烘烤后颜色淡，叶片身份薄，影响烤烟外观质量，这与樊艳萍等[10]观点相一致。此时期降水减少，日照时数增多有利于外观质量的提高。

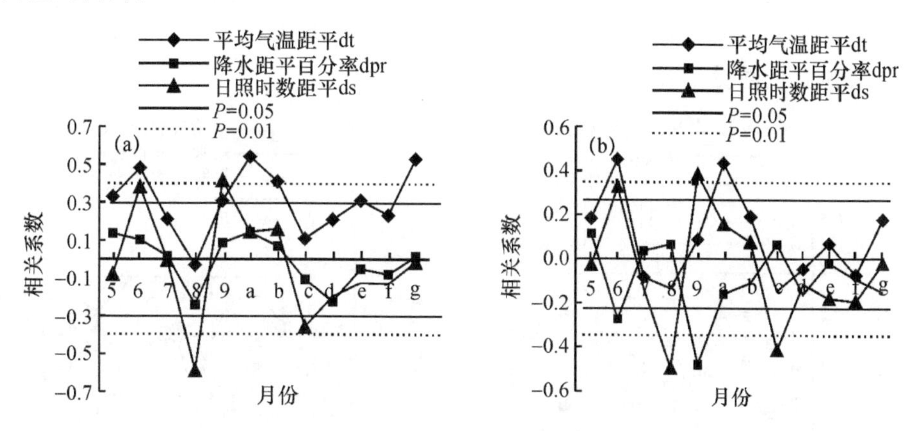

图 1 “清江源”(a)和“金神农”(b)烤烟外观质量与气候因子相关系数

3.2 影响烤烟感官质量的关键气象因子分析

鄂西烟区气候因子与感官质量关系如图 2 所示。由图 2a 可以看出，“清江源”产区烤烟感官质量与 dt5 呈显著正相关，与 dt7 显著负相关，其余月份相关性不显著；大田期各月(除 7 月外)降水距平百分率与感官质量相关性不显著；ds7、ds8 与感官质量显著负相关。一般情况下，7、8 月份日照充足，气温较高，此时段若降水较少，易发生干旱，不利于香气物质的形成[11]，影响烤烟感官质量。由图 2b 可以看出，“金神农”感官质量总分与 dt5、ds5 呈显著正相关，与 dt6、dt7、ds6、ds7 显著负相关；感官质量总分与 dpr7 显著正相关，与 dpr9 显著负相关，与其余月份相关性不显著。在鄂西北地区，烤烟旺长-成熟期(6、7 月)容易发生干旱，因此该时期要求降水多、平均气温较低、日照时数偏少，以减少干旱对感官质量的影响。而 9 月份降水较多，对烟叶腺毛分泌物冲刷比较厉害，影响烤烟品质。

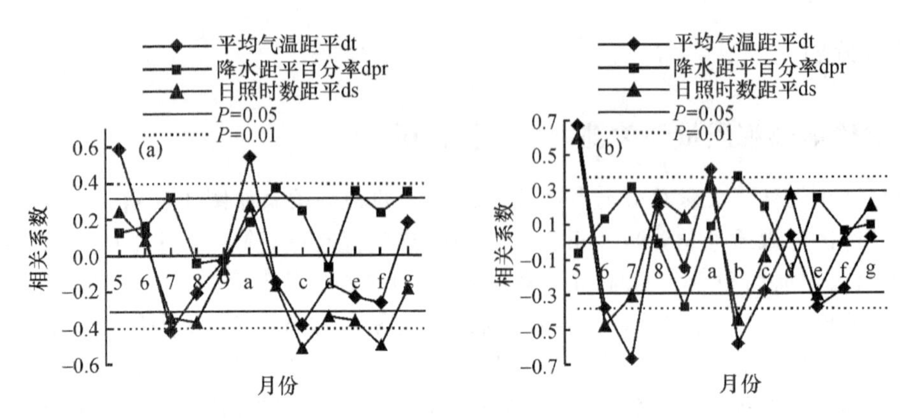

图 2 “清江源”(a)和“金神农”(b)感官质量与气候因子相关系数

3.3 影响烤烟化学成分的关键气象因子分析

鄂西烟区烤烟化学成分和气候因子的相关性如图 3 所示。由图 3 可以看出“清江源”烟区，dt6、dt7、ds9 与烤烟化学成分总分呈显著负相关，由图 3b 可以看出，“金神农”烟区，dt5、ds9 与烤烟化学成分总分显著负相关。各月降水距平百分率与化学成分总分相关性不显著。这可能与本文选择的总分不具代表性有关。

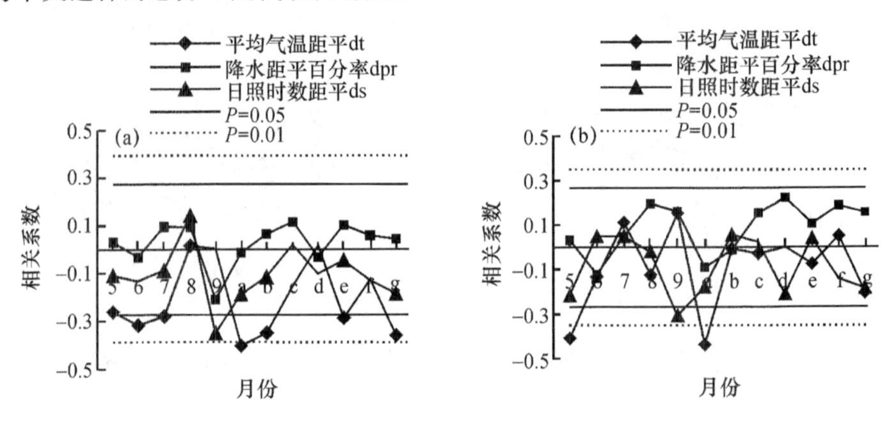

图 3 “清江源”(a)和“金神农”(b)化学成分气候因子相关系数

3.4 影响烤烟物理性状的关键气象因子分析

鄂西烟区烤烟物理性状和气候因子的相关性如图 4 所示。由图 4a 可以看出：“清江源”烟区，烤烟物理性状总分与 dt7 极显著正相关，与其余月份平均气温未达到显著水平；与 dpr6 显著负相关，与 dpr9 显著正相关；与 ds8 显著负相关，与 ds9 显著正相关。通常情况下 6 月烤烟处于旺长期，此时段降水过多对干物质的积累不利，影响烤烟物理性状。由图 4b 可以看出“金神农”烟区，烤烟大田中后期(7－9)平均气温距平与物理性状总分呈显著正相关；与 dpr6 显著负相关，与其余月份降水距平百分率相关不显著；与 ds7 显著负相关；与 ds8、ds9 显著正相关。烤烟大田期，尤其是中后期气温高、光照充足，有利烟叶单叶重、填充值的提高，而 9 月降水量较多可能对烟叶吸湿性的增加有利，“清江源”成熟后期的降水不能满足需求，而“金神农”烟区的降水条件较为有利。

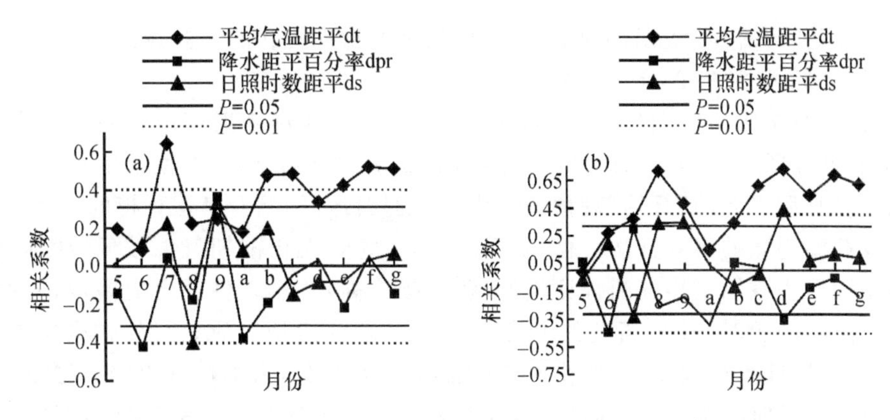

图 4 “清江源”(a)和“金神农”(b)物理形状与气候因子相关系数

3.5 气候因子重要性排序

将达到显著相关的气象因子进行重要性排序,去掉重复因子,得到影响鄂西烤烟品质的关键气象因子如表 2 所示。由表 2 可以看出,首先,“清江源”和“金神农”烟区,对烤烟品质有重要作用的共同因子为:dt56、dt7、ds7、ds9、dpr7,在鄂西烟区,大田前期(5、6 月)气温低、中期(7 月)气温高降水不足、后期(9 月)光照不足是烤烟气候的主要特点。“清江源”烟区的重要因子还有:dt59、ds8,鄂西南地区,除 8 月外通常多阴雨,因此在“清江源”烤烟整个大田期温度条件略显不足,而 8 月日照时数过多对烤烟品质有一定的影响。“金神农”烟区的重要因子还有:ds6、dpr9。鄂西北地区,有春末夏初干旱、秋季多雨的气候特点,因此在“金神农”烤烟的旺长期(6 月)日照过多,会加剧干旱,而成熟后期(9 月)降水过多,都会影响烤烟品质。

表 2 影响鄂西烤烟品质的关键气象因子

“清江源”			“金神农”		
因子	因子重要性	因子排名	因子	因子重要性	因子排名
dt56	0.9	1	dt56	0.9	1
dt7	0.85	2	dpr9	0.65	3
ds8	0.75	3	ds6	0.65	3
dt59	0.5	6	dt7	0.6	4
dpr7	0.5	6	ds7	0.6	4
ds7	0.5	6	dpr7	0.5	5
ds9	0.5	6	ds9	0.5	5

4 讨论

在鄂西烟区获得较好外观质量的气候条件为:烤烟移栽一旺长期热量充足、成熟前期日照时数偏少、成熟后期日照充足、降水少;获得较高感官质量的气候条件为:移栽期热量条件充足,旺长期一成熟 前期多降水、后期少降水。不同的是“清江源”烟区要求旺长期气温高,而在“金神农”烟区要求旺长期气温略低、日照时数略少;获得较高化学成分总分的气候条件为:移栽一旺长期气温低、成熟后期日照时数少;获得较好的物理性状的气候条件为:旺长期降水较少,成熟期气温高、日照充足,降水适量。

综合看来,烤烟大田中期气温低、日照时数少、降水多对烤烟品质的提高更为有利,该时段为鄂西 的盛夏时期,丰富的降雨、充足的热量条件有利于烟 株正常生长发育,同时也可减少高温多日照引起的“日灼”现象的发生。在鄂西地区,抬升烤烟种植的 海拔的高度也被作为减少高温逼熟的有效方法。但 在鄂西地区,烤烟大田前期气温较低,特别是鄂西南地区的整个大田生育期平均气温都比较低,随海拔升高,热量条件就会变差,当光照的增加不足以补偿温度减少时,种植高度的上升将会严重影响烤烟品质。另外,“金神农”烟区 6 日照时数少,9 月日照时数多、降水少对烤烟品质更为有利,为烟草气象服务提出了更高的要求。干旱时期及时实施人工增雨作业,成熟采收期指导烟叶生产的准确预报服务等都是烟草气象服务的重点。采用气候因子距平资料进行分析,可以减小气象站点稀疏、与烟区海拔差异等问题。同时,气候预报中预报的为要素距平,在本文研究结果基础上,确定影响烤烟品质的气候要素指标,就可以准确预报烤烟品质,也可以为烤烟种植过程提供更为具体预防及应对措施。

参考文献

[1] 周翔,赵传良,梁洪波,等.湖北烤烟主要化学成分年度间稳定性分析[J].中国烟草科学,2011,12,32(6):720-724.

[2] 王欣,赵云飞,闫铁军,等.湖北烟区烤烟感官质量评价及与津巴布韦烤烟的相似性分析[J].烟草科技,2010(11):5-8.

[3] 黄中艳,王树会,朱勇,等.云南烤烟 5 项化学成分含量与其环境生态要素的关系[J].中国农业气象,2007,28(3):312-318.

[4] 卢志伟.主要生态因子对烟叶化学成分以及感官质量的影响研究[D].长沙:湖南农业大学,2011.

[5] 温永琴,徐丽芬,陈宗瑜,等.云南烤烟石油醚提取物和多酚类与气候要素的关系[J].湖南农业大学学报,2002,28(2):103-105.

[6] 丛日兴.山东不同生态条件对烤烟感官质量的影响[D].杭州:浙江大学,2005.

[7] 张国,朱列书,陈新联.湖南烤烟部分化学成分与气象因素关系的研究[J].安徽农业科学,2007,35(3):748-750.

[8] 石俊雄,陈雪,雷璐.生态因子对贵州烟叶主要化学成分的影响[J].中国烟草科学,2008,29(2):18-22.

[9] 时鹏,申国明,向德恩,等.恩施烟区主要气候因子与烤烟烟叶化学成分的关系[J].中国烟草科学,网络出版时间 2012－07－11.网络出版地址:http://www.cnki.net/kcms/detail/37.1277.S.20120711.1045.029.html.

[10] 樊艳萍.浅析气象灾害对郏县烟草生长的影响及对策[J].安徽农学通报,2011,17(2):121,149.

[11] 王可,刘静静,刘强,等.调亏灌溉对成熟期烤烟中性致香物质的影响[J].中国农学通报,2011,27(19):105-109.

基于 GIS 的湖北西部烟草种植气象灾害危险性分析*

摘　要　利用湖北西部及邻近地区 65 个气象站 1961—2010 年的常规观测资料，参考气象学指标，应用专家打分、层次分析法和灾害危险性评估模型，借助 GIS 平台对湖北西部烟草种植气象灾害危险性的区域分布进行分析。结果表明：影响湖北西部烟草种植的主要气象灾害是干旱、低温冷害、连阴雨、暴雨和高温热害，其干旱危险性分布表现为北高南低、东高西低；连阴雨和暴雨危险性南高北低；低温冷害危险性南北分布较均匀，东部小于西部；高温热害危险性北高南低。总体看来，鄂西北烟草种植区气象灾害危险性表现为东高西低，南北向无明显规律，而鄂西南地区则为南高北低。气象灾害危险性区划结果与烟草种植适宜性区划结果相辅相成，可为烟草种植合理布局及防灾减灾提供依据。

关键词　鄂西；烟草；气象灾害；危险性指数；分布

1　引言

湖北省的烟叶生产在全国占有重要地位，其烟草主产区主要位于西部。湖北西部烟草主产区按照行政区划主要分为恩施、宜昌、襄阳和十堰 4 个产区[1]，多为丘陵山区[2]，近年来，由于气候变化、社会经济等诸多因素影响，很多市(县)烟草种植海拔高度上移，甚至突破了 1300 m(宣恩县高达 1700 m)。根据气候变化理论和烟草生物学规律，这些变化存在着较大的风险，因此开展湖北西部烟草种植气象灾害危险性评价与区划，对于防灾减灾、保障烟草安全生产具有重要意义。

近年来，各种气象灾害的危险性评价与区划研究已逐渐成熟。费振宇等[3]利用干旱频次、干旱历时和干旱烈度构建干旱危险性综合指数，探讨了中国气象干旱危险性的时空格局。王颖等[4]从灾害成因角度筛选评估指标构建危险性指数，对中国低温雨雪冰冻灾害危险性进行了评估与区划。在中国几个主要的烟草种植大省，如云南、湖南、贵州、广西等均以 GIS 为平台，选取了不同的区划指标，对全省的烟草种植进行了区划[5-9]。但是，已经开展的湖北烟草种植区的研究，多集中在烟区气候、土壤等生态条件方面[1]，没有一套适合当地生产实际的气象灾害危险性评价指标，且有关烟草种植高度上移后，烟区气象灾害危险性的变化鲜有研究报道。

因此，本研究拟定量分析气候变化背景下，湖北西部各植烟市(县)主要的气象灾害危险性分布，以明确各地气象灾害发生的概率和危害程度，为烟草生产合理布局及风险防范提供科学支撑。

* 孟丹，陈正洪，李建平，阳威，何飞，陈振国. 中国农业气象，2015，36(5)：625-630.

2 资料与方法

2.1 资料及来源

(1)气象数据:湖北西部地区21个市(县)和邻近市(县)44个气象站1961—2010年的常规观测资料,包括日平均气温、最高气温、降水量、日照时数等,来自湖北省气象局信息技术与保障中心和中国气象科学数据共享服务网(http://cdc.nmic.cn)。

(2)基础地理信息数据:湖北西部植烟区边界图及1:25万DEM数据,来源于湖北省气象局应急减灾处,分辨率为90 m×90 m。具体植烟市(县)分布见图1。

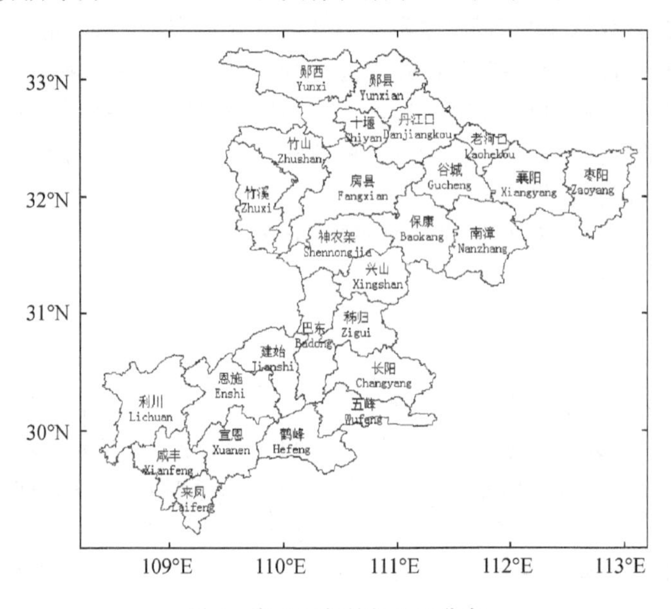

图1 湖北西部植烟地区分布

2.2 研究方法

2.2.1 主要气象灾害的专家评定及权重划分

优质烟叶形成需要充足的光照、较高的温度和适宜的水分[10-11]。根据烟草生物学规律,设计调查问卷,聘请烟草行业专家根据个人经验给出各项目的评价分值,统计得出影响湖北西部烟草种植的气象灾害重要性排序依次为干旱、低温冷害、连阴雨、冰雹、暴雨、高温热害和大风。考虑到冰雹和大风是突发型的区域性灾害,发生概率小,持续时间短,受灾范围相对较小,因此未将二者列入综合气象灾害危险性评价指标。

结合湖北西部烟草实际种植情况,参考专家打分和层次分析法结果,最终得到湖北西部烟草种植的主要致灾因子为干旱、低温冷害、连阴雨、暴雨、高温热害,其相应的权重系数见表1。

表1 湖北西部烟草种植主要气象灾害及其危险性权重系数

高温热害	低温冷害	暴雨	干旱	连阴雨
0.10	0.25	0.10	0.35	0.20

2.2.2 主要气象灾害的指标选择

参考各类资料，选择若干因子反映主要气象灾害的发生频率和强度。通过对比分析，去除同类因子，最终筛选的主要灾害危险性指标如表2所示。

表2 主要灾害的危险性指标

灾种	危险性指标	说明
干旱	1.5—8月降水距平百分率<−20%的年数 2.连续无有效降水最长持续天数	参考国家标准《农业干旱等级》
低温冷害	1.(前期)5月下旬—6月上旬，日平均气温≤13 ℃的累计天数 2.(后期)9月上旬—9月下旬，日平均气温≤18 ℃的累计天数	烟草苗期温度低于13 ℃，根系代谢能力下降，旺长受阻，易出现早花；大田生长中后期，日均温低于18 ℃，烟叶光合作用受阻，细胞受损，抗逆能力下降[12]
连阴雨	1.连阴雨发生次数 2.连阴雨最长持续天数	分别反映连阴雨的发生频率和强度。5—9月连续7 d或7 d以上日降水量>1 mm且日照时数<0.5 h的天气过程为一次连阴雨
暴雨	1.5—9月最大日降水量 2.年均暴雨日数	分别反映降水强度和频率，气象学上将日降水量≥50 mm定为暴雨
高温热害	年平均高温天数	7月中旬—8月上旬，日最高气温≥35 ℃，高温引起光抑制导致光合作用衰减[13]

2.2.3 气象灾害危险性评价模型

为了消除各灾害指标的数量级和量纲之间的差异，需对每个指标值进行归一化处理，采用如下公式计算[14]：

$$\mathrm{G}_i = \frac{A_i - \min_i}{\max_i - \min_i} \tag{1}$$

式中，G_i 为第 i 个指标的归一化值，A_i 为第 i 个指标值，$\min_i$ 和 $\max_i$ 分别为第 i 个指标值中的最小值和最大值。将各灾害指标归一化值的平均值代表该种灾害的危险性指数。

考虑烟草种植生长过程中可能遭受的各种气象灾害，构建烟草气象灾害综合危险性指数计算模型，即

$$H = \sum \alpha_i X_i \tag{2}$$

式中，H 为烟草气象灾害综合危险性指数，X_i 为第 i 种灾害的危险性指数，α_i 为第 i 种灾害的权重(见表1)。

2.2.4 空间数据分析方法

采用ArcGIS软件为空间分析平台[15]，以提升危险性评估的精细化程度。采用空间分析模块中的反距离加权插值、多元回归插值、栅格计算和自然断点分级等方法来完成鄂西烟草种植气象灾害危险性评价与区划。自然断点分级法是通过查找数据差异相对较大的相邻要素，利用统计公式来确定属性值的自然聚类，以减少同一级中的差异，增加级间的差异[16]。

以逐步回归方法建立气象站海拔高度、经度、纬度与日平均气温、日最高气温的线性回归方程，结合 DEM 数据，使用图层叠加功能，得到区域内气温分布；降水量、日照时数等其他气候要素采用能反映南北差异的反距离加权插值(IDW)法。

3 结果与分析

3.1 主要气象灾害危险性指数分析

相关性分析表明，干旱、连阴雨、暴雨灾害危险性指标均与海拔高度有一定的相关性，将各气象站点的灾害危险性指数与经度、纬度、海拔高度进行多元线性回归，得到相应模拟方程(表3)。将各站点实际求得的干旱、连阴雨、暴雨灾害危险性指数减去模拟值，即得各个站点的模拟误差，将误差反距离加权插值到各个栅格点上得到误差图层。运用模拟方程将各站点的模拟值插值到各个栅格点上，再与误差图层叠加，最终得到鄂西烟草干旱、连阴雨、暴雨灾害危险性指数分布图(图 2)。

表 3 多元回归插值方程

灾种	方程
干旱	$Y=0.0512\mathrm{Lon}-0.0003H-5.0707(R^2=0.407, P<0.01)$
连阴雨	$Y=-0.0861\mathrm{Lat}+0.0002H+2.9290(R^2=0.447, P<0.01)$
暴雨	$Y=0.0552\mathrm{Lon}-0.1576\mathrm{Lat}+0.0002H-0.8727(R^2=0.681, P<0.01)$

注：Y 为危险性模拟指数值，Lon 为经度(°)，Lat 为纬度(°)，H 为海拔高度(m)。

在计算低温冷害和高温热害危险性指标的过程中，已经考虑了海拔高度和经纬度的影响，因此，用其指标分布图层进行简单叠加计算，即可得到低温冷害、高温热害危险性指数分布结果。前期烟草遭受低温可通过田间管理措施进行补救，而后期低温则直接影响烟草质量[5]，因此后期低温冷害对烟草的影响比前期更大，分别赋予前期 0.4 后期 0.6 的权重进行 GIS 栅格叠加，得到低温冷害危险性指数分布如图 2。

由图 2 可见，总体看来，湖北西部地区干旱危险性大致呈现北高南低，东高西低的分布趋势，干旱危险较小的区域集中在鄂西南的恩施西部和神农架林区，襄阳、枣阳、老河口、南漳、谷城和丹江口地区发生干旱的危险最大。暴雨危险性和连阴雨危险性分布相似，鄂西南高于鄂西北地区，且两个地区内部均呈现由南向北递减的趋势。低温冷害危险性指数南北分布较均匀，东部低于西部。高温热害危险性的分布则为北部较高南部较低。

3.2 气象灾害综合危险性评价与区划

运用 GIS 栅格计算功能，利用式(2)计算湖北西部烟草种植区气象灾害综合危险性指数，根据自然断点分级法将危险性分成 5 级(表 4)，得到湖北西部地区综合气象灾害危险性分布图(图 3)。

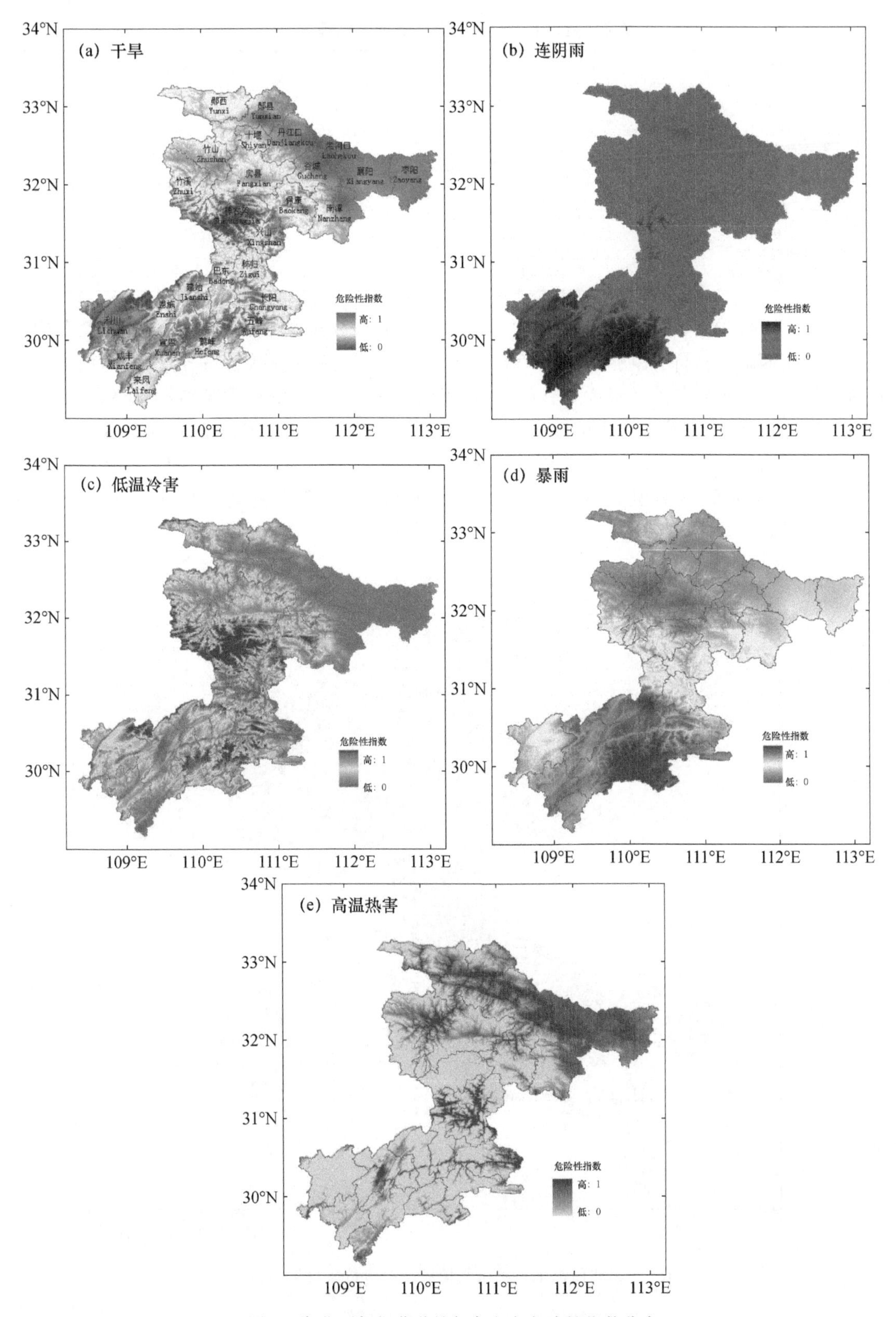

图2　湖北西部烟草种植气象灾害危险性指数分布

表 4 湖北西部烟草气象灾害危险性等级划分

等级	危险性指数	危险性等级
1	0.31～0.37	轻度
2	0.37～0.40	一般
3	0.40～0.42	中等
4	0.42～0.47	严重
5	0.47～0.58	特重

从图 3 可以看出，鄂西北和鄂西南的气象灾害危险性分布规律不同：鄂西北地区气象灾害危险性东高西低，南北向无明显规律；而鄂西南地区则南高北低。从县域分布来看，湖北西部地区鹤峰县气象灾害危险性最大，鹤峰地区连阴雨、暴雨灾害均属特重级别，致使鹤峰地区综合危险性特重；综合危险性严重的地区为来凤县、枣阳市，襄阳和老河口市；综合危险性中等的地区主要为南漳县、丹江口市、郧县和咸丰县；综合一般危险性的地区分布在房县、恩施和长阳等地区；巴东县北部、郧西县、十堰市张湾区、兴山和保康县、秭归、建始、利川的部分地区气象灾害综合危险性最小。

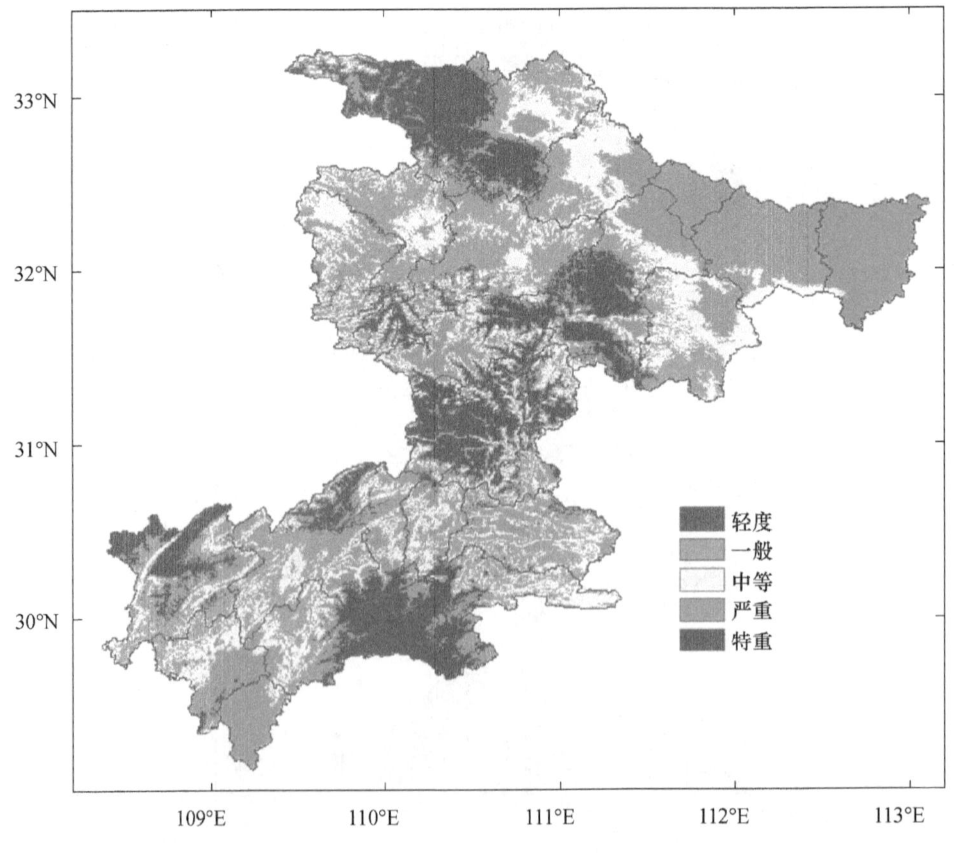

图 3 湖北西部烟草种植气象灾害综合危险性等级分布

4 结果与讨论

(1)湖北西部烟草种植干旱危险性北高南低，暴雨和连阴雨危险性北低南高；高海拔地区低温冷害危险较大，低海拔地区高温热害危险较大。山体气候中，气温、降水量和日照时数受阴阳坡和海拔的影响产生差异[17-19]，因此，必须深入对烟草种植海拔上限的研究，严格控制植烟区烟草种植高度，降低风险。

(2)本研究选取的指标均由影响烟草生长的灾害条件确定，其区划结果代表了当地气候的异常情况，侧重于灾害分布；而传统烟草种植区划以各市(县)的生态气候指标作为依据，其结果表现的是当地气候的平均状况，侧重于种植适宜性[5]，因此，在某种程度上，这两种区划结果相辅相成。从县域分布来看，鹤峰县气象灾害危险性最大，利川、兴山等地气象灾害危险性较小；最新中国烟草种植区划表明[20]，鹤峰和利川为最适宜地区，兴山为适宜地区。因此，在实际烟草生长过程中，鹤峰地区需特别注意暴雨和连阴雨的灾害预防，合理调整烟叶生产季节，加强大田期生产管理，以充分发挥优势，确保当地烟草的高质优产。

(3)由于影响因子众多，缺少具体的灾损数据参考以及灾害发生过程的复杂性，本文的分区结果仅依据自然断点法确定。后期烟区跟踪考察表明，湖北西部植烟区往年遭受的多重不利天气条件主要是大田前期鄂西北烟草干旱，鄂西南低温阴雨、强降水等。实际灾情基本符合灾害危险性区划结果，可见文中参考农业气象灾害指标和烟草生长的极端条件所选取的灾害危险性指标具有一定的科学性，后期研究需深入探讨各指标的地区适用性及其对烟叶生产的综合影响，最大限度地避免或减小气象灾害损失。

参考文献

[1] 许自成，黎妍妍，毕庆文，等. 湖北烟区烤烟气候适生性评价及与国外烟区的相似性分析[J]. 生态学报，2008，28(8)：3832-3838.

[2] 陈益银. 海拔等因素对鄂西南烟叶发育及品质影响的研究[D]. 郑州：河南农业大学，2008：32-36.

[3] 费振宇，孙宏巍，金菊良，等. 近50年中国气象干旱危险性的时空格局探讨[J]. 水电能源科学，2014，32(12)：5-10.

[4] 王颖，王晓云，江志红，等. 中国低温雨雪冰冻灾害危险性评估与区划[J]. 气象，2013，39(5)：585-591.

[5] 蔡长春，邓环，赵云飞，等. 湖北省植烟区生态气候因子的主成分分析和区域划分[J]. 烟草科技，2011(2)：64-69.

[6] 董谢琼，徐虹，杨晓鹏，等. 基于GIS的云南省烤烟种植区划方法研究[J]. 中国农业气象，2005，26(1)：16-19.

[7] 肖汉乾，陆魁东，张超，等. 基于GIS的湖南烟草可种植区域精细化研究[J]. 湖南农业大学学报，2007，33(4)：427-430.

[8] 莫建国，汪对洪，谷晓平. 基于GIS的贵州烤烟种植气候区划研究[J]. 上海农业学报，2011，27(3)：64-69.

[9] 陈海生，吴玲洪，刘国顺，等. 基于地统计和GIS的河南省烟草大田生长期降水量和蒸发量空间变异性分析[J]. 农业系统科学与综合研究，2008，24(4)：470-475.

[10] 雷永和，张树堂，冉邦定，等. 烤烟栽培与烘烤技术[M]. 昆明：云南科技出版社，1997：112-114.

[11] 杨志清. 云南省烤烟种植生态适宜性气候因素分析[J]. 烟草科技，1998(6)：40-42.

[12] 李仁山，邓小华，陈冬林，等. 湖南主产烟区烤烟气象灾害及应对措施[J]. 作物研究，2007(3)：111-113.

[13] 陆魁东，黄晚华，肖汉乾，等. 气候因子小网格化技术在湖南烟草种植区划中的应用[J]. 生态学杂志，2008，27(2)：290-294.

[14] 张永红，葛徽衍，徐军昶. 关中东部暴雨灾害风险区划研究[J]. 陕西气象，2010(6)：9-13.

[15] 何燕,谭宗琨,李政,等.基于GIS的广西甘蔗低温冻害区划研究[J].西南大学学报(自然科学版),2007,29(9):81-85.

[16] 莫建飞,陆甲,李艳兰,等.基于GIS的广西洪涝灾害孕灾环境敏感性评估[J].灾害学,2010,25(4):33-37.

[17] 袁淑杰,谷晓平,缪启龙,等.贵州高原复杂地形下月平均日最高气温分布式模拟[J].地理学报,2009,64(7):888-896.

[18] 李岩瑛,张强,许霞,等.祁连山及周边地区降水与地形的关系[J].冰川冻土,2010,32(1):52-61.

[19] 王怀清,殷剑敏,占明锦,等.考虑地形遮蔽的日照时数精细化推算模型[J].中国农业气象,2011,32(2):273-278.

[20] 王彦亭,谢剑平,李志宏,等.中国烟草种植区划[M].北京:科学出版社,2010:61.

我国烟草种植区划研究进展与展望*

摘　要　在充分利用气候资源、规避气象灾害的基础上，合理开展烟草种植区划研究，是促进我国烟草行业健康发展的基础性科技工作。本文通过回顾我国烟草种植区划研究的发展过程，归纳了烟草种植区划的思路、原则、指标选取及综合区划的方法，介绍了近年来地理信息系统(GIS)在烟草区划中的应用情况，探讨了目前我国烟草种植区划工作中存在的问题，初步提出了未来发展方向的建议，以期为该领域的研究提供参考。

关键词　烟草种植；区划；地理信息系统；进展

1　引言

我国是世界上最大的烟草生产国，产量占世界的44%，烟草行业在我国国民经济中占有重要地位[1]。我国烟草生产具有明显的区域特征性，受到当地自然、气候、经济、社会条件等的影响，随着外部气候、环境的改变，我国烟草生产布局在不断地变化。

烟草对环境条件有着广泛的适应性，在我国从东经75°左右到东经134°，从北纬18°到北纬50°，即东起黑龙江省抚远县，西至新疆维吾尔自治区的莎车县，南起海南岛的崖县，北至黑龙江的爱辉县，共26个省(区)的1741个县(市)曾有烟草种植，烤烟主产区是云南、贵州、河南、福建、湖南、山东、重庆、湖北、陕西等省(区、市)。晾晒烟种植遍及各省，计1600余县，以四川、广东、贵州、湖北相对集中，近年来，各地亦有所调整[2,3]。但是烟草的生长发育和烟叶质量极易受到气象条件和生态环境等外界因素的影响，因此，优质烟产区的分布有很大的地域局限性。

烟草种植区划是根据对烟草的产量和品质形成有决定意义的区划指标，遵循气候分布、自然生态环境地带性的差别，采用一定的区划方法，将某一区域划分为农业气候、生态环境条件具有明显差异的不同等级的区域单元。本文根据我国烟草布局的特点及其影响因素，探讨我国烟草种植区划的划分指标、方法和发展趋势，以便制定正确的宏观调控措施，合理分布烟草种植区域，提高烟草产质量水平，有计划地发展优质烟叶，保持烟草行业的可持续健康发展。

2　影响烟草种植的主要因素及烟草的品质标准

烟草的适应性较广，但在不同的自然条件和不同栽培方式下，植株的生长发育，烟叶的产量和品质，有明显的差异。不同的烟草类型和品种，对自然条件的要求有所不同，总体来说，温暖、多光照的气候和排水良好的土壤，是优质烟草生长的适宜条件。

对烟草的生态适宜性研究[1,4-8]表明，影响烟草种植的因素包括以下几个方面：①气候条件如气温、降雨量、光照时长、无霜期、≥10 ℃有效积温、气温≥20 ℃持续日数等，在烟草种植的

* 何飞，**陈正洪**，李全忠，王烘炜，李建平. 华中师范大学学报(自然科学版)(T & S)，2013，47(1)：47-52.

不同时期,对这些气象条件的要求也不尽相同;②土壤条件如土壤类型、质地、结构性、pH 值、有机质、肥力条件和 0～60 cm 含氯量等;③地形条件包括地貌类型、坡度、坡向、海拔高度等;④栽培方式;⑤社会经济状况如耕种面积、烟草生产成本、烟农主要收入状况及来源等。总结各类相关研究,可知种植区的土壤、气象和地形对香烟的产量和品质有较大的影响,气象条件起着决定性的影响。

上述不同的因素不仅对烟草的产量有影响,对烟叶的质量也产生影响,我国对烟叶质量的国标进行了多次修定,至 2000 年 4 月,形成了国家烤烟 42 级标准。烟叶质量具体包括烟叶的外观质量:烟叶的生长部位、颜色、成熟度、身份、油分、色度、残伤等;烟叶的物理特性:燃烧性、吸湿性、单位面积重量和含梗率等;烟叶化学成分:糖、烟碱、淀粉、钾、氯;评吸质量:香气量、劲头、余味、杂气、刺激性和灰白等。这些评价指标是对烟草种植进行区划的重要目标信息。

3 我国烟草种植区划发展及主要问题

烟草作为一种农业经济作物,其种植区划是在我国农业区划的大背景下进行的。由于气候是农作物种植的最基本生态条件,相对于土壤等因素,不易被人为改变,属于烟草种植的决定性因素,因此我国农业的区划研究是在气候区划研究成果的基础上发展而来[9]。

第一个阶段是 20 世纪 60 年代,我国开展了大规模的气候资源调查工作,建立了数据库,积累了大量的基础资料,完成了第一次全国性的农业气候区划,对于烟草种植区划,农业部门主要考虑地域因素,简单的将我国划分为东北、西北、黄淮、华中、华南、西南六大烟区[10];

第二个阶段是 20 世纪 80 年代后期,学者们利用小网格计算方法研究气候资源的空间展开,全国范围内开展了第二次农业区划工作。在这个时期,针对第一次烟区区划分类较粗,布局不尽合理,烟叶质量低,不适应我国人民生活水平提高后对烟叶吸食品质的要求,不足以指导我国烟叶总量饱和之后的烟叶区划种植等不足,1985 年陈瑞泰等人[3]以气候、生态条件和地貌类型为烟草区划指标,将烤烟适生类型分为:不适宜、次适宜、适宜和最适宜四种。将全国烟草种植划分为 7 个一级区和 27 个二级区,并针对烤烟种植的 6 个一级区、19 个二级区的范围、自然气候条件等作了概述。

第三个阶段是 20 世纪 90 年代开始,我国农业种植区划的目标是发展适合当地资源特点的特色农业和提高服务质量,其显著特点是利用气候资料和地理信息系统 GIS 建立了农业气候资源的空间分布模型,并综合应用 3S 技术进行细网格气候资源推算分析。对烟草种植区域进行了更加精细化的区划,在我国几个主要的烟草种植大省,如云南、湖南、贵州、湖北、广西、河南等都以 GIS 为平台,选取了不同的区划指标,对全省的烟草种植进行了区域[11-16]划分。2003 年,国家烟草专卖局充分借鉴已有研究成果,进一步开展研究,完成了当时生产条件下的烤烟生态适宜性分区和烟草种植区域划分[17],为了保持全国烟草区划工作的连贯性,仍将我国按烤烟生态适宜性划分为烤烟种植最适宜区、适宜区、次适宜区和不适宜区;在此基础上将烤烟生态适宜性定量评价结果进行分级,采用二级分区制,将我国烟草种植划分为 5 个一级烟草种植区和 26 个二级烟草种植区,结果如图 1 所示(略)。

烟草种植区划的研究在 20 世纪 80 年代中期之前,对生态因子多为定性描述,定量分析的研究较少;在对烟草的影响研究中,多是将产量作为指标,对质量影响的研究比较少;对产区不同生态条件的单因素影响研究多,综合分析比较少。

随着时代的发展,科技进步,气候环境条件发生改变,20 世纪 80 年代的烟草区划工作已经不具时效性,一方面科学技术的发展,农作物种植区划的周期越来越短,另一方面全球气候变化也使局地气候环境发生了较大变化,重新进行一次全国烟草区划,以及局地精细区划是必然趋势;其次,陈瑞泰的研究中适宜性评价只运用了指标法,类型之间的过渡过于跳跃,易造成区划的失误;第三,由于人们对卷烟产品需要的变化,应将烟叶品质指标纳入烟草种植区域指标体系当中,补充完善该指标体系;第四,需要结合高效直观的检索方法,将区划的成果广泛普及。

4 烟草种植区划的思路与方法

烟草种植区划是为了合理利用自然资源,发挥烟草生产技术优势,达到合理布局,实现烟草生产区域化、专业化。在过去烟草种植区划研究中,主要利用气候、地貌、土壤等生态因子作为区域因子,区划指标多采用等级划分方法,适合气候资源差异明显的地区。近年来,一些学者用气象灾害指标进行了烟草种植区划,利用气象灾害因子年次概率作为区划指标,效果理想[18,19]。因此更精细,更具指导性的区划需要综合考虑气候因素、生态环境、社会经济因素以及气象灾害来进行,尝试从充分利用环境、气候资源和规避气象灾害风险的两个方面,达到趋利避害的目的,为烟草生产合理布局及防止风险提供科学支撑。

4.1 区划指标

选择适当的区划指标是进行烟草种植区划需首要解决的问题,指标要素的选取应建立在对烟草产区基本资料的统计与分析之上。通过收集整理烟草品质、种植区域土壤、气象、地形等生态环境条件和社会经济状况数据,建立数据库,按照稳定性、主导性、可量化性和可获取性这四个原则[20]选择对烟草产量、品质形成有决定意义的影响因子作为区域指标,充分表征区域内的烟草生产特征。

在实际研究中,可以通过长期农业实践和经验直接选取合适的区域指标,也可以通过统计分析,用气候、生态环境资料与烟草产量、面积、灾情等数据运用统计学、生物学等方法,结合田间试验确定烟草生长发育的关键条件作为区划指标。前者不需要大量数据资料的支撑,以定性为主,易于操作,常见的方法有问卷调查法、实验法、专家打分法等[21],专家的经验对区划的结果影响较大;后者对数据的依赖性大,以定量研究为主,精度高,划分结果客观。

根据区划指标内容分类大致可以分为三类,具体内容见下表 1。

表 1 烟草种植区划内容分类

指标类别	指标内容	区划意义
气候生态因素	热量、降雨、光照、土壤、地形	根本性的重要依据
气象风险因子	霜冻、冰雹、暴雨洪涝、连阴雨等	规避气象灾害
烟叶质量风格	香型、地域、前两者结合、化学质量	满足卷烟工业配方的需要

总结已经有的研究,可以看到区划指标的选择方法,大致可以分为三类:一是选取几个主导因子,将区划指标划分为一、二、三等不同的级别进行筛网式的选择,就如我国第二次全国性的烟草区划的方法;二是综合因子指标法,首先找出与气候资源地域分布差异有密切关系的多

个因子，经过综合分析后，确定分区的综合指标，再进行区域划分；三是将主导因子与辅助因子相结合，即以主导因子来分大的区域，然后以辅助因子来划分亚带，这种划分方法也是将区域划分不同级别，但各个级别的区划指标不一样，下一级从属于上一级[22]。

4.2 区划原则

确定区划指标后，下一步就是遵循相似性原理，采用合理的方法，划分出各个相同和不同的烟草种植区域单元。区划原则有三条：①烟草类型、烟叶质量特点的相似性；②烟草种植上存在的风险和关键性问题的一致性；③气候条件和自然生态环境的共同性。总的思路是使烟草种植与生态环境取得高度的统一。随着烟草种植区划的不断深入，渐渐淡化了行政区域界线而更着重于种植条件的均质性。

4.3 区划思路

根据不同的区域指标，烟草种植的具体区划方法大致可分为两种主要思路：

一是逐步分区法。这种分级方法往往对应的是指标的分级，即对应上面的主导因子与辅助因子结合的区划方法。即首先根据一级区划指标划出一个大的烟草种植带，然后在每个农业气候带内根据次级区划指标分出若干个亚种植带。

二是集优法，又称重叠法。对应上面的综合因子法，各区划因子同等重要，无主次之分，分别将这些指标情况绘制在一张图上，然后根据各个地区所占指标的数目，划分出不同适宜程度的农业气候区。

这两种方法并不是完全单独存在的，在我国烟草种植区划的发展史中，综合两者进行的研究也不少见，如 2003 年国家烟草专卖局组织在全国开展的烟草种植区划研究，总体思路是逐步分区法，先按生态类型区划一般原则，依据生态适宜性将我国烤烟种植分成四种不同适宜区域，然后根据集优法的思想，根据一级区内气候、土壤、地形和烟叶质量特征的一致性，将 5 个一级烟草种植区划分为 26 个二级烟草种植区。

4.4 区划方法

在以上划分原则、思路的指导下，具体的划分方法可以分为两大类型。

一是定性方法，包括指标分级法和专家分类法，均是对某种或综合指标进行分级，按照指标达标的情况将烟草种植区域分为不同级别，当具备所有最适种植指标时，该区为最适宜区；对部分指标不具备的地区根据情况进一步分为适宜区或次适宜区；当所有指标均不达标时，则为不适宜区。这种方法多用于早期的农业分区，虽然操作简单，易于推广，但分级标准过于机械，主要依赖于人员的经验和知识，主观性强。

二是定量方法，针对定性方法的不足，许多学者开始将数理分析方法如相似性分析法、聚类分析法、层次分析法、回归分析法和系统分析法等引入到烟草种植区划中来，并且取得了很好的效果。总结相关的研究文献可知用于烟草区划的数理分析方法主要有以下两种：

(1)聚类分析法

聚类分析法是对不同事物进行分类的方法，该方法的指导思想就是使同类事物具有相同的特性，而不同类之间有显著的差异。在农业气候区划中应用最为广泛，在烟草种植区划中也得到较多的应用。1994 年，钱时祥等[2]就将聚类分析应用在烟草种植区划上，采用多点联合方差分析方法进行临界点的选择，将18个试验点分为8个生态相似区。王放等[2]采用聚类分析法研究了烤烟烟叶化学成分与产地的关系，并根据分析结果将广西百色烟区划分为三个烟区。蔡长春等[14]利用湖北31个行政县（市）的近50年的气象资料和近三年的土壤资料，采用SPSS分析软件的主成分分析方法，将26个区划指标简化成五个主要成分，并运用动态逐步聚类分析将湖北省烟区的生态气候类型区划成四类。

（2）模糊数学法

常用的方法有模糊聚类法、模糊综合评判、模糊层次分析等，是一种运用模糊数学原理分析和评价具有“模糊性”的事物的系统分析方法，它在模糊的环境中，考虑多种因素的影响，基于一定的目标或标准对评价对象作出综合的评价，对难以用精确数学方法描述的复杂系统问题表现出独特的优越性，常被用于资源与环境条件评价、生态评价等。最初将这种方法引入到烟草业时是对烟草质量的评价[25,26]。吴克宁[27]采用模糊综合评价法，以分布在河南省72个植烟县的473个采样点为评价单元，选择了包括气候、地形、土壤共12个指标，将地貌类型和土壤质量转化成阶梯型精确函数，其他指标转化为S型和反S型的曲线隶属函数，得到72个县的总分值情况及适宜性级别，与目前河南省的烟草实际分布高度吻合。

由于模糊数学法中需要对不同的区划指标要对其赋权重值，因此常与一些其他的数理方法联用，如张久权[28]运用模糊数学隶属函数确定山东烤烟的最佳种植区域时，就采用了层次分析法确定各因子的权重；杨尚英[29]对咸阳各县区烤烟气候适宜性作定量分析时，采用了灰色关联分析法为模糊分析中的区划因子权重赋值。

5 GIS在烟草种植区划中的应用

在传统的烟草种植区划中，区划指标数据特别是气象数据是由气象站点提供的，仅代表一个点上的指标情况。而现代农业的发展已经逐渐打破行政区域的限制，对农业生态气候资源的分析提出了更高的要求，所以农业生态气候资源的区域化分析是我国烟草种植高效发展的必然要求。

自20世纪80年代，将GIS引入到我国的农业区划领域中，使这一需求得到满足。GIS是一门集计算机科学、地理学、测绘遥感学、环境科学、空间科学等为一体的高新技术领域的交叉学科[30]，在烟草种植资源分析与区划中，可以对多源、多尺度生态气候资源进行数据管理，对空间数据进行叠加和综合分析，建立各种数学模型，与传统区划方法相结合，所得结果由基于行政基本单位发展为基于相对均质的地理网格单元，大大提高了区划成果的精度和准确度[31]。GIS在烟草区划研究中的作用是不断发展的，其应用领域主要集中在区划成果可视化、气候要素精细化和提供信息服务这三大块上。图2表示GIS在烟草种植区划中的具体应用进程。

5.1 区划成果可视化

GIS强大的数据采集、存贮分析功能是GIS技术引入到烟草种植区划中时最初级的应用。GIS充分考虑影响烟草区划的各种因素，建立气候资源、气候灾害、地理信息等的空间模型，结合传统区划方法，对海量数据进行信息化，使得区划结果图件更加直观。如董谢琼等[11]首次应用GIS技术对云南烤烟种植区划得到区划图，之后邵岩[32]将烤烟气候适宜性分区与烤烟品质类型气候分区相叠加得到云南烤烟种植气候适宜性分区图。郭兆夏等[33]在陕西省运用

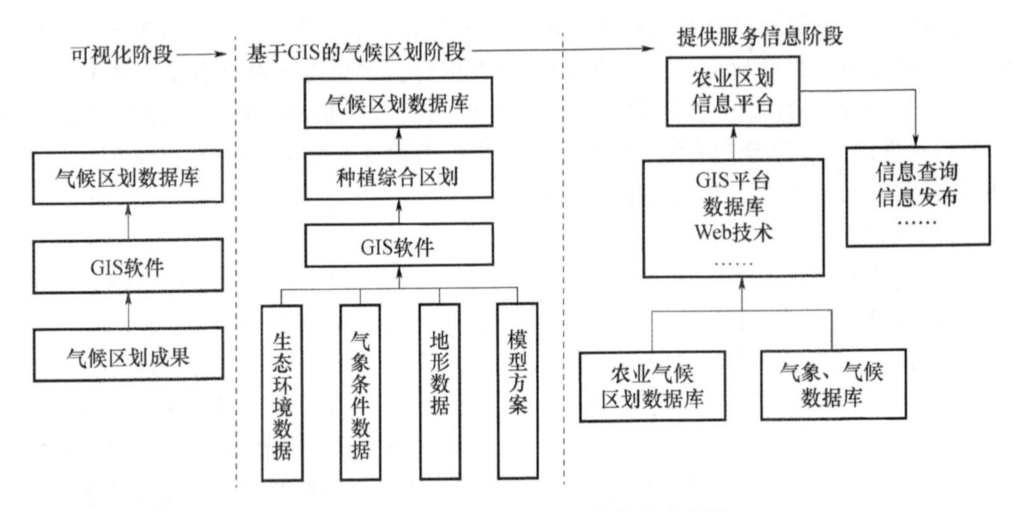

图 2　GIS 在烟草种植区划中的应用进程图

GIS 技术制作出精细化的烤烟气候适宜性区划图等。

5.2　气候要素细网格化

烟草种植发展的不断精细化，大尺度的烟草区划已经不能满足人们对优质烟叶的需求。GIS 的空间分析功能（包括空间插值、缓冲区分析、叠质分析、地形分析与空间统计分析）与传统的区划方法相结合，分析烟草种植气候资源和空间地理条件对烟草的综合影响，优势之一是通过 GIS 将气候要素内插或推算到一定空间分辨率的细网格点上，高清晰地再现气候资源的空间分布特点，可以很好地解决观测站点稀疏，不足以精确反映整个空间气候状况的问题。其成果主要表现在区划立体图制作、气候资源分析等方面。肖秀珠等[34]对福建省长汀县的烤烟进行区划时，结合 100 m×100 m 网格点上的地理信息资料绘出区划图，可精确到村一级。肖汉乾等[12]采用 GIS 细网格插值，推算了湖南省烟叶生长期内主要气候因子的细网格地域分布，结合烟草种植区划指标，对该省进行的烟草气候生态区域取得了很好的效果。

5.3　提供信息服务

烟草种植区划将 GIS、数据库、Web 等技术相结合，在烟草区划数据库，气象、气候数据库，调查、实验数据库，专家数据库等的基础上，建立烟草区划信息系统，为人们提供信息服务。

6　研究展望

由于生态环境和气候资源的不断变化，观测资料的积累、更新，烟草品种及生产技术的更新换代等对烟草种植区划提出了新的要求，同进也需要加强新技术方法的研究。因此，烟草种植区划工作会是一个长期重复而又不断创新的过程，针对目前研究现状存在的问题，在今后的工作中还需要探讨以下几个问题：

6.1　区划指标体系的构建

烟草的种植不仅取决于气候、生态因素，还取决于生产技术及经济因素，另外烟草的产量和品质不仅需要充分利用生态气候资源，也需要规避气候灾害。目前的区划指标多以气候、地形、土壤为主，较少考虑经济和社会发展因素，缺乏对资源和灾害两方面因素的综合考虑。因此为了提高区划的合理性以及实用性，亟待建立新的指标体系，包括：气候资源、生态环境、地理因素、灾害指标、产量品质指标以及社会经济因子。并且在构建区划指标时，需结合作物的生长模拟模型，结合木桶短板效应，确立有决定意义的限制因子并赋予更高的权重。

6.2 区划工作的动态性

基于烟草种植大环境，社会需求，区划方法的不断变化，从管理层面上来说，烟草种植的区划工作管理上需要保持一种动态的良性循环，即资源调查，综合评价，合理布局，优化配置，高效利用，动态预测，预警监测，资源调查这样一个周期；从技术层面上来说，对于生态环境或气候条件年际变化较大的地区需要采取相应的调整措施，加强 GIS 与 RS、GPS 技术的联用，即 3S 技术，应用 RS 和 GPS 实现信息收集和分析的定时、定量、定位，确保不断更新 GIS 中的数据库，使资源具有时效性，使区划由静态走向动态[3]。

6.3 成果信息的推广

受到技术水平和经济能力等限制，烟草种植区划信息系统提供的信息服务与烟农、政府需要的信息形式、信息量都存在一定的差距，成果的推广应用受到可提供的信息量及信息表达方式、途径的限制，及时性不强。构建基于网页技术的开放式共享 GIS 烟草区划平台，可为相关部门提供更高效更广泛的服务，这也是今后区划工作中的一个重要发展方向。

参考文献

[1] 王现军，朱忠玉. 中国烟草布局的特点和发展趋势[J]. 地域研究与开发，1995，14(2)：114-17.

[2] 中国烟叶生产购销公司. 中国烟叶生产实用技术指南[Z]. 北京：中国烟叶生产购销公司，2002，2003，2004.

[3] 中国农业科学院烟草研究所主编. 中国烟草栽培学[M]. 上海：上海科技出版社，1987：1-23，113-133.

[4] 廖要明，周小蓉. 气候变化对我国烟草生产及其适生地选择的影响研究[J]. 中国生态农业学报，2003，11(4)：137-138.

[5] 张振平. 中国优质烤烟生态地质背景区划研究[D]. 杨凌：西北农林科技大学，2004.

[6] 彭新辉，易建华，周清明. 气候对烤烟内在质量的影响研究[J]. 中国烟草科学，2009，30(1)：68-72.

[7] 方加贵，刘春奎. 土壤因素对烟叶品质的影响[J]. 农技服务，2010，27(7)：886-887.

[8] 王建伟，张艳玲，过伟民，等. 气象条件对烤烟烟叶主要化学成分含量的影响[J]. 烟草科技，2011，(12)：73-76.

[9] 王连喜，陈怀亮，李琪，等. 农业气候区划方法研究[J]. 中国农业气象，2010，31(2)：277-281.

[10] 刘友杰. 基于 GIS 的延边烤烟种植生态适宜性区划研究[D]. 郑州：河南农业大学，2009.

[11] 董谢琼，徐虹，杨晓鹏，等. 基于 GIS 的云南省烤烟种植区划方法研究[J]. 中国农业气象，2005，26(1)：16-19.

[12] 肖汉乾，陆魁东，张超，等. 基于 GIS 的湖南烟草可种植区域精细化研究[J]. 湖南农业大学学报，2007，33(4)：427-430.

[13] 莫建国，汪对洪，谷晓平. 基于 GIS 的贵州烤烟种植气候区划研究[J]. 上海农业学报，2011，27(3)：64-69.

[14] 蔡长春，邓环，赵云飞，等. 湖北省植烟区生态气候因子的主成分分析和区域划分[J]. 烟草科技，2011，(2)：64-69.

[15] 李家文，柒广萍，吴炫柯. 基于 GIS 的广西贺州市春烟种植区划[J]. 安徽农业科技，2008，36(32)：

14324-14325.

[16] 陈海生,吴玲洪,刘国顺,等.基于地统计和 GIS 的河南省烟草大田生长期降水量和蒸发量空间变异性分析[J].农业系统科学与综合研究,2008,24(4):470-475.

[17] 中国烟草总公司郑州烟草研究院.中国烟草种植区划[R].2009.

[18] 谈丰.龙岩市烟叶气象灾害风险评价及其气象指数保险设计[D].南京:南京信息工程大学,2012.

[19] 杨丰政.基于 GIS 的徐水县气象灾害风险评估研究[D].南京:南京信息工程大学,2012.

[20] 云南省烟草农业科学研究院.基于 GIS 的云南烤烟种植区划研究[M].北京:科学出版社,2009:12.

[21] 张明洁,赵艳霞.近 10 年我国农业气候区划研究进展概述[J].安徽农业科学,2012,40(2):993-997.

[22] 李世奎,侯光良,欧阳海,等.中国农业气候资源和农业气候区划[M].北京:科学出版社,1988,124-145.

[23] 钱时祥,陈学平,郭家明.聚类分析在烟草种植区划上的应用[J].安徽农业大学学报,1994,21(1):21-25.

[24] 王放,梁开朝,黄谨,等.烤烟烟叶化学成分与产区关系的聚类分析研究[J].中国烟草科学,2009,30(2):57-61.

[25] 王志德,王民,金运芳.应用模糊数学原理对烤烟品种产质量进行综合评判[J].安徽农业科学,1990,(3):264-266.

[26] 高同启,张卫旗.卷烟质量多级模糊综合评判模型研究[J].合肥工业大学学报,1998,21(6):57-60.

[27] 吴克宁,杨扬,吕巧灵.模糊综合评判在烟草生态适宜性评价中的应用[J].土壤通报,2007,38(4):631-634.

[28] 张久权,张教侠,刘传峰,等.山东烤烟生态适应性综合评价[J].中国烟草科学,2008,29(5):11-17.

[29] 杨尚项.烤烟生产气候生态因子的定量分析[J].安徽农业科学,2005,33(8):1449-1450.

[30] 张海梅,符晓,牟萌.GIS 与农业气候区划[J].安徽农业科学,2006,34(7):1503-1504.

[31] 马晓群,张家鼎,王效瑞,等.GIS 在农业气候区划中的应用[J].安徽农业大学学报,2003,30(1):105-108.

[32] 邵岩.基于 GIS 的云南省烤烟种植生态适宜性区划[D].长沙:湖南农业大学,2008.

[33] 郭兆夏,贺文丽,李星敏,等.基于 GIS 的陕西省烤烟气候生态适宜性区划[J].中国烟草学报,2012,18(2):21-24.

[34] 肖秀珠,林河富,周振湘,等.烤烟气候适应性分析及基于 GIS 的专题农业气候区域[J].生态学杂志,2008,27(2):290-294.

[35] 王建新.现代农业气象业务[M].北京:气象出版社,2010:234.

影响鄂西烤烟外观和感官的关键气候指标分析(摘)*

摘　要　为了做好鄂西烤烟气候区划和专业气象服务,通过鄂西烟区16个县(市)2006—2011年烤烟外观质量、感官质量总分与烤烟大田期(5—9月)平均气温距平、日照时间距平和降水距平百分率的相关分析和显著性检验,确定影响鄂西山区烤烟外观和感官的关键气候因子及指标。结果表明:1)当大田前期(5月、6月)平均气温比30年均值升高1℃、6月日照时间比30年均值增加10 h,8月日照时间比30年均值减少10或25 h,外观质量将会显著提高,9月日照时间已达到优质外观质量的需求。"清江源"烟区大田期(5—9月)平均气温比30年均值上升0.5℃,"金神农"烟区6月降水量比30年均值减少30%,9月降水量比30年均值减少更有利外观质量的提高;2)当5月平均气温比30年均值升高1℃、7月平均气温比30年均值降低0.5℃、7月降水量比30年均值增多50%或20%,鄂西烟区烤烟感官质量将显著提高。"清江源"烟区,7—8月日照时间比30年均值减少34 h,"金神农"烟区6月平均气温比30年均值降低0.5℃、日照时间比30年均值减少10 h,9月日照时数比30年均值减少10 h更有利于烤烟感官质量的提高。

关键词　烤烟;外观质量;感官质量;气温;日照时间;降水量;距平;气候指标;鄂西烟区

1　引言

鄂西烟区外观质量和感官评吸质量在地区间、年度间存在显著差异,这与地区、年度间的气候条件差异密切相关。本研究对影响烤烟外观和感官的关键气候指标进行诊断分析,定量地研究关键气候因子对烤烟品质的影响。同时采用了气象因子相对指标(距平或距平百分率)与烤烟外观质量和感官质量进行相关分析,以确保研究结果的广泛适用性。

2　资料与方法

1982—2011年"清江源"烤烟产区(巴东、恩施、来凤、利川、建始、咸丰、宣恩、鹤峰8个县(市))和"金神农"烤烟产区(竹山、竹溪、郧西、房县、保康、南漳、兴山、秭归8个县)各国家气象站的逐月月平均气温、月降水量、月日照时间等。

2006—2011年《湖北省烟叶质量评价报告》中16县(市)外观质量总分(总分60)数据;2007—2011年《湖北省烟叶质量评价报告》中16县(市)感官质量总分(总分100)数据。

计算1982—2011年30年间5—9月逐月、相邻两月及关键时期(6—8月、7—9月)平均气温、累积降水、日照时间历年均值,计算2006—2011年各指标绝对值及其与30年平均值的差值(即距平值),并计算降水距平值与30年平均值的比值,即降水距平百分率。

3　结果和讨论

(1)鄂西南烟区整个大田期的平均气温偏低、鄂西北地区春末夏初干旱和后期"秋雨"分别是"清江源"、"金神农"两大品牌烤烟品质提高的制约因子。在采取烤烟覆膜、调整移栽期等栽培措施的同时,烟草气象服务水平的提高也尤为重要。(2)相对于气象因子绝对值而言,距平值的使用可以使分析结果更广泛地应用。而且得到了定量的气候因子指标可直接结合气候预报为鄂西烟草种植和品质提供更为精准的烟草气象预报。

---

* 林丽燕,**陈正洪**,李建平,阳威,骆亚军. 湖北农业科学,2014,53(6):1318-1321.

鄂西烟叶品质垂直变化及其与大田期气象因子的关系研究(摘)*

摘　要　对宣恩、兴山和利川三地不同海拔处的中部烟叶进行取样,通过检测、评吸得到其化学成分含量和感官质量得分,进而分析鄂西两大代表烟区(清江源、金神农)中部烟叶品质随海拔高度的变化,以及烟叶品质与大田期关键气象因子的相关性。结果表明:宣恩海拔 900 m 以下地区烟叶化学成分得分随海拔升高而增大,海拔 900 m以上地区,烟叶化学成分得分随海拔升高而减小;利川地区烟叶化学成分得分总体表现为随海拔升高而减小;兴山烟叶化学成分得分变化无明显规律。三个地区烟叶感官质量得分比较接近,与海拔没有显著相关性。大田期各阶段的降雨量和旺长期、大田期的昼夜温差是影响烟叶化学成分和感官质量的主要气象因子。

关键词　化学成分;含量;得分;海拔高度;相关性

1　引言

从烟草移栽至大田到烟叶采收约为 100～120 天,其中烟苗移栽成活后至烟叶采收这一阶段的气象条件对烟叶品质和产量有重要影响。化学成分和感官质量是烟叶质量评价体系中的两个重要指标。本研究拟定量分析鄂西烟叶种植高度上移后,不同海拔地区烟叶化学成分和感官质量的变化,进而通过分析大田期不同阶段烟叶品质与气象因子的相关性,找出不同时期影响烟叶生长的关键气象因子,从而根据不同气候条件采取相应栽培措施,合理调整烟叶种植布局,趋利避害,保证烟叶优质高产。

2　资料和处理方法

选择利川和宣恩作为鄂西“清江源”烟区的代表产地,兴山作为“金神农”烟区的代表产地,收集各样地自动站常规观测资料,包括日平均气温、最高气温、最低气温、降水量等。通过多元线性回归,利用自动站日气象资料分别计算不同海拔高度处的日平均气温、降水量和昼夜温差。

3　结果和讨论

(1)宣恩海拔 900 m 以下地区烟叶化学成分得分随海拔升高而增大,海拔 900 m 以上地区,烟叶化学成分得分随海拔升高而减小。(2)利川地区烟叶化学成分得分总体表现为随海拔升高而减小。(3)兴山烟叶化学成分得分变化无明显规律。(4)三个地区烟叶感官质量得分比较接近,与海拔没有显著相关性。(5)大田期各阶段的降雨量和旺长期、大田期的昼夜温差是影响烟叶化学成分和感官质量的主要气象因子。

---

* 孟丹,**陈正洪**,李建平,阳威,何飞.湖北农业科学,2016,55(5):1194-1198.

圈养野生动物疾病与气象因子的相关性及其预测(摘)*

摘　要　本文对1975—1998年间的北京动物园野生动物发病率进行统计，分析了兽类、禽类及其各系统发病率的月份、季度、年际变化特点，并与同期北京地区的气温等13项气象资料进行结合分析，讨论了每季度发病率与同期、前期气象因子的关系，在此基础上利用逐步回归分析，建立各月预报方程，经 F 检验，效果良好。

关键词　圈养野生动物；疾病；气象因子；相关性；预报模型

1　引言

气象条件是圈养野生动物生存的重要环境条件，对动物传染病的发生、流行有着重要影响。随着全球气候变化，动物疾病特点还会发生显著变化。本文利用北京动物园几十年来积累的圈养野生动物的大量宝贵资料对圈养野生动物疾病发生的季节性及其与气象条件的相关性进行详细分析，并利用医疗气象学和统计方法建立了气象条件对圈养野生动物发病的预报方程，这对野生动物的保护将是十分有意义的。

2　资料和处理方法

圈养动物发病资料来自北京动物园，统计资料为1975—1998年间的所有动物发病资料，共整理疾病资料13277例次。动物发病资料按每例次动物的实际发生疾病的情况进行记录处理，并分为兽类和禽类两大类，疾病划分为消化系统、呼吸系统、运动系统(包括皮肤、骨骼、肌肉)和其他系统(包括没有明确症象的病例)四大系统(表略)，并按月、季(春季:3—5月，夏季:6—8月，秋季:9—11月，冬季:12—2月)、年进行整理。由于每年饲养动物的数量不同，各年之间的发病数没法直接比较，因而采用发病率来进行分析:发病率 = 发病数 / 圈养动物的数量×100%。

气象资料来自气象档案馆，统计年份为与动物资料相对应的时间，即1975—1998年间每日北京地区的气象资料，其中包括:日平均气温、日最低气温、日最高气温、蒸发量、降雨量、平均气压、平均风速、相对湿度、日照时数等。根据分析需要，对气象资料进行了月统计，统计量分别为月平均气温、月最低气温、月最高气温、月蒸发量、月降雨量、月平均气压、月平均风速、月平均相对湿度、月日照时数、月降水日数、月极端最低气温、月极端最高气温、月气温较差等。

3　结果和讨论

(1)对1975—1998年间的北京动物园野生动物发病率进行统计，分析了兽类、禽类及其各系统发病率的月份、季度、年际变化特点。(2)与同期北京地区的气温等13项气象资料进行结合分析，讨论了每季度发病率与同期、前期气象因子的关系。(3)利用逐步回归分析，建立各月预报方程，经F检验，效果良好。

* 张强，王有民，**陈正洪**，张成林. 华中农业大学学报，2004，23(4)：431-436.

克氏原螯虾气象因子影响研究现状与展望(摘)*

摘　要　克氏原螯虾主要养殖在长江中下游地区，目前最主要的养殖模式为虾稻共作模式。大量研究结果表明，克氏原螯虾的生长发育与气象要素密切相关。水温在25～30 ℃时，克氏原螯虾生长较快；16～25 ℃水温范围内，温度越高，越有利于雌虾卵巢发育；20—30 ℃水温范围内，水温越高，受精卵孵化时间越短。光明和黑暗时间之比为16 h∶8 h时，最有利于雌虾性腺发育。与克氏原螯虾养殖有关的气象灾害主要有暴雨洪涝、高温热害、低温冷害。鉴于目前的养殖和气象因子影响研究及服务现状，建议气象部门开展虾-稻种养基地气象观测站网建设，开展气温与水温相关性和水温预报研究，以及气象要素对克氏原螯虾影响的定量化研究。

关键词　克氏原螯虾；气象；因子；展望

1　引言

影响克氏原螯虾生长的原因很多，包括生物之间相互关系（如敌害）、捕捞强度、资源保护、水域污染、肥料供给等，除此以外，天气与气候的变化对克氏原螯虾的整个生命周期，也有着重要的影响。气象因子是影响其他事物发展变化的重要原因或条件，它可能是某一种气象要素及其变化，也可以是多种气象要素的综合及其变化。本文着重于探讨气象因子对于克氏原螯虾的影响，系统综述气象因子对克氏原螯虾影响的最新研究成果，从气象的角度研究克氏原螯虾的入侵选择、生态保护和养殖要点及服务展望，为更加全面地认识气象环境对克氏原螯虾的影响的形成机制，制定更为有效的养殖管理与预防措施及气象服务提供参考。

2　克氏原螯虾气候适应性与养殖模式

素有“鱼米之乡”之称的长江中下游平原，四季分明，河道纵横、湖泊密布、土壤肥沃且地势平缓，湖泊中挺水植物、漂浮植物、沉水植物众多，为克氏原螯虾的生长发育提供了得天独厚的优势。在湖北省潜江市和江苏盱眙县，多年的实践和研究表明，虾稻共作的稻田套养模式最为实用，属于一种“种养结合”的养殖模式。

3　结果和讨论

(1)克氏原螯虾的生长发育与气象要素密切相关；水温在25～30 ℃时，克氏原螯虾生长较快；16～25 ℃水温范围内，温度越高，越有利于雌虾卵巢发育；20～30 ℃水温范围内，水温越高，受精卵孵化时间越短。(2)光明和黑暗时间之比为16 h∶8 h时，最有利于雌虾性腺发育。(3)与克氏原螯虾养殖有关的气象灾害主要有暴雨洪涝、高温热害、低温冷害。(4)鉴于目前的养殖和气象因子影响研究及服务现状，建议气象部门开展虾-稻种养基地气象观测站网建设，开展气温与水温相关性和水温预报研究，以及气象要素对克氏原螯虾影响的定量化研究。

---

* 徐琼芳，岳阳，王权民，陈正洪，杜燕妮，张新贝．气象与环境科学，2018，41(2)：105-110.

城市气象

城市热岛　　排水防涝
供电供热供水　城市交通

江城晚霞——崔杨　摄

武汉东湖樱园——李梦蓉　摄

汉口盛夏热岛效应的统计分析及应用*

摘　要　本文利用汉口夏季一个整月的系统小气候考察资料，首次详尽地统计分析并比较了汉口盛夏日最高、平均、最低气温对应的三种热岛强度(ΔT)出现频率、均值、极值、方差等特征，并将ΔT与气象站的地面观测因子进行逐步回归分析，找出影响ΔT的主要因素X_i，确定最佳回归方程$\Delta T=f(x_i)$即城区高温订正方程，从而揭露出强热岛形成背景及成因，结果表明：

1.汉口中心地带盛夏每日都存在热岛效应，平均强度2.0 ℃左右，三种热岛强度有些差别，日最低气温所对应的热岛强度ΔT_3最强，也最适宜于因子分析。夏夜出现5.9 ℃的极高记录。

2.强盛夏城市热岛背景为：连续晴朗无云天、中午吹南洋暑风、极端气温高、全天风小尤其是夜间静风等；弱热岛背景为：阴云雨天、风大(≥6m/s)、北风过境、极端气温低。

关键词　城市热岛；风向指数；订正方程；成因分析

1　引言

城市热岛已被认为是现代世界公害之一，一般认为夏季城市热岛是全年最小的或根本不存在。但武汉中心气象台等多次对武汉三镇的盛夏小气候考察表明，武汉三镇盛夏热岛效应十分显著，具有2 ℃左右的热岛强度。武汉市地处长江中游，盛夏期间常常在西伸副高的持久控制之下，高温酷热难当，是闻名中外的“三大火炉”之一，盛夏高温常在35 ℃以上。以汉口为例，它是武汉三镇人口、房屋最密集的具有热岛效应的区域，中心地带常较郊乡高出几度，严重影响社会秩序和人民的生产生活方式，有时会造成大批人员中暑甚至死亡。盛夏热岛效应的研究有着重要的现实意义。

2　资料与方法

2.1　资料来源和分析方法

根据乔盛西等1977年8月1日至31日在汉口六渡桥附近的红焰学校操场的气温观测资料，与同期东西湖气象站(下称气象站)气温资料对比，从逐日的日最高、日平均、日最低气温表示三种热岛强度ΔT_1，ΔT_2，ΔT_3，进行统计分析，寻求影响ΔT的主要因子和ΔT的最佳拟合方程。

2.2　初步分析

城市热岛效应(强度)通常用$\Delta T=T_{城}-T_{郊}$表示，本文用$\Delta T_{1(2,3)}=T_{中_{1(2,3)}}-T_{东_{1(2,3)}}$表示，

---

* 陈正洪.湖北省自然灾害综合防御对策论文集[G].北京：地震出版社，1990：86-88.

其中 $T_{中}$ 为红焰学校操场(代表汉口中心地带)的气温,$T_{东}$ 为气象站(代表远郊)的气温。资料初步分析表明,$\Delta T(\geqslant 0)$的形成有其天气背景。热岛强度与风向、风速相关显著。通过逐步回归分析,影响热岛强度的主要6个气象因子为:日照时数 x_1、日平均风速 x_2:、风向指数 x_3、日平均气温 x_4、日最低气温 x_5、日最高气温 x_6。其中风向指数 x_3 约定为:连续三天偏南风,从第三日起风向指数记为2,前两日均记为1;由偏南风转为偏北的前一日记为1,当日记为0;连续四天以上偏北风,从第四日起记为−3,第二、三日分别记为−1,−2,以后凡正北风记为−4,偏北风记为−3。

通过最佳回归方程 $\Delta T=f(x_j)$将气象站相应的因子输入方程便可求出热岛值,再将该值加到当日气象站的温度上便为汉口中心地带的订正后温度。

3 结果与讨论

3.1 日最高气温表示的热岛强度 ΔT_1 统计分析

以日最高气温表示热岛强度的最佳订正方法为:

$$\Delta T_1=3.51+0.08x_1+0.13x_3-0.25x_4+0.21x_5 \tag{1}$$

其中,ΔT_1 与风向指数 x_3 相关性最好,单相关系数为0.6,其单项回归方程为:

$$\Delta T_1=2.17+0.12x_3$$

根据规定风向由南到北时 x_3 由正到负,当某一风向持续多日时 x_3 也稳定在某一值,若持续吹南风,热岛值达到极强,另一方面,若连续吹偏北风,天晴气爽,温度上升,热岛值也会有些回升。

气象站的日平均、最低、最高气温对 ΔT_1 均有较大正贡献,日最高气温越高,热岛就越强。如1974年8月3—10日,气象站日最高气温几乎都在35 ℃以上(仅4日为34.7 ℃),还出现日极端高温36.9 ℃,这是全年最热的一段日子;此期热岛强度 $\Delta T_1\geqslant 2.0$ ℃有7天,$\geqslant 2.6$ ℃有5天,是全月最有代表性的一段强热岛期。当时天气形势为:副高持续控制在武汉地区上空,晴空万里,烈日当头,全天风力微弱,午后常吹一阵南洋暑风。日平均、最低气温与日最高气温呈极好正相关。

武汉中心气象台在盛夏时节发布武汉市区高温预报时,每当作出东西湖气象站日最高气温预报可能≥34 ℃后,一般要在此基础上提高2 ℃左右作为市区的高温预报结果,这与上述分析结果一致。

试想在那些热浪滚滚的夏日,尤其是出现极端高温时,任何1～2 ℃的升值对人类生产生活的影响将是巨大的。大城市由于热岛效应增值2～3 ℃甚至4 ℃以上,夏日最高气温超过39～40 ℃,高温危害大大加剧。

3.2 日平均气温表示的热岛强度 ΔT_2 统计分析

日平均气温 ΔT_2 可以用来衡量盛夏城市热岛状况,但是 ΔT_2 一般比 ΔT_1 小,而且 ΔT_2 的极端情况比 ΔT_1 弱,有些日子里 ΔT_2 所代表的热岛强度是不明显的,其最佳回归方程为:

$$\Delta T_2=5.87-0.36x_2+0.12x_3-0.13x_5 \tag{2}$$

可见 ΔT_2 与日平均风速 x_2 呈负相关,二者单相关系数达−0.61,与其他分析者的结果一致。它说明:风速越大热岛就越弱,风速越小热岛就越强,静风时热岛最大,其单项预报方程为：

$$\Delta T_2 = 2.78 - 0.46x_2$$

令 $\Delta T_2=0$，为风速超过 6m/s 时热岛消失。武汉盛夏日子里风力微弱，日平均风速常为 2～2.25m/s，所以 ΔT_2 多为 1.5～1.9 ℃。

另外从单因子相关分析可知，城市热岛强度还与日照时数呈正相关，即与云量呈负相关，云量大时整个地区有一定降温，高温过程将有一个短暂中止，引起热岛的起因大多消失(主要是没有强烈的加温过程)，凡晴天少云，辐射量极大，地面也最热，热岛亦最强，因此天晴风小的日子应考虑 ΔT_2 出现。

3.3 日最低气温表示的热岛强度 ΔT_3 统计分析

日最低气温 ΔT_3 的变幅是三种热岛强度表示中最大的，并且 ΔT_3 的方差最大，也就是说其变程最大，用它能较好地进行相关分析。结果表明，ΔT_3 与日平均风速 x_2 有极好的负相关性，二者单相关系数达－0.78，x_2 就首先进入方程：

$$\Delta T_3 = 6.58 - 0.89x_2$$

它说明夏夜的热岛在静风时最大可达 6 ℃。因为夏天日长夜短，夜温较高，据研究，当日最低气温≥27 ℃时，人们在午夜前入睡就会受阻碍，当它≥30 ℃，人们就难以入寐。试想当郊乡的 x_5 为 26～27 ℃时，市中心 x_5 因 ΔT_3 可达 2～3 ℃甚至 6 ℃而增至 30 ℃左右。居民的睡眠将受到严重影响，次日精力不济，极易发生工作事故和产生肠胃病、中暑。同期资料表明夏夜室内较室外高 1～3 ℃，六渡桥一带的居民在夏夜不论妇幼老小几乎都在大街小巷布下“竹床阵”，以抵御酷暑难眠，形成独特的一景。高温期间夜间城市热岛的危害性极大。

最佳回归方程为：

$$\Delta T_3 = 3.01 - 0.07x_1 - 0.65x_2 - 0.25x_5 + 0.22x_6 \tag{3}$$

可见 ΔT_3 还与日照呈正相关，此与 ΔT_2 的情况类似。

4 应用举例

湖北省卫生防疫站“炎热地区(武汉)热浪对人群健康影响的调查研究”表明，虽然 1988 年盛夏武汉曾出现历史上罕见的酷热，几十个日夜热浪滚滚，全市有 42 人因严重中暑而死于医院，非住院死亡者、中暑等疾病患者更是不计其数，但东西湖气象站观测气温未能达到国际上公认的热浪标准(日最高气温≥37 ℃持续 4～5 天以上称为一次热浪过程)，可见气象站的气温比市区低，无法直接使用，如果根据方程(1)、(2)、(3)，将气象站逐日三项气温订正到市中心，较接近实际情况。

当然城市高温对人类的影响决不只限于中暑死亡问题，而是关系到人的精神状态，工作效率、饮居、外出以及工厂的生产销售、耗电耗水、冷饮服务、露天施工等各行各业，并建议：在武汉盛夏季节，在盛夏高温(≥35 ℃)来临之前要加强水电储备、供应准备工作，当气象站日最高气温≥37℃时就应当适当调整工作、休息时间日程安排；当气象站日最高气温≥38 ℃时，奉劝居民减少或停止户外活动、串门，要注意劳逸结合，各单位也应当在此之前搞好防暑降温工作；还要提醒居民重视日最低气温的预报及出现情况，采取有效措施保证正常生产与生活。

参考文献：略。

湖北省城市热岛强度变化对区域气温序列的影响*

摘　要　计算湖北省71个气象站1961—2000年间四季、年平均、最高、最低气温倾向率，绘制其等值线分布图，设计并求取武汉站相对郊区代表站、全省的城市代表站、基本和基准站相对乡村代表站的热岛增温速率和贡献率。结果表明：(1)40年来气温倾向率多为正，即呈增温趋势，但时空分布不均，冬季最低气温增速大，夏季最高气温增速小甚至降温，非对称性变化明显，几乎所有情况后20年增温加剧；(2)武汉站、全省城市代表站热岛效应影响存在着显著的随时间增大趋势，武汉年平均、最低、最高气温的热岛增温速率分别为0.2、0.37、0 ℃/10a，贡献率分别为64.5%、67.3%、0%，而全省城市代表站年3项气温的热岛增温速率略小，贡献率则可达75%以上，有些情况可达100%，且时间差异、非对称性特征与武汉较一致；(3)近40年来全省基本和基准站热岛增温贡献率可达60%以上，近20年来还有50%左右。因此，目前根据国家基本、基准站资料建立的温度序列严重地保留着城市化影响。

关键词　城市热岛效应；气温序列；气候变化；非对称变化

1　引言

全球气候变暖的主要依据来自地表平均气温等实测资料(IPCC,2001)[1]。而现有温度序列可能保留着城市热岛效应，并随时间增强，其影响程度如何，任国玉[2]和初子莹等[3]进行了很好的总结，国外有两种针锋相对的观点：1)影响很大，如Karl等[4]对美国城市和乡村观测站进行了系统的对比分析发现，1901～1984年间城市甚至村镇对地表气温记录的影响是很明显的，Karl和Jones[5]认为，美国1901—1984年期间年平均温度序列中的城市化偏差为+0.1 ℃至+0.4 ℃，与同期总的增暖趋势(+0.16 ℃)相当，但后来他们[6]又认为城市化影响为0.12 ℃，并推测在全球和区域平均气温数据中的偏差，最可能的来源是受城市热岛加强的影响；Hansen和Lebedeff[7]发现，从数据中剔除人口超过10万的城市台站观测值后，全球的平均气温大约只上升了0.1 ℃；Balling和Idso[8]计算了美国东部1920—1984年的气温变化，发现64年间气温增加了0.39 ℃，但当剔除城市化影响后气温仅增加了0.02 ℃。2)影响很小，Jones等[9]对苏联、中国东部、澳大利亚东部以及美国的城市和农村站平均气温变化进行了比较分析，认为城市化对这些地区地表平均气温变化的影响很小，在中国东部，农村站的升温甚至比城市站还大。IPCC第三次评估报告(IPCC,2001)[1]采用了后者。

对我国的研究表明，气温序列中城市热岛效应影响显著，如Wang等[10]用1954—1983年的42对城乡地表温度资料将中国分为6个区域进行了研究，发现城市热岛影响比较明显。赵宗慈[11]在对中国39年气温变化与城市化影响的研究中认为，中国城市化的影响不容忽视。林学椿和于淑秋[12]研究了北京地区气温的年代际变化和热岛效应，发现北京站记录中城市热

* **陈正洪**，王海军，任国玉，向华，薛铃.气候与环境研究，2005,10(4):771-779.

岛效应的影响非常明显。陈正洪[13]研究了1961—1995年武汉和荆州逐月城市热岛效应，表明月平均气温表示的城市热岛强度一致快速增加。张霞等[14]提出并研究了武汉城市热岛强度的非对称性变化，最低气温表示的热岛强度上升明显快于最高气温所表示的热岛强度。哈斯[15]分析发现呼和浩特市的城市热岛效应明显，并伴随着雷暴和雾日数的增加，日照时数减少。

初子莹和任国玉[3]证实北京地区城市站热岛效应影响存在着显著的随时间增大趋势，近20年来尤为明显，基本、基准站平均温度距平序列与被认为不受城市热岛影响的郊区平均温度距平序列差异明显，近40年来城市热岛效应增强因素对基本、基准站的增温贡献率已达71.1%，近20年来也达到一半左右，因此认为目前根据国家基本、基准站资料建立的温度序列在很大程度上保留着城市化的影响。

在此基础上，在“十五”国家科技攻关“全球与中国气候变化的检测和预测(2001BA611B—01)课题拟对纬度分布自北向南的辽宁省、北京地区、山东省、湖北省、广东省等地平均气温序列的增温速率及城市热岛增温贡献率进行估算，以揭示我国广大地区由国家基本、基准站资料建立的气候序列中保留多大程度的城市热岛效应及其变化趋势。本文是湖北省的研究结果，特色之一是除了平均气温外还考虑了最低、最高气温，从而可以揭示增温速率及城市热岛增温贡献率的非对称性变化。

2 资料与方法

湖北省气象系统有78个气象站，其中国家基准站4个、基本站15个，去掉7个1961年以后建的站(包括基本站三峡站)，仍有71个气象站(图1)，其中基准站、基本站18个。由于湖北省大多数气象站是上世纪50年代末建立的，武汉站则是1960年迁到现址的，所以资料开始年选自1961年。根据71站1961—2000年间逐月地表平均、最高、最低气温资料，求出各站逐季、年三项气温序列。为保证原始温度序列的质量，参考Easterling等[16]的方法，对各站资料进行了t检验，超出显著水平0.01的点被认为是不连续点，结果表明，这些台站中没有不连续现象；为了消除海拔高度等地理因子的影响，全部资料转化为距平值(以1971—2000年30年为气候参考期)。

建立了武汉站(WU)、武汉郊区代表站(WR)、全省城市代表站(HU)、全省乡村代表站(HR)、全省基本和基准站(HSR)等5种情景的四季、年三项气温距平平均序列，并用最小二乘法进行估计5类情景的四季、年三项气温距平平均序列40年和近20年(1981—2000年)的线性变化趋势，包括气温倾向率(℃/10a)和相似系数，正为升温趋势，负为降温趋势。绘制了湖北省71站1961—2000和1981—2000年两段时期年的气温倾向率等值线图和5个情景的气温距平序列变化曲线图。

选取武汉周边的黄陂、新洲、江夏、蔡甸4个气象站(均在城外)为武汉郊区代表站，武汉、鄂州、襄樊、荆州等4个大中城市气象站为全省城市代表站。全省乡村代表站的选取则考虑了三方面因素：采用对1961—2000年71站平均温度做经验正交函数分解，认为第二特征向量为负值的站可能为“乡村”站，共有16站，全部在西部山区；根据全省年平均、最低、最高气温40年序列的倾向率，其值明显比周边小；全省分布均匀，县城人口少，气象站在郊外。最后选定的10个乡村站为：竹溪、随州、兴山、宣恩、来凤、长阳、石首、通城、英山、黄陂。

定义：热岛增温速率＝气温倾向率之差(WU相对于WR或HU、HSR相对于HR)

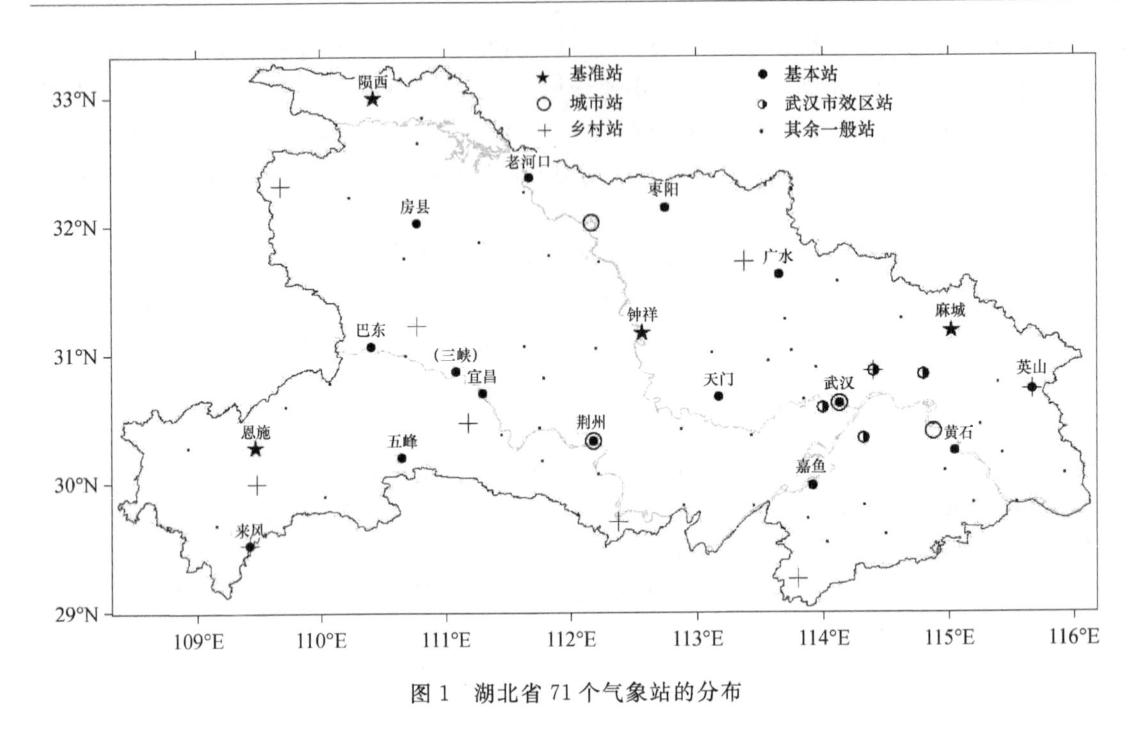

图 1　湖北省 71 个气象站的分布

(℃/10a)，该值＜0 时实际为冷岛效应；热岛增温贡献率＝热岛增温速率/WU(或 HU 或 HSR)气温倾向率(%)，当对比站气温倾向率为负且热岛增温速率＞0 时直接记为 100%。

3　结果及其分析

3.1　全省气温倾向率的空间分布

1961—2000 年来全省年平均、最低、最高气温倾向率的中心值为 0.2、0.4、－0.1～0.1 ℃/10a，非对称性明显。从图 2 可见，年最低气温的增温幅度最大，范围几乎覆盖全省(图 2b)，年平均、最低气温倾向率空间分布特征基本上是一致的(图 2a、2b)，均为东正西负——江汉平原为增温中心，鄂西山区(110°E 以西)少数站降温。年最高气温 40 年来变化很小(图 2c)。武汉、荆州等大中城市，为三项气温倾向率的高值中心，城市热岛效应明显，这也是城市站和乡村站选取的标准之一。同时这些大中城市也是基本站。

进一步分析 40 年来气温季节变化的空间分布表明：1)全省春、秋季平均、最低、最高气温的倾向率与对应的年三项气温倾向率的数值、空间分布几乎完全一致。2)夏季平均和最高气温在全省大部均有下降趋势，降幅从东南到西北明显增大；最低气温在鄂东南和中部地区微弱增温，西部和北部微弱降温。3)全省冬季平均和最低气温几乎均为增温趋势，增幅明显较春秋季节大，最低气温的增幅和增温范围最大；最高气温倾向率与年倾向率分布基本一致，但增幅和增温范围略大。可见全省 40 年来三项气温变化的季节差异和非对称性变化明显，分季节对不同的气温对比分析十分必要(各季节三项气温倾向率分布图略)。

1981—2000 年间，季、年三项气温倾向率空间分布的(图略)主要特点是一些降温区转为增温区、增温区增幅加大，说明气候变暖的趋势加剧。

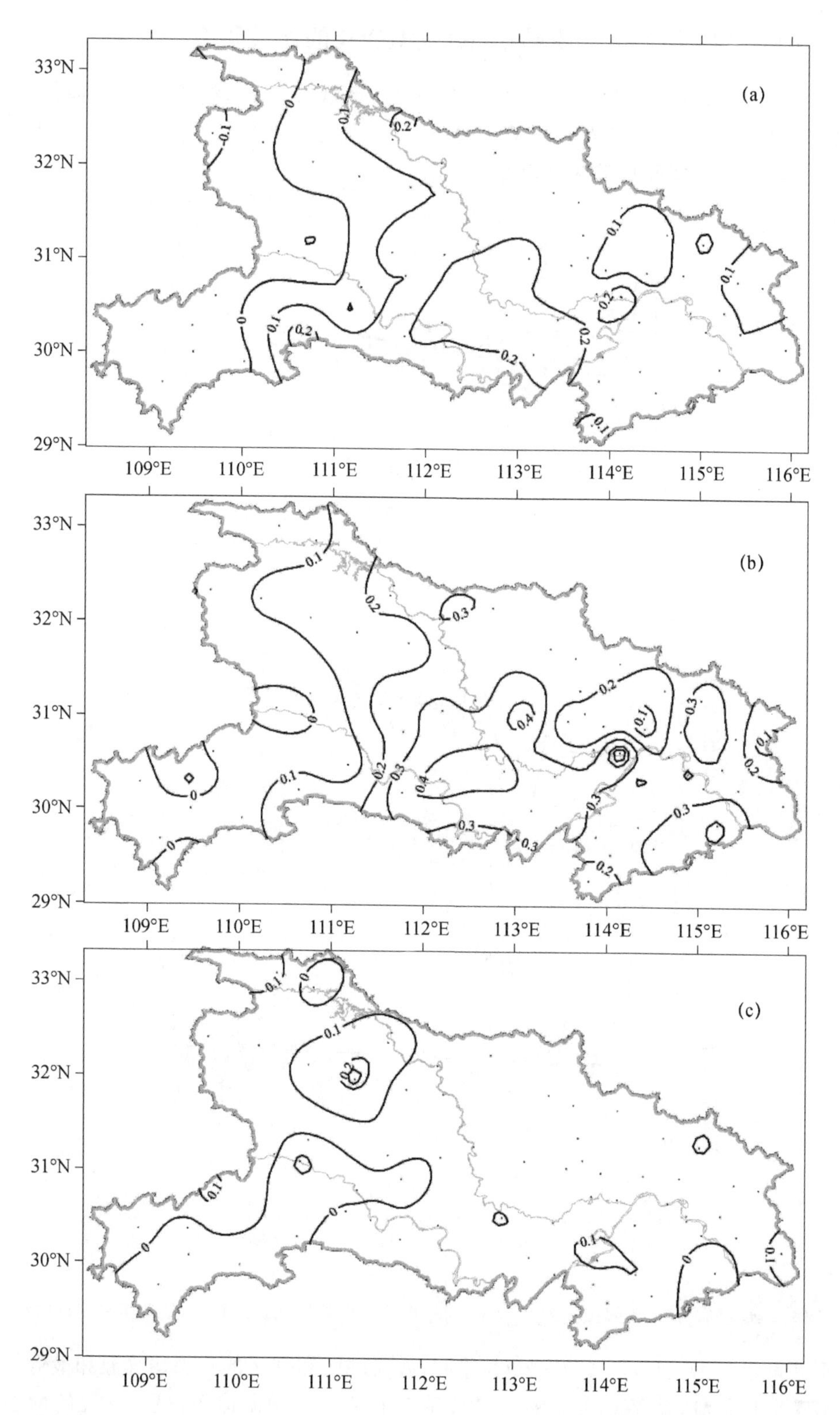

图 2　湖北省 1961—2000 年间年平均(a)、最低(b)、最高(c)气温倾向率的空间分布(单位:℃/10a)

3.2 武汉站(WU)和郊区代表站(WR)气温变化的比较研究

图 3 是 1961—2000 年 WU 和 WR 的年平均、最低、最高气温距平变化曲线。表 1 是 1961—2000和 1981—2000 年 WU 和 WR 的季、年三项气温倾向率,根据表 1 计算出的 WU 相对 WR 的热岛增温速率和贡献率见表 2。

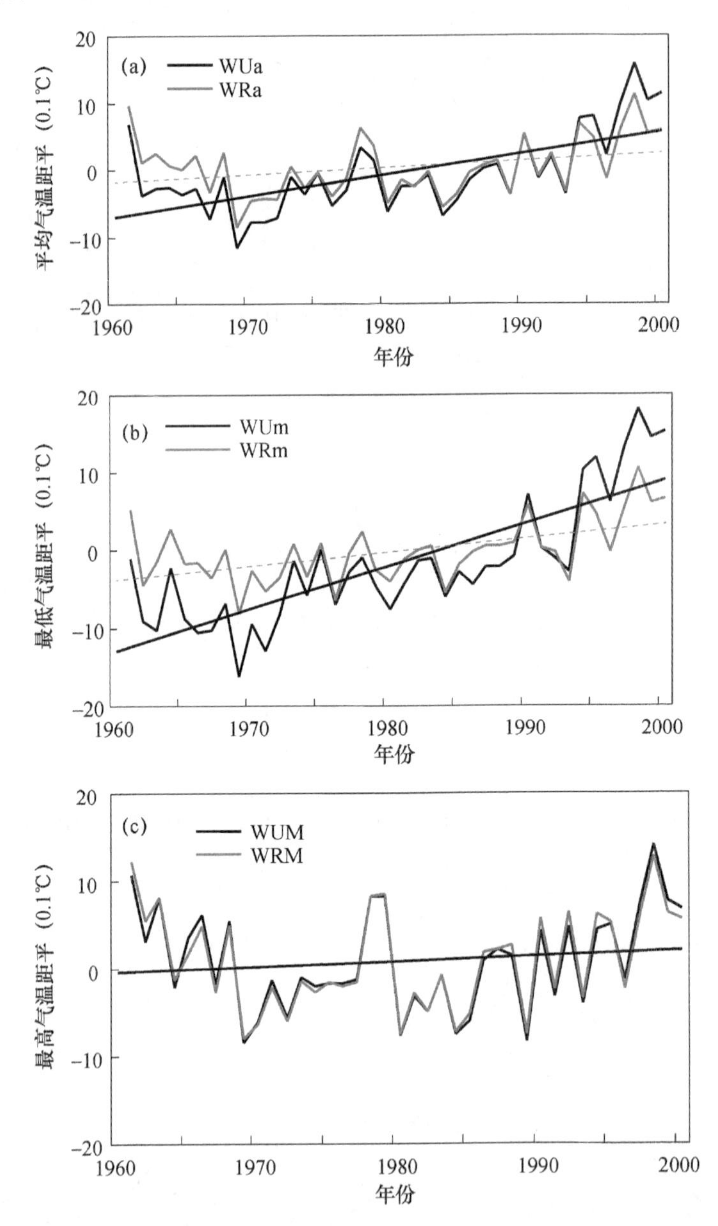

图 3 武汉站(WU)和郊区代表站(WR)的年平均(a)、最低(b)、最高(c)气温距平变化曲线

由图 3 可以看出:(1)在 1961—2000 年间,武汉城区和郊区的年平均气温和最低气温总体上均呈显著增加趋势,且 WU 的增温速率明显大于 WR 的增温速率,最低气温的增温速率明显大于平均气温的增温速率,如 WU 和 WR 年平均气温的增温速率分别为 0.31、0.11 ℃/10a,

最低气温的增温速率分别为 0.55、0.18 ℃/10a,4 个序列均有两个阶段性变化,即 1961—1970 的降温期和1970—2000 年的增温期;(2)WU 和 WR 的最高气温则几乎没有线性增加的趋势(均为 0.06 ℃/10a),周期性变化则更明显,其中 1961—1970 年为降温期,1970—1979 年为增温期,1980—1990 为低温期,1990—2000 年又为增温期。(3)相对于郊区,武汉的热岛增温速率分别为 0.2 ℃/10a(年平均气温)、0.37 ℃/10a(最低气温)、0 ℃/10a(最高气温),热岛增温贡献率则分别为 64.5%、67.3%、0%。可见武汉的气温及城市热岛效应具有明显的非对称性,对 3 种温度对比研究尤显必要。

表 1　武汉站(WU)和郊区站(WR)的气温倾向率(℃/10a)

时段	项目	冬	春	夏	秋	年
1961—2000	WUa	0.57(0.57)	0.35(0.49)	0.04(0.07)	0.30(0.42)	0.31(0.57)
	WRa	0.37(0.42)	0.15(0.26)	−0.17(−0.25)	0.07(0.12)	0.11(0.28)
	WUm	0.88(0.77)	0.52(0.64)	0.29(0.48)	0.49(0.53)	0.55(0.79)
	WRm	0.49(0.61)	0.19(0.34)	−0.05(−0.11)	0.10(0.16)	0.18(0.52)
	WUM	0.17(0.15)	0.17(0.21)	−0.21(−0.25)	0.12(0.16)	0.06(0.13)
	WRM	0.22(0.18)	0.14(0.19)	−0.21(−0.25)	0.09(0.11)	0.06(0.12)
1981—2000	WUa	1.25(0.69)	0.82(0.52)	0.48(0.35)	0.87(0.55)	0.86(0.81)
	WRa	0.98(0.60)	0.53(0.39)	0.09(0.07)	0.47(0.36)	0.52(0.69)
	WUm	1.59(0.84)	1.08(0.67)	0.75(0.58)	1.06(0.57)	1.13(0.86)
	WRm	0.89(0.64)	0.50(0.45)	0.18(0.19)	0.29(0.23)	0.47(0.67)
	WUM	1.04(0.47)	0.63(0.36)	0.27(0.18)	0.83(0.46)	0.69(0.70)
	WRM	1.05(0.47)	0.55(0.33)	0.05(0.03)	0.79(0.44)	0.61(0.65)

注:WU 和 WR 后的字母 a、m、M 分别对应平均、最低、最高气温,括号外(内)为气温倾向率(相似系数)。相似系数大于 0.257、0.304、0.393、0.490 分别通过 0.10、0.05、0.01、0.001 信度检验。

表 2　武汉站(WU)相对郊区站(WR)的增温速率(单位:℃/10a)和热岛贡献率(单位:%)

时段	项目	冬	春	夏	秋	年
1961—2000	Wua,A	0.20	0.20	0.21	0.23	0.20
	Wua,B	35.1	57.1	100	76.7	64.5
	WUm,A	0.39	0.33	0.34	0.39	0.37
	WUm,B	44.3	63.5	100	79.6	67.3
	WUM,A	−0.05	0.03	0	0.03	0
	WUM,B	−29.4	17.6	0	25.0	0
1981—2000	WUa,A	0.27	0.29	0.39	0.40	0.34
	WUa,B	21.6	35.4	81.3	46.0	39.5
	WUm,A	0.70	0.58	0.57	0.44	0.66
	WUm,B	44.0	53.7	76.0	41.5	58.4
	WUM,A	−0.01	0.08	0.22	0.04	0.08
	WUM,B	−1.0	12.7	81.5	4.8	11.6

注:A:热岛增温速率,B:热岛增温贡献率,下同。

从表1、表2可知:(1)对同一项气温,增温速率的季节差异明显,冬季增温速率非常显著,春秋次之,夏季最弱,且多为降温;近20年来,各季增温速率都得到增强,仍然是冬季最高,夏季最小,但全部是增温;(2)对同一季节,最低气温的增温速率最大,最高气温的增温速率最小,平均气温居中,非对称性明显;(3)近20年无论是城区还是郊区,3项气温的增温速率在不同的季节都得以加强,这反映的是武汉区域大的气候变暖趋势;4)近20年热岛增温速率明显增加,尤其是夏季的最高气温和冬季的最低气温。

3.3 全省城市站(HU)和全省乡村站(HR)气温变化的比较研究

表3是1961—2000和1981—2000年HU和HR的季、年三项气温倾向率,根据表3计算出的HU相对HR的热岛增温速率和贡献率见表4。

表3 全省城市站(HU)和全省乡村站(HR)的气温倾向率(℃/10a)

时段	项目	冬	春	夏	秋	年
1961—2000	Hua	0.46(0.51)	0.27(0.41)	−0.07(−0.11)	0.25(0.38)	0.23(0.53)
	Hra	0.24(0.31)	0.06(0.11)	−0.21(−0.35)	0.03(0.05)	0.03(0.08)
	Hum	0.70(0.75)	0.41(0.61)	0.12(0.26)	0.38(0.53)	0.40(0.81)
	HRm	0.34(0.50)	0.09(0.17)	−0.04(−0.11)	0.02(0.03)	0.10(0.35)
	HUM	0.17((0.15)	0.17(0.21)	−0.23(−0.29)	0.14(0.18)	0.17(0.15)
	HRM	0.15(0.14)	0.09(0.13)	−0.29(−0.35)	0.12(0.15)	0.02(0.04)
1981—2000	Hua	1.04(0.63)	0.63(0.43)	0.37(0.30)	0.67(0.46)	0.68(0.76)
	Hra	0.87(0.61)	0.40(0.34)	0.12(0.12)	0.40(0.32)	0.45(0.63)
	Hum	1.07(0.75)	0.71(0.56)	0.45(0.43)	0.56(0.42)	0.70(0.83)
	HRm	0.79(0.64)	0.41(0.42)	0.16(0.20)	0.15(0.12)	0.38(0.59)
	HUM	0.99(0.45)	0.52(0.30)	0.30(0.20)	0.84(0.45)	0.66(0.65)
	HRM	0.99(0.48)	0.46(0.30)	0.18(0.12)	0.83(0.45)	0.62(0.64)

表4 全省城市站(HU)相对全省乡村站(HR)的热岛增温速率(单位:℃/10a)和贡献率(单位:%)

时段	项目	冬	春	夏	秋	年
1961—2000	Hua,A	0.22	0.21	0.14	0.22	0.20
	Hua,B	47.8	77.8	100	88.0	87.0
	HUm,A	0.36	0.32	0.16	0.36	0.30
	HUm,B	51.4	78.0	100	94.7	75.0
	HUM,A	0.02	0.08	0.06	0.02	0.15
	HUM,B	11.8	47.1	100	14.3	88.2
1981—2000	HUa,A	0.17	0.23	0.25	0.27	0.23
	HUa,B	16.3	36.5	67.6	40.3	33.8
	HUm,A	0.28	0.30	0.29	0.41	0.32
	HUm,B	26.2	42.3	64.4	73.2	45.7
	HUM,A	0	0.06	0.12	0.01	0.04
	HUM,B	0	11.5	40.0	1.2	6.1

对照表 3 与表 1、表 4 与表 2，HU 与 HR 的季、年 3 项气温倾向率与 WU 和 WR 相比，具有完全一致的变化规律，如多数情况的增温趋势、热岛增温速率及季节性差异、最高最低气温变化的非对称性、后 20 年增温明显加剧等。40 年来，年 3 项气温的热岛增温贡献率达到 75%以上，夏季为 100%；近 20 年在全球气候变暖加剧、背景值增大的情况下，仍然有一定的热岛增温贡献率。但 HU 与 HR 春、夏、冬季、年增温幅度略小，夏季降温幅度略大，热岛增温速率略小。说明作为区域中心，武汉比其他城市的热岛效应更明显。

3.4 全省基本、基准站(HSR)与全省乡村代表站(HR)气温变化的比较研究

表 5 是 1961—2000 和 1981—2000 年 HSR 和 H71 的季、年三项气温倾向率，根据表 5、表 3 计算出的 HSR 相对 HR 的热岛增温速率和贡献率见表 6。

可见全省基本、基准站(HSR)冬季增温最明显，于是给出其与全省乡村代表站(HR)的冬季平均、最低、最高气温距平变化曲线(图 4，1961—2000 年)。

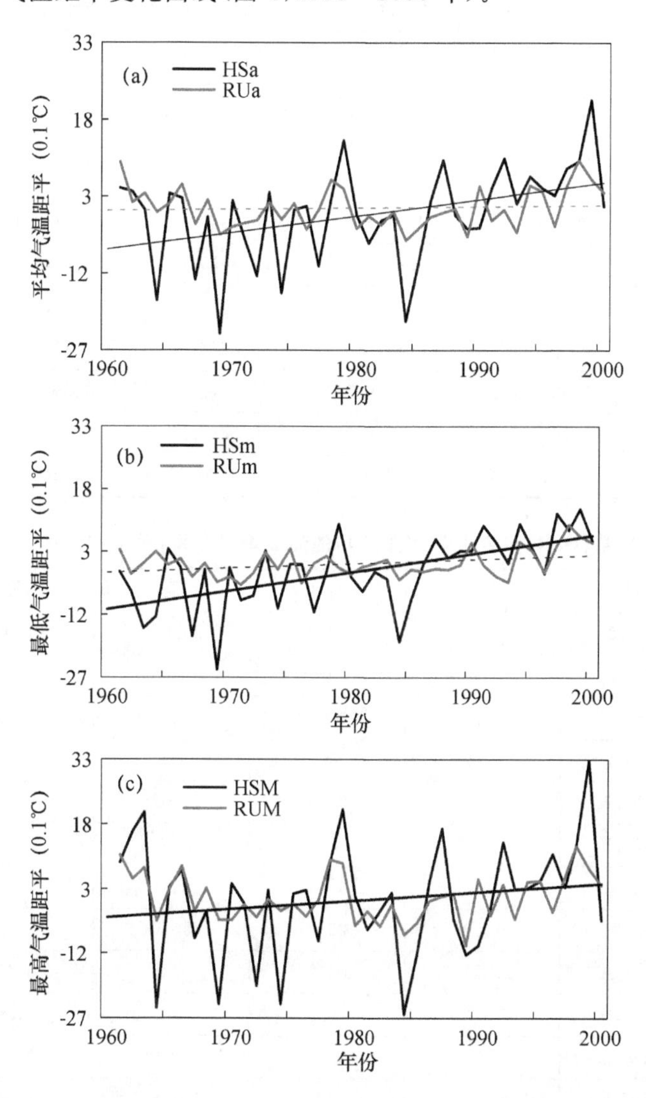

图 4　全省基本、基准站(HSR)与全省乡村代表站(HR)的冬季平均(a)、最低(b)、最高(c)气温距平变化曲线

图4与图3很相似,结合表1—6,说明40年来3项气温多数情况有增温趋势且后20年增温加剧、热岛也在加剧、最高最低气温变化有非对称性等。HSR、HR与WU、WR或HU、HR具有基本一致的变化规律。另外HSR3项气温变化的阶段性也很明显,1984年前变化很剧烈但趋势性不明显,此后变化平缓但呈持续增温趋势,HR的3项气温变化平缓、增温慢。近40年来,HSR年热岛增温贡献率为0%~100%,近20年也有10%~60%,说明湖北省基本、基准站中含有相当多的城市热岛信息。

将表5与表1、3对比分析表明,HSR相对HR的年、季三项气温倾向率,与HU相对HR或WU相对WR相比,具有完全一致的变化规律,只是春、夏、冬季、年增温幅度略小,夏季降温幅度略大,热岛增温速率略小。

表5 全省基本、基准站(HSR)和全省71站(H71)的气温倾向率(℃/10a)

时段	项目	冬	春	夏	秋	年
1961—2000	HSRa	0.32(0.40)	−0.17(−0.29)	−0.12(−0.21)	0.13(0.23)	0.12(0.33)
	H71a	0.11(0.29)	−0.15(−0.26)	0.11(0.19)	0.32(0.40)	0.14(0.25)
	HSRm	0.44(0.60)	0.18(0.35)	0.02(0.05)	0.19(0.21)	0.19(0.55)
	H71m	0.21(0.61)	0.03(0.07)	0.14(0.23)	0.47(0.62)	0.20(0.38)
	HSRM	0.20(0.18)	0.18(0.24)	−0.22(−0.27)	0.19((0.24)	0.09(0.17)
	H71M	0.05(0.11)	−0.24(−0.31)	0.14(0.18)	0.17(0.15)	0.14(0.20)
1981—2000	HSRa	0.97(0.64)	0.54(0.41)	0.30(0.25)	0.55(0.41)	0.59(0.70)
	H71a	0.54(0.69)	0.22(0.19)	0.50(0.38)	0.94(0.62)	0.50(0.39)
	HSRm	0.90(0.70)	0.58(0.53)	0.32(0.34)	0.31(0.25)	0.53(0.72)
	H71m	0.50(0.71)	0.27(0.30)	0.28(0.23)	0.89(0.69)	0.55(0.51)
	HSRM	1.10(0.51)	0.59(0.35)	0.38(0.25)	0.95(0.48)	0.76(0.69)
	H71M	0.65(0.65)	0.23(0.16)	0.85(0.45)	1.03(0.48)	0.50(0.31)

表6 全省基本、基准站(HSR)和全省71站(H71)的热岛增温速率(单位:℃/10a)和贡献率(单位:%)

时段	项目	冬	春	夏	秋	年
1961—2000	HSRa,A	0.08	−0.23	0.09	0.1	0.09
	HSRa,B	25	0	100	77	75
	HSRm,A	0.1	0.09	0.06	0.17	0.09
	HSRm,B	22.7	50	100	89.5	47.5
	HSRM,A	0.05	0.09	0.07	0.07	0.07
	HSRM,B	25	50	100	36.8	77.8
1981—2000	HSRa,A	0.1	0.14	0.18	0.15	0.14
	HSRa,B	10.3	25.9	60.0	27.3	23.7
	HSRm,A	0.11	0.17	0.16	0.16	0.15
	HSRm,B	12.2	29.3	50	51.6	28.3
	HSRM,A	0.11	0.13	0.20	0.12	0.14
	HSRM,B	10	22	52.6	12.6	18.4

HSR 在 40 年来夏、秋季平均、最高气温有降温发生，近 20 年来则全为增温。

4 问题与讨论

通过分析发现，湖北省大部地区气温变化规律较为一致：最低气温增幅最大，平均气温次之，最高气温增幅最小；冬季气温增幅最大，春秋季次之，夏季增幅最小，甚至部分地区出现降温现象。武汉市年增温现象较湖北省其他城市及武汉市郊明显，增温速率最大，省内其他城市次之，再次是武汉市郊，乡村地区增温最弱，视为大气候背景的增温现象。

湖北省基准/基本站年平均和最高气温增温明显，近 40 年来全省基本和基准站热岛增温贡献率可达 60%以上，近 20 年来还有 50%左右。因此，目前根据国家基本、基准站资料建立的温度序列保留着城市化影响。但增温速率和热岛贡献率呈现出明显的时空（季节、各地区）非对称性。

参考文献

[1] Houghton J T, Ding Yi-Hui, et al. Climate Change 2001: The Scientific Basis[M]. Cambridge Univ. Press, Cambridge, 2001.

[2] 任国玉. 地表气温变化研究的现状和问题[J]. 气象，2003，29(8)：3-6.

[3] 初子莹，任国玉. 北京地区城市热岛强度变化对区域温度序列的影响[J]，气象学报，2005，63(4)，534-540.

[4] Karl T R, Diaz H F, Kukla G. Urbanization: its detection and effect in the United States climate record[J]. J Climate, 1988, 1: 1099-1123.

[5] Karl T R, Jones P D. Urban bias in area-averaged surface air temperature trends[J]. Bull Amer Met Soc, 1989, 70: 265-270.

[6] Karl T R, Jones P D. Comments on "Urban bias in area-averaged surface air-temperature trends " Reply to GM Cohen[J]. Bull Amer Met Soc, 1990, 71: 571-574.

[7] Hansen J R, Lebedeff. Global trends of measured surface temperature[J]. J Geophys Res, 1987, 92(13): 345-372.

[8] Balling R C, Idso S B. Historical temperature trends in the United States and the effect of urban population growth[J]. J Geophys Res, 1989, 94: 3359-3363.

[9] Jones, P D, Groisman P Ya, Coughlan M, Plummer N, Wang W C, Karl T R. 1990: Assessment of urbanization effects in time series of surface air temperature over land[J]. Nature, 347: 169-172

[10] Wang, W C, Zeng Z, Karl T R. Urban heat islands in China[J]. Geophys Res Lett, 1990, 17: 2377-2380.

[11] 赵宗慈. 近 39 年中国的气温变化与城市化影响[J]. 气象，1991，17(4)：14-16.

[12] 林学椿，于淑秋. 北京地区气温的年代际变化和热岛效应[J]. 地球物理学报，2005，48(1)：39-45

[13] 陈正洪. 湖北省 60 年代以来平均气温变化趋势初探[J]. 长江流域资源与环境（学报），1998，7(4)：341-346.

[14] 张霞，杨宏青，陈正洪. 武汉市城市热岛强度变化的非对称性特征分析[J]. 暴雨·灾害，2000，(1)：75-81.

[15] 哈斯. 城市效应对呼和浩特市气候的影响[J]. 气候与环境研究，2000，5(2)：228-232.

[16] Easterling, D R, Peterson T C, and Karl T R. On the development and use of homogenized climate data sets[J]. J Climate, 1996, 9: 1429-1434.

基于 RS 和 GIS 的武汉城市热岛效应年代演变及其机理分析*

摘　要　为了更客观地揭示"火炉"武汉的城市热岛效应，利用 1987 年、1994 年、2005 年共 3 期 TM 影像数据，在地理信息系统(GIS)的支持下，反演并计算出武汉市城区不同年代的地表温度、植被指数、土地利用类型及城区面积。在对存在较大差异的 3 期热岛强度数据进行标准化处理的基础上，分析了武汉城市热岛效应的现状及年代演变，定量分析了城区热岛强度分布与土地利用类型、植被覆盖率的相关关系。结果表明：武汉城区热岛效应十分明显，特别是在工业区和商业区；20 世纪 80 年代以来，武汉热岛面积不断变大；热岛强度与植被覆盖率呈负相关关系，植被覆盖率每提高 10%，热岛强度约下降 1.1 ℃；不同土地利用类型对热岛贡献不同，水体和植被区域可以缓解城市热岛效应，而工商业用地、道路等则加剧热岛效应；武汉市城区面积扩大、植被覆盖率降低、水域面积减少，是导致热岛效应不断加剧的原因。

关键词　RS；GIS；热岛效应；年代演变；植被覆盖率；土地利用

1　引言

随着世界性城市化、工业化进程的加快，城市热岛效应越来越影响着城市生态环境和城市居民的日常生活，引起了广泛的关注[1-3]。常规的城市热岛效应监测和研究方法一般是通过对地面观测点的气温数据进行时空对比分析和模拟，来获取城市热岛的分布和变化特征[4-6]。常规方法的优势是对城市热岛效应的描述和揭示简单扼要，但由于地面布点的限制，其对城市热岛空间格局和内部特征的了解受到极大限制。20 世纪 80 年代以来，采用地基和空基热成像技术遥感(RS)地面温度定义了另外一种"城市热岛"。虽然 RS 得到的"城市热岛"与传统上的气温"城市热岛"存在显著差别，如 RS 得到的"城市热岛"在白天最强、空间变化率最大，这与气温表征的"城市热岛"正相反[7]，但二者在时空上的分布是相似的，并且 RS 可以及时、客观、大面积地进行地表温度测定，在描述城市热岛的时空分布具有常规方法不可比拟的优势，许多学者纷纷利用 RS 技术开展有关城市热岛的研究工作[8-12]。

武汉是全国著名的"火炉"城市之一，气象资料显示，武汉市自 20 世纪 70 年代末以来气温一直保持着上升的趋势。根据最新研究，城市热岛效应的贡献率达到 60.4%[13]。陈正洪研究表明[14]，在夏季武汉市六渡桥地区气温比郊区高 2 ℃左右，而且天气越是晴好，热岛效应越强，夜间城郊温差最大可达 6 ℃左右；吴宜进[15]等研究了武汉市城市热岛的形成机制；方圣辉[16]和张穗[17]等分别利用 LandSat 数据初步分析了武汉市城市热岛的基本特点，认为热岛效

* 梁益同，陈正洪，夏智宏．长江流域资源与环境，2010，19(8)：914-918.

应和下垫面有关;陈正洪等[13]对武汉市城市热岛的非对称性进行了研究,指出武汉市平均最低温度的增幅大于平均最高温度的增幅。以上研究为人们认识武汉城市热岛效应打下了基础,但由于资料的时间、空间连续性,仍然不能完整描述武汉城市热岛的年代际变化。本文利用3期不同年代的TM影像数据,在地理信息系统(GIS)的支持下,反演并计算出武汉市城区不同年代的热岛强度、植被覆盖率、土地利用类型及城区面积,定量地分析了武汉城市热岛强度与土地利用、植被覆盖率之间的关系,旨在更客观地揭示武汉城市热岛效应的年代演变特征及机理。

2 研究区自然状况简介

武汉市位于长江中游与汉水交汇处,江汉平原东部,地理位置为东经113°4′—15°5′,北纬29°58′—31°22′。长江及汉江横贯市区,将武汉一分为三,形成了汉口、武昌、汉阳三镇隔江鼎立的格局。武汉属北亚热带季风(湿润)气候,具有常年雨量丰沛、热量充足、四季分明等特点,年平均气温15.8~17.5 ℃。

由于数据覆盖范围的限制,本文的研究区域范围只选择武汉市中心城区和近城区,包括江岸、江汉、硚口、汉阳、武昌、青山、洪山和东西湖等行政区(图1)。

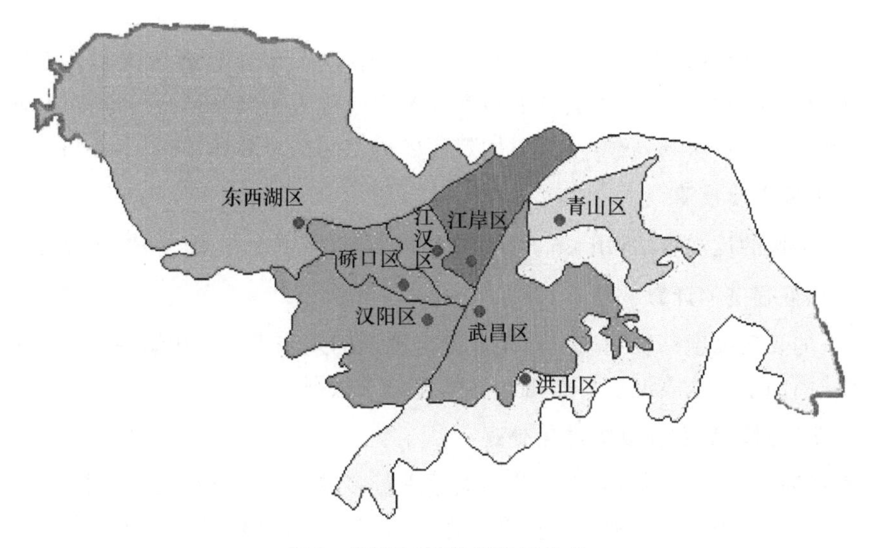

图1 研究区域的行政区分布

3 资料和方法

3.1 资料

采用不同年代的覆盖研究区域的3期TM影像数据分辨率为30 m,时间分别是1987年9月26日、1994年9月17日和2005年10月8日(以下分别简称1987年、1994年和2005年),用于植被指数信息提取、土地利用分类、地表温度反演;利用由国家气象信息中心提供的1∶5万基础地理信息,对TM影像进行校正、剪裁和分类检验;2005年武汉市地图,用于辅助解译。

以上数据处理和分析基于ARCGIS9.0和ENVI4.2软件进行。

3.2 方法

3.2.1 植被覆盖率的计算

植被覆盖率的估算有多种方法[18]，选用中国科学院地理科学与资源研究所张仁华提出的基于植被指数法计算植被覆盖率的公式[19]：

$$VC=(NDVI-NDVI_s)/(NDVI_v-NDVI_s) \tag{1}$$

式中：$NDVI$ 为所求像元的归一化植被指数，$NDVI_v$ 和 $NDVI_s$ 分别为纯植被和纯土壤的植被指数。一般地，可以通过计算监测区 $NDVI$ 的最大和最小值近似作为 $NDVI_v$ 和 $NDVI_s$，这里，$NDVI_v$ 和 $NDVI_s$，分别取 0.7 和 0.05。NDVI 算法如下：

$$NDVI=(DN_{TM4}-DN_{TM3})/(DN_{TM4}+DN_{TM3}) \tag{2}$$

其中 DN_{TM3} 和 DN_{TM4} 分别为 TM 第 3(可见光)和第 4(近红外)波段的计数值。

3.2.2 土地利用分类和城区面积计算

对不同年代的 TM 影像进行土地利用分类，分为水体、林地、草地、居民地、道路、未利用地、工业及商业用地共 7 种类型。首先利用最大似然监督分类法进行分类，然后通过人机交互目视解译方法，采取屏幕勾画对分类结果进行订正。

《城市规划基本术语标准》对城市建成区的概念规定为：城市行政区内实际已成片开发建设、市政公用设施和公共设施基本具备的地区。本文通过人机交互目视解译方法，对武汉城市集中连片区域进行屏幕勾画，获取不同时期建成区的空间信息和属性信息，然后统计面积。

3.2.3 地表温度反演

采取基于影像的反演算法(Image—based Method)，以下简称 IB 算法)反演地表温度[20]。

3.2.4 热岛强度的计算

城区某点的热岛强度一般用该点温度与郊区温度的差来表示。用影像各格点的地表温度减去监测区域内的最低地表温度可获得热岛强度分布数据。

3.2.5 不同时期热岛强度标准化处理

为此，将反演所得的 3 期地表温度分布数据进行多波段组合，以便提取同一地点不同时期的地表温度。选取各种不同土地利用类型的像元(像元的土地利用类型在 3 期影像中保持不变)共 560 个，对不同时期的地表温度进行相关性分析，结果见图 2 和图 3。

分析发现，3 期 TM 数据所获得的热岛强度数据存在较大差异。2005 年热岛强度较小，最高值不到 10 ℃，中心城区大部分在 6～9 ℃，1994 年热岛强度最大值为 12 ℃，中心城区大部分在 8 ℃以上，而 1987 年热岛强度较大，最高达 20 ℃，而且中心城区大部分在 15 ℃以上。究其原因，一是 3 期影像形成时的天气背景不同，二是不同年代的卫星传感器不同。由于存在差异，为了比较城市热岛年代演变，必须对不同时期的热岛强度数据进行标准化处理。

热岛强度标准化处理的思路是：假设把 1987 或 1994 年的武汉市置于 2005 年的天气背景下，用 2005 年的卫星测量，所得的热岛强度与原来的有什么关系呢？不难想象，原来热岛强度大的地方，现在也应该大，原来小的地方，现在也应该小，即二者的空间分布应该是相似的。基于这个思路，以 2005 年热岛强度数据作为标准，对 1987 和 2004 年热岛强度数据进行标准化。为此，将 3 期热岛强度数据多波段组合，选取包含不同土地利用类型的多个像元(注意：被选中像元的土地利用类型在3期影像中应保持不变)，提取像元不同时期的热岛强度。

将1987年的热岛强度数据与2005年的进行相关性分析，得

$$y=-0.0276x_1^2+0.8401x_1-0.8167 \tag{3}$$

式中：y为2005年热岛强度；x_1为1987年热岛强度；样本数$N=560$；复相关系数$R=0.766$，相关性检验信度达0.001以上显著水平。

将1994年热岛强度数据与2005年的进行相关性分析，得

$$y=-0.0521x_2^2+1.3206x_2-0.3387 \tag{4}$$

式中：y为2005年热岛强度；x_2为1994年热岛强度；样本数$N=560$；复相关系数$R=0.772$，相关性检验信度达0.001以上显著水平。

将1987年和1994年各像元热岛强度分别按式(3)、(4)进行转换，获得该年份的热岛强度分布标准化(以2005年为标准)数据。

3.2.6 热岛强度等级的划分

利用密度分割等技术手段对标准化后的热岛强度分布进行等级划分。根据研究的需要，将热岛强度从低到高划分为5个等级，分别为1级(2 ℃以下)、2级(2～4 ℃)、3级(4～6 ℃)、4级(6～8 ℃)和5级(8 ℃以上)，武汉市不同时期的热岛强度等级分布见图2，其中第4和5等级热岛强度值较高，其空间分布与武汉城区布局比较一致，形成了武汉市热岛区域，本文主要分析4和5级热岛强度空间分布年代间的变化。

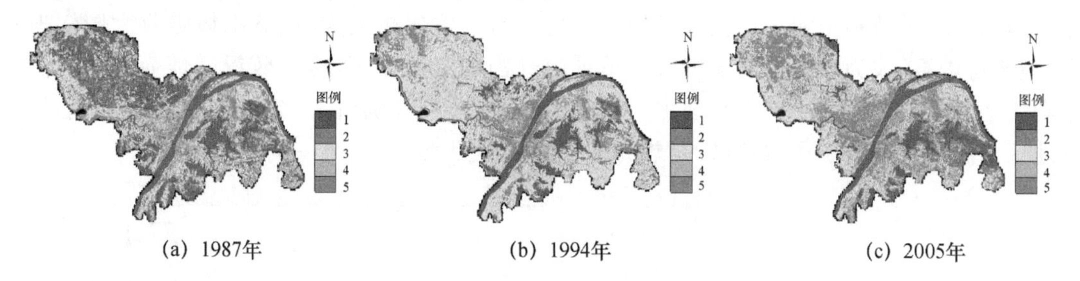

(a) 1987年　(b) 1994年　(c) 2005年

图2　不同年份的热岛强度等级分布卫星遥感反演

4 结果与分析

4.1 武汉城市热岛现状

由2005年武汉市地表温度等级分布(图2c)并对照2005年武汉市地图分析发现，武汉市热岛几乎集中在城区，并且武汉三镇的热岛分布形状各不相同，与其自然的地理环境分布有着密切的关系。汉口城区由于湖泊少、植被覆盖率低，热岛分布倒三角形或片状，其中有多处5级热岛：江汉区和江岸区的商业繁华地带如汉正街周边和江汉路至武胜路一带的商业区、汉口火车站周边地带、解放大道和轻轨交通1号周边地带、古田一路至古田三路的工业区(古田产业新区)以及古田四路至汉西一带的古田商贸中心、吴家山一带；武昌城区由于地处长江南岸，南湖以北，东湖位于其中，且水域面积较大，因此热岛分布呈“C”字形，5级热岛主要有：青山区武汉钢铁集团厂区、徐东商贸中心、中南路至武昌火车站一带、紫阳路和白沙州大道一带、武珞路和珞瑜路沿线一带、光谷广场周围一带地区；汉阳城区由于主城区面积较小，北面是汉江，南面大小湖泊较多，因此其热岛分布的范围比上述两城区要小，呈“7”字状，高温主要分布在两江

岸边的汉阳大道和鹦鹉大道一带。

4.2 武汉城市热岛年代演变

分析不同时期的地表温度等级分布(图 2)发现,随着年代的推移,武汉市热岛面积不断增长。从增长的分布格局来看,武汉市热岛的空间增长表现为以沿江地带为中心,以西北和东南两个主向为主向外扩展。1987 年,5 级热岛主要分布在江汉区、江岸区、武昌区、汉阳区等四区的沿江地带,中南路到武昌火车站一带以及青山区武钢厂房一带,东西湖区、硚口区和洪山区基本无强热岛;1994 年,沿江地带的热岛效应进一步变强向岸边纵深发展,同时硚口区的古田路一带出现 5 级热岛;2005 年,5 级热岛已基本覆盖江汉区、江岸区、武昌区、硚口区和青山区,洪山区的光谷广场周边地带、东西湖区的吴家山一带也开始出现 5 级热岛,并且青山区和武昌区的热岛基本连为一体。

4.3 武汉市热岛格局演变机理分析

4.3.1 热岛强度和土地利用类型的关系

分析发现,热岛强度的高低与其土地利用类型密切相关。利用 3 期标准化后的热岛强度分布数据计算不同土地利用类型的平均热岛强度,并绘制出不同土地类型的热岛强度曲线图(图 3),可以看出,不同土地利用类型的热岛强度不同,水体热岛强度最低,林地、草地、居民地、道路、未利用地和工业用地依次增加。这是因为水体比热较大,虽然水体吸收太阳辐射较多,但不易增温,成为城市中的低温区。植被的遮挡和蒸腾作用,可有效缓解地面升温;道路、未利用地和工业用地由于其下垫面多为钢筋混凝土、砖石和沥青等,它们吸热放热迅速,导致该地区的温度明显高于周边地区,是热岛形成的主要因素。

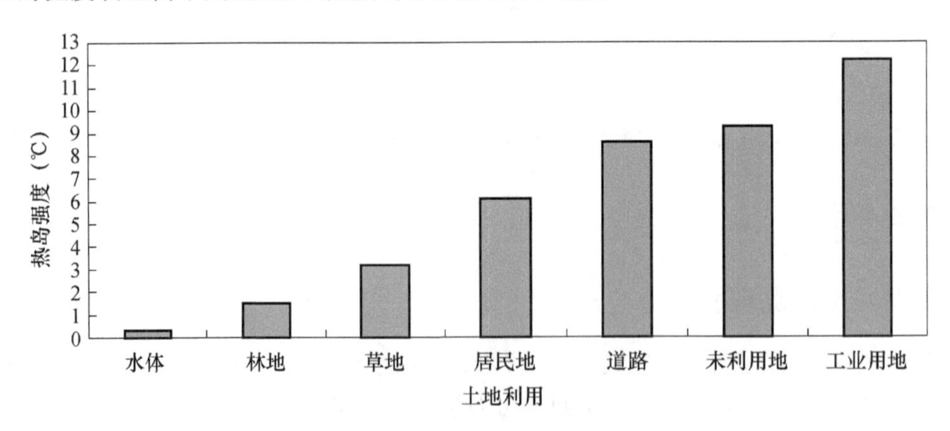

图 3 不同土地利用类型的平均热岛强度

4.3.2 热岛强度和植被覆盖率的关系

将热岛强度分布和植被覆盖率分布进行波段组合,可以定量分析热岛强度和植被覆盖率的关系。在 3 期标准化后的热岛强度组合图像选取像元共 663 个,提取其热岛强度和植被覆盖率值数据,绘制出二者的统计关系曲线图(图 4)。由图 4 可见,随着植被覆盖率的升高,热岛强度逐渐下降,热岛强度与植被覆盖率呈负相关关系。进一步计算发现,植被覆盖率每提高 10%,热岛强度约下降 1.1 ℃。

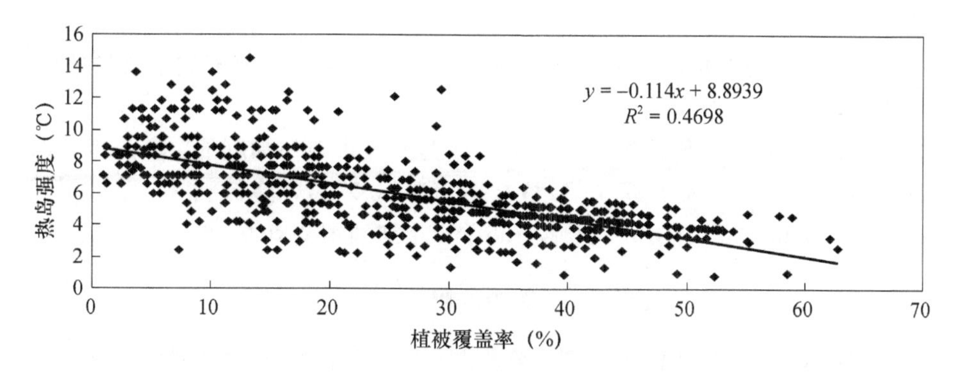

图 4　热岛强度和植被覆盖率的关系

4.3.3　武汉市热岛演变机理分析

从 20 世纪 80 年代开始，随着城市化进程的加快，武汉市城区面积不断扩大，不少湖泊被填埋造成水域面积不断减少，一些林地、草地被改成工商业用地致使城区植被覆盖率逐步降低。由于水体、绿地等易降温的土地利用类型面积不断减少，道路、工商业用地等易增温的土地利用类型面积不断扩大，导致城市热岛不断加剧。统计武汉市不同年份的 5 级热岛面积、城区面积、水域面积和植被覆盖率（表 1）显示，武汉市城区面积和植被覆盖率均有较大变化，城区面积从 1987 年的 150 km^2 增加到 2005 年的 400 km^2，植被覆盖率则从 1987 年的 37.3％下降到 2005 年的 24.6％；水域面积减少虽然不是很明显，但分析影像发现，城区中水域面积减少幅度较大，以南湖为例，1987 年约 15.3 km^2，1994 年为 12.8 km^2，2005 年则减少为约 8.3 km^2。上述分析说明，城区面积增加、水域面积减少、植被覆盖率降低，是武汉市城市热岛效应不断加剧的原因。

表 1　不同年份武汉市热岛面积、城区面积、水域面积和植被覆盖率

年份	城区面积（km^2）	水域面积（km^2）	植被覆盖率（%）	5 级热岛面积（km^2）
1987	150	269	37.3	35
1994	250	257	28.9	68
2005	400	231	24.6	132

5　结论与讨论

城市热岛效应主要是随着城市化进程的加快而凸现出来的，是多个因素相互作用的结果，包括土地利用类型、人为热、大气环流、大气污染和地形等因素。利用 1987、1994、2005 年共 3 期 TM 影像数据，在 GIS 的支持下，反演并计算出武汉市城区不同年代的热岛强度、植被覆盖率、土地利用类型及城区面积，定量分析了城区热岛强度分布与土地利用类型、植被覆盖率的相关关系，得出以下结论：

（1）武汉城区热岛效应十分明显，强热岛出现在工业区和商业区，20 世纪 80 年代以来，武汉市热岛面积不断变大。

（2）热岛强度与植被覆盖率呈负相关关系。初步计算表明，植被覆盖率每提高 10％，热岛强度约下降 1.1 ℃。

(3)不同土地利用类型对热岛贡献不同,水体和植被区域可以缓解城市热岛效应,而工商业用地、道路等则加剧热岛效应。

(4)城区扩大、植被覆盖率下降、水域面积减少是武汉市热岛加剧的主要原因。2005 年武汉市城区面积比 1987 年扩大了近 3 倍,植被覆盖率从 37.3%降低到 24.6%,水域面积从 269 km^2减少到 231 km^2,5 级热岛面积则从 35 km^2增加到 132 km^2。

参考文献

[1] 宋艳玲,张尚印.北京市近 40 年城市热岛效应研究[J].中国生态农业学报,2003,11(4):126-129.

[2] NYUK H W,CHEN Y. Study of green areas and urban heat island in a tropical city[J]. Habitat International,2005(29):547-558.

[3]王喜全,王自发,郭虎.北京"城市热岛"效应现状及特征[J].气候与环境研究,2006,11(5):627-636.

[4] 丁金才,张志凯,吴红,等.上海地区盛夏高温分布和热岛效应的初步研究[J].大气科学,2002,26(3):412-420.

[5] 张一平,何云玲,马友鑫,等.昆明城市热岛效应立体分布特征[J].高原气象,2002,21(6):604-609.

[6] 李国栋,王乃昂,张俊华,等.兰州市城区夏季热场分布与热岛效应研究[J].地理科学,2008,28(5):710-714.

[7] NICOL J E. High resolution surface temperature patterns related to urban morphology in a teopical city: A satellite-based study[J]. J Applied Meteorology, 1996,35:135-136.

[8] 周红妹,周成虎,葛伟强.基于遥感和 GIS 的城市热场分布规律研究[J].地理学报,2001,56(2):189-197.

[9] 胡华浪,陈云浩,宫阿都.城市热岛的遥感研究进展[J].国土资源遥感,2005,6(9):5-9.

[10] 郭红,龚文峰,李雁,等.哈尔滨市热岛效应与植被的关系——基于 RS 和 GIS 的定量研究[J].自然灾害学报,2007,16(2):22-26

[11]赵云升,杜嘉,宋开山,等.基于卫星遥感的夏季长春市城区热场分析[J].地理科学,2006,26(1):69-74.

[12] 王文杰,申文明,刘晓曼,等.基于遥感的北京市城市化发展与城市热岛效应变化关系研究[J].环境科学研究,2006,2(3):55-59.

[13] 陈正洪,王海军,任国玉.武汉市城市热岛强度的的非对称性变化[J].气候变化研究进展,2007,3(5):282-286.

[14] 陈正洪.汉口盛夏热岛效应的统计分析及应用//湖北省自然灾害综合防御对策论文集[G].北京:地震出版社,1990:86-88.

[15] 吴宜进,王万里,邱爱武,等.武汉市热岛的主要形成机制[J].中南民族学院学报(自然科学版),1996,17(4):75-78.

[16] 方圣辉,刘俊怡.利用 Landsat 数据对武汉城市进行热岛效应分析[J].测绘信息与工程,2005,30(2):1-2.

[17] 张穗,何报寅,杜耘.武汉市城区热岛效应的遥感研究[J].长江流域资源与环境,2003,12(5):45-49.

[18] 陈晋,陈云浩,何春阳,等.基于土地覆盖分类的植被覆盖率 估算亚像元模型与应用[J].遥感学报,2001,5(6):416-422.

[19] 张仁华.实验遥感模型及地面基础[M].北京:科学出版社, 1996:87-110.

[20] 丁凤,徐涵秋.基于 LandsatTM 的 3 种地表温度反演算法比较分析[J].福建师范大学学报(自然科学版),2008,25(1):91-96.

[21] 田武文 黄祖英 胡春娟.西安市气候变暖与城市热岛效应问题研究 [J].应用气象学报,2006,17(4):338-443.

[22] 佟华,刘辉志,李延明,等.北京夏季城市热岛现状及楔形绿地规划对缓解城市热岛的作用[J].应用气象学报,2005,16(3):357-366.

武汉市城市热岛强度非对称性变化的研究*

摘　要　利用武汉市区气象站及其周边4个县气象站1960—2005年的气温资料，计算了46 a及分时段的季节和年平均气温、平均最高和最低气温倾向率，城市热岛强度倾向率及其贡献率。结果表明：46 a来，城区和郊区的平均气温均以上升趋势为主，最低气温增幅最大，最高气温增幅最小，甚至下降；冬季增幅最快，夏季增幅最慢，甚至下降，这是第一类非对称性。城市热岛效应也存在增强趋势，以年平均、最低和最高气温表示的城市热岛强度倾向率分别为0.235 ℃/10a、0.425 ℃/10a和0.034 ℃/10a，热岛效应贡献率分别达到60.4%、67.7%和21.8%，这是第二类非对称性。46 a来的增温和城市热岛强度加强主要是最近23 a快速增温所致，进入本世纪增温进一步加剧。

关键词　城市热岛强度；最高气温；最低气温；非对称性变化

1　引言

湖北省会武汉是中国中部最大的城市，长江、汉江贯穿其中，属于亚热带季风气候，夏酷热冬寒冷。正如中国其他大城市一样，武汉市在过去50 a经历了快速发展过程，城市化程度不断加强，尤其是在过去20多年。截止到2005年，城市人口超过800万，建成区面积202 km^2。

气温的非对称性变化是温室气体引起全球气候变化的主要表现特征之一，T. R. Karl最先研究指出[1]，伴随着全球气候变暖，最低、最高气温的非对称性变化在世界各地普遍存在，谢庄、翟盘茂等[2-3]在我国发现了类似现象。张霞、陈正洪等[4-5]在武汉研究发现了城市热岛强度也存在非对称性变化，即用最低气温表示的城市热岛强度的上升速度快于最高气温的。而城市热岛效应普遍存在，对现有温度序列影响如何，国外有两种截然不同的观点，一种认为影响很大[6]。另外一种则认为很小[7]，IPCC第三次评估报告(IPCC，2001)[8]采用了后者。国内普遍认为影响很大[9,10]。我们利用最新资料(1960—2005年)，揭示武汉城市热岛效应非对称性变化加剧的事实。

2　资料与方法

武汉市气象站位于城市的西北部，黄陂、新洲、江夏、蔡甸等4个郊区气象站分布在城市周围，离城区大约均为50 km(图1)。对武汉市气象站(简称城区)、郊区代表站平均(简称郊区)的1960—2005年间四季、年地表平均、最高、最低气温序列进行T检验，无超出显著水平0.01的不连续点；为了消除海拔高度的影响，全部资料转化为距平值(以1971—2000年为气候参考期)。

分析武汉市城区和郊区1960—2005年间及前、后23 a[11,12]不同季节、时段三项气温距平

* 陈正洪，王海军，任国玉. 气候变化研究进展，2007，3(5)：282-286.

序列的变化趋势(倾向率℃/10a)、城市热岛强度倾向率及热岛贡献率,并分析其非对称性变化。在此,我们定义:

热岛强度倾向率(℃/10a)=城区气温倾向率－郊区气温倾向率;

热岛贡献率(%)=热岛强度倾向率/城区气温倾向率。

图 1 武汉市气象站和 4 个城郊代表站分布图

3 最高、最低气温的非对称性变化

表 1 列出了武汉城区和郊区 1960 到 2005 年的 46 a 间与前、后 23 a 的四季、年三项气温倾向率。同时,给出了武汉城区年平均最高气温、年均气温和年均最低气温的变化曲线(图 2)。分析可见:

1)46 a 来,武汉城区和郊区的年平均、最高和最低气温等 6 个序列总体上均呈上升趋势,但从增温速率衡量,城区＞郊区,最低气温＞平均气温＞最高气温,如城区年平均、最低、最高气温倾向率分别为 0.389 ℃/10a、0.628 ℃/10a、0.156 ℃/10a,郊区则相应为 0.154 ℃/10a、0.203 ℃/10a、0.122 ℃/10a。最低气温的增温最显著,最高气温增温最少,气温日较差缩小,非对称性变化明显。

2)无论城区或郊区,增温主要发生在后 23 a,前 23 a 则以降温为主(除城区年平均最低气温外)。年平均最低气温在 1970 年初开始一直保持增温趋势,年平均气温则在 20 世纪 80 年代中后期开始增温,年平均最高气温存在明显的阶段性变化,到 90 年代中后才开始持续增温。

3)四季中,增温速率的顺序为冬季＞春季＞秋季＞夏季,其中冬季和春季的增温速率相当,夏季平均最高气温为弱的降趋势。冬半年增温明显,夏半年增温度最小或不明显,年较差缩小。

表 1　武汉市区和郊区气温倾向率(单位:℃/10a)

要素	季节	城区			郊区		
		1960—2005 年	1960—1982 年	1983—2005 年	1960—2005 年	1960—1982 年	1983—2005 年
平均气温	春季	0.477****	0.172	1.227****	0.257***	−0.023	0.811****
	夏季	0.146*	−0.340	0.678***	−0.094*	−0.428*	0.208
	秋季	0.408****	−0.079	0.924****	0.150*	−0.227	0.440**
	冬季	0.482****	0.139	0.981****	0.326****	0.195	0.612***
	年	0.389****	−0.011	0.943****	0.154***	−0.169	0.514****
平均最高气温	春季	0.339***	−0.027**	1.150****	0.284***	−0.119	0.984***
	夏季	−0.089	−0.693**	0.515**	−0.127	−0.601*	0.198
	秋季	0.225**	−0.235	0.701**	0.172*	−0.338	0.589**
	冬季	0.145	−0.325	0.689***	0.201*	−0.146	0.631**
	年	0.156**	−0.331**	0.766****	0.122*	−0.342**	0.577****
平均最低气温	春季	0.638****	0.305	1.441****	0.240****	0.026	0.650****
	夏季	0.375****	0.029	0.908****	0.002	−0.210	0.257
	秋季	0.616****	0.030	1.243****	0.159**	−0.149	0.294
	冬季	0.787****	0.402	1.391****	0.424****	0.393*	0.528***
	年	0.628****	0.234*	1.253****	0.203****	−0.016	0.406****

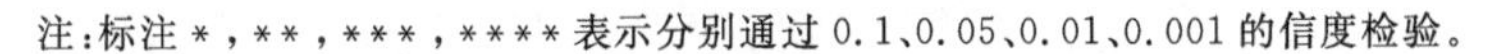
注:标注 *,**,***,**** 表示分别通过 0.1、0.05、0.01、0.001 的信度检验。

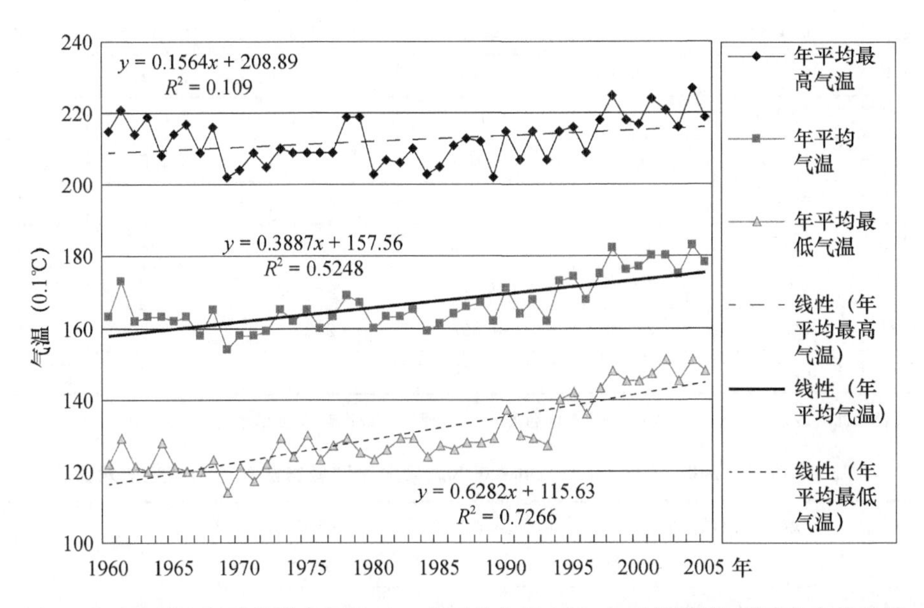

图 2　武汉市城区年平均最高气温(上)、年平均气温(中)、年平均最低气温(下)变化曲线

4　城市热岛强度的非对称性变化

根据表 1 可计算出的武汉市城区相对于郊区的热岛强度倾向率、热岛贡献率(见表 2),据此可判断城市热岛效应对增温的贡献。通过分析可知:

1)以年平均、最高和最低气温表示的城市热岛强度的倾向率分别为0.235 ℃/10a、0.425 ℃/10a、0.034 ℃/10a,热岛效应对城区增温的贡献率分别达到60.4%、67.7%、21.8%。

2)对同一项气温,热岛强度倾向率的季节差异明显,冬季城市热岛增温效应最显著,春秋次之,夏季最弱,且多为降温,即冷岛效应;后23 a,各季城市热岛增温效应都得到增强,仍然是冬季最高,夏季最小,但全部是增温;

3)对同一季节,最低气温表示的城市热岛增温效应最大,最高气温表示的城市热岛倾向率最小,平均气温居中,非对称性明显;

4)后23 a,3种气温表示的城市热岛增温强度在不同季节均有所增加,表明武汉市城市热岛效应进一步增强。

表2 武汉城市热岛强度倾向率(A)和热岛贡献率(B)

要素	季节	1960—2005年		1960—1982年		1983—2005年	
		A(℃/10a)	B(%)	A(℃/10a)	B(%)	A(℃/10a)	B(%)
平均气温	春季	0.22	46.1	0.195	*	0.416	33.9
	夏季	0.24	*	0.088	*	0.47	69.3
	秋季	0.258	63.3	0.148	*	0.484	52.4
	冬季	0.156	32.4	−0.056	−40.3	0.369	37.6
	年	0.235	60.4	0.158	*	0.429	45.5
平均最高气温	春季	0.055	16.2	0.092	*	0.166	14.4
	夏季	0.038	*	−0.092	−13.3	0.317	61.6
	秋季	0.053	23.6	0.103	*	0.112	16.0
	冬季	−0.056	−38.6	−0.179	−55.1	0.058	8.4
	年	0.034	21.8	0.011	*	0.189	24.7
平均最低气温	春季	0.398	62.4	0.279	91.5	0.791	54.9
	夏季	0.373	99.5	0.239	*	0.651	71.7
	秋季	0.457	74.2	0.179	*	0.949	76.3
	冬季	0.363	46.1	0.009	2.2	0.863	62.0
	年	0.425	67.7	0.25	*	0.847	67.6

注:"*"表示此时郊区气温倾向率<0,且热岛增温速率>0,理论上城市热岛贡献率为100%。

表3 1961—2000年与1960—2005年气温倾向率和城市热岛趋势指标的对比

气象要素	城区气温倾向率(℃/10)		郊区气温倾向率(℃/10)		城市热岛增温速率(℃/10)		城市热岛贡献率(%)	
	1961—2000年	1960—2005年	1961—2000年	1960—2005年	1961—2000年	1960—2005年	1961—2000年	1960—2005年
平均气温	0.31	0.389	0.11	0.154	0.2	0.235	64.5	60.4
最低气温	0.55	0.628	0.18	0.203	0.37	0.425	67.3	67.7
最高气温	0.06	0.156	0.06	0.122	0	0.034	0	21.8

5 结论

Chen 等[5]1961—2000 资料作过类似的分析，本次研究增加了 6 a 资料，尤其是 2001—2005 年的资料。和以前的分析结果相比(表 3)，不难看出，各项指标都有所增加(仅平均气温表示的城市热岛贡献率变化略减)，说明气候变暖和城市热岛强度近几年有加速的特征，尤其是最高气温，无论城区还是郊区均呈快速增温之势。1961—2000 年间没有热岛效应，城市热岛增温速率为 0，1960—2005 年间其增量 0.034 ℃/10a 已接近平均温度增量水平 0.035 ℃/10a，最低、最高气温变化的非对称性有所减弱，但到 2005 年为止仍然存在。从表 3 还可以看出，平均气温和最高气温表示的城市热岛贡献率一降(降低 4.1%)一升(升高 21.8%)的变化。

参考文献

[1] Karl T R, Jones P D, Knight R W, et al. A new perspective on recent global warming: asymmetric trends of daily maximum and minimum temperature[J]. Bull Amer Meteor Soc, 1993, 74(6): 1007-1023.

[2] 谢庄，曹鸿兴. 北京最高和最低气温的非对称变化[J]. 气象学报，1996，56(4)：501-507.

[3] 翟盘茂，任福民. 中国近四十年最高最低温度变化[J]. 气象学报，1997，55(4)：418-529.

[4] 张霞，杨宏青，陈正洪. 武汉市城市热岛强度变化的非对称性特征分析[J]. 暴雨灾害，2000(1)：75-81.

[5] Chen Zhenghong, Wang Haijun, Ren Guoyu. Urban heat island intensity in Wuhan, China[J]. Newsletter of IAUC(Internatiaonal Association for Urban Climate), 2006(17): 7-8.

[6] Karl T R, Diaz H F, Kukla G. Urbanization: its detection and effect in the United States climate record[J]. J Climate, 1988, 1: 1099-1123.

[7] Jones, P D, Groisman P Ya, Coughlan M, Plummer N, Wang W C, Karl T R. Assessment of urbanization effects in time series of surface air temperature over land[J]. Nature, 1990, 347: 169-172.

[8] 赵宗慈. 近 39 年中国的气温变化与城市化影响[J]. 气象，1991，17(4)：14-16.

[9] 初子莹，任国玉. 北京地区城市热岛强度变化对区域温度序列的影响[J]，气象学报，2005，63(4)：534-540.

[10] Houghton J T, Ding, Yi-Hui, et al. Climate Change 2001: The Scientific Basic[M]. Cambridge Univ Press, Cambridge, 2001.

[11] 陈正洪. 武汉、宜昌 20 世纪最高气温、最低气温、气温日较差突变的诊断分析[J]. 暴雨灾害，1999(2)：14-19.

[12] 陈正洪. 武汉、宜昌 20 世纪平均气温突变的诊断分析[J]. 长江流域资源与环境(学报)，2000，9(1)：56-62.

Implications of temporal change in urban heat island intensity observed at Beijing and Wuhan stations*

Temporal change in urbanization-induced warming at two national basic meteorological stations of China and its contribution to the overall warming are analyzed. Annual and seasonal mean surface air temperature for time periods of 1961—2000 and 1981—2000 at the two stations of Beijing and Wuhan Cities and their nearby rural stations all significantly increase. Annual and seasonal urbanization induced warming for the two periods at Beijing and Wuhan stations is also generally significant, with the annual urban warming accounting for about 65%—80% of the overall warming in 1961—2000 and about 40%—61% of the overall warming in 1981—2000. This result along with the previous researches indicates a need to pay more attention to the urbanization-induced bias probably existing in the current surface air temperature records of the national basic stations.

1 Introduction

Urbanization may have affected the surface air temperature(SAT) records at many city stations in continents, especially in industrial regions like Europe, North America and East Asia. However, this issue is still under debate at present. It is generally hold that urban heat island effect is of secondary importance, and it is unlikely to surpass 0.05 ℃ in the past a hundred years on global average, a magnitude lower than the optimal estimation of the global average annual mean SAT change of 0.6 ℃ [Jones et al., 1990; *Intergovernmental Panel on Climate Change*, 2001; *Peterson*, 2003; *Li et al.*, 2004a]. On the other hand, some researches have shown that the urban heat island effect may play a significant role in the global and regional SAT trend estimated up to date, which should be paid more attention to and should be emended [*Hansen et al.*, 2001; *Kalnay and Cai*, 2003; *Zhou et al.*, 2004; *Zhou and Ren*, 2005].

We have analyzed the possible effect of urbanization on region-averaged SAT trends for various categories of city station groups in North China and Hubei Province of Central China using a most complete SAT data set up to now, and we are able to find the significant contribution of urban warming to the overall SAT rends as estimated for the city station groups and the national reference and basic stations [*Zhou and Ren*, 2005; *Chen et al.*, 2005; *Ren et al.*, 2005]. Here we choose two of big city stations, Beijing and Wuhan stations with a hope to obtain an insight into the temporal details of the urbanization effect. Both are national reference and basic stations, and together with other national basic stations, they have been usually used for analyzing regional climate change.

* Ren G Y, Chu Z Y, **Chen Z H**, and Ren Y Y. Geophys Res Lett, *34*, L05711, doi:10.1029/2006GL027927. (SCI)

2 Study Areas, Data, and Methods

Figure 1 shows the locations of the two city stations. Both Beijing and Wuhan are mega cities, with former owning a population of over 8 million and latter a population of over 5 millions. Being the capital of Hubei Province, Wuhan is the largest city in the middle reaches of the Yangtze River. In the past 50 years, especially since the end of 1970's, the two cities witnessed a rapid urbanization like many other big cities in China, leading to not only a fast growth of population but also a swift expansion of the built areas. Presently, Beijing and Wuhan have built areas of almost 600 km^2 and 400 km^2 respectively. There is no doubt that such a rapid urbanization must have resulted in large modification of the landscape within the built areas and the nearby suburbs, including enhancement of urban heat island (UHI) effect.

Beijing Station now is located in the southeastern rim of the city proper, and Wuhan Station is located in Dongxihu District, western part of the city proper (Figure 1). Being in transition belts between city proper and suburban areas, the two sites witness significant UHI effect during the past half century, especially during the past two decades. Beijing Station has relocated for 6 times since 1960 (Table 1) due to the deterioration of observational settings, but Wuhan Station has remained at the same location since 1960. Thus the choices of the two city stations are representative for big city stations within national reference and basic station network. Most of the big city stations have undergone the deterioration of observational environment and frequent relocations for the last 40 years due to the unprecedented urbanization in the country.

There are other nineteen meteorological stations in Beijing Municipality of some seventeen thousands square kilometers (Figure 1a). Of the totally twenty stations, fifteen have a record length of at least 40 years before 2000, and the others began recording after mid 1960s. With reference to metadata of population and description of the specific locations, and length and continuity of the records, six rural stations near Beijing Station and four rural stations around Wuhan Station are chosen as reference sites for comparing with the urban stations [*Chu and Ren*, 2005; *Chen et al.*, 2005]. The rural stations of Beijing region are Xiayunling, Zaitang, Foyeding, Tanghekou, Huairou, and Shangdianzi respectively (Table 1 and Figure 1), which are all located in relatively remote areas of the municipality. Except for Huairou Station, the rural stations were generally built in mountains, and all of them have undergone no relocation since the beginning of records. No rural station can be used in the south and southeast parts of Beijing Municipality according to the criteria mentioned above. The four rural stations around Wuhan City are Huangpo, Xinzhou, Jiangxia, and Caidian stations, respectively (Figure 1b). Xinzhou and Caidian stations are located in small towns, and they have been moved for two times and one time respectively during 1961—2005 though the changes are small with moving distances being less than 3 km and almost no change in altitude.

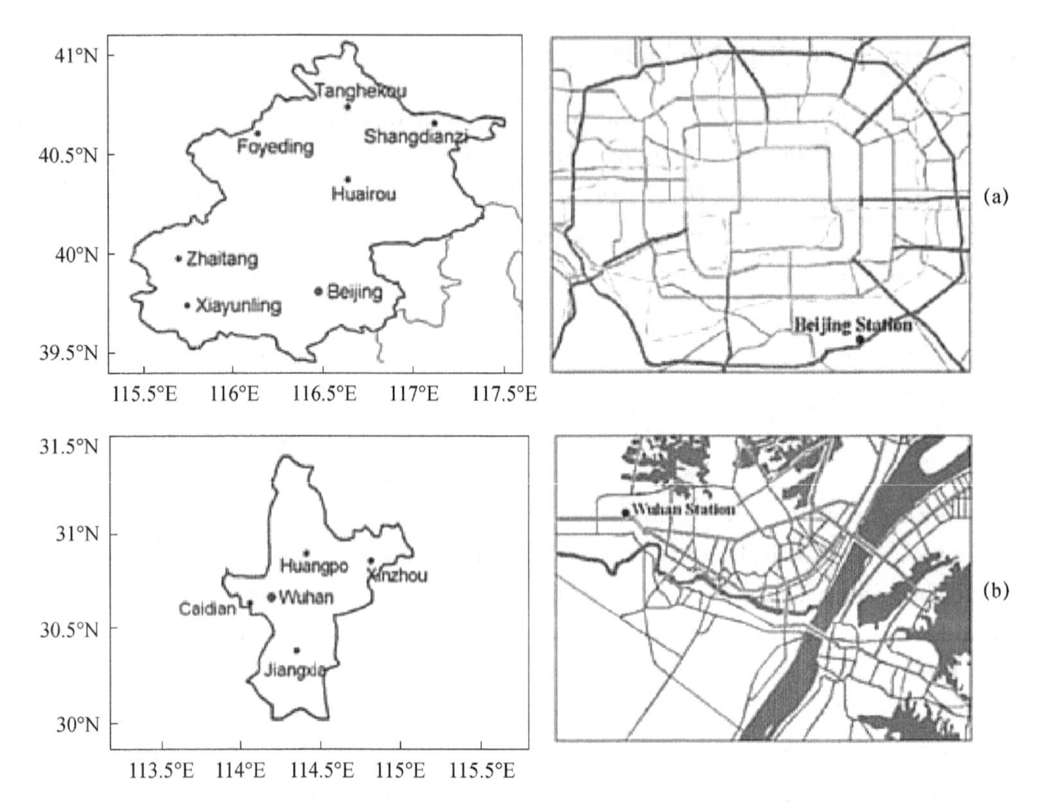

Figure 1. Locations of Beijing and Wuhan stations in(right)the two cities and(left)the nearby rural stations around the two cities. (a)Beijing region;(b)Wuhan region.

The data of all stations, including the two city stations and the ten rural stations, are checked for errors and inhomogeneities probably caused by relocation and other nonclimatic factors, using the same method as that of *Easterling and Peterson* [1995]. Actually, the data of the stations had already been quality-controlled and corrected prior to this study, by the national and regional meteorological data centers of the China Meteorological Administration. No error is found for the data of the twelve stations in the reexamination done in this work. Discontinuous points, however, are found for the time series of Beijing Station in the inhomogeneity examination, and they are proved to be caused by relocation of observation sites. Adjustment is made for the in-homogeneities of Beijing Station temperature series [*Li et al.*, 2004*b*; *Chu and Ren*, 2005]. The changes of sites for Xinzhou and Chaidian stations are small, and no significant discontinuous points has been detected [*Chen et al.*, 2005]. The influence of change of instrumentation has been proved to be insignificant, and no adjustment has been made for instrumentation change.

Average monthly and annual SAT anomalies of the all stations are calculated for each year, and linear trends of the SAT anomaly series are obtained by using the least square method. Base period for calculating temperature anomalies is 1971—2000. The difference between linear temperature trend of a city station and average of the nearby rural stations is defined as urban warming, and ratio of the urban warming and the overall warming for a city station indicates the contribution of enhanced UHI effect to the overall warming as recorded at the city station. In addition to annual mean SAT, annual mean minimum and maximum SAT is also investigated for Wuhan Station. Trends for two time periods, 1961—2000 and 1981—2000, are compared to look into the difference of the recent two decades from the previous two decades and the entire period.

3 Urban Warming and its Contribution to Overall Warming

Figure 2 shows the annual SAT anomalies of the two city stations and the nearby rural stations for time period of 1961—2000. Both city stations and rural stations undergo a significant warming in terms of annual SAT. It is also evident that inter-annual and inter-decadal variability in the two regions is rather similar. A cooling trend from 1961 to 1969 and a reversal to averages in late 1970s can be observed. 1969 is the coldest year in the record. The most significant warming for both urban and rural stations occurs after mid-1980, with 1998 being the warmest year in the records. The inter-annual and inter-decadal variability is generally consistent with that reported by *Hu et al.* [2003]and *Ren et al.* [2005] for the country-averaged annual SATseries of China. Seasonal feature of temperature variability for the two regions is also similar to the country averaged SAT series, with the warming in wintertime being more evident than in any other seasons, and a cooling trend in summer occurring in the Wuhan region.

Table 1 Information of the Stations Used in the Study

Station Name	Station Code	Longitude, E	Latitude, N	Altitude, m asl[a]	Start Time of Record	Relocation Since 1960	Category
Beijing	54511	11628	3948	33	1913	01/1965 01/1969 07/1970 01/1981 04/1997	Basic
Xiayunling	54597	11543	3943	409	1959	Ordinary	
Zaitang	54501	11540	3958	441	1974	Ordinary	
Foyeding	54410	11608	4036	1217	1978	Ordinary	
Tanghekou	54412	11637	4043	334	1974	Ordinary	
Huairou	54419	11637	4022	76	1959	Ordinary	
Shangdianzi	54421	11707	4039	287	1958	Ordinary	
Wuhan	57494	11408	3037	24	1880	Basic	
Huangpo	57491	11424	3052	33	1958	Ordinary	
Xinzhou	57492	11448	3050	33	1958	09/1976 01/1995	Ordinary
Jiangxia	57493	11419	3021	38	1959	Ordinary	
Caidian	57489	11400	3035	39	1959	12/1965	Ordinary

a: Above sea level.

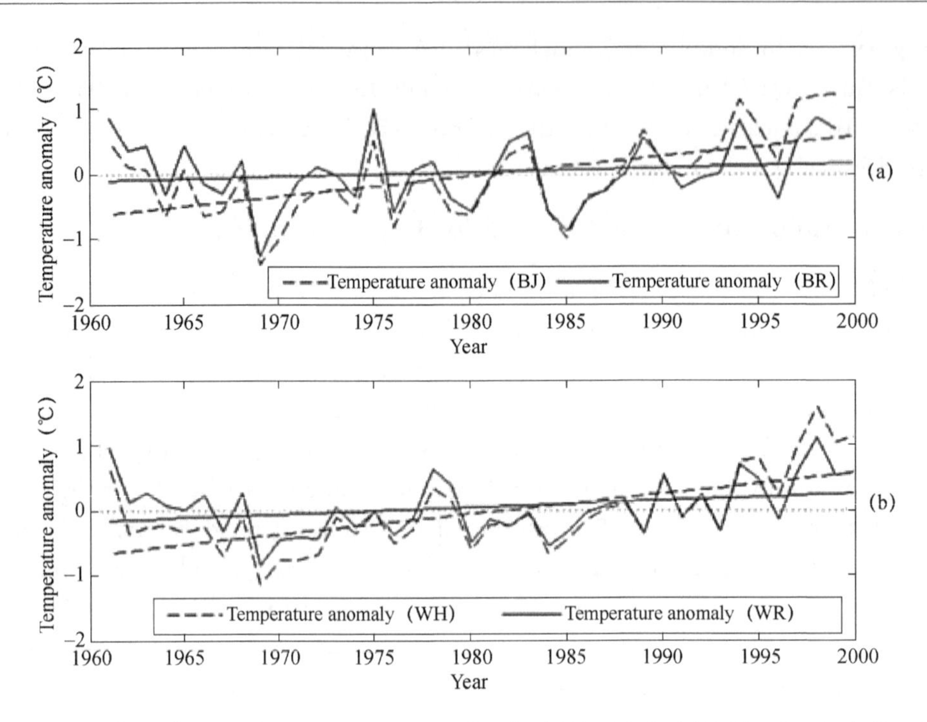

Figure 2. Annual mean air temperature anomalies for 1961—2000:(a)Beijing Station(BJ)and the six rural stations(BR),and(b)Wuhan Station(WH)and the four rural stations(WR). Straight lines denote the linear trends for the period of 1961—2000.

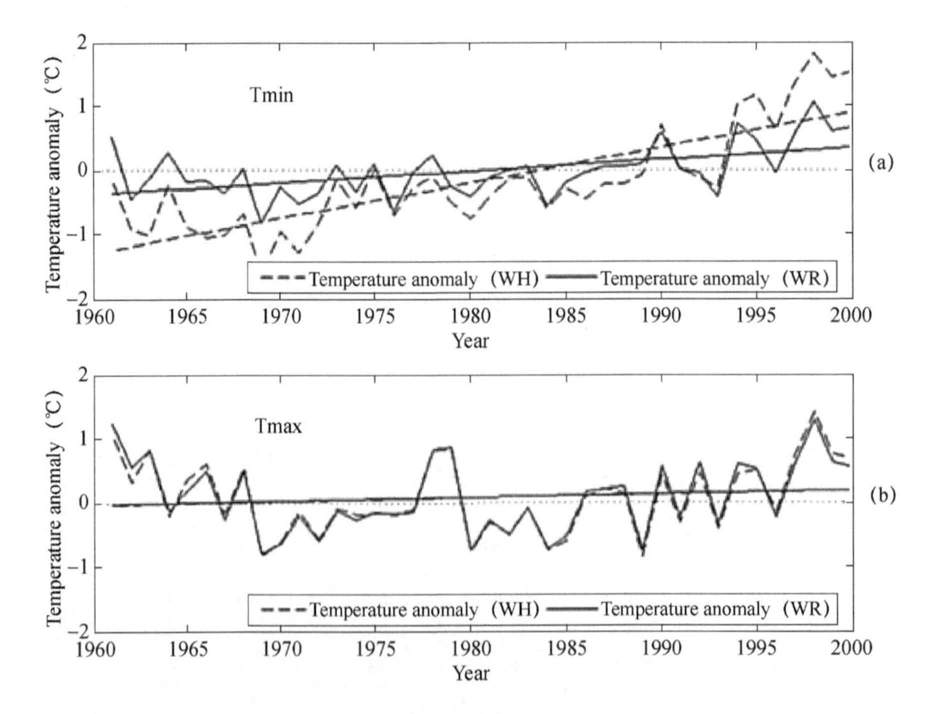

Figure 3. Annual mean(a)minimum and(b)maximum surface air temperature anomalies at Wuhan Station(WH)and the four rural stations(WR)for 1961—2000. Straight lines denote the linear trends for the period of 1961—2000.

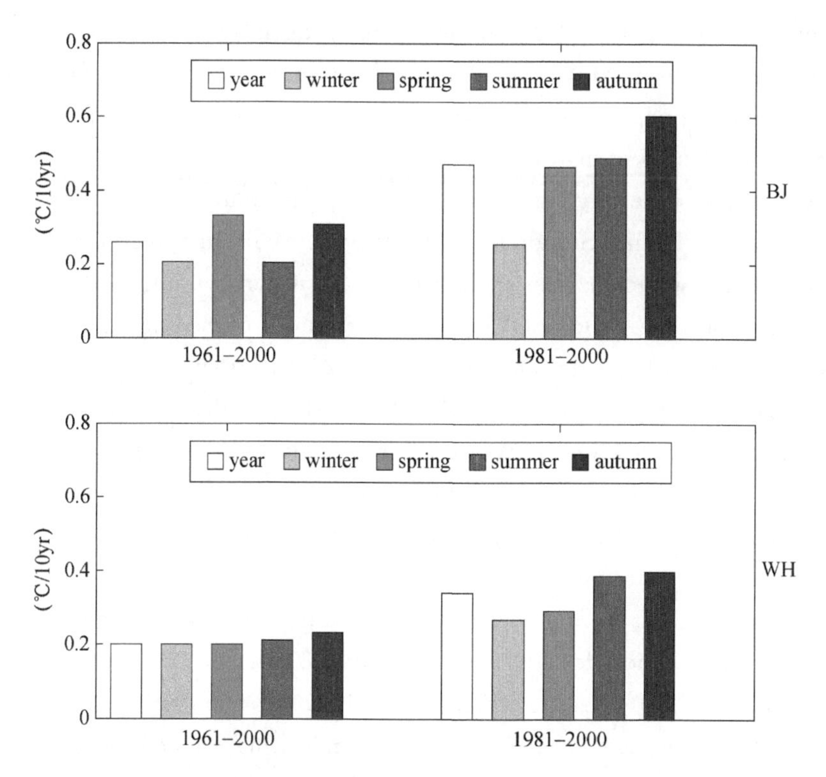

Figure 4. Urban warming at Beijing and Wuhan stations for time periods of 1961—2000 and 1981—2000.

Large difference, however, is seen in annual SAT trends between city stations and the nearby rural stations. Increase in annual mean SAT during 1961—2000 reaches 0.32 ℃/10 yr. and 0.31 ℃/10 yr. respectively for Beijing Station and Wuhan Station, but it is only 0.06 ℃/10 yr. and 0.11 ℃/10 yr. for averages of the rural stations around the two cities, indicating that the temperature increase at the two city stations is mostly caused by urban warming. Furthermore, the significant difference of annual mean SAT between the city stations and the nearby rural stations results from the large warming of the cities at night, as seen from annual mean minimum SAT anomalies compared to annual mean maximum SAT anomalies at Wuhan Station and the four rural stations (Figure 3). Both increase of annual mean maximum SAT at Wuhan Station and the difference of annual mean maximum SAT between the urban and rural stations are small.

Figure 4 shows urban warming at Beijing and Wuhan stations, as estimated on basis of difference of annual and seasonal mean SAT between the two city stations and the nearby rural stations, for two time periods of 1961—2000 and 1981—2000. Yearly temperature rise at Beijing and Wuhan stations related to the nearby rural temperature change is estimated to be 0.26 ℃/10 yr. and 0.20 ℃/10 yr. respectively for 1961—2000, and 0.47 ℃/10 yr. and 0.34 ℃/10 yr. respectively for 1981—2000. More rapid urban warming is underdone for the late period of 1981—2000, with Beijing Station being even more remarkable than Wuhan

Station. In comparison to 1961—2000, urban warming during 1981—2000 increases by 81% for Beijing Station and 70% for Wuhan Station. Therefore, larger impact of urbanization occurs at the two city stations during the last 20 years when urbanization and economic growth of China are unprecedented in history.

Urban warming is generally significant in each of the four seasons(Figure 4). The largest urban warming at Beijing Station, 0.33 ℃/10 yr., occurs in spring for the entire period analyzed, but autumn witnesses the most significant urban warming reaching as high as 0.60 ℃/10 yr. for the time period of 1981—2000. Summer of Beijing Station undergoes the second largest seasonal urbanwarming during 1981—2000, but summer and winter record the least seasonal urban warming during the 1961—2000. More evident urban warming in autumn and summer than in other seasons at Wuhan Station appears in both 1961—2000 and 1981—2000, though the late period sees a larger urbanization effect for the two seasons. It is interesting to note that urban warming in spring, summer and autumn is becoming more obvious with time at the two city stations.

Table 2 shows urbanization-induced change in annual mean maximum(T_M)and minimum (T_m) SAT at Wuhan Station for 1961—2000 and 1981—2000. Trends of T_m and T_M are 0.37 ℃/10 yr. and 0 ℃/10 yr. respectively for 1961—2000, but they increase to 0.66 ℃/10 yr. and 0.08 ℃/10 yr. respectively for 1981—2000, indicating a much more evident warming at nights(T_m)and an enhanced urban warming in the later 20 years. The largest urban warming trend of 0.70 ℃/10 yr. occurs in winter T_m for 1981—2000. Less significantly negative trends are seen for winter T_M for both 1961—2000 and 1981—2000, implying that urbanization might have made the observation site to become cooler in daytime compared to the rural areas. It is also worth noting that the later period of the last two decades witnesses a much stronger urban warming of T_M for summer and of T_m for winter, than before or in the entire period. As expected, the enhancement of urban warming during 1981—2000 as compared to the earlier years dominantly occurs in nighttime(T_m)of winter and daytime(T_M)of summer.

Relative contribution of urban warming to the overall warming observed at the two city stations is shown in Table 3. With regard of annual mean SAT, the contribution reaches to 80.4% for 1961—2000 and 61.3% for 1981—2000 at Beijing Station, and comes to 64.5% for 1961—2000 and 39.5% for 1981—2000 at Wuhan Station. The contribution generally increases from winter and spring to summer and autumn, with an exception of Beijing Station for 1981—2000. During 1961—2000, the overall warming observed in summer and autumn at Beijing Station and in summer at Wuhan Station can be entirely accounted for by the urbanization effect. Seasonal warming of 1981—2000 in spring at Beijing Station is also entirely caused by enhanced UHI effect. Although winter registers the largest overall warming at the two city stations, and urban warming in winter is also very significant, the cold season witnesses the lowest contribution of urban warming to overall warming at both city stations. Except for spring of Beijing Station, the contribution of urban warming to overall warming for year and all seasons drops with time, implying that, although urbanization has speeded up, an increased part of warming observed at the city stations is caused by baseline climate change during the last 20 years as compared to the previous two decades.

Table 2 Urban Warming Trend Recorded by Annual Mean Maximum and Minimum Temperature at Wuhan Station for 1961—2000 and 1981—2000[a]

	Winter	Spring	Summer	Autumn	Year
			1961—2000		
Minimum	0.39	0.33	0.34	0.39	0.37
Maximum	0.05	0.03	0	0.03	0
			1981—2000		
Minimum	0.70	0.58	0.57	0.44	0.66
Maximum	0.01	0.08	0.22	0.04	0.08

[a]Unit: ℃/10 yr.

Table 3 Contribution of Urban Warming to the Overall Warming at Beijing and Wuhan Stations for Time Periods of 1961—2000 and 1981—2000[a]

	Winter	Spring	Summer	Autumn	Year
			1961—2000		
Beijing	35.3	76.7	100	100	80.4
Wuhan	35.1	57.1	100	76.7	64.5
			1981—2000		
Beijing	22.2	100	60.2	81.8	61.3
Wuhan	21.6	35.4	81.3	46.0	39.5

[a]Unit: %.

4 Conclusions and Discussion

In summary, temporal trends of annual and seasonal mean SAT for time periods of 1961—2000 and 1981—2000 at Beijing and Wuhan stations and their nearby rural stations are all significantly positive, and the annual and seasonal urban warming for the two periods for Beijing and Wuhan stations is also positive and significant. The annual urban warming at the city stations can account for about 65%—80% of the overall warming in 1961—2000, and about 40%—61% of the overall warming in 1981—2000. The quality control and the in-homogeneity examination and adjustment for the data of the stations used for the analysis have been made.

The impact of urbanization on observed SAT trend for the two city stations is much larger than reported for North China as whole and for Hubei Province [*Zhou and Ren*, 2005; *Chen et al.*, 2005]. The two city stations are all of national basic stations, as many other city stations in the country, and the records from the stations are generally used in regional climate change analyses. It is likely that a larger part of SAT increase in the country as obtained from data set of the national reference and basic stations has been caused by enhanced UHI effect during the past decades. As both city stations are not located in the central area the city, the findings reported here are not necessarily representative for the downtown area where maximum UHI effect should usually be felt. However, the findings along with the previous researches do indicate a need for paying more attention to the selection of observational sites, and for further detecting and adjusting the urbanization-induced bias probably existing in SAT records of city stations, in analysis of observed regional climate change.

Acknowledgments: This work is financed by the Natural Science Foundation of China (40575039) and the Ministry of Science and Technology of China (2001BA611B-01).

References

Chen Z H, et al, 2005. Effect of enhanced urban heat island magnitude on average surface air temperature series in Hubei Province, China(in Chinese with English abstract), *Clim Environ Res.*, 10(4): 771-779.

Chu Z Y, Ren G Y, 2005. Effect of enhanced urban heat island magnitude on average surface air temperature series in Beijing region(in Chinese with English abstract), *Acta Meteorol Sin*, 63(4): 534- 540.

Easterling D R, Peterson T C, 1995. A new method for detecting and adjusting for undocumented discontinuities in climatological time series, *Int J Climatol*, 15: 369-377.

Hansen J, Ruedy R, Sato M, et al, 2001. A closer look at United States and global surface temperature change, *J Geophys Res*, 106(23): 947- 23,964.

Hu Z, Yang S, Wu R, 2003, Long-term climate variations in China and global warming signals, *J Geophys Res*, 108(D19), 4614, doi: 10. 1029/2003JD003651.

Intergovernmental Panel on Climate Change, 2001. *Climate Change 2001: The Scientific Basis: Contribution of Working Group I to the Third Assessment Report of the Intergovernmental Panel on Climate Change*, edited by J. T. Houghton et al., 881 pp., Cambridge Univ. Press, New York.

Jones P D, Groisman P Y, Coughlan M et al, 1990. Assessment of urbanization effects in time series of surface air temperature over land, *Nature*, 347: 169-172.

Kalnay E, Cai M, 2003. Impact of urbanization and land-use change on climate, *Nature*, 423: 528-531.

Li Q, Zhang H, Liu X, Huang J, 2004a. Urban heat island effect on annual mean temperature during the last 50 years in China, *Theor. Appl Climatol*, 79(3- 4): 165-174.

Li Q, Liu X, Zhang H, et al, 2004b. Detecting and adjusting temporal in-homogeneity in Chinese mean surface air temperature data, *Adv Atmos Sci.*, 21(2): 260-268.

Peterson T C, 2003. Assessment of urban versus rural in situ surface temperature in the contiguous United States: No difference found, *J Clim*, 16(18): 2941- 2959.

Ren G Y, et al, 2005. Recent progresses in studies of regional temperature changes in China(in Chinese with English abstract), *Clim Environ Res*, 10(4): 701-716.

Zhou L M, Dickinson R E, Tian Y H, et al, 2004. Evidence for a significant urbanization effect on climate in China, *Proc Natl Acad Sci U S A.*, 101: 9540- 9544.

Zhou Y Q, Ren G Y. 2005. Urbanization effect on regional surface air temperature series of North China over period of 1961—2000(in Chinese with English abstract), *Clim Environ Res*, 10(4): 743-753.

水文学中雨强公式参数求解的一种最优化方法*

摘　要　提出了一种客观的、最优化的暴雨强度公式参数估算方法：先将公式线性化，确定出未知参数 b、C 取值范围，给定一个 b 值(分公式)、b、C 组合(总公式)，再对雨强-历时-重现期($i-t-T$)三联表数据进行最小二乘法拟合可得到参数 A，n，以总误差最小为控制条件，理论上可得到最优的一组参数估算值。并以深圳、武汉两市为例，进行暴雨强度公式参数估算，精度高于国标要求，且明显优于对比方法。已将该法编制成计算机软件，只要输入原始资料就可以很快输出结果包括曲线型估计、参数估算、误差分析、图表，使用极其方便，可向全国各地推广应用。

关键词　暴雨强度公式；线性化；最优化；误差控制

1　引言

根据国家《给水排水设计手册》[1]和《室外排水设计规范(GBJ14—87)》[2]规定，暴雨强度是设计水库大坝高度，确定公路、铁路涵洞直径以及城市雨污分流管道系统的关键技术参数，也是设计防洪及水利工程设施中的重要指标，而这些工程排水的可靠性与否与采用的暴雨强度公式的准确性和精度有直接关系。

暴雨强度公式是反映一定重现期、历时下的平均暴雨强度，有许多种经验公式，在我国一般采用如下公式[1-2]：

$$\text{总公式}：i=\frac{A_1(1+C\lg T)}{(t+b)^n} \tag{1}$$

式(1)中，i,t,T 为变量；i 为暴雨强度(单位：mm/min)；T 为重现期(单位：a)，取值范围为 0.25～100 a；t 为降雨历时(单位：min)，取值范围 1～120 min。重现期越长、历时越短，暴雨强度就越大。而 A_1,C,b,n 是与地方暴雨特性有关且需求解的参数(b,n 亦称气候参数)：A_1 雨力参数，即重现期为 1 a 时的 1 min 设计降雨量(单位：mm)，C 为雨力变动参数(无量纲)，b 为降雨历时修正参数，即对暴雨强度公式两边求对数后能使曲线化成直线所加的一个时间常数(min)，n 为暴雨衰减指数，与重现期有关。

$$\text{单重现期公式}：i=\frac{A}{(t+b)^n} \tag{2}$$

式(2)中，A 为雨力参数，即不同重现期下的 1 min 设计降雨量(单位：mm)。

可见暴雨强度公式为已知关系式的超定非线性方程，总公式、分公式各有 4 个和 3 个参数，常规方法将无能为力，所以参数估计方法设计和减少估算误差尤为关键。长期以来水文气象工作者不懈探索，提出许多参数估算方法，在城市排水设计中发挥了重要的作用。但这些方法仍然存在较大的人为判断误差(经验法、图解法)，一定的近似假设误差(麦夸尔特法，遗传

* 陈正洪，王海军，张小丽. 应用气象学报，2007，18(2)：237-241.

法，加速遗传法，*Marqardt*－*Hartley* 法，解超定非线性方程组），以及跳跃搜索中遗漏误差（二分搜索法或黄金分割法）。本文在以上工作基础上提出了一种客观、对参数进行全组合、可找到最小误差的参数估算方法，可巧妙避开以上 3 类问题的出现。虽然占用机时较多，如对总公式，若参数均保留 3 位小数，有近亿种组合，在Ⅳ/2.8G 微机上约需机时 10 min 左右，但在计算速度不断加快的今天已不是问题。

2　方法与误差分析

首先对式(1)、(2)进行线性化处理，再推导出未知参数 b、C 的取值范围，给定一个 b 值（分公式）、b、C 组合（总公式），对已求出的雨强-历时-重现期（$i-t-T$）三联表数据，进行最小二乘法拟合便可得到参数 A，n，以总误差最小为控制条件，理论上可得到最优的一组参数估算值。采用均方根误差(σ)或相对均方根误差(f)并参照国家标准[2]进行误差评判。

2.1　确定 b 和 c 的范围

根据大量文献，从我国 200 多个暴雨强度公式[1,3-27]中可见，b，C 是有一定范围的，最大值分别为 46.4（江苏无锡），1.537（河南济源）。另外 $1+C\times\lg T$ 必须 >0，而 $T=0.25$ 时，$\lg T=-0.602$，所以必需有 $C<1.666$。

2.2　对分公式线性化及最优化目标控制

对分公式，b 取(0，50.000)，以 0.001 为间隔，共 50000 种情景，对分公式两端求对数：

$$\lg i=\lg A-n\lg(t+b) \tag{3}$$

设 $y=\lg i$，$b_0=\lg A$，$b_1=-n$，$x=\lg(t+b)$，有

$$y=b_0+b_1x \tag{4}$$

通过最小二乘法求出 b_0，b_1，从而可求出 A，n 以及 i'（拟合值），同时求出均方根误差：

$$\sigma=\sqrt{\frac{1}{m}\sum_{i=1}^{m}(i_{ij}-i'_{ij})^2}\ (m=9(\text{个历时})) \tag{5}$$

以其为目标函数，取使 σ 最小的一组参数。同时计算出相对均方根误差。

同理，也可求出 i 与 i'的相关系数 r，取使 r 最大的一组参数。

2.3　对总公式线性化及最优化目标控制

对总公式，b 取(0，50.000)，C 取(0，1.666)，以 0.01 为间隔，共 $5000\times166=830000$ 种组合，b 取(0，50.000)，C 取(0，1.666)，以 0.001 为间隔，共 $50000\times1666=83300000$ 种组合对总公式两端求对数：

$$\lg i=\lg A_1+\lg(1+C\times\lg T)-n\lg(t+b) \tag{6}$$

设 $y=\lg i-\lg(1+C\times\lg T)$，$b_0=\lg A_1$，$b_1=-n$，$x=\lg(t+b)$，有

$$y=b_0+b_1x \tag{7}$$

通过最小二乘法求出 b_0，b_1，从而可求出 A_1，n 以及 i'（拟合值），同时求出总的误差：

$$\bar{\sigma}=\frac{1}{m_0}\sum_{j=1}^{m_0}\left(\sqrt{\frac{1}{m}\sum_{i=1}^{m}(i_{ij}-i_{ij}')^2}\right)\quad (m=9(\text{个历时}),m_0=11(\text{个重现期})) \tag{8}$$

以其为目标函数，取使 $\bar{\sigma}$ 最小的一组参数。其中也可 $m_0=8$，即前 8 个重现期(0.25 a，

……,10a)。

并将总公式分解到分公式(代入不同的 T 便可),算出分公式均方根误差和相对均方根误差。

$$f=\frac{\sigma}{x} \tag{9}$$

同理,也可求出 i 与 i' 的相关系数 r,取使 r 最大的一组参数。

2.4 误差标准

按照国家标准[2]规定,暴雨强度公式参数估算误差,以均方差(σ)≤0.05 mm 为主要衡量指标,对于深圳、武汉这样降雨强度大的地方,也可采用另一规定:平均相对误差(f)≤5%,或适当放宽条件为均方差在多数重现期下(0.25 a,……,10a,共 8 个重现期)≤0.05 mm,或平均相对误差≤5%。

2.5 试验资料

利用指数分布,根据深圳市 1954—2003 年 50 年、武汉市 1961—1995 年 35 年降水资料序列求出两地各自的雨强-历时-重现期($i-t-T$)三联表数据,见表 1① 和表 2。可见深圳的雨强比武汉大。

表 1 深圳市不同历时(t)、重现期(T)对应的雨强(指数分布,单位:mm/min)

T(a)	t/min								
	5	10	15	20	30	45	60	90	120
0.25	1.7905	1.4388	1.1823	1.0607	0.8554	0.6692	0.5733	0.4169	0.3454
0.333	1.9140	1.5335	1.2796	1.1486	0.9334	0.7401	0.6377	0.4732	0.3958
0.5	2.0880	1.6670	1.4168	1.2725	1.0432	0.8400	0.7283	0.5526	0.4669
1	2.3854	1.8952	1.6514	1.4842	1.2311	1.0107	0.8832	0.6883	0.5883
2	2.6829	2.1234	1.8859	1.6960	1.4190	1.1815	1.0382	0.8240	0.7098
3	2.8569	2.2569	2.0231	1.8199	1.5289	1.2814	1.1288	0.9033	0.7808
5	3.0761	2.4251	2.1960	1.9759	1.6673	1.4072	1.2430	1.0033	0.8703
10	3.3735	2.6533	2.4305	2.1877	1.8552	1.5780	1.3979	1.1390	0.9918
20	3.6710	2.8815	2.6651	2.3995	2.0431	1.7488	1.5529	1.2747	1.1133
50	4.0642	3.1832	2.9751	2.6794	2.2914	1.9745	1.7577	1.4541	1.2738
100	4.3616	3.4114	3.2097	2.8912	2.4793	2.1453	1.9126	1.5898	1.3953

表 2 武汉市不同历时(t)、重现期(T)对应的雨强(指数分布,单位:mm/min)

T(a)	t/min								
	5	10	15	20	30	45	60	90	120
0.25	1.2060	0.9570	0.8251	0.7091	0.5692	0.4435	0.3567	0.2566	0.2500
0.333	1.3500	1.0834	0.9312	0.8060	0.6508	0.5083	0.4129	0.3026	0.2957
0.5	1.5530	1.2616	1.0807	0.9427	0.7657	0.5996	0.4922	0.3675	0.3602

① 陈正洪,张海军,王小丽,等.深圳市新一代暴雨强度公式的编制与创新研究-技术报告,2005.

续表

T(a)	t/min								
	5	10	15	20	30	45	60	90	120
1	1.9000	1.5663	1.3362	1.1763	0.9623	0.7557	0.6277	0.4783	0.4705
2	2.2469	1.8709	1.5918	1.4099	1.1588	0.9118	0.7632	0.5892	0.5808
3	2.4499	2.0491	1.7413	1.5465	1.2737	1.0031	0.8425	0.6540	0.6453
5	2.7056	2.2736	1.9296	1.7187	1.4186	1.1181	0.9424	0.7357	0.7266
10	3.0526	2.5782	2.1852	1.9523	1.6151	1.2742	1.0779	0.8466	0.8369
20	3.3995	2.8829	2.4407	2.1859	1.8116	1.4303	1.2134	0.9574	0.9472
50	3.8582	3.2856	2.7786	2.4947	2.0714	1.6366	1.3926	1.1040	1.0930
100	4.2052	3.5902	3.0341	2.7283	2.2679	1.7927	1.5281	1.2148	1.2033

3 试验结果分析

3.1 分公式

根据深圳、武汉的 $i-t-T$ 资料，采用最优法求出两地各自的暴雨强度分公式各参数和误差，见表 3、表 4。

可见，两地重现期为 20 a 以下的各分公式的绝对误差均在 0.05 mm 以下，最小只有 0.0122 mm；重现期为 50 a、100 a 两种情况也只略大于临界值，最大也只有 0.0667 mm。两地相对误差则全部在 2.62%以下。至于绝对误差、相对误差平均值，在深圳分别为 0.0324 mm、1.717%，在武汉分别为 0.0334、2.284%，结果相当理想。另外还发现，两地分公式的绝对误差、相对误差均随重现期增加而增大。

深圳市不同重现期下暴雨强度随历时变化曲线见图 1，武汉市图略。

表 3 最优法所求深圳市暴雨强度分公式参数和误差一览表(指数分布)

T(a)	0.25	0.333	0.5	1	2	3	5	10	20	50	100	平均
A	13.3820	12.0380	10.8625	9.9791	9.6431	9.6731	9.6959	9.8745	10.1781	10.6630	10.9823	
b	9.6160	8.8075	7.8597	6.7705	5.9494	5.6749	5.2624	4.8490	4.5729	4.2964	4.0195	
n	0.7499	0.7010	0.6467	0.5822	0.5367	0.5177	0.4958	0.4726	0.4549	0.4366	0.4238	
σ(mm)	0.0122	0.0144	0.0188	0.0161	0.0226	0.0268	0.0324	0.0401	0.0480	0.0586	0.0667	0.0324
f(%)	1.3192	1.0129	1.0508	1.2233	1.4979	1.6548	1.8355	2.0508	2.2342	2.4371	2.5663	1.7166

* 下划线表示均方差(σ)≤0.05 mm 或平均相对误差(f)≤5%，下同

表 4 最优法所求武汉市暴雨强度分公式参数和误差一览表(指数分布)

T(a)	0.25	0.333	0.5	1	2	3	5	10	20	50	100	平均
A	9.5088	9.5592	10.004	10.924	12.150	12.818	13.848	15.094	16.509	18.392	19.612	
b	9.8847	9.4815	9.2122	8.8075	8.6724	8.5372	8.5372	8.4019	8.4019	8.4019	8.2665	
n	0.7658	0.7329	0.7022	0.6659	0.6447	0.6341	0.6257	0.6145	0.6075	0.6003	0.5938	

续表

T(a)	0.25	0.333	0.5	1	2	3	5	10	20	50	100	平均
σ (mm)	0.0124	0.0139	0.0166	0.0219	0.0276	0.0311	0.0356	0.0418	0.0480	0.0563	0.0626	0.0334
f (%)	2.0065	1.9752	2.0070	2.1213	2.2363	2.2959	2.3620	2.4380	2.5008	2.5687	2.6107	2.2839

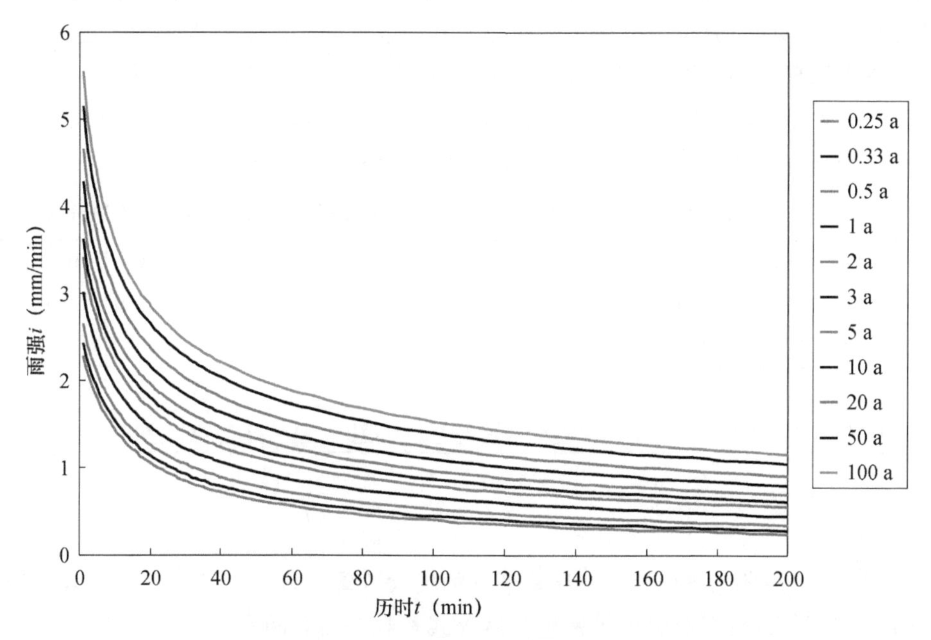

图 1　深圳市不同重现期的暴雨强度随历时变化曲线

(指数分布,从上到下对应重现期为 100 a,50 a,…,0.25 a)

3.2　总公式

采用最优法求出了两地各自的暴雨强度总公式各参数,见下:

$$深圳:i=\frac{9.194\times(1+0.460\times\lg T)}{(t+6.840)^{0.555}} \tag{10}$$

$$武汉:i=\frac{11.741\times(1+0.660\times\lg T)}{(t+10.160)^{0.677}} \tag{11}$$

以上两公式误差见表 5:

表 5　最优法所求深圳、武汉暴雨强度总公式误差一览表(指数分布)

	T(a)	0.25	0.333	0.5	1	2	3	5	10	20	50	100	平均
深圳	σ(mm)	0.0740	0.0633	0.0487	0.0272	0.0240	0.0341	0.0512	0.0767	0.1030	0.1383	0.1651	0.0732
	f(%)	7.9958	6.2948	4.3515	2.0697	1.5939	2.1066	2.9053	3.9197	4.7910	5.7476	6.3527	4.3753
武汉	σ(mm)	0.0399	0.0364	0.0321	0.0275	0.0277	0.0301	0.0349	0.0434	0.0533	0.0674	0.0784	0.0428
	f(%)	6.4431	5.1672	3.8966	2.6727	2.2424	2.2190	2.3142	2.5357	2.7781	3.0758	3.2740	3.3290

由表 5 可见，在深圳，重现期 10 a 以下公式绝对误差达到≤0.05 mm 标准的仅 4 次(4/8)，但相对误差达到≤5%标准的则有 6 次(6/8)；在武汉，重现期 10*a* 以下公式绝对误差则全部达标(8/8)，相对误差达标的也有 6 次(6/8)。深圳绝对误差平均不达标，但平均相对误差可达标；在武汉，平均绝对误差、相对误差均则达标，完全可以满足国标的要求。

3.3 与其他方法结果比较

同时计算出二分搜索法(黄金分割法)[16,19]推算出总公式参数后的回代误差(表 6)，并与表 5 进行对比。可见，二分搜索法在两地求出的暴雨强度公式的绝对误差均不能达标；至于相对误差，在深圳重现期 10 a 以下公式的相对误差个数(5/8)及平均值刚好可达标，在武汉虽然重现期 10 a 以下公式的相对误差个数不达标(4/8)，但所有重现期下公式的相对误差个数可达标(7/11)，平均值仍不能达标。无疑，二分搜索法整体效果仍不及最优法。

表 6 二分搜索法(黄金分割法)所求深圳、武汉暴雨强度总公式误差一览表(指数分布)

	T(*a*)	0.25	0.333	0.5	1	2	3	5	10	20	50	100	平均
深圳	*σ*(mm)	0.0875	0.0770	0.0630	0.0429	0.0357	0.0408	0.0540	0.0773	0.1029	0.1381	0.1652	0.0804
	f(%)	9.4471	7.6539	5.6244	3.2650	2.3661	2.5166	3.0626	3.9488	4.7843	5.7399	6.3564	4.9786
武汉	*σ*(mm)	0.0959	0.0885	0.0783	0.0618	0.0478	0.0418	0.0379	0.0411	0.0521	0.0724	0.0897	0.0643
	f(%)	15.4874	12.5587	9.4891	6.0003	3.8701	3.0817	2.5164	2.3997	2.7130	3.3039	3.7429	5.9239

4 结语

(1)本文在前人工作基础上，考虑计算条件的极大改善，提出了一种简单、有效的暴雨强度公式参数的求解方法，较好地解决了暴雨强度公式参数的估算问题。

(2)以深圳和武汉多年短历时暴雨样本资料为例，应用该算法求取了两地暴雨强度公式参数，结果表明两地公式精度均高于国家规范要求，尤其是较好地控制了大雨地区总公式的误差。

参考文献

[1] 北京市市政设计院. 给水排水设计手册(第五册)[M]. 北京：中国建筑工业出版社，1985：48-87.

[2] 上海市建设委员会. 中华人民共和国国家标准——室外排水设计规范(GBJ14—87，1997 年版)[S]. 北京：中国计划出版社，1998：4-5，160-161.

[3] 毛慧琴，宋丽莉，杜尧东. 珠江三角洲地区城市暴雨强度公式研究[J]. 自然灾害学报，2003，12(2)：341-345.

[4] 戴慎志，陈践. 城市给水排水工程规划[M]. 合肥：安徽科学技术出版社，2001：1-10.

[5] 邓培德. 城市暴雨公式统计中若干问题[J]. 中国给水排水，1992，18(2)：45-48.

[6] 邓培德. 暴雨选样与频率分布模型及其应用[J]. 给水排水，1996，22(2)：5-9.

[7] 任伯帜，许仕荣，王涛. 编制现代城市暴雨强度公式的统计方法研究[J]. 湖南城建高等专科学校学报，2001，10(2)：31-33，74.

[8] 周胜昔. 浙江省城市暴雨强度公式研究课题介绍[J]. 浙江建筑，1996(6)：13-26.

[9] 夏宗尧. 编制暴雨强度公式中应用 P—Ⅲ曲线与指数曲线的比较[J]. 中国给水排水，1992，18(2)：32-38.

[10] 季日臣，郭晓东，刘有录. 编制兰州市暴雨强度公式中频率曲线的比较[J]. 兰州铁道学院学报(自然科学

版),2002,21(1):64-66.

[11] 顾俊强,陈海燕,徐集云.瑞安市暴雨强度概率分布公式参数估计研究[J].应用气象学报,2000,11(3):355-363.

[12] 周玉文,周胜昔.极大似然法求皮尔逊Ⅲ型分布参数[J].给水排水,1997,23(6):19-21.

[13] 常福宣,丁晶,姚健.降雨随历时变化标准性质的探讨[J].长江流域资源与环境,11(1):79-82.

[14] 周桂明.计算机搜索法推求暴雨强度公式参数[J].杭州大学学报,1998,25(4):85-89.

[15] 植石群,宋丽莉,罗金铃,等.暴雨强度计算系统及其应用[J].气象,2000,26(6):30-33.

[16] 乔华,张理,高俊发.西安市暴雨强度公式的推导与研究[J].西北建筑工程学院学报,1996(4):65-71.

[17] 季日臣,郭晓东,刘有录.兰州市暴雨强度关系的研究[J].兰州铁道学院学报(自然科学版),2002,21(6):65-68.

[18] 杨开,程晓如.暴雨强度公式中系数B统计算法一例[J].人民长江,1996,27(3):16,22.

[19] 张爱英,钱喜镇,王栋成等.超短时暴雨强度公式研究及应用软件介绍[J].山东气象,2003,(1):32-33.

[20] 王世刚.城市暴雨公式参数优化计算程序[J].中国给水排水,1987,3(4):50-52.

[21] 赵建国.迭代法求解暴雨强度公式参数[J].给水排水,1997,23(12):9-12.

[22] 顾俊强,徐集云,陈海燕,等.暴雨强度公式参数估计及其应用[J].南京气象学院学报,2000,23(1):63-67.

[23] 李树平,刘遂庆,黄延林.用麦夸尔特法拉求暴雨强度公式参数[J].给水排水,1999,25(2):26-28.

[24] 任伯帜.带因子—迭代法求解城市暴雨强度公式参数[J].中国给水排水,2002,18(2):40-42

[25] 任伯帜,等.基于 Marqardt—Hartley 法及其在求解城市暴雨强度公式参数中的应用研究给水排水[J].2002,29(3):96-100.

[26] 杨晓华,金菊良,张国桃.加速遗传算法及其在暴雨强度公式参数优化中的应用[J].自然灾害学报,1998,7(3):71-75.

[27] 颖元.暴雨强度公式参数率定方法[J].中国给水排水,1999,15(7):32-33.

宜昌市区短历时暴雨雨型特征*

摘　要　采用宜昌市区国家基本气象站1956—2013年共58 a的逐分钟降雨过程资料，分别利用P&C法和芝加哥法推求确定宜昌市区重现期2 a历时30 min、60 min、90 min、120 min、150 min、180 min以5 min为单位时段的设计暴雨雨型，并比较分析两种方法得出的结果差异。结果表明：利用P&C法推求宜昌市区重现期2 a各降雨历时设计暴雨雨型基本呈单峰形，雨峰所处时段的降雨量随着降雨历时的增加而减小，历时30 min、60 min设计暴雨雨型雨峰位置基本处于整场降雨过程的1/3分位，而历时120 min、150 min、180 min基本处于甚至超前于1/4分位；利用芝加哥法推求宜昌市区重现期2 a各降雨历时5 min间隔的设计暴雨雨型雨峰位置基本处于甚至超前整场降雨过程的1/3分位，历时30 min、60 min、90 min和历时120 min、150 min、180 min雨峰处降雨强度值随着历时的增加而减小，但是从历时90 min到120 min，雨峰处降雨强度值呈现增大趋势；P&C法和芝加哥法推求设计短历时暴雨雨型基本具有“单峰形、来得快、强度大、长尾巴”的特点。因此当短历时暴雨发生时，宜昌市区的水利、水文、住建、防洪等部门理应在第一时间做好排水排涝准备。

关键词　暴雨雨型；重现期；降雨历时；雨峰

1　引言

近年来，受全球气候变化影响，极端暴雨事件频繁发生，加之城市排水防涝标准偏低、调蓄雨洪和应急管理能力不足，面对极端强降雨天气，很多城市频繁出现了严重的暴雨内涝灾害[1]。雨水排水的设计标准偏低是导致城市暴雨内涝灾害的重要原因，而城市暴雨强度计算和设计暴雨过程是排水设计标准的一个重要方面，是科学、合理地规划设计城市排水系统的基础，能够给市政建设、水务及规划部门提供科学的理论依据和准确的设计参数[2]。

国外诸多学者近些年设计了不同方法对城市短历时设计暴雨雨型进行分析。早在20世纪40年代前苏联的包高马佐娃等人提出将雨型划分成7种类型[3]，随后人们采用模糊识别法[4]，即利用计算机来判断雨型属于哪一类别。Knifer和Chu基于暴雨强度公式提出了峰值时刻的统计方法及峰值前后的瞬时暴雨强度计算公式，进而得到了一种不均匀的设计雨型——芝加哥雨型[5]。Pilgrim和Cordery基于数理统计原理提出一种无级序平均法推求设计暴雨雨型[6]。Huff根据最大雨强发生在历时的第1、2、3、4等分段，按时间分配为4类典型雨型[7]，对每一类典型雨型做出各种不同频率的无时间分配过程。Yen等(颜本琦)[8]根据选定的设计暴雨雨型特征值，配合三角型、抛物线型概化来确定设计暴雨的时程分配。国内对于

* 成丹，**陈正洪**，方怡．暴雨灾害，2015，34(3)：249-253.

设计短历时暴雨雨型的研究方法较少，直到 2014 年 5 月，中国气象局与住房和城乡建设部联合发布《城市暴雨强度公式编制和设计暴雨雨型确定技术导则》[9]，才对我国的短历时暴雨雨型确定提供了参考依据。

宜昌市是湖北省域副中心城市，人口百万以上，拥有“世界水电之都”、“三峡明珠”、“中国动力心脏”等美誉，然而宜昌市地处湖北省“暴雨窝子”之一的鄂西南丘陵山区，受“喇叭口”地形影响，夏秋季经常出现具有典型山区气候特征的“坨子雨”。因此本文利用宜昌市区国家基本气象站 1956～2013 年共 58 a 的连续降雨资料，遴选并分析实际降雨过程，确定宜昌市区暴雨雨型，为城市暴雨径流控制设施的设计提供了依据。

2 资料与方法

本文主要使用宜昌市区国家基本气象站 1956—2013 年共 58 a 的逐分钟降雨过程资料，分别利用 P&C 法和芝加哥法推求确定宜昌市区重现期 2 a 历时 30 min、60 min、90 min、120 min、150 min、180 min 以 5 min 为单位时段的设计暴雨雨型，为今后宜昌市城市排水防洪规划、建立城市防洪排涝标准提供技术支撑。

2.1 降雨原始资料

本文使用的降雨原始资料为宜昌市区国家基本气象站 1956—2013 年共 58 a 的逐分钟降雨过程资料。宜昌市区国家基本气象站虽自 1956 年起至今经过了 4 次迁站，但各站站址的确定经过了严格的论证，各站之间的经纬度、地形差异极小，使用的观测仪器和设备均符合国家相关技术规范，其雨量资料受人文因素影响较小，可以满足降雨资料一致性和代表性的要求。

其中 1956—2004 年降雨原始资料为自记纸降雨记录资料，使用中国气象局组织编制的“降雨自记纸彩色扫描数字化处理系统[10]”对降雨记录纸进行计算机扫描、图像处理、数据处理，将气象站降雨自记纸图像进行数字化转换，成为逐分钟雨量资料，并经人工审核或修正后，录入数据库。2005—2013 年降雨原始资料为新型自动气象站自动记录的逐分钟雨量数据。

2.2 降雨场次样本选样

降雨场次样本取自自然降雨过程。在 1956—2013 年独立降雨场次中分别选取降雨历时接近 X 分钟的自然降雨，按照降雨量从大到小进行排序，根据一年一遇各历时降雨量大小以及历史经验设定降雨量阈值指标，选取降雨量大于对应历时雨量阈值的所有降雨场次，确保所选场次为研究时间段的所有大雨过程。本文所讨论的降雨历时的参考时长以及雨量阈值见表 1。

表 1　降雨历时雨量界定

降雨历时/min	降雨时长参考区间/min	降雨量阈值指标/mm
30	(15,45)	10
60	(45,75)	12
90	(75,105)	14
120	(105,135)	16
150	(135,165)	18
180	(165,195)	20

2.3 "Pilgrim & Cordery 法"原理

P&C 法是把雨峰时段放在出现可能性最大的位置上，而雨峰时段在总雨量中的比例取各场降雨雨峰所占比例的平均值，其他各时段的位置和比例也用同样方法确定。具体流程见图 1。

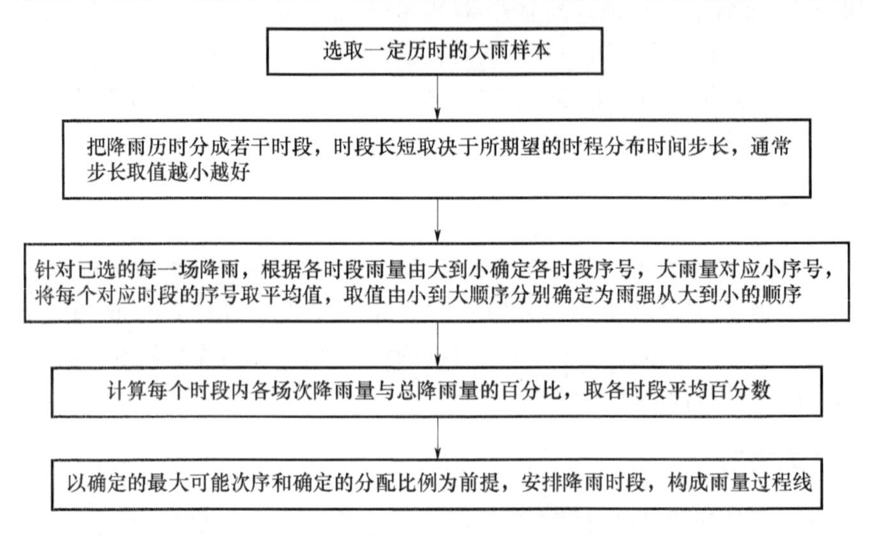

图 1　P&C 法雨型技术流程图

2.4 "芝加哥法"原理

芝加哥法雨型为一定重现期下不同历时最大雨强复合而成，雨型确定包括综合雨峰位置系数确定及芝加哥降雨过程线模型确定，具体流程见图 2。

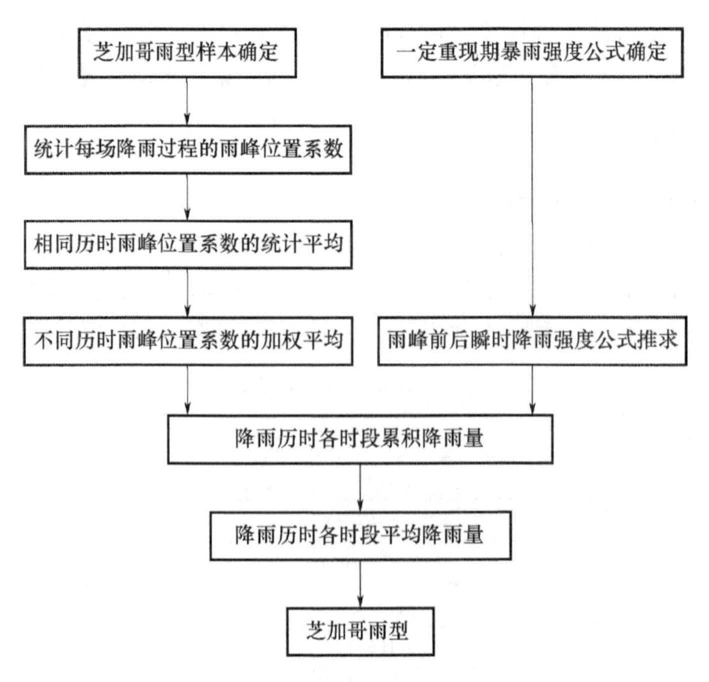

图 2　芝加哥法雨型技术流程图

其中每场降雨的雨峰位置系数 r_i 可由下式计算：

$$r_i=\frac{t_i}{T} \tag{1}$$

式中，t_i 为降雨峰值时刻，T_i 为降雨历时。综合雨峰位置系数 r 是根据每场不同历时降雨的雨峰位置系数 r_i 加权平均确定的，r 位于 0～1 之间。

令峰前的瞬时强度为 $i(t_b)$，相应的历时为 t_b，峰后的瞬时强度为 $i(t_a)$，相应的历时为 t_a。取一定重现期下暴雨强度公式形式为：

$$i=\frac{A}{(t+b)^n} \tag{2}$$

则雨峰前后瞬时降雨强度可由下式计算：

$$i(t_b)=\frac{A\left[\frac{(1-n)t_b}{r}+b\right]}{\left[\frac{t_b}{r}+b\right]n+1} \tag{3}$$

$$i(t_a)=\frac{A\left[\frac{(1-n)t_a}{1-r}+b\right]}{\left[\frac{t_a}{1-r}+b\right]n+1} \tag{4}$$

式(3)、(4)中，A、b、n 为一定重现期下暴雨强度公式中的参数，r 为综合雨峰位置系数。

在求出综合雨峰位置系数 r 之后，可利用公式(3)、(4)，通过积分计算芝加哥合成暴雨过程线各时段(以 5 min 计)的累计降雨量及各时段的平均降雨量，进而得到每个时段内的平均降雨强度，最终确定出对应一定重现期及降雨历时的芝加哥法雨型。

3 结果分析

3.1 降雨场次样本选取

根据表 1 各降雨历时对应的降雨时长参考区间，统计 1956—2013 年共 58 a 降雨历时 30、60、90、120、150、180 min 大于或接近降雨量阈值指标的降雨场次。将各降雨历时的最大降雨过程样本，以 5 min 为间隔进行分段，统计降雨过程的峰形、雨峰位置系数 r_i，将历时相同的最大降雨样本的雨峰位置系数进行算术平均得到各历时的位置系数，具体信息见表 2(降雨历时 60 min，90 min，120 min，150 min，180 min 表略)。

表 2　30 min 降雨场次

序号	开始时间	降雨历时(min)	降雨量(mm)	5 min 雨量最大值序号	降雨量排序	峰形	雨峰位置系数
1	1973-08-22-20:48	38	11.93	2	6	单	0.25
2	1981-07-24-15:30	39	12.96	2	5	单	0.25
3	1983-09-07-17:58	45	11.35	2	8	单	0.22
4	1985-07-31-17:02	40	13.24	4	4	单	0.5

续表

序号	开始时间	降雨历时（min）	降雨量（mm）	5 min 雨量最大值序号	降雨量排序	峰形	雨峰位置系数
5	1990-08-06-16:36	40	19.74	5	1	单	0.63
6	1992-06-07-15:47	23	10.93	2	10	单	0.4
7	2000-09-23-00:25	39	17.29	5	2	单	0.63
8	2006-05-04-15:40	24	10.1	3	12	双	0.6
9	2006-08-26-21:02	36	11.00	3	9	单	0.38
10	2010-07-31-17:22	41	11.50	2	7	单	0.22
11	2011-07-24-17:20	42	10.10	7	11	单	0.78
12	2013-07-18-15:22	19	14.0	1	3	单	0.25

由表 2 可发现降雨历时约 30 min 降雨量大于 10 mm 的降雨场次共 12 场。其中单峰降雨次数为 11 场，占 91.7%；降雨峰值在降雨过程前部的场次有 7 场，占 63.6%。双峰降雨次数 1 场。12 场历时约 30 min 降雨量大于 10 mm 的降雨过程，聚集在 2000 年之后的有 6 场，占 50%，其中降雨量最大的场次分别发生在 1990、2000、2013 年。

通过对所选取的降雨历时 60 min，90 min，120 min，150 min，180 min 的降雨场次样本进行分析，得到 70%以上的降雨过程均为单峰型，且降雨峰值在降雨过程前部的场次占 73%以上。

3.2 P&C 法推求设计暴雨雨型结果

根据 2.3 介绍的 P&C 法原理，通过对各历时的降雨场次样本“求级序”、“定比例”，在级序最小的位置上放置峰值，便可求得各历时的雨型分配比例。具体信息见图 3。

利用 P&C 法推求的宜昌市区各降雨历时设计暴雨雨型分布图（图 3）可以发现，历时 30 min，60 min，90 min 的设计暴雨雨型为典型的单峰型雨型，其中历时 30 min 的峰值发生在第 2 时段，60 min 发生在第 4 时段，90 min 发生在第 8 时段。历时 120 min 的降雨过程中，降雨量较大值聚集在第 4—7 时段，整个降雨过程也可视为单峰型。在历时 150 min 的降雨过程中，虽有两个明显峰值分别出现在第 4 时段和第 8 时段，但是两峰值相隔时间不达整个降雨历时的 1/10，因此历时 150 min 的设计暴雨雨型从整体趋势上也可视为单峰型雨型。在历时 180 min 的降雨过程中，第 4—6 时段为雨峰位置，整个降雨过程前 30 min 降雨量迅速增大，在第 6 时段达到峰值后，降雨量随着时间缓慢减小，整个降雨过程也可视为单峰型。此外，历时 30 min，60 min 设计暴雨雨型雨峰位置基本处于整场降雨过程的 1/3 分位，历时 90 min 超前于 1/2 分位，历时 120 min，150 min，180 min 基本处于甚至超前于 1/4 分位。

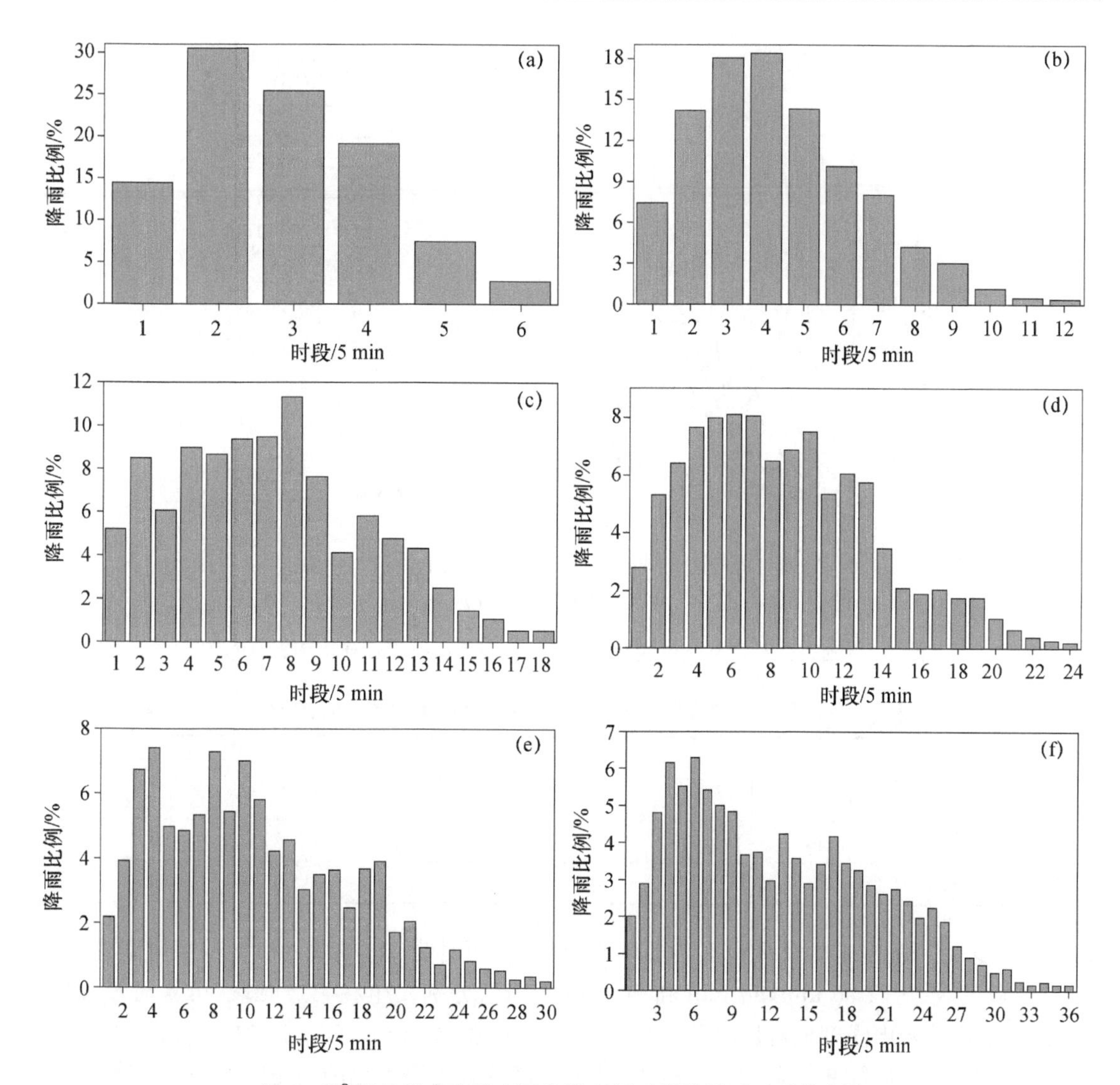

图 3　P&C 法推求宜昌市区各降雨历时设计暴雨雨型分布图

(a)30 min;(b)60 min;(c)90 min;(d)120 min;(e)150 min;(f)180 min

3.3　芝加哥法推求设计暴雨雨型结果

根据 2.2 P&C 法推求的宜昌市区各降雨历时设计暴雨雨型发现各历时雨型基本呈单峰型,《城市暴雨强度公式编制和设计暴雨雨型确定技术导则》所推荐的芝加哥法便是已假定短历时雨型为单峰形而后根据综合雨峰位置系数和暴雨强度公式来确定最终形态。因此本文继续使用芝加哥法来推求设计宜昌市区重现期 2 a 各降雨历时的暴雨雨型。

根据 2.4 介绍的芝加哥法原理,按照各降雨历时的长度对各历时的雨峰位置系数进行加权平均,求出综合雨峰位置系数 r 为 0.28;通过积分计算芝加哥合成暴雨过程线各时段(以 5 min 计)的累计降雨量及各时段的平均降雨量,进而得到每个时段内的平均降雨强度,最终确定出重现期 2 a 历时 30 min、60 min,90 min,120 min,150 min,180 min 的芝加哥法雨型,具体信息见图 4 和表 3。

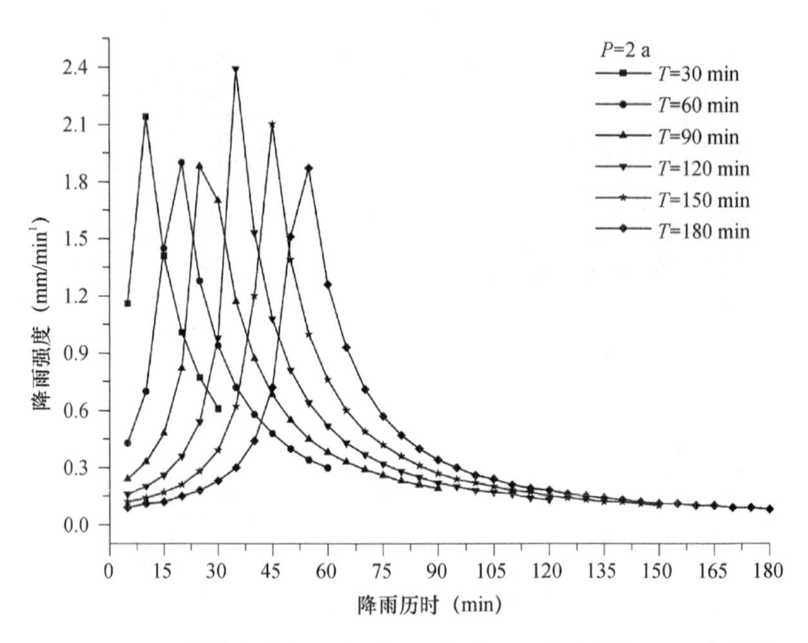

图 4　芝加哥法推求宜昌市区重现期 2 a 各降雨历时设计暴雨雨型分布图

表 3　芝加哥法推求宜昌市区重现期 2 a 各降雨历时的峰值、雨峰时段

	降水历时/min					
	30	60	90	120	150	180
峰值/mm	2.14	1.90	1.88	2.39	2.10	1.87
雨峰时段/5 min	2	4	5	7	9	11

利用芝加哥法推求的宜昌市区重现期 2 a 各降雨历时 5 min 间隔的设计暴雨雨型(图 4 和表 3)可以发现,历时 30 min,60 min 和 90 min 的峰值分别发生在第 2 时段,第 4 时段和第 5 时段,且雨峰处降雨强度随着历时的增加而减小。历时 120 min、150 min 和 180 min 的峰值分别发生在第 7 时段、第 9 时段、第 11 时段,并且雨峰处降雨强度也随着历时的增加而减小。但是从历时 90 min 到 120 min,雨峰处降雨强度呈现增大趋势,历时 90 min 雨峰处降雨强度值为 1.88 mm/min,而历时 120 min 为 2.39 mm/min。各降雨历时设计暴雨雨型雨峰位置基本处于甚至超前整场降雨过程的 1/3 分位。

总观 P&C 法和芝加哥法推求设计暴雨雨型结果,虽然两种方法原理不同,但是相同重现期下各降雨历时设计暴雨雨型基本一致。P&C 法是基于数理统计原理确定峰形,而芝加哥法是已假定为单峰形根据综合雨峰位置系数和暴雨强度公式来确定最终形态。在此我们仍建议工程设计者使用《城市暴雨强度公式编制和设计暴雨雨型确定技术导则》上推荐的芝加哥法得到的短历时暴雨雨型结果来进行实际使用。

此外,两种方法推求设计暴雨雨型结果显示各历时暴雨雨型雨峰位置基本处于甚至超前于整场降雨过程的 1/3 分位,这说明当一场短历时暴雨发生时是很容易在较短的时间内产生较大的降雨量的,因此当预报员预报会有短历时暴雨发生时,宜昌市区的水利、水文、住建、防洪等部门理应在第一时间做好排水排涝准备,加大疏通抢排力度,将积水尽快排入附近主下水管,防止降雨强度过大导致城市内涝的灾害。

4 结论

本文使用宜昌市区国家基本气象站1956—2013年共58 a的逐分钟降雨过程资料，分别利用P&C法和芝加哥法推求确定宜昌市区重现期2 a历时30 min、60 min、90 min、120 min、150 min、180 min以5 min为单位时段的设计暴雨雨型，并比较分析两种方法得出的结果差异，结论如下：

（1）利用P&C法推求宜昌市区重现期2 a各降雨历时设计暴雨雨型基本呈单峰形，雨峰所处时段的降雨量随着降雨历时的增加而减小，历时30 min、60 min设计暴雨雨型雨峰位置基本处于整场降雨过程的1/3分位，而历时120 min、150 min、180 min基本处于甚至超前于1/4分位。

（2）利用芝加哥法推求宜昌市区重现期2 a各降雨历时5 min间隔的设计暴雨雨型雨峰位置基本处于甚至超前整场降雨过程的1/3分位，历时30 min、60 min、90 min和历时120 min、150 min、180 min雨峰处降雨强度值随着历时的增加而减小，但是从历时90 min到120 min，雨峰处降雨强度值呈现增大趋势。

（3）P&C法和芝加哥法推求设计短历时暴雨雨型基本具有“单峰形、来得快、强度大、长尾巴”的特点。因此当短历时暴雨发生时，宜昌市区的水利、水文、住建、防洪等部门理应在第一时间做好排水排捞准备。

参考文献

[1] 高奎芳.浅谈市政给排水管道施工技术[J].科技创新与应用，2014(20)：138.

[2] 任雨，李明财，郭军，等.天津地区设计暴雨强度的推算与适用[J].应用气象学报，2012，23(3)：364-368.

[3] 莫洛可夫 M B，施果林.雨水道与合流水道[M].北京：建筑工程出版社，1956.

[4] 吴介一，张飒兵，张孝林，等.计算机网络中面向拥塞控制的一种模糊流量控制机制[J].东南大学学报：自然科学版，2001，31(1)：6-9.

[5] Keifer G J，Chu H H. Synthetic storm pattern for drainage design[J]. Journal of the Hydraulics Division，ASCE，1957，83(4)：1-25.

[6] Pilgrim D H，Cordery I. Rainfall temporal patterns for design floods[J]. Journal of the Hydraulics Division，ASCE，1975，101(1)：81-95.

[7] Huff F A. Time distribution of rainfall in heavy storms[J]. Water Resources Research，1967，3(4)：1007-1019.

[8] Yen B C，Chow V T. Design hyetographs for small drainage structures[J]. Journal of the Hydraulics Division ASCE，1980，106(6)：1055-1076.

[9] 住房和城乡建设部，中国气象局.城市暴雨强度公式编制和设计暴雨雨型确定技术导则[S]. 2014.

[10] 王伯民，吕勇平，张强.降水自记纸彩色扫描数字化处理系统[J].应用气象学报，2004，15(6)：737-744.

[11] 邵卫云.基于水文特性的暴雨选样方法的频率转换[J].浙江大学学报(工学版)，2010，44(8)：1597-1603.

基于气象因子的华中电网负荷预测方法研究*

摘　要　在分析各种节假日负荷变化规律的基础上，利用气象因子作预报变量，使用动态的综合线性回归和自回归相结合的混合线性回归方法及非线性的人工神经网络方法来进行华中电网日负荷和日最大负荷及日最小负荷的预测。对12个月共365天的独立样本试预报表明，该客观方案对华中电网负荷的预测精度可满足业务调度的需要。

关键词　电网负荷；线性回归；人工神经网络；气象因子

1　引　言

负荷预测，对电力系统的安全、经济运行起着重要的作用，无论是电网的经济调度、水火协调、发电计划，还是系统安全评估等都需要有可靠的负荷预测数据作为前提。不恰当地考虑负荷运行模型，会使预测结果与系统实际情形有较大出入，从而构成电网运行的潜在危险或造成不必要的投入，从而降低系统运行的经济效益。

由于构成电网的负荷多样性，影响负荷的预测因素很多，例如负荷水平、气象条件、季节因素、生活习惯、社会经济环境等都对负荷变化起着一定的作用，加之负荷变化本身具有不确定性，因此要准确地预测负荷有相当的难度[1-2]。目前，业务的负荷预测流程正由调度员的主观预测逐步过渡到基于统计规律的客观预测，使用的客观预测方法主要包括相似法、模型法、人工智能法和综合法等。但是，由于各种条件的限制，现有的许多预测方法一般只是定性地考虑气象条件对电网负荷变化的影响，加之一些模型没有仔细分析负荷本身的变化规律和特点，现阶段负荷的客观预测仍存在较大误差[3]。

本文在分析各种节假日负荷变化规律的基础上，利用气象因子作预报变量，使用动态的综合线性回归和自回归相结合的混合线性回归方法及非线性的人工神经网络方法来进行华中电网日负荷和日最大负荷及日最小负荷的预测。对12个月共365天的独立样本试预报表明，对华中电网的日负荷、日最大负荷和日最小负荷的预测误差分别为1.62%、1.56%和1.93%，因而该客观方案对华中电网负荷的预测精度可满足业务调度的需要。

2　选用资料

本文所用负荷资料是华中电网四省各省（湖北、河南、湖南、江西）逐日的日负荷、日最大负荷和日最小负荷，华中电网负荷是四省负荷的累加值，资料年限从1997年2月至2000年5月，总计1264天的样本资料。根据以前的研究结果，电网负荷与气象因子中的气温关系最

* 胡江林，陈正洪，洪斌，王广生．应用气象学报，2002，13(5)：600-608.

为密切。因而我们选用的气象资料是四省的省会武汉、郑州、长沙、南昌四城市的日平均气温、日最高气温、日最低气温,其中日平均气温由 02:00、08:00、14:00 和 20:00 四个正点时次的观测气温取平均值得到。

3 负荷预测方案设计

3.1 负荷资料预处理及预测方案概述

根据对华中电网负荷资料的分析,本文把实际总负荷 L 分解成 3 部分:随时间呈某种增长程度变化的长期趋势项 L_t、节假日效应项 L_h 和以一年为周期的季节波动项 L_m,其中最后一项季节波动项 L_m 与气象条件密切相关,可认为主要是由于气象因子的变化造成的,即

$$L=L_t+L_h+L_m \tag{1}$$

其中长期趋势项 L_t 是以简单的线性关系来表示对 L 的拟合:

$$L_t=at+b \tag{2}$$

t 表示时间(资料序号或天数),a、b 是系数,由建模的样本确立。而 L_h 是节假日效应项,由最近 3 年的节假日负荷资料分析得出。季节波动项 L_m 是负荷预测方案中的主要预报内容,它定义为实际负荷 L 与长期趋势项 L_t 和节假日效应项 L_h 之差:

$$L_m=L-L_t-L_h \tag{3}$$

由于负荷变化的复杂性和不可预测性,预测模型必须是动态的,选用的样本也必须与预报日期较接近,否则模型在实际运用时可能不能实现模型的自适应和自调整。本方案主要是预测由气象因子造成的季节波动项 L_m,考虑到天气的相似性和连续性,预测模型选用的样本取预报日之前的 1 年又 1 个月的资料,即每天在预报"明天"的负荷时,以过去的 395 天资料样本建模。

3.2 L_t,L_h 和 L_m 的确定

3.2.1 长期趋势项 L_t 确定

使用 395 天样本资料和最小二乘法,确定系数 a 和 b,从而可由式(2)确定每个样本建模时的 L_t。同理,由式(2)也可确定预测日的 L_t。

由于业务运行时调度员主要考虑的是负荷变化的百分比而不是具体的数值本身,在确定长期趋势项 L_t 后,定义变量 L_p:

$$L_p=(L-L_t)/L_t \tag{4}$$

L_p 实际上包含节假日效应项 L_h 与季节波动项 L_m 之和。已知 L_p 后由式(4)即可求出负荷 L。

3.2.2 节假日效应项 L_h 的确定

节假日和非节假日的负荷有明显变化,特别是我国人民的传统节日春节,电网负荷明显减少。要预测好节假日的负荷变化,必须对节假日作特别的考虑。本文使用节假日效应项 L_h 来处理节假日和非节假日的负荷变化关系。即在节假日时增加一项 L_h(非节假日 L_h 项为 0)来表示节假日对负荷影响。

对样本中的节假日，要从 L_p 中分离出节假日效应项 L_h 和与气温变化有关的季节波动项 L_m。要准确区分这两项是困难的，这里先统计非节假日情况下气温与 L_p 的关系，再将此关系运用到节假日，假定节假日中的 L_m 中气温对负荷的影响是非节假日气温对负荷的影响的平均情况，从而分离出历史样本中各个节假日的 L_h，再以多年（本文为 3 年）历史样本的平均作为每个节假日的 L_h。

为方便比较各项的相对重要性，将 L_h 与 L_t 的比值定义为节假日效应项 l_h：

$$l_h = L_h / L_t \tag{5}$$

本文中考虑的节假日有：春节，“五一”节，国庆节和周六，周日。表 1 给出了根据 1997—1999 年春节期间资料计算的 l_h，从表中可知春节期间农历初二的 l_h 项绝对值最大，期间日负荷比正常工作日下降 30%以上，而 1 小时的最大和最小负荷分别下降 25%和 24%，在此之前或之后，节假日效应项 l_h 的影响逐步减少，但在 1 个星期之内节假日效应项 l_h 一般要在 10%以上。“五一”节和国庆节的节假日效应项 l_h 最大在－0.05～－0.10 之间，即可使负荷变化下降 5%以上。而周六和周日的假日效应项 l_h 较小。

表 1　华中电网日负荷、日最大及日最小负荷在春节期间的节假日效应项 l_h

	距农历初二的天数(d)							
	0	±1	±2	±3	±4	±5	±6	±7
日负荷	－0.310	－0.296	－0.260	－0.244	－0.205	－0.168	－0.144	－0.113
日最大负荷	－0.249	－0.233	－0.195	－0.178	－0.141	－0.120	－0.098	－0.083
日最小负荷	－0.239	－0.240	－0.226	－0.204	－0.187	－0.152	－0.137	－0.105

3.2.3　气象负荷及其与气象因子的关系

仿式(5)，将 L_m 与 L_t 的比值定义为气象负荷 l_m：

$$l_m = L_m / L_t \tag{6}$$

根据研究，华中电网负荷与日平均气温的相关关系明显[4]，在日平均气温大于 20 ℃时为正相关，小于 20 ℃时为负相关，且相关系数的绝对值在 0.5 以上。但如果使用日平均气温和负荷直接建立回归方程，正相关和负相关对回归方程方差的贡献将相互抵消，因而引入和气温有关的新变量 T_n：

$$T_n \begin{cases} T-20 & T>20. \\ T_n=0 & \mathrm{T}=20. \\ k(20-T) & T<20. \end{cases} \tag{7}$$

其中 k 是与电网有关的常量。经式(7)对日平均气温变换后，气温变量 T_n 与气象负荷即为正相关，二者可直接建立回归方程。

例如，图 1 显示的是华中电网逐日的气象负荷 l_m 与式(7)定义的气温变量 T_n 随时间变化的关系，图中可见总的来说一年四季气象负荷与气温变量 T_n 都有较好相关，特别是二者变化的大趋势基本一致。由计算可知，气象负荷 l_m 与气温变量 T_n 的相关系数(0.715)比气象负荷与日平均气温的相关系数(0.107)大得多。

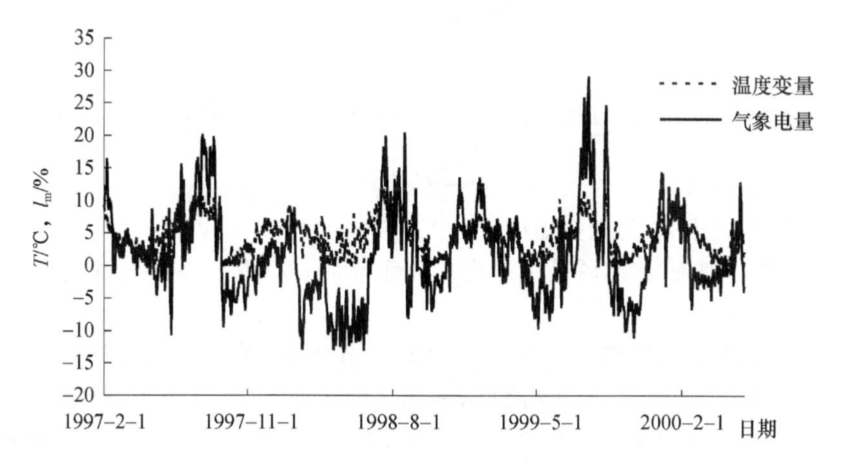

图1　1997年2月1日至2000年4月30日华中电网逐日的气象负荷(l_m,单位:%)和气温变量(T_n,单位:℃)的时间序列变化关系

4　预测模型简介

4.1　动态混合线性回归方法

电力负荷中的基础负荷是随时间有很大的变化,要做到无系统偏差预测,预测方程必须是动态的。本文使用动态的综合线性回归和自回归相结合的混合线性回归方法[5]来预测 l_m:

$$Y_t = a_0 Y_{t-1} + a_1 X_1 + a_2 X_2 + a_3 X_3 + a_4 X_4 + a_5 \tag{8}$$

Y_t 是预报变量,Y_{t-1} 是预报变量前一天的值,X_1 是预报的气温变量 T_n,X_2 是预报的最高气温与最低气温之差,X_3 是前一天的 T_n 值,X_4 是前一天的最高气温与最低气温之差,a_0,a_1,a_2,a_3,a_4,a_5 是回归系数。实际应用时 X_1 和 X_2 取气象台的预报值,线性回归和自回归相结合的混合模型既可考虑其他变元对因变元的作用,又可体现出因变元自身前后的变化。加之模型是动态的,该模型可以较好地反映负荷的变化。

4.2　人工神经网络方法

人工神经网络是一个可自动提取一组预报变量和另一组自变量之间非线性关系的数据处理系统。该网络的建立过程称为人工神经网络的训练过程,它是用自适应算法递归迭代求解因变量与自变量之间的非线性关系,训练后的神经网络模型可用来估算或预报预测变量。

到目前为止,已经出现许多神经网络模型及相应的学习方法。其中反向传播神经网络模型(简称BP模型)是应用较广泛的一种,这种模型在输入层和输出层之间插入若干个隐含层,相邻层次之间的神经网络元之间用连接权系数作相互连接,而各层内的神经元之间没有连接。本文使用的神经网络模型只含1个隐含层,其数学模型是:

$$Y = f(\omega_1 X + \theta_1) \tag{9}$$

$$Z = f(\omega_2 Y + \theta_2) \tag{10}$$

这里 X,Y,Z 分别为输入层,隐含层和输出层矢量(节点向量),向量 ω_1,θ_1 和 ω_2,θ_2 表示输入层与隐含层和隐含层与输出层之间的权重和阈值,$f(x)$ 为网络激活函数,这里采用S型函数,即

$$f(x)=\frac{1}{1+e^{-x}} \tag{11}$$

神经网络“学习”或“训练”过程，就是求解 ω_1,θ_1 和 ω_2,θ_2，使得，

$$E=\frac{1}{2}\sum(Z-Z_0)^2 \tag{12}$$

达到最小值的过程，这里 Z_0 是期望输出矢量。

神经网络的学习训练过程，就是用迭代方法确定 ω_1,θ_1 和 ω_2,θ_2 的过程，具体的算法可参阅文献[6]。

神经网络模型的主要优点是它具有强大的学习功能，神经网络的连接权和连接结构都可通过网络训练得到，并不需人们预先掌握两组变量之间的关系，且训练得到的是变量之间非线性关系。神经网络的非线性是通过网络激活函数 $f(x)$ 导入的，通过它可解决非线性问题。

本文中使用的人工神经网络模型的输入变元与混合线性回归模型所使用的变元相同。即输入节点数 5，隐含层节点数为 2，输出层节点数为 1。迭代次数为 10000。

5 预测效果分析

对 1999 年 6 月 2 日至 2000 年 5 月 31 日共 365 天进行独立样本试验，试验效果分析如下。

5.1 总体预测效果

对 l_m 作出预测后加上 l_h，由 L_t 和(5)、(6)、(1)式即可求出电网的负荷，图 2 给出了独立样本试验期间的试验结果。从图中可见无论是动态混合线性回归方法还是人工神经网络方法，均可对日负荷最大负荷和最小负荷的季节变化和春节期间的变化作出较准确的预测，对 1999 年 7 月和 9 月的高温时节的预测也基本能反映实况的变化，因而两种方法对负荷变化的总体趋势有较好的把握，预测模型能较好地跟踪实况负荷的变化规律，不存在一段时期内长期高于或低于实际负荷的情况。

但从图 2 也可见每日的预测也仍存在一定的偏差，特别是在负荷变化的转折时期或是剧烈时期有时预测模型不能反映实际负荷的变化。例如 1999 年 7 月的几个用电高峰，预测基本都偏小，其中的原因仍需进一步研究。

5.2 预测效果的统计结果

表 2 列出了试验期间动态混合线性回归和人工神经网络两种方法对华中电网负荷的预测效果的一些统计参数。从表中可见两种方法的系统误差都为较小的正偏差和平均误差，其中人工神经网络方法的系统正偏差很小，且平均误差和误差均方差也是人工神经网络模型比动态混合线性回归模型略小，显示两种方法的预测误差都较小，且人工神经网络方法较动态混合线性回归方法略好，但这种差别很小，在实际运用中对具体的预测个例的预测效果难以区分。例如从两种方法预测的正最大误差和负最大误差来看，由人工神经网络方法作的预测的极大误差可能比动态混合线性回归方法略大，特别是对日最大负荷的预测，由人工神经网络方法作的预测的负最大误差比动态混合线性回归方法大较多。

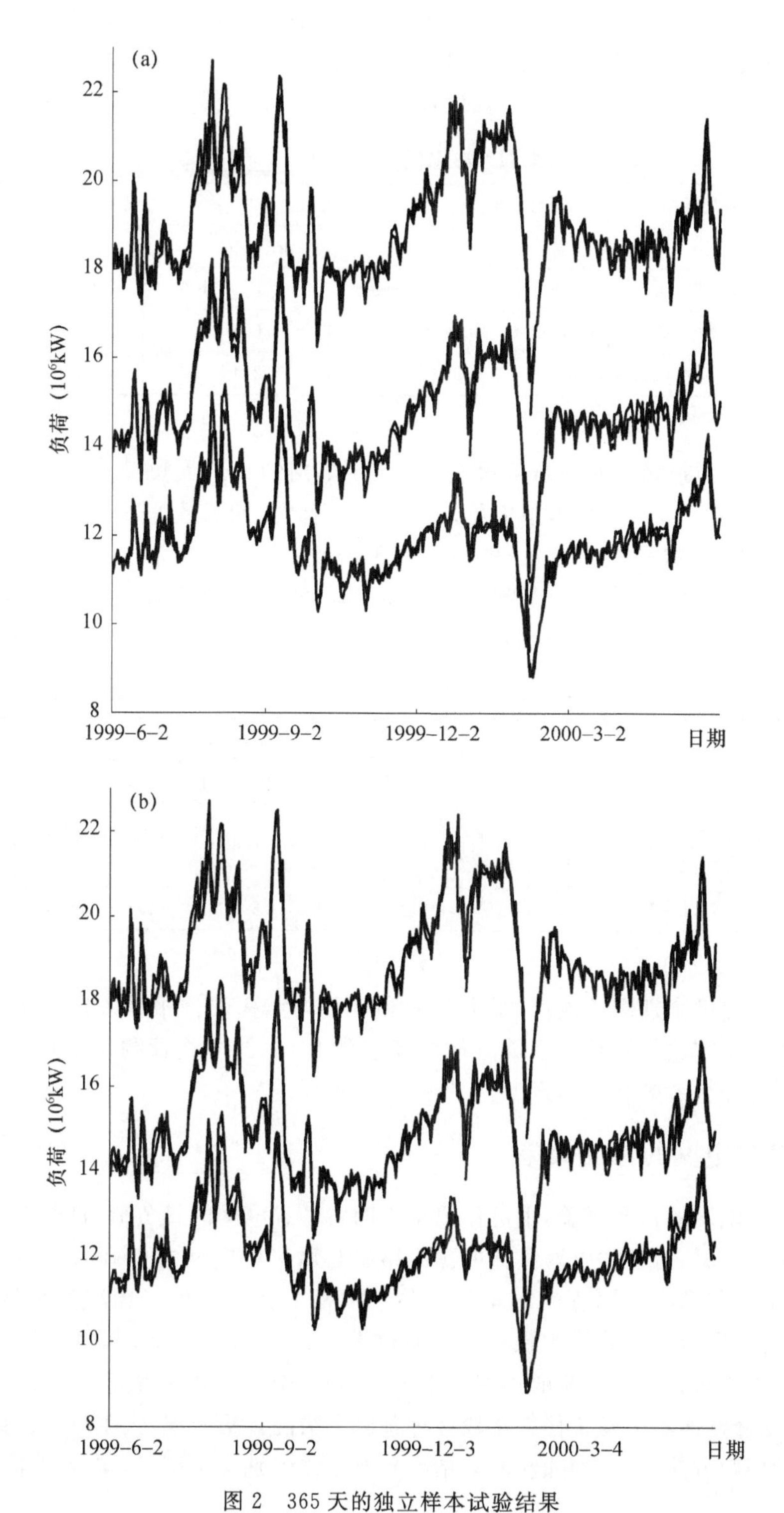

图 2　365 天的独立样本试验结果

(a)动态混合线性回归方法；(b)人工神经网络方法

(图中上、中、下曲线分别为最大、平均和最小电力负荷(单位：10^6 kW)的预测(虚线)和实况(实线))

分析表2可知，总的来看对华中电网负荷的预测，日最大负荷的预测误差最小，日最小负荷的预测误差最大，日负荷的预测误差居中，两种预测方法的平均误差都小于2%。但预测的最大误差仍较大，可超过6%，特别是对日最小负荷而言，最大误差仍可超过10%。

表2　试验期间华中电网负荷的预测效果(单位:%)

预测量	系统误差		正最大误差		负最大误差		平均误差		误差均方差	
	Ⅰ	Ⅱ	Ⅰ	Ⅱ	Ⅰ	Ⅱ	Ⅰ	Ⅱ	Ⅰ	Ⅱ
日负荷	0.3	0.2	6.9	7.3	−9.4	−8.3	1.68	1.62	2.23	2.16
日最小负荷	0.3	0.2	13.5	13.0	−10.3	−11.6	1.96	1.93	2.67	2.16
日最大负荷	0.4	0.0	6.2	6.2	−7.7	−11.2	1.57	1.56	2.13	2.06

* Ⅰ:动态混合线性回归，Ⅱ:人工神经网络。

统计试验期间预报误差的分布可得表3。华中电网的日最大负荷和日平均负荷，预报误差小于2%的天数超过71%，日最小负荷预报误差小于2%的天数超过63%。加上误差在2%和3%之间的情况，预报误差小于3%的情形占80%到90%左右，而预报误差超过6%的情况对日最大负荷和日平均负荷而言不超过总数的2%，对日最小负荷预报误差不超过总数的4%，因而日最大负荷和日平均负荷的预报效果较佳，日最小负荷预报效果略为逊色。

表3　试验期间华中电网日负荷、日最大及日最小负荷预报误差分布(单位:%)

负荷种类	≤2%		2%～3%		3%～4%		4%～6%		6%～8%		8%～10%		≥10%	
	Ⅰ	Ⅱ	Ⅰ	Ⅱ	Ⅰ	Ⅱ	Ⅰ	Ⅱ	Ⅰ	Ⅱ	Ⅰ	Ⅱ	Ⅰ	Ⅱ
日负荷	71.5	74.2	12.9	11.6	7.4	6.0	6.6	5.5	1.3	1.6	0.3	0.3	0.0	0.0
日最小负荷	63.6	63.3	15.9	19.2	9.3	7.1	7.9	6.8	1.9	2.5	0.6	0.0	0.8	1.1
日最大负荷	71.0	71.8	17.8	14.0	4.9	9.0	4.9	3.8	1.4	1.1	0.0	0.0	0.0	0.3

* 说明同表2。

表3中显示除极个别例子外，日最大负荷和日平均负荷的预报误差都不超过10%，但是使用人工神经网络方法作的日最小负荷预报有总数1.1%的个例预测误差超过10%，因而使用中调度员仍需综合考虑其他因素。

5.3　华中各省电网的预测效果

仿照对华中电网的预测试验，也可作出华中四省各省电网的日负荷、日最大及日最小负荷的预测。从总体上看，对各省电网负荷的预测结果与对华中电网的负荷的预测结果二者基本一致，但预测的误差都有不同程度的增加。限于篇幅本文只给出了预测的平均误差(表4)。从表4可见，各省电网负荷的平均预测误差总体上在2%～3%之间，其中对日负荷和日最大负荷的预测效果较对日最小负荷的预测效果为好，四省中又以湖北省的预测效果最好，江西最差，河南和湖南介于两者之间。仔细比较两种预测方法的预报效果，人工神经网络方法可能比动态混合线性回归方法略好(例如江西的情况)，但整体差别也不明显，实际工作中应对具体问题分别考虑。

表 4　华中四省各省电网日负荷、日最大及日最小负荷的预测平均误差(单位:%)

负荷种类	湖北		河南		湖南		江西	
	Ⅰ	Ⅱ	Ⅰ	Ⅱ	Ⅰ	Ⅱ	Ⅰ	Ⅱ
日负荷	2.12	1.91	2.24	2.34	2.28	2.25	2.23	2.24
日最小负荷	2.98	2.64	2.76	2.89	2.76	2.70	3.32	2.87
日最大负荷	2.15	2.36	2.43	2.28	2.31	2.54	3.02	2.24

* 说明同表 2。

6　结论

本文在分析气象因子和负荷变化及各种节假日负荷变化规律的基础上，利用气象因子作预报变量，使用动态的综合线性回归和自回归相结合的混合线性回归方法及非线性的人工神经网络方法来进行电网日负荷和日最大负荷及日最小负荷的预测。对 12 个月共 365 天的独立样本试预报表明：

(1)华中电网的日负荷、日最大负荷和日最小负荷预测的平均误差小于 2%，对华中各省的预测平均误差小于 3%，因而该客观方案对华中电网负荷的预测精度可满足业务调度的需要。

(2)混合线性回归方法和非线性的人工神经网络方法基本相当，但人工神经网络方法的预测效果可能略好。

(3)本方案对日负荷和日最大负荷的预测效果好于对日最小负荷的预测效果。

但本方案的预测误差在某些情形下仍可能较大，实际运用时应对此有所估计。另外，负荷变化是一个复杂的系统，要准确预测几乎不可能，即便是气象因子对它的影响也仍有许多问题有待进一步研究。

参考文献

[1] Douglas M L C, Henry E W. Modeling the impact of summer temperatures on national electricity consumption[J]. J Appl Metero, 1981, 20: 1415-1419.

[2] Quayle R G, Diaz H F. Heating degree day data applied to residential heating energy consumption[J]. J Appl Meteor, 1980, 19: 241-246.

[3] 陈正洪，杨荆安，洪斌. 华中电网用电量与气候的变化及其相关性诊断分析[J]. 华中师范大学学报，1998，32(4)：515-520.

[4] 胡江林，陈正洪，洪斌，等. 华中电网日负荷与气象因子的关系研究[J]. 气象，2002，28(3)：14-18.

[5] 杨位钦，顾岚. 时间序列分析与动态数据建模[M]. 北京：北京理工大学出版社，1988：537-542.

[6] 李学桥，马莉. 神经网络工程应用[M]. 重庆：重庆大学出版社，1996：37-41.

华中电网日负荷与气象因子的关系研究*

摘　要　本文从华中电网 4 省 1997 年 2 月至 2000 年 5 月逐日的负荷资料中分离出随气象因子变化的气象负荷，分析了气象负荷和同期的气象资料的相关关系，重点研究了气象负荷随气温变化的规律，探讨了华中各省气象负荷与气温关系的异同。研究表明华中电网日负荷与日平均气温的相关关系明显，在日平均气温大于 20 ℃时相关系数为正，小于 20 ℃时为负，在气温为 25—28 ℃时负荷对气温的变化最敏感。

关键词　电力负荷；气象负荷；气象因子；相关

1　引言

电力负荷(以下简称负荷)是电力系统规划设计和运行管理的最重要指标之一，研究负荷的特征及其变化规律是达到电网安全、稳定、优质和经济运行的首要条件。由于影响负荷的因素是多种多样的，特别是相当多的因素无法准确定量地给出，负荷的变化特征表现为时变性、随机性、复杂性和多样性，不同地域的电网其负荷变化也不尽相同，因而负荷变化具有一定的不可预测性，较准确全面地研究分析负荷及其变化规律是电力科技工作者要解决的难题，也是进行负荷预测的基础。

近年来，越来越多的研究表明，电网负荷与气象条件的变化有关[1,2,3]。随着国民经济的发展和人民生活水平的提高，冬季取暖和夏季制冷在生活中逐渐普及，而这二者的耗电量都相当大，因此负荷的变化与气象条件的相关关系逐步密切，气象因子对电网负荷影响程度有提高的趋势。但由于不同的电网所处的气候条件不同，经济结构和发展水平也千差万别，各个电网负荷与气象因子的关系也不尽相同，有必要进一步研究负荷变化与与气象因子的关系。

本文利用华中电网的逐小时负荷资料，结合华中四省的逐日气温资料，在定义气象负荷的基础上，较详细分析了华中电网负荷(包括日负荷、1 小时最大负荷和 1 小时最小负荷)变化与气温的关系，为华中电网负荷的预报预测和运行调度提供了依据。

2　资料及初步处理

2.1　资料

本文所用负荷资料是华中电网四省(湖北、河南、湖南、江西)逐日的日负荷、1 小时最大负荷和 1 小时最小负荷，华中电网负荷是四省负荷的累加值，资料年限是 1997 年 2 月至 2000 年 5 月，总计 1264 天的样本资料。选用的气象资料是四省的省会武汉、郑州、长沙、南昌四城市的历史同期日平均气温、日最高气温、日最低气温，其中日平均气温由 02 时、08 时、14 时和 20 时四个正点时次的观测气温取平均值得到。

* 胡江林，陈正洪，洪斌，王广生. 气象，2002，28(3)：14-18，37.

2.2 负荷资料的初步处理

图1给出了华中电网日负荷在研究时段内的演变曲线。从中可见负荷曲线可以用随时间呈某种增长程度变化的长期趋势项和以一年为周期的季节波动项这两项之和来表示，前者随国民经济发展而不断增长，后者即为气象条件对负荷的影响。要研究气象因子对负荷的影响首先要从总负荷中除去国民经济发展而拉动的负荷增长。由于1997—2000年我国的经济增长速度比较均匀，这里简单地采用线性关系来表示国民经济增长引起的负荷长期变化趋势项 L_t：

$$L_t = at + b \tag{1}$$

t 表示时间，a、b 是系数。而总负荷与负荷长期变化趋势项 L_t 之差包含由气象因素、节假日和其他不可预测因素对负荷的影响，本文称为 L_m：

$$L_m = L - L_t \tag{2}$$

L 表示实测总负荷。L_m 表示各种因素可引起负荷的高于或低于负荷长期变化趋势项的偏差，在图1中即负荷曲线偏离直线的部分。而

$$L_p = L_m / L_t \tag{3}$$

表示 L_m 与长期趋势项之间的比值，在分析多年资料时它比直接使用 L_m 更能反映负荷的变化规律，也是电网运行调度中最为关心的指标，本文称 L_p 为气象负荷率，为方便考虑以下简称气象负荷。这里主要分析 L_p 与气象因子的关系。

春节是我国人民的传统节日，从图1可见春节期间的负荷与其他时间相比小很多(可小30%)，因而需特别考虑其规律。本文暂且不考虑春节期间的负荷变化(每年扣除春节前7天，春节后10天，1997—2000年共计68天，实际分析1196天的样本资料)。由于选用的样本较大，基本上平滑其他各种随机因素所引起的负荷波动，可认为 L_p 主要是由气象因子的变化形成的。为方便起见，以下称气象日负荷、1小时最大负荷和1小时最小负荷分别为 L_{pd}、L_{pm} 和 L_{pn}。

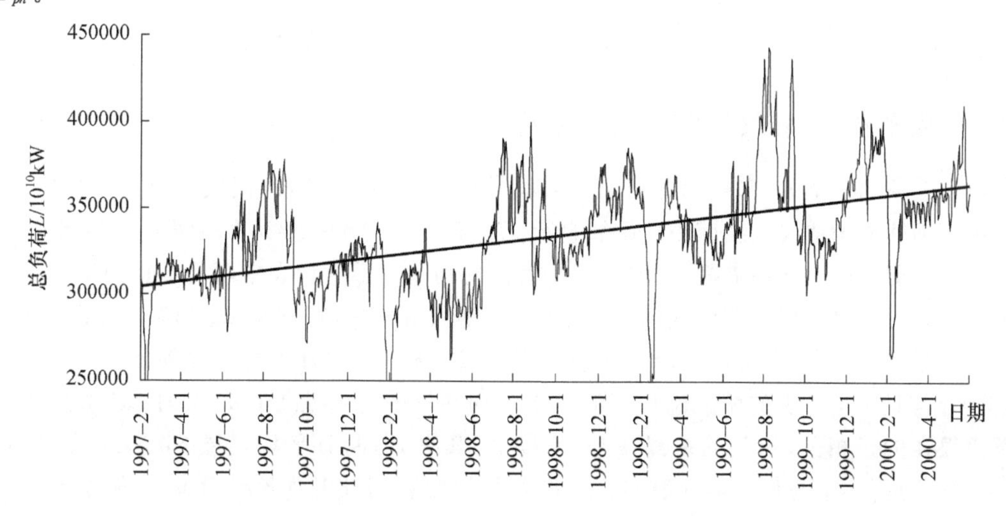

图1 华中电网日负荷随时间的变化

直线表示长期变化趋势项，负荷曲线偏离直线的部分包含有气象因素、节假日(春节期间除外)和其他不可预测因素对负荷的影响，本文把该部分称气象负荷

3 气象负荷与气象因子相关关系的研究

华中电网由华中四省电网组成，本节中的平均气温简单地定义为华中四省的省会城市武汉、郑州、长沙、南昌四城市的日平均气温再取平均值，日最高气温和日最低气温的定义也类似。

3.1 气象负荷和气温的基本关系

应用2.2节定义的方法分离出的华中电网 L_p 的变化明显有规律。例如，从 L_{pd} 与日平均气温的演变图(图2)可见，每年夏季高温时 L_{pd} 最大，冬季低温时有次峰值出现，而春秋季则有低谷出现，即 L_p 与日平均气温在夏季是正相关，冬季是反相关，这种以年为周期的变化特征非常明显。进一步仔细分析可以发现日平均气温在大于20 ℃时，L_p 与日平均气温为正相关，而日平均气温小于20 ℃时 L_p 与其为负相关。L_{pm} 和 L_{pn} 与日平均气温的关系与 L_p 类似。

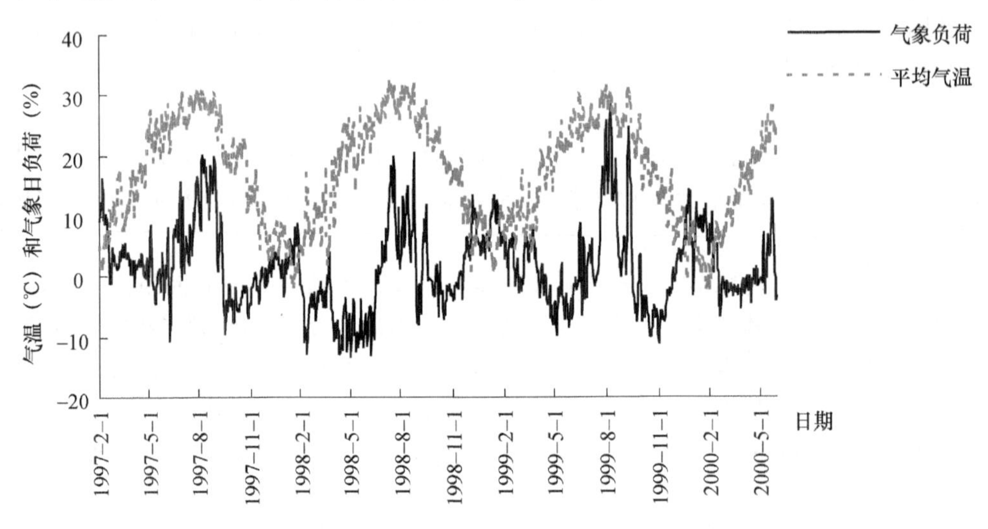

图2 气象日负荷 L_{pd}(实线)与日平均气温(℃)(虚线)的关系

3.2 气象负荷 L_p 和气象因子的相关系数

由于夏季和冬季 L_p 和气温的相关系数符号相反，相互抵消，因而气象负荷 L_p 与气象因子的关系不能简单地仅以线性相关系数表示。这里以日平均气温20 ℃为界分别统计。

表1给出了电网气象负荷 L_p 与日平均气温的相关关系。从表中可见日负荷 L_{pd}、最大负荷 L_{pm}、最小负荷 L_{pn} 在日平均气温低于20 ℃时都为负相关，特别是 L_{pd} 和 L_{pm} 与日平均气温的负相关绝对值较大，表明在此情况下总体而言，L_{pm} 和 L_{pd} 随日平均气温的下降二者都将增加，但 L_{pn} 与日平均气温的相关比 L_{pm} 和 L_{pd} 弱。而在日平均气温高于20 ℃时 L_{pd}、L_{pm} 和 L_{pn} 三者都为很强的正相关，相关关系都在0.74以上，其中 L_{pd} 与日平均气温的相关系数最大，达0.79。气象负荷 L_p 与日平均气温的这种高相关性为利用气温预报作负荷预测奠定了基础。但是，若使用线性预测模型，必须根据日平均气温分段建立预报模型或对日平均气温作变换，因为对整个样本而言，L_{pd} 和 L_{pm} 与日平均气温的相关性很低。

表1　华中电网气象负荷 L_p 与日平均气温的相关关系

日平均气温	日负荷 L_{pd}	最大负荷 L_{pm}	最小负荷 L_{pn}
低于20 ℃	−0.641	−0.703	−0.241
高于20 ℃	0.790	0.774	0.743
全部样本	0.107	−0.103	0.424

由于气象预报中大多预报最高气温和最低气温，这里再分析最高气温和最低气温与气象负荷 L_p 的相关关系。从表2可见 L_p 与最高气温和最低气温的相关关系也较好，在日平均气温高于20 ℃时 L_{pd}、L_{pm} 和 L_{pn} 与最高气温和最低气温的相关系数都超过了0.5，最大达0.71。而在日平均气温低于20 ℃时 L_{pd} 和 L_{pm} 与最高气温和最低气温的相关系数也都小于−0.5，显示负相关程度也较高，与日平均气温类似，L_{pn} 与最高气温和最低气温的相关也较低。比较表1和表2可见，L_{pd}、L_{pm} 和 L_{pn} 与最高气温和最低气温的相关程度都小于日平均气温，唯一的例外是统计所有样本时 L_{pn} 与最低气温的相关程度高于其与日平均气温的相关程度。鉴于日平均气温与最高气温和最低气温有很好的相关关系，从以上分析可见日平均气温是影响负荷的最重要的气象因子。

表2　华中电网气象负荷 L_p 与最高气温 T_m 和最低气温 T_n 的相关系数

日平均气温	日负荷 L_{pd}		最大负荷 L_{pm}		最小负荷 L_{pn}	
	T_m	T_n	T_m	T_n	T_m	T_n
低于20 ℃	−0.579	−0.579	−0.586	−0.681	−0.220	−0.205
高于20 ℃	0.615	0.711	0.657	0.631	0.536	0.726
全部样本	0.089	0.124	−0.085	−0.108	0.378	0.432

分析了气温与负荷的相关程度以后，自然推测其他的气象因子，如降水和天空状况等与负荷的关系，但降水和天空状况等的记录变化很大，且受人为因素的影响。本文使用与降水和天空云量关系较密切的气温日较差（最高气温减最低气温）来探讨这些因素与负荷的关系（一般而言，天空云量越大，气温日较差较低，降水越大，气温日较差也较低）。从负荷 L_p 与气温日较差的相关关系表（表3）中可以发现气温日较差与负荷 L_p 的相关关系较差，各项的相关系数都较小，远不如日平均气温与负荷 L_p 的相关程度高，但负荷 L_p 在某些特定的情况下相关系数可通过显著性检验。

表3　华中电网气象负荷 L_p 与气温日较差的相关关系

日平均气温	日负荷 L_{pd}	最大负荷 L_{pm}	最小负荷 L_{pn}
低于20 ℃	−0.124	−0.021	−0.062
高于20 ℃	0.027	0.082	−0.114
全部样本	0.044	0.023	−0.103

4　气象负荷 L_p 随气温变化的特征

4.1　华中电网 L_p 随日平均气温变化的基本特征

统计逐日的 L_{pd}、L_{pm} 和 L_{pn} 可得气象日负荷 L_{pd}、日最大负荷 L_{pm} 和日最小负荷 L_{pn} 与日平均气温的关系（图3）。

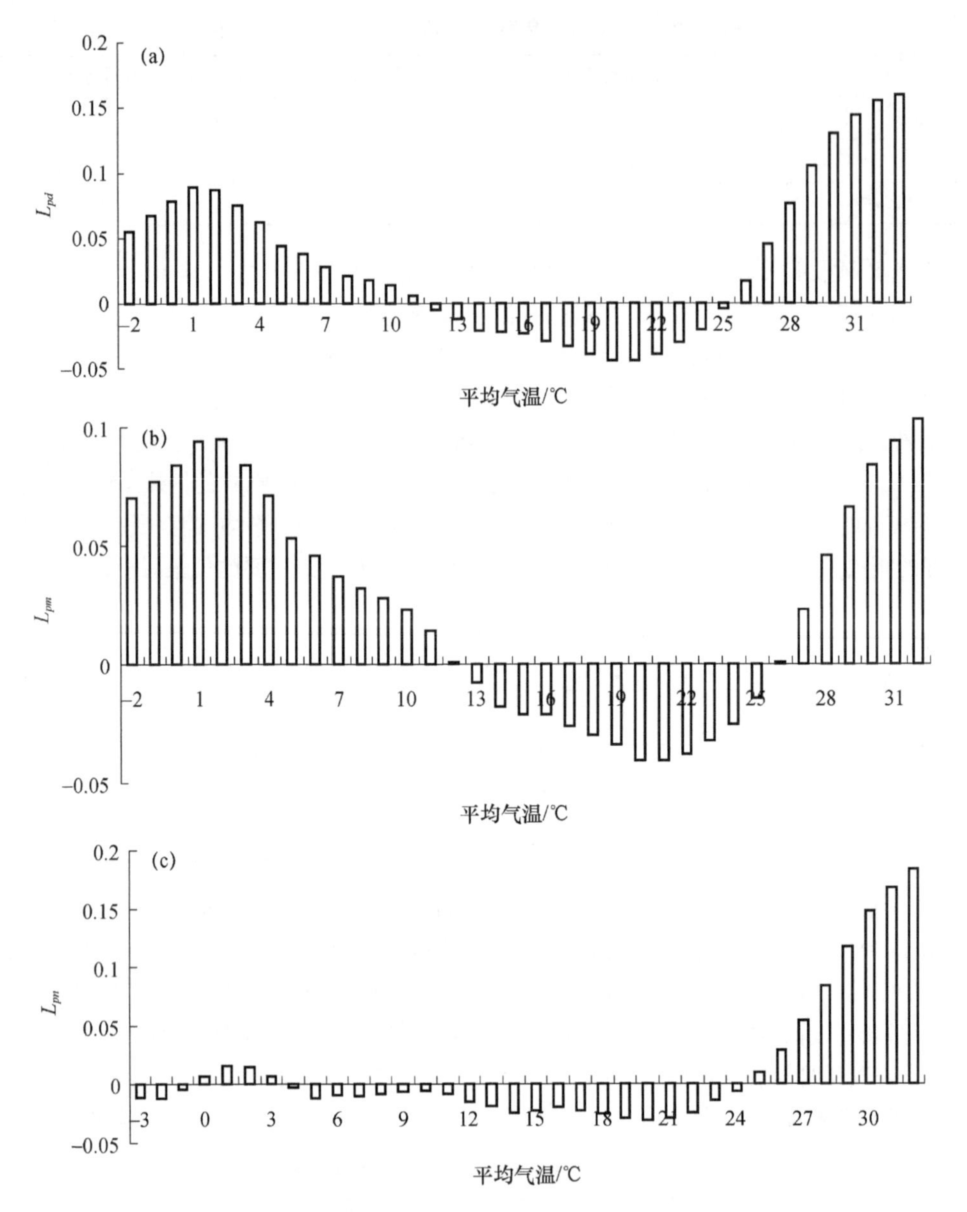

图 3　华中电网 L_p 随日平均气温变化的分布特征

(a)日负荷 L_{pd} 随日平均气温变化的分布；(b)1 小时最大负荷 L_{pm} 随日平均气温变化的分布；(c)1 小时最小负荷 L_{pn} 随日平均气温变化的分布

从图 3 a 可见，华中日负荷 L_{pd} 随日平均气温的变化较有规律。L_{pd} 的数值在 −0.05 与 0.18 之间，即由气象因子引起的日负荷的变化可达总负荷的 20% 以上。L_{pd} 在日平均气温为 12—25 ℃时为负，20—21 ℃时最小，为 −0.05 左右，此时电网负荷最小；其余气温条件下 L_{pd} 为正，但负荷的增加与日平均气温的变化不对称，即气温升高时 L_{pd} 增加得快，而气温下降时 L_{pd} 增加得较慢。

当气温高于 20 ℃时 L_{pd} 逐渐加大，特别是在日平均气温在 25—28 ℃时负荷随气温升高而急剧增加，此时是华中日负荷 L_{pd} 对温度变化最敏感的时期，平均气温每增加 1 ℃，日负荷增加 3%以上，这可能是由于气温达到该阶段时人们开始大量使用空调等制冷设备造成的，而日平均气温在超过 29 ℃时，L_{pd} 的值虽仍在增加，但增长趋势变慢，这说明在天气极端的情况下，气温再增加负荷的增长也有限，原因可能有两条：一是由于负荷存在最大值，即电网负荷已达最大，气温再高负荷也不可能无限增长；二是在此天气条件下，人们的工作日程有所调整，生产用电有所下降。

在日平均气温低于 20 ℃时，L_{pd} 随气温的减小也逐渐增大，但增加速度较平稳，在日平均气温为 1 ℃左右时最大，达 0.09，即日平均气温在 1～20 ℃时，气温每降低 1 ℃，华中日负荷约增加 0.75%，特别是当气温低于 5 ℃时日负荷增加较快，这可能与该气象条件下用于取暖的电力增加有关。而气温低于 1 ℃时日负荷随气温下降反而减少，原因不明，或许与该严寒条件下，人们减少生产活动有关系。

图 3b 显示 L_{pm} 随日平均气温变化的变化特征与 L_{pd} 基本相同。L_{pm} 在日平均气温为 13～25 ℃时为负，20～21 ℃时最小，低于－0.04，其余气温条件下 L_{pm} 为正，即 L_{pm} 随日平均气温的变化以 20 ℃为界，气温升高或下降 L_{pd} 均增加，但 L_{pm} 的变化数值比 L_{pd} 要小，最大值为 0.1 左右。

L_{pn} 随日平均气温变化的特征在日平均气温高于 20 ℃时与 L_{pd} 和 L_{pm} 类似(图 3c)，L_{pn} 随气温升高而显著增加。而当气温低于 20 ℃时，L_{pn} 随气温变化的趋势虽然与 L_{pd} 和 L_{pm} 类似，但与 L_{pd} 和 L_{pm} 相比有较大差距，即当气温低于 20 ℃时，气象条件对 1 小时最小负荷影响较小，气温从 20 ℃下降到 1 ℃时，L_{pn} 的值才增加 0.05。

4.2 各省气象负荷与日平均气温关系的比较

分别统计华中四省各省的 L_{pd}、L_{pm} 和 L_{pn} 与其相应的省会城市的日平均气温的关系可得图 4(L_{pm} 与日平均气温的关系和 L_{pd} 类似，图略)。

图 4 显示湖北、河南、湖南和江西四省的气象负荷和日平均气温的关系基本一致，即气温高于 20 ℃时气象负荷与气温正相关，气温高于 20 ℃时气象负荷与气温负相关。

各省电网之间的 L_{pd}、L_{pm} 的差别主要是：气温高于 20 ℃时，湖南的气象负荷值较其他三省大，即湖南电网受气象条件的影响大，在气温 25～28 ℃时，气温每增加 1 ℃，该电网负荷增加 5%，而其他仅 3%左右，特别是在高温时湖南电网的 L_{pd} 特别大，最大超过 0.3，而其他三省 L_{pd} 的最大值为 0.2 左右。这显示在高温季节，湖南电网与气象条件的关系特别密切。而在气温低于 20 ℃时，湖北和河南两省的 L_{pd} 十分接近，而湖南和江西两省的 L_{pd} 值在气温低于 12 ℃ 时较大，可能这两省的取暖用电较多。

各省电网之间的 L_{pn} 的主要差别是：气温高于 20 ℃时，湖南和江西的气象负荷值较其他两省大，在气温为 25—29 ℃时气温每增加 1 ℃，L_{pn} 增加 5%，而河南较低，气温每增加 1 ℃L_{pn} 增加 3%左右。在气温低于 20 ℃时，河南的 L_{pn} 曲线变化较稳定，而其他三省 L_{pn} 曲线变化较复杂，例如在气温低于 1 ℃时，江西和湖南的 L_{pn} 变化相反，但四省的 L_{pn} 的值变化都不大。

5 小结

本文在定义气象负荷的基础上，研究分析了华中电网负荷(包括日负荷、1 小时最大负荷和 1 小时最小负荷)与气象因子的关系。主要的结论是：

(1)华中电网负荷的变化与气象条件密切相关。日负荷、1 小时最大负荷和 1 小时最小负

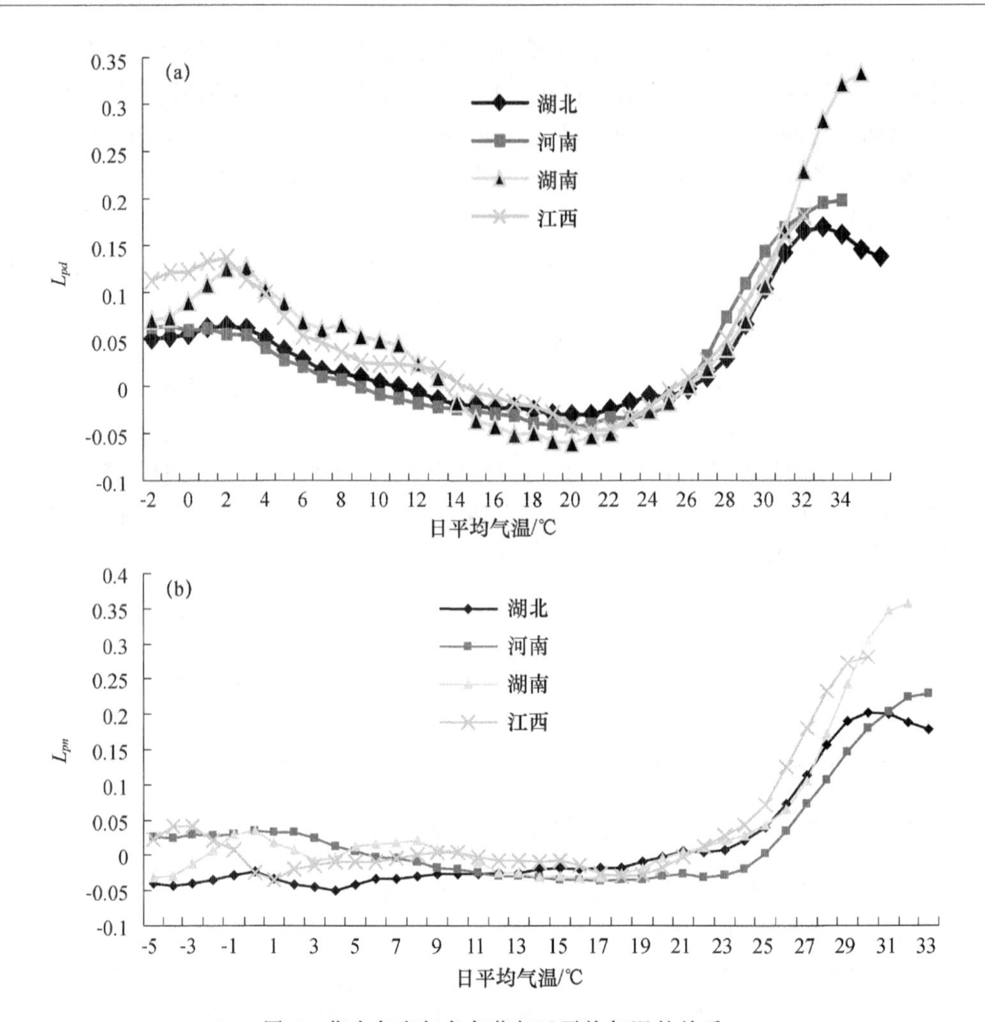

图 4 华中各省气象负荷与日平均气温的关系

(a)日负荷 L_{pd}；(b)1 小时最小负荷 L_{pn}

荷都与日平均气温有很好的相关关系。

(2)在分析负荷与气温变化关系时，日平均气温 20 ℃分界点。气温在 20 ℃以下，气象负荷与气温是负相关，气温在 20 ℃以上，气象负荷与气温是正相关。除 1 小时最小负荷在气温 20 ℃以下时相关系数绝对值较小外，其他情况的相关系数绝对值都大于 0.5。

(3)气温在 25～28 ℃时负荷对气温的变化最敏感。此时气温每变化 1 ℃，负荷变化约改变 3%。而气温在 18～22 ℃时负荷对气温的变化较不敏感。

(4)在高温(日平均气温大于 32 ℃)情况下，气象负荷随气温升高的幅度并不大，而在低温(日平均气温小于 1 ℃)情况下，气象负荷随气温下降不升反降。

(5)华中四省各自的气象负荷曲线的变化规律基本一致，但气温对湖南电网的影响比对其他 3 省要大些。

随着人民生活水平的提高，生活用电在总用电中的比重将进一步上升，因此今后用电负荷与气象因子的关系有更加密切的趋势。以上分析为通过预报气温来预测负荷变化奠定了基础，至于利用气象因子来预测负荷的方法和效果，我们将进一步研究。

参考文献

[1] Douglas M L C,Henry E W. Modeling the impact of summer temperatures on national electricity consumption[J]. J Appl Metero,1981,20:1415-1419.

[2] Quayle R G,Diaz H. F. Heating degree day data applied to residential heating energy consumption[J]. J Appl Meteor,1980,19:241-246.

[3] 陈正洪,杨荆安,洪斌.华中电网用电量与气候的变化及其相关性诊断分析[J].华中师范大学学报,1998,32(4):515-520.

武汉市周年逐日电力指标对气温的非线性响应*

摘 要 为了建立电力因子与气象要素的关系，利用2005—2007年武汉市电网日电量、日最大负荷、日最小负荷及相应的气温资料，分析气温对各电力指标的影响，建立了各电力指标与气温的非线性统计模型，并与线性模型进行比较，结果表明，非线性模型比线性模型能更好反映电力指标与气温的关系，日最大负荷、日电量、日最小负荷最不敏感的平均温度临界点分别是15～16 ℃、14～15 ℃、13～14 ℃，低于该温度时气温下降或高于该温度时气温上升，电力指标均呈非线性增加，与最不敏感的平均气温偏离越大，电力指标增加越快。

关键词 日电量；电力负荷；气温；非线性模型

1 引言

气温是影响电力指标波动的最主要环境因素，特别是在全球变暖的背景下，高温热浪、暖日、暖夜、气温剧烈变化等发生频率加大，这种影响将会加剧。为了科学合理的电力调度，一些气象工作者配合电力部门，开展了电力指标与多项气象因子的相关性分析、评估和预测模型的研究，陈正洪、洪国平、张小玲等[1-4]分别分析了华中电网和武汉市的日(周)电量、最大负荷、北京市夏季用电与气温的相关性，并通过分月计算得出不同月份1 ℃效应量，并分季建立了电力指标与气温间的线性评估模型。李雪铭、赵彤等利用逐步回归、多元回归建立了气温变化与城市居民电量变化模型[5~8]，胡江林等[9,10]则通过消去社会趋势项、节假日的影响，得到华中电网日电量和最大负荷的波动量(气象电量或负荷)，发现电力指标以18 ℃左右为临界值，在高气温的情况下，气温上升，电力指标上升，低气温的情况下，气温下降，电力指标上升，并建立了华中电网负荷的动态混合线性回归、人工神经网络方法预测模型。

以上工作大部分采用线性模型，并且将时间、温度按一定的条件分段。人工神经网络预测模型则通过其自学习功能，训练得到变量的非线性关系。本研究则以武汉市为例，采用非线性模型(二次曲线)，以更准确、全面地评估气温对周年逐日电量、最大负荷、最小负荷的定量影响，拟合程度高，物理意义明确，得到了一些有用的结论，并在2008年1月严重冰雪冻害来临时，投入准业务应用。

2 资料与方法

2.1 资料

获得了武汉市2005年1月1日至2007年9日30日逐日电量、最大负荷、最小负荷(分别有1003个有效样本)及同期日平均气温、日最高气温、日最低气温资料。

* 李兰，**陈正洪**，洪国平. 气象，2008，34(5)：26-30.

研究表明，春节期间负荷与其他时间相比可小30%[9]，故本研究不考虑春节期间资料(包括春节7天及春节前2天)。

图1为2005年1月1日至2007年9日30日武汉市逐日电量、最大负荷、最小负荷随时间的变化。图中可见，无论哪个指标都包含三项变化，即长期增长趋势、季节波动以及逐日变化，分别对应着社会经济发展、气温季节变化、气象要素(主要是气温)变化对供电指标的影响。

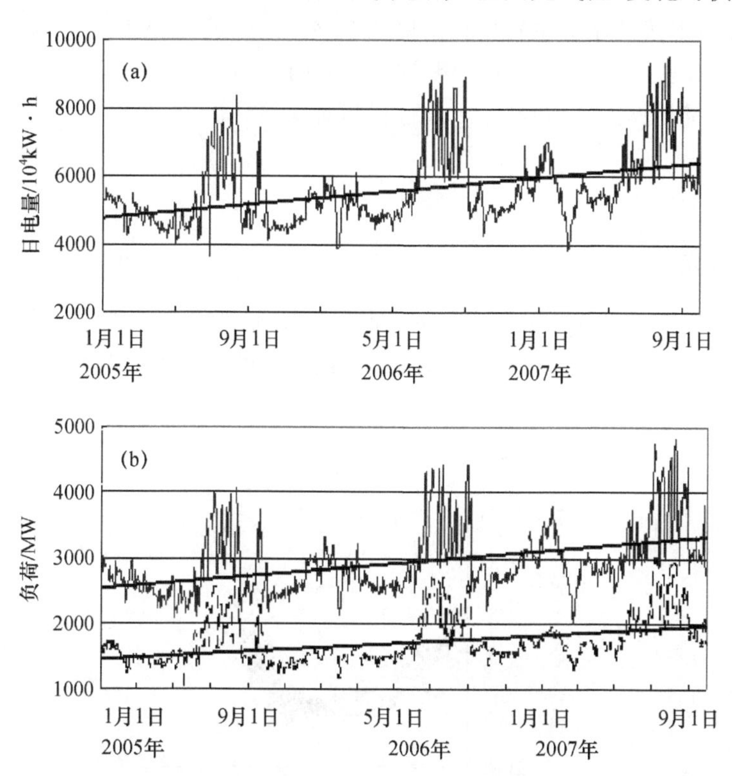

图1　各电力指标随时间的变化(2005年1月1日至2007年9日30日，直线为趋势项)

(a)日电量，(b)日最大负荷(实线)、最小负荷(虚线)

由于2005—2007年间武汉市经济增长和电器增加速度比较均匀，可采用线性关系来表示国民经济增产和电器增加引起的三项电力因子长期增长趋势项：

$$i(t)=a_1t+b_1 \tag{1}$$

$$l(t)=a_2t+b_2 \tag{2}$$

$$s(t)=a_3t+b_3 \tag{3}$$

以逐日资料减去日趋势项，便可反映季节变化和气温逐日变化对电力指标的影响，即：

$$Y_{i(t)}=I_{实(t)}-i_{(t)} \tag{4}$$

$$Y_{l(t)}=L_{实(t)}-l_{(t)} \tag{5}$$

$$Y_{s(t)}=S_{实(t)}-s_{(t)} \tag{6}$$

其中，$i_{(t)}$、$l_{(t)}$、$s_{(t)}$分别为日电量、最大负荷、最小负荷的增长趋势项；

$Y_{i(t)}$、$Y_{l(t)}$、$Y_{s(t)}$分别为逐日波动日电量、波动最大负荷、波动最小负荷；

$I_{实(t)}$、$L_{实(t)}$、$S_{实(t)}$分别为逐日实际电量、最大负荷、最小负荷；

t为日序数，2005年1月1日为1，2005年1月2日为2，……。

2.2　方法

以武汉市 2005—2006 年逐日波动日电量、最大负荷、最小负荷资料与同期日平均气温、最高气温、最低气温为基础，建立电力指标与气温的非线性模型，非线性模型有多种，以二次多项式(抛物线型)效果最理想。求取每 1 ℃间隔的 1 ℃电力指标效应量，并将拟合模型的复相关系数与分冬夏半年的线性相关系数比较。以 2007 年 1—9 月各电力因子资料与波动日电量、最大负荷、最小负荷资料的计算值进行相关分析，同时利用 2007 年 1—9 月个各电力因子计算值(趋势项与波动量计算值的和)与实际值进行相对误差分析。

3　结果分析

3.1　模型的建立

绘制武汉市 2005—2006 年波动日电量、最大负荷、最小负荷($Yi(x)$、$Yl(x)$、$Ys(x)$)与同期日平均气温、最高气温、最低气温的关系曲线。图 2 为波动日电量与日平均气温分布图和模拟曲线。

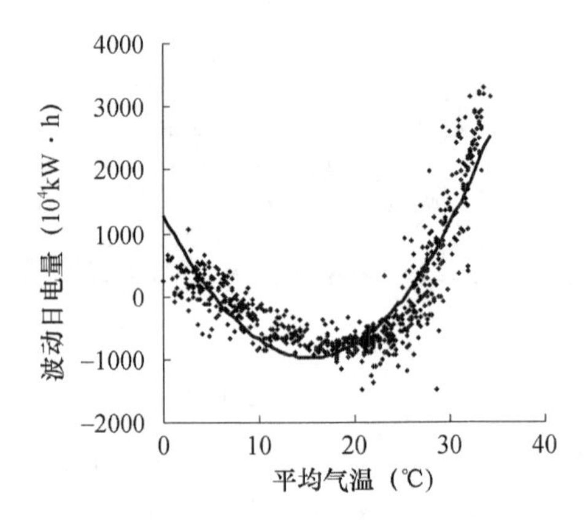

图 2　武汉市波动日电量与日平均气温的拟合曲线
(2005 年 1 月 1 日—2006 年 12 月 31 日)

分析表明:1)三项电力指标分别与三项气温均呈向上开口的抛物线关系，说明存在一个最小值，也就是在其附近电力指标对气温变化不敏感，同时只要气温大于(小于)该值，气温越高(低)，对电力指标影响就越大;2)三项电力指标与平均气温、最低气温关系较好，与最高气温的拟合相对稍差，由于日最低气温往往出现在凌晨或夜间，表明电量及负荷的逐日波动与日平均气温及夜间的温度关系最为密切。表 1 列出了各电力指标与三项气温的非线性关系式，所有方程的相关系数都在 0.8 以上，最高达 0.89。

表 1　温度与波动日电量、最大负荷、最小负荷拟合方程

因变量(y)	独立变量(x)	拟合方程	复相关系数
波动日电量	日平均温度	$y=9.725x^2-296.95x+1295$　(a)	$r=0.89$
波动最大负荷	日平均温度	$y=4.497x^2-141.08x+672$　(b)	$r=0.87$
波动最小负荷	日平均温度	$y=2.634x^2-75.594x+265.8$　(c)	$r=0.86$

续表

因变量(y)	独立变量(x)	拟合方程	复相关系数
波动日电量	日最低气温	$y=9.773x^2-237.5x+507$ (d)	$r=0.87$
波动最大负荷	日最低气温	$y=4.457x^2-112.08x+292$ (e)	$r=0.85$
波动最小负荷	日最低气温	$y=2.747x^2-62.164x+75.7$ (f)	$r=0.88$
波动日电量	日最高气温	$y=8.554x^2-325.14x+2147.7$ (g)	$r=0.83$
波动最大负荷	日最高气温	$y=3.977x^2-154.71x+1083$ (h)	$r=0.83$
波动最小负荷	日最高气温	$y=2.261x^2-81.151x+463.2$ (i)	$r=0.80$

* 上述方程均通过了 0.0001 的信度检验。

3.2 1 ℃效应量

由于电力指标与气温是曲线关系，即不同阶段气温的变化造成的电量或负荷变化量是不同的，利用表 1 的曲线方程，就可以很方便地计算出日平均气温每增加 1 ℃造成的日电量、最大负荷、最小负荷的变化量，也就是 1 ℃效应量，并列于表 2。

表 2 不同平均气温下日电量、最大负荷、最小负荷的 1 ℃效应量

日平均气温(℃)	日电量(10^4kW·h)	日最大负荷(MW/℃)	日最小负荷(MW/℃)	日平均气温(℃)	日电量(10^4kW·h)	日最大负荷(MW/℃)	日最小负荷(MW/℃)
−3	−345.577	−163.565	−88.7635	17	43.4355	16.315	16.5925
−2	−326.126	−154.571	−83.4957	18	62.8861	25.309	21.8603
−1	−306.675	−145.577	−78.2279	19	82.3367	34.303	27.1281
0	−287.225	−136.583	−72.9601	20	101.7873	43.297	32.3959
1	−267.774	−127.589	−67.6923	21	121.2379	52.291	37.6637
2	−248.324	−118.595	−62.4245	22	140.6885	61.285	42.9315
3	−228.873	−109.601	−57.1567	23	160.1391	70.279	48.1993
4	−209.422	−100.607	−51.8889	24	179.5897	79.273	53.4671
5	−189.972	−91.613	−46.6211	25	199.0403	88.267	58.7349
6	−170.521	−82.619	−41.3533	26	218.4909	97.261	64.0027
7	−151.071	−73.625	−36.0855	27	237.9415	106.255	69.2705
8	−131.62	−64.631	−30.8177	28	257.3921	115.249	74.5383
9	−112.169	−55.637	−25.5499	29	276.8427	124.243	79.8061
10	−92.7187	−46.643	−20.2821	30	296.2933	133.237	85.0739
11	−73.2681	−37.649	−15.0143	31	315.7439	142.231	90.3417
12	−53.8175	−28.655	−9.7465	32	335.1945	151.225	95.6095
13	−34.3669	−19.661	−4.4787	33	354.6451	160.219	100.8773
14	−14.9163	−10.667	0.7891	34	374.0957	169.213	106.1451
15	4.5343	−1.673	6.0569	35	393.5463	178.207	111.4129
16	23.9849	7.321	11.3247	36	412.9969	187.201	116.6807

由表 2 可见，当日平均气温在 13～16 ℃时，气温对电量及最大负荷的影响是较小的，其中，当日平均气温在 14～15 ℃，对电量影响是最小的，而最大、最小负荷的不敏感温度分别为 15～16 ℃、13～14 ℃。当日平均气温在 3～0 ℃，每下降 1 ℃，日电量将升高 228～287(10^4kW·h)，最大负荷增加 109～136 MW，而日平均气温在 31～34 ℃，每升高 1 ℃，日电量将上升 315～374(10^4kW·h)，最大负荷上升 142～169 MW。

在计算 1 ℃效应量的同时，对最低气温不同阶段变化对电量的影响也进行了分析，结果表明，日电量对最低气温最不敏感的区域是 11～12 ℃(表略)，当最低气温在－3～－6 ℃时，每下降 1 ℃，日电量增加 286～345(10^4kW·h)。

3.3 与线性相关的比较

由于线性模型无法很好模拟出图 2 的趋势，但可进行分段相关分析，将 2005 年 1 月 1 日—2006 年 12 月 31 日的资料按冬夏两个半年分类，夏半年为 4—9 月，冬半年为 10 月至次年的 3 月，结果如表 3。

表 3 冬、夏半年电力指标与气温的单相关系数

		波动电量	波动最大	波动最小
冬半年	平均气温	－0.857	－0.854	－0.668
	最高气温	－0.832	－0.826	－0.617
	最低气温	－0.823	－0.824	－0.669
夏半年	平均气温	0.803	0.799	0.785
	最高气温	0.759	0.769	0.731
	最低气温	0.803	0.781	0.803

相关系数通过 0.01 信度检验。

从表 3 可以看出，电力指标在夏半年与气温呈正相关，冬半年呈负相关，就相关系数的绝对值来说，冬半年各气温值与波动电量、最大负荷的关系比夏季好，冬半年波动电量、波动最大负荷与各气温值的相关系数绝对值都超过 0.8。虽然在进行分段处理后，能看出不同的季节电力因子与温度的对应关系，并有较高的相关性，但电力因子与气温变化响应的连续性规律、极值点以及连续变化的 1 ℃效应量都无法准确的表示出来(线性关系的 1 ℃效应量是通过分月统计求得，并不连续)。

3.4 效果检验

根据表 1 的方程，利用 2007 年 1—9 月逐日气温资料计算出逐日三项电力波动指标，并与实际日电量、最大负荷、最小负荷资料进行相关分析和精度检验。

(1)相关分析

日电量与波动日电量的相关系数为 0.91，日最大负荷与波动日最大负荷的相关系数为 0.92，日最小负荷与波动日最小负荷的相关系数为 0.87，结果均通过 0.01 信度检验。

(2)精度检验

利用趋势项与波动量的计算值之和作为电力指标的计算值，与 2007 年各电力指标实际值进行比较，日电量、最大负荷、最小负荷的平均相对误差分别为 5.6%、5%、6.8%。

由于影响电力因子的除气象因子外，还受诸多因子的影响，如周末，节假日，如果将这些因子的影响都引入模型，其模拟精度会进一步上升。

4 结论

（1）电力指标都存在三项变化，即长期增长趋势、季节波动以及逐日变化，分别对应着社会经济发展、气温季节变化、气象要素（主要是气温）逐日变化对供电指标的影响。

（2）波动电力指标与气温呈非线性，为二次曲线（抛物线）关系。说明存在一个气温临界值，在其附近电力指标对气温变化不敏感，一旦气温大于（小于）该值，气温越高（低），对电力指标影响就越大；日平均气温的临界值为 14～15 ℃；电力指标的 1 ℃效应量不是固定不变的，而是随气温变化而变化的。

（3）电力指标的波动量与日平均气温及日最低气温的关系最为密切。

（4）经过多种方法检验，非线性模型（抛物线型）模拟效果较理想，可以推广应用。

参考文献

[1] 陈正洪，洪斌. 周平均“日电量—气温”关系评估及预测模型研究[J]. 华中电力，2000，13(1)：26-28.

[2] 陈正洪，魏静. 武汉市供电量及其最大负荷的气象预报方法[J]. 湖北气象，2000，(3)：24-28.

[3] 洪国平，李银娥，孙新德，等. 武汉市电网电量、电力负荷与气温的关系及预测模型研究[J]. 华中电力，2006，19(2)：4-7.

[4] 张小玲，王迎春. 北京夏季用电量与气象条件的关系及预报[J]，气象，2002，28(2)，17-21.

[5] 李雪铭，葛庆龙，周连义，等. 近二十年全球气温变化的居民电量响应[J]. 干旱区资源与环境，2003，17(5)：54-58.

[6] 李继红，张锋. 气温对浙江电网电量影响的研究[J]. 华东电力，2005，33(11)：39-42.

[3] 赵彤，孙大雁，葛诚，等. 江苏电网夏季气温与电量敏感性关系初探[J]. 电力需求侧管理，2004，6(6)：20-26.

[7] 田白，林铍德，雷桂莲. 气象因子对夏季电力负荷影响的分析[J]. 南昌航空工业学院学报(自然科学版)，2005，19(1)：86-89.

[8] 胡江林，陈正洪，洪斌. 华中电网日负荷与气象因子的关系[J]. 气象，2002，28(3)：14-18.

[9] 胡江林，陈正洪，洪斌，等. 基于气象因子的华中电网负荷预测方法研究[J]. 应用气象学报，2002，13(5)：600-608.

城市热岛强度的订正与供热量预报*

摘　要　利用公主坟自动气象站(供热区)和北京市观象台(郊区)间1997—2001年4个冬季逐月(11—3月)逐日4次气温值差值,研究了城市热岛变化特征,并结合其他研究提出了北京市各供热区城市热岛强度订正原则和初步结果。对北京市2001—2002年采暖季的室内外气象—热力试验数据进行科学分析,求出实际条件下不同环境温度下单位面积供热量模式,按此模式运行则存在较大节能空间。

关键词　城市热岛强度;单位面积供热量;模式;节能

1　引言

为保证室内温度维持在人体舒适范围(18 ℃左右),集中供热系统中所需提供的单位面积供热量(热负荷)主要决定于房屋的维护结构和室外气象条件,而前者对大片建筑可考虑为常量,而气象条件每时每刻都在变化,其中温度作用最大,另外风速、湿度、辐射、城市热岛效应等也有一定作用,只有充分考虑这些气象条件的综合效应,才能较准确地计算或预测未来一段时间内所需的热负荷,进一步只要知道供热面积,并通过控制供热流量、回水温度等参数,就可以预知供水温度,为实时合理的供热调度提供科学依据[1-5]。

2　资料与方法

利用公主坟自动气象站(供热区)和北京市观象台(郊区)间1997—2001年4个采暖期逐月(11—3月)逐日、逐时次(02、08、14、20时)气温值,求出其对应的温度差分别统计分析城市热岛强度。课题组于2000年11月—2001年3月,在定慧寺小区和西便门小区居民家中(有南房、北房、顶楼、底楼等有代表性的观测点共6个)的气温每两小时一次进行了记录。热力部门则提供了同期每两小时一次的热力参数,包括供热面积、流量、供水温度、回水温度等。根据这些数据,可建立了利用气温、风速、天气状况、城市区位环境条件等预报节能温度和单位面积供热量的模式。室外气温、风速来自同期公主坟自动气象站,天气状况来自北京市观象台。

3　北京市供热期城市热岛强度的推算

3.1　城市热岛强度的定义

研究表明,城市气温往往比城郊或乡村气温高,平均高出1～3 ℃,在有的地方或有利时段或天气,可高出5～6 ℃,甚至10 ℃以上,这就是众所周知的"城市热岛效应"[6-10]。北京市城市热岛强度呈逐年代增加的趋势;强度在城区不同地段是有差异的,一般地,中心城区热岛最强,从市中心向郊区逐步递减,ΔT等值线形状与城市建筑物的布局形式大体吻合;全年中以

* **陈正洪**,胡江林,张德山,王保民,汤庆国,王志斌,杨宏青.气象,2005,31(1):69-71.

冬季热岛强度最大;夜间热岛强度比白天强很多,这既是普遍规律,又与北京供热或供暖在夜间最强有关,午间有时会出现负值即城区比郊区或乡村低,被称之“冷岛”。

气象台气温预报往往是郊区气象站的温度,而供热对象在城区,由于供热调度对温度变化十分敏感,哪怕 1 ℃误差将对供热参数产生重大影响。因此必须对其进行订正。

北京市各供热辖区或小区环境气温订正公式为:

$$T=T_{郊}+\Delta T \tag{1}$$

式中 ΔT 为城市热岛效应,需分为不同地区,分白天和夜间进行订正。

3.2 结果分析

公主坟位于广电部和定慧寺两个供热辖区之间,可以代表两地的室外环境温度的平均情况。表 1 给出了公主坟自动气象站(供热区)和北京市观象台(郊区)间温度差,即公主坟附近城市热岛强度。表 1 结果表明:(1)热岛强度初寒—严寒期高,11 月— 2 月 4 个月几乎相当,末寒期(3 月份)明显较低。(2)夜间强而稳定,1—2 月从 20 时一直到 08 时基本稳定在 2 ℃以上;白天弱,只相当于夜间的一半,约 1 ℃左右;3 月份有时不存在热岛效应。(3)逐日差异显著,最大可达 10 ℃以上,有时为负值(3 月较多),可预报性差(表中未列)。

表 1 公主坟自动气象站(供热区)和北京市观象台(郊区)温度差统计(℃)(1997—2001 年冬季)

月份	ΔT_{02}	ΔT_{08}	ΔT_{14}	ΔT_{20}	ΔT	$\Delta T_{夜}$	$\Delta T_{昼}$
11 月	2.22	1.91	0.17	2.22	1.64	2.14	1.12
12 月	2.41	2.48	0.085	2	1.75	2.33	1.11
1 月	2.21	2.48	0.21	1.73	1.66	2.16	1.16
2 月	2.52	2.23	0.088	1.78	1.65	2.27	1.05
3 月	1.44	0.78	−0.43	1.08	0.71	1.18	0.25

$\Delta T_{夜}=[\Delta T_{02}+(\Delta T_{08}+\Delta T_{20})/2]/2$,$\Delta T_{昼}=[\Delta T_{14}+(\Delta T_{08}+\Delta T_{20})/2]/2$

3.3 2 个供热小区和 7 个热电厂对应供热区城市热岛订正值

由上分析,提出了 2 个供热小区逐月夜间、白天城市热岛强度订正值(见表 2)。对其他供热辖区和热电厂的城市热岛强度订正值可利用其他研究成果中图表内插[6-10],按白天热岛强度值取夜间值一半、3 月热岛强度值为 11 月—2 月值一半等原则取值(见表 3)。

表 2 广电部和定慧寺分月和分时段的城市热岛订正值(℃)

月份	广电部		定慧寺	
	夜间	白天	夜间	白天
11	2	1	1	0.5
12	2	1	1	0.5
1	2	1	1	0.5
2	2	1	1	0.5
3	1	0.5	0.5	0.0

表 3 北京市热力公司所辖 7 个热电厂对应供热区分月和分时段的城市热岛订正值(℃)

月份	华能、方热、二热			石热、双热			左热、国华		
	夜间	白天	平均	夜间	白天	平均	夜间	白天	平均
11	2	1	1.5	1.5	0.8	1.2	1	0.5	0.8
12	2	1	1.5	1.5	0.8	1.2	1	0.5	0.8
1	2	1	1.5	1.5	0.8	1.2	1	0.5	0.8
2	2	1	1.5	1.5	0.8	1.2	1	0.5	0.8
3	1	1	1.5	1	0.5	0.8	0.5	0	0.3

4 利用环境气温建立单位面积供热量(*Q*)预报模式

对供热小区，总供热 H_1 与小区流量 L、供水温度 T_{in}、回水温度 T_{out} 的关系是[5]：

$$H_1 = L(T_{in} - T_{out}) \tag{2}$$

假定单位面积保持 1 ℃温差(室内比室外高 1 ℃)所损失的热量为 q，则该小区损失的热量 H_2 与面积 S 和室内温度 t_{in}、室外温度 t_{out} 的关系是

$$H_2 = Sq(t_{in} - t_{out}) \tag{3}$$

而保持室内 18 ℃气温所需的单位面积供热量 $Q(\mathrm{W/m^2})$ 为：

$$Q = q(18 - t_{out}) \tag{4}$$

根据小区实验资料，对给出室外气温、单位面积供热量 Q(见图 1)。该图较好地揭示单位面积供热量随时间随环境气温的变化，还对图进行非线性的二次拟合。

得到的拟合公式为：

$$Q = -0.0704t_{out}^2 + 3.7887t_{out} + 15.039 \tag{5}$$

将实际运行的单位面积供热量(*Q*)和原理论值及实验值(*Q*)点绘在同一图可得图 2。

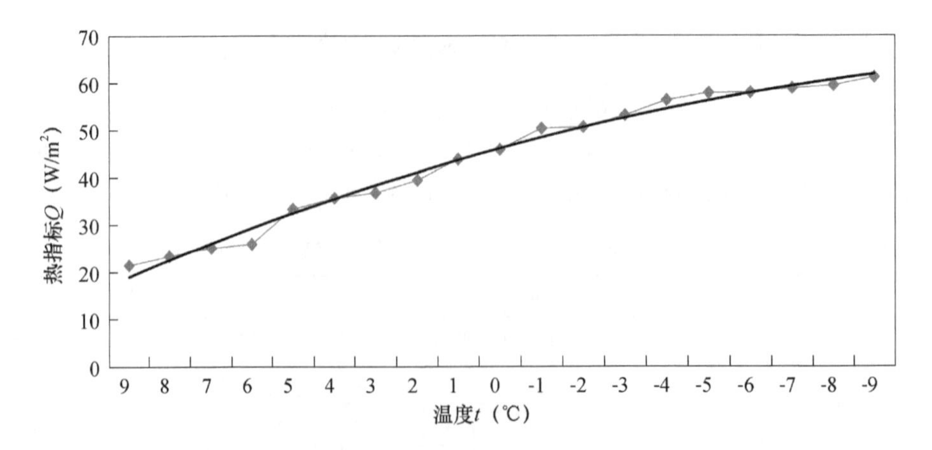

图 1 单位面积供热量 Q 随室外气温变化及二次拟合曲线(室内气温 18 ℃)

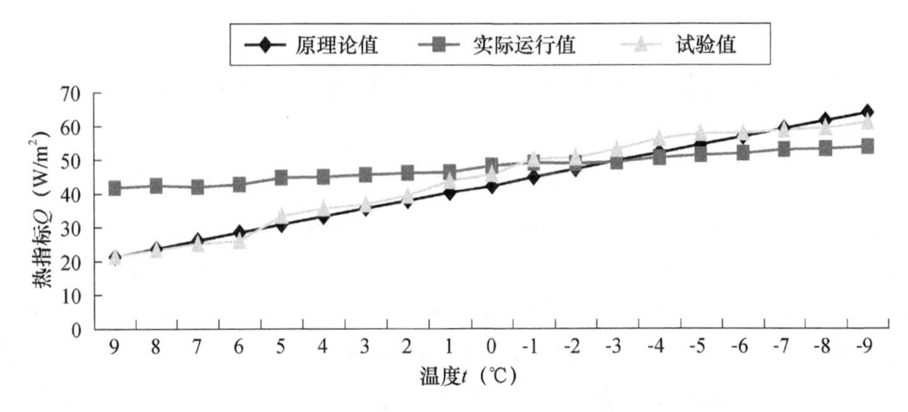

图 2　单位面积供热量 Q 随室外气温的变化

研究发现：(1)在实际生产中，当环境温度很低时，供热量略显不足，但当环境气温较高时，供热远大于理论值，环境温度越高，浪费越大；(2)实际需要的供热曲线与理论供热曲线基本一致，说明结果理想；(3)实际和理论的单位面积供热量(曲线)变化范围为 20～60 W/m^2；(4)该图定量地描绘出目前供热生产中存在的问题，即环境气温较高时，现行的供热运行方案远大于实际需求，可为将来的供热节能工作提供依据。

参考文献

[1] 张庶，王志远．气象节能技术是节约采暖用能的有效途径[J]．节能，1990，(5)：43-45．

[2] 霍秀英，王锋．温度预报在集中供热采暖中的应用[J]．气象，1990，16(2)：51-54．

[3] 高昆生，吕晓玲．呼市地区近二十年采暖室外温度参数及城市规划供热指标的分析研究[J]．区域供热，2000，(6)：22-26．

[4] 贺平，孙刚．供热工程[M]．北京：中国建筑工业出版社，1998：140-142．

[5] 刘玉梅，王江．采暖期人体舒适度的气象学特征[J]．黑龙江气象，2000，(1)：43-44．

[6] 徐祥德，汤绪，等．城市环境气象学引论[M]．北京：气象出版社，2002．

[7] 张光智，徐祥德，杨元琴，等．北京及周边地区城市尺度热岛特征及其演变[J]．应用气象学报，2002，13(特刊)：43-50．

[8] 杨玉华，徐祥德，翁永辉．北京城市边界层热岛的日变化周期模拟[J]．应用气象学报，2003，14(1)：61-68．

[9] 范心忻．北京城市热岛遥感研究的应用与效益[J]．世界导弹与航天，1991(6)：6-11．

[10] 张一平，张德山，李佑荣，等．城市化对北京室内外气温影响的研究[J]．气候与环境研究，2000，7(3)：345-350．

节能温度、供热气象指数及供热参数研究*

摘　要　对北京市 2001—2002 年采暖季的室内外气象—热力试验数据进行科学分析，求出实际条件下不同环境温度、风速、辐射等气象条件下的节能温度，提出了供热气象指数及等级划分标准，进而推算出总供热量、供回水温度差及通过控制回水温度而知供水温度（关键调度指标）等供热参数，这些指标已于 2002—2003 年采暖季在北京市专业气象台和北京市热力集团公司投入应用，为实时供热调度提供了参考依据，是节能、增效、减污的基础。

关键词　节能温度；供热气象指数；供热参数

1　引言

节能温度和供热气象指数是根据温度、风速、辐射、城市热岛效应等构造而成，具有较强的气象特色和服务能力；预测热负荷后，只要知道供热面积，并通过控制供热流量、回水温度等参数，就可以预知供水温度，为实时合理的供热调度提供科学依据[1-5]。

2　资料与方法

课题组于 2000 年 11 月—2001 年 3 月，在定慧寺小区和西便门小区居民家中（有南房、北房、顶楼、底楼等有代表性的观测点共 6 个）的气温每两小时一次进行了记录。热力部门则提供了同期每 2 小时一次的热力参数，包括供热面积、流量、供水温度、回水温度等。根据这些数据，可建立了利用气温、风速、天气状况、城市区位环境条件等预报节能温度和单位面积供热量的模式。室外气温、风速来自同期公主坟自动气象站，天气状况来自北京市观象台。

3　节能温度的研制

由文献[6]可见，Q 值随室外环境温度（t）变化而显著地变化，因此就可根据室外环境温度变化调整供热量，以保证室内热量平衡和舒适度。室外环境温度包括天气形势变化部分、城市热岛订正，此外根据热平衡理论，还有风、辐射等外界气象因子对居室产生额外散热或加热效应，如太阳辐射则会对向阳的居室围护结构产生明显的加热，而较大的风力会使居室围护结构热量散失加剧或通过门窗渗透带走热量。

辐射和风对供热的影响，可用统计平均表示。先考虑辐射对供热的影响。由于气象观测及预报中都没有这项指标（无法实时得到数据），这里简单地以 −1 表示雨雪天气，1 表示晴天，其他天气用 0 表示。根据实际供热和计算的平均供热，可得到辐射影响的效果为：

$$T_R = \frac{\sum (H_1 - Sq(t_{\text{in}} - t_{\text{out}}))}{\sum Sq} \tag{1}$$

* 王保民，张德山，汤庆国，李迅，孔玉斌，张姝丽，杨世燕，**陈正洪**，胡江林，王志斌．气象，2005，31(1)：72-74.

把试验期的资料代入上式，得平均的 T_R 为 1.293 ℃。取近似为 1.3 ℃。

以此类推，考虑不同风速对供热的影响的效果的平均系数为：

$$T_v = \frac{\sum (H_1 - Sq(t_{in} - t_{out}))}{\sum Sqv} \tag{2}$$

这里 v 是平均风速，把试验期的资料代入上式，得平均的 T_v 为 0.186 ℃，取近似为 0.2 ℃。

此外还应考虑城市热岛效应的影响，于是可得到一个综合以上因子影响的修正温度，称为节能温度

$$T_J = T_{54511} + \Delta T + T_V + T_R \tag{3}$$

式中，T_{54511}：北京市观象台温度；ΔT：城市热岛强度；T_V：风力对环境温度的修正量($-0.2\,V$，V——白天或夜间平均风速，m/s)；T_R：辐射对环境温度的修正量(晴天 1.3 ℃ 或雨雪天—1.3 ℃，夜间则为 0)。

4 供热气象指数的研制

用 T_J 代入单位面积供热量模式就可计算出更加合理的指标：

$$Q_J = F(T_J) \tag{4}$$

由于它充分考虑了多项气候、气象因子的影响，我们称之为供热气象指数，又由于其变化范围一般在 20～60 $W \cdot m^{-2}$ 之间，因此可将其从低到高等间隔划分为 5 级，每间隔 8 $W \cdot m^{-2}$，并给出每等级的指示意义。由于热力调度部门已习惯于使用 $kcal \cdot m^{-2} \cdot h^{-1}$，我们在下表同时给出两种单位。

节能温度−4 ℃，5 ℃刚好是 1、5 级临界点，当节能温度＜−4 ℃时，需全范围、全天并且加强供热，当节能温度＞5 ℃时，可以只对部分小区、间断性供热，并可减少单位面积供热量。一般地从 1 级到 5 级是一个供热量逐渐增加的过程。试验数据表明，在天气转折期(气温的突然升、降)，指数及等级则是跳跃式变化。

表 1 供热气象指数(热指标)的等级划分及其指示意义

级别	热指标 Q_J		T_J (℃)	供热强度	指示意义
	$W.m^{-2}$	$kcal \cdot m^{-2} \cdot h^{-1}$			
1	＜28	＜24	＞5	最低	可较少或减少单位面积供热量；空间上只需对很少部分建筑供热如宾馆、使馆等；时间上可以间断性供热
2	28～36	24～31	(3,5]	低	逐渐增加供热量和供热地区、时间
3	36～44	31～38	[0,3]	中等	需热量中等，需对供热辖区大部分小区基本上全天供热
4	44～52	38～45	[−4,0)	高	需热量较大，需对供热辖区进行全范围、全天供热
5	＞52	＞45	＜−4	最高	需热量最大，需对供热辖区进行全范围、全天加强供热

注：$1\ kcal \cdot m^{-2} \cdot h^{-1} = 1.16\ W.m^{-2}$

5 供热参数的推算

5.1 总供热量的推算

对某一供热小区或热电厂供热辖区，所需总供热量＝单位面积供热量・供热区面积，即

$$\sum Q = Q_j \cdot S \qquad (\text{Gcal} \cdot \text{h}^{-1})$$

Q_j：单位面积供热量（W. m^{-2}或 kcal. $m^{-2} \cdot h^{-1}$）

S：某一供热辖区的总供热面积（万 m^{-2}或 $10^4 m^2$）

当 Q_j 以 W. m^{-2}为单位输入时，

$$\sum Q = Q_j \cdot S$$
$$= 8.6 \times 10^{-3} Q_j \cdot S \qquad (\text{Gcal} \cdot \text{h}^{-1})$$

当 Q_j 以 kcal. $m^{-2} \cdot h^{-1}$为单位输入时，

$$\sum Q = Q_j \cdot S$$
$$= 10^{-2} Q_j \cdot S \qquad (\text{Gcal} \cdot \text{h}^{-1})$$

对城市小区供暖来说，一般 S 在一定时期内是固定不变的，而对供热来说 S 值是变化的，特别是在城市的快速发展阶段，S 值增加很快，除了逐年增加外，年内或季节内变化也很大，如用户的增加、不同用户开始和停止使用的早晚、检修等，这个数据由热力调度部门掌握，鉴于其动态变化性和保密性，我们只在供热节能气象预报系统中设有人机对话窗口，每日有调度员输入，如不输入就默认为上一时段或上一日的值。

5.2 供回水温度差的推算

供回水温度差的推算要考虑生产实际（即供热辖区面积和流量的变化），由于

$$\sum Q = C V_w \Delta t \qquad (\text{W})$$

式中，C：比热（kcal・(kg・h・℃)$^{-1}$）；V_w：供水流量（t・h^{-1}）；$\Delta t = t_g - t_h$：供回水温度差（℃），而 t_g：供水温度（℃）；t_h：回水温度（℃）。

当 Q_j 以 W・m^{-2}为单位输入时，

$$\Delta t = \sum Q / (C V_w)$$
$$= 8.6\ Q_j \cdot S / V_w \qquad (℃)$$

当 Q_j 以 kcal・m^{-2}・ h^{-1}为单位输入时，

$$\Delta t = \sum Q / (C V_w)$$
$$= 10 Q_j \cdot S / V_w \qquad (℃)$$

通常在一次供回水循环中，往往控制回水温度变化在很窄的范围，只要确定了回水温度就可算出供水温度。

由上可见，总供热量、供回水温度差推算充分考虑了生产实际（即供热小区面积和流量的变化），这是本研究与过去不同的也是最合理的。

通常设计室内温度控制要比 18 ℃高，即符合设计环境也不平衡，这是一种建筑设计中的习惯，另外也由于客观环境随机变化引起热稳定波动，使建筑物设计热负荷明显大于实际需要热量造成。根据计算，实际需要热量与设计热负荷比值房山地区 Q_{sj} 为 0.59～0.62、北京地区为 0.6～0.8，实际运行 $\sum Q$、Δt 时可大于上述计算值。

参考文献

[1] 张庶，王志远. 气象节能技术是节约采暖用能的有效途径[J]. 节能，1990，(5)：43-45.

[2] 霍秀英,王锋.温度预报在集中供热采暖中的应用[J].气象,1990,16(2):51-54.
[3] 高昆生,吕晓玲.呼市地区近二十年采暖室外温度参数及城市规划供热指标的分析研究[J].区域供热,2000,(6):22-26.
[4] 贺平,孙刚.供热工程[M].北京:中国建筑工业出版社,1998:140-142.
[5] 刘玉梅,王江.采暖期人体舒适度的气象学特征[J].黑龙江气象,2000,(1):43-44.
[6] 陈正洪,胡江林,张德山,等.城市热岛强度的订正与供热量预报[J].气象,2005,31(1):69-71.

北京城市集中供热节能气象预报系统研制*

摘　要　以气象—热力试验数据建立的供热气象节能模式、指标体系为依据，依托常规气象业务系统，选取 ACCESS2000 作为数据库系统，利用 FORTRAN 和 VC 计算机语言的混合编程技术，开发了北京城市集中供热节能气象预报系统，并于 2002—2003 年采暖季在北京市专业气象台和北京市热力集团公司投入应用，为实时供热调度提供依据。本文着重介绍系统的组成研制内容和系统运行情况。

关键词　供热节能；气象模式；混合编程；系统

1　引言

北京市热力集团公司供热面积增长迅速，目前已达 8000 万 m^2，在这个庞大的供热系统中，热负荷不仅与供热面积、供热流量、供水温度、回水温度有关，还决定于环境温度、风速、湿度、辐射、城市热岛效应等外部气象条件[1-2]。前期选用人工神经网络模型和国家气象中心最新发布的 T213 数值天气预报模式产品研制了未来 1～3 天昼、夜平均气温预报模式[3]，并通过气象—热力试验数据建立了供热气象节能模式、指标体系[4-5]的基础上，利用系统集成技术[6]建立了北京市未来 1～3 天昼、夜平均气温预报、北京市不同地区热力站的城市热岛强度订正、节能温度计算、供热气象指数和供热参数预报的北京城市集中供热节能气象预报系统（以下简称系统）。该系统从 2002 年 11 月开始，同时在北京市专业气象台和北京市热力集团公司投入业务使用，系统运行稳定，操作方便，为实时供热调度提供了依据。

2　系统结构与功能

系统分为两大部分，即北京市专业气象台的气温预报与订正和热力公司的节能预测和指挥调度（见流程图 1）。所用的数据依赖于现有的气象业务和热力实时数据库系统，系统采用人机交互方式操作，也可以自动进行数据库的入库操作。系统采用 VC ＋ ＋6.0 和 FOR-TARN 混合编程技术实现，Windows 98 以上系统运行，据需要用户可以修改配置参数以满足不断变化的要求。供暖期间每天下午 14:30 以后可以进行气温预报，通过拨号应答方式把预报资料和自动站资料传递到热力公司，热力公司根据实时供热面积及循环水量及预报的环境温度计算出热指标，并与实况的热指标对比分析后，确定电厂需要为其提供的能耗。

2.1　气温预报与订正

气温预报，利用前一天的实况气温和 T213 要素预报场资料，用神经网络模型进行温度预报。由于温度自动预报系统可能造成偏差，系统可用人工进行订正，订正来自北京市气象台每天的温度预报和一周温度预报，如果结果不满意，还可以进行人工修改。温度修正的参数放入

* 王志斌，张德山，王保民，汤庆国，胡江林，陈正洪．气象，2005，31(1)：75-78.

一个文件中,用户可以根据历史资料的不断积累进行修改。

2.2 节能预测和指挥调度

节能预测方法共有两种,即基于神经网络方法的温度预报的供热指数预报方法和基于统计预报方法的供热指标预报方法;热力公司根据预报的供热指标和通过热平衡方程实时计算的实况热指标对比分析,进行实时调度。

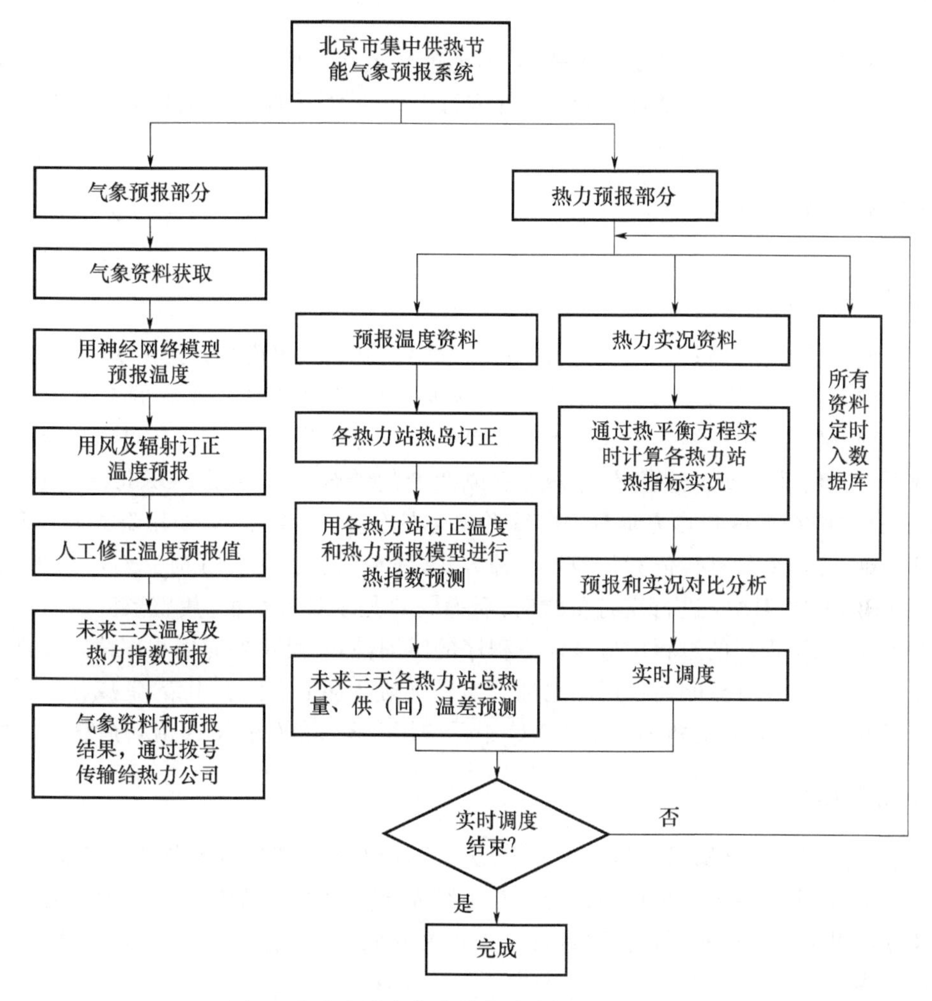

图1　北京市城市集中供热节能气象预报流程图

2.3 数据库查寻及显示操作

利用Access2000建立了一个数据库系统,它包括历史数据库和实时数据库,历史数据包括朝阳气象站近20年的气温和1998年以来北京城区13个自动站的气温和风的显示查询;广电部和定慧寺热力站近三年来的供温、回温以及补水量、回水量等数据查询显示;实时数据主要是热力公司提供的每小时8个主要热电厂的实时数据,这些数据都来自热力实时采集系统,为了不与热力实时采集系统干扰,用一台计算机进行物理隔离;统通过ADO控件操作数据库,它包括数据自动入库、数据备份、数据修改等功能。

2.4 资料传输

首先在热力公司建立一个远程拨号服务器，客户端是北京市专业气象台，用普通电话线进行点到点的通信。利用 Windows 的 API 底层通信函数编写了一个远程自动拨号模块，和系统紧密结合在一起，拨号和资料传输融为一体。

2.5 系统设置

利用 WINDOWS 中的 INI 文件方式，对系统进行灵活方便的配置，以便在不同环境中快速配置与安装；但由于 VC 中没有对 INI 文件进行操作的类，为此我们编写了一个专门的类进行处理。

3 系统实现的技术方法

3.1 混合语言编程

整个系统开发是在不同语言环境下进行的，气温及供热预报模式是用 FORTRAN 语言开发的，FORTRAN 对数据库操作、界面开发能力有限，而 VC 恰好弥补了它的不足，因此使 VC 和 FORTRAN 两者有机的结合形成一个整体是很关键的环节，这种方式还可以充分利用现有的程序资源。我们采用动态连接库的方式完成两者的结合。首先用 FORTRAN PowerStation 4.0 编译系统把温度和热力参数程序编译成动态连接库，再在 VC 中用隐式方式调用，VC 和 FORTRAN 传递变量有传值和传地址两种方式，两种语言变量传递时有对应规则，要注意的是在 VC 向 FORTRAN 进行字符传递时，后面一定是字符的长度，用整数变量表示。同时在编写 FORTRAN 程序的过程中应该注意程序的牢固性，一是不要有因程序读写文件而发生的中断，二是不要有没有分配而使用的地址。如果有则会发生堆栈引用错，造成程序无法正确执行而强行退出。因为以上两类错误在 VC 中无法用 TRY 和 CATCH 语句捕获。

3.2 多线程操作

由于进行温度模式计算时的运算量较大，为了不影响整个程序的其他的正常操作，我们利用多线程技术，派生出一个线程单独进行。并用线程同步的方法，随时监测计算线程的运行状况。当计算结果没有完成而用户需要进行与之相关的操作时，系统会发出相关的警报信息以提示用户等待。

3.3 数据库使用

系统采用 Access2000 作为数据库系统，并用 ADO 控件进行操作，对 Access 数据库初始化用文件方式打开。为了防止频繁打开数据库造成资源的浪费，我们使用了全局变量方式，使数据库系统打开的句柄信息长期有效，直到系统退出时释放为止。另外数据库中存在多种数据资料，要在系统中完全满足用户的各种资料查询是不现实的，因此编写了一个满足 SQL 规范的数据查询语句子程序来解释用户配置的 SQL 语句以满足各种查询的需求。系统具有对数据库中气象和热力数据进行批量的导入与导出的功能。

3.4 自动站气象资料的抗错处理

热力公司使用的气象资料主要是自动气象站的温度、风、降水以及北京站的四次定时观测资料。在气象资料中特别是自动站中常常有错误，如某站缺报和资料不准确等问题，针对供热期间的气象要素采用极值控制方法进行简单的处理，即给气象要素指定一个最大最小范围，超出范围进行出错处理；对于缺报站，采用周围站进行距离加权方法进行补充。

3.5 系统数据参数配置

在安装完成后，需要对配置文件进行必要的修改，主要进行修改有 MICAPS 资料、气象资料存储、热力资料存储、预报文件及数据库文件存放目录，自动拨号用户及密码，自动气象站地理坐标配置，热岛效应数据配置，气象要素极值配置等。用户可以根据需要对其中的配置文件中的内容进行修改，以满足不断变化的需要。

4 结语

2002 年 11 月开始，系统在北京市专业气象台和北京市热力集团公司进行实时运转，系统运行稳定，为实时供热调度提供参考依据。据测算北京市热力集团公司在 2002—2003 年采暖季充分应用本系统后，减少能耗 1697080.8 GJ，节能 5.3%，约合人民币 4242.7 万元(目前从热电厂购买的热量为每 GJ 25 元)。如果按每吨低硫优质煤可产生 23.7GJ 热量换算(需加 20%的损耗)，则 2002—2003 年度可少烧 99508.5 t 煤，同时可少向天空中排放二氧化硫 430 吨(按每吨优质煤含硫 3 kg，其中 80%可转化为 4.8 kg 的二氧化硫)；少粉尘 4475.4 t(按每吨煤产生 5%的粉尘计算)，这为减轻北京地区的空气污染、还首都“青山、绿地、秀水、蓝天”做出了有益的贡献。随着集中供热面积快速扩大，效益将更加显著。系统也有不太完善的地方，如地理信息描述不完善，与现有的热力数据库系统结合不太紧密(热力公司的系统 2002 年才建设完毕)，这些都有待今后各单位进一步合作，对系统进一步优化。

参考文献

[1] 张庶，王志远. 气象节能技术是节约采暖用能的有效途径[J]. 节能，1990(5)：43-45.

[2] 贺平，孙刚. 供热工程[M]. 北京：中国建筑工业出版社，1998：140-142.

[3] 胡江林，张德山，王志斌，等. 北京地区未来 1～3 天昼、夜平均气温预报模型的建立[J]. 气象，2005，31(1)：67-68.

[4]陈正洪，胡江林，张德山，等. 城市热岛强度订正与供热量预报[J]. 气象，2005，31(1)：69-71.

[5]王保民，张德山，汤庆国，等. 节能温度、供热气象指数及供热参数研究[J]. 气象，2005，31(1)：72-74.

武汉市日供水量与气象要素的相关分析*

摘　要　本文利用武汉市逐日供水量资料与气象要素中的温度、降水、日照进行同步相关分析，选取相关性较高的气温作为预报因子，建立了日供水量的简易预测模型。

关键词　日供水量；气象要素；预测模型

1　引言

随着国民经济建设的快速发展及人民生活水平的不断提高，城市生活用水不断增大。加之，武汉地处亚热带，夏季高温酷热，城市热岛效应逐渐加强，这些都与供水量有着直接的关系。本文从供水量与气象要素紧密性较好的因子着手，分析研究武汉市日供水量与气象因子之间的关系，为自来水公司合理调度提供一定依据，同时为拓展专业气象服务领域提供理论基础[1]。

2　资料来源及处理方法

收集武汉市自来水公司 1997—1998 年逐日供水量资料，首先分析了武汉市日供水量的季、月分布特征，再对逐日供水量与逐个气象因子进行单相关性普查，将相关性较好的因子选出，进行回归计算，并建立简易预测模型。

3　日供水量的月、季分配

利用武汉市 1997—1998 年逐日供水量资料进行月、季统计，结果见表 1、表 2。

表 1　武汉市 1997、1998 年各月平均日供水量及其偏差/万 t

	月	1 月	2 月	3 月	4 月	5 月	6 月	7 月	8 月	9 月	10 月	11 月	12 月	年平均
日平均	1997	221	220	224	227	234	243	241	251	246	238	229	227	233
	1998	223	222	220	222	225	229	241	243	241	233	230	221	229
偏差*	1997	−12	−13	−9	−6	+1	+10	+8	+18	+13	+5	−4	−6	
	1998	−6	−7	−9	−7	−4	0	+12	+14	+12	+4	+1	−8	

* 各月的日平均值与年平均值之间的差

由表 1 可见，武汉市平均日供水量 8 月份最大，2 月、3 月最小（1997 年 2 月，1998 年 3 月）。从一年 12 月来看，4 月份开始逐渐增多，8 月份达到高峰，以后逐渐减少，2、3 月份达到最低。从偏差来看，武汉市平均日供水量 5 月—11 月的偏差为正（在 1997 年、1998 年两年当中，除了 1997 年 11 月、1998 年 5 月份为负，1998 年 6 月为零以外，其余均为正），12 月—4 月的偏差为负。正好说明了随着温度的增高，日供水量增大。我们分析认为：8 月份平均日供水

*　魏静，陈正洪，彭毅. 气象，2000，26(11)：27-29，51.

量最大的原因是武汉夏季天气炎热，防暑降温用水较多。2、3月份平均日供水量最小，一是天气寒冷，用水较少；二是春节前后生产单位放假或小规模生产，使平均日供水量减少。

表2　武汉市1997、1998年四季平均日供水量及其偏差(万t)

	年	春	夏	秋	冬	年平均
日平均	1997	228	245	238	223	233
	1998	223	238	235	222	229
偏差*	1997	－5	＋12	＋5	－10	
	1998	－6	＋9	＋6	－7	

*各季的日平均与年日平均之间的差。

由表2可看出，武汉市夏季平均日供水量最大，其次是秋季、春季和冬季。夏季平均日供水量增大的主要原因是武汉夏季特别热，人们用水防暑降温，并且饮用和洗涤也都增多。那么秋季，一方面，秋高气爽，非常适宜人们晾洗；另一方面，企业单位正值生产旺季。春季，武汉的早春气温比较低，人们用水与夏、秋季节相比，相对要少些。冬季，天气寒冷，用水自然就更少些。根据以上实际情况，我们认为日供水量与气象要素中的温度、日照、降水有着一定的联系。

4　相关普查

4.1　日供水量与气温的关系

选取气象要素中的日平均气温、日最高气温、日最低气温与日供水量资料进行同步单相关分析，计算结果见表3。

表3　日供水量与气温的相关系数

月份	平均气温		最高气温		最低气温	
	1997年	1998年	1997年	1998年	1997年	1998年
1	0.35	－0.45	0.55	－0.25	0.10	－0.51
2	0.33	0.55	0.20	0.53	0.37	0.39
3	0.51	0.73	0.60	0.68	0.26	0.65
4	0.49	0.76	0.54	0.75	0.36	0.79
5	0.43	0.77	0.43	0.74	0.30	0.71
6	0.75	0.44	0.63	0.39	0.70	0.41
7	0.22	0.57	0.25	0.51	0.18	0.60
8	－0.28	0.67	－0.29	0.67	－0.29	0.65
9	0.71	0.73	0.65	0.83	0.61	0.55
10	0.84	0.13	0.75	0.23	0.83	0.02
11	0.71	0.29	0.73	0.45	0.51	0.06
12	－0.41	0.16	0.09	0.20	－0.55	0.16

从表3可看出，日供水量与气温有着明显的正相关，说明温度愈高，日供水量就愈大。以1998年为例，平均气温、最高气温与日供水量的相关系数在0.30以上的占75％，信度达

0.10;相关系数在0.45以上的占67%,信度达0.01。最低气温与日供水量的相关系数在0.30以上的占67%,信度达0.10;相关系数在0.45以上的占50%,信度达0.01。从季节来看,最高气温与日供水量的相关性以春季最好,其次是秋季、夏季、冬季。平均气温和最低气温与日供水量的相关性也以春季最好,秋季和夏季相当,冬季最差。由于三种温度对日供水量的影响相当一致,且平均温度的相关程度最好,故而选取了平均气温作为预报因子。

4.2 日供水量与日照时数之间的关系

由表4可看出:日照时数与日供水量也存在着正相关,以1998年为例,相关系数在0.30以上的占83%,信度为0.10;相关系数在0.35以上的占75%,信度为0.05,这也说明日供水量与日照时数有着一定的关系(但在进行逐步回归计算时,未能被选为预报因子)。

表4 日供水量与日照时数、日降水量的相关系数

月份	日照时数		日降水量	
	1997年	1998年	1997年	1998年
1	0.55	0.25	−0.34	−0.24
2	−0.37	0.46	0.09	−0.06
3	0.46	0.49	−0.31	−0.54
4	0.41	0.39	−0.17	0.10
5	0.39	0.54	0.02	−0.47
6	0.32	0.06	−0.03	−0.17
7	0.23	0.47	−0.19	−0.28
8	0.26	0.62	0.08	−0.15
9	0.34	0.70	−0.29	−0.08
10	0.27	0.31	−0.43	−0.09
11	0.65	0.65	−0.23	−0.05
12	0.57	0.51	−0.34	−0.63

4.3 日供水量与日降水量之间的关系

由表4还可看出,日降水量与日供水量有着一定的负相关关系,因为多数月份相关系数为负值,在两年24个月当中,有9个月为负相关,并达到0.1的信度水平。可见,降水多,则日供水量减少。由于日供水量资料年代太短,再加上降水本身有着不稳定因素存在,而且日降水量预测的难度较大,因此就未被选为日供水量的预报因子。

其实以上三类气象要素又是互相关联的,如阴雨天,日照弱,气温低,有降水,日供水量则明显减少;反之,大晴天,日照充足,气温高,无雨,日供水量则显著增多。其中又以气温与日供水量的相关性最好,且气温的可预报性高,可靠性强,故拟选取气温作为预报因子。通过多因子回归方程筛选也说明了这一点,即只选进了平均气温。

5 日供水量的1 ℃效应量

表5列出了武汉市1997年、1998年逐月日供水量的回归方程中的回归系数 b,即1 ℃效

应量(气温每升高或降低 1 ℃,日供水量增大或减少的量)。以 1998 年为例,夏半年(5—9 月)各月 b 值均为正,其中 7 月为最大,而且 1 ℃效应量(b 值)从总体来看是随着温度的升高而增大。冬半年(1997 年 11 月—1998 年 4 月)从 11 月份开始到次年 4 月,两头大,中间小,也说明了随着冬季的到来,日供水量是逐渐减少。那么从冬季到春季,日供水量又逐渐增多。以上结论与前面谈到的月际分布特征是一致的。

表 5　武汉市 1997 年、1998 年逐月日供水量的 1 ℃效应量 b(万 t/℃)

月份	1997 年	1998 年	月份	1997 年	1998 年
1	0.621	−1.478	7	—	1.823
2	0.943	0.767	8	—	1.354
3	0.713	1.097	9	0.760	1.688
4	1.089	1.317	10	1.416	—
5	1.580	1.062	11	1.177	0.308
6	2.154	1.142	12	−1.044	—

6　日供水量预报

分别以 1997、1998 年和 1997 年至 1998 年两年逐日平均气温为自变量($\overline{T}_{日}$),逐日供水量(Y)为因变量,建立以下回归方程:

1997 年　　$Y=215.74+1.03\overline{T}_{日}$　　$n=365$　　$r=0.77$

1998 年　　$Y=215.69+0.77\overline{T}_{日}$　　$n=365$　　$r=0.63$

1997—1998 年　　$Y=215.902+0.89\overline{T}_{日}$　　$n=730$　　$r=0.68$

其中 n 为样本数,r 为相关系数。以 1997 年为例,从方程中可看出,日供水量与日平均气温呈正相关,即日平均气温每上升 1 ℃,日供水量增加 1.03 万 t。

7　小结

(1)武汉市日供水量夏季最大、其次是秋季和春季,冬季最小。

(2)日供水量与温度、日照为正相关,与降水量为负相关,其中以与平均气温的相关性最好。

(3)日供水量的 1 ℃效应量为夏季大、冬季小。

(4)建立了利用日平均气温为预报因子的日供水量简易预测模型。

参考文献

[1] 章澄昌. 产业工程气象学[M]. 北京:气象出版社,1997:394-395.

2008年低温雨雪冰冻对武汉城市公共交通的影响评估*

摘　要　为了对2008年低温雨雪期间气象条件对城市交通运输的影响给出定量评估，运用天气分析及统计学方法，分析了低温雨雪冰冻期间武汉市主要气候特征，利用2008年初持续低温雨雪期间武汉城市公共交通线路（包括公交车、轮渡、汽渡）逐日停运数据，定义了持续低温雨雪冰冻过程城市公共交通影响度，通过统计分析，找到了关键气象因子、关键期和低温临界指标，建立了气象评估模型。结果表明：在持续低温雨雪冰冻过程中，初发时期是公共交通影响的关键时期之一，影响度与积雪深度关系最密切，在公交车、轮渡、汽渡三种交通工具中，公交车影响度与气象要素的相关最密切，对武汉城市公交车造成明显影响的临界气温是1.7 ℃。该结论在实际的气象灾害评估业务工作中进行了运用，效果良好。

关键词　低温雨雪冰冻；城市公共交通；影响度；评估；致灾临界气象条件

1　引言

气象与公路、铁路、民航、海洋运输、内河航运等交通行业的安全和运行管理息息相关，气象部分开展交通气象服务历史由来已久，谢静芳等根据不同气象条件下高速公路路面摩擦系数的测试结果，分析了吉林省高速公路路面摩擦系数的主要影响及其与天气之间的关系[1]，结果表明天气变化是使高速公路路面摩擦系数在短时间内发生显著改变的最主要因素；谢静芳等还进行了气象条件对高速公路路面抗滑性能影响的试验[2]，表明路面抗滑性能因气温和路面状况不同而有很大差异，尤其是冬季的冰雪和低温天气，对路面抗滑性能的不利影响最为显著；吕胜辉等对天津机场地区冻雨天气分析[3]，许秀红等分析了道路交通事故气象条件及安全等级标准[4]。武汉市地处长江、汉水的交汇处，由汉口、汉阳、武昌三镇组成，而且湖泊众多，为“百湖之市”，在长江沿线城市中较有代表性。武汉是全国著名的“桥都”，6座长江大桥、9座汉水桥连通三镇，近年还修建了大量立交或高架桥（含跨湖大桥），其城市公交由公交车（汽车、电车）、轮渡、汽渡以及轨道交通共同完成，除了轨道交通外，前三者对大风、大雾、冰雪、暴雨等天气较为敏感，近年桥面往往是最先结冰而导致交通事故频发。

2008年1月12日至2月3日，湖北省出现了1954/1955年冬季以来最严重的持续低温雨雪冰冻天气气候事件[5]，由于雨雪量大、积雪深度深、低温冰冻持续时间长，全省（含武汉市）交通受到严重影响[6-7]。利用武汉市逐日公交车、轮渡、汽渡的停运数据定义了影响度，并对其与气象因子的关系特征进行分析，以确定持续低温雨雪冰冻过程对城市公交系统的气象影响因子及其临界值，建立影响评估模型。

* 李兰，陈正洪，刘敏，史瑞琴，邓雯.长江流域资源与环境，2011，20(11)：1400-1404.

2 资料与方法

2.1 资料

武汉城市公共交通线路(包括公交车、轮渡、汽渡)2008 年 1 月 12 日至 2 月 5 日逐日停运数据、2009 年 11 月至 2010 年 3 月低温雨雪灾害公交车停运数据来自武汉城市公交集团营运安全部调度室、公交集团轮渡公司调度室和汽渡公司调度室,对应时期气象资料来源于湖北省气象信息与技术保障中心。

2008 年初低温雨雪期间,武汉市公交车线路(包含汽车、电车)停运最多达 20 条/日,轮渡停班量最大达 156 班/日,汽渡最严重影响为 2 条营运线路全天停运。按如下公式定义了逐日单项交通工具影响度和总影响度:

$$D_{公交车}=S_{公交}/MAX_{公交} \tag{1}$$

$$D_{轮渡}=S_{轮渡}/MAX_{轮渡} \tag{2}$$

$$D_{汽渡}=S_{汽渡}/MAX_{汽渡} \tag{3}$$

$$D=D_{轮渡}+D_{汽渡}+D_{公交} \tag{4}$$

其中,$S_{公交车}$、$S_{轮渡}$、$S_{汽渡}$分别为公交线、轮渡、汽渡的日停运数;$MAX_{公交}$、$MAX_{轮渡}$、$MAX_{汽渡}$分别为公交线、轮渡、汽渡的最大日停运数;$D_{公交车}$、$D_{轮渡}$、$D_{汽渡}$分别为公交车、轮渡、汽渡的影响度;D 为公交总影响度。

2.2 方法

计算分析灾害期间逐日及上日多个气象要素与公交影响度的相关性,通过逐步回归筛选关键气象因子,并建立气象影响度模型,判定极端气象指标,并用 2009/2010 年冬季公交车因低温雨雪造成的停运数据进行了检验,在 2009 年 11 月低温过程中进行了灾害预估试验,效果明显。

3 结果分析

3.1 低温雨雪冰冻期间武汉市主要气候特征

平均气温为历史同期最低。2008 年 1 月 12 日至 2 月 3 日,武汉市日平均气温≤0 ℃多达 20 d,极值为−2.7 ℃,期间平均气温−1.2 ℃,比常年同期偏低 4.7 ℃,为历史同期最低。

降水(雪)量异常偏多。期间共出现 4 次大范围低温雨雪天气过程,分别为 1 月 11—15 日、18—21 日、25—28、1 月 30 日至 2 月 1 日,1 月 28 日 20 时积雪深度达到 27 cm,仅次于 1955 年 1 月 2 日的 32 cm 和 1954 年 12 月 31 日的 30 cm,降水量比历史同期偏多 8.8 成。

地面温度较高,变幅小。由于大雪覆盖保温作用,地面温度并不低,期间日平均地面温度仅 4 天小于 0 ℃,最低仅−0.4 ℃。1 月 18 日后,地表温度变化幅度很小(图 1)。

风速不大,雾日少。期间日最大风速 4.4 m/s,出现在 1 月 13 日,风向 NE。1 月 29 日出现一次雾天气,时间为 05:42—12:54,持续 7 h。说明此期间公交主要受低温雨雪冰冻的影响。

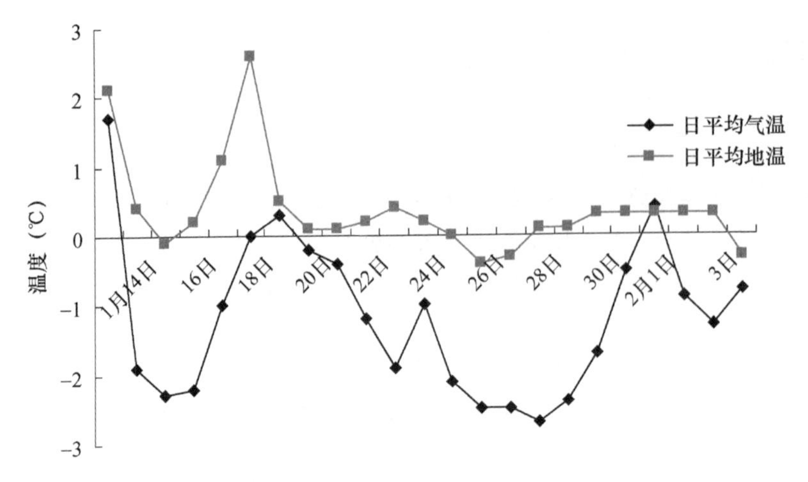

图 1　武汉市 2008 年 1 月 12 日至 2 月 3 日逐日地表温度与气温对照图

3.2　公交影响度时间变化特征及与气象要素的对应分析

图 2 为期间武汉市三种城市公共交通工具影响度时间变化图。由图 2 可见，在低温雨雪的初发阶段 1 月 12 日无论是公交车、轮渡或汽渡，都有较高的影响度，表明灾害初发期对城市公交是一个高危害期。公交车、汽渡影响度的另外 2 个极大值出现在 1 月 15 日和 1 月 29 日，轮渡的极大值出现在 1 月 29 日，公交车影响度低值出现在 1 月 13 日、18 日，轮渡低值为 1 月 17 日、1 月 22—24 日，1 月 31 日及 2 月 2 日，相对来说，汽渡无明显的最低值。从总影响度图分布来看，三个高值分别为 1 月 12 日、1 月 15 日、1 月 29 日。

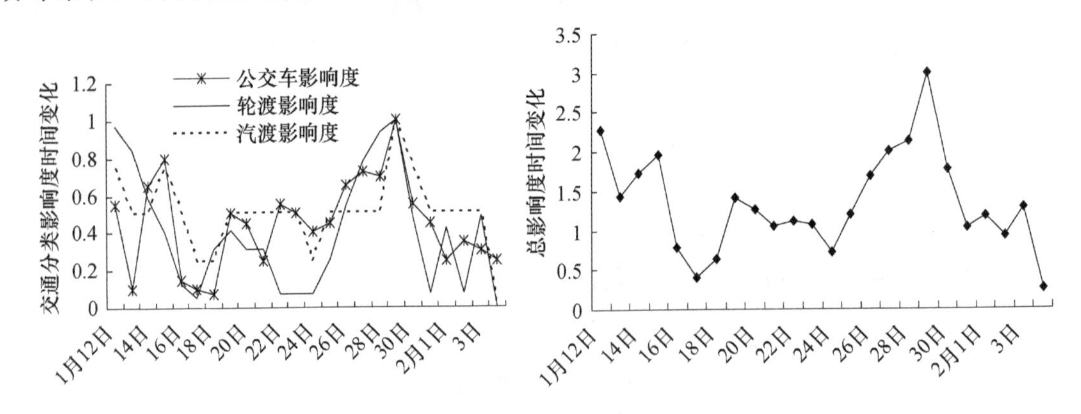

图 2　各种交通工具影响度及总影响度的变化

图 3 是积雪深度与三种交通工具的影响度及总影响度的时间变化图，由图 3 可见，虽然初期的高影响度无积雪深度对应，1 月 14—31 日，积雪深度的峰值及谷值对应公交车影响度及总影响度的峰值及谷值，1 月 29 日积雪深度的最大值，对应公交车、汽渡、轮渡及总影响度的最大值。可见，积雪深度与公共交通安全关系密切。29 日出现雾，加重了对城市交通的危害。

图 4 为逐日雨雪量与轮渡、汽渡、公交车影响度的时间变化图。由图 4 可见，4 段雨雪天气的间歇对应着轮渡影响度的 4 次低值，雨雪天气过程影响轮渡航运的一个关键因素是造成

能见度下降，当雨雪过程间歇或停止，对轮渡的影响就会明显降低。而公交车影响度仅在第一次雨雪过程间歇时出现过明显的下降，其后的2次间隙并无十分明显的下降，汽渡影响度低值不明显。

积雪对汽渡的影响，包含积雪对陆面汽车出行量、水路及陆面与水面连接通道受阻等复杂影响，而汽渡又仅有固定开收班时间，无固定班次（全停为完全无开班，半停为开班后停航，）影响度曲线较平直。

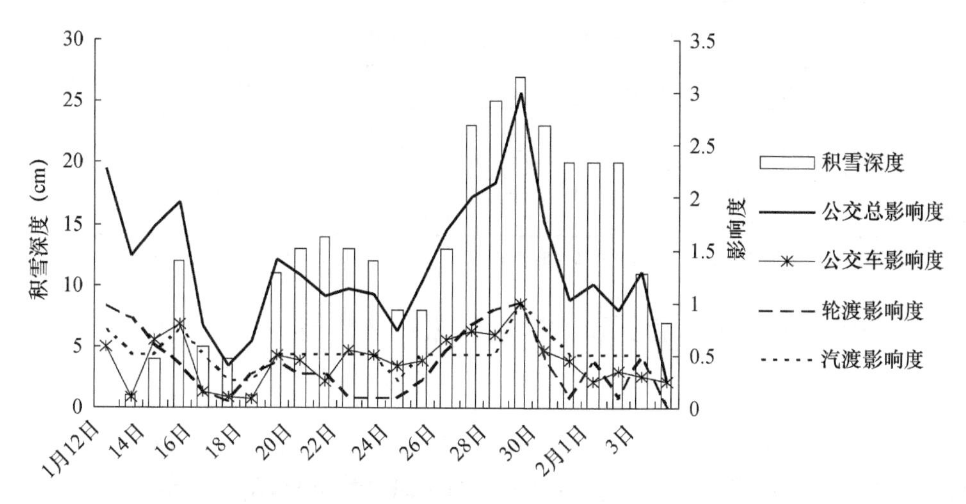

图3　武汉市2008年1月12日至2月4日积雪深度与公交、汽渡、轮渡影响度及公交总影响度时间变化图

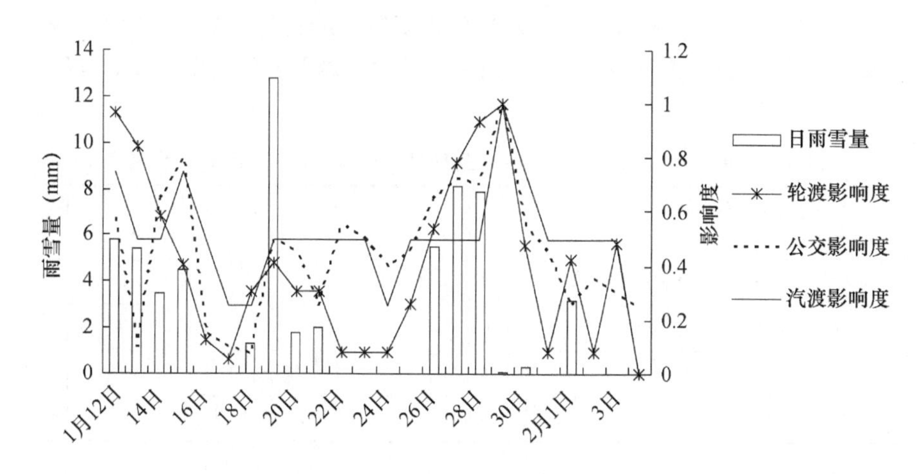

图4　武汉市2008年1月12日至2月4日逐日雨雪量与公交、汽渡、轮渡影响度时间变化图

3.3　公交影响度与气象因子的相关性分析

各气象要素与次日、当日公交影响度的相关性计算见表1、表2。

积雪深度与当日公交总影响度、公交车影响度、汽渡影响度关系较好，其中与公交车影响度相关系数达0.55通过0.01信度检验。而日平均气温、日最高气温与次日公交车影响度的相关性达0.66、0.64。

表1　气象要素与次日公交影响度相关系数

	次日公交总影响度	次日公交车影响度	次日轮渡影响度
日平均气温(℃)	−0.452*	−0.659**	
日最高气温(℃)		−0.642**	
日雨雪量(mm)	0.489*		0.502*

注：** 表示通过 0.01 信度检验；* 表示通过 0.05 信度检验。

表2　气象要素与当日公交影响度相关系数

	公交总影响度	公交车影响度	轮渡影响度	汽渡影响度
日平均气温(℃)		−0.410*		
积雪深度(cm)	0.446*	0.554**		0.431*
日雨雪量(mm)	0.439*		0.567**	

注：** 表示通过 0.01 信度检验；* 表示通过 0.05 信度检验。

3.4　公交车致灾临界气象指标及影响度气象评估模型

3.4.1　致灾过程分析

由于公交车影响度用日停运数与最大停运数之比表示，其值表示了低温雨雪期间公交车受影响的灾情程度，低温雨雪冰冻主要是导致地面摩擦系数下降，影响行车安全[1][2]，雾造成能见度下降，从武汉站天气现象记录资料看，整个过程中，仅 1 月 29 日出现雾。如果没有低温雨雪造成的灾害性路面条件，按照公交惯例，仅造成车辆缓发而不是停运。为此，2008 年 1 月 12 至 2 月 3 日的整个过程中，造成公交车停运的主要影响因素是低温雨雪冰冻。表 3 是 2008 年 1 月 10 日至 2 月 5 日公交车影响度($D_{公交车}$)、日平均气温(T)、积雪深度(H)、日雨雪量(R)表。

表3　2008 年冰冻对公交车影响度及日平均气温、积雪深度、日雨雪量表

日期 要素	01 10	01 11	01 12	01 13	01 14	01 15	01 16	01 17	01 18	01 19	01 20	01 21	01 22	01 23	01 24	01 25	01 26	01 27	01 28	01 29	01 30	01 31	02 01	02 02	02 03	02 04	02 05
$D_{公交车}$	0	0	0.575	0.1	0.65	0.8	0.15	0.1	0.075	0.5	0.45	0.25	0.55	0.5	0.4	0.45	0.65	0.725	0.7	1	0.55	0.45	0.25	0.35	0.3	0.25	0
T	6.4	2.8	1.7	−1.9	−2.3	−2.2	−1	0	0.3	−0.2	−0.4	−1.2	−1.9	−1	−2.1	−2.5	−2.5	−2.7	−2.4	−1.7	−0.5	0.4	−0.9	−1.3	−0.8	1.5	3.1
H	0	0	0	1	4	12	5	4	1	11	13	14	13	12	8	8	13	23	25	27	23	20	20	20	11	7	6
R	0	13.4	5.8	5.4	3.5	4.5	0	0	1.3	12.8	1.8	2	0	0	0	0	5.5	8.1	7.9	0.1	0.3	0	3.2	0	0	0	0

从表 3 可见，雨雪过程从 1 月 11 日开始，12 日公交车开始出现影响度，$D_{公交车}$值为 0.575，此时的积雪深度为 0，气温 1.7 ℃。公交调度记录表明，1 月 12 日，武汉市长江大桥电车的电线线路、武昌大东门立交桥桥面、武昌红钢城立交桥已经结冰。为此，造成 2 条电车线半停、9 条汽车线全停及 2 条汽车线路半停、部分线路改道。可见，在有雨雪的情况下，气温的降低是公交致灾的重要因子。而道路交通首先出现灾情的路段是城市的立交桥和大桥的电车电线线路。

3.4.2　致灾临界气温值及公交车影响度气象评估模型

在气象灾害的预警预报中，确定敏感气象因子临界值是气象灾害预警的重要条件。临界

气温值的确定方法参考“山洪灾害临界雨量确定方法”①，选取持续低温雨雪过程中公交车影响度大于零的日数 N(即灾害 N 次)，在 N 次统计值中，温度最高的一个值初步认定为临界气温，用 R_{-1} 表示前日雨雪量，利用表 3，选择 D 公交车>0；R_{-1}、R、H 不同时为 0 的日期：

$$T_{临界}=\mathrm{MAX}(T)$$

本次低温雨雪过程致灾临界日平均气温为 1.7 ℃(图 5)。

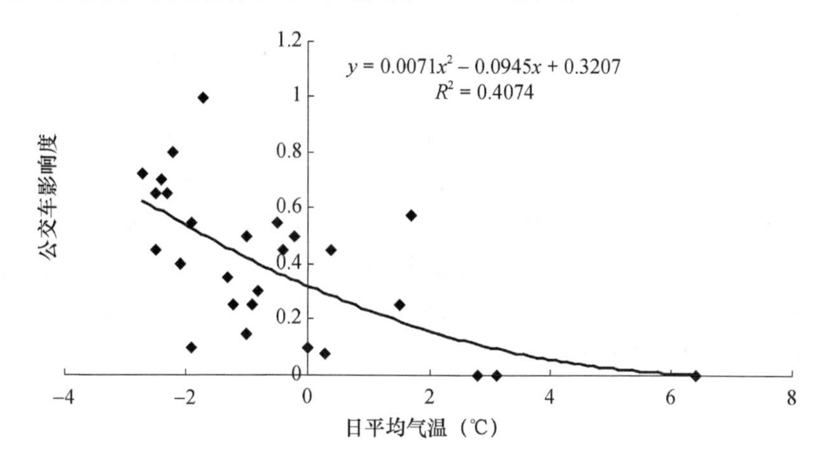

图 5 公交车影响度与平均气温趋势图

T_{-1} 为前日平均气温，利用逐步回归方法：

$$D_{公交车}=0.014\times H-0.106\times T_{-1}+0.137$$

回归方程复相关系数 $R=0.78$，通过了 0.001 的信度检验。

3.4.3 危害程度分析

根据公交车影响度与积雪深度的相关性计算，将公交影响度、积雪深度、危害程度进行等级划分(表 4)，结果表明，本次持续低温雨雪过程中，对公交车造成严重影响的有 9d(日停运线路 10 条以上)，较重影响的 12 d(停运线路 3～10 条)，轻度影响 3d；严重影响主要出现在过程初发期(1 月 12 日)及 1 月下旬。从前面分析可知，1 月 12 日，低温雨雪过程的初期，虽然积雪还没有出现，社会出现高响应，对公交车线路造成严重影响，停运线路 11 条；影响度极大值出现在 1 月 29 日，当日 08 时积雪深度 27 cm，日平均气温零下 1.7 ℃，同时出现大雾天气，造成 20 条公交线路停运。过程后期的 1 月 31 日、2 月 1 日、2 日虽然积雪深度很大(20 cm)，由于抗灾措施的有效实施，仅出现较重的影响度。

表 4 公交车影响度、积雪深度、危害程度等级划分

公交车影响度 ($D_{公交车}$)	积雪深度 (cm)	危害程度	停运线路 (条/日)
$D_{公交车}\leqslant 0.1$	≤4	轻	≤2
$0.1<D_{公交车}\leqslant 0.5$	4—11	较重	3—10
$D_{公交车}>0.5$	≥12	严重	>10

① 全国山洪灾害防治规划领导小组办公室. 山洪灾害临界雨量分析计算细则(试行). 2003-12.

3.4.4 结果检验

2009 年 11 月至 2010 年 3 月，武汉市公交车因低温雨雪造成停运 7 日次（2009 年 11 月 16—17 日，2010 年 1 月 5—6 日，2 月 11 日，2 月 13—14 日），全部满足 3.4.2 的致灾临界气象条件。

3.4.5 应用情况

受地面强冷空气南下影响，2009 年 11 月 15—16 日，湖北省大部地区出现较强降温，并伴有中—大雪、局部暴雪天气。15 日，我们制作了一期专题服务产品②，预测“今晚开始武汉城市交通可能受到低温雨雪的影响。雨雪天气过程中，武汉城市气温下降到 1.7 ℃以下时，武汉城市立交桥、武汉长江大桥、汉水桥，电车输电线路将首先出现结冰情况，随着温度的继续下降，城市公交受影响的线路将增加，程度将继续加深，适当的减灾措施则可能减轻灾害的程度。”该产品及时报送省政府和有关部门，实际结果表明，16—17 日，武汉长江大桥、武汉长江二桥等多处桥面上结冰，桥面交通事故频繁发生，公交车正点率受到影响。大雪还造成城市交通拥堵，市内 7 条轮渡线路有 6 条停航②。

4 小结与讨论

（1）公交车影响度与气象要素关系最密切，影响城市公共交通的主要气象要素是积雪深度、日平均气温。

（2）武汉城市交通首先出现灾情的路段是城市的立交桥和大桥的电车电线线路。

（3）确定致灾的临界气象条件及影响的关键期是气象灾害预警及应急气象服务的关键所在，本次过程致灾的临界气温是 1.7 ℃，关键期有三个：雨雪过程初发期、积雪深度出现明显上升时期及雨雪过程中出现大雾的日期。

（4）1 月 29 日后，积雪深度依然维持 20 cm 左右，但影响度却明显下降，表明社会抗灾行动产生积极结果。

参考文献

[1] 谢静芳，吕得宝，王宝书. 高速公路路面摩擦气象指数预报方法[J]. 气象与环境学报，2006，22(6)：18-21.
[2] 谢静芳，吕得宝. 气象条件对高速公路路面抗滑性能影响的试验[J]. 气象科技，2006，34(6)：788-791.
[3] 吕胜辉，王积国，邱 菊. 天津机场地区冻雨天气分析[J]. 气象科技，2004，32(6)：456-460.
[4] 许秀红，闫敏慧，于震宇，等. 道路交通事故气象条件分析及安全等级标准——以黑龙江省为例[J]. 自然灾害学报，2008，17(4)：53-58.
[5] 李兰，陈正洪，周月华，等. 湖北省 2008 年初低温雨雪冰冻过程气候特征分析[J]. 长江流域资源与环境，2009，18(3)：291-295.
[6] 陈正洪. 社会对极端低温雨雪冰冻灾害应急响应程度的定量评估研究[J]. 气象软科学，2009，(1)：50-53.
[7] 陈正洪，史瑞琴，李兰. 湖北省 2008 年初低温雨雪冰冻灾害特点及影响分析[J]. 长江流域资源与环境，2008，17(4)：639-644.

② 武汉区域气候中心. 湖北省气象灾害评估(11 月 15～16 日雨雪过程影响预估). 2009.

华中电网四省日用电量与气温的关系(摘)*

摘　要　根据华中电网4省(河南、湖北、湖南、江西)1991、1993、1995年逐月日用电量与日平均、最高、最低气温的线性相关分析发现:(1)日用电量与日平均气温在夏半年(5—9月)有85%的月份呈显著正相关,而冬半年(10—4月)则有67%的月份相关不显著;(2)夏半年各月日用电量的1℃效应量逐年增加,以干热的月份最大,河南为6月,其他3省为7月或8月;(3)夏半年日用电量与日平均气温的时间变化曲线较一致,有时前者峰或谷比后者的迟1~2天,二者相关系数0.89(湖北)。最后建立了夏半年各月日用电量—气温评估模型。

关键词　华中电网;日用电量;气温;夏半年;1℃效应量

1　引言

华中电网由河南、湖北、湖南、江西4省电网组成,横跨长江、黄河两大水系,其中河南省地处南温带、冬季寒冷且以火力发电为主,另外3省地处亚热带、夏季炎热,以水力发电为主。由此可见,从地理分布、气候特征、电力供应方式等多方面来看,其南北差异较大,研究该电网各省用电量与气温的关系及其评估模型,这可为该电网乃至全国电力部门合理开发利用电力资源、减少能源浪费提供重要依据。

2　资料与方法

以华中电力集团公司技术中心提供的华中电网4省1991年、1993年、1995年3年逐日全社会用电量的信息化资料及同期4省会城市(郑州、武汉、长沙、南昌)逐日平均气温(T)、日最高气温(T_{max})、日最低气温(T_{min})为原始资料,将4省3年逐月的日用电量与T、T_{max}、T_{min}分别进行单相关分析,并利用逐步回归分析方法建立逐月日用电量评估模型。

3　结果和讨论

(1)日用电量与气温的相关性,全年可划分为两个明显不同阶段,即夏半年(5—9月)85%月份显著正相关,冬半年(10月—4月)2/3月份相关不显著、1/3月份显著正或负相关且正负相关月份各半;日用电量与气温的相关性,全年可划分为两段,即夏半年多为显著正相关,冬半年相关不显著;

(2)夏半年日用电量的1℃效应量显著,且有逐年增加趋势,并以最热月份最大;

(3)夏半年日用电量与日平均气温变化曲线较一致,即气温高日用电量多,反之亦然,电量的峰、谷略延后1~2天;

(4)用逐步回归法建立了4省1995年夏半年逐月的日用电量—气温评估模型。

---

* **陈正洪**,洪斌.地理学报,2000,55(S1):34-38.

日全食期间武汉市气象要素变化特征(摘)*

摘　要　根据2009年7月22日日全食期间武汉市直接辐射、总辐射、气温、地表温度、地气温差、相对湿度、风速和云量等8个气象要素逐分钟资料以及初亏、食既、食甚、生光、复圆的发生时间，通过对各要素时间变化分析和t检验，结果发现：(1)日全食期间，直接辐射量和总辐射量变化特征基本一致，其中总辐射量出现较大幅度的下降，而直接辐射量较长时间为0。(2)气温、地表温度和地气温差变化特征相似，都经历了上升—下降—上升的变化过程，其中温度的极大值均出现在初亏后30分钟左右，而极小值则出现在生光结束后10分钟内。与气温相比，地表温度的变化幅度、变化速率大，极大值和极小值出现时间早，而极值维持时间短。(3)相对湿度呈缓慢上升—维持—下降的变化趋势，峰值持续时间达19分钟，覆盖了气温和地表温度的极低值时刻。(4)在整个过程中，风速瞬时变化比较大，并无明显规律性，云量则变化不大，约9～10成。(5)日全食期间除风速和云量外，其他6个气象要素变化都达到显著或极显著，显著程度从大到小依次为：直接辐射量>总辐射量>地表温度>地一气温差>气温>相对湿度。可见大多数气象要素均发生显著性变化。

关键词　日全食；辐射；温度；相对湿度；风速；云量；t检验

1　引言

2009年7月22日在我国长江中下游地区发生了近300年来持续时间最长的一次日全食，日全食带扫过包括武汉在内的众多大城市。本文利用武汉日全食期间的加密气象观测资料试图分析日全食期间武汉的辐射、温度、相对湿度等气象要素发生的变化特征。

2　资料与方法

所有资料均来源于武汉市观象台，包括2009年7月22日直接辐射量、总辐射量、气温、地表温度、相对湿度、风速的逐分钟记录和总云量8:00—11:00逐十分钟记录；利用T检验法对各要素变化转折点前后阶段的值进行检验，判断当天各个气象要素是否发生显著变化。日全食的过程包括以下五个时期：初亏、食既、食甚、生光、复圆。

3　结果和讨论

(1)日全食期间直接辐射量和总辐射量变化特征基本一致。(2)气温、地表温度和地气温差变化特征相似，都经历了上升-下降-上升的变化过程。(3)日全食发生过程中相对湿度呈缓慢上升-维持-下降的变化趋势。(4)在整个日全食发生过程中，风速瞬时变化比较大，其中食甚时刻的风速为5个时刻中最大。(5)日全食期间直接辐射量、总辐射量、气温、地表温度、地气温差、相对湿度、出现较为显著的变化，但风速和云量变化不显著。

* 马德栗，陈正洪，向华. 气象科学，2011，31(1)：54-60.

深圳分钟降水数据预处理系统设计与应用(摘)*

摘 要 为了研制深圳分区暴雨强度公式,需要获取其境内所有自动气象站逐年不同历时多个样本的最大降水量,由于计算量大,时效性要求高,因此设计开发了"分钟降水数据预处理系统"。规定了该系统的整体设计原则,系统将融合大量准则、计算和分析,包括分区原则确定、分钟资料的质量控制、不同历时滑动雨量(强)、不同降水过程自动判断以及样本挑选等,从而实现了系统的高效运行,计算出了合格的中间数据,可用于暴雨强度公式参数的计算。

关键词 分区暴雨强度公式;预处理系统;数据质量控制;滑动雨量;样本挑选

1 引言

由于深圳市地处低纬度滨海地区,汛期强对流降水、夏秋季台风强降水都有显著的局地差异,因此研制深圳分区暴雨强度公式对深圳城市规划设计、建筑施工具有重要意义。开发了深圳分区暴雨强度公式的数据预处理系统。目前,该系统已在深圳大运会期间的分区暴雨强度公式研制中投入应用,并将继续投入后续的日常业务运行。本文将从分区的选取技巧、样本的挑选及系统实现三个方面进行重点介绍。

2 分钟降水数据预处理系统的设计与实现

"深圳分区暴雨强度公式推算软件"所需的样本数据需要对自动站降水资料进行滑动雨量的计算,在滑动雨量计算的基础上再进行样本数据的挑选。综合分析后,将基于分钟降水数据预处理系统分为五大部分,分别为:(1)从 Oracle 到 SQL Server2008 的数据采集;(2)本站滑动雨量的计算及样本的挑选;(3)其他自动站的滑动雨量计算;(4)自动站的样本挑选及样本文件的生成;(5)定时计算设置。

3 结果和讨论

本文在处理较大降水量数据的算法上做了一些尝试和探讨,该系统为"深圳分区暴雨强度公式推算软件"提供必需的样本数据,由于数据量大,处理过程中采用了对各个站点分别处理的"分治法",有效的降低了算法的空间复杂度和时间复杂度。另外,在数据库表中创建主索引,既保证了数据的完整性和有效性,也有效的提高了系统的计算速度。经实践证明,该数据预处理系统界面友好,可操作性强,且运行稳定可靠,为研制大中型城市分区暴雨强度公式的数据预处理系统提供了一定的借鉴意义。

---

* 许沛华,陈正洪,李磊,郑慧.暴雨灾害,2012,31(1):1-6.

黄石、大冶两邻近地区设计雨强差异的原因分析(摘)*

摘　要　利用水平距离约23.7 km、年降水量相近的黄石和大冶气象站多年分钟降水资料，根据相关规范，分别推算黄石、大冶两市暴雨强度公式，并分析两市设计雨强存在差异的原因。结果表明：(1)重现期0.5 a～100 a下黄石各历时雨强(5～120 min)均大于大冶，最大可达27.3%；(2)黄石平均年降水量略小于大冶，但最大年降水量、最大月降水量、最大日降水量、平均年暴雨日数均大于大冶的相应值；(3)对年多个样法选样后的降水量样本进行分析：第1个最大降水量的多年平均值黄石均偏大，其余7个次大值大冶略大。黄石前8个最大降水量算出的标准偏差约为大冶的1.4倍左右。综合可见，黄石短历时降水量的偏大是设计雨强结果大于大冶的原因，设计雨强对样本的第1个最大雨量值以及标准差更敏感。

关键词　暴雨强度公式；设计雨强；平均值；标准偏差

1　引言

分别计算黄石、大冶两邻近城市的暴雨强度公式，通过比较发现两地暴雨强度公式在参数数值、设计雨强结果方面均存在明显差异，然立足于分钟降水资料从降水气候特征值、短历时雨强年(代)变化、降水样本取样时间的一致性三方面分析造成公式存在差异的原因，从中探求暴雨强度公式编制过程中设计雨强的敏感因子，以进一步提高暴雨强度公式推求结果的合理性，同时也希望对暴雨强度公式的实际应用问题有一定的借鉴意义。

2　资料

本文所用到的资料主要分为两部分，一是用于暴雨强度公式计算的分钟雨量数据，二是用于黄石、大冶两市降水气候特征值分析的相关雨量数据。

3　结果和讨论

(1)从降水气候特征值来看，大冶的降水总量较大，但是黄石的降水强度可能较强。

(2)在5～90 min的短历时情况下，黄石降水量均大于大冶，短历时降水量的偏大解释了黄石设计雨强结果偏大于大冶的原因；当历时为120 min时，大冶降水量的增加趋势开始明显大于黄石。

(3)对经年多个样法选样后的原始资料，除了第1个最大降水量的多年平均值黄石均偏大，其余7个次大值黄石略小于大冶。黄石前8个最大降水量分别算出的标准偏差约为大冶的1.4倍左右。设计雨强结果对降水样本的第1个最大降水量值以及标准偏差更为敏感。

(4)黄石利用1973—2012降水资料计算得到的设计雨强比其利用1961—2012年降水资料的结果要大，排除了降水样本取样时间的不同会造成大冶市暴雨强度计算结果小于黄石这一可能。

黄石、大冶两邻近地区拥有不同的降水规律。两地不同的降水特征导致在大冶平均年降水量大于黄石的情况下，其降水强度计算结果在大部分重现期、降水历时下小于黄石；两市设计雨强结果都存在着明显的差异。在雨水管渠的施工设计中照搬邻近城市公式结果，这种做法不合理。

---

* 方怡，**陈正洪**，孙朋杰，陈幼姣，陈城. 气象，2016，42(3)：356-362.

医疗气象

高温热浪　慢病
传染病　环境

——崔杨　摄

——崔杨　摄

城市暑热危险度统计预报模型*

摘　要　利用武汉市5个区1993—2000年中暑死亡个例，统计了中暑死亡的时间分布、性别、年龄、区域差异等流行病学特征，进行了中暑死亡的气候分析，计算了中暑死亡数与27个气象因子的单相关系数，找出了关键气象因子为持续不小于37 ℃的有效累积温度，利用逐步回归建立了逐日中暑死亡的统计预报模型，并将高温危险度划分为5个等级。经回代和试报检验，预报效果较好。

关键词　中暑死亡；流行病学特征；有效累积温度；高温危险度等级预报

1　引言

高温热浪易引起大量中暑事件并对其中承受力较差者尤其是60岁以上的老年人危害最大，可以导致受害者多种功能衰竭，最终发生死亡，从而使人群死亡率增加，在死因谱中中暑死亡位次提前，已引起国内外学者的高度关注[1~4]。国内对中暑死亡气象研究很少，仅湖北省卫生防疫站曾在1988年高温热浪发生后对60岁以上的老年人中暑死亡与气温作过简单分析，发现中暑死亡人数随气温、年龄上升呈指数增加[4]。武汉是“三大火炉”之一，夏季高温热浪频繁，危害甚重，气象工作者自20世纪70年代以来一直致力于中暑气象分析和预报，取得了一些成果[3,5,6]，本文利用最新中暑死亡资料，在流行病学特征分析的基础上，通过医疗气象统计分析，寻找导致中暑死亡的关键期和关键气象因子，建立中暑死亡气象预报模式及其服务指标。

2　资料

武汉市5个区(硚口、武昌、青山、江汉、汉阳)的卫生防疫站慢性病科1993—2000年中暑死亡184例。病例资料包括姓名、年龄、性别、发病地点、中暑死亡日期等，其中1995—2000年各区资料较完整，共计死亡117例。

1995—2000年5—9月逐日最高气温、最低气温、平均气温、平均相对湿度及平均风速等气象资料来源于武汉气象中心。

3　中暑死亡的流行病学特征分析

3.1　中暑死亡的时间分布特征

统计1995—2000年6—9月逐月、逐旬中暑死亡数及其占死亡总数的比例详见表1、表2。

* 陈正洪，王祖承，杨宏青，陈安珞，刘建安，马骏. 气象科技，2002，(2)：98-101，104.

表1 武汉市1995—2000年逐月中暑死亡数及其占死亡总数的比例(%)

年	6月	7月	8月	9月	合计	百分数/%
1995	1	38	5	14	58	49.6
1996	0	5	4	0	9	7.7
1997	0	0	1	0	1	0.9
1998	2	20	10	0	32	27.4
1999	0	1	2	1	4	3.4
2000	2	9	2	0	13	11.1
合计	5	73	24	15	117	
%	4.3	62.4	20.5	12.8		100

表2 武汉市1995—2000年逐旬中暑死亡数及其占死亡总数的比例(%)

年	6月			7月			8月			9月		
	上旬	中旬	下旬	上旬	中旬	下旬	上旬	中旬	下旬	上旬	中旬	下旬
1995	0	0	1	1	3	34	4	1	0	14	0	0
1996	0	0	0	0	0	5	4	0	0	0	0	0
1997	0	0	0	0	0	0	0	0	1	0	0	0
1998	1	1	0	2	16	2	3	1	6	0	0	0
1999	0	0	0	0	1	0	2	0	0	1	0	0
2000	1	1	0	1	6	2	1	1	0	0	0	0
合计	2	2	1	4	26	43	14	3	7	15	0	0
%	1.7	1.7	0.9	3.4	22.2	36.8	12.0	2.6	6.0	12.8	0	0
排名	8	8	9	6	2	1	4	7	5	3	/	/

对表1、表2进一步分析可知：

(1)中暑死亡数年际间差异悬殊，最多的1995年达58例，占1995—2000年死亡总数117例的49.6%；其次是1998年，占总数的27.4%，这两年合计占总数的近77%。1997、1999年则很少，只有1例和4例。最多年与最少年的中暑死亡数比值为58，而最多年与最少年的中暑数比值为29[6]，可见中暑死亡的年际差异比中暑大。

(2)中暑死亡数月际差异显著，呈单峰型。1995—2000年6年合计，7月份以中暑死亡73例为高峰月，占总数的62.4%，8月24例次之，占总数的20.5%，这两个月合计占总数的80%以上。7、8两月几乎每年都有中暑死亡发生(仅1997年7月例外)。9月只比8月略少，主要是1995年9月上旬一段高温中暑死亡较多，其余年份稀有发生，6月最少，有半数以上年份的6、9月没有中暑死亡发生。6年合计最多月与最少月的中暑死亡数比值为14.6，而中暑数比值为5[6]，表明中暑死亡比中暑的月际差异更大。

(3)中暑死亡数的旬分布呈双峰型，7月下旬为主峰(43例，占总数的36.8%)，9月上旬为次峰。6月上旬至7月上旬偶有中暑死亡发生(1～4例不等)，此时是“霉雨”期，雨多气温低；7月中旬陡增，7月下旬最多，8月上旬有所减少，3旬共83例，占总数的70.9%，此时正是热浪滚滚的“三伏”期；8月中旬骤减至3例，此时正是立秋时节，夜间降温快，暑气大减；但8月下旬中暑死亡数又略增加，9月上旬升到次极值，主要是近年气候格局调整，8月下旬至9月上旬常有一段异常高温出现。此后再没有中暑、中暑死亡。

3.2 中暑死亡的年龄分布特征

图1同时列出了中暑死亡166例、中暑315例以每10岁为一段的年龄分布曲线。

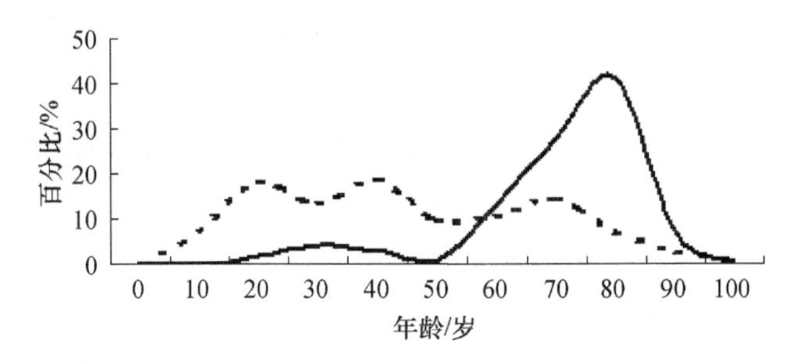

图1 武汉市居民中暑死亡(实线)、中暑(虚线)的年龄分布曲线(每10岁一段)

从图1看出，二者分布型有很大区别：

(1)中暑死亡年龄分布曲线是单峰型，以80～89岁为高峰，70～79岁次之，60～69岁和90～100岁分别列第3、4位，60岁以上合计149例，占总数的89.8%，60岁以下仅17例，占总数的10.2%。考虑到60岁以上人群仅占全部人群的10%左右，60岁以上老年人中暑死亡率约为60岁以下的80倍即(149/17)/(10%/90%)。20岁以下尚未见中暑死亡记录。20～60岁5个年龄段仅偶有中暑死亡发生。

(2)中暑年龄分布相对较均匀，呈三峰型，依次出现在40～49岁、20～29岁、70～80岁，可能与40～49岁的人承受的劳动强度大、20～29岁的人最多、70岁以上的人体质明显下降有关。10岁以下的儿童没有中暑，10～19岁有23例，即虽有中暑但没有死亡。60岁以下中暑211例，占总数的67%，表明中暑多发生在60岁以下，60岁以上104例。60岁以上老年人中暑概率约为60岁以下的4.5倍即(104/211)/(10%/90%)。

(3)分析以5岁为一年龄段统计并绘制中暑死亡和中暑的年龄分布(图略)，可知中暑死亡在60岁、75岁两次陡增，在80～84岁最集中(竟占总数的28.3%)，95岁以上则少有发生。而中暑则以20～24岁、40～44岁最集中。

3.3 中暑死亡的区域差异

武汉市5个区1995—2000年中暑死亡共140例，中暑死亡数从多到少依次为桥口区(73例)、武昌区(33例)、江汉区(17例)、汉阳区(12例)、青山区(5例)，分别占总数的52.1%、23.6%、12.1%、8.6%、3.6%。居首位的桥口区为老城区，房屋建筑最拥挤、城市盛夏热岛最强[9]、老年人口最多、人口最稠密，另外影响因素相似但程度相对弱些的武昌区、江汉区居其后，青山区是新城区人口少且分布密度小而居末位。

3.4 中暑死亡的性别差异

据不完全统计，中暑死亡有着明显的性别差异，武汉市5个区1994—2000年中暑死亡184例中，男性64例、女性120例，分别占总数的34.8%、65.2%，女性约为男性的2倍，可能是在高龄人口中女性比男性多的缘故。相反,1994—1998 年中暑 246 例中,男性 157 例、女性 92 例,分别占总数的 63.1%、36.9%,男性约为女性的 2 倍[6],可能原因是城市中男性比女性承担更多的户外劳动。

4 中暑死亡的气候分析

中暑死亡是极端不利气候条件(持续高温)的产物,表 3 是 1995—2000 年 6—8 月及 9 月上旬武汉市平均气温(T)及其距平(ΔT)。

表 3 武汉市 1995—2000 年 6—8 月及 9 月上旬平均气温及其距平(℃)

年	6 月		7 月		8 月		9 月上旬	
	T	ΔT	T	ΔT	T	ΔT	T	ΔT
1995	25.8	0.3	30.0	1.3	28.9	0.5	30.0	4.7
1996	25.5	0.0	28.2	−0.5	28.4	0.1	24.9	−0.4
1997	26.4	0.9	28.2	−0.5	29.6	1.3	26.6	1.3
1998	26.2	0.7	29.9	1.2	29.7	1.4	26.8	1.5
1999	25.0	−0.5	28.1	−0.6	27.4	−0.9	29.3	4.0
2000	27.3	1.8	31.1	2.4	287	0.4	25.0	−0.3
平均值	25.5		28.7		28.3		25.3	

注:ΔT 根据 1961—1990 年的 T 平均值计算。

将表 3 与表 1、表 2 对照分析可知:

(1)1995 年、1998 年、2000 年出现热夏,7、8 月平均气温均为较大正距平,3 年中中暑死亡数依次为 58、32、13 例,合计 103 例,占 6 年总数的 88%。其余 3 年是凉夏,7、8 月平均气温往往为负距平或较小正距平,所以中暑死亡数少(1~9 例)。

(2)1995 年、1998 年及 2000 年 7 月平均气温均高于 1996、1997、1999 年 7 月平均气温,且高出多年平均值 1.2~1.3 ℃,这 3 年 7 月的中暑死亡数明显偏多,依次为 38、20、9 例,共 67 例,占 6 年 7 月中暑死亡总数的 91.8%;而 1996 年、1997 年、1999 年 7 月平均气温相对低一些且距平为负,这 3 年 7 月的中暑死亡数远远少于其余 3 年,依次为 5、0、1 例,可见 1997 年 7 月没有中暑死亡。1998 年 8 月平均气温为最大正距平(1.4 ℃),中暑死亡数也是该月最多(10 例)。

(3)6 月、9 月平均气温较 7 月、8 月低 3~8 ℃,所以 6、9 月少有中暑死亡发生,但一旦气温异常偏高,仍会有中暑集中发生。如 1995 年 9 月有 14 例,因为当年 9 月上旬出现了“秋老虎”天气,持续 7 天日最高气温≥35 ℃。

5 中暑死亡气象预报模型的建立

为寻找出影响中暑死亡的关键气象因子和关键期,参考了国内外中暑气象分析文献[1~9],选择 27 个可能有影响的当天和前期气象因子,即:

x_1:当日最高气温,x_2~x_5:当日及前 1~4 天的平均最高气温,x_6:当日最低气温,x_7~x_{10}:当日及前 1~4 天的平均最低气温,x_{11}:当日平均气温,x_{12}~x_{15}:当日及前 1~4 天的平均气温,x_{16}:当日平均相对湿度,x_{17}~x_{20}:当日及前 1~4 天的平均相对湿度,x_{21}:当日平均风速,x_{22}~x_{27}:当日前若干天日最高气温持续≥32 ℃、≥33 ℃、≥34 ℃、≥35 ℃、≥36 ℃、

≥37 ℃的有效累积温度。

以 1995 年 7 月 15 日至 8 月 8 日、1998 年 7 月 10—21 日及 8 月 21—27 日的逐日中暑死亡数 y(共 52 个样本)为因变量，相应的 27 个气象因子 x_i($i=1,2,\cdots,27$)为自变量，计算 y 和 x 之间的单相关系数，并进行显著性检验(表 4)。

表 4　中暑死亡数与 27 个气象因子的单相关系数(r)

因子序号	r	显著检验	因子序号	r	显著检验	因子序号	r	显著检验	因子序号	r	显著检验	因子序号	r	显著检验	因子序号	r	显著检验
1	0.419	√	6	0.215		11	0.385	√	16	−0.247		21	−0.173		26	0.507	√
2	0.496	√	7	0.363	√	12	0.474	√	17	−0.304	*	22	0.103		27	0.531	√
3	0.502	√	8	0.364	√	13	0.459	√	18	−0.319	*	23	0.374	√			
4	0.501	√	9	0.455	√	14	0.483	√	19	−0.383	√	24	0.358	√			
5	0.467	√	10	0.426	√	15	0.442	√	20	−0.407	√	25	0.394	√			

注:“√”、“*”分别表示通过信度为 0.01、0.05 的显著性检验，当日因子序号有下划线。

由表 4 可知：

(1)温度和湿度因子在考虑了前 1～4 日累积效应后与中暑死亡的相关系数均比只考虑当日温度和湿度时有较大幅度提高，且以考虑前 2～3 日最好，而且当日最低气温、相对湿度与中暑死亡相关，表明高温热浪只有在持续 3 天以上才会对人体产生致命的伤害。

(2)虽然过去的研究曾指出夜间低温协同白天的高温共同导致大量中暑[3,5]，但表 4 中的数字指出中暑死亡与最高气温的相关系数大于与最低气温的相关系数，表明白天的极端高温才是真正的杀手。

(3)y 与累积温度的相关系数随起点温度的升高呈逐渐增大趋势，与不小于 37 ℃累积温度的相关系数最大(0.531)。起点温度在 33 ℃以上的所有方案的相关系数均通过了信度 0.01 的显著性检验，只有 32 ℃的方案未能通过显著性检验。表明只有当外界温度超过人的体表温度(33 ℃)才会有中暑死亡可能，而导致大量中暑死亡的温度(36～37 ℃)则比导致大量中暑的温度(35 ℃)[6]高 1～2 ℃。

(4)y 与湿度为显著负相关，表明湿度大时虽闷热但云量较多或降雨已发生，温度不高，中暑很少[6]，死亡也不容易发生。

(5)y 与风速呈微弱负相关且未通过显著性检验。

运用逐步回归方法建立的 y 与 x_i 的拟合方程如下：

$$y=-12.843+0.444x_{12}+1.498x_{27} \tag{1}$$

式(1)的复相关系数为 0.629，拟合率 75%，$F=16.0$。

将 y 划分为 5 级，称为高温危险度等级，其指标范围见表 5：

表 5　高温危险度等级

等级	1 级	2 级	3 级	4 级	5 级
指标范围	$y\leqslant 0$	$0<y\leqslant 0.5$	$0.5<y\leqslant 1.0$	$1.0<y\leqslant 2.0$	$y>2.0$
等级名称	很低	低	中等	高	很高

应用该等级标准进行历史样本回代及独立样本试报检验，结果见表 6、表 7：

表 6　高温危险度等级预报回代检验(52 日)

等级	实有日数/d	有中暑死亡的日数/d	中暑死亡概率/%	中暑死亡人数	平均每日的中暑死亡数
1 级	2	0	0	0	0
2 级	7	2	28.6	2	0.29
3 级	6	3	50.0	5	0.83
4 级	26	15	57.7	33	1.27
5 级	11	9	81.8	39	3.55

表 7　高温危险度等级预报试报检验(2000 年 7—8 月共 62 日)

等级	实有日数/d	有中暑死亡的日数/d	中暑死亡概率/%	中暑死亡人数	平均每日的中暑死亡数
1 级	21	0	0	0	0
2 级	11	0	0	0	0
3 级	15	1	6.67	1	0.07
4 级	9	2	22.2	6	0.67
5 级	6	2	33.3	2	0.33

从表 6、表 7 看出，随着高温危险等级从低到高，中暑死亡概率和平均每日中暑死亡人数都是增加的，尤其从 2 级到 3 级增幅最大。在进行回代的 52 日中，3～5 级日子里中暑死亡数 77 例，占总数 79 例的 97.5%；在 2000 年 7—8 月试报的 62 日中，3～5 级日子里中暑死亡数 9 例，占总数 100%。可见，高温危险度 5 级划分较为合理，制作并发布该项等级预报对防暑降温避免死亡具有可操作性。

6　小结

(1)中暑死亡数的年际、月际差异大于中暑数，但二者趋势一致。热夏年中暑死亡数明显高于凉夏年，1995 年最多达 58 例，1997 年最少仅 1 例。中暑死亡只发生在 6—9 月，又以 7 月最多，8 月次之，6 月、9 月偶有发生。其中又以 7 月中旬或盛夏“三伏”期最集中，一旦“秋老虎”出现，8 月下旬至 9 月上旬就有可能出现死亡次峰。

(2)中暑死亡的年龄分布为单峰型，80 岁左右出现峰值，且 89.8%集中发生在 60 岁以上；中暑为三峰型，分别出现在 40～49 岁、20～29 岁、70 岁，且 65.4%集中发生在 60 岁以下。60 岁以上老年人中暑死亡概率是 60 岁以下的 80 倍，而中暑事件该比值只有 4.5。以老年人口居多的老城区居民中暑死亡概率明显比新城区高。女性中暑死亡概率高于男性约 1 倍，相反男性中暑概率则高于女性(约 1 倍)。所以搞好高温热浪期老年人的防暑降温工作致关重要。

(3)中暑死亡数与前期气象因子的相关好于与当日气象因子的相关，大于等于 36～37 ℃以上累积温度与中暑死亡数相关最好，持续极端高温是引发大量中暑死亡的根本原因。中暑死亡与湿度为显著负相关，与风速不相关。

(4)建立了逐日中暑死亡数的统计模型，并制定了高温危险度 5 级划分标准，经回代及预报检验效果较好。

参考文献

[1] KaracostasT S,Pennas P J,Mitas C M. On the Study of Heat Wave Events in Thessaloniki,Greece,During the Last 30 Years. //Proceedings of 14th International Congress of Biometeorology[C]. Slovania,1996:72-79.

[2] 茅志成,邬堂春.现代中暑诊断治疗学[M].北京:人民军医出版社,2000.

[3] 武汉中心气象台.武汉中暑人数与气象因子的逐步回归分析//全国应用气候会议论文集[C].北京:科学出版社,1977.

[4] 何权,何祖安,郑有清.炎热地区热浪对人群健康影响的调查[J].环境与健康杂志,1990,7(5):206-211.

[5] 乔盛西.武汉中暑人数与体感温度、CDH 的关系以及中暑发病的预报[J].湖北气象,1992,11(2):29-32.

[6] 杨宏青,陈正洪,刘建安,等.武汉市中暑发病的流行病学分析及统计预报模型的建立[J].湖北中医学院学报,2000,2(3):51-52,62.

[7] 茅志成,恽振先,杜学利,等.南京市重症中暑发病与气象因素的关系[J].南京铁道医学院学报,1998,17(1):4-7.

[8] 王长来,茅志成,程极壮.气象要素与中暑发生关系的探讨[J].气候与环境研究,1999,4(1):40-43.

[9] 陈正洪.汉口盛夏热岛效应的统计分析及应用//湖北省自然灾害综合防御对策论文集[C].北京:地震出版社,1990:86-88.

改进的武汉中暑气象模型及中暑指数等级标准研究*

摘　要　为了更好地开展高温中暑气象预报服务和气候评价工作，以武汉市2003—2005年高温期间逐日中暑人数与当天前期共33个气象因子为基础资料，通过相关普查寻找关键气象因子，通过逐步回归方法建立了改进的中暑气象模型，修订了1990年代研制的中暑指数5级划分标准，新提出了中暑天数的推算方法，并进行了回代检验和2006—2007年试报检验。结果表明：中暑人数与当日各项气温、气压、日照时数为正相关，与总云量、相对湿度为负相关，其中气温最为关键，考虑前期气温累积效应后相关系数有所提高：日最高气温≥36 ℃的累积高温为首选因子，比1990年代的临界指标上升1 ℃；建立了3套预报(评估)模型，并推荐使用以日最高气温≥36 ℃的累积高温、日平均气温为因子的模型；回代试验、试报检验表明，改进的模型、等级划分标准科学适用。

关键词　中暑指数；气象模型；等级标准；高温热浪

1　引言

武汉市是湖北省的省会，辖三镇13个区，人口约为831万人(2005年末)，是华中地区最大的都市。因地处长江中游，每年夏季常受副热带高压控制，气流下沉增温，云量稀少，辐射强烈，时有南洋风，会出现几段持续性的晴热天气，人们会感到酷热难受，故素有“火炉”之称。随着全球气候变暖[1-4]和热岛效应加强[5]，武汉市暑热不但日益加强，而且呈现出新的特征，如夜间温度显著上升，自1990年代以来，日最低气温≥30 ℃的情况频繁出现：高温出现早，结束迟，炎热时间持续时间长，自1994年以来有3年在9月出现高温浪；2003年8月1日出现了1951年以来的最高气温(39.6 ℃)；2006年则出现了1951年以来多个平均气温最高值记录，包括夏季、5—9月及年平均气温，武汉市居民度过56年来最暖年和最热夏。

所谓高温热浪过程，是指日最高气温连续3～5天在某一临界温度以上(中纬度为35～37 ℃)并造成中暑发生的一段炎热期(hot spell)[6]。按照该标准，武汉市每年夏半年都会有几段高温热浪过程。如2006年夏季，武汉市共出现5次高温热浪过程：6月17—22日、6月26日至7月4日、7月12—22日、8月13—15日，8月27日至9月4日，据不完全统计，共造成158人中暑，4人死亡。

根据IPCC的4次评估报告[2-3]，在未来很长时间，气温将继续升高，高温威胁将更严峻，定量评估这种极端气候对人体健康的影响，建立定量高温中暑评估或预报模型，对今后科学适应和应对气候变化，保障人民身体健康十分必要。早在1999年，有人根据武汉市1994—1998年逐日中暑人数和同期气象资料建立了中暑指数及等级[7]，在2000年又根据1994—2000年逐日中暑死亡人数和同期气象资料建立了暑热危险度及等级[8]，并通过媒体发布高温中暑气

* 陈正洪，史瑞琴，李松汉，王瑛，卢明．气象，2008，34(8)：82-86.

象预报，对预防高温中暑危害起到了积极的作用。

尽管空调使用更广泛，但随着城市规模的膨胀，人口的老龄化，生活压力的增加，以及夏季气温的升高和职业病上报制度的完善，武汉市近几年居民中暑人数显著增加。1994—2002 年每年中暑人数在 86 人以下，1997 年只有 3 人，而 2003—2007 年中暑人数在 113 人以上，2003 年达 561 人。利用最新中暑个例资料，在更多气象因子范围内寻找关键因子，研制新一代高温中暑评估模型，重新划分中暑指数等级，并增加了中暑发生天数的推算，使成果的适用性更强。

2　资料与方法

2.1　资料

2003—2007 年逐日中暑人数(Y)来源于武汉市职业病防治院。同期气象资料来源于湖北省气象档案馆，气象因子主要参考文献[5-7]，其中当天因子 11 个，前期因子 22 个：

x_1：当日最高气温，x_2～x_5：当日及前 1～4 天的平均最高气温(℃)；

x_6：当日最低气温，x_7～x_{10}：当日及前 1～4 天的平均最低气温(℃)；

x_{11}：当日平均气温，x_{12}～x_{15}：当日及前 1～4 天的平均气温(℃)；

x_{16}：当日平均相对湿度，x_{17}～x_{20}：当日及前 1～4 天的平均相对湿度(%)；

x_{21}～x_{26}：当日前若干天日最高气温持续≥32、33、34、35、36、37 ℃的累积温度；

x_{27}：当日平均风速(m/s)；

x_{28}：当日降水量(mm)；

x_{29}：当日最小相对湿度(%)；

x_{30}：当日平均气压(hPa)；

x_{31}：当日日照时数(h)；

x_{32}：当日总云量(成)；

x_{33}：当日低云量(成)。

将 2003—2005 年每年高温热浪期集中发生的时段合并，即 2003 年 7 月 1 日到 8 月 30 日、2004 年 6 月 28 日到 8 月 15 日、2005 年 6 月 12 日到 8 月 16 日共 176 天，以逐日中暑人数 y 为因变量，对应气象因子 x_i(i=1,2,……,33)为自变量，构成完整的时间序列。

2.2　方法

计算 y 和 x_i 之间的单相关系数，筛选出相关系数高，生理意义明确、便于运用的气象因子，通过逐步回归建立中暑人数与气象因子的关系模型，制订中暑指数等级标准，计算出 2003—2005 年各级总天数(d_i，days))，再结合各级实际发生中暑总天数和总人数资料，计算出各级中暑天数发生概率(m_i，无量纲或%)、各级平均每天中暑人数(n_i，人/天)。

另外设计了逐年中暑发生天数(D)的推算公式：

$$D = \sum_{i=1}^{5} (m_i \times d_i) \tag{1}$$

对任一年，即使没有中暑资料，也可利用式(1)推算该年高温中暑天数(D)，利用回归模型推算该年中暑总人数(P)以及各级总天数(d_i)。

3 结果分析

3.1 相关分析

表 1 为 3 年 176 天逐日中暑人数与气象因子的单相关系数，由表可知：

(1)日中暑人数与各项气温、气压、日照时数显著正相关，与相对湿度、低云量显著负相关，与当日风速、降水量、总云量等因子未见相关。

(2)中暑人数与考虑气象因子前期累积效应后相关系数有所增大。

(3)日中暑人数与日最高气温≥32～37 ℃累积温度的相关系数有随气温增高逐渐增大趋势，但与≥36 ℃累积温度的相关系数最大，也是所有因子中最大的，比 1990 年代的临界温度上升 1 ℃，最大相关系数也从 0.62 提高到 0.72[6]。

以上结果说明：高压控制、云量稀少、日照强烈、持续高温是中暑发生的致关重要的环境条件，而云量增多、湿度增大导致闷热，且湿度达到极端时往往意味着转折，即发生降雨，高温暑热会得到缓解，则往往少见中暑事件发生。

表 1 逐日中暑人数与气象因子的单相关系数

序号	相关系数	序号	相关系数	序号	相关系数	序号	相关系数	序号	相关系数	序号	相关系数
1	0.346**	6	0.382**	11	0.382**	16	−0.275**	21	0.283**	27	0.046
2	0.356**	7	0.406**	12	0.398**	17	−0.312**	22	0.331**	28	−0.067
3	0.356**	8	0.409**	13	0.399**	18	−0.327**	23	0.412**	29	−0.263**
4	0.352**	9	0.407**	14	0.396**	19	−0.330**	24	0.676**	30	0.323**
5	0.346**	10	0.405**	15	0.391**	20	−0.330**	25	0.720**	31	0.219**
						26	0.668**	32	−0.334**	32	−0.334**
										33	−0.146

“**”表示通过信度为 0.01 的显著性检验，当日因子序号有下划线。

3.2 改进的高温中暑气象预报(评估)模型的建立

通过逐步回归共得到 3 个优化模型：

模型 1：$Y=8.873+2.73\times X_{25}-0.105\times X_{32}$ $(R=0.749, F=111.118)$ (2)

模型 2：$Y=-19.754+2.68\times X_{25}+0.71\times X_{11}$ $(R=0.734, F=101.901)$ (3)

模型 3：$Y=1.189+2.88\times X_{25}$ $(R=0.720, F=188.264)$ (4)

可见，当日前若干天日最高气温持续≥36 ℃的累积温度(X_{25})对中暑发生至关重要；湿度仍然未能进入模型；3 个模型的效果都很好。考虑到日均总云量的定量预报还不成熟和方程的稳定性，推荐使用模型 2。本次进入模型的累积温度临界值为 36 ℃，比 1990 年代模型提高了 1 ℃。

3.3 改进的中暑指数等级标准的制订

为了便于开展预报服务和综合评估，需要制订一套高温中暑等级标准。以武汉市一日内

发生中暑人数≤1作为最低级(1级),一日内中暑人数≥7作为最高级(5级),其间进行等间隔等级划分,如表2所示:

表2 高温中暑指数的等级划分和命名

等级	名称	指数	是否预警	预警色标
1	不会发生中暑	<1.0	否	
2	可能发生中暑	[1.0~3.0)	是	蓝
3	较易发生中暑	[3.0~5.0)	是	黄
4	易发生中暑	[5.0~7.0)	是	橙
5	极易发生中暑	≥7.0	是	红

它与原标准[6]的差别主要在各级临界值均有所提高,名称也有改变,并增加了预警色标。

3.4 等级标准效果检验

应用模式2及表2的高温中暑指数等级标准,对武汉市2003—2005年每年6月1日至8月31进行逐日中暑指数及等级进行了回代计算,结合实际中暑天数和中暑人数,可确定式(1)、(2)待定系数 m_i, n_i(见表3),检验等级划分是否合理。结果表明:中暑天数发生概率(m_i)和平均每天中暑人数(n_i)各级之间差别明显,从1级到2级,均约增加1倍;但从2及到3级,增加1.5到4倍;从3级到4级,增加2到3倍;从4级到5级,m_i增加0.5倍,n_i则增加了5倍。84.4%的中暑天数和96.0%的中暑人数发生在4级以上,而4级天数只占总天数的46.0%,表明从3级到4级(或5级),气象条件对人体的危害发生了质的变化。

表3 回代效果检验与待定系数 m_i, n_i

等级	各级天数(d)	中暑天数*(d)	中暑天数发生概率 m_i	实际中暑人数(人)	平均每天中暑人数 n_i
1级	80	5	0.0625	6	0.075
2级	36	4	0.111	5	0.139
3级	33	9	0.273	22	0.667
4级	93	64	0.688	241	2.591
5级	34	33	0.971	560	16.471

*任一天只要有中暑事件发生(无论人数多少),记1天,否则为0。

同样,对2006—2007年两年6月1日至8月31日的逐日中暑指数及等级进行了计算,进一步检验等级划分的适用性(见表4)。结果表明,各级别间有关评判指标差别明显,如从3级到4级,平均每天中暑人数增加了2.3倍,从4级到5级,平均每天中暑人数增加了2.4倍。大部分中暑事件发生在4级以上,62天有中暑发生,占全部中暑天数的76.5%,中暑人数242,占全部中暑人数的90.3%;中暑等级众数为4级,明显向高等级偏移,说明这个夏天很酷热。

表 4 预估效果检验

等级	各级天数(d)	中暑天数*(d)	中暑天数发生概率	实际中暑人数(人)	平均每天中暑人数(人)
1 级	33	2	0.061	2	0.061
2 级	29	5	0.172	8	0.276
3 级	34	12	0.353	16	0.471
4 级	59	34	0.576	91	1.542
5 级	29	28	0.966	151	5.207

*同表 3。

以上分析充分说明表 2 的等级划分合理、可操作性强。

3.5 推算效果评估

对每年 6 月 1 日至 8 月 31 日，根据式(1)推算出中暑总天数(D)，根据模式 2 推算出中暑总人数(P)，并与实际情况进行比较分析(表 5)。

表 5 推算结果及与实际情况比较(2003—2007 年 6 月 1 日—8 月 31 日)

年	式(1)推算的年中暑天数 D(d)	实际中暑天数(d)	误差(d)	式(2)推算的年中暑人数 P(人)	实际中暑人数(人)	误差(人)
2003	42	38	4	561	560	1
2004	32	33	−1	141	143	−2
2005	41	34	7	224	131	93
2006	44	42	2	228	154	74
2007	37	37	0	195	114	81

*误差＝推算值－实际值

从表 5 可见，逐年中暑天数、中暑人数的推算效果较好，如推算的中暑天数与实际中暑天数最多只差 7 天，2007 年完全一致；推算的中暑人数与实际中暑人数，前 2 年误差极小，仅差 1～2 人，但后三年有所高估，主要是因为 2003 年的严重高温后，政府采取了大量有力措施，抗御高温危害，有效地减少人员伤亡。

2003 年 8 月 1 日出现了 1951 年以来的极端最高气温 39.6 ℃，日中暑人数达到 131 人，次日最高气温 38.9 ℃，日中暑人数达到 112 人，前后几天中暑人数均为 20～67 人。而 2006 年高温开始得早，结束晚，危害时间长，期间有 5 次高温热浪过程，推算的中暑人数也是 2006 年多，但极端高温程度比 2003 年轻。

4 讨论

武汉市抗御高温危害的经验是十分宝贵的，如在高温期间，政府出资设置大量临时降温场所，安装空调，免费提供给老人、民工、流动人员；实施江湖连通，打通冷气流通道，降低城区温度；实施“冬暖夏凉”工程提速，通过集中供应凉水，建筑节能，已惠及几十万人；人们的防范意识加强。但有效的人工干预将使预测或评估难度加大，今后应考虑这些因子的影响，或建立动态模型，保证最新资料进入模型，提高预测或评估精度。

参考文献

[1] Houghton J T, Ding Yi-Hui, et al. Climate Change 2001: The Scientific Basis[M]. Cambridge Univ. Press, Cambridge, 2001.

[2] 秦大河，陈振林，罗勇，等. 气候变化科学的最新认知[J]. 气候变化研究进展，2007，3(2)：63-73.

[3] IPCC. Summary for Policymakers of Climate Change 2007: The Physical Science Basis. Contribution of Working Group I to the Fourth Assessment Report of the Intergovernmental Panel on Climate Change [M]. Cambridge: Cambridge University Press, 2007.

[4] 任国玉. 地表气温变化研究的现状和问题[J]. 气象，2003，29(8)：3-6.

[5] Chen Zheng-Hong, Wang Hai-Jun, Ren Guo-Yu. Urban Heat Island Intensity in Wuhan, China[J]. Newsletter of IAUC(Internatiaonal Association of Urban Climate), 2006, 17: 7-8.

[6] 谈建国，黄家鑫. 热浪对人体健康的影响及其研究方法[J]. 气候与环境研究，2004，9(4)：680-686.

[7] 杨宏青，陈正洪，刘建安，陈安珞. 武汉市中暑发病的流行病学分析及统计预报模型的建立[J]. 湖北中医学院学报，2000，2(3)：51-52.

[8] 陈正洪，王祖承，杨宏青. 城市暑热危险度统计预报模型[J]. 气象科技，2002，30(2)：98-101，104.

武汉市居民中暑与气象因子的统计特点研究*

摘　要　利用武汉市 1994—2006 年共 13 年 1464 个中暑病例资料和同期逐日气象资料,分别统计日中暑人数、日平均中暑人数与气象因子的线性、非线性相关系数,筛选出关键气象因子,建立中暑与多气象因子的非线性模型,制订中暑气象等级标准,结果表明:气温是中暑发生的最关键影响因子,不利气象因子 3 天或 3 天以上的累积效应才能导致中暑群发,中暑人数与气象因子呈现非线性关系,建立了日平均中暑人数与前 3 日平均气温、前 3 日平均最小相对湿度的指数模型。将日平均中暑人数划分为 5 级,并应用该等级标准进行历史样本回代检验和独立样本试报检验,效果较好。

关键词　中暑;气象因子;相关分析;非线性模型;等级划分

1　引言

中暑是急性热致疾患中最主要的一个病种,是最典型的气象病之一(茅志成等,2000)。每当夏季酷暑来临时,我国及世界上许多地区都会因受到高温影响出现大量中暑病人,甚至大量人员死亡事件(Palecki et al,1996;王长来等,1999;杨宏青等,2000;Michelozzi et al,2004;Diaz et al,2006)。随着全球气候变暖,高温热浪危害将加剧(Meehl et al,2004)。近年全国各地,大多开展了中暑气象预报(焦艾彩等,2001,陈正洪等,2002,谈建国等,2002, 2004)。武汉市地处长江中游,曾是著名的三大“火炉”之一,随着全球气候变暖和城市热岛效应加强(陈正洪等,2007),夏季气候更加极端,如入夏提前、出夏推迟,夏季延长,自 1994 年以来有 5 年在 9 月出现高温热浪,日最低气温≥30 ℃的夜晚频繁出现,2003 年 8 月 1 日出现了 1951 年以来的极端最高气温(39.6 ℃),2006 年夏季、5—9 月平均气温为 1951 年来最高,1997 年年平均气温为 1951 年最高,近几年中暑人数显著增加(何玲玲等,2007;陈正洪等,2008)。由于武汉较好的地理代表性,研究其中暑气象规律,可为我国各地开展中暑气象预报提供理论依据。

2　资料与方法

武汉市 1994—2006 年共 13 年 1464 个中暑病例资料由武汉市劳动职业病防治院提供,据此统计逐日中暑人数。由于非典发生后对中暑上报更加重视,2003 年后记录中暑人数显著增多,但由于采用了区间统计,对统计结果不会有影响。对 1994—2005 年(缺 2001 年)共 11 年的中暑病例统计表明(何玲玲等,2007),中暑一般集中在 6—8 月,尤其是 7 月、8 月,5 月和 9 月偶有发生,所以研究期间为 6—8 月。同期逐日气象资料来源于湖北省气象档案馆。

参考气象及医学部门已有的研究成果,选择 11 个当日气象因子及与前 1～4 天平均所衍生出的 44 个气象因子(表 1),以日中暑人数 y 为因变量,气象因子 $x_i(i=1,2,\cdots,55)$为自变

---

* 何玲玲,**陈正洪**.气候与环境研究,2009,14(5):531-536.(通讯作者)

量，计算相关系数(r)，样本数为1464、信度为0.001、0.01、0.05的临界值为0.104、0.067、0.051。

对中暑人数和55个气象因子进行一、二维区间统计，以日平均中暑人数 y_1 为因变量，对应的55项气象因子的区间中值 x_i(i=1,2,…,55)为自变量，计算它们之间的相关系数和非线性相关系数，比较其效果差异。其中二维区间统计主要考虑3天平均气温和3天平均相对湿度的组合。

非线性相关系数的计算方法：以日平均气温为例，日平均气温和日平均中暑人数之间的曲线关系比较类似于指数函数 $y=ae^{bx}$，因此进行两边取对数，得到 $\ln y=\ln a+bx$，令 $\ln y=y'$，$\ln a=a'$，即可得到线性方程 $y'=a'+bx$，求 y' 和 x 之间的相关系数。以日平均中暑人数的对数 y' 为因变量，对应的55项气象因子 x_i(i=1,2,…,55)为自变量，计算它们之间的相关系数，并与表1中的各项相关系数进行比较。

用1994—2005年的资料进行建模，2006年的资料进行预报检验。

表1　55个气象因子及其定义

代码	当日气象因子	单位	代码	当日及前期平均气象因子	单位
x_1	日平均气温	℃	x_2—x_5	当日及发病前1—4天的平均气温	℃
x_6	日最高气温	℃	x_7—x_{10}	当日及发病前1—4天的平均最高气温	℃
x_{11}	日最低气温	℃	x_{12}—x_{15}	当日及发病前1—4天的平均最低气温	℃
x_{16}	日平均相对湿度	%	x_{17}—x_{20}	当日及发病前1—4天的平均相对湿度	%
x_{21}	日最小相对湿度	%	x_{22}—x_{25}	当日及发病前1—4天的最小相对湿度	%
x_{26}	日平均降水量	mm	x_{27}—x_{30}	当日及发病前1—4天的平均降水量	mm
x_{31}	日平均水汽压	hPa	x_{32}—x_{35}	当日及发病前1—4天的平均水汽压	hPa
x_{36}	日平均风速	m/s	x_{37}—x_{40}	当日及发病前1—4天的平均风速	m/s
x_{41}	日平均日照时数	h	x_{42}—x_{45}	当日及发病前1—4天的平均日照时数	h
x_{46}	日总云量	成	x_{47}—x_{50}	当日及发病前1—4天的平均总云量	成
x_{51}	日低云量	成	x_{52}—x_{55}	当日及发病前1—4天的平均低云量	成

* 各气象因子区间间隔分别是：气温0.5℃，相对湿度5%，降水量10 mm，水汽压1hPa，风0.5 m/s，日照时数2 h，云量1成。

3　结果分析

3.1　逐日中暑人数和气象因子的相关分析

中暑人数和55个气象因子的简单及一维区间统计后的相关结果见表2。可见：

(1)所有气象因子在考虑了发病前1—4天的累积效应后基本会比仅考虑当日气象因子的相关系数大，表明人体受热中暑在很大程度是一种高热量的累积效应。所以同时考虑气象因子前期和当日的共同作用十分必要。

(2)中暑人数与日平均气温、日最高气温、日最低气温、日平均水汽压、日平均日照时数的正相关性都达到极显著。尤其是与三项气温相关最显著，表明高温热浪是引发大量中暑的最重要的因子。

(3)中暑人数与日平均相对湿度、日最小相对湿度的负相关性也较显著。夏季高温和低湿有很好的负相关,所以中暑人数与相对湿度的负相关,其实就是与气温的正相关。分析表明,湿度大导致闷热,湿度达到极端时还指示着天气将发生转折即出现降雨,高温暑热会得到缓解,则不会发生严重中暑。

(4)中暑人数与平均总云量负相关显著,但与低云量的相关性不大。总云量大,最高气温往往会降低,不利于中暑发生。

表 2 逐日中暑人数与 55 个气象因子的相关系数(线性)

气象因子	相关系数	气象因子	相关系数	气象因子	相关系数	气象因子	相关系数
x_{1}	0.254[a]	x_{16}	−0.148[a]	x_{31}	0.174[a]	x_{46}	−0.114[a]
x_{2}	0.258[a]	x_{17}	−0.163[a]	x_{32}	0.167[a]	x_{47}	−0.136[a]
x_{3}	0.25[a]	x_{18}	−0.168[a]	x_{33}	0.162[a]	x_{48}	−0.138[a]
x_{4}	0.254[a]	x_{19}	−0.169[a]	x_{34}	0.159[a]	x_{49}	−0.133[a]
x_{5}	0.252[a]	x_{20}	−0.169[a]	x_{35}	0.157[a]	x_{50}	−0.130[a]
x_{6}	0.212[a]	x_{21}	−0.109[a]	x_{36}	−0.026	x_{51}	−0.069[b]
x_{7}	0.217[a]	x_{22}	−0.119[a]	x_{37}	−0.026	x_{52}	−0.089[b]
x_{8}	0.217[a]	x_{23}	−0.122[a]	x_{38}	−0.026	x_{53}	−0.097[b]
x_{9}	0.216[a]	x_{24}	−0.122[a]	x_{39}	−0.026	x_{54}	−0.100[b]
x_{10}	0.214[a]	x_{25}	−0.122[a]	x_{40}	−0.026	x_{55}	−0.104[a]
x_{11}	0.247[a]	x_{26}	−0.021	x_{41}	0.116[a]		
x_{12}	0.251[a]	x_{27}	−0.032	x_{42}	0.142[a]		
x_{13}	0.250[a]	x_{28}	−0.034	x_{43}	0.153[a]		
x_{14}	0.248[a]	x_{29}	−0.029	x_{44}	0.162[a]		
x_{15}	0.246[a]	x_{30}	−0.027	x_{45}	0.170[a]		

上标“a、b”表示通过了信度为 0.001、0.01 的显著性检验。

3.2 (区间)日平均中暑人数和气象因子的相关分析

日平均中暑人数和 55 个气象因子的两种相关结果见表 3。可见:

(1)区间统计后的相关系数都有明显提高,这是因为消除了频次不均匀的干扰,但显著性检验并没有明显改善,因为样本数大为减少。

(2)非线性处理后的日平均中暑人数和 55 个气象因子的相关结果表明:除了 x_{17},x_{21},x_{25},x_{36},x_{46},x_{47},x_{48},x_{49},x_{50} 等 9 个因子外,其余因子与日均中暑人数的相关性都有明显的提高,中暑发生与气象因子间的关系更符合非线性。其中提高最大的为气温因子,从而为提高建模和预报效果打下了基础。

表 3　日平均中暑人数与 55 个气象因子的相关系数(R_1:线性,R_2:非线性)

气象因子	R_1	R_2	气象因子	R_1	R_2	气象因子	R_1	R_2	气象因子	R_1	R_2
x_1	0.557^{b}	0.841^{a}	x_{16}	−0.463	−0.527	x_{31}	0.580^{b}	0.851^{a}	x_{46}	−0.758^{b}	−0.408^{c} ↓
x_2	0.511^{b}	0.942^{a}	x_{17}	−0.367	−0.360	x_{32}	0.795^{a}	0.905^{a}	x_{47}	−0.517	−0.220 ↓
x_3	0.561^{b}	0.943^{a}	x_{18}	−0.500	−0.535	x_{33}	0.857^{a}	0.918^{a}	x_{48}	−0.243	−0.155 ↓
x_4	0.574^{b}	0.940^{a}	x_{19}	−0.487	−0.518	x_{34}	0.716^{b}	0.789^{a}	x_{49}	−0.209	−0.068 ↓
x_5	0.608^{b}	0.837^{a}	x_{20}	−0.486	−0.512	x_{35}	0.813^{a}	0.888^{a}	x_{50}	−0.104	−0.104
x_6	0.434^{c}	0.739^{a}	x_{21}	−0.223	−0.203 ↓	x_{36}	0.524	0.509 ↓	x_{51}	−0.908^{a}	−0.922^{a}
x_7	0.445^{c}	0.726^{a}	x_{22}	−0.433	−0.450	x_{37}	0.549	0.484 ↓	x_{52}	−0.856^{a}	−0.894^{a}
x_8	0.488^{b}	0.865^{a}	x_{23}	−0.586^{c}	−0.626^{c}	x_{38}	0.790^{b}	0.812^{b}	x_{53}	−0.793^{b}	−0.872^{a}
x_9	0.439^{c}	0.849^{a}	x_{24}	−0.580^{c}	−0.604^{c}	x_{39}	0.777^{b}	0.817^{b}	x_{54}	−0.728^{b}	−0.842^{a}
x_{10}	0.485^{b}	0.728^{a}	x_{25}	−0.585^{c}	−0.569^{c} ↓	x_{40}	0.768^{c}	0.844^{b}	x_{55}	−0.697^{b}	−0.825^{b}
x_{11}	0.545^{b}	0.827^{a}	x_{26}	−0.135	−0.255	x_{41}	0.889^{a}	0.929^{a}			
x_{12}	0.583^{b}	0.843^{a}	x_{27}	−0.613	−0.636^{c}	x_{42}	0.888^{a}	0.964^{a}			
x_{13}	0.531^{b}	0.835^{a}	x_{28}	−0.565	−0.606^{c}	x_{43}	0.836^{b}	0.959^{a}			
x_{14}	0.600^{b}	0.846^{a}	x_{29}	−0.518	−0.587^{c}	x_{44}	0.835^{b}	0.974^{a}			
x_{15}	0.526^{b}	0.828^{a}	x_{30}	−0.419	−0.504	x_{45}	0.832^{b}	0.893^{a}			

上标“a”、“b”、“c”分别表示通过了信度为 0.001、0.01、0.05 的显著性检验。

↓表示非线性拟合后相关系数减小,否则为提高。

3.3　中暑人数和气象因子的二维联合区间统计分析

以上分析发现,中暑人数与日平均气温、日平均最小湿度的相关系数一直都很高,尤其是 3 天累积日平均气温和 3 天累积日平均最小湿度的相关性更高。选择这两个因子进行区间统计,结果见表 4。可见,中暑发生概率大有两个特征,3 日平均气温高(≥29 ℃尤其是 33～35 ℃)与 3 日平均最小相对湿度小(≤60%尤其是 50%～40%);或者 3 日平均气温高不高(25～26.5 ℃)但 3 日平均最小相对湿度很大(75%～80%)。显然前者危害更为突出。

表 4　日平均中暑人数与 3 日平均气温(X_3,℃)、3 日平均最小相对湿度(X_{23},%)联合区间统计

$x_{23}\backslash x_3$	24	24.5	25	25.5	26	26.5	27	27.5	28	28.5	29	29.5	30	30.5	31	31.5	32	32.5	33	33.5	34	34.5	35	35.5
85	0*	0*	0*		0*		0*																	
80	0*	0*	0*	0	1.5	0	0*																	
75	0	0	0.11	2.8	0.42	0.67		0	0.17															
70	0	0	0.06	0.62	0	0.08	0	0.2	0.5	0.5	0*													
65	0	0.36	0.33	0	0	0.15	0.47	0.59	0	0.69	0	0.17	0.2											
60	0	0	0	0	0.09	0.78	0	0.18	0.39	0.46	1	0.45	0.67	0.76	0.5*	1*								
55	0	0	0	0	0	0	0.23	0.12	0.06	0.08	0.38	0.48	0.44	1.71	0.56	1.89	0.93	3	2*					
50	0*	0	0	0.22	0.33	0	0	0	0.2	0	0.08	1.18	0.56	0.55	1.14	2.05	2.36	2.52	2.87	4.5				
45	0*	0	0	0.25	1*	0	0	0	0.17	0	0	0.43	1.17	0.6	1.75	1.83	2.42	3.42	5.5	6.45	13*	37*		
40	0*	0	0	0	0	0.17	0	0	0	0	0	0.2	0*	1.2		0.5*	0	2.67	4.75	3.5*	20*	35*	97*	112*
35	0	0	0*	0		0	0	0.25	0*	0		0*	0*	0*	0*									
30	0*		0		0*	0		0*		0*				0*										

注:*表示样本数量少(仅 1～2 天),日平均中暑人数的统计结果随机性大。考虑气温对中暑的绝对重要作用,对日平均气温 $T \geq 31$ ℃的高温情况下的统计结果仍然会被采纳。

3.4 建模和中暑等级划分

3.4.1 线性模型的建立

日平均中暑人数与3日平均气温(x_3)和3日平均最小相对湿度(x_{23})的线性模型：

$$y=-49.128+1.914x_3-0.039x_{23}(R=0.439,F=16.364,n=140)$$

其中R为复相关系数，F为统计检验值，n为样本数，下同。

3.4.2 非线性模型的建立

日平均中暑人数与3日平均气温(x_3)和3日平均最小相对湿度(x_{23})的非线性模型：

$$y'=\ln(y+1)=-5.862+0.217x_3+0.004x_{23}(R=0.740,F=82.785,n=140)$$

由此可以得到非线性方程：

$$y=-1+0.003\times e^{0.22}x_3\times e^{0.004}x_{23}$$

3.4.3 中暑等级划分

为了便于开展预报服务和综合评估，需要制订一套高温中暑等级标准，参考前期文献中气象专家对中暑指数的等级划分(Palecki et al,1996；Michelozzi et al,2004)，并经过反复的调试，以保证等级分布的合理性(准正态分布，即两头小中间大)，将平均中暑人数y划分为5级，其指标范围见表5。

表5 中暑人数等级划分

1级	2级	3级	4级	5级
$y\leqslant 0$	$0<y\leqslant 0.5$	$0.5<y\leqslant 1$	$1<y\leqslant 4$	$y>4$
无	少	中等	多	很多

3.4.4 模型的检验

从表6、7中可以看出，随着中暑人数等级从低到高，中暑概率上升，日均中暑人数增加。在1994—2005年7—8月进行回代的744天中，中暑指数在3级以上的共有552天，而在这552天中，实际有234天有中暑发生，中暑概率为42.39%，中暑人数为1187人，占总数1230人的96.50%；在2006年7月1—16日和8月1—16日试报的32天中，中暑指数在3级以上的共有30天，而在这30天中，实际有21天有中暑发生，中暑概率为70%，中暑人数为101人，占总数102人的99.02%。可见，日均中暑人数5级划分较为合理，可以对广大市民的防暑工作具有一定的指导意义。

表6 历史样本回代检验(1994—2005年7—8月，共744天)

	预报天数(d)	实有天数(d)	中暑概率(%)	中暑总人数(人)	日均中暑人数(人)
1级	85	4	4.71	5	0.06
2级	107	14	13.08	38	0.36
3级	127	21	16.54	42	0.33
4级	398	188	47.24	584	1.47
5级	27	25	92.59	561	20.78

表 7 独立样本试报检验(2006 年 7 月 1—16 日、8 月 1—16 日,共 32 天)

	预报天数(d)	实有天数(d)	中暑概率(%)	中暑总人数(人)	日均中暑人数(人)
1 级					
2 级	2	1	50	1	0.5
3 级	9	4	44.44	5	0.56
4 级	16	12	75	66	4.13
5 级	5	5	100	30	6

4 小结与讨论

(1)无论温度、湿度在考虑前 1～4 天的平均情况后,与中暑人数的相关系数均比只用当天的温、湿度的情况明显提高;另外中暑人数与气温的正相关性最高,表明高温是引起中暑的最主要因子。

(2)大量试验证明,高湿、高温对中暑的发生具有协同作用,但实际天气中高温往往对应低湿,才出现中暑人数与湿度的负相关,与试验结果并不矛盾。

(3)区间统计后相关系数明显增大,尤其是非线性处理后,相关系数进一步大幅变大,表明中暑人数与气象因子间符合的非线性关系。

(4)选择 3 日平均气温、3 日平均最小相对湿度作为关键气象因子,尝试建立了模型,并进行了中暑等级划分,回代试验和预报检验效果较好。

参考文献

陈正洪,史瑞琴,李松汉,等,2008. 改进的武汉中暑气象模型及中暑指数等级标准研究[J]. 气象,34(8):32-36.

陈正洪,王海军,任国玉,2007. 武汉市热岛强度非对称变化趋势研究[J]. 气候变化研究进展,3(5):282-286.

陈正洪,王祖承,杨宏青,等,2002. 城市暑热危险度统计预报模型[J]. 气象科技,30(2):98-101,104.

何玲玲,陈正洪,李松汉,等,2007. 武汉市居民中暑流行病学特征及与主要气象因子的关系初探[J]. 暴雨灾害,26(3):271-274.

焦艾彩,朱定真,茅志成,等,2001. 南京地区中暑天气条件指数研究预报[J]. 气象科学,21(2):246-251.

茅志成,邬堂春,2000. 现代中暑诊断治疗学[M]. 北京:人民军医出版社:38-42.

谈建国,黄家鑫,2004. 热浪对人体健康的影响及其研究方法[J]. 气候与环境研究,9(4):680-686.

谈建国,殷鹤宝,林松柏,等,2002. 上海热浪与健康监测预警系统[J]. 应用气象学报,13(5)356-363.

王长来,茅志成,程极壮,1999. 气象因素与中暑发生的关系[J]. 气候与环境研究,4(1):40-43.

杨宏青,陈正洪,刘建安,等,2000. 武汉市中暑发病的流行病学分析及统计预报模型的建立[J]. 湖北中医学报学院,3(2):51-52,62.

DÍAZ J,GARCÍA HERRERA R,TRIGO RM ,et al,2006. The impact of the summer 2003 heat wave in Iberia: How should we measure it? [J]. International Journal of Biometeorology,50 (3):159-166.

MEEHL GA ,TEBALDI C,2004. More intense,more frequent,and longer lasting heat waves in the 21st Century[J]. Science,305:994-997.

MICHELOZZI P,FANO V,FORASTIERE F,et al,2000. Weather conditions and elderly mortality in Rome during summer[R]. WMO Bulletion,49 (4):348-355.

PALECKI M A,CHANGNON S A,KUNKEL K E,et al,1996. The nature and impacts of the July 1999 heat wave in the midwestern United States: Learning from the lessons of 1995[J]. Bull Amer Meteor Soc, 2707: 1353-1367.

ROONEY C, MCMICHAEL A J, KOVATS R S, et al, 1998. Excess mortality in England and Wales, and in Greater London, during the 1995 heatwave[J]. Journal of Epidemiol and Community Health, 52: 482 -486.

武汉市呼吸道和心脑血管疾病气象预报研究*

摘　要　以武汉市四家大医院 1994—1998 年间，因呼吸道和心脑血管疾病入院的 42005 个病例为基础，分析疾病发病的季、月、旬分布特征；再分四季建立各病种日发病率的气象预报模型，分冬、夏半年建立了各病种周发病率的气象预报模型，并确定了发病率的一套等级划分指标；分析了冷锋天气过程演变对疾病发病的不同影响；最后在微机上开发出了"医疗气象预报系统"。

关键词　呼吸道疾病；心脑血管疾病；气象预报

1　引言

近年来卫生部调查资料显示，呼吸道与心、脑血管疾病的发病率位于前列，并有逐年升高的趋势，而且脑血管疾病死亡率已跃居首位。这些疾病通常表现为慢性病的急性发作，因此防范其急性发作，抑制病情的恶化十分重要。

呼吸道与心脑血管疾病的产生或复发与气象条件有着密切的关系。国内对此虽有一些初步研究[1-3]，但结论不尽相同。本文旨在通过大样本的医学资料与气象因子的相关分析，找出影响各病种发病的关键气象因子，并建立各病种发病率的短期（日）、中期（周）医疗气象预测模型及预报业务系统。并将该系统投入使用，通过新闻媒体及时发布疾病等级预报，为广大市民防病治病、身体保健提供指导和帮助。

2　材料与方法

2.1　原始资料

（1）取得武汉市四家大医院（湖北省人民医院、武汉大学中南医院、湖北中医学院附属医院、华中科技大学协和医院）1994 年 1 月—1998 年 12 月逐日的呼吸道疾病（上呼吸道感染、下呼吸道感染和哮喘）、心血管疾病（冠心病、高血压和心肌梗塞）、脑血管疾病（脑溢血、脑梗塞）共 8 种疾病入院的病例人数资料，总计 42005 例[4]。所有病例均以出院主诊断为选择标准。

（2）气象资料为武汉市 1993 年 12 月—1998 年 12 月逐日地面气象资料（日最高气温、日最低气温、日平均气温、日平均相对湿度、日总云量、日照、日降水、日平均气压和气温日较差）

2.2　资料处理方法

（1）由于各种疾病存在明显的一周变化，即周六和周日的入院人数明显少于周一至周五，而周一的入院人数是一周中的最高峰。在做日预报模型时，为了消除一周变化的影响，将逐日入院人数的原始资料进行 7 天滑动平均处理。为了消除资料年代间的差异，使资料具有可比

* 陈正洪，杨宏青，张鸿雁，王祖承，陈波．湖北中医学院学报，2001，3(2)：15-17，3.

性，又将经过7天滑动平均处理的序列分年、分季进行标准化。但在做周预报模型时，由于不存在一周变化，所以只需将周发病人数进行标准化处理。经过上述处理的资料称为周、日发病率，把1994—1997年医疗气象资料用来回归建模分析，1998年医疗气象资料留作独立样本检验。

(2)从1997年3月—1998年2月逐日欧亚地面天气图挑选出有较强冷空气入侵过程(夏季6—8月除外)，共21例。以冷锋压境或冷高压梯度最大区域过境的那一天为基准日，加上向前、向后各7天共15天作为过程序列，将21个过程进行叠加，形成8种疾病的15天入院人数合成序列，用于分析冷空气入侵前后对各疾病的不同影响。

3 结果分析

3.1 各病种的时间分布

武汉市呼吸道和心脑血管疾病存在明显的时间分布差异，即使同一系统中的不同种疾病，其季节分布差别也较大，有的甚至趋势相反(见表1)。由表1可见，上呼吸道感染(简称上感)春夏多发，而下呼吸道感染(简称下感)冬春多发；脑溢血冬季发病最多，脑梗塞夏季发病最多；冠心病和高血压春秋季节多发，而对心肌梗塞(简称心梗)来说，夏季和冬季都能使其发病率增高。这说明气象因子对每一种疾病的影响是不一样的 即使是同一种疾病，不同季节对疾病的影响也不尽相同。由此可见，分季建立模型十分必要。

表1　三大类八种疾病逐季入院人数占总入院人数的百分比(%)

	呼吸道疾病				心血管疾病				脑血管疾病		
	上感	下感	哮喘	合计	冠心病	高血压	心梗	合计	脑溢血	脑梗塞	合计
春	23.3	27.6	23.4	25.3	26.1	27.2	22.2	26.2	25.0	24.6	24.8
夏	40.6	21.5	18.8	28.0	22.7	20.7	27.8	21.6	20.3	28.6	25.5
秋	17.7	18.0	31.8	19.2	26.0	26.9	18.5	26.3	25.7	24.7	25.1
冬	18.4	33.5	26.3	27.5	25.2	25.4	31.9	25.4	28.7	22.2	24.6
A	22.7	15.5	13.0	8.8	3.4	6.5	13.4	5.0	8.4	6.4	0.9

注：A为入院人数最多季与最少季的百分比差。

分析各种疾病的月分布发现：上感偏多(指高于月均发病数，下同)的月份仅6月、7月、8月3个月，下感只有12—4月等5个月，心梗为12—1月、6—8月等5个月，这些疾病往往集中在少数月份，其余类疾病的偏多月数均在6个月或6个月以上，表明它们往往为分散或均匀出现。如果再具体到旬进行分析，就会发现上感发病最多的时间是7月上旬，次多的为8月上旬，也就是一年中最热的“三伏”时期；下感发病最多旬是1月中旬，次多的为1月上旬和1月下旬，也就是一年中最冷的“三九”时期。哮喘最多旬为10月下旬，这是过渡季节气温等要素变化剧烈和空中过敏源增多共同作用的结果。脑溢血发病最多旬在1月下旬，也就是一年中最冷的时候，另外，3月中旬—4月上旬还有约一个月的集中发生期，表明低温或气候剧烈变化均易诱发脑溢血。脑梗塞发病最多旬为7月下旬和8月上旬，也就是一年中最热的时候，还有两段集中发生期(3月上旬—3月下旬，10月中旬—10月下旬)，说明高温和气候剧烈变化时易致脑梗塞发生。心血管疾病发病较分散，最多的旬只比平均比例略高。

3.2 日发病率的医疗气象预报模型

日发病率不仅与当天的天气条件有关，而且与前期的天气条件有关。利用发病当天、前1天、前2天及前3天的温、湿、压、风、降水量等气象要素平均值、极值、极值平均值，再加上部分气象要素的变差等130多个气象因子，利用日发病率与气象要素序列进行相关分析，初选出30多个气象因子，再运用逐步回归分春、夏、秋、冬四季分别建立8种疾病的日发病率气象预报方程共32个。

这里仅以高血压春、夏、秋、冬四季的日发病率（y_c、y_x，y_q、y_d）气象预报方程说明所建模型。

$$y_c=-0.01767-0.0074698X_5\quad 0.010601X_6-0.025131X_{15}-0.0115658X_{16}-0.0019231X_{20}+0.0167227X_{24}-0.0054838X_{27}-0.0250715X_{29}\quad (R=0.40,L=67\%)$$

$$y_x=0.407734-0.013673X_2-0.0158322X_{15}+0\ 0131406X_{24}\quad (R=0.28,L=62\%)$$

$$y_q=1.00925-0.0183994X_1-0.0156688X_7+0.0098752X_{17}-0.0168582X_{24}-0.0107447X_{29}-0.00207984X_{30}\quad (R=0.55,L=66\%)$$

$$y_d=-0\ 803742+0.05652X_8+0.00506409X_{19}+0.0187881X_{24}-0.0320546X_{29}\quad (R=0\ 42,L=58\%)$$

式中：

X_1 为前3天平均最高气温；

X_2 为当天及前3天的平均最高气温；

X_5 为前2天最高气温的24小时变量；

X_6 为前3天最高气温的24小时变量；

X_7 为前3天最高气温的平均值；

X_{15} 为当天平均气温的24小时变量；

X_{16} 为前一天平均气温的24小时变量；

X_{17} 为前2天平均气温的24小时变量；

X_{19} 为当天及前三天的平均相对湿度；

X_{20} 为当天平均相对湿度的24小时变量；

X_{21} 为前3天的平均气压；

X_{27} 为前3天平均气压的24小时变量；

X_{29} 为当天及前三天的平均总云量；

X_{30} 为前3天雨量之和；

R、L 分别为复相关系数和符号一致率。

由于预报模式中日发病率 y_c、y_x、y_q、y_d 是标准化值，因此春、夏、秋、冬四季均采用统一的等级划分标准。

≤−0.5	发病率低
(−0 5,−0.25)	发病率偏低
[−0 25,0.25]	发病率中等

(0.25,0.5)　　　　发病率偏高

≥0.5　　　　　　发病率高

对1998年逐日发病等级进行预报检验，若规定预报等级与实际等级相同为正确，以高血压日发病率的等级预报为例，其正确率最高可达92.4%(春季)，最低也有67.0%，预报等级相差两级的很少，相差三级、四级的则没有，可见预报模式具有较好的预报效果。见表2。

表2　高血压日发病率等级预报的正确和误差百分比(%)

季节	预报等级与实际等级相差级数				
	0	1	2	3	4
春季	92.4	7.6	0.0	0.0	0.0
夏季	88.0	10.9	1.1	0.0	0.0
秋季	67.0	27.5	5.5	0.0	0.0
冬季	78.9	21.1	0.0	0.0	0.0

3.3　周发病率的医疗气象预报模型

对疾病作周预报时，需要考虑大的天气过程可能引起大幅度的降温、气压变化等现象，因此，将基本的气象因子进行处理，分别衍生出周最高气温差、周最低气温差、周平均气温差同平均气压差、周相对湿度差等气象因子，同时考虑了前期(即上一周)和同期(即当前周)两方面的因子。共计20个因子：对1994—1997年的医疗气象资料序列分冬半年、夏半年通过逐步回归分析，分别建立了各病种周发病率预报模型16个，表3为相应模型的复相关系数和定性拟合率，可见夏半年预报模型中回归样本的复相关系数相对冬半年的要高，这说明夏季预报模型的预报效果好于冬季 而部分模型独立样本的相关系数出现负值。这与独立样本数太少有关。16个模型中，夏半年选人最多的因子为前期周平均气压，8个模型中有6个模型含有此因子，说明夏季气压的变化会直接影响某些疾病的发病率。冬半年选入较多的因子为前期周平均总云量、前期周平均气压和前期周相对湿度差。

表3　冬、夏半年8种疾病周预报模型的复相关系数和符号一致率

疾病种类	冬半年				夏半年			
	回归样本		独立样本		回归样本		独立样本	
	相关系数	符号一致率	相关系数	符号一致率	相关系数	符号一致率	相关系数	符号一致率
上感	0.39	58%	0.08	75%	0.61	76%	0.73	71%
下感	0.70	70%	0.35	83%	0.51	63%	−0.07	57%
哮喘	0.27	61%	0.20	67%	0.60	74%	−0.04	48%
冠心病	0.42	63%	0.19	50%	0.43	62%	0.21	48%
高血压	0.29	61%	0.11	67%	0.56	80%	0.51	62%
心肌梗塞	0.36	60%	0.28	75%	0.23	60%	0.1	62%
脑溢血	0.32	63%	0.20	67%	0.44	68%	0.05	62%
脑梗塞	0.33	66%	0.25	67%	0.28	61%	0.27	67%

采用《日发病率的等级划分标准》对 1998 年 8 种疾病的发病等级进行预报效果检验，8 种疾病冬半年预报等级与实际等级相同或相差 1 级的共有 83 周，占总数 96 周的 86 5%，夏半年预报等级与实际等级相同或相差 1 级的共有 133 周，占总数 168 周的 79%，说明总的等级预报效果较好。

3.4 冷锋天气过程对各种疾病发病的影响

由表 4 可见，冷锋天气对大部分病种的影响是不利的：

(1)除哮喘和脑溢血外，8 种疾病中有 6 种的入院人数在冷空气过后的几天内显著增多。

(2)以脑梗塞、高血压和心梗患者受这种气温、气压急剧升降的天气影响最大。因此，在做医疗气象预报时，若出现冷空气入侵，在当天直到气温开始回升之前的这段时间内对这 3 种疾病的等级预报上调一级。

(3)冷空气入侵对哮喘发病的影响较复杂。从表 4 可见，锋前发病稳定偏高，锋面过境后 3 天达到峰值，而锋后第 4～7 天减少较为明显。这是因为哮喘与其他呼吸道感染的发病机理不同，是一种发作性的肺部过敏性疾病 。天气变化与空气中的过敏源(如花粉等)均可致病。冷空气到来前空气较浑浊，过敏源较多，易于诱发哮喘；冷空气过后(常伴有降水发生)虽清洁了许多，但气温在冷锋过境后 3 天内下降很快，也是哮喘的促发因素，因而形成了上述发病特征。

(4)脑溢血在锋前第 1 天为发病高峰，可能与锋前气压低有关。

表 4　21 次冷锋过境前后(15 天)8 种疾病入院人数合成序列

相对日期	呼吸道疾病			心血管疾病			脑血管疾病	
	上感	下感	哮喘	冠心病	高血压	心梗	脑溢血	脑梗塞
前第 7 天	61	162	23	46	75	7	39	40
前第 6 天	72	126	40	40	87	4	32	47
前第 5 天	50	162	40	57	88	3	51	56
前第 4 天	51	156	32	43	74	3	38	64
前第 3 天	65	145	27	62	88	2	48	56
前第 2 天	72	122	37	48	76	5	34	61
前第 1 天	67	159	35	55	76	3	52	54
锋过境当天	55	136	26	53	73	3	38	46
前第 1 天	72	136	33	47	93	4	38	57
前第 2 天	73	169	36	69	100	4	44	85
前第 3 天	72	160	35	60	83	6	48	67
前第 4 天	79	160	19	59	111	5	40	40
前第 5 天	87	161	34	65	79	4	45	64
前第 6 天	65	177	36	51	88	2	31	61
前第 7 天	63	159	27	41	108	3	42	60
平均值	76	155	32	56	93	4	40	64

注："平均值"是指 1997 年 3 月—1998 年 2 月一个年度的平均日发病人数。

4 医疗气象预报业务系统

根据以上的研究成果，采用 Visual Basic 5.0 作为开发工具以 Windows98 为工作平台，在内存 16M 以上微机上开发了一套医疗气象预报业务系统。

该系统由“资料采集”“日预报””周预报”“历史分折”“系统设置”系统简介”等六个功能模块组成。每个功能模块又由若干个子功能模块组成，系统提示性强，操作简便，界面友好。采用数据库对数据集中管理，结论输出多样化，还为用户提供了资料分析功能。最近又推出了该系统的声讯版，使一些不具备录音、播音条件的地县气象台站也可应用该项成果。

5 结语

本文详细分析了武汉市常见的 8 种疾病的时间分布特征，建立了 8 种疾病的日发病率和周发病率的气象预报模型和以此为基础的医疗气象预报系统，自 2000 年 5 月 1 日开始在武汉的多种媒体上对公众发布疾病等级预报，目前该系统已推广到省内外，本省有宜昌、仙桃、十堰等引进，外省有浙江、广东、河南及河南信阳等引进。目前课题组正着手消化系统疾病及风湿病等气象预报研究，以不断丰富医疗气象预报的内涵。

参考文献

[1] 夏廉博. 人类生物气象学[M]. 北京：气象出版杜，1986：152-198.

[2] 李青春，陆晨，刘彦，等. 北京地区呼吸道疾病与气象条件关系的分析[J]. 气象，2000，25(3)：8-12.

[3] 吴彦元，吴兆苏，洪昭光，等. 北京地区冠心病、脑卒中发病与气象关系的探讨[J]. 中华流行病学杂志，1990，11(2)：88-9.

[4] 陈正洪，杨宏青，曾红莉，等. 武汉市呼吸道和心脑血管疾病的季月旬分布特征分析[J]. 数理医药学杂志，2000，13(5)：413—415.

癌症死亡年月差异与环境的关系和对策*

摘　要　本文揭示了湖北省肿瘤医院1976—1993年间住院病人死亡数的年际、月际变化；癌症死亡人数逐年下降，呈指数型，先缓后急；月变化呈双峰型，即在盛夏到初秋、冬末到春季。进而分析了社会、自然环境对癌症死亡的可能影响，尤其发现天人感应十分明显。最后提出了一些对策。

关键词　癌症死亡(率)；年月差异；环境；太阳海洋活动；气候

1　引言

癌症是人类的大敌，以其死亡率高为世人注目。如在当今美国人的死亡原因中，除心血管疾病外，癌症名列第二；我国的癌症死亡亦多年居自然死亡原因的前三名，据报道，全球死于癌症者每年约有500万，中国为150万。于是患上癌症无异于患上不治之症。尽管如此，人类仍在顽强地同癌症作斗争，通过对癌症的深入研究和对医疗、社会条件的不断改善，力求减少死亡、延长寿命。本世纪初，癌症患者死亡率几乎达100%，到40年代死亡率已降至75%左右，目前已降到60%左右[1]。

癌症的滋生、扩散，以致患者死亡很大程度受社会和自然环境的影响，社会环境包括：社会进步、人民生活水平、医疗水平、生活习惯、医疗设施、高新技术的应用等，自然环境则有：天体海洋活动、水土气环境及其污染程度、海拔高度等。正确揭示癌症死亡与环境尤其是自然环境的关系是发现预防并有效治疗癌症减少死亡的途径之一。本文力求从这方面进行初步探索，且侧重于癌症死亡的年月变化特征及其与有关天气现象、气候之间的关系，并提出预测及可能的对策。

2　资料来源

湖北省肿瘤医院是华中地区历史最久、设施最全、科研医疗能力最强的专业医院。自1973年建院至今已收治癌症病人近10万人次，而自1975年7月始收病人住院，至今已达4万人次。自1975年7月至1993年12月仅住院病人在医院自然死亡的达1500名。考虑到死亡是一种综合的、自然的过程，用其作环境相关分析较其他资料更宝贵。其中1975年7月始收病人住院该年资料不完整，仅供参考，本文原始资料为1976年1月至1993年12月逐月，逐年住院患者死亡数(表1)。

另外对应选用18年逐年的太阳黑子数、南方涛动指数、武汉市年均温和年降水量及18年平均逐月气温、降水量。

* 俞诗娟，陈正洪. 湖北气象，1995，(3)：19-22.

3 结果分析

3.1 癌症死亡年度变化特征

由表1左边可知，1976—1993年18年间共死亡1492人，加上1975年下半年8人，合计为1500人。最多年115人（1989年），最少年50人（1981年），年均83人，且随时间后移表现出明显的增多趋势，如1976—1981年6年间年均死亡61人，1982—1988年7年间年均死亡88人，1989—1993年5年间年均103人，这种趋势反映了床位的增加即病人及医院可以容纳病人量的增加，前者说明癌症病人越来越多，后者说明随社会发展，医院规模扩大，但这种资料无法深入比较分析。鉴于此，笔者设计出一个新变量（表1右边），即每年每有效床位上癌症患者死亡数 y_0，简称年死亡率 $y_0=y/(N\cdot P)$。其中：y 为每年患者死亡数，N 为逐年床位数，P 为逐年床位利用率。

表1 湖北省肿瘤医院1975～1993年逐年、逐月患者死亡人数(y)

年＼月	1	2	3	4	5	6	7	8	9	10	11	12	合计	床位(N)	床位利用率(P)	y_0
1975							开始	1	1	3	2	1	8	43	0.787	
1976	1	6	6	5	3	8	10	1	7	3	4	2	56	120	0.782	0.597
1977	5	8	5	7	9	5	7	11	5	6	8	6	82	120	0.859	0.80
1978	6	7	8	7	3	6	6	4	9	3	7	4	72	120	0.882	0.661
1979	5	9	1	3	3	4	5	3	6	5	7	3	54	120	0.860	0.523
1980	5	3	4	5	5	4	1	9	3	2	6	5	52	120	0.949	0.457
1981	5	5	1	6	6	3	3	2	4	3	7	5	50	120	0.854	0.488
1982	7	9	7	11	7	4	5	10	4	9	10	2	85	335	0.729	0.348
1983	10	5	9	7	6	6	9	13	6	6	2	4	85	385	0.831	0.266
1984	4	10	11	9	9	3	7	9	8	6	10	6	92	400	0.871	0.264
1985	10	8	8	4	11	7	7	8	13	5	6	6	93	400	0.891	0.259
1986	4	8	9	9	5	11	14	5	8	9	8	4	94	400	0.935	0.251
1987	9	8	12	7	9	6	6	12	3	2	6	6	86	460	0.929	0.201
1988	3	4	8	6	7	9	6	10	7	9	6	7	82	530	0.964	0.161
1989	9	5	15	10	10	7	7	12	13	8	11	8	115	530	1.012	0.214
1990	10	11	8	11	6	9	10	11	8	8	2	6	100	530	1.034	0.183
1991	7	10	8	7	7	6	8	14	6	7	9	9	98	530	1.031	0.179
1992	3	3	9	9	12	5	5	6	14	7	10	13	96	530	1.018	0.178
1993	7	11	6	9	11	6	10	14	6	15	5	4	104	574	0.858	0.211
1976—1993年合计	110	130	135	132	129	109	126	154	130	113	124	100	1492			
月/年(%)	7.4	8.7	9.1	8.8	8.6	7.3	8.4	10.3	8.6	7.6	8.3	6.7				

由表 1 可见，y_0 随年代显著下降，$\overline{y}_0$ 为 0.47，前 7 年 $y_0>\overline{y}_0$，后 11 年 $y_0<\overline{y}_0$，分析 y_0 值表明：1976—1979 年平均 0.645，且均在 0.5 以上，其中 1977 年高达 0.80；1980—1984 年平均 0.321，且均在 0.264 以上；1985—1989 年平均 0.213，除 1988 年 0.161 外其余均在 0.2 以上。1990—1993 年平均 0.186，除 1993 年 0.211 外其余均在 0.2 以下。y_0 趋势与原始资料 y 恰恰相反，因为 y_0 同时消去了床位数和床位利用率的年际差异，具有年际比较性，只要将 y_0 与年序数 t(1976 年 $t=1$，1977 年 $t=2$…余此类推)点绘到坐标图上。就不难看出：

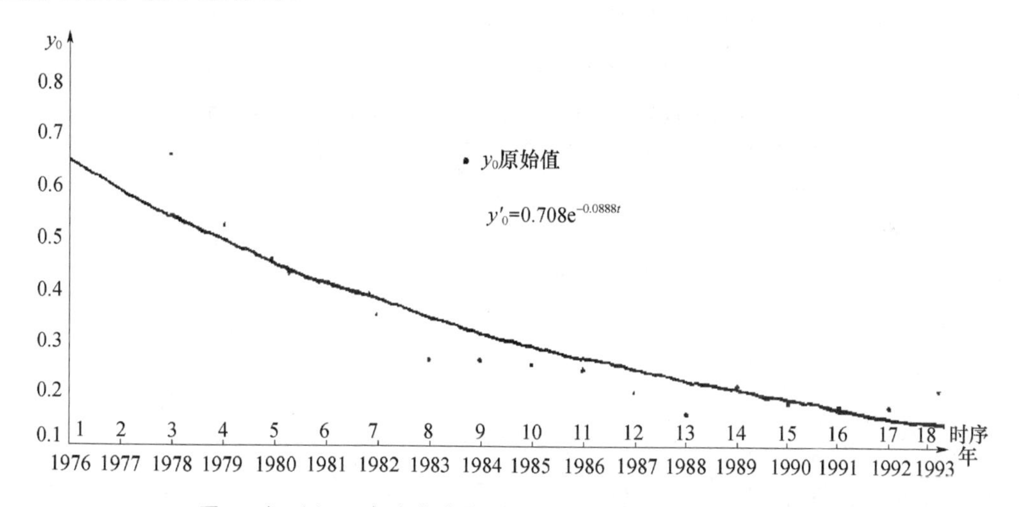

图 1　年死亡 y_0 年变化曲线(湖北省肿瘤医院，1976—1993 年)

其走势很逼近下降型指数曲线或双曲线，前 9 年变化急剧下降，后 9 年下降极平缓，y_0 值在 20 世纪 70 年代是 90 年代的 3.5 倍，其年际间最大(1975 年)与最小(1988 年)差值高达 5 倍。

这种下降曲线具有深刻的社会与自然环境背景，即自 20 世纪 70 年代建院初，当时医护、设备均处低水平，致使死亡率偏高，进入 80 年代，湖北省肿瘤医院与我国社会经济同步发展，各方面条件得以改善，新设备、新药品的不断投入使用，医护人才素质的提高，使死亡率得以迅速降低，并自 1987 年起基本稳定在 0.19±0.02 的低水平。

我们选用三类曲线进行拟合，结果如下：

指数Ⅰ型(见图 1)：$y'_0=0.708e^{-0.0888t}$，$r=0.921$，$t=9.46$

指数Ⅱ型：$y'_0=0.2134e^{1.634/t}$，$r=0.704$，$t=3.97$

双曲线型：$y'_0=0.208+0.6/t$，$r=0.73$，$t=4.27$

其中 r 为相关系数。由于 $t_{\alpha_{max}0.01}=2.818(n=18)$($\alpha$ 为信度水平)，故三类曲线均有 $t>t\alpha$，即均通过了信度 0.01 的 t 检验，表明均达到了相关极显著程度。

另外考虑到变化趋势中有明显的转折，因此亦可用分段线性拟合的方法，即：

1976—1986 年线性拟合：

$y'_0=0.678-0.0385t$，$r=0.70$，$t=3.92>3.106=t_{\alpha_{max}0.01}$

1987—1993 年则直接用下列表示：

$y'_0=0.19\overline{y}_0$

上述四类方程以式(1)最佳,拟合效果最好,该式可用作预测下一年度乃至上十年的 y'_0 值($t=19,20,\cdots$),若乘以床位数和预测的床位利用率,便可得到可能的死亡数预测值,不过由于20世纪80年代后期至今变化平稳,y_0 相当稳定(0.19上下),可以预见若1994年、1995年床位仍维持在574张不变,这二年住院病人在医院死亡数将在100±5人左右。

3.2 癌症死亡年变化与自然环境的关系

y'_0-y_0 便是消去了社会趋势的自然环境影响量,可用作年际差异的比较分析,将其与太阳、海洋活动、气候资料对应分析(表2)不难发现:

$$\Delta y_0=y'_0-y_0, y_0=y/(N\cdot P)$$

表2 年死亡率距平与重大天地现象的逐年对应(1976—1993年)

年	时序	y_0	Δy_0	太阳黑子数	南方涛动指数	年均气温(℃)		年降水量(mm)	
						$\overline{T}_{年}$	距平	$R_{年}$	距平
1976	1	0.597	−0.051	12.6	0.3	16.0	−0.4	892.4	−430.0
1877	2	0.80	−0.207	27.5	−1.1	16.3	−0.1	1197.4	−125.8
1978	3	0.661	0.118	92.5	−0.4	16.9	0.5	814.2	−509.0
1979	4	0.523	0.026	155.4	0.0	16.7	0.3	1033.0	−280.2
1980	5	0.457	0.002	154.6	−0.5	16.0	−0.4	1623.6	300.4
1981	6	0.488	0.072	140.4	0.0	16.3	−0.1	1154.0	−169.2
1982	7	0.348	−0.033	115.9	−1.1	16.3	−0.1	1632.4	309.2
1983	8	0.266	−0.083	66.6	−1.2	16.5	0.1	1894.9	571.6
1984	9	0.263	−0.055	45.9	−0.1	15.9	−0.5	1209.0	−114.2
1985	10	0.259	−0.033	17.9	−0.1	16.1	−0.3	1029.7	−293.5
1986	11	0.251	−0.016	13.4	−0.2	16.4	0	1050.0	−273.2
1987	12	0.201	−0.014	32.8	−1.6	16.6	0.2	1449.4	126.2
1988	13	0.161	−0.063	82.3	—	16.7	0.3	1332.3	9.1
1989	14	0.214	0.009	141.0	−1.1	162.	−0.2	1654.9	331.7
1990	15	0.183	−0.004	151.9	−0.4	17.1	0.7	1355.0	31.8
1991	16	0.179	0.007	162.5	−1.0	16.4	0	1795.2	472.0
1992	17	0.178	0.021	104.6	−1.4	16.8	0.4	1116.4	−206.8
1993	18	0.211	0.067	59.1	−1.0	16.2	−0.2	1584.6	261.4
均值		0.347				16.4		1323.2	

Δy_0 有连续多年为正或负的特点。太阳黑子数峰值区附近1～2年里,Δy 多为正,即因天、地、气环境引起死亡率(简称天地死亡率)偏高,如1979年、1991年为1749年以来200多年内的第22、23个高峰年[2],其前后1～2年,Δy_0 连续为正,而太阳黑子数谷值区附近2～4年里,Δy_0 多为负,即天地死亡率偏低,如1985—1986年前后几年太阳黑子数为谷值区,Δy_0

为负。

南方涛动指数 $SO \leqslant -0.4$ 有 11 年，Δy_0 为正则有 8 年；反之 $SO > -0.4$ 有 7 年，Δy_0 为负则有 4 年，可见，大凡 $SO \leqslant -0.4$ 即海洋活动剧烈的年份，天地死亡率就可能较高。

年均温距平≥0.3 ℃共 4 年，$\Delta y_0 > 0$ 有 3 年，相反，年均温距年≤－0.3 ℃亦为 4 年，$\Delta y_0 < 0$ 有 3 年，可见，年均温显著偏高、偏低，天地死亡率分别增加、降低。即高温加速癌症死亡而低温能抑制癌症死亡。

年降水距平≥200 mm 有 6 年，$\Delta y_0 > 0$ 有 4 年，而年降水距平≤－200 mm 有 5 年，$\Delta y_0 < 0$ 有 3 年，即年降水量显著偏多，则天地死亡率高，相反，年降水量显著偏少，即天地死亡率低，即大水年癌症死亡较多，而干旱年癌症死亡较少。

可见癌症死亡与一些重大天地现象有较好对应关系，医学工作者称之为天人感应。由上面研究还可见，气温差异对癌症死亡的影响比降水要大，预兆性较好。

3.3 癌症死亡率月变化与气候的关系

由表 1 可知，除刚开始的 1975 年 7 月无死亡记录外，其余各月均有，月死亡数以 15 人最多(1993 年 10 月，1989 年 3 月)，月死亡 14 人的有 4 个月份即 1986 年 3 月、1993 年 8 月、1992 年 9 月、1993 年 8 月，主要集中在 1986 年以后。而死亡数仅 1 人的有 7 次，即 1975 年 8 月、9 月、12 月，1976 年 1 月、8 月，1979 年 1 月，1980 年 3 月，则集中在 1981 年以前。若以 1976—1993 年 18 年统计逐月死亡总数比较，以 8 月的 154 人最多，3 月的 135 人次多，7—9 月为一高峰，2—5 月为另一高峰，这 7 个月都在平均值 124.3 人以上，平均为 137 次. 而以 12 月最少仅 100 人，6 月 109 人为次少，以 10—1 月为一宽低谷，6 月为一窄谷，这 5 个月均在 124 次以下，平均 112 次。按月序点图(图 2)得到双峰双谷图，双峰为冬末春季、盛夏初秋，患者经过严冬，酷暑的折磨后 1～3 个月死亡率最高。而秋高气爽，气候稳定，冬季温度低均有利病人的恢复，而 6 月多雨，多为凉夏，死亡率较低(表 3)。

表 3　武汉市主要气象要素月均值(1976—1993 年平均)

	1	2	3	4	5	6	7	8	9	10	11	12	年
月平均气温(℃)	3.5	5.6	9.0	16.5	21.7	25.5	28.4	28.0	23.1	17.7	11.2	5.9	16.4
月降水量(mm)	39.5	60.7	105.5	125.1	165.0	253.8	178.2	133.8	81.1	93.8	56.3	27.7	1323.3
月平均相对湿度(%)	76	78	80	81	80	79	80	79	79	79	78	75	79

高温月 $\sum_{i=1}^{18} y_{oi}$ 值大与高温年 Δy_0 为正可进一步说明高温能激发癌细胞活性，加速癌症患者死亡，而低温月 $\sum_{i=1}^{18} y_{oi}$ 值与低温年 Δy_0 为负又一致，则表明低温可抑制癌细胞活性。另外 y_0 值月变程中持续 4 个月的死亡高峰则与春季气候多变(乍暖还寒，春雨连绵)有关，各种病菌大量滋生，侵害着抵抗力低下的癌症患者的身体，造成冬末春季癌症死亡持高不下。据研究，死亡率最高的心血管疾病在春季也存在一高峰[3]。

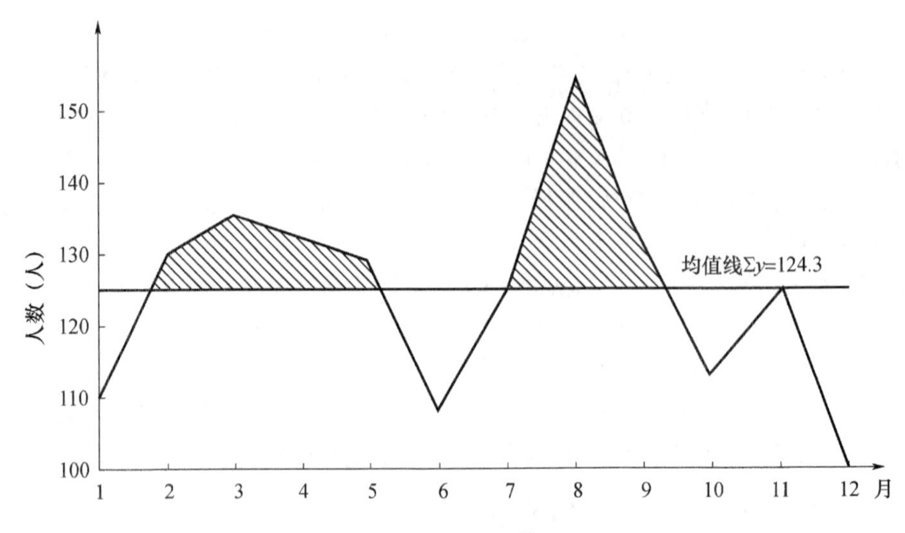

图 2 1976—1993 年癌症患者在医院死亡总数 $\sum_{i=1}^{18} y_{\alpha i}$ 逐月分布图(湖北省肿瘤医院)

4 小结与讨论

(1)癌症死亡数(率)存在明显的年、月时间的变化,并与环境(社会、自然)影响密不可分。

(2)癌症死亡数逐年代上升,主要反映床位数和患者的增加。

(3)癌症死亡率随时间递变呈指数递减趋势:

$$y'_0 = 0.708e^{0.0886t}(r=0.921, \alpha=0.01)$$

从 20 世纪 70 年代的 0.645 减至 90 年代的 0.20,二者相差 3.2 倍,而前 11 年下降快,后 7 年下降极慢,几乎稳定在 0.19,表明社会进步、医疗水平提高,医疗条件改善等可极大地降低癌症死亡率。

(4)癌症死亡月变化曲线呈双峰型,盛夏初秋(7—9 月)和冬末春季(2—5 月)为峰值域,其中 8 月为全年最高;而深秋隆冬(10 月至翌年 1 月)为宽低谷,6 月为窄谷。分析发现气温及其变率对此有决定性影响,凡高温及温度多变季节,癌症死亡数(率)高,反之死亡数(率)低。故夏季应做好降温工作,春季应搞好保温措施,可减少患者死亡。

(5)$\Delta y_0 = y'_0 - y_0$ 是去掉社会趋势影响的年死亡率距平,具有年际比较性,主要反映了天人感应:凡在太阳活动高值年附近,南方涛动指数≤−0.4,年均温显著偏高(≥0.3 ℃),年降水量偏多(≥200 mm),Δy_0 为正,即天地死亡率高,反之则低。

(6)由于(5)中指标具有可预见性,如 20 世纪 90 年代中期是太阳活动低谷,故可预见今后几年天地死亡率为负,癌症死亡相对较少,结合趋势方程,可以预测今后几年我院每年癌症死亡数在 100±5 人左右,全国癌症死亡数亦在低值域。而 2000 年之后几年将是第 24 次太阳活动高值年,届时我院及全国肿瘤工作者、患者及家属应做好防范措施。

参考文献

[1] Bouchard-Kurtz R,Speese-Owens N. 等. 癌症护理. 陈少英,等,译. 中华护理学会安徽分会等,1984.

[2] 张元东,李维宝. 太阳黑子[M]. 北京:中国华侨出版公司,1989.

[3] 张家诚. 气候与人类[M]. 郑州:河南科学技术出版社,1988.

夏季极端高温对武汉市人口超额死亡率的定量评估*

摘　要　利用武汉市居民1998—2008年夏季(6—8月)逐日死亡人数(率)及同期逐日气象要素,分析极端高温对超额死亡率的影响程度及其阈值,采用逐步回归法建立定量评估模型,并进行预报效果检验和典型年回代检验,以便开展高温对健康影响的评估及医疗气象预报。结果表明:武汉夏季人群超额死亡率可以定量表述;极端高温对超额死亡率影响最大,湿度、气压、风速几乎没有影响;超额死亡率随日最高气温升高呈指数规律增加,高温致超额死亡的阈值为35.0 ℃,"热日"比"非热日"平均死亡率高出50.7%;采用日最高气温≥35 ℃的有效累积温度及当日最高气温建立的超额死亡率评估模型,对2003年夏季一次高温热浪过程的回代试验,其中2007年和2008年夏季的评估试验效果较好,表明该模型可用于实际评估业务中。

关键词　极端高温;阈值;超额死亡(率);定量评估

1　引言

气候与人体健康息息相关[1-4],随着全球气候变暖,近年来与夏季高温相关的极端气候事件频繁发生[5],如2003年夏季的高温热浪,导致大量人员死亡。国外许多城市都发布高温或热浪警报,如美国费城、罗马等地建立了基于气团分类的热浪检测预警系统。国内对极端高温引发死亡的影响已有一些研究,如谈建国等[6]通过天气类型与上海居民死亡率的对比分析,建立了因受热浪侵袭而超额死亡数的回归方程,并在此基础上建立了上海热浪与健康监测预警系统,上海气象与卫生部门自2002年起正式对外发布热浪警报;王志英和潘安定[7]研究了影响广州市夏季高温的因素,并提出了相应的防御对策。李青春等[8]通过分析北京居民逐月死亡数与气象因子的相关关系,建立了逐月预测评估模型;李永红等[9]、吴英等[10]、王丽荣和雷隆鸿[9]分析了南京、合肥夏季高温对死亡数的影响,但没有建立预测评估模型。

武汉地处南北气候过渡带,夏季炎热,几乎每年夏季总有一段或几段高温天气,研究极端高温对人群超额死亡的影响,并建立定量评估模型,对于减轻气候变化危害,应对气候变化有十分重要的意义。

2　资料来源及方法

2.1　资料来源

武汉市疾病控制中心提供了武汉市1998—2008年共计11年的逐日居民死亡例数和百万人口死亡率资料。由于这11年间武汉市人口呈逐步增加的趋势(表1),为了消除人口增加的影响,使各年之间资料具有可比性,本研究采用百万人口死亡率进行分析。同期气象资料来源

* 杨宏青,陈正洪,谢森,叶殿秀,龚洁.气象与环境学报,2013,29(5):140-143.(通讯作者)

于中国气象科学数据共享服务网，包括最高气温、平均气温、最低气温、相对湿度、平均气压、平均风速。

表 1　1998—2008 年武汉市城区逐年人口数量

年份	1998	1999	2000	2001	2002	2003	2004	2005	2006	2007	2008
人口数量/人	4188283	4240202	4279509	4299624	4544517	4425336	4544517	4668472	4703000	4725370	4742321

2.2　方法

将武汉夏季日最高气温每 1 ℃(35.0～35.9 ℃记为 35.0 ℃，余类推)分为一段[12]，统计 11 个夏季(6—8 月)每段最高气温内日平均死亡率，根据该序列，采用移动 t 检验判断突变点(即日均死亡率突然增加的拐点)，突变点即为极端高温致超额死亡的阈值。根据阈值将夏季的每一天分为“热日”(≥阈值)和“非热日”(＜阈值)，夏季超额死亡人数按下式定义：

$$S_c = S_r - S_f \tag{1}$$

式中，S_c为超额死亡数；S_r为“热日”实际死亡数，S_f为“非热日”平均死亡数。夏季超额死亡数的含义是高温情况下比正常情况下的多出死亡数。上式除以当年武汉市人口数(以百万为单位)，为超额死亡率。

以 1998—2006 年夏季日最高气温≥阈值的逐日超额死亡率为预报量，采用逐步回归建立日超额死亡率的评估模型，2007 年和 2008 年资料用于预报效果检验。

3　结果分析

3.1　超额死亡率与气象因子的相关分析

3.1.1　夏季高温致超额死亡的阈值

图 1 为 1998—2008 年武汉市夏季每段最高气温日均死亡率的变化。由图 1 可以看出，日均死亡率随日最高气温的变化可分为 4 段。当日最高气温在 30 ℃以下时，日均死亡率变化比较平稳，与日最高气温的关系大不，基本上在 12 人/100 万上下波动；当日最高气温在 30.0～34.0 ℃之间时，尤其是达到人体皮肤温度时(32.0～33.0 ℃)，日均死亡率则略有增加，可以达到13 人/100 万；当日最高气温在 35～37 ℃之间时，日均死亡率随气温增加而逐步增加，达到15～16 人/100 万；当日最高气温为 38 ℃以上时，日平均死亡率急剧增加，可以多达 22～30 人/100 万。

采用移动 t 检验判断该序列的突变点，突变点有 2 个，即 35 ℃(t=4.28，通过 0.001 的显著性检验)和 38 ℃(t=13.69，通过 0.001 的显著性检验)，由于 38 ℃以上的样本数太少(武汉 1998—2008 的 11 年间，一共只出现了 15 天 38 ℃以上的高温天气)，因此，确定 35 ℃为武汉夏季热致超额死亡的阈值(临界温度)。统计表明，日最高气温在 35 ℃以上的日均死亡率为 18.49 人/100 万，在 35 ℃以下的日均死亡率为 12.27 人/100 万，“热日”与“非热日”日平均死亡率之比高达 1.507，即“热日”比“非热日”日平均死亡率多 50.7%，因此夏季高温对超额死亡的影响极大。

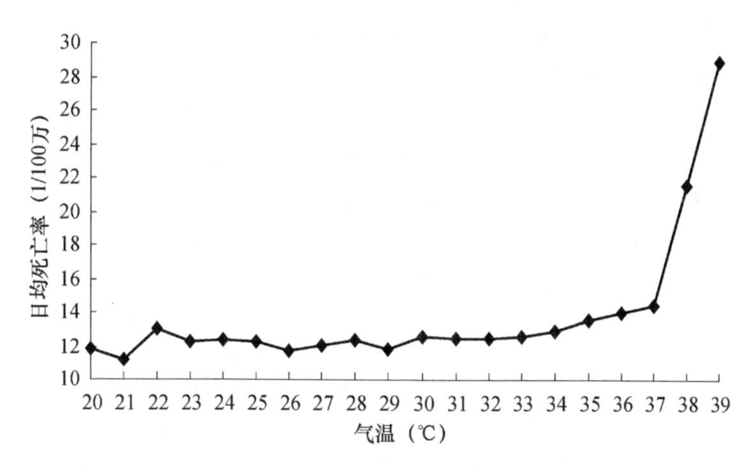

图1　1998—2008年武汉夏季日均死亡率与最高气温的关系

3.1.2　超额死亡率与气象因子的相关分析

参考相关文献[13]，选取7个气象因子（见表2），考虑到超额死亡率与气温并不是线性关系，而呈指数关系，因此对气温进行指数化处理后，超额死亡率与其呈线性关系。表2为超额死亡率与这7个因子的线性相关系数（样本数为284）。可见，超额死亡率与≥35 ℃的累积温度以及 $e^{t\max}$、e^{t}、$e^{t\min}$ 相关系数分别达到了0.60、0.58、0.62、0.60，均达到0.001的极显著水平，而超额死亡率与相对湿度、气压、风速相关系数较低，均未通过显著性检验。说明夏季超额死亡率主要由高温引起，气温越高，≥35 ℃的累积温度越大，则超额死亡越多。

表2　超额死亡率与气象因子的相关系数

气象因子	≥35 ℃累积温度（$\sum t_{\max}\geqslant 35$）	最高气温（$e^{t\max}$）	平均气温（e^{t}）	最低气温（$e^{t\min}$）	相对湿度（h）	平均气压（p）	平均风速（v）
相关系数	0.60	0.58	0.62	0.60	−0.06	0.10	−0.08

3.2　超额死亡评估模型的建立

3.2.1　超额死亡评估模型

综合以上分析，由于气温是影响超额死亡率的主要因子，因此选取连续日最高气温≥35 ℃的有效累积温度、当日最高气温、平均气温、最低气温四个因子，利用1998—2006年夏季超额死亡率序列，采用逐步回归建立武汉市超额死亡率的评估模型如下：

$$Y=0.0979+0.0563e^{(t-30.0)}+0.3196\left(\sum t_{\max}\geqslant 35\right) \tag{2}$$

式(2)中：Y 为由于高温引起的日超额死亡率（人/100万），t 为平均气温（$t-30$ 是考虑 e^{t} 量级太大而采取的数学处理），$\sum t_{\max}\geqslant 35$ 为连续日最高气温≥35 ℃的有效累积温度。此回归方程的样本数为284，复相关系数为0.70，通过信度为0.001的检验。

3.2.2　回代及预报效果检验

2003年夏季我国江南及华南等地出现了持续40多天的历史罕见高温天气，许多省会城市的最高气温创下历史之最。武汉在7月23日至8月9日，有17 d最高气温在35 ℃以上，极端最高气温达 39.6 ℃。用模式对 2003 年这段连续高温期间日超额死亡率进行回代检验，对 2007 年和 2008 年夏季进行预报效果检验。

图 2 为 2003 年连续高温期间实际日超额死亡率与模拟值的对比，7 月 23 日至 8 月 9 日的 18 d 里，实际超额死亡数为 8.88 人/100 万，模拟值为 7.33 人/100 万。从图 2 可看出，模拟值与实际值的变化趋势完全一致，相关系数高达 0.91。

图 3 为 2007 年和 2008 年夏季实际日超额死亡率与模拟值的对比。可见，模拟值与实际值的变化趋势基本一致，相关系数为 0.53 ℃。

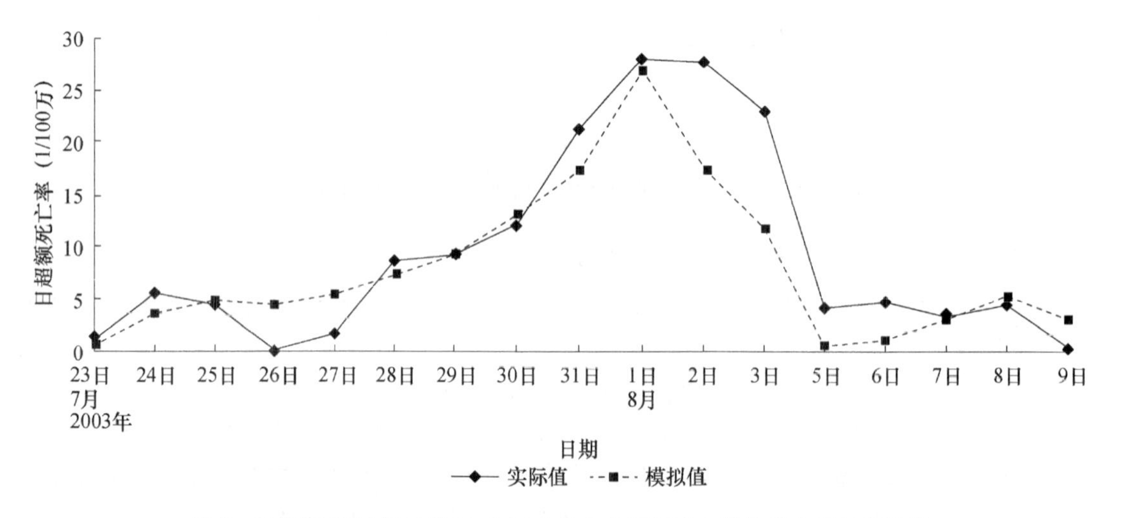

图 2　武汉市 2003 年 7 月 23 日至 8 月 9 日超额死亡率的拟合值与实际值

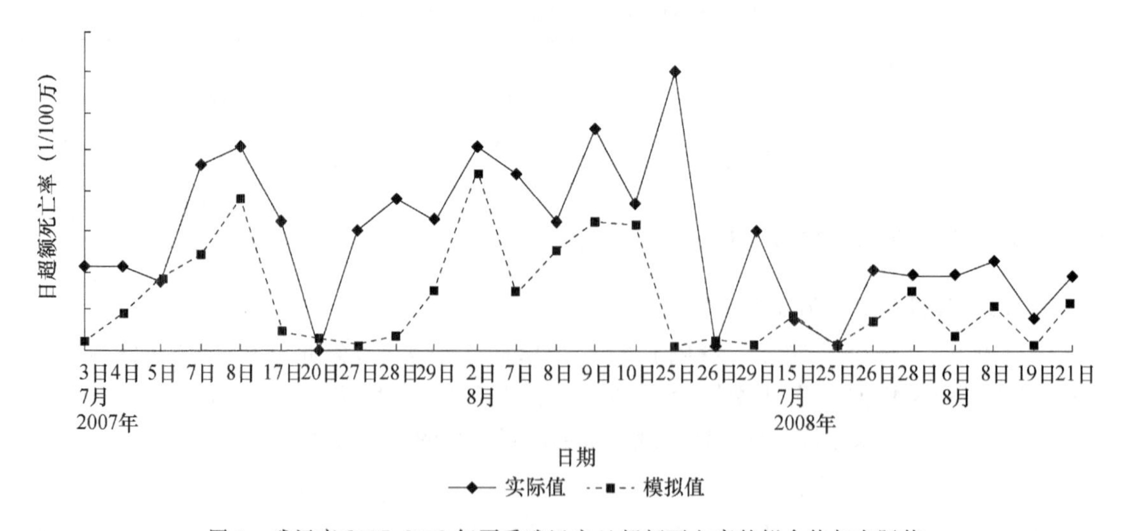

图 3　武汉市 2007、2008 年夏季武汉市日超额死亡率的拟合值与实际值

4　结论与讨论

(1)武汉夏季人群死亡率随日最高气温升高呈指数规律增加，高温致超额死亡的阈值为 35.0 ℃，“热日”比“非热日”日平均死亡率高出 50.7%。可见，夏季极端高温对超额死亡的影响极大。

(2)武汉夏季超额死亡率与≥35 ℃的累积温度及日最高气温、平均气温、最低气温的相关系数分别为0.60、0.58、0.62、0.60,达到极显著水平;与气压、相对湿度、风速相关系数较低,未能通过显著性检验,说明高温是影响超额死亡的主要因子。

(3)总体来说,建立的夏季日超额死亡率评估模型效果较好,可利用该模型进行预测服务。一旦气温突然升至35 ℃以上,或午后突然降温,会导致模拟值较低。因此,还需进一步研究这种特殊情况下的超额死亡率与气温的关系,进一步提高评估模式的准确率。

参考文献

[1] 代玉田,于凤英,常平,等.德州市高血压发病气象条件与预报模式[J].气象与环境学报,2012,28(5):79-82.

[2] 李雪源,景元书,吴凡,等.南京市呼吸系统疾病死亡率与气象要素的关系及预测[J].气象与环境学报,2012,28(5):46-48.

[3] 李耀宁,陶立新,张子曰,等.慢性阻塞性肺病与气象因素相关性分析[J].气象与环境学报,2010,26(6):13-17.

[4] 王艳华,任传友,刘江,等.沈阳市急性心肌梗塞患者死亡与气象条件的关系[J].气象与环境学报,2009,25(5):62-66.

[5] 刘建军,郑有飞,吴荣军.热浪灾害对人体健康的影响及其方法研究[J].自然灾害学报,2008,17(1):151-156.

[6] 谈建国,殷鹤宝,林松柏.上海热浪与健康监测预警系统[J].应用气象学报,2002,13(3):356-363.

[7] 王志英,潘安定.广州市夏季高温影响因素及防御对策研究[J].气象研究与应用,2007,28(1):35-40.

[8] 李青春,曹晓彦,郑祚芳,等.极端气温对城市人群死亡的影响评估[J].灾害学,2006,21(1):13-17.

[9] 李永红,陈晓东,林萍.高温对南京市某城区人口死亡的影响[J].环境与健康杂志,2005,22(1):6-8.

[10] 吴英,赵小燕,江志勤.高温对合肥市高龄人群死亡影响的分析[J].中国公共卫生,1994,10(2):91-92.

[11] 王丽荣,雷隆鸿.天气变化对人口死亡率的影响[J].生态科学,1997,16(2):81-86.

[12] 杨宏青,陈正洪,刘建安,等.武汉市中暑发病的流行病学分析及统计预报模型的建立[J].湖北中医学院学报,2000,2(3):51-52,62.

[13] 陈正洪,史瑞琴,李松汉,等.改进的武汉中暑气象模型及中暑指数等级标准研究[J].气象,2008,34(8):32-36.

武汉市日平均气温对居民死亡数的滞后影响研究*

摘　要　根据武汉市 2004 年 1 月 1 日至 2008 年 12 月 31 日每日居民死亡资料和同期气象指标及大气污染指标，采用非线性分布滞后模型，在控制季节趋势和其他混杂因素后，研究日均气温与心脑血管疾病和呼吸系统疾病死亡数之间的关系。结果表明：武汉市日均气温对心脑血管疾病死亡效应和呼吸系统疾病死亡效应曲线均为 J 形。冷效应具有延迟性，心脑血管疾病和呼吸系统疾病的死亡效应均在低温滞后 1 天开始出现，4 天达到最高，并持续 8～20 天。热效应表现为急性效应，两种疾病死亡效应均以当天最高，持续 2 天，呈现出明显的收获效应，随时间的延长而减小。由此可知，高温和低温均是武汉市居民心脑血管疾病和呼吸系统疾病每日死亡的危险因素，存在滞后效应。两种疾病低温效应的滞后时间长于高温效应。

关键词　气温；心脑血管系统疾病；呼吸系统疾病；非线性分布滞后模型

1　前言

2013 年政府间气候变化专门委员会(IPCC)第五次评估报告(AR5)指出，1880－2012 年全球平均温度已升温 0.85 ℃(0.65～1.06 ℃)。在全球表面温度升高的大背景下，极端天气发生频率和强度加剧出现，给人类生存环境与身体健康带来很大挑战[1]。众多研究报道的严重空气污染或极端天气气候事件对人类健康造成很大的影响，且其影响往往持续很多天[2-4]。诸多学者对城市人群死亡影响的极端气温阈值及其长序列的时间线性变率进行了研究，建立未来气候变化对城市人群死亡影响的定量评估[5-8]，均反映出气温是作为衡量疾病发展与恶化的重要指标。

气温的变化对于人体健康有着不同程度的影响，其与健康的关系成为目前国内外研究热点[9]。大量研究显示，气温对死亡的影响不仅表现出当天最明显，其对数天甚至旬的死亡也有关[10-12]。Gasparrini 等提出的分布滞后非线性模型(distributed lag nonlinear model，DLNM)同时考虑暴露因素的滞后效应和暴露反应的非线性关系，较以前的分布滞后模型(DLM)更适合气温等时间序列数据的健康效应研究，可估计日常情况下气温每改变 1 ℃所带来的健康效应[13-14]。

为此本研究利用武汉市 2004 年 1 月 1 日至 2008 年 12 月 31 日气象参数、空气质量指数和每日死亡数据，运用非线性分布滞后模型分析研究气温对城市居民死亡影响的滞后效应和累积效应，为探讨气温的健康效应提供科学依据。

2　资料及方法

2.1　资料来源

(1)居民死亡资料：依据武汉市死因登记报告信息系统收集 2004 年 1 月 1 日至 2008 年 12

* 王林，陈正洪，汤阳. 气象科技，2016，44(3)：463-467.

月 31 日武汉市居民日死亡资料，其对心脑血管疾病(ICD—9:390-459;ICD—10:100-199 和呼吸系统疾病 ICD—9:460-519;ICD—10:100-198)的死亡病例进行统计整理，资料由武汉市疾病预防控制中心提供。

(2)大气污染物监测资料：依据武汉市 10 个(沉湖七壕、东湖高新、东湖梨园、沌口新区、汉口花桥、汉口江滩、汉阳月湖、青山钢花、吴家山、武昌紫阳)大气污染物固定监测点的数据，计算同时期空气质量指数 AQI，资料由武汉市环境检测中心提供。

(3)气象参数资料：同时期日均气温和日均相对湿度来源于中国气象科学数据共享服务网。

2.2 统计学分析

2.2.1 温度指标

以往的研究中将日均气温与日最低气温、热指数(HI)等温度指标进行比较，发现日均气温是目前反映每日温度暴露的最佳指标，可用来预测死亡效应[15-16]。因此，文章选择日均气温进行武汉市心脑血管疾病和呼吸系统疾病的冷、热温度效应分析。

2.2.2 DLNM 建模

由于心脑血管疾病、呼吸系统疾病的死亡人数属于小概率事件，两者均近似泊松分布，

$$\log[E(Y_t)] = \alpha + \beta T_{t,l} + \sum_{i=1}^{q} v_i X_{it} + S(\mathrm{t_t}, d_f = 4) + S(h_t, d_f = 3) + \sum_{j=1}^{m} w_j (s_{jt}) l。$$

变量名及其含义：

Y_t——观察日 t 当天死亡人数；

$E(Y_t)$——观察日 t 当天预期死亡人数；

α——截距；

β——为 $T_{t,l}$ 温度矩阵的回归系数；

v_i——回归模型中的解释变量系数；

w_j——哑变量回归系数；

$T_{t,l}$——由 DLNM 得到的滞后 l 天温度矩阵；

l——滞后天数，最大滞后 20 d[15]；

X_{it}——观察日 t 当天数值及空气质量指数 AQI；

$S(x,y)$——自然立方样条函数(natural cubic spline)；

t_t——观察日 t 对应的时间变量；

d_f——自由度；

h_t——观察日 t 对应的日平均相对湿度；

s_{jt}——对应变量产生影响的分层哑变量、星期哑变量、月份哑变量等。

根据气象指标日均气温、空气质量指数 AQI 对心脑血管疾病、呼吸系统疾病的死亡影响分别建立分布式非线性滞后模型，分析日均温度对两种疾病死亡率的影响。

建立模型中，采用赤池信息准则(Akaike information criterion，AIC)对解释变量进行取舍，同时确定自然立方样条函数和气温及滞后的自由度[17-19]。根据 AIC 最小原则，确定时间变量和日均相对湿度变量的自由度分别为 4 和 3，气温和滞后的自由度分别为 4 和 5[14-15]，得到最佳模型，

进行气温-死亡效应分析。本研究采用 R3.1.2 软件进行统计分析,采用双侧检验($P<0.05$)。

3 结果

3.1 资料统计描述

2004 年 1 月 1 日至 2008 年 12 月 31 日,观察日数为 1827 天,武汉市心脑血管疾病和呼吸系统疾病日均死亡人数分别为 27.2 人和 13.67 人。同期平均空气环境指数 AQI 为 87.06。气温和相对湿度的日均值分别为 18.16 ℃和 69.58%。

3.2 DLNM 拟合

3.2.1 不同滞后时间日均气温对日死亡数的影响

将 2004—2008 年日均气温与武汉每日居民心血管疾病死亡数、呼吸系统疾病死亡数进行 DLNM 建模拟合,最大滞后时间设定为 20 d,观察每一个滞后日对每日居民心脑血管疾病死亡数的影响,得到不同滞后气温效应的三维图(图 1)。由图 1 可见,高温和低温均会引起死亡效应增强,高温对每日居民心脑血管疾病死亡和呼吸系统死亡的影响主要是短期即时效应,以死亡当天效应最强,低温对心脑血管死亡的效应在滞后 4 天最强,对呼吸系统死亡的效应在 4 天和 17 天左右时最强。随着滞后时间的延长,高温和低温效应均逐渐下降。

3.2.2 日均气温对日死亡数的总效应

由图 2 可见 2004—2008 年武汉地区滞后 20 天日均气温对心脑血管和呼吸系统日死亡效应曲线均呈 J 形,即低温效应持续时间较长,而高温热效应持续时间较短。心脑血管疾病死亡人群和呼吸系统疾病死亡人群对冷热效应的气温风险最低点分别为 23.5 ℃和21.5 ℃,气温高于或低于此温度时,死亡人数均呈上升趋势。

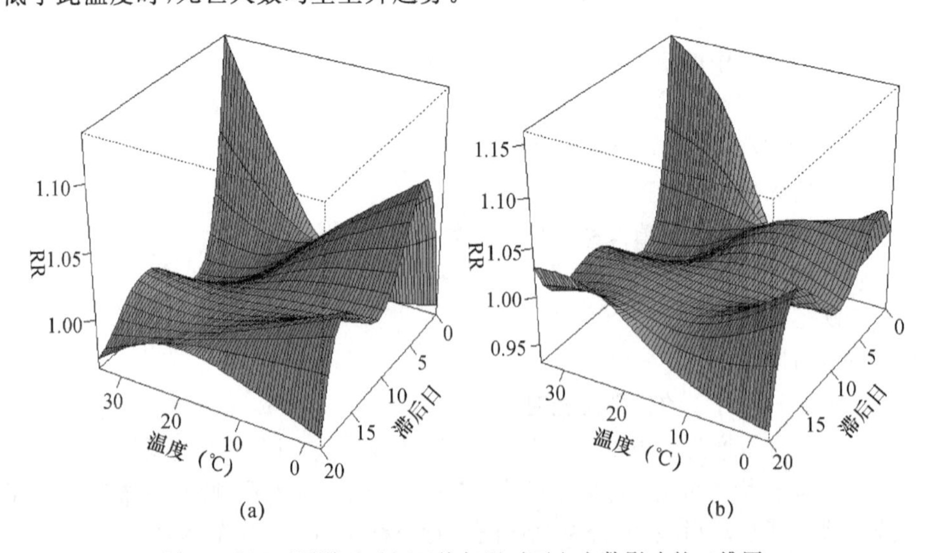

图 1 武汉不同滞后时间日均气温对死亡人数影响的三维图

(a)心脑血管疾病;(b)呼吸系统疾病(下同)

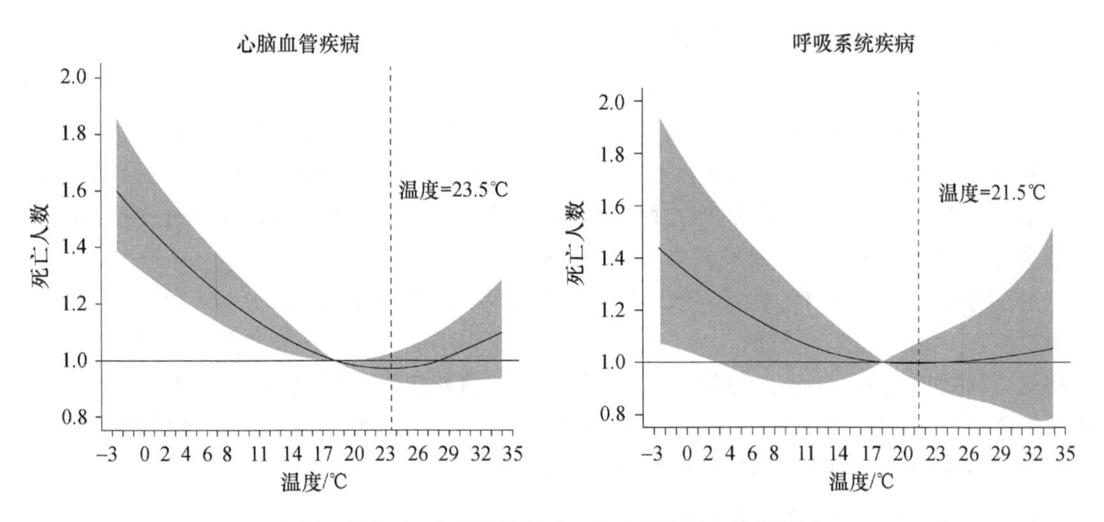

图 2　滞后 20 d 日均气温对心脑血管死亡人数的影响
（阴影为 95％置信区间死亡人数）

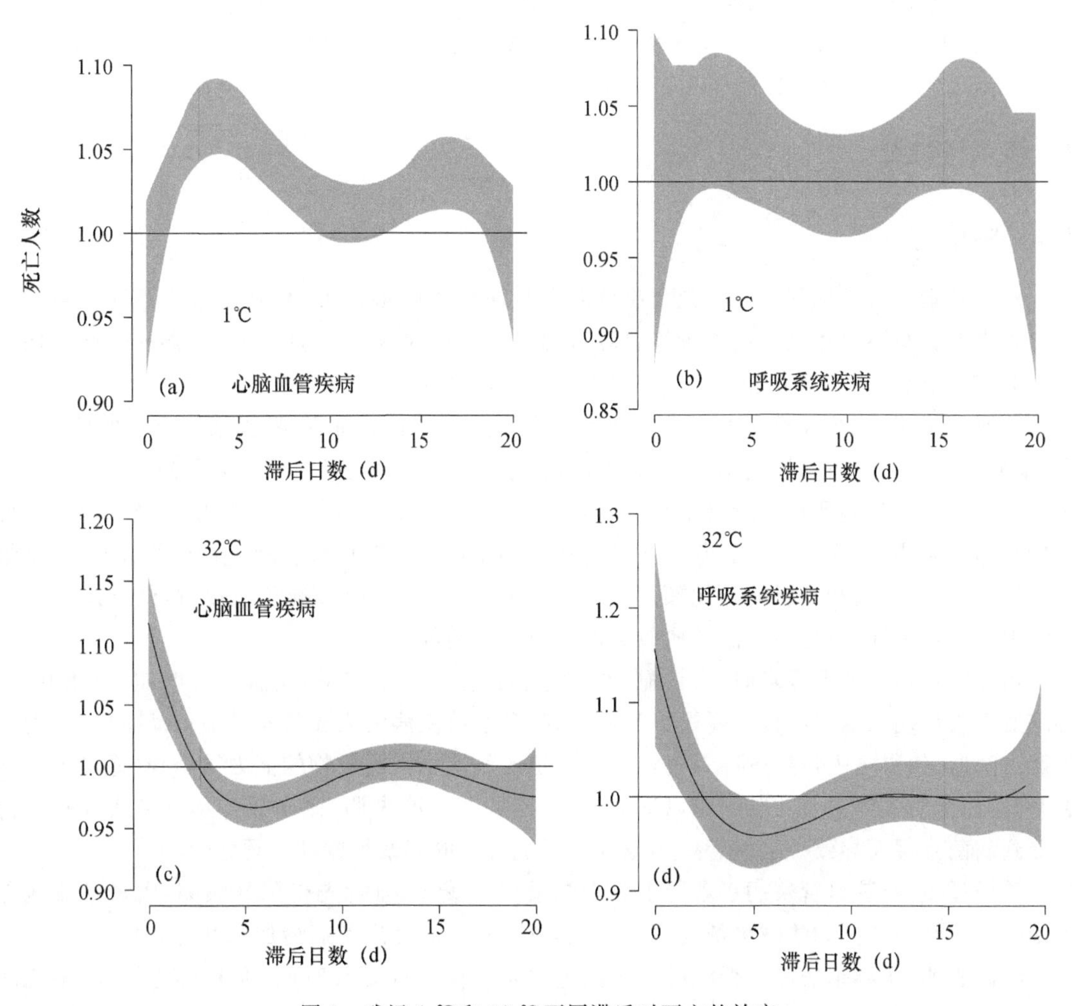

图 3　武汉 1 ℃和 32 ℃不同滞后对死亡的效应

3.2.3 低温与高温对死亡的效应

以武汉市 2004—2008 年日均气温的 $P_{2.5}$(1 ℃)和 $P_{97.5}$(32 ℃)作为低温效应和热效应的温度截点,绘制 20 天滞后曲线图。低温对心脑血管疾病死亡的效应在滞后 1 天开始出现,约 4 天达最高后开始下降,在 17 天再次达到小高峰,9~12 天危险度较低,20 天达到最低,即在滞后第 4 天低温对心脑血管疾病死亡的效应最强(图 3a)。高温对心脑血管死亡的效应以当天最高,约 2 天后下降,呈现明显的收获效应(图 3c)

对于呼吸系统来说,低温对其死亡效应也在滞后 1 天开始出现,呈现 4 天和 17 天双峰的最强效应,9~12 天危险度较低,20 天亦达到最低,即低温在滞后第 4 天和第 17 天对呼吸系统疾病死亡的效应最强(图 3b)。高温对心脑血管死亡的效应以当天最高,约 2 天后下降,呈现明显的收获效应,第 5 天达到最低,20 天略微上升(图 3d)。总之,高温对当天的呼吸系统疾病死亡效应最高,与对心脑血管疾病死亡效应基本一致。

3.2.4 冷、热对死亡的累积效应

根据 DLNM 得到不同滞后冷、热效应对心脑血管疾病、呼吸系统疾病死亡的累积效应。0~20天滞后低温对心脑血管疾病死亡人数的影响最强,分别为气温每降低 1 ℃死亡数增加 1.922%和 1.468%。心脑血管疾病和呼吸系统疾病死亡的热效应均在 0~2 天滞后最高,温度每升高 1 ℃,分别增加 1.23%和 1.248%。

4 结论与讨论

4.1 结论

国内外学者对日均气温——死亡率曲线形状研究表明多呈 U、V 和 J 形。不同区域气温对死亡率的影响不尽相同。国内天津日均气温——死亡曲线呈 U 形,昆明气温——死亡曲线呈 L 形,广州气温——死亡曲线呈 U 形,上海市日均气温——死亡曲线呈 J 形[11,20-22]。

本研究采用 DLNM 模型发现武汉地区日均气温——心脑血管/呼吸系统死亡曲线均呈 J 形,阚海东等对上海市日均气温对心血管和呼吸系统日死亡率研究也得出同样的结论[11]。武汉每日心脑血管疾病死亡风险最低点的日均气温为 23.5 ℃,每日呼吸系统疾病死亡风险最低点的日均气温为 21.5 ℃,说明 20—25 ℃是适宜的温度,心脑血管及呼吸系统死亡的风险度最低。同时发现,低温和高温均与超额死亡密切相关,武汉高温的影响急促短暂,低温影响相对缓慢但可持续 2 周或以上,低温效应较高温效应作用时间长。

当冷锋过境时气温骤降时,人体血管收缩更加剧烈,心跳减慢,血流阻力增加、血压升高,心脑血管疾病病人的血小板易凝聚成为血栓,呼吸系统疾病病人支气管纤毛运动减弱,肺泡吞噬能力降低,使得呼吸道抵御冷锋过境前期稳定大气层结中污染物的能力下降;冷锋过境后气温升高,而此时人体血管的收缩难以适应,呼吸道调节功能失调,血小板持续凝结或呼吸道持续受到病菌入侵而导致心脑血管疾病或呼吸系统疾病的病情加剧甚至死亡[23-25]。

暖锋过境,心脑血管疾病患者肾上腺素先增多后减少,血管先扩张又收缩,大量钠排泄导致细胞的电解质紊乱和酸碱平衡失调而出现心律失常,易使患者病情加重甚至死亡[24]。

结论表明,冬春季居民对低温的防范措施要延续两周或更长时间,尤其对老年人,不应随着低温结束立即停止。

4.2 讨论

国内外研究发现寒冷条件下，除了日均气温最具关联效应外，低气压和高气压天气也是脑血栓发病的危险因素[26]。气温对死亡的影响具有区域特异性，也与地区经济发展水平、空气污染状况、卫生服务程度等因素有关[27-28]。不同地区应结合当地气候情况综合考虑局地多影响因素及人群疾病状况等，提出有效的防控策略。

综上所述，2004—2008 年武汉市日均气温变化影响每日居民心脑血管疾病、呼吸系统疾病死亡人数，高温存在 1～2 天的滞后期，低温的滞后期较长。因此气温骤变时，尤其是极端天气气候事件发生时，应做好对特殊人群的宣传工作和预防措施，减少其导致的健康危害。

参考文献

[1] Intergovernmental Panel on Climate Change. Working Group I Contribution to the IPCC Fifth Assessment Report Climate Change 2013：The Physical Science Basis[R]. IPCC，2013.

[2] Zanobetti A，Schwartz J，Samoli E，et a1. The temporal pattern of mortality responses to air pollution：a muhicity assessment of mortality displacement[J]. Epidemiology，2002，13：87-93.

[3] Braga AL，Zanobetti A，Schwartz J. The time course of weather—related deaths[J]. Epidemiology，2001，12：662-667.

[4] 陈燕，薛旭，陈建新，等. 南阳市灰霾天气污染特征及其健康效应[J]. 气象科技，2010，38(6)：737-740.

[5] 李永红，陈晓东，林萍. 高温对南京市某城区人口死亡的影响[J]. 环境与健康杂志，2005，22(1)：6-8.

[6] 王丽荣，雷隆鸿. 天气变化对人口死亡率的影响[J]. 生态科学，1997，16(2)：81-86.

[7] 徐伟. 夏季两种类型高温特征对比和舒适度评价[J]. 气象科技，2014，42(4)：719-724.

[8] 杨宏青，陈正洪，剂建安，等. 武汉市中暑发病的流行病学分析及统计预报模型的建立[J]. 湖北中医学院学报，2000，2(3)：51-52，62.

[9] 丁一汇. 中国气候变化—科学、影响、适应及对策研究[M]. 北京：中国环境科学出版社，2009.

[10] 刘芳，张金良，陆晨. 我国气象要素与心脑血管疾病研究现状[J]. 气象科技，2004，32(6)：426-428.

[11] 张璟，刘学，阚海东. 上海市日平均气温对居民死亡数的滞后效应研究[J]. 中华流行病学杂志，2012，33(12)：1252—1257.

[12] 孙永州，李丽萍，周脉耕. 气温对中国五城市居民死亡率的滞后影响分析[J]. 中华预防医学杂志，2012，46(11)：1015—1019.

[13] Kim H，Ha J S，Park J. High temperature，heat index，and mortality in 6 major cities in South Korea[J]. Arch Environ Occup Health. 2006，61：265-270.

[14] Gasparrini A，Armstrong B，Kenward M G. Distributed lag non—linear models[J]. Statistics in Medicine，2010，29：2224-2234.

[15] 杨军，欧春泉，丁研，等. 分布滞后非线性模型[J]. 中国卫生统计，2012，29(5)：772-774.

[16] 曾韦霖，马文军，刘涛，等. 构建气温—死亡关系模型中温度指标的选择[J]中华预防医学杂志，2012，46(10)：946-951.

[17] Ha Shin Y，Kim H. Distributed lag effects in the relationship between temperature and mortality in three major cities in South Korea[J]. Sci Total Environ，2011，409：3274-3280.

[18] Wood S N，Augustin N H. GAMs with integrated model selection using penalized regression splines and applications to environmental modelling[J]. Ecol Model，2002，157：157-177.

[19] Peng R D，Dominici F，Louis T A. Model choice in time series studies of air pollution and mortality[J]. J Royal Stat Soc：Series A(Statisticsin Society)，2006，169：179-203.

[20] Guo J Y, Barnett A G, Pan X, et al. The impact of temperature on mortality in Tianjin, China: a case-crossover design with a distributed lag nonlinear model[J]. Environ Health Perspect, 2011, 119: 1719-1725.

[21] 谢慧妍,马文军,张永慧,等. 广州、长沙、昆明气温对非意外死亡的短期效应研究[J]. 中华预防医学杂志,2014,48(1):33-43.

[22] 严青华,张永慧,马文军,等. 广州市 2006—2009 年气温与居民每日死亡人数的时间序列研究[J]. 中华流行病学杂志,2011,32(1):9-14.

[23] 岳海燕,申双和. 呼吸道和心脑血管疾病与气象条件关系的研究进展[J]. 气象与环境学报,2009,25(2):57-60.

[24] 马守存,张书余,王宝鉴,等. 气象条件对心脑血管疾病的影响研究进展[J]. 干旱气象,2011,29(3):350-361.

[25] 耿迪,孙宏,蒋薇,等. 南京市呼吸系统疾病死亡人数与气象因子的关系[J]. 兰州大学学报(自然科学版),2015,51(1):93-97.

[26] 范惠洁,赵素萍,王秋芳. 气象因素对心脑血管疾病和部分呼吸心肌病影响研究[J]. 现代预防医学,2003,30(5):642-644.

[27] Wilkinson P, Pattenden S, Armstrong B, et al. Vulnerability to winter mortality in elderly people in Britain: population basedstudy[J]. BMJ, 2004, 329: 647.

[28] 陆晨. 疾病发病与特殊天气过程的相关特征[J]. 气象科技,2004,32(6):429-432.

中国各地 SARS 与气象因子的关系*

摘 要 根据中国主要发病区北京、河北、香港、台湾及广东等地 2003 年 3—5 月间 SARS 主要发病时段逐日发病数与同期、前期气象条件进行了相关性比较，并揭示了 2002 年 11 月—2003 年 5 月间的气候背景，初步研究表明：SARS 的滋生和传播有一定的适宜温度范围(14—28 ℃)，过高过低均不利；在此范围内，发病数与气温(平均、最高、最低气温以及气温日较差)、降水量和相对湿度均为负相关，尤其是最低温度相关性最好；前 7 天左右的气象条件比当天的气象条件影响更大；各地都经历了较长时间甚至严重干旱。总之，20 ℃左右的温度与长期少雨干旱环境的配合有利 SARS 的发病和传播。

关键词 SARS；气象因子；相关性

1 引言

大量研究表明疾病尤其是传染病的发生、发展、传播等与气象条件密切相关[1-6]。自 SARS 发生以来，科学家就开始了 SARS 与气象环境可能关系的研究和争论。如关于温度与 SARS 的关系，美国科学家赖明诏认为 SARS 病毒与流感病毒有相似之处，好发于冬春季，这种病毒有可能过一段时间自动消失，也可能消失一段时间后再度袭来；最新研究表明，SARS 病毒在 36.9 ℃就会死亡。

上海交通大学[7]研究表明，SARS 病毒的传播与气温和空气湿度密切相关，当温度相对较高(20 ℃以上)、湿度较大(80%左右)，SARS 病毒的存活时间显著下降，并建议医院尤其是隔离病房要普遍采用加湿器，要提高湿度。而国家气象中心[8]研究表明：前 9～10 天日最高温度相对较低(26 ℃以下)、气温日较差较小、空气相对湿度较大，有利于 SARS 病毒扩散和传播，反之则不利，并建议家庭、医院等场所应保持通风干燥的气候环境。可见在 SARS 病毒与温度的关系上是一致的，但在与湿度关系上结论相反。

SARS 的滋生、传播与气象条件的关系到底怎么样，为什么不同的研究组会得到完全相反的结论，可见 SARS 与气象的关系已是亟需研究解决的科学问题。

2 资料

通过查阅 WHO(世界卫生组织)网站(www. who. int/en/)及中国内地(www. moh. gov. cn)、香港等卫生部门网站上的 SARS 疫情报告，收集了世界上 8 个主要 SARS 发病区(2003 年 5 月 31 日前发病总人数在 10 人以上)即中国内地、香港、台湾、新加坡、越南、菲律宾、加拿大、美国及全世界从 3 月 17 日至 5 月 31 日逐日新增病例数序列，中国内地又重点考虑广东、北京、河北等三地，资料开始时间为 4 月 21 日，其中加拿大、台湾、河北等地序列最完整，对香

* 陈正洪，叶殿秀，杨宏青，冯光柳. 气象，2004，30(2)：42-45.

港、新加坡两地还将序列重建到第一例出现(分别为 2 月 21 日和 2 月 25 日),至于广东、北京两地 4 月 21 日前的发病人数序列也进行了重建。本文只考虑中国主要发病区逐日 SARS 新增数与同期气象、气候条件的相关性分析。其中北京、河北代表北方主要疫区,香港、广东代表南方疫区,台湾为单独一区。

考虑流行病的发生发展可能与前期气候条件密切相关,各地气象资料为从 2002 年 11 月 1 日到 2003 年 5 月 31 日间逐日气温(平均、最高、最低、日较差)、降水量、相对湿度、风速等。

文献表明[9],广东于 2002 年 11 月报告首例病例,高峰在 2003 年 1—2 月,4 月发病人数明显减少,但 4 月 25 日后才有完整的逐日病例公布。接着发病顺序是香港、台湾、北京、河北,始发、高峰,平台及衰亡都集中在 3—5 月(表 1、图 1),故为重点分析时段。

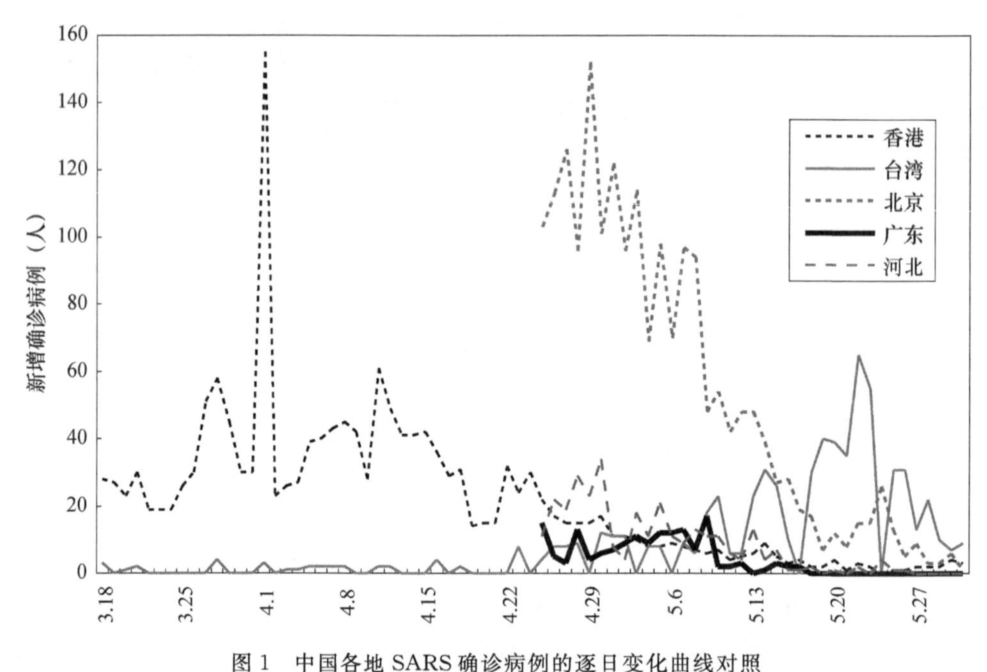

图 1　中国各地 SARS 确诊病例的逐日变化曲线对照

表 1　中国各地非典型肺炎初发、高发、消亡的大致时间

地点	初发	高发	消亡	持续时间
广东	2002 年 11 月 16 日	2003 年 1—2 月	2003 年 6 月底	大约 7 个半月
香港	2003 年 2 月 21 日	2003 年 3—5 月	2003 年 6 月	大约 4 个月
台湾	2003 年 3 月 18 日	2003 年 4 月底—6 月中	2003 年 6 月底	大约 4 个月
北京	2003 年 3 月	2003 年 4 月—5 月中	2003 年 6 月中	大约 4 个月
山西	2003 年 4 月	2003 年 4 月底—5 月中	2003 年 5 月底	大约 1 个半月

3　结果分析

3.1　各地逐日 SARS 发病数与同期气象条件的相关性分析

广东省 SARS 发病序列已无统计意见,故只对其余四地 3—5 月 SARS 高发期间分别进行了逐日 SARS 确诊人数与当天及前几天的 7 项气象要素逐日气温(平均、最高、最低、日较差)、降水量、相对湿度、风速的相关分析及其显著性检验,结果见表 2。分析表明:

(1)前 5～7 天的气象因子比当天气象因子与当天 SARS 确诊病例数的相关性高,说明气象因子对 SARS 发病的影响,从感染、潜伏、发作、应诊到确诊平均有 5～7 天的过程,这也是 SARS 流行病学调查和研究中必须考虑的;

(2)SARS 确诊病例数与前期平均、最高、最低气温均为负相关,其中与最低气温相关性最高,达到极显著程度,与平均气温相关性较显著,与最高气温相关不太显著,说明夜间至凌晨相对低的气温是有利于 SARS 发生发展的环境;

(3)SARS 确诊病例数与前期气温日较差有弱的正相关,但仍接近 0.1 的信度水平;

(4)在北京,SARS 确诊病例数与前期相对湿度、降水量均为负相关,其中与相对湿度相关性达到极显著程度,与降水量也达到显著程度,说明空气干燥有利于 SARS 的发生和传播;在山西,SARS 确诊病例数与前期相对湿度、降水量几乎不相关;在香港和台湾,SARS 确诊病例数与前期相对湿度均为正相关。可见不同地点湿度的影响是不一样的,正如上述上海交通大学与国家气象中心两家研究结论相反。

(5)SARS 确诊病例数与前期风速为正相关,在北京达到极显著,在台湾相关性较弱。

表 2　中国各地逐日非典型肺炎确诊人数与当天及前 7 天的 7 项气象要素的相关性

气象要素	北京				山西			
	当天	前 5 天	前 6 天	前 7 天	当天	前 5 天	前 6 天	前 7 天
平均气温	−0.26	−0.33	−0.25	−0.20	−0.30	−0.29	−0.37	−0.42
平均相对湿度	−0.19	−0.27	−0.32	−0.42	0.04	−0.10	−0.05	−0.10
平均风速	0.36	0.55	0.36	0.42	0.20	−0.07	−0.02	−0.16
降水量	0.06	−0.17	−0.26	−0.20	−0.06	0.03	−0.08	0.12
最低气温	−0.39	−0.37	−0.31	−0.44	−0.37	−0.53	−0.51	−0.50
最高气温	−0.06	−0.21	−0.15	−0.08	−0.14	−0.16	−0.27	−0.35
气温日较差	0.19	0.06	0.08	0.27	0.17	0.27	0.15	0.05

气象要素	台湾				香港				
	当天	前 5 天	前 6 天	前 7 天	当天	前 6 天	前 7 天	前 8 天	前 9 天
平均气温	0.03	−0.29	−0.27	−0.13	−0.41	−0.56	−0.60	−0.62	−0.57
平均相对湿度	−0.21	0.34	0.39	0.31	0.32	0.02	0.18	0.31	0.11
平均风速	0.13	−0.05	−0.12	−0.18	0.22	0.08	−0.05	−0.12	−0.13

*已将逐日 SARS 确诊人数序列进行了 3 天滑动平均。资料时段:北京为 4 月 21—5 月 25 日共 35 天,山西为 4 月 25—5 月 25 日共 31 天,台湾为 4 月 24—5 月 30 日共 37 天,香港为 3 月 18—5 月 31 日共 75 天。

3.2　各地气候背景分析

统计了广州、北京、香港、台湾等四地 2002 年 11 月—2003 年 5 月月平均气温、月降水量、月平均相对湿度等 3 项气候要素与历史同期平均值(1971—2000 年 30 年平均)的差值(即距平)进行分析,结果见表 3,具体结果如下:

(1)除北京去冬 11 月、12 月,台北去冬 11 月气温较常年偏低 0.2～1.5 ℃外,四地其余各月均较常年偏高，极端情况为今年2月广州偏高3.2℃，北京偏高1.8℃，香港偏高3.4℃，这3地今年4月或5月均出现次高距平，台北则在今年4月偏高2.0℃；

(2)广州、香港和台北三地除去冬12月降水偏多外，其余6个月均偏少，如广州在2003年2月只有7.7 mm，而历史同期平均为69.4 mm，偏少近9成，据分析整个华南地区2003年1—5月干旱十分严重；北京过去7个月降水只较历年略偏多，但7个月中有4个月偏少(2002年11月、2003年2、4、5月)，其中4月降水只有13.0 mm，较常年偏少近4成；

(3)除北京大多数月份相对湿度偏高外，香港则与多年情况持平或略高(前面已分析，降水则为明显偏少)，广东和台北多数月份偏低。

表3 中国各地2002年11月—2003年5月气候距平值

时间(年.月)	ΔT(℃)				ΔR(mm)				ΔH(%)			
	广州	北京	香港	台北	广州	北京	香港	台北	广州	北京	香港	台北
2002.11	0.0	−1.2	0.0	−0.2	−10.6	−7.4	−11.8	−28.0	1.1	−13.5	3.0	−4.7
2002.12	0.5	−1.5	0.3	1.2	29.1	5.1	36.8	17.4	11.7	13.6	12.0	2.1
2003.1	0.6	0.6	0.0	0.4	−7.8	6.9	−1.7	−13.6	−7.5	6.3	0	−8.1
2003.2	3.2	1.8	2.9	1.7	−61.7	−2.0	−32.9	−145.5	−1.4	5.3	4.0	−4.0
2003.3	0.8	0.7	1.0	0.2	−20.1	24.6	−28.3	−94.6	−3.2	7.9	1.0	−3.3
2003.4	2.0	1.2	2.5	2.0	−141.0	−8.2	−77.0	−50.3	−6.1	1.3	0	−0.6
2003.5	2.0	1.3	2.3	0.5	−94.2	−3.4	−67.7	−170.1	−8.3	7.4	2.0	−2.6

以上气候分析表明：在冬春之交，如果气温比历年平均偏高，加上少雨干旱对SARS病毒的滋生和传播有利。

3.3 四地逐日SARS确诊病例数演变曲线与同期气温的演变曲线进行对比分析

绘制广州、北京、香港、台湾等四地逐日SARS确诊病例数演变曲线，并与同期平均气温的演变曲线进行对比(图略)。分析结果表明，14～28℃是SARS滋生和传播的有利环境，而16～26℃最为有利，也是人体最舒适的温度范围。从四地疾病高发期对应的月平均气温变化范围也可以得到类似结论(见表4)。

表4 中国各地2002年11月—2003年5月平均气温(℃)

时间	广州	北京	香港	台北
2002年11月	19.6	3.4	21.7	20.7
2002年12月	15.8	−2.9	18.1	18.8
2003年1月	14.2	−2.9	16.2	16.2
2003年2月	18.0	1.2	19.3	17.6
2003年3月	18.7	6.5	19.9	18.2
2003年4月	24.1	15.4	25.0	23.7
2003年5月	27.5	21.2	28.1	25.2

注：下划线对应疾病高发期。

4 讨论

尽管WHO于2003年7月5日宣布SARS已经在全球范围内得到了控制,但是又警告说,这并不意味着SARS已经在全球范围内消失了,并要求各地卫生官员们不能掉以轻心。科技部部长徐冠华指出,由于研究时间短,非典型肺炎发病原因、传播途径并不完全清楚,还缺乏可靠、灵敏的早期诊断技术,疫苗还处在研发过程中,防治手段主要还局限于预防和对症、支持性治疗,非典型肺炎对人类健康依然构成潜在的威胁,研究工作一刻也不能放松。

致谢:谨向湖北省气象局彭广副局长,中国气象局吴贤纬老师,深圳市气象局张小丽高工等表示感谢!

参考文献

[1] 林立辉,方美玉,蒋廉化.我国南方虫媒病毒的流行病学研究[J].中国人兽共患疾病杂志,2001,17(1):86-88.

[2] 陈文江,李才旭,林明和,等.海南省全年适于登革热传播的时间以及气候变暖对其流行潜势影响的研究[J].中国热带医学,2002,2(1):31-34.

[3] 曾四清.全球气候变化对传染病流行的影响[J].国外医学医学地理分册,2002,23(1):36-39.

[4] 夏廉博.人类生物气象学[M].北京:气象出版社,1986.

[5] 陈正洪,杨宏青,王祖承,等.武汉市呼吸道和心脑血管疾病气象预报研究[J].湖北中医学院学报,2001,(2):15-17.

[6] P3实验室.锁定SARS存活期.科技日报,2003年5月27日.

[7] 叶殿秀,杨贤为,张强.北京地区非典型性肺炎疫情与气象条件关系的初步分析[J].气象,2003,29(10):42-45.

[8] 广东省卫生厅.关于我省发生不明原因肺炎情况的报告(粤卫〔2003〕23号文件).2003年2月3日.

深圳市流感高峰发生的气象要素临界值研究及其预报方程的建立*

摘　要　利用深圳市 2003—2007 年共 5 年的流感样病例资料和相关气象资料，探讨流行性感冒（简称流感）高峰与气象条件间的关系，对深圳市流感进行等级划分，分析了深圳市流感与气象要素的相关性，并探讨了两者间的超前滞后关系，最终得出深圳市流感受气温、相对湿度影响的临界值及其预报方程。

关键词　流行性感冒；流感样病例百分比 ILI(%)；气象因子；预报方程

1　引言

流感是第一个实行全球监测的呼吸道传染病[1]，近百年来曾多次发生世界大流行，历史上最严重的流感疫情是 1919 年爆发的西班牙流感，导致 2,000 万人死亡[2]。至今流感的并发症及间接经济损失仍然是很多国家的主要公共卫生问题，是世界各国重点防治的传染病之一[3,4]。

流感一年四季都会发生，但发生概率的时间分布却是不均匀的，影响这种"概率分布"的主要环境因素就是气象要素[5~9]。不同地域的天气形势有很大的区别，故流感的流行特征也有很大区别，例如美国流感高峰发生在冬末春初[10]，泰国发生在夏季[11]；我国北方一般在冬季，南方多在冬夏两季[12]。深圳市在地理位置上与香港毗邻，两地区域小气候条件相仿，同时深圳市人口高度密集，人群流行性感冒四季均有发生，发病率高，危害大，本文研究了深圳市流感与气象条件间的关系，对深圳市流感进行等级划分，分析了深圳市流感与气象要素的相关性，并探讨了两者间的超前滞后关系，最终得出深圳市流感受气温、相对湿度影响的临界值及其预报方程，为相关部门做好流感防治工作提供有效的科学依据，尽可能减轻流感造成的人体健康及社会经济方面的损失，对社会安定、经济发展都有重要的现实意义。

2　资料与方法

2.1　资料来源

按照世界卫生组织和国家流感中心推荐的流感样病例定义[13]（Influenza-like Illness，ILI）：体温≥38 ℃，伴有咳嗽，或咽疼痛、全身疼痛等症状的急性呼吸道感染病例，及全国流感监测方案（试行），在深圳市第一人民医院和深圳市妇幼保健院的内科、儿科、内/儿急诊科和发热科开展流感样病例监测，即通过长期连续地监测流感样病例就诊数占监测点就诊总人数百分比的动态变化情况得出连续完整的流感样病例百分比 ILI%[13]。设有专人在上述监测诊室

* 翟红楠，张莉，孙石阳，覃军，**陈正洪**. 数理医药学杂志，2009，22(2)：188-192.

收集 ILI 就诊人数及监测门诊病例总数，每周由预防保健科专人负责汇总、上报深圳市疾病控制中心(CDC)，市疾控中心专人负责统计核准监测数据。本文 ILI(%)时间序列长度为 2003—2007 年，总样本个数为 255。

气象资料来自中国气象局提供的全国地面气候资料日值数据集，包括深圳市逐日地面平均气压、平均气温、日最高气温、日最低气温、平均相对湿度、最小相对湿度、降水量、平均风速、日照时数共九个气象要素的数据资料，时间序列长度为 2003—2007 年。

2.2 方法

小波分析可研究时间序列的周期性和阶段性特征，用于比较不同要素时间序列间的内在变化规律。小波分析[14]的核心是多分辨率分析，它能把信号在时间和频率域上同时展开，可得到各个频率随时间的变化及不同频率之间的关系，同时，由于小波变换的母函数窗口与频率有关，频率越高，窗口越窄，因此小波变换可以分析出其他方法不能分析出的短波分量，并具有分析函数奇异性的能力。小波分析目前已广泛用于气温变化分析、降水变化分析、降水场空间结构、多尺度分析、洪涝期间的气象要素分析等，取得了一些成果。

本文选用的小波母函数为墨西哥帽：

$$\varphi(t)=(1-t^2)\exp(-t^2/2) \tag{1}$$

其傅里叶变换为 $\varphi(w)=\int_{-\infty}^{\infty}\varphi(t)\mathrm{e}^{-\mathrm{i}wt}\mathrm{d}t$，对时间序列 $f(t)$，其连续小波变换为：

$$W_{a,b}(f)=\int_{-\infty}^{\infty}\varphi_{a,b}(t)f(t)\mathrm{d}t \tag{2}$$

式中，a 为伸缩尺度，b 为平移因子，$W_{a,b}(f)$ 值为小波函数。可以证明，墨西哥帽小波是对 Gauss 函数 $g(t)=\mathrm{e}^{-r^2/2}$ 求二阶导数取负而得到，即 $\varphi(t)=-\frac{\mathrm{d}^2g(t)}{\mathrm{d}t^2}$，这时

$$W_{a,t}=W_af(t)=f\cdot\left[\sqrt{a^3}\frac{\mathrm{d}^2g_a}{\mathrm{d}t^2}\right](t)=\sqrt{a^3}\frac{\mathrm{d}^2}{\mathrm{d}t^2}(f\cdot g_a)(t) \tag{3}$$

其中，$g_a(t)=1/\sqrt{a}g\left[\frac{t}{a}\right]$，$t$ 等价于 b。小波逆变换可写成：

$$f(t)=\frac{1}{C_r}\int_{-\infty}^{\infty}\int_{-\infty}^{\infty}[W_{a,b}(f)\cdot\varphi_{a,b}(t)/a^2]\mathrm{d}a\mathrm{d}b \tag{4}$$

式中，C_r 为常数。扰动尺度(周期或波长)与伸缩尺度(小波的分辨尺度)a 的关系为 $T=3.974a$，时间尺度 L 与 a 的关系为 $L=a\pi/\sqrt{2}$。将小波系数的平方在 b 域上积分，即得小波方差：

$$W_a(P)=\int_{-\infty}^{\infty}|W_{a,b}(P)|^2\mathrm{d}b \tag{5}$$

可以证明，墨西哥帽小波变换系数的变化趋势与分析信号变化趋势基本一致。如果分析信号为气温，则某一时间尺度的正小波系数区与该时间尺度气候变化的暖位相对应，负小波系数与冷位相对应。本文中小波变换等值线图中的正、负中心分别对应于 ILI(%)或气象要素的高、低值中心。

本文ILI(%)为周合计值,即一周的流感样病例就诊数占就诊总人数的百分比,因此气象要素均以7天为一周计算其周平均值。

3 结果分析

3.1 等级划分

对五年的ILI(%)资料进行分级处理,以便更加方便地分析流感的流行特征,设样本平均值为$E(y_i)$,样本均方差为S_x,并参考深圳市流感监测的基线值与预警值[15],对深圳市ILI(%)划分等级如下:若ILI(%)>$E(y_i)+2S_x$,属于1级,表示ILI(%)极高;若ILI(%)在$E(y_i)+2S_x$与警戒线8.88%之间,则属于2级,表示ILI(%)较高;若ILI(%)在警戒线8.88%与基准线5.95%之间,则属于3级,表示ILI(%)一般;若ILI(%)在基准线5.95%与$E(y_i)-S_x$之间,则属于4级,表示ILI(%)较低;若ILI(%)在$E(y_i)-S_x$与$E(y_i)-2S_x$之间,则属于5级,表示ILI(%)极低,等级划分见表1

表1 ILI(%)等级划分

等级	1级	2级	3级	4级	5级
	极高	较高	一般	较低	极低
ILI(%)	>10.80	10.80~8.88	8.88~5.95	5.95~2.88	<2.88

3.2 相关分析

本文选取9个气象要素:平均气压、平均气温、日最高气温、日最低气温、相对湿度、最小相对湿度、24小时降水量、日平均风速以及日照时数,以七天为一周计算其周平均值。考虑到发病前的潜伏期和疾病后效表现期,对周时间尺度的ILI%和气象因子进行时滞相关分析,得到ILI%与气象因子的相关系数表(见表2)。

表2 ILI%与气象因子相关系数表

项目	平均气压	平均气温	最高气温	最低气温	相对湿度	最小相对湿度	降水量	风速	日照时数
同期相关	**−0.414**	**0.423**	**0.409**	**0.426**	**0.395**	**0.352**	0.237	−0.146	−0.082
气象要素超前1周	**−0.399**	**0.367**	**0.343**	**0.375**	**0.418**	**0.397**	0.225	−0.097	−0.032
气象要素超前2周	**−0.396**	**0.335**	0.311	**0.342**	**0.435**	**0.421**	0.265	−0.096	−0.018
气象要素超前3周	**−0.326**	0.288	0.275	0.292	**0.396**	**0.353**	0.171	−0.156	−0.026
气象要素超前4周	−0.284	0.211	0.198	0.216	**0.395**	**0.35**	0.189	−0.08	−0.015

注:表中黑体数字表示通过99.9%的信度检验。

由表2可见,主要气象要素(周平均的气压、气温、相对湿度,周平均的最高气温、最低气温和最小相对湿度)均与ILI%相关性显著,而且ILI%与气象要素有较好的时滞关系,前期气象因子可超前1~4周对后期ILI%产生影响:在平均气压与流感发病率的关系中同期相关最显著，且气压与ILI%呈负相关，前期平均气压可超前三周对后期ILI%产生影响；平均气温、最低气温、最高气温均与流感发病率同期相关显著，并且平均气温、最低气温可超前三周、最高气温可超前两周对流感发病产生影响；相对湿度对流感发病影响的滞后效应最长，可达四周，其中相对湿度超前2周时对后期ILI%的影响最为显著。

3.3 周ILI(%)、周平均温度和周相对湿度的时间序列分析

借助于小波实部图，可分析出时间序列的阶段性。小波实部图中的正、负中心代表了时间序列变化的主周期，而正、负区域代表时间序列变化的高（增加）、低（减少）阶段。由ILI(%)时间序列分析实部图（图1）可见，深圳市ILI(%)有48～55个星期左右的主周期，在此变化周期上，2003年1月—8月为正位相即ILI(%)增加，处于流感高峰时期；9月—次年1月为负位相即流感发病处于低峰时期。将周平均温度和每周ILI(%)图进行比较（图2），发现在2003—2007年期间周平均温度与ILI(%)的的变化周期、正负位相均极其吻合，说明气温的变化周期对流感发病有很大影响。而且ILI(%)的正负位相呈现略滞后于周平均温度的正负位相的规律，滞后时间约为1～3周。通过周相对湿度图与周ILI(%)图（图3）的对比可知，平均相对湿度存在49～52个星期左右的主周期，其正负相与ILI(%)存在相似的循环周期且呈现负相关关系，例如，相对湿度2003年第8～32周相对湿度为负位相，在第33～66周间为正位相。而ILI(%)在第18～45周间为负位相，在第46～72周间为正位相，再次验证了两者之间存在滞后效应。说明月余前的相对湿度与1个月后的流感高峰有一定的联系，即相对湿度对流感疾病具有一定的预报意义，对流感的预防可起到预警作用。

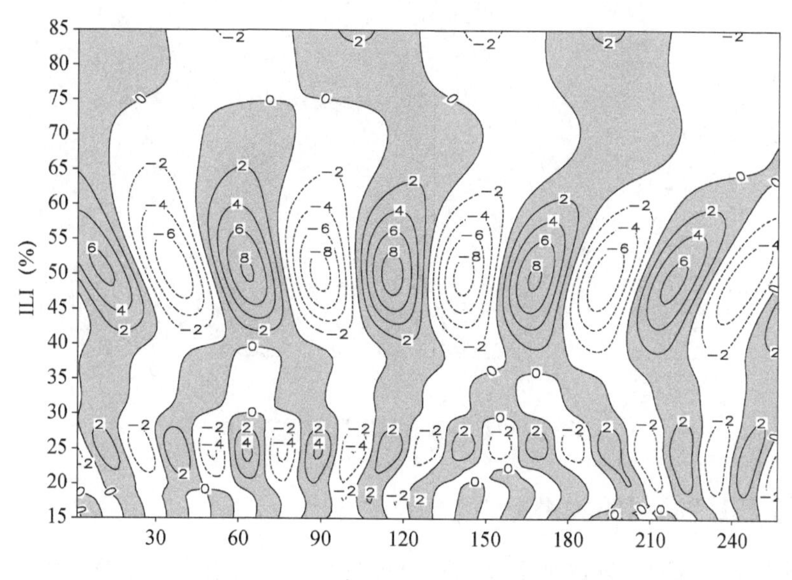

图1 ILI(%)时间序列分析实部图

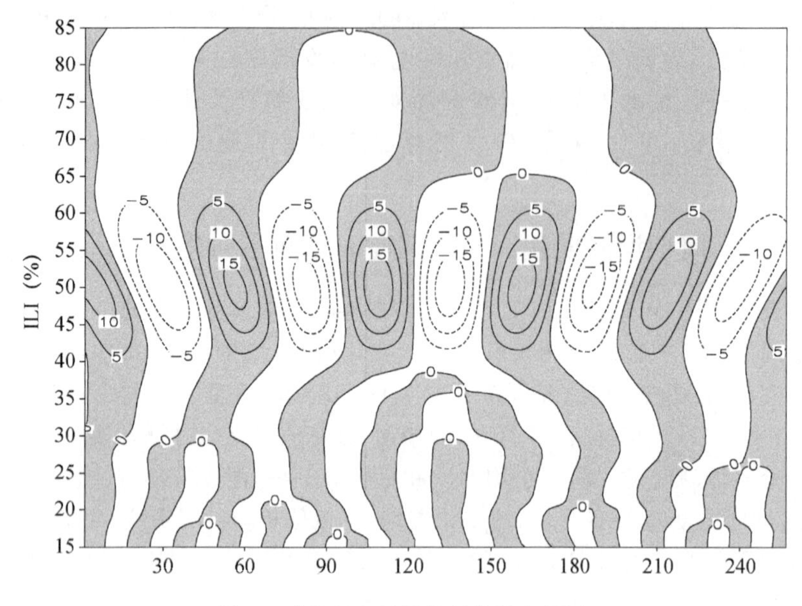

图 2　平均温度时间序列分析实部图

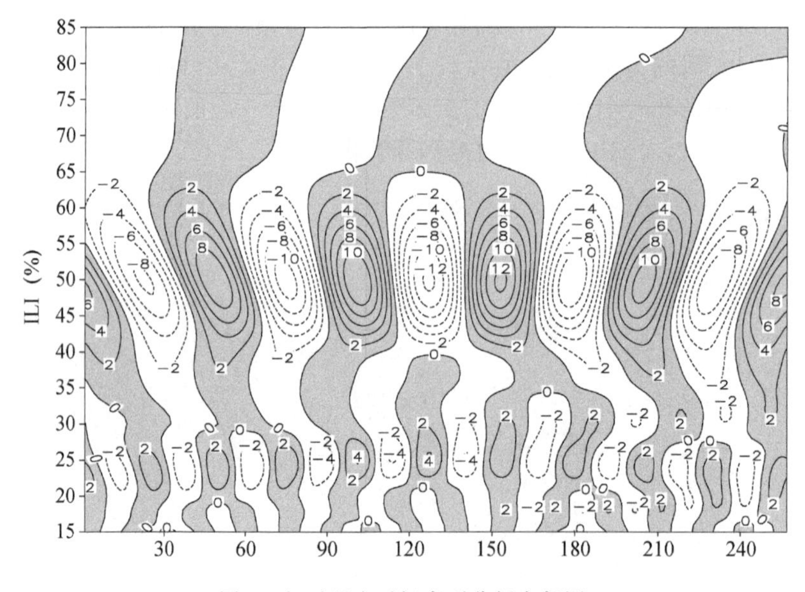

图 3　相对湿度时间序列分析实部图

3.4　气温与 ILI(%)间的关系

由周平均气温与周 ILI%的散点图(图 4)可见，ILI(%)极高点都发生在平均气温 25～30 ℃之间，且此温度段内的 ILI(%)发生比率也很高，在 10～20 ℃之间 ILI(%)发生比率也较高，但就诊率均在 8.88%以下。无法形成高峰。由周最高气温与 ILI%的散点图(图 5)可见，随着最高温度的上升，ILI(%)达到 1 级的点数开始增多，当最高气温达到 30 ℃时，1 级 ILI(%)点数最多，且 ILI×值也达到最高点，最高气温继续上升，ILI(%)值开始明显下降，1 级 ILI(%)点开始减少。由周最低气温与 ILI(%)的散点图(图 6)可见，周最低气温在 10～30 ℃

范围内均存在 1 级 ILI(%)点，但当周最低气温<20 ℃时，1 级 ILI(%)点较少，随着周最低气温的上升，1 级 ILI(%)点数开始增多，当周最低气温达到 25 ℃时 1 级 ILI(%)点数达到最多，然后周最低气温继续升高，1 级 ILI%点数开始减少。由以上分析可知，当平均气温 25～30 ℃之间易发生流感高峰，当同时满足周最低气温在 25 ℃左右，周最高温度在 30 ℃左右时有发生流感高峰的极大可能。

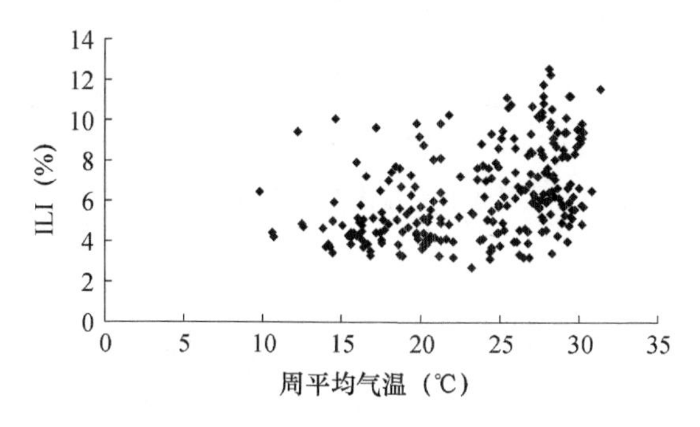

图 4　周平均气温与周 ILI(%)的散点图

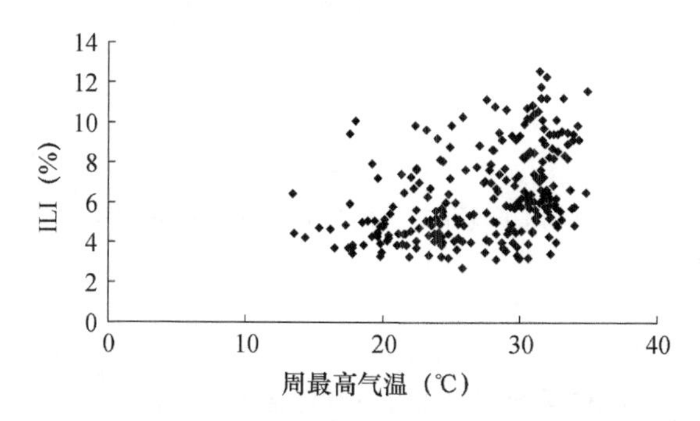

图 5　周最高气温与周 ILI(%)的散点图

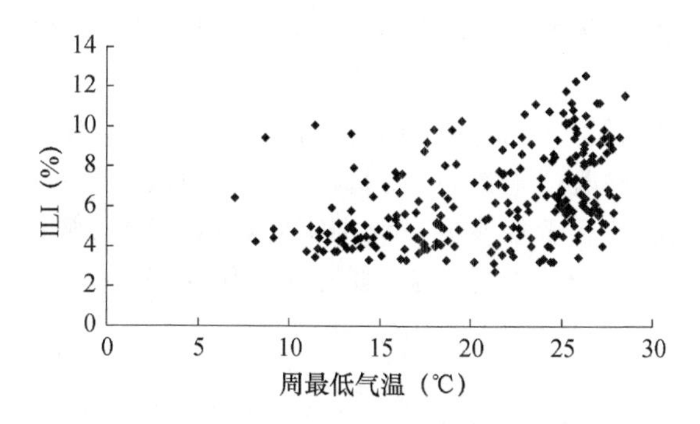

图 6　周最低气温与周 ILI(%)的散点图

3.5　周平均相对湿度与周 ILI(%)的关系

图 7 为周最小相对湿度与周 ILI(%)的散点图，由该图可知，流感高峰发生在周最小相对湿度为 60%左右时，说明适中的相对湿度是流感高峰出现的 1 个条件。由周平均相对湿度与周 ILI(%)的散点图图 8 可知，1 级 ILI(%)点集中于周平均湿度 60%～80%的范围内，由此可知适当的湿度是流感高峰出现的必要条件。

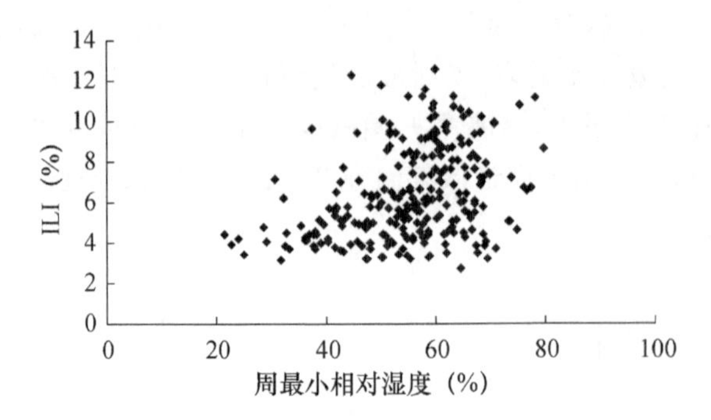

图 7　周最小相对湿度与周 ILI(％)的散点图

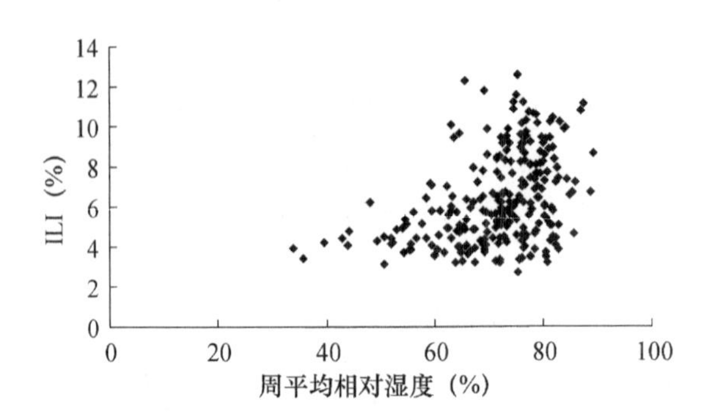

图 8　周平均相对湿度与周 ILI(％)的散点图

3.6　ILI(％)等级预报

由以上分析可知，ILI(％)的高低与气温、相对湿度有紧密的关系，且月余前的气温、相对湿度可超前影响后期 ILI(％)。故选取同期、前一周、前两周、前三周的平均气温、最高气温、相对湿度、最小相对湿度进行逐步回归，利用 220 个样本建立 ILI(％)预报方程，得到预报方程如下：

$$Y=-1.561+0.075X_1+0.107X_2 \quad (R=0.473, N=220)$$

其中：Y——ILI(％)预报值，X_1——超前一周平均日气温、X_2——超前两周平均相对湿度

对预报方程进行检验，检验样本数为 35，将检验样本的实测气象要素代入预报方程，计算结果与实际就诊率相比较，若两者处于同一级别算对，否则算错，则正确率为 60.00％。若两者处于同一级别或差一级别算对，否则算错，则正确率为 96.67％。

4　结果与讨论

本文利用深圳市近 5 年的流感样病例资料和相关气象资料，用周时间尺度的时滞相关分析方法，分析了流感的暴发流行特征及其与气象要素因子的关系。结果表明：

(1)主要气象要素(周平均的气压、气温、相对湿度，周平均的最高气温、最低气温和最小相对湿度)均与 ILI％相关性显著，而且 ILI％与气象要素有较好的时滞关系。

(2)当平均气温 25～30 ℃之间易发生流感高峰，当同时满足周最低气温在 25 ℃左右，周最高温度在 30 ℃左右时有发生流感高峰的极大可能。

(3)适当的相对湿度是流感高峰发生的必要条件，尤其是相对湿度在 60％～80％范围内时，有发生流感高峰的较大可能。

(4)得出了深圳市ILI%周时间尺度的预报方程,且预报因子易于获取。

致谢:感谢深圳市气象局、深圳市疾病控制中心(CDC)提供相关资料。

参考文献

[1] 肖芸.流行性感冒与普通感冒[J].公共卫生,2007(8):692-694.

[2] Fleming D M, Watson J M, Nicholas S, etc. Study of the effectiveness of influenza vaccination in the elderly in the epidemic of 1989—1990 using a general practice database[J]. Epidemiol Infect, 1995, 11(5): 581-589.

[3] 刘庚山,郭安红,安顺清.流行性感冒爆发气象条件主成份分析[J].气象科技,2002,30(6):341-343.

[4] 山义昌,徐太安,鲁丹,等.流感流行期大气环境特征及流感分析预报[J].气象科技,2003,31(6):389-396.

[5] 孙凤华,杨素英.沈阳地区气象条件对人体健康影响的研究及预报[J].气象科学,2004,24(3):367-372.

[6] Allison M H. Global warming impact on flu bug concerns experts[J]. Tribune Review, 2008,4

[7] 毕家顺.昆明的气候与感冒发病率相关性研究[J].数理医药杂志,2006,19(1):62-64.

[8] 林文实,郑思钦.香港流行性感冒与天气的关系[J].环境与健康杂志,2004,21(6):389-391.

[9] 陈正洪,杨宏青,曾红莉,等.武汉市呼吸道和心脑血管疾病的月季旬分布特征[J].数理医药杂志,2000,13(5):88-91.

[10] Patz J A, Epstein P R, Burke T A, et al. Global climate change and emerging infectious diseases[J]. JAMA, 1996, 275(3):217-223.

[11] youthao S, Jaroensutasinee M, Jaroensutasinee K. Analysis of Influenza Cases and Seasonal Index in Thailand[J]. International Journal of Biological and Medical Sciences, 26(12):113-116.

[12] 徐红.2002—2003年中国南、北方地区流感监测分析[J].世界感染杂志,2003,3(4):282-285.

[13] 全国流感/人禽流感监测实施方案(2005—2010)[R].中国疾病预防控制中心,2005.

[14] 覃军,张陆军,胡江林.武汉近百年来气温变化的多时间尺度分析[J].华中师范大学学报(自然科学版),2000,34(3):370-372.

[15] 逯建华,张顺祥,谷利妞,等.深圳市流行性感冒监测参考线的设计及预警应用[J].疾病监测,2007,22(12):798-800.

Impacts of Atmospheric Conditions on Influenza in Southern China. Part I. Taking Shenzhen City for Example*

ABSTRACT In this study, we analyse the relationship between the occurrences of influenza in Shenzhen, a rapid developing city in subtropic regions of southern China with over 10 million populations, and the vapor pressure(VP), the concentrations of atmospheric pollutants (SO_2, NO_2, PM_{10}) for the period of 2003—2008. Using the data such as the rate of Influenza-Like-Illness(ILI(%)), the concentrations of pollutants and vapor pressure, we show quite different results from previous research conducted in other regions in China which are dominated by temperate climate and with influenza outbreak in Winter and Autumn. Our results show that the rate of ILI in Shenzhen reaches its maximum in Summer and minimum in Winter and the concentrations of pollutants were significantly correlated with ILI(%), there are significant positive correlations between ILI(%) and VP which can explain over 25% the variance of ILI(%) variations. Quite surprisingly, both atmospheric SO_2 and PM_{10} concentrations are negatively correlated with ILI(%), this is because acid deposition may limit the spread of disease, the seasonal variations of acid rain in Shenzhen could contribute to the seasonality of its influenza. Furthermore, there are some significant correlations between preceding VP and SO_2 and PM_{10} concentrations to ILI occurrence and such connections can be used for ILI predictions.

Keywords: Vapor Pressure; Air Pollutants; Acid Rain; Influenza; The Rate of ILI

1 Introduction

The threats of atmospheric pollutants to human health have been intensively studied in the past decades. The Particulate Matters(PM_{10}), Sulfur dioxide(SO_2) and Nitrogen dioxide (NO_x) have the highest exposure risk to human respiration system and immunization system. A number of studies examined the relationships between atmospheric pollutants and respiration system diseases in several cities in China[1-4]. Reference[1] pointed out that airborne pollutants such as PM, SO_2, NOx accompanied by harsh meteorological conditions could have harmful risk on human health. Reference[5] showed that the rate of diagnosis for pedology and upper respiration system increased when the concentrations of airborne SO_2, NOx, CO, PM_{10} increased. Furthermore, Reference[6] analyzed the influence of airborne pollutants,

* Jun Qin, Hong Fang, **Zheng-hong Chen**, Hong-nan Zhai, Li Zhang, Xiao-wen Chen. Open Journal of Air Pollution, 2012, (1): 59-63. (SCI)

especially the PM, on influenza and found that dry air conditions may favor for reproducing and diffusing flu virus because precipitation could reduce the concentrations of atmospheric pollutants by 60% through dissolutions and chemical reactions. Similar results were also reported in other countries. For instance, Reference[17]showed that the rate of respiration system sickness in Australia increased 8% for per unit increase of the SO_2 concentration in ambient atmosphere.

Studies have also been conducted to explore the mechanism of such relationships between air pollution and respiration diseases. For example, Reference [8,9] found that atmospheric pollutants influenced the human immunity system by changing the level of immunodeficiency, therefore increasing RTI(respiratory tract infection)and allergy diseases. Despite of the fact that the epidemiological studies overall supported the conclusion that pollutants in ambient atmosphere have a negative effect on the human health[10-12], a number of recent studies reported that atmospheric pollutants could reduce certain diseases. For example, Reference [13] emphasized that the spread of SARS(Severe Acute Respiratory Syndromes) showed a negative relationship with the acid rain due to the fact that the acid in precipitation had an effect on diluting and killing virus in the ambient atmosphere. Reference[14] also found that the concentration of $PM_{2.5}$ led to a reduction of respiration system diseases, pneu-monia in adults, and coronary heart diseases in Helsinki. Reference[15] stated that the increasing of ILI in Hong Kong for the period from 1996 to 2002 was closely related to the reduction in concentrations of PM_{10}.

Different climate background and air conditions could have contributed to such inconsistency aforementioned. The dry environment favors the propagation of flu virus in North China and temperate regions[6,16]. Nevertheless, as pointed out by Reference[16], atmospheric humidity could reduce the Influenza Virus Transmission (IVT) and Influenza Virus Survival (IVS)rates in temperate regions. Less is known about the situation in subtropic regions in China which is influenced by a different climate regime. This is the focus of our study. When assessing the impacts of atmospheric pollutants on human health, much more attentions was paid to their influence on human body, while their impacts on flu virus itself are often neglected, therefore we need to make further investigations in different regions to explore the impacts of environmental factors on flu-like diseases.

The industrial emissions and vehicle emissions are the main source of air pollution in China. In recent years, with the rapid development of urbanization in Shenzhen city, the urban air pollution becomes more and more serious, and the number of days that dust haze occurs has increased, causing the entire region heavy haze weather. The ash haze weather appears when the air pollution degree intensifies, specially the PM_{10} density presents the date in the ash haze to elevate obviously. Previous studies also indicated that the dry environment favors the propagation of flu virus in temperate regions in China, but how about the situation in subtropic regions? So we choose concentrations of atmospheric pollutants(SO_2, NO_2, PM_{10}) and

Vapor Pressure(VP)as the study object in this paper.

Accordingly, the paper is organized as follows. In Section 2, we present the data source and analytical method in our study, Then in Section 3 we concentrate on discussing the relationships between ILI, vapor pressure (VP) and concentrations of atmospheric pollutants (SO_2, NO_2, PM_{10}) collected in Shenzhen(22°N, 113°E), a rapid developing city in subtropical region of southern China. Conclusions and discussions from our analysis will be presented in Section 4.

2 Data Sources and Methods

In this study, we use the definition of Influenza-Like Ill-ness(ILI) from the World Health Organization(WHO) which is also used by China National Flu Center. ILI is defined as the acute respiration system disease with animal heat equal or above 38℃ and accompanied with cough and ache in pharynx or ache from head to foot. ILI rate(%) is then defined as the proportion of outpatient visits diagnosed as Influenza-Like Illness [17]. The ILI(%) data used in this study are provided by the Shenzhen Center for Disease Control and Prevention(CDC). The data are collected from its two monitoring sites which are also part of the national monitoring sites: the Shenzhen People's Hospital and Shenzhen Center for Maternal and Child Health Care. The CDC started the flu monitoring since 1984 and has strict quality-control process and experience to ensure the quality and reliability of its ILI data. In our analysis, all the atmospheric environmental data are provided by the Shenzhen Meteorology Bureau which records and maintain high-quality meteorological observations.

Both weekly averaged data and daily data are used to analyze the relationship between ILI(%) and atmosphe-ric environmental conditions. The weekly-averaged ILI(%) is the rate of weekly total patients diagnosed as influenza divided by the total patients visiting the above two hospitals during the 261 weeks from 2003 to 2007. Furthermore, daily ILI(%), daily vapor pressure and concentrations of SO_2, NO_2, PM_{10} for the period of 11th February to 20th April 2008 are used for some case studies. In addition, rainfall PH data from 3th July 2006 to 9th March 2009 are also used. In the analysis, the four seasons in Shenzhen are defined as Winter(December to following February), Spring(March to April), Summer(May to September) and Autumn(October to November).

When analysing the relationships between ILI(%) and environmental factors, we need to know the percentage of the variance of ILI(%) which can be explained by the variations of environmental factors. In this study, the variance contribution of environmental factors(VP, SO_2, NO_2, PM_{10}) to ILI(%) equals to the square of correlation coefficient between ILI(%) and environmental factors.

3 Results and Discussions

3.1 The Correlation between the ILI(%) and Ambient Conditions

To reveal the overall relationship between ILI(%) and environment elements, we first calculate the correlations between weekly averaged ILI(%) and VP, the concentrations of SO_2, NO_2 and PM_{10} (Table 1). Weekly averaged ILI(%) shows a significant correlation with VP, concentrations of SO_2 and PM_{10}, but not with NO_2. It has a positive relationship with VP, but negative relationships with concentrations of SO_2 and PM_{10}. Furthermore, significant correlations still retain even when the time series of VP, SO_2 and PM_{10} leading ILI(%) by 1-2 weeks. These lag correlations suggest potential predictions of ILI rate based on preceedng VP, SO_2 and PM_{10} observations.

Table 1 The time-lag correlation coefficients between ILI(%) and environmental elements (2003—2007).

Lead time(weeks)	VP	SO_2	PM_{10}	NO_2
0	0.5038 *	−0.3779 *	−0.3231 *	−0.1132
1	0.4766 *	−0.3269 *	−0.3135 *	−0.0662
2	0.4441 *	−0.3157 *	−0.2859 *	−0.0367

Note: * indicates significant at level of 99%.

Vapor pressure measures the vapor density in the atmosphere and Table 1 shows that, ILI(%) increased with the increase of VP. Such a result is different from previous studies of Reference[6,16] in which they found dry environment is in favor of the propagation of flu virus. Reference[16] showed that the atmospheric humidity had a negative correlation with Influenza Virus Transmission (IVT) and Influenza Virus Survival (IVS) rates in temperate regions and the seasonality of its flu occurrence follows the local weather conditions. Nevertheless, Shenzhen City is dominated by subtropical maritime monsoon climate. Its weather conditions are quite different from that in the temperate zone.

The ILI(%) shows a negative correlation with SO_2 concentration. This is also different from the findings of Reference[5,7]. This phenomenon could be explained by the fact that flu virus may be hard to survive in acid environment. Indeed, Reference[18] compared the growth rates of virus in mice body under normal condition and under enhanced SO_2 concentration and found that beyond a certain threshold the SO_2 could reduce the transmission of influenza virus.

As shown in Table 1, the ILI(%) also shows a significant negative relationship with the concentration of PM_{10}. This is different from that of the results in temperate regions where ILI(%) is positively correlated to the PM_{10} concentration[19,20], the underlying mechanism is such that the increases in PM_{10} reduce ultraviolet radiation reaching the ground which helps to the development of flu virus, therefore, more PM_{10} leads to the acceleration of development and transmission of influenza virus. However, our knowledge of how ultraviolet radiation influences human's immunity system is less certain. Studies have shown that ultraviolet radiation can also harm the respiration system[21]. Furthermore, Reference[14,22] found that the PM_{10} had both positive and negative effects on human health and its effects were closely related to pollution sources in the region. Shenzhen city is a coastal city and sea salt aerosol above Shenzhen can turn acid pollutants into neutral salt through chemical interacttion[23].

This may reduce the possibility of PM_{10} endangering respiration system. Therefore the negative relationship between PM_{10} and ILI(%) in Shenzhen is probably due to the combined effects of ultraviolet radiation and sea salt aerosol. Furthermore, the changes between Winter and Summer monsoon circulations will cause changes in VP, concentrations of atmospheric pollutants and sea salt aerosol, the joint effects of VP, the concentration of atmospheric pollutants and the sea salt aerosol on the seasonal changes of ILI(%) are complicated and remain unknown.

According to section 2 and Table 1, the variations of VP, SO_2 and PM_{10} account for 25.4%, 14.3% and 10.4% variance of ILI(%) respectively and explained 50.1% va-riation in total. Furthermore, as shown in Table 1, the 1—2 weeks time-lag significant correlations between ILI(%) and VP, SO_2 and PM_{10} could be used for forecasting ILI(%).

3.2 The Seasonal Variations of ILI(%) Associated with VP and Atmospheric Pollutants

Figure 1 displays weekly averaged ILI(%), VP, concentrations of SO_2 and PM_{10} for the period of 2003—2007. Meanwhile, Figure 2 illustrates the monthly mean environment factors for many years. Clearly, the peak of ILI(%) occurs in Summer rather than in Autumn and Winter when high ILI rate is observed in temperate regions in China. The seasonal variations of ILI(%) are consistent with VP variations associated with subtropical monsoon climate influencing the city.

As shown in Figure 1, on the average, the ILI(%) in Shenzhen city increases from Winter to Summer, with its highest ILI(%) as 8.9% in June while the lowest of 4.2% in December. This seasonal change corresponds to the the highest VP of 30.3 hPa in August and the lowest VP of 11.9 hPa in January. The time lag between high VP and high ILI(%) indicates there are other environmental factors contributing to the variations of ILI(%). The SO_2 and PM_{10} concentrations show contrary seasonal varia-tions of ILI(%), with higher concentrations of SO_2 and PM_{10} in Winter and their maximum and minimum occurring around January and July, respectively.

3.3 The Relationships between ILI(%) and pH of the Rainfall

The Pearl River Delta is one of the regions with serious acid rain in China. Shenzhen is located southeast of the region. With the rapid economic development, a large amount of acidic contaminants from local and external sources have been released into the atmosphere. It results in acid rain as a common phenomena in this city[24,25].

Previous studies have shown in the impact of acid rainfall on virus generation and propagation. As an example, Reference [13] showed that the acid in precipitation had an effect on diluting and killing SARS virus in the ambient atmosphere. Thus, in this study, we also examine the connections between ILI rates and acid rainfall.

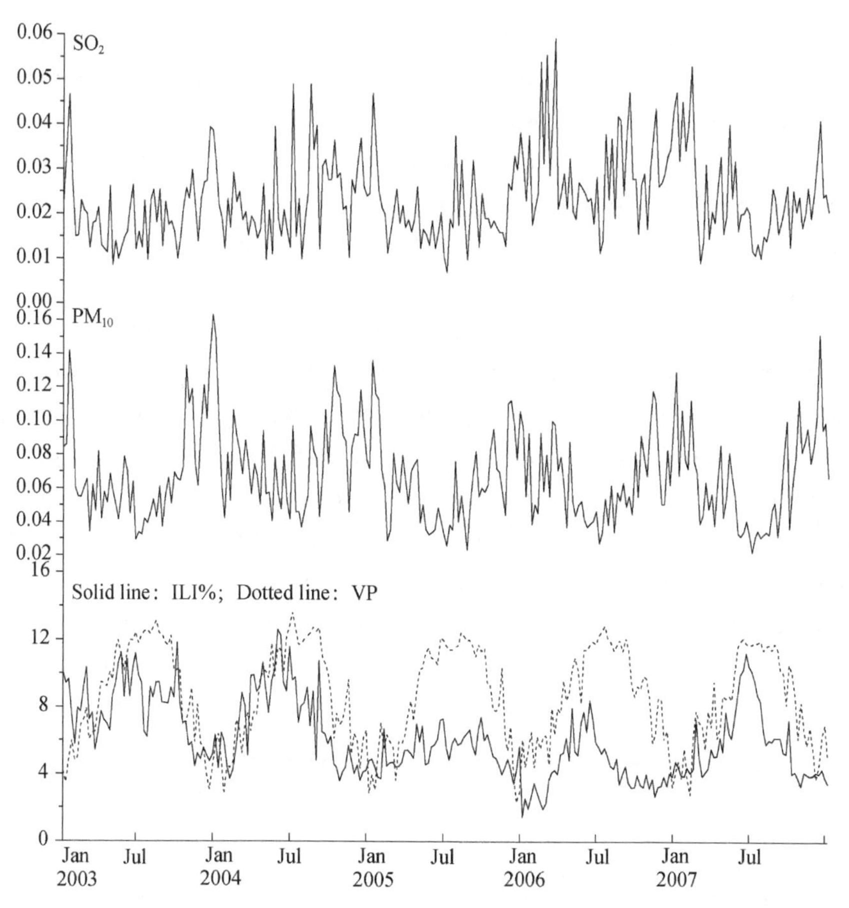

Figure 1 Time series of weekly averaged SO_2, PM_{10}, VP and ILI(%)(The unit for SO_2 and PM_{10} are mg/m^3; The VP was multiplied by 2/5 and the unit is hPa, 2003—2007).

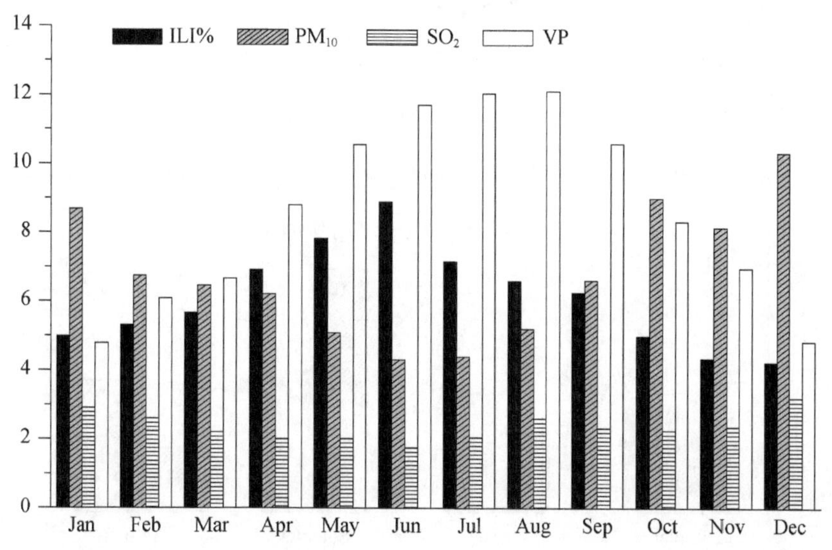

Figure 2 Monthly mean ILI(%), VP and concentrations of SO_2、PM_{10} for many years from 2003—2007. The VP is multi-plied by 0.4 and the concentrations of SO_2, PM_{10} are multiplied by 100. The units are the same as in Figure 1.

The monthly time series of ILI(%) and pH of the rain from Jul. 2006 to Jul. 2007 is shown by Figure 3. Clearly, the variation of ILI(%) follows closely with the pH of the rain. There is a statistically significant positive correlation between the two, with the correlation coefficient up to 0.72. This result is in agreement with the study of Reference[13] on the relationships between SARS outbreaks and acid rain. Our results also support their interpretation that high acid rain is in favour of killing the airborne viruses and leading to the suppression of virus spreading in the air.

Using daily observations of acid rain and ILI(%) for the period of 3th July 2006 to 9th Mar 2009 in Shenzhen, the seasonal averages of pH of the rain and ILI(%) are shown in Figure 4. Its rainfall pH values exhibit notable seasonal characteristics, with the averaged values in Winter, Spring, Summer and Autumn are 4.87, 5.09, 5.46 and 5.30 respectively. In Winter, quasi-stationary frontal synoptic systems dominate the weather in Shenzhen and air pollutants often accumulate under this stable condition, leading to more severe acid rain in Winter. In contrast, convective weather systems in its Summer such as thunderstorm and typhoon results in strong air convections which are favorable for pollutants dispersion and dilution. As a result, pollutant concentration declines in Summer. Therefore, the changes in SO_2 and PM_{10} concentrations in Shenzhen are consistent with the local atmospheric conditions.

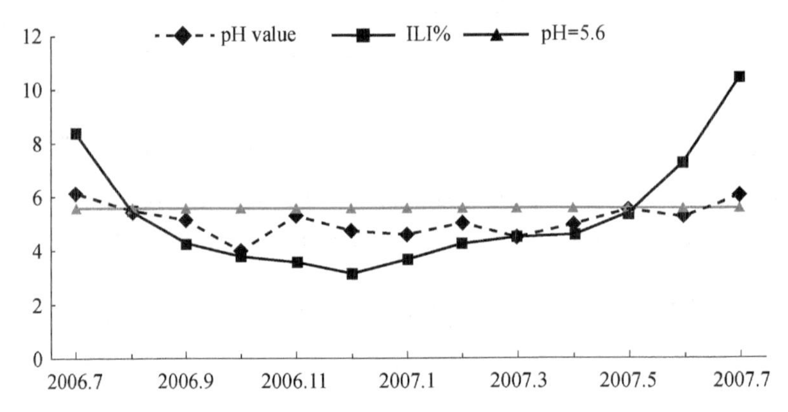

Figure 3 Time series of monthly averaged ILI(%) and pH of the rain in Shenzhen from Jul. 2006 to Jul. 2007.

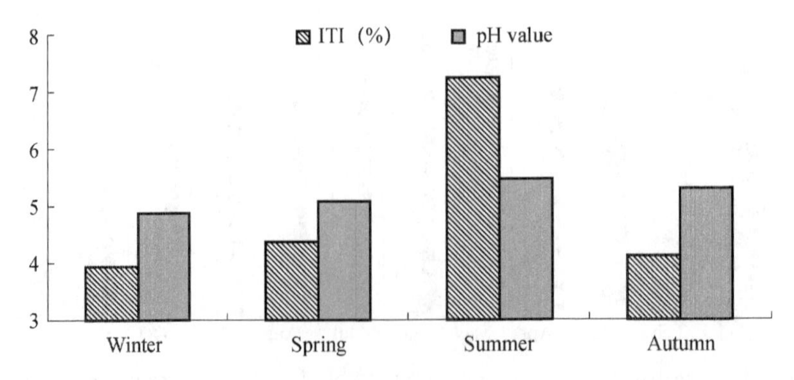

Figure 4 Column diagram for ILI(%) and pH of the rain in different seasons (Daily data from 3rd July 2006 to 9th March 2009 in Shenzhen City).

3.4 A Case Study

Besides the analysis of weekly, monthly and seasonal averages in the above sections, here we also conduct a detailed case study, using the daily data collected from Feb. 11 to Apr. 20, 2008. During this period, the H3N2 flu widely spread out in the adjacent Hong Kong City, causing the death of four young children. The Shenzhen city has similar climate conditions to Hong Kong and was also suffered pandemic flu during the same period.

Figure 5 shows daily ILI(%) from 11 February to 20 April, 2008 in Shenzhen. From the beginning of Febru-ary to the middle of March, the ILI(%) fluctuated between 1% and 5%, and it began to show an significant increasing trend from the middle of March and the highest ILI(%) occurred at the middle of April. The peak ILI(%) occurred on 21 March, 6 April and 12 April, and the highest ILI(%) values were 10.2% on 12 April.

Table 2 shows the correlation coefficients between daily ILI(%), VP, concentrations of SO_2, PM_{10} and NO_2. To explore the connections between ILI and preceding environmental conditions, results including 0-7 day leading time are presented here. The ILI(%) shows a significant positive correlation with VP, but a negative correlation with the concentrations of air pollutants. By and large, the correlation coefficients between ILI(%) and these air pollution variables are higher at 5—7 day leading time. Such correlations start to decline when the leading time is beyond 7 days (not shown).

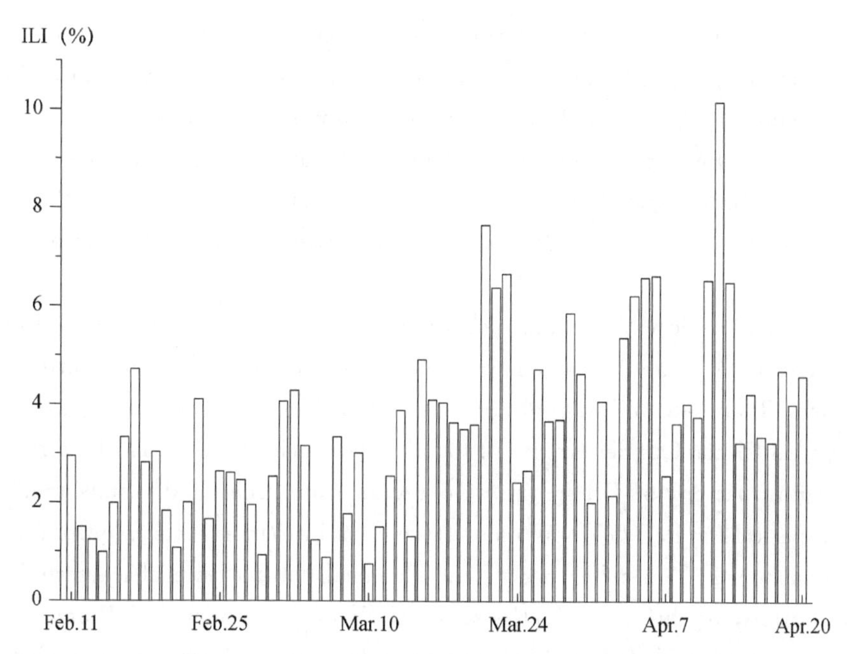

Figure 5 Time series of the daily ILI(%) in Shenzhen from 11 February to 20 April, 2008.

From our analysis, we find the reliable relationship be-tween environmental variables one-week leading time and ILI(%), this results can be potentially used to predict the variations of ILI(%).

Table 2 The correlation coefficients between ILI(%)and environmental elements(with environmental variables leading ILI(%)by 0 to 7 days).

Items	0	1	2	3	4	5	6	7
VP	0.539**	0.523**	0.492**	0.449**	0.503**	0.484*	0.498**	0.545**
SO_2	−0.573**	−0.382**	−0.330**	−0.283*	−0.332**	−0.447**	−0.401**	−0.364**
PM_{10}	−0.255*	−0.235	−0.234	−0.290*	−0.291*	−0.388**	−0.345**	−0.273*
NO_2	−0.238*	−0.257*	−0.184	−0.201	−0.261*	−0.326**	−0.279*	−0.269*

Note: ** and * indicate above the significant level of 99% and 95%, respectively.

4 Conclusions

In this study we have analyzed the varying pattern of ILI and its relationships with ambient atmospheric conditions in Shenzhen, a coast city in subtropical region over Southern China, for the period of 2003—2009. The results show that:

1) The peak period for ILI(%) in Shenzhen city occurs in its Summer. This is rather different from the observations in temperate regions in China where the flu out-break often happens in Winter or Autumn.

2) ILI(%) in Shenzhen has significantly negative relationships with the concentrations of PM_{10} and SO_2 but a positive relationship with VP. These relationships are also quite different from the results seen in the temperate regions.

3) The seasonality of acid rain contribute to the seasonal variation of influenza in Shenzhen city. In Summer, Vapor Pressure is relatively high and rain acidity is low, this is in favor of the flu pandemic, while the condition in winter is almost the opposite.

4) VP, SO_2 and PM_{10} together can explain nearly 50% of the variance of ILI(%), of which half is contributed by VP alone. Based upon the fact that VP, SO_2 and PM_{10} have a significant time-lag correlation with ILI(%), a statistical ILI(%) forecasting method can then be developped.

The mechanism of how VP and air pollutants influence the Influenza-Like-Illness will be revealed in our further study by the comparison analysis of ILI's changing pattern and its relationship with VP and air pollutants in Shenzhen and Wuhan, an inland city in temperate region over Central China. Our research will focus on two main aspects: 1) The difference of the seasonal changing pattern of ILI in this two region. Our preliminary finds tend to suggest that the peak period for ILI(%) in Wuhan city occurs in Winter, this is quite different from that of in Shenzhen. 2) The difference of the chemical composition characteristic of atmospheric precipitation, the difference of the seasonal changing pattern of VP and air pollutants and their relationships with ILI in this two region. Our research purpose is trying to analyze the cause of ILI's seasonal changing pattern and try to improve its prediction technique.

5 Acknowledgements

The authors thank the Shenzhen Meteorology Bureau for providing meteorological data, air pollutants observational data, thank Shenzhen Center for Disease Control and Prevention (CDC) for providing the ILI data, thank professor Huqiang Zhang and Donglian Sun for their kind assistance and good suggestions.

REFERENCES

[1] Chen C Z, Chen W G. Preliminary Analysis of Correlation between Respiratory Disease and Urban Air Pollutants[J]. Shanghai Environmental Sciences, 1994, 13(9):27-30.

[2] Dong J W, Xu X P, Dockery D W, Chen Y D. Associations of Air Pollution with Unscheduled Outpatient Visits in Beijing Longfu Hospital in 1991[J]. Chinese Journal of Epidemiology, 1996, 17(1):13-16.

[3] Wang S L, Guo X B, Zhang J L. Study on the Effects of Ambient Air Pollution on Respiratory Disease and Symptoms among School-Age Children in Beijing[J]. Journal of Environmental Health, 2004, 21(1): 41-44.

[4] Tan J G, Zheng Y F. Prospects and Progress in Researches on Medical Meteorology in Recent 10 Years [J]. Meteorological Sciences and Technology, 2005, 33(6):550-553.

[5] Chang G Q, Wang L G, Pan XC. Study on the Associations between Ambient Air Pollutants and the Number of Patients Visiting in Hospital in Beijing[J]. Chinese Journal of School Doctor, 2003, 17(4):295-297.

[6] Shan Y C, Xu T A, Lu D, Zheng X S, Du H X. Analysis of Atmospheric Environmental Characteristics during Flu Rage and Flu Categorical Forecasts[J]. Meteorological Sciences and Technology, 2003, 31(6): 389-392.

[7] Petroeschevsky A, Simpson R W, Thalib L, Rutherford S. Association between Outdoor Air Pollution and Hospital Admissions in Brisbane[J]. Archives of Environmental Health, 2001, 56(1):37-52. doi:10.1080/00039890109604053.

[8] Xiao C L, Ye L J, Sun W J. Effect of Air Pollution on Immuno Function of Body Fluid of Children[J]. Journal of Shenyang Medical College, 2001, 3(4):187-188.

[9] An A P, Guo L F, Dong H Q. The Research Progress of the Effects of Atmospheric Environment upon Human Health in China[J]. Journal of Environmental & Occupational Medicine, 2005, 22(3):279-282.

[10] Andersen I, Jensen P L, Reed S E, Craig J W, Proctor D F, Adams G K. Induced Rhinovirus Infection under Controlled Exposure to Sulfur Dioxide[J]. Archives of Environmental Health, 1977, 32(3): 120-126.

[11] Becker S, M. Soukup J. Effect of Nitrogen Dioxide on Respiratory Viral Infection in Airway Epithelial Cells[J]. Environmental Research, 1999, 81(2):159-166.

[12] Brook R D, Franklin B, Cascio W, et al. Air Pollution and Cardiovascular Disease: A Statement for Healthcare Professionals from the Expert Panel on Population and Prevention Science of the American Heart Association[J]. Circulation, 2004, 109(21): 2655-2671. doi: 10. 1161/01. CIR. 0000128587. 30041. C8.

[13] Zhang G J, Luo B L, Zhang C. An Analysis on Acid Rain and Ultraviolet Impacting on SARS Epidemic Situation[J]. Practical Preventive Medicine, 2004, 11(5):888-891.

[14] Penttinen P, Vallius M, Tiittanen P, et al. Source-Specific Fine Particles in Urban Air and Respiratory Function among Adult Asthmatics [J]. Inhalation Toxicology, 2006, 18(3): 191-198. doi: 10. 1080/08958370500434230.

[15] Wong C M, Yang L, Thach TQ, et al. Modification by Influenza on Health Effects of Air Pollution in Hong Kong[J]. Environmental Health Perspectives, 2009, 117(2):248-253. doi:10.1289/ehp.11605.

[16] Shaman J, Kohn M. Absolute Humidity Modulates Influenza Survival, Transmission, and Seasonality [J]. Proceedings of the National Academy of Sciences, 2009, 106(9): 3243-3248. doi: 10. 1073/pnas. 0806852106.

[17] Chinese Center for Disease Control and Prevention. Nation Monitoring and Implementary Scheme on Flu and Human Avian Influenza (2005—2010) [R]. 2005. http://www. chinacdc. cn/n272442/n272530/n294176/n339986/appendix/20050819003. doc.

[18] Fairchild G A. Effort of Ozone and Sulfur Dioxide on Virus Growth in Mice[J]. Archives of Environmental Health, 1977, 32(1):28-33.

[19] Yin X J, Schafer R, Ma J Y, et al. Alteration of Pulmonary Immunity to Listeria Monocytogenes by Diesel Exhaust Particles (DEPs). I. Effects of DEPs on Early Pulmonary Responses[J]. Environmental Health Perspectives, 2002, 110(11) :1105-1111. doi:10. 1289/ehp. 021101105.

[20] Jaspers I, Ciencewicki J M, Zhang W, et al. Diesel Exhaust Enhances Influenza Virus Infections in Respiratory Epithelial Cells[J]. Toxicological Sciences, 2005, 85(2):990-1002. doi:10. 1093/toxsci/kfi141

[21] Cannell J J, Vieth R, Umhau J C, et al. Epidemic Influenza and Vitamin D[J]. Epidemiology & Infection, 2006, 134(6):1129-1140. doi:10. 1017/S0950268806007175.

[22] Andersen Z J, Wahlin P, Raaschou-Nielsen O, et al. Ambient Particle Source Apportionment and Daily Hospital Admissions among Children and Elderly in Copenhagen[J]. Journal of Exposure Science and Environmental Epidemiology, 2007, 17(7):625-636. doi:10. 1038/sj. jes. 7500546.

[23] Chameides W L, Stelson A W. Aqueous-Phase Chemical Processes in Deliquescent Sea-Salt Aerosols: A Mechanism That Couples the Atmospheric Cycles of S and the Sea Salt[J]. Journal of Geophysical Research, 1992, 97(D18):20565-20580. doi:10. 1029/92JD01923.

[24] Zhang J P, Hu Y M, Wang C W. Analysis of Characteristics and Sources of Acid Rain in Shenzhen City [J]. Journal of Soil and Water Conservation, 2007, 21(2):166-169.

[25] Huang Y L, Wang Y L, Zhang L P, et al. Chemical Composition Characteristic of Atmospheric Precipitation in Shenzhen from 1980 to 2004[J]. Ecology and Environment, 2008, 17(1):147-152.

城市空气质量预报质量评分系统的研制及应用*

摘　要　本文根据《气象部门空气质量预报质量考核和管理暂行办法》中的方法，编制了一套适合全国47个重点环境保护城市的空气质量预报质量评分系统，并在武汉投入了初步应用，表明该评分标准科学，系统运行稳定。

关键词　空气质量；预报；评分

1　引言

城市空气质量预报作为一项业务在全国范围内正如火如荼的展开，对预报工作进行管理和对预报效果进行检验是保证这项业务正常运行的必要条件。为进一步规范气象部门城市空气质量预报服务工作，不断提高预报质量和服务水平，加强业务管理工作，充分调动业务技术人员的积极性，更好地满足各级人民政府和广大人民群众的需要，中国气象局组织制定了《气象部门空气质量预报质量考核和管理暂行办法》，规定了考核内容、标准和方法。我们根据此办法编制了一套适合全国47个重点环境保护城市的空气质量预报质量评分系统，并利用该系统对武汉市2001年7月份以来逐月的空气质量预报质量进行了评估检验，表明该评分标准科学，系统运行稳定。

2　评分标准介绍

气象部门城市空气质量预报质量考核分一般考核和特殊考核两种形式。一般考核限于目前规定的二氧化硫、二氧化氮和可吸入颗粒物三种污染物预报质量情况，主要包括传输时效评分和预报精确度评分。特殊考核主要为对高浓度污染的预报能力。现阶段仅考核各城市各种污染物的平均状况。

其中传输时效评分是对空气污染物实测资料和空气质量预报结果传输的时间是否准时的评定。预报精确度评分包括首要污染物正确性评分、预报级别正确性评分、预报指数精确度评分。

2.1　一般考核

2.1.1　资料传输时效评分(S_1)

各城市的空气污染物(PM_{10}，SO_2，NO_2)浓度实测资料和空气质量预报结果必须按规定的格式、传输方式传送至中央气象台，在规定时间前上传为准时，否则为迟报或缺报。资料传输时效评分按100分计，空气污染物实测资料和空气质量预报结果传输时效各按50分计算。

2.1.2　预报精确度评分(S_2)

预报精确度评分按以下统计模型评定：

* 向玉春，沈铁元，陈正洪，陈波. 气象，2002，28(12)：20-23.

$$S_2=0.1f_1+0.4f_2+0.5f_3 \quad (1)$$

式中：f_1——预报首要污染物正确性评分，f_2——污染物级别正确性评分，f_3——指数精确度评分。

2.1.2.1　首要污染物正确性评分(f_1)

若预报的首要污染物与实况一致，则判定为首要污染物预报正确，得100分，否则为0分。

2.1.2.2　预报级别正确性评分(f_2)

三种污染物级别正确性评分标准如下：

$$G_i=\begin{cases}100 \text{ 当预报等级与实况等级一致时} \\ 50 \text{ 当预报等级与实况等级相差一级时} \\ 0 \text{ 当预报等级与实况等级相差二级或以上时}\end{cases}$$

其中 $i=1,2,3$ 表示三种污染物。

某日三种污染物级别精确度综合评分取均值，按式(2)计算：

$$f_2=A_1G_1+A_2G_2+A_3G_3 \quad (2)$$

式中：G_1,G_2,G_3 为三种污染物的级别精确度评分；A_1,A_2,A_3 为权重系数(首要污染物取值为0.4，其他污染物取值为0.3)。

2.1.2.3　预报指数精确度评分(f_3)

某日某种空气污染指数预报精确度评分按式(3)计算。

$$H_i=(1-|\text{预报值}-\text{实况}|/\text{Max}(\text{预报值},\text{实况}))\times 100 \quad (3)$$

H_i—第 i 种污染物指数预报精确度评分，若 $H_i<0$，则 H_i 取0。

三种污空气污染物质数精确度综合评分取其均值，由式(4)计算。

$$f_3=B_1H_1+B_2H_2+B_3H_3 \quad (4)$$

式中，H_1,H_2,H_3 为示三种污染物的API指数预报精确度评分；B_1,B_2,B_3 为权重系数(按照三种污染物API指数从大到小分别取值为0.5,0.3,0.2)。

2.1.3　逐日空气质量预报质量评分(*R*)

逐日空气质量预报质量评分按式(5)计算。

$$R=0.2S_1+0.8S_2 \quad (5)$$

2.2　特殊考核

特殊考核主要用来衡量对于高浓度污染日的预报能力。首要污染物为三级或以上的日子为空气污染日。高浓度污染预报能力评分(T)按式(6)计算。

$$T=M/(N+K)\times 10 \quad (6)$$

式中，N——评分时段内空气污染日出现天数，K——空报天数(预报为污染日而实况不是污染日判定为空报)，M——评分时段内空气污染日预报正确的天数，若 $N+K=0$，则定为不详。

2.3　空气质量预报月评分(Mo)

空气质量预报月评分按公式(7)计算。

$$Mo_i=R_i+T_i \quad (7)$$

式中：Mo_i——第 i 月空气质量预报月评分，R_i——第 i 月逐日空气质量预报评分月均值，T_i——第 i 月高浓度污染预报能力评分。

3 评分软件的研制

基于上述的评分标准我们编制了一套空气质量预报质量评分系统，该系统由 C++ Builder 5.0 程序语言在 Windows 2000 平台编制而成，适合全国 47 个环保重点城市对空气质量预报质量进行考核评分。该系统界面友好、直观，使用方便。系统结构如图 1 所示。

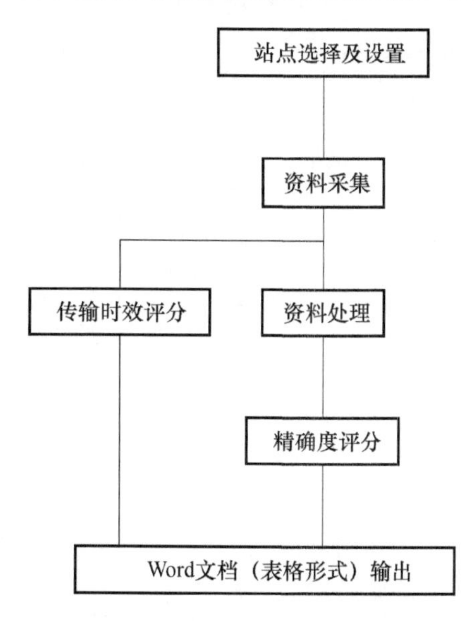

图 1　城市空气质量预报评分系统结构图

该系统可以对具体的某一天、一周、一个月或任意一段时期进行评分。使用该系统前需将要评估的城市的监测资料和预报资料拷贝至本地计算机或局域网，并在系统运行后的界面设置文件路径，设置文件路径时，既可以在文本框输入路径名，也可以点击“浏览”按钮选择设置。然后选择所在城市、监测站点数，若是对一个月进行评分，选择需要评分的月份内的任一天。如图 2 所示。

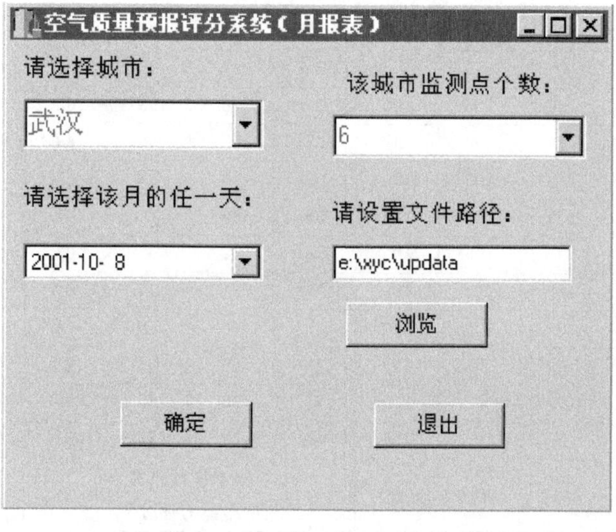

图 2　城市空气质量预报评分系统用户输入界面

由于输出内容较多，采用 Word 文档的表格形式，可以执行 Word 文档所有的功能，存档、打印非常方便。表 2 为 2001 年 10 月份武汉城市空气质量预报质量考核月报表。表中 12 月 10 号为预报资料缺报的例子。

表 2　武汉城市空气质量预报质量考核月报表(2001 年 10 月)

日期	资料传输时效评分（S_1）	预报精确度评分										逐日预报质量评分（R）
		首要污染物正确性评分（f_1）	级别精确度评分				指数精确度评分				小计（S_2）	
			PM_{10}（G_1）	SO_2（G_2）	NO_2（G_3）	平均（f_2）	PM_{10}（H_1）	SO_2（H_2）	NO_2（H_3）	平均（f_3）		
1	100	100	100	100	100	100	98	63	55	78.9	89.5	91.6
2	100	100	100	100	100	100	87	73	100	88.1	94.0	95.2
3	100	100	100	100	100	100	96	90	83	91.6	95.8	96.6
4	100	100	50	100	100	80	59	73	86	68.6	76.3	81.0
5	100	100	100	50	100	85	96	50	57	74.4	81.2	85.0
6	100	100	100	100	100	100	95	75	72	84.4	92.2	93.8
7	100	100	100	100	100	100	98	35	89	77.3	88.7	90.9
8	100	100	100	100	100	100	91	53	100	86.1	93.0	94.4
9	100	100	50	100	100	80	76	61	61	68.5	76.2	81.0
10	50	0	0	0	0	0	0	0	0	0.0	0.0	10.0
11	100	100	100	50	100	85	95	76	65	83.3	85.7	88.5
12	100	100	100	50	100	85	90	88	78	87.0	87.5	90.0
13	100	100	50	50	100	65	89	65	60	76.0	74.0	79.2
14	100	100	100	100	100	100	93	90	100	93.5	96.8	97.4
15	100	100	100	100	100	100	92	87	95	91.1	95.5	96.4
16	100	100	100	100	100	100	91	75	89	85.8	92.9	94.3
17	100	100	50	50	100	65	75	39	84	66.0	69.0	75.2
18	100	100	100	100	100	100	94	86	53	83.4	91.7	93.4
19	100	100	50	50	100	65	79	62	81	74.3	73.2	78.5
20	100	100	100	50	100	85	95	78	94	89.7	88.9	91.1
21	100	100	100	100	100	100	79	33	71	63.6	81.8	85.4
22	100	100	100	100	100	100	98	58	63	79.0	89.5	91.6
23	100	100	50	100	50	65	57	62	49	55.6	63.8	71.0
24	100	100	100	100	100	100	98	89	92	94.4	97.2	97.8
25	100	100	100	100	100	100	85	71	87	81.2	90.6	92.5
26	100	100	100	100	100	100	91	97	93	93.2	96.6	97.3
27	100	100	100	100	100	100	61	44	80	59.7	79.9	83.9
28	100	100	100	100	100	100	78	88	61	74.9	87.5	90.0
29	100	100	100	50	100	85	95	36	81	79.0	83.5	86.8
30	100	100	100	50	100	85	96	86	96	93.0	90.5	92.4
31	100	100	50	100	100	80	88	87	60	82.1	83.0	86.4
逐日预报质量评分月均值			86.4	污染日天数		11	高浓度污染预报能力评分		4	月综合评分		90.4

4 武汉市空气质量预报质量评分结果的初步分析

应用该评分系统,对武汉市从 2001 年 7 月到 12 月(由于 2001 年 6 月初有几天的资料格式与现在用的不同,所以选用 7 月到 12 月)的空气质量预报质量进行了考核。从评分结果看(表略),7 月份预报质量最好,三种污染物级别预报的全对,指数精确度最高,分数也最高。而 10 月首要污染物级别(也即 PM_{10})报错天数最多,有 7 天;11 月二氧化硫和二氧化氮级别报错天数最多,分别为 12 天和 10 天。

武汉市自 2001 年 7 月份到 12 月份的最终评分结果如表 3 所示。从表 3 可以看出,对于一般考核,7 月份的分数最高,10 月份的分数最低,从 7 月到 10 月的分数逐渐降低。

从表 3 还可以看出,高浓度污染预报能力(T)较差。当污染日预报全部正确,且没有空报现象时,T 为满分 10 分。11 月份预报效果最好,也只有 7 分。

表 3 自 2001 年 7—12 月份的评分结果

	7	8	9	10	11	12
月均值	94	93.2	91.0	86.4	87.1	86.6
污染日天数(d)	0	1	6	11	20	12
高浓度污染预报能力评分	不详	0	3	4	7	5

纵观半年来武汉的城市空气质量预报,可以得出以下结论,武汉市的首要污染物主要是可吸入颗粒物(PM_{10}),从 7 月到 12 月仅有一天(12 月 26 日)东湖梨园和汉阳月湖的首要污染物为二氧化硫(SO_2)。夏季武汉的空气质量较好,7 月份武汉甚至没有污染日出现,空气质量一直在良好或以上。冬季武汉的空气质量较差,11 月份有 20 天的空气污染等级在 3 级或以上。武汉的空气质量预报质量夏季较好,冬季较差。这是因为夏季武汉地区近地面气温高,大气对流强烈,有利于污染物的扩散,再加上夏季雨水多,可以将污染物尤其是漂浮在空中的可吸入颗粒物冲刷、沉降掉,空气质量较好,且变化不大,根据统计模式预报的效果会比较好。而冬天武汉的空气污染物的扩散条件不一,当出现逆温时,逆温层像盖子一样阻止污染物的扩散,如果城区污染源产生污染物较多,则空气质量不好。而一旦不存在逆温且风速大,则空气质量又突然变好。所以冬季武汉的空气质量预报效果较夏季要差一些。

5 结束语

对空气质量预报质量进行评分是对预报质量定量的考核,便于对预报质量进行分析。总的说来,笔者认为本文所用评分标准比较客观、比较科学。将整个考核分为一般考核和特殊考核(高浓度污染预报能力)有利于对预报效果从现实意义的角度来分析,因为污染日对人们影响大,在广大民众以及政府看来都是比较重要的。对预报精确度评分时,对首要污染物冠以较大的权重而没有用三种污染物各种评分的简单评分是非常科学的。因为首要污染物就是污染浓度最大的那一种污染物,当然也是最主要影响空气质量的,对首要污染物的预报精确度要求也要高一些。

通过利用本评分软件系统对武汉的城市空气质量预报质量评分,效果很好,而且非常适用、方便,有利于对城市空气质量预报业务进行管理和考核。

参考文献

[1] 朱蓉,徐大海,孟燕君,等.城市空气污染指数预报系统 CAPPS 及其应用[J].应用气象学报,2001,12(3):267-278.

[2] 向玉春,陈正洪,沈铁元,等.武汉市空气质量预报与检验[J].湖北气象,2002(2):11-13.

武汉市呼吸道和心脑血管疾病的季月旬分布特征分析(摘)*

摘　要　对武汉市四家大医院1994—1998年间呼吸道和心脑血管疾病完整的病案资料进行了三种时间尺度(季、月、旬)变化特征的分析,结果表明:(1)上感、下感、心梗的周年韵律较明显,而脑梗塞、高血压、冠心病的周年变化较小,哮喘、脑溢血居中;(2)冷诱导疾病种类多且危害大,热诱导疾病种类少危害相对较轻;建议对这几种病重点做好冬春季的防寒保暖工作至关重要;(3)同一系统不同疾病的周年韵律有很大不同甚至相反,如上感是夏春多、秋冬少,下感则是冬春多、夏秋少,脑溢血是冬半年多而脑梗塞是夏半年多,故此认为分类统计、建预报模型十分重要。

关键词　呼吸道疾病;心血管疾病;脑血管疾病;时间变化

1　引言

本研究的目的主要是:(1)通过大样本统计得到武汉市三大系统八类疾病90年代里一年内时间分布特征,由于这些疾病通常与天气气候的周年韵律有密切联系,而近年本地气候格局发生较大的调整,那么"季节病"必然会发生相应的季节调整;(2)通过逐类疾病的比较,揭示三大系统八类疾病时间分布的相同点和不同点;(3)通过季、月、旬三种时间尺度的配合,更深入地揭示三大系统八类疾病的集中发生期、多发期、少发期及其更准确的起止时间,为防病治病提供依据;(4)为这些疾病的分季或分段预报提供依据。

2　研究资料和地区

通过联系武汉市五家大规模的医院即省人民医院、鄂医大附属第二医院、省中医院、协和医院、同济医院,共取得1989—1999年间住院病例约10万个。对每个病例均按出院主诊断为准,重点提取了入院日期、年龄、性别及转归等记录,由于同济医院的疾病分类方法与前四家医院有许多不同之处,故其资料暂未使用。又考虑到资料的完整性和可比性,取1994—1998年完整五年为分析时段,疾病分类及入院总人数见表1。

表1　三大系统疾病分类及总病数统计(武汉市四家大医院1994—1998年合计)

疾病分类	呼吸道疾病				心血管疾病				脑血管疾病			总计
	上感	下感	哮喘	合计	冠心病	高血压	心梗	合计	脑溢血	脑梗塞	合计	
总病例数	7993	12389	2157	22539	4154	6941	268	11363	2975	5128	8103	42005

注:上感、下感、心梗分别为上呼吸道感染、下呼吸道感染、心肌梗塞的简称。

* 陈正洪,杨宏青,曾红莉,肖劲松,赵文莲,姜芳,阮小明.数理医药学杂志,2000,13(5):413-415.

3 结果和讨论

(1)同一系统不同疾病的周年韵律分布不同,甚至趋势相反。如呼吸系统:上感为夏春多秋冬少,高峰出现在“三伏“,下感为冬春多夏秋少,高峰出现在“三九”,哮喘为秋冬季多发,脑血管系统:脑溢血流行于寒冷的冬半年,脑梗塞流行于炎热的夏半年;心血管系统:冠心病与高血压的周年时间变化比较一致即春秋过渡季节多,冬夏少,但心梗是冬夏多春秋少。据此分析,建议下一步的工作应分类进行为妥。

(2)上感、下感、心梗等疾病的周年分布差异大,偏多发生时段集中,哮喘、脑溢血居中;脑梗塞、高血压、冠心病的时间分布差异小,疾病多分散出现。

(3)对于下感,老人与小儿流行趋势甚为吻合,即冬多夏少,差别很大,成人则恰恰相反为夏多冬少,但差别不大,有待进一步给予合理解释。

(4)各类疾病的月、旬分布差异也很明显,值得指出的是不同年份最多月、旬流行时段的起止时间会有些差异。

深圳市流感就诊率的季节特征及夏季流感就诊率气象预报模型(摘)*

摘　要　利用深圳市2003—2007年共5年的流感样病例资料和同期气象资料，对深圳市夏季流感与气象条件的关系进行了分析与统计。结果表明：深圳市流感高峰期发生在春季和夏季，且存在向夏季转移的趋势；夏季流感高峰与夏季持续炎热天气和短时雷暴雨天气事件联系紧密；夏季流感就诊率的高相关气象预报因子是最低气温、最小相对湿度和日照时数。

关键词　流行性感冒；流感就诊率；气象因子；等级预报方程

1　引言

流感与气象因子关系的分析研究在北京、天津、石家庄、山东、昆明、兰州、福州、广州、香港等地均有开展。但是，随着地理区域位置的不同，流感的流行特征有很大的差异，北方流感的高峰期仅出现在11月—次年2月，南方流感的流行特征为6—8月和10月—次年1月两个高峰期。但总的来说冬季研究得多夏季研究得少，北方研究的多南方研究得少。文中针对深圳市流感的流行特征进行了分析，并对夏季流感高峰与天气条件的关系进行了研究，最后给出了等级预报方程。

2　研究资料和地区

病例资料来自深圳市疾病防控中心，资料包括2003—2007年逐周流感就诊率(共260周)。流感就诊率即为监测点流感样病例就诊数占就诊总人数的百分比。按照世界卫生组织和国家流感中心推荐的流感样病例定义(Influenza-like Illness，ILI)：体温≥38 ℃，伴有咳嗽，或咽疼痛、全身疼痛等症状的急性呼吸道感染病例，及全国流感监测方案(试行)，在深圳市第一人民医院和深圳市妇幼保健院的内科、儿科、内/儿急诊科和发热科开展流感样病例监测，并有专人在上述监测室收集ILI就诊人数及监测门诊病例总数，每周由预防保健科专人负责汇总/上报深圳市疾病预防控制中心。深圳市人民医院自1984年开始开展流感监测工作，深圳市妇幼保健院自1999年开展流感监测工作，两所医院均具有丰富的流感监测经验和完善的监测流程，登记-采样-送检-统计各环节均有经过培训合格的专人负责。数据具有较好的准确性和代表性。

气象资料为同期深圳市逐日地面平均气压、平均气温、日最高气温、日最低气温、平均相对湿度、最小相对湿度、降水量、平均风速、日照时数、气温日较差。

3　结果和讨论

(1)深圳市流感一年四季均有发生，高峰期主要集中在4—9月，且有向夏季转移的趋势。

(2)夏季流感高峰与夏季持续炎热天气和短时雷暴雨天气事件联系紧密。

(3)从用逐步回归方法建立的流感就诊率等级预报方程看，夏季流感就诊率除与最低气温有紧密的联系外，与最小相对湿度和日照也存在明显相关性。

---

* 翟红楠，张莉，孙石阳，覃军，陈正洪．气象科技．2009，37(6)：709-712.

深圳市大气污染对流感短期效应研究分析(摘)*

摘　要　本文利用深圳市2003—2007年的流感样病例资料和相关大气污染物资料，分析了大气污染对流感的短期效应，结果表明：SO_2、PM_{10}与ILI%呈现显著反相关，即SO_2、PM_{10}有利于抑制流感流行，SO_2、PM_{10}均在超前一周时对后期流感就诊率的抑制作用最为显著，具有较好的预报意义。酸雨可以有效的杀灭流感病毒，阻止流感病毒在人群中的传播，深圳市酸雨的季节特征对ILI%的季节流行特征起着一定的影响作用。

关键词　流行性感冒；大气污染物；SO_2；PM_{10}；酸雨

1　引言

本文将利用2003—2007年深圳市空气中的SO_2、NO_2、PM_{10}三种物质的浓度资料、2007年7月—2008年7月酸雨资料，与深圳市同期流感就诊率(简称ILI%)资料进行统计分析，结果发现流感的流行特征与大气污染物呈现相反的趋势。

2　研究资料和地区

(1)流感资料

按照世界卫生组织和国家流感中心推荐的流感样病例定义(Influenza-like Illness, ILI)：体温≥38 ℃，伴有咳嗽，或咽疼痛、全身疼痛等症状的急性呼吸道感染病例，及全国流感监测方案(试行)，在深圳市第一人民医院和深圳市妇幼保健院的内科、儿科、内/儿急诊科和发热科开展流感样病例监测。本文ILI(%)时间序列长度为2003—2007年，总样本个数为261。

(2)大气污染物资料

该资料由深圳市气象服务中心提供，包括深圳市空气中逐日SO_2、NO_2、PM_{10}三种物质的浓度，时间序列长度为2003—2007年，及2007年7月—2008年7月深圳市酸雨资料。

3　结果和讨论

(1)深圳市大气污染物以SO_2、PM_{10}为主，大气污染物浓度均在冬季达到全年最大值，在夏季降至全年最低值，ILI%与大气污染物具有恰好相反的时间序列特征，在春季和夏季为流感高峰期，且夏季ILI%远远高于其他季节。

(2)大气污染物对ILI%存在明显的短期效应。SO_2、PM_{10}与ILI%呈现显著反相关，即SO_2、PM_{10}有利于抑制流感流行，而NO_2对ILI%影响微弱。SO_2、PM_{10}均在超前一周时对后期流感就诊率的抑制作用最为显著，具有较好的预报意义。

(3)酸雨可以有效的杀灭流感病毒，阻止流感病毒在人群中的传播。深圳市酸雨的季节特征对ILI%的季节流行特征起着一定的影响作用。

---

* 翟红楠，覃军，陈正洪，张莉，孙石阳. 中国环境科学学会2009年学术年会论文集(第二卷)[C]//中国环境科学学会. 2009：776-780.

1961—2010 年我国夏季高温热浪的时空变化特征(摘)*

摘　要　利用全国 753 个站 1961—2010 年夏季逐日最高气温资料和基于死亡率明显增加而制定的高温热浪指标的已有研究成果,统计分析了我国高温热浪频次、日数和强度的时空分布特征。结果表明:我国的高温热浪频次、日数、强度高值区基本相同,均在江淮、江南大部和四川盆地东部等地,其中江西北部、浙江北部高温热浪频次最高,高温日数最多;浙江北部高温强度尤为突出。近 50 年来我国夏季高温热浪的频次、日数和强度总体呈增多、增强趋势,但也呈现明显的阶段性变化特征,20 世纪 60—80 年代前期高温热浪频次和强度呈减少(弱)趋势,80 年代后期以来,高温热浪频次和强度呈增多(强)趋势。区域变化特征明显,华北北部和西部、西北中北部、华南中部、长江三角洲及四川盆地南部呈显著增多(强)趋势;而黄淮西部、江汉地区呈显著减少趋势。自 20 世纪 90 年代以来,我国高温热浪的范围明显增大。

关键词　高温热浪;频次;强度;变化特征

1　引言

本文主要探讨我国高温热浪频次、日数、强度的时空分布特征及其近 50 年来的变化趋势,以期全面了解这种气候灾害的发生、发展和演变规律,这对有关部门监测、预测高温热浪的变化趋势并实施有效的对策来趋利避害,无疑具有十分重要的意义。

2　研究资料和地区

收集整理了 1961—2010 年全国 753 个站夏季(6—8 月)均一化的日最高气温资料,根据以往基于居民死亡率显著增加所确定的高温热浪指标,即日最高气温不低于 1971—2000 年夏季日最高气温的第 97 百分位值(高温阈值在 29 ℃以下的寒冷地区除外),且持续时间 6 d 及以上的天气过程称为高温热浪。统计了 1961—2010 年全国单站历年夏季高温热浪频次、日数、强度和全国平均高温热浪频次、日数、强度。其中全国平均高温热浪频次、日数、强度分别是某年全国各站夏季高温热浪频次、日数、强度相加之后除以总站点数的值。

3　结果和讨论

20 世纪 90 年代以来,我国夏季高温热浪日数和强度显著增加,主要与全球性气候变暖有关,其次,由于我国的城市化进程加快,植被减少,城市规模扩大和人口密度增加,城市热岛效应愈加明显,这无疑加剧了夏季极端高温的酷热程度。

* 叶殿秀,尹继福,陈正洪,郑有飞,吴荣军. 气候变化研究进展,2013,9(1):15-20.

武汉市高温中暑与气象因素的关系(摘)*

摘　要　本文旨在探讨高温中暑的发生与气象因素的关系。以武汉市1994—2010年每年6—8月的逐日气象因素与逐日的高温中暑病例为研究对象,并通过单因素相关分析筛选气象参数,多元回归分析建立回归方程。单因素相关分析结果表明,高温中暑与日均温、日最高温、日最低温、日均湿度相关;多元回归分析结果表明,在$T_{日均温}\leqslant 30$ ℃情况下中暑主要与日均温有关;在$T_{日均温}>30$ ℃情况下中暑与日均温、日均湿都相关。得出结论:高温中暑的发病与日均温、日均湿有关,并随着日均温的升高,日均湿的协同作用越来越明显。

关键词　高温中暑;气象因素;相关分析;多元回归分析

1　引言

武汉市作为全国著名的"火炉",夏季在副热带高气压控制下,有着日均温、日低温高的特点,同时作为全国著名的湖泊城市,水网密布,在炎热夏季,容易出现典型的高温高湿气候,随着全球气候变暖和热岛效应加强,武汉市暑热日益加强,增加了热敏疾病和死亡的危险性。

2　资料来源

以武汉市1994—2010年每年的6月1日—8月31日的逐日气象因素与逐日的高温中暑病例(缺2001年资料)为研究对象。共收集到1472天气象资料,2109例中暑病例,其中6—8月期间2080例。

气象资料来源于湖北省气象局,高温中暑资料来源于武汉市职业病防治院历年来收集的武汉市各区疾控中心上报的高温中暑报告卡,人口数据来源于武汉市统计局统计资料。对每个中暑病例,均按发病日期、姓名、年龄、性别、发病地点、是否住院、恢复或死亡等项目进行登记。

3　结果和讨论

气象因素中日均温、湿与高温中暑的相关性最好,尚未发现高温中暑的发生与其他气象因素相关,但不排除其他气象因素通过影响到气温、气湿来达到影响高温中暑,如何确认其关系尚需进一步的研究。

本次回归方程表明,对武汉市来说,在$T_{日均温}\leqslant 30$ ℃条件下,中暑主要与日均温有关,并且每日千万人口发病率在0～0.102之间,表明高温中暑的发病率较低,以散发为主,并且日均湿的作用不明显。$T_{日均温}>30$ ℃条件下,中暑与日均温、日均湿都相关,并且每日千万人口中暑发病率在0～1.677之间,表明随着日均温的提高,日均湿的协同作用开始体现。理论上夏季皮肤平均温度为35 ℃,如环境温度超过35 ℃,机体只能通过蒸发途径散热,而高气湿可降低蒸发散热的效率,因此,随着气温的升高,气湿对机体的影响越来越大,对高温中暑的发生来说,日均温越高,日均湿的协同作用更加明显。

---

* 王瑛,李济超,陈正洪,李乐,李松汉,张玲,于力.职业与健康,2013,29(7):792-794.

工程气象

大型桥梁　核电站
长江航道　三峡工程

武汉阳逻长江大桥——崔杨　摄

诗意三峡——郑坤　摄

武汉阳逻长江公路大桥设计风速值的研究*

摘　要　利用武汉市气象站1961—1999年风的基本资料，分析了桥位周边平均风速、最大风速、大风日数、最多风向及频率、各风向平均风速及频率、历年的极值风速及大风危害等风的基本特征；建立了武汉市气象站1961—1995年的逐年最大风速序列（其中1989—1995年的逐年最大风速，通过与未受城市化影响的黄陂气象站的比较而进行了合理的订正），根据建筑设计规范采用极值Ⅰ型曲线，并用两种参数估计方案，推算出武汉市气象站不同重现期（100 a、50 a、30 a）10 m高处10 min平均年最大风速（基本风速）分别为19.4 m/s、18.4 m/s和17.8 m/s。采用比值法求出，从气象站到大桥江边最大风速的增大系数1.54，从而得到桥位区不同重现期（100 a、50 a、30 a）10 m高处10 min平均年最大风速（设计风速）分别为29.9 m/s、28.3 m/s和27.4 m/s。最后分析了大风在146 m高度内的变化特征，并采用指数和对数法将设计风速外推到200 m以下每10 m高度层，可供设计、施工及将来维护参考。

关键词　武汉阳逻长江公路大桥；年最大风速；基本风速；设计风速；极值Ⅰ型函数

1　引言

武汉阳逻长江公路大桥是横贯我国长江南北的又一重要工程，并与武汉军山长江公路大桥共同构成武汉市的外（三）环线（见图1），桥型为双塔悬索桥，设计主跨1280 m，位居全国同类桥型中的第3位。如此大的跨度，又需采用轻质材料，对抗风设计要求就会很高。本文先对桥位区风的基本特征进行分析，重点对设计风速进行推算研究[1]。

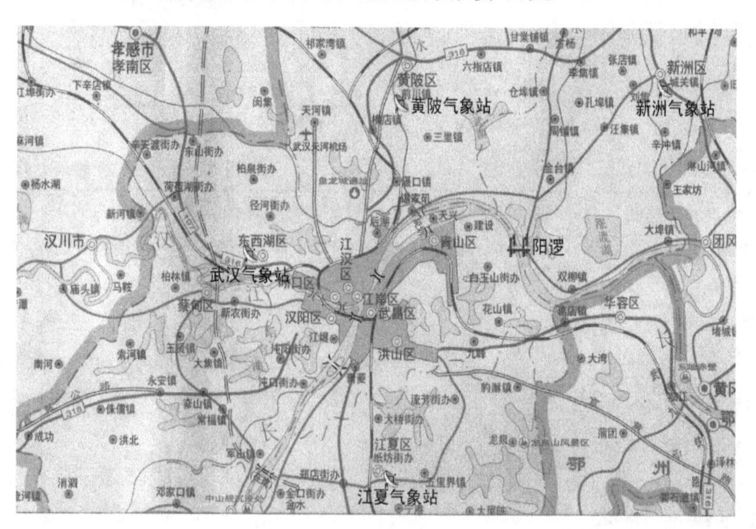

图1　武汉市6座长江大桥及周边气象站分布图

* **陈正洪**，杨宏青，向玉春，陈波. 自然灾害学报，2003，12(4)：160-169.

该大桥桥位区的长江河道走向为东南-西北向，与武汉市其他五座长江大桥桥位处长江走向为东北西南向明显有区别(图 1)，因与夏季盛行东南风一致，从而会造成风力加速效应，从《湖北省气候图集》[1]可看出：广济至武汉长江河道沿线，风力高于相邻地区；全年多数月份武汉盛行偏北风，桥位区北部平坦，还有两个较大湖泊，盛行北风时桥位区风力肯定会大于邻近市区的风力。

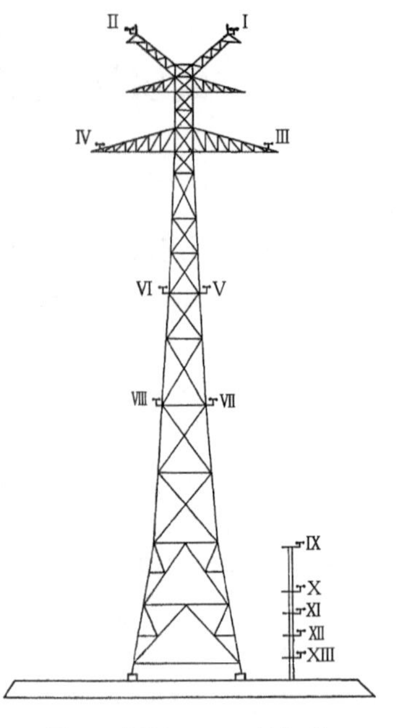

图 2　阳逻 146 m 过江铁塔风仪剖面图

2　资料来源和气象观测情况

气象资料分别来源于湖北省气象档案馆和湖北省气象科学研究所。

大桥周边有 4 个气象站，武汉气象站位于桥西约 20 km，属国家基本气象站，从 1955—2000 年已积累 46 a 有关 10 min 平均年最大风速资料，另有 3 个一般气候站，但 10 min 平均年最大风速资料均不足 25 年，故只采用武汉气象站的基本风资料。由于场地、风仪种类及其离地高度、风速取值方法等对风速大小影响很大，特列表 1 进行说明。

表 1　武汉气象站及其 10 min 平均最大风速观测场地及仪器变更情况(1955—2000 年)

时段(年.月)	北纬(N°)	东经(E°)	观测场海拔高度(m)	风仪离地高度(m)	风仪类型	详细地址
1955.1—1957.6	30°38′	114°04′	23.0	14.5	电接回数计	汉口赵家条 231 号
1957.7—1959.12	30°38′	114°04′	23.0	12.5	电接回数计	同上
1960.1—1963.1	30°38′	114°08′	22.8	11.1	达因风向风速计	汉口东西湖吴家山
1964.1—1980.3	30°37′	114°08′	23.3	11.1	达因风向风速计	同上
1980.4—1996.12	30°37′	114°08′	23.3	10.5	EL 型电接风向风速计	同上
1997.1—2000.12	30°37′	114°08′	23.3	10.4	EL 型电接风向风速计	同上

说明：1)最大风速及其风向均挑自 10 min 平均最大风速和相应的最多风向；

2)最大风速具有前大(1960 年前大)后小(1989 年后小)的显著特点，“前大”主要因为观测场地位置、仪器不同、风仪离地面高等原因造成，因难以订正，故舍去不用；“后小”主要是自 1989 年后观测场邻周建起了大量楼房，气象站位于“锅底”，该资料需订正才能使用。

武汉城市气象工程技术中心(原湖北省气象科学研究所)曾于 1976—1988 年连续 13 a 在原新洲县阳逻镇(大桥附近)一座高 146 m 的过江铁塔上进行了 9 层的梯度风观测(图 2)，所得资料可用来建立江边风速与气象站风速的关系。

3　桥位区风的基本特征

3.1　平均风速

从表 2 可见，武汉各月平均风速在 1.9～2.3 m/s 之间，差异不显著。最大平均风速

(3月、4月)与最小平均风速(10月、11月)相差只有0.4 m/s。从季节分布看,武汉春季平均风速最大,秋季最小,冬、夏两季相当。春季风速大是因为冷、暖空气交汇频繁,天气多变常带来大风天气,而秋季天气相对稳定,常是秋高气爽,大风出现较少,所以平均风速也小。

表2 武汉气象站1961—1999年39 a逐月平均风速和大风日数

月份	1	2	3	4	5	6	7	8	9	10	11	12	全年
平均风速/($m \cdot s^{-1}$)	2.1	2.2	2.3	2.3	2.1	2.0	2.3	2.1	2.1	1.9	1.9	2.0	2.1
大风日数/d	0.2	0.4	0.5	0.9	0.3	0.3	0.9	0.4	0.2	0.2	0.3	0.2	4.8

3.2 最大风速

由表3可见,武汉1961—1999年39 a的年最大风速为17.0 m/s,对应的风向为正北风,出现在1963年1月20日。各月的最大风速以1月份最大,为17.0 m/s,6月份次之,为16.0 m/s,第3是7月份,为15.7 m/s。1月、2月、3月、4月、6月、7月份这6个月的最大风速在15.0 m/s及以上,其他6个月的最大风速在15.0 m/s以下。分析还发现,全年12个月中有7个月的最大风速出现在20世纪60年代,有3个月的最大风速出现在70年代。

表3 武汉气象站1961—1999年累年各月最大风速

要素	1月	2月	3月	4月	5月	6月	7月	8月	9月	10月	11月	12月	全年
最大风速/($m \cdot s^{-1}$)	17.0	15.0	15.4	15.0	14.0	16.0	15.7	14.3	12.0	11.0	12.4	14.0	17.0
同时风向	N	NNE,N	N	3个	SSE	NNW	SE	S	N	N	NNE	ENE	N
出现日期	20	2,21	23	3天	18	21	24	9	6	3,17	28	25	20/1
出现年份	1963	1963 1966	1977	1964 1986	1963	1969	1978	1988	1962	1962 1964	1971	1982	1963

要特别说明的是,武汉气象站自1955年起就有自记10 min平均最大风速的观测,而且建国以来最大风速的极大值出现在1956年,为19.1 m/s。为了不漏掉这种极值资料,我们将1955年至1960年逐年的年最大风速资料补充到表4。从表中可以看出,除1956年出现了建国以来最大风速的极大值外,1957年还出现了1949以来年最大风速的次大值,为19.0 m/s,这两年的年最大风速均出现在春季,风向均为正北风。从表中还可以看出,1955—1960年6 a中有4 a的年最大风速在17.0 m/s及以上,明显超出此后39 a的极大风速。

表4 武汉1955—1960年逐年最大风速(m/s)

年	风速/($m \cdot s^{-1}$)	风向	日期	年	风速/($m \cdot s^{-1}$)	风向	日期
1955	18.1	NNE	18/2	1958	16.9	N	26/3
1956	19.1	N	17/3	1959	15.4	NW	14/9
1957	19.0	N	9/4	1960	17.0	NNE	17/5

3.3 大风日数

大风日指一日中风力在8级以上或瞬间风速大于或等于17.0 m/s的日数，如表2所示。武汉市1961—1999年39 a平均大风日数为4.8 d。从季节分布看，春季最多，夏季次之，秋季和冬季相当。从月分布看，4月和7月的大风日数最多，39 a平均为0.9 d，3月次之，39 a年平均为0.5 d，其余各月大风日数为0.2～0.4 d。

3.4 最多风向及频率

如表5所示，武汉年最多风向为NNE风，12个月中有10个月的最多风向为NNE风，只有6、7月的最多风向为偏南风。

表5 武汉1961—1999年各月出现最多风向及频率

要素	1月	2月	3月	4月	5月	6月	7月	8月	9月	10月	11月	12月	年
最多风向	NNE	NNE	NNE	NNE	NNE	SSE	SSW	NNE	NNE	NNE	NNE	NNE	NNE
			C	C	C	C	C	C	C	C	C		
频率/%	14	14	13,20	10,22	8,22	6,23	10,20	11,19	13	14,25	13,26	14	11,22

3.5 各风向平均风速及频率

如表6所示，武汉NNE风的频率最大，为11%，其次是NE风，为10%，第3是N风和ENE风，为7%。一般情况下，平原地区风向频率大的，其平均风速也大，武汉NNE风的频率最大，其平均风速也是最大，为3.2 m/s。

表6 武汉1961—1999年各风向下的平均风速和和频率

风向	N	NNE	NE	ENE	E	ESE	SE	SSE	S	SSW	SW	WSW	W	WNW	NW	NNW	C
风速/(m·s^{-1})	2.9	3.2	2.7	2.2	2.2	2.3	2.3	2.3	2.5	3.0	3.0	2.5	2.1	2.1	2.3	2.7	
频率/%	7	11	10	7	5	4	4	4	3	3	4	2	2	2	4	6	22

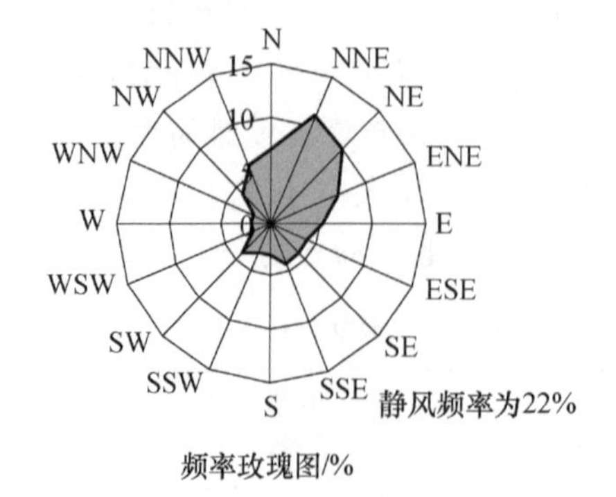

频率玫瑰图/%

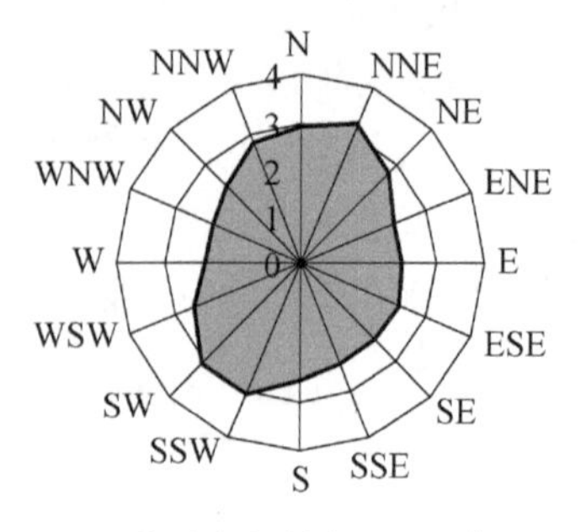

平均风速玫瑰图/ (m·s^{-1})

图3 全年各风向下的频率及平均风速玫瑰图(1961—1990年)

3.6 历年的极值风速及大风危害

从表7中可见，武汉1955—1984年30 a中年极大风速的最大值出现在1956年和1960年，极大风速均为27.9 m/s，其次为1978年，极大风速为27.8 m/s，第3是1967年，极大风速为26.9 m/s。年极大风速的最小值出现在1984年，为18.1 m/s。各年极大风速出现的月份存在差异，出现在4月的最多，有6 a，出现在3月和6月的次之，均有4 a。如果分季节进行统计，年极大风速出现在春季、夏季、秋季、冬季的分别有13 a、9 a、3 a和5 a。

表7 武汉1955—1984年历年极大风速

年	风速/($m \cdot s^{-1}$)	风向	出现日期(日/月)	年	风速/($m \cdot s^{-1}$)	风向	出现日期(日/月)
1955	19.0	NE	15/12	1970	19.2	NNE	25/10
1956	27.9	N	17/3	1971	19.3	NNE	28/11
1957	20.7	WNW	4/6	1972	24.1	SSW	18/4
1958	24.5	N	26/3	1973	22.3	NNE	11/4
1959	23.6	NNE	21/5	1974	24.2	NE	17/6
1960	27.9	NNE	17/5	1975	19.3	NNE	22/11
1961	21.1	NW	8/6	1976	22.9	NNE	18/3
1962	24.2	ENE	16/8	1977	23.7	N	23/3
1963	24.4	SSW	30/7	1978	27.8	S	25/7
1964	22.6	S	31/7	1979	23.3	NNW	12/4
1965	20.2	NE	23/12	1980	22.8	NE	13/4
1966	26.4	N	21/2	1981	23.1	NNE	2/5
1967	26.9	NW	27/1	1982	21.2	N	25/12
1968	21.8	NNE	24/4	1983	23.5	SW	25/4
1969	25.7	NNW	21/6	1984	18.1	NE	13/8

寒潮大风，飑线大风，雷雨大风和龙卷风等大风常使房屋倒塌，吹倒或吹断树木、电杆和农作物等，有时还造成翻船事故，给人民生命财产造成较大的损失[3]。其中以寒潮大风持续时间最长、影响范围最广。1956年3月17日鄂东发生的寒潮大风与气旋波大风相结合，风力达9级以上，造成鄂东地区近几十年最大的风灾；飑线大风和龙卷风虽历时短，但破坏力极大[3]，1974年4月12日下午麻城县出现了一次较强的龙卷风，自西向东移动，行程70 km，宽300 m，所经之地房屋倒塌，树木拔起，并将一塘水吸干，一名农民和一头牛也被卷落到几十米外。大风一年四季均可发生，春季和初夏最多，各类大风都可能出现；秋、冬两季主要以寒潮大风为主，盛夏为雷雨大风多发季节。台风外围大风只是在8—9月偶尔影响鄂东地区。

有时江面(边)甚至会出现突发性大风，而在陆地上可能风速不大。如1994年8月22日13:10，武汉长江边出现了14.3 m/s的大风，当时武汉市气象站的最大风速仅有4.3 m/s。又如1990年7月28日19时左右，一阵狂风袭击了武汉市，引起长江江面巨浪，刮断在江中上游南岸武昌造船厂的一艘自重约900吨的大型浮吊船缆绳，该船迅速下漂，撞上长江大桥4号桥墩，船上巨型吊臂撞上4号孔钢架，造成长江断航6小时；与此同时，汉阳英武船厂800 m^2的船台车间被狂风吹倒成废墟；当时在汉口东西湖吴家山的市气象局观象台实测10 min最大风速为12.0 m/s；汉南农场(纱帽镇)气象站观测到，19:10至20:10在纱帽镇出现了龙卷风，风力 10 级(24.5～28.4 m/s,平均 26.5 m/s)同时下了暴雨、冰雹,刮断直径为 25～32 cm 的林木 4000 棵。

这些事例充分说明大风的危害以及将气象站基本风速向江边进行移植订正的必要性。

4 桥位区设计风速的推算

4.1 对武汉市气象站年最大风速序列均一性的审查

武汉市气象站(以下简称为气象站)自 1961—2000 年,已经有了 40 a 的同种仪器观测的年最大风速资料,这些资料是计算设计风速的基础资料,它准确与否,直接关系到设计风速取值的大小。因此,在进行设计风速计算之前,应特别重视对年最大风速序列的均一性进行审查,若发现非均一性问题,则要查明原因,消除其影响。

4.1.1 年最大风速的高度换算

为了消除风仪离地面高度不同对风速大小的影响,使之能满足《公路桥梁抗风设计指南》中对风仪离地面高度应是 10 m 的要求[4],有必要利用对数公式或指数公式,将气象站风仪离地面高度分别为 11.1 m,10.5 m 和 10.4 这 3 个高度上的年最大风速,统一换算到离地面 10 m 高处的年最大风速。

在贴地层内,风速随高度变化的规律可用下列对数公式表示:

$$V_n = V_1 \frac{\ln Z_n - \ln Z_0}{\ln Z_1 - \ln Z_0} \tag{1}$$

式中,V_n为高度为 Z_n处的风速,V_1为已知高度为 Z_1处的已知风速,Z_0为地面粗糙度高度,本文取值为 0.05 m。将气象站的已知数代入式(1),得:

$$V_{10} = 0.9807V_{11.1}, V_{10} = 0.9909V_{10.5}, V_{10} = 0.9909V_{10.4} \tag{2}$$

贴地层风速随高度变化的规律,也可以用下列指数公式来表示:

$$V_n = V_1 \left(\frac{Z_n}{Z_1}\right)^\alpha \tag{3}$$

式中,α 为地面粗糙度指数(也叫风廓线指数)、本文取值 0.16;其他各项含义与式(1)相同。将气象站的已知数代入(3),得:

$$V_{10} = 0.9834V_{11.1}, V_{10} = 0.9922V_{10.5}, V_{10} = 0.9937V_{10.4} \tag{4}$$

考虑到对数公式更能反映贴地层风速随高度变化的规律,因此,本文用式(2)将 3 个高度上的年最大风速换算到离地 10 m 高处的年最大风速(见表 8)。

表 8 武汉市气象站 1961—2000 年风仪离地面高度为 10 m 的年最大风速(m/s)

年份	1961	1962	1963	1964	1965	1966	1967	1968	1969	1970	1971	1972	1973	1974
年最大风速	12.7	12.7	16.7	14.7	12.7	14.7	14.7	12.7	15.7	11.8	13.1	13.7	13.3	14.5
年份	1975	1976	1977	1978	1979	1980	1981	1982	1983	1984	1985	1986	1987	1988
年最大风速	11.0	13.9	15.1	15.4	12.6	15.2	13.2	13.9	14.6	9.6	11.2	14.9	12.9	14.9
年份	1989	1990	1991	1992	1993	1994	1995	1996	1997	1998	1999	2000		
年最大风速	8.9	11.9	8.9	9.9	8.9	11.9	9.9	7.6	7.6	7.6	8.9	6.2		
订正后风速	10.6	13.6	10.6	11.6	10.6	13.6	11.6							

4.1.2 年最大风速序列均一性的审查

将上表资料点绘成年最大风速随时间变化的曲线，可以看出，气象站的年最大风速的序列存在明显的不连续现象，1989—2000 期间的年最大风速，明显地小于 1961—1988 年期间的年最大风速。上述两个时期年最大风速的平均值，前者为 9.0 m/s，后者为 13.6 m/s。这就是说，1989—2000 年期间的年最大风速的平均减小幅度高达 34%。其中，1989—1995 年期间的年最大风速平均值只有 10.0 m/s，与前 28 a 相比，平均减幅 26%；1996 年至 2000 年期间的风速变得更小，平均只有 7.6 m/s，与前 28 a 相比平均减幅高达 44%，2000 年的年最大风速只有 6.2 m/s，是近 40 a 的最小值。

武汉市气象站近 40 a 来没有迁过站，不存在测站位置迁移的影响；将风仪高度换算到离地 10 m 高度，又消除了风仪离地面高度不同的影响。对上述现象可以解释的有两个原因，一是随着全球气候变暖(尤其是从 1989 年起暖冬稳定出现以来)，北方冷空气南下的频率和强度大大减弱，使得本地区风速明显减小；二是武汉市气象站站周围的环境发生了重大的变化，改革开放以前，测站四周是大片农田，空旷开阔，观测到的风速是大气运行中的实际风速。改革开放以来，特别是 20 世纪 80 年代末和 90 年代中后期，随着东西湖工业区的建立和发展，农田面积大为缩小或消失，测站四周被 8 层以上高楼所包围，城市化的结果更使得气象站的风速有两次显著的突然减小(1989 和 1996 年)，所以该气象站 1989 年后观测值已不能代表自然状态下的实际风速。因此，我们在做年最大风速的概率计算时，坚决地舍弃了 1996—2000 年的资料(覆盖连续两次突然减小)，而只用 1961—1995 年共 35 a 的资料。对 1989—1995 年的资料则必需进行合理的修正，具体方法如下：

根据项目组的调查，在这 4 个气象站中，黄陂气象站周边环境几乎没有受到人为影响，其他 3 站均从郊区变成了城区，因此选定黄陂气象站为对比站，结合上面对武汉市气象站风速的阶段性分析，将两站分 3 个时间段进行对比(均换算到了 10 m 高度)，列于表 9。

表 9 武汉市气象站与黄陂气象站风速比较

时间段	年数/a	武汉市气象站 平均年最大风速/(m·s^{-1})	黄陂气象站 平均年最大风速/(m·s^{-1})
1979—1988	10	13.3	13.6
1989—1995	7	10.0	12.0
1996—2000	5	7.6	11.9

很显然，黄陂和武汉气象站在 1979—1988 年 10 a 间平均年最大风速差别很小，比值仅 1.020，因此可以认为在大气候背景下的风速突变量相等；黄陂气象站平均年最大风速 1989—1995 年间比前 10a 减少 1.6 m/s，而 1996—2000 年间比前 10a 减少 1.7 m/s。

可见风速自 1989 年突然减少后，在后 12 a 基本上是稳定的，符合自然气候的短时突变性和一定时期稳定性特点，这个 1.6(1.7)m/s 的变量可认为是气候突变的结果。前面分析 1989 年，1996 年连续两次突变减小，1989—1995 年间的平均年最大风速比前 10 年减小3.3 m/s，1996—2000 年比前 11 a 减小 5.7 m/s，显然它包含两部分影响，即自然因素(气候变化)和人为因素(四周建起了高房子和开发区)，将 3.3 m/s 减去 1.6 m/s 得到 1.7 m/s，可认为该值是 1989—1995 年间人为因素的影响量，再将 1.7 m/s 加到武汉气象站 1989—1995 年逐年的风速实测值上便得到了自然条件下的逐年风速值，并补充到表 8 中。至于后 5 a，由于人为影响越来越大,越来越复杂,相应数据决定舍去。

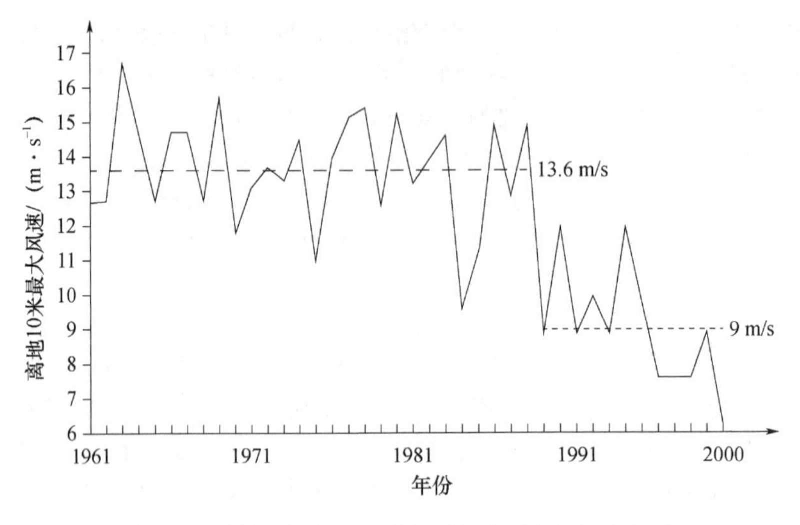

图 4　武汉市气象站 10 m 高处的逐年最大风速变化图

4.2　气象站年最大风速的概率计算

《公路桥梁抗风设计指南》中对基本风速的确定方法有明确的要求:"桥梁所在地区的气象台具有足够的风速观测数据时,假设年最大风速服从极值Ⅰ型分布,由 10 min 平均年最大风速推算 100 a 重现期的数学期望值作为基本风速[4]。

上述条文明确了两件事:第一,要用 10 min 平均年最大风速来计算 100 a 一遇的年最大风速值,换句话来说,就是要求用自记风速来进行计算,对风速资料的精度要求提高了。其次,明确了要用极值Ⅰ型分布函数来进行最大风速取值的计算。剩下没有明确的问题是有多少年资料才叫"足够的"? 最新国标《建筑结构荷载规范》对资料年限有明确的要求:"选取的年最大风速数据,一般应有 25 a 以上的资料[5]"。本文使用的资料是 10 min 平均年最大风速,用了 35 a 资料,因此符合指南和规范对资料的要求。以下我们将用极值Ⅰ型分布来计算 100 a,50 a,30 a 一遇的年最大风速值。

极值Ⅰ型的分布函数是:

$$F(x)=p(X_{\max}<X)=\mathrm{e}^{-\mathrm{e}^{-\alpha(x-u)}} \tag{5}$$

其超过保证率函数是:

$$p(x)=1-\mathrm{e}^{-\mathrm{e}^{-\alpha(x-u)}} \tag{6}$$

用耿贝尔法估计参数 α 和 u

令 $y=\alpha(x-u)$,求得 y 的保证率函数为:

$$p(y)=p(Y\geqslant y)=1-\mathrm{e}^{-\mathrm{e}^{-y}} \tag{7}$$

$$E(Y)=\alpha[E(X_M)-u]$$

$$D(Y)=\alpha^2 D(X_M)$$

由此得

$$\alpha=\frac{\sigma_y}{\sigma_{XM}}$$

$$u=E(X_M)-\frac{1}{\alpha}E(y)=E(X_M)-\frac{\sigma_{xM}}{\sigma_Y}E(y) \tag{8}$$

用表 8 中 1961—1995 年的资料，计算出年最大风速的平均值 $\overline{x}$，标准差 $s_x=1.6832$。以此作为 $E(X_M)$ 及 σ_{xM} 的近似估计值。而 $E(y)$ 与 σ_y 的近似估计值 $\overline{y}$ 及 S_y 只与 N 有关，有表可查。本文 $N=35$，查表得：$\overline{y}=0.5403$，$S_y=1.1285$，将估计值代入式(8)，得：

$\hat{\alpha}=\frac{S_y}{S_x}=0.6704$

$\hat{u}=\overline{x}-\frac{S_x}{S_y}\overline{y}=12.5$ m/s

由(6)式可得：$X_p=\hat{u}-\frac{1}{\alpha}\ln[-\ln(1-p)]$ (9)

将 $p=\frac{1}{100}=0.01$，$p=\frac{1}{50}=0.02$，$p=\frac{1}{30}=0.03$ 及 $\hat{u}$ 和 $\hat{\alpha}$ 代入式(9)，得到：100 a，50 a，30 a一遇的 10 min 平均年最大风速 $X_{100}=19.4$ m/s、$X_{50}=18.4$ m/s、$X_{30}=17.8$ m/s。

中国气象科学研究院在 1999 年给出了修正后的矩法参数估算法（见《全国公路桥涵设计风压图研究报告》），方法较新，用这个方法再进行一次计算，可检验以上的计算结果。

极值Ⅰ型分布函数也可以写成：

$$F(x)=\exp\{-\exp[-\alpha(x-u)]\}$$

式中 u 是分布的位置参数，即其分布的众值；α 是分布的尺度参数，它们与矩的关系为：

一阶矩（均值）：$E(x)=\frac{a}{\alpha}+u$，式中 $a=0.57722$

二阶矩（方差）：$\sigma^2=\frac{C^2}{\alpha^2}$，式中 $C=\frac{\pi}{\sqrt{6}}=1.28255$

因此，得：

$$\alpha=\frac{1.28255}{\sigma}$$

$$u=E(x)-\frac{0.57722}{\alpha}$$

在实际计算中，可用有限样本的均值 $\overline{x}$ 和标准差 S 作为理论值 $E(x)$ 和 σ 的近似估计，参数则可用下式估计：

$$\hat{\alpha}=\frac{C_1}{S} \tag{10}$$

$$\hat{u}=\overline{x}-\frac{a_1}{}$$

式中系数 C_1 和 a_1 也只与 N 有关，也有表可查。$N=35$，查表得 $C_1=1.1285$，$a_1=0.5403$。由表 8 中 1961—1995 年的资料，计算出年最大风速的平均值 $\overline{x}=13.3$ m/s，标准差 $S=1.6832$。将以上的具体数字代入式(10)，得：

$$\hat{\alpha}=\frac{1.1285}{1.6832}=0.6705$$

$$\hat{u}=13.3-\frac{0.5403}{0.6705}=12.5\ \text{m/s}$$

估计出参数 α、u 后，仍用式(9)计算出 100 a，50 a 和 30 a 一遇的 10 min 平均年最大风速值分别为：19.4 m/s、18.4 m/s、17.8 m/s。用两种不同的参数估计方法计算结果完全相同，因此结果正确可信。

4.3 阳逻大桥桥位附近百年一遇 10 min 平均年最大风速值的估算

前面已指出，阳逻附近的风速肯定要比气象站的风速大，但是阳逻附近又没有 25 a 以上的 10 min 平均年最大风速资料，不具备作概率统计的条件。而阳逻大桥的设计又需要阳逻附近的百年一遇的 10 min 平均年最大风速。唯一可行的办法，就是利用两地现有的年最大风速资料，找出两者之间的统计关系，然后再根据这个统计关系将气象站 100 a 一遇的 10 min 平均年最大风速值换算到阳逻来用。

我们曾在阳逻镇江边建立了一个 146 m 高的梯度风观测站，进行了长达 13 a(1976—1988 年)的江边梯度风观测，资料年代之长，是全国少有的。经过我们对离地面高 10 m 处的年最大风速资料序列的审查，发现后 3 年的风速明显偏小，是仪器故障造成的，故去掉这 3 年资料不用。用 1976—1985 年的 10 a 的资料与气象站相同年份的资料来进行对比分析。

先还是用对数公式将阳逻铁塔离地面 20 m 高度上的年最大风速换算到离地面高 10 m 处的年最大风速再与气象站同期、同高度的年最大风速进行对比分析。由下图可知，历年的年最大风速都是阳逻大于气象站，无一例外。而历年偏大的程度又是大体上相同的。这个事实表明，在相同的天气系统影响下，这两个测站的年最大风速的平均比值是比较稳定的，有较好的代表性。

1976—1985 年期间，离地 10 m 高处的年最大风速的平均值：阳逻是 20.8 m/s，它代表江边风速，以 $\overline{V}_{江边}$ 表示，气象站是 13.5 m/s，它代表陆地风速，以 $\overline{V}_{陆地}$ 表示，平均比值用 $\overline{k}$ 表示。

$$\overline{k}=\frac{\overline{V}_{江边}}{\overline{V}_{陆地}}=\frac{20.8}{13.5}=1.54 \tag{11}$$

比值 $\overline{k}=1.54$，就是阳逻江边风速比气象站风速的增大系数，这个值比武汉长江二桥桥位区风速与气象站比值 1.4 略大[6]。将气象站 100 a 一遇的 10 min 平均年最大风速值乘上平均比值 1.54，即可得到阳逻大桥桥位附近的 100 a 一遇的 10 min 平均年最大风速值：19.4×1.54=29.9 m/s。此外阳逻桥位处 50 a，30 a 一遇的 10 min 平均年最大风速分别为：18.4×1.54=28.3 m/s 和 17.8×1.54=27.4 m/s。

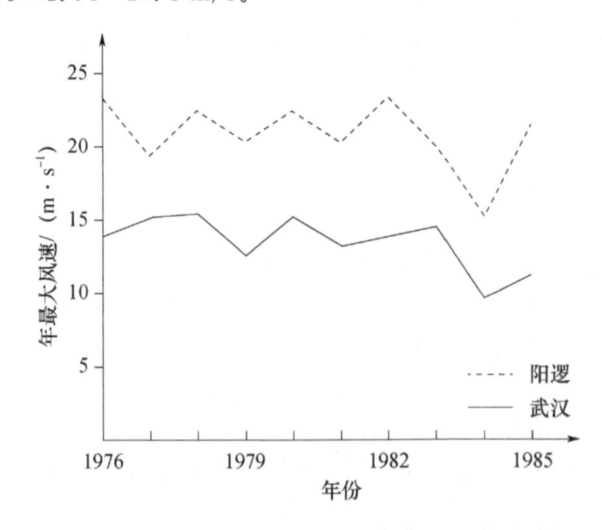

图 5　阳逻梯度风观测站和武汉气象站的年最大风变化图(同为 10 m 高处)

4.4 最大风速的垂直变化

大桥设计中最关心大风，尤其是极值情况[7]，为此我们找出了从 15 m 到 146 m 共 6 个高度层各自累年(13 年来)10 min 平均最大风速的极大值，由图 6 给出。不难看出，随高度增加，最大风速逐渐增大，其中 60 m 以下，119m 以上增加最快，尤其是 30 m 以下，特别值得一提的是 62 m 和 119 m 两个高度层的最大风速相等，即可能存在一个等风速层，也就是说 62 m 高度层内的最大风速或极值风速可以很大，可以大到与 100 m 以上高度上的风速相当。而大桥主要部分可能就位于 62 m 以内，因此这是必须引起高度重视的。另外 62 m 高度层的累年最大风速竟达到 33.7 m/s。

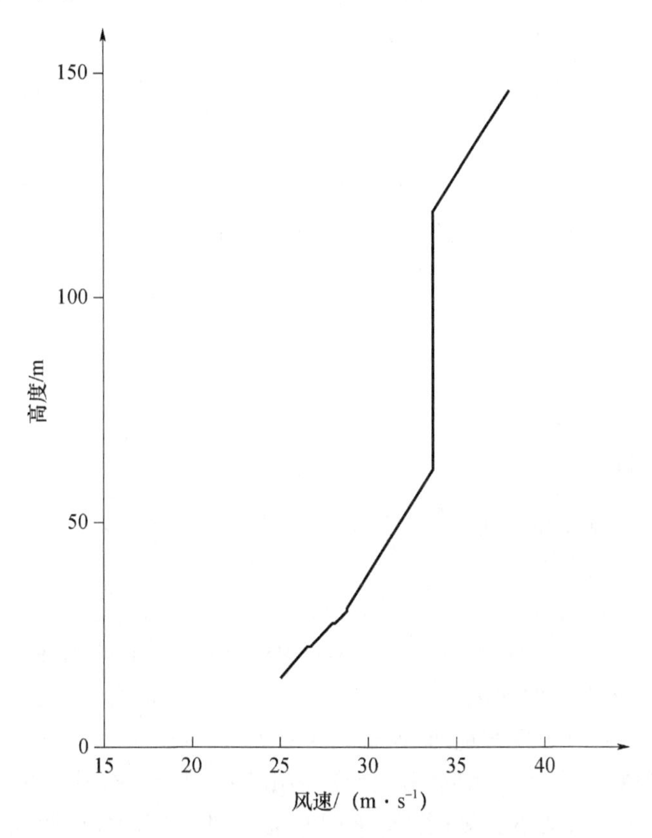

图 6　桥位附近 6 个高度累年最大风速变化图

4.5 桥位区近地层各高度年最大风速的推算

由于风速随高度变化的对数公式(1)只适用于离地面几十米的贴地层，而风速随高度变化的指数公式(3)适用于离地面几百米的近地面层，故采用公式(3)将 10 m 高度上的最大风速推算到 200 m 以内的各个高度层(每隔 10 m 一层)，结合以上研究，取 $\alpha=0.16$，结果如表 10 所示。

表 10　桥位处不同高度不同重现期 10 min 平均最大风速(m/s)

高度/m	10 min 平均最大风速			高度/m	10 min 平均最大风速		
	100 a 一遇	50 a 一遇	30 a 一遇		100 a 一遇	50 a 一遇	30 a 一遇
10	29.9	28.3	27.4	110	43.9	41.5	40.2
20	33.4	31.6	30.6	120	44.5	42.1	40.8
30	35.6	33.7	32.7	130	45.1	42.7	41.3
40	37.3	35.3	34.2	140	45.6	43.2	41.8
50	38.7	36.6	35.4	150	46.1	43.6	42.3
60	39.8	37.7	36.5	160	46.6	44.1	42.7
70	40.8	38.6	37.4	170	47.0	44.5	43.1
80	41.7	39.5	38.2	180	47.5	44.9	43.5
90	42.5	40.2	38.9	190	47.9	45.3	43.9
100	43.2	40.9	39.6	200	48.3	45.7	44.3

还采用对数公式(1)计算了 200 m 以内各层 100 a,50 a,30 a 一遇的 10 min 和 2 min 平均最大风速(表略),也可供大桥设计参考。

5　小结

5.1　风的基本特征

(1)累年最大风速前几位：19.1 m/s,N,1956 年 3 月 17 日;19.0 m/s,N,1957 年 4 月 9 日。

(2)累年极大风速前几位:27.9 m/s, N,1956 年 3 月 17 日; 27.9 m/s, N,1960 年 5 月 17 日;27.8 m/s,S,1978 年 7 月 25 日;26.9 m/s,NW,1967 年 1 月 27 日。

(3)盛行风向:全年多为偏北风,仅在 6、7 月为偏南风,而最大风速出现的风向偏南、偏北各占一半,其中盛行东南风主要与地形、河道走向有关,且有放大效应。

(4)最大风速的风向:多为偏北风,最大风速多出现在夏、春季,其余 3 站多出现在冬春季。

(5)大量详实的天气灾害资料表明,寒潮大风、龙卷风、雷雨大风、飑线大风等几类大风一次次地给湖北省工农业生产、建筑设施及人民生命财产造成巨大损失。

5.2　基本风速与设计风速的计算

(1)资料处理:对武汉市 1955—2000 年间历年最大风速序列分析发现,该序列存在前大(1960 年前大)后小(1989 年后小),“前大”主要因为观测场地变化、仪器不同、风仪离地面高等原因造成,因难以订正故舍去不用,“后小”主要是观测场四周屏蔽作用所致,对 1988—1995 年资料进行了订正。

(2)基本风速计算:采用 1961—1995 年共 35 a 资料序列,根据极值Ⅰ型曲线,并用两种参数估计方案,推算出武汉市气象站不同重现期(100 a,50 a,30a)10 m 高处 10 min 平均年最大风速(基本风速)分别为 19.4 m/s,18.4 m/s,17.8 m/s。

(3)设计风速推算:利用比值法求出从气象站到江边(阳逻)最大风速增大系数 1.54,从而得到桥位区不同重现期(100 a,50 a,30 a)10 m 高处 10 min 平均年最大风速(设计风速)分别为 29.9 m/s,28.3 m/s 和 27.4 m/s。

参考文献

[1] 程进,江见鲸,肖汝诚,等.风对桥梁结构稳定性的影响及时对策[J].自然灾害学报,2002,11(1):81-84.
[2] 薛静英,赵明明,周月华,等.湖北省气候图集[M].北京:气象出版社,1989.167—178.
[3] 乔盛西,等.湖北省气候志[M].武汉:湖北人民出版社,1989.
[4]《公路桥梁抗风设计指南》编写组.公路桥梁抗风设计指南[M].北京:人民交通出版社,1996.
[5] 中国建筑科学研究院,等.GB J50009—2002 建筑结构荷载规范[S].北京:中国建筑工业出版社,2002.
[6] 铁道部大桥工程局.武汉长江二桥技术总结[M].北京:科学出版社,1998.
[7] 丁燕,史培军.台风灾害的模糊风险评估模型[J].自然灾害学报,2002,11(1):34-43.

深圳湾公路大桥设计风速的推算*

摘　要　从资料的完整性和合理性、方法的规范性等几方面着手，对深圳湾公路大桥设计风速进行推算。利用深圳市气象站1954—2001年逐年年最大风速资料，通过时距、高度、地形等订正后得到了相当于开阔平地上方10 m高度10 min年最大风速48年序列，使之符合建筑抗风指南或规范的要求。再利用极值Ⅰ型计算出不同重现期的基本风速，同时用耿贝尔的参数估算法和修正后的矩法参数估计法计算出不同重现期(200 a、120 a、100 a、60 a、50 a、30 a、10a)的基本风速。研究发现桥位区自动气象站与深圳市气象站最大风速正相关显著，前者是后者的1.1倍，从而可将基本风速外推到桥位区，进一步根据规范将该值放大$1.1^{1/2}$(1.049)倍至海面上，最终得到设计风速。还利用近地层风的指数和对数曲线推算出150 m内每10 m高度层的最大风速。

关键词　深圳湾公路大桥；年最大风速；基本风速；设计风速；极值Ⅰ型

1　引言

即将建设的深圳湾公路大桥横跨深圳湾，计划于2003年初开工建设，2005年底建成，是打通深圳与香港西部通道的一项重要工程，建成后可有效缓解深圳市中心区道路及公路口岸的交通压力，改善市中心区的环境。而现代大桥跨度越来越大，建筑材质越来越轻，风压与风振成为了现代大桥设计中的最重要的限制因子，对抗风设计要求更高[1-7]。由于深圳地处低纬海岸，每年都要受到热带气旋和台风的影响，伴有暴雨、风暴潮等，对经济建设和生命财产造成严重威胁[8]。根据1953—2001年的资料统计[9]，影响深圳的热带气旋和台风年均4.3次，最多年10次(1964年)，最少也有1次(1968年、1982年)，其中严重影响的有1.5次，主要集中在7—9月。可见抗御大风是深圳湾大桥设计中必需考虑的，本文就是对设计风速的专门研究。研究中重点做到：取得完整而合格的资料，对气象台年最大风资料序列进行概率推算前需作均一性审查和订正[10-13]，设计风速的推算必须符合规范，注重局地地形气候条件的考察和分析。

20世纪90年代以来，我国在基本风速的概率计算中有两大进展，一是风速资料大部分取自自记记录，并且为10 min平均最大值；二是明确用极值Ⅰ型分布函数来进行年最大风速的概率计算。本文将严格按这些规定来求取桥位附近的“基本风速”(桥梁所在地区开阔平坦地面以上10 m高处100年重现期的10 min平均年最大风速)，并将其合理移植到桥位区(海边)，即可得到设计(基准)风速。因海边开阔，摩擦系数小，其风速会大于内陆风速[1,3,10,14]。

---

* **陈正洪**，向玉春，杨宏青，毛夏，张小丽，周新，刘晓东．应用气象学报，2004，15(2)：226-233.

2 资料及步骤

资料来源于深圳市气象局档案室，该市只有 1 个国家基本气象站，位于市区中心，离桥位约 10 km。由于观测场地、仪器种类及其离地高度、风速取值的时间间隔等对风的大小有很大影响，表 1 列出了深圳市气象局观测场地、仪器变更情况。深圳市拥有 40 个气象自动站，是全国最稠密的气象自动站观测网，在桥位区附近有几个站，集中在 1997 年后建成使用，观测要素中包括风向、风速等。

设计风速推算基本思路和步骤为：(1)深圳市及桥位区气象资料和风灾资料的收集；(2)建立 1954—2001 年逐年最大风速序列；(3)进行均一性审查和订正(时距订正、高度订正、地形订正)，从而得到 48 年完整的 10 m 高度上 10 min 平均年最大风速序列；(4)利用极值 I 型方法推算出气象站不同重现期的基本风速；(5)利用海边自动气象站资料将其向深圳海边订正，再根据规范向海上订正(放大 $\sqrt{1.1}$)，得到桥位区不同重现期的设计风速；(6)再应用指数曲线推算出桥位区水面以上 150 m 内各层最大风速，供设计、施工、维护直接应用或参考。

表 1 深圳市气象站(风)观测场地、仪器变更情况

序号	项目	变更情况
1	站址	未变，位置为 22.33°N，114.06°E，观测场海拔 18.2 m。
2	资料读取	1952—1970 年为 2 min 平均正点观测；1971 年后为 10 min 平均自记观测。
3	观测仪器	1954—1970 年用风压器；1971 年 1 月起用 EL 型电接风向风速计。
4	风仪器离地高度(m)	1953 年：13.4；1954—1960 年：6.9；1961—1965 年：13.4；1966—1967 年：12.2；1968—1974 年：10.53；1975—1981 年：10.5；1982—1985 年：15.9(平台离地 9.4)；1986—1994 年 38.6(平台离地 20.9)；1995 年起：38.6(平台离地 29.3)。

3 桥位区设计风速的推算

3.1 对深圳市气象站年最大风速序列均一性的审查和订正

3.1.1 对 1954—1970 年风压器观测的年最大风速序列时次和高度订正

由于深圳 1954—1970 年间年最大风速取自 2 min 观测，必须进行“时距换算”[12]：

$$Y=0.88X+0.80$$

式中 Y 为自记 10 min 平均最大风速，X 为 2 min 平均最大风速。

另外 1954—1970 年间风观测仪器离地的高度有 3 次变化，还须换算到 10 m 高度，在近地层内，风速随高度变化的指数公式：

$$V_n=V_1\left(\frac{Z_n}{Z_1}\right)^{\alpha}$$

式中 V_n、V_1 分别为高度为 Z_n、Z_1 处的风速，α 为地面粗糙度指数(也叫风廓线指数)，取 $a=0.13$(因只是靠近海边，故取值比海边略大)。将各参数代入求出各时段订正方程为：1954—1960 年：$V_{10\mathrm{m}}=1.049\ V_{6.9\mathrm{m}}$，1961—1965 年：$V_{10\mathrm{m}}=0.962\ V_{13.4\mathrm{m}}$，1966—1967 年：$V_{10\mathrm{m}}=$

0.975 $V_{12.2m}$，1968—1970 年：V_{10m}＝0.993 $V_{10.53m}$。

表 2　深圳市气象站 1954—1970 年的年最大风速及其时次和高度转换

年	2 min 年最大风速(m·s^{-1})	转换成自记 10 min 年最大风速(m·s^{-1})	风仪离地高度(m)	转换成 10 m 高度自记 10 min 年最大风速(m·s^{-1})
1954	28	25.4	6.9	26.6
1955	16	14.9	6.9	15.6
1956	14	13.1	6.9	13.7
1957	34	30.7	6.9	32.2
1958	16	14.9	6.9	15.6
1959	12	11.4	6.9	12.0
1960	34	30.7	6.9	32.2
1961	20	18.4	13.4	17.7
1962	28	25.4	13.4	24.4
1963	20	18.4	13.4	17.7
1964	34	30.7	13.4	29.5
1965	18	16.6	13.4	16.0
1966	20	18.4	12.2	17.9
1967	16	14.9	12.2	14.5
1968	20	18.4	10.53	17.9
1969	17	15.8	10.53	15.8
1970	16	14.9	10.53	14.9
1954－60 平均	22.0	20.2		21.1
1961－65 平均	24.0	21.9		21.1
1966－67 平均	18.0	16.6		16.2
1968－70 平均	17.7	16.4		16.4

由表 2 可见，经两次订正后，年最大风速在 1966—70 年的平均值(16.2 m·s^{-1}，16.4 m·s^{-1})与此后 1971—1993 年的平均值(15.3 m·s^{-1})基本一致，说明订正合理。至于 1954—1965 年间平均值仍高达 21.1 m·s^{-1}，可能反映的是气候变化，当时常出现大风。

3.1.2　1971—2001 年电接风仪观测的年最大风速序列均一性审查和订正

深圳 1980 年成立特区，此前不存在城市发展对最大风速序列的影响，年最大风速最有代表性。成立特区以来，城市的发展、城市规模的扩大对年最大风速的影响，也有一个从没有影响到影响不大再到影响显著的发展过程，深圳市气象台在 20 世纪 80 年代两次提高风速观测平台的离地高度，就是为了消除城市发展对风速的影响而采取的有效措施。

由图 1 可见，1982—1993 期间的年最大风速值并没有因为风仪离地高度的增高而显著增长，而是和不受城市发展影响的 1971—1981 年期间的年最大风速值很接近，这说明了风仪离地高度的增高部分，在 1993 年以前抵消了城市发展对风速的影响。因此，有理由把 1982 年以后的风仪离地高度视同1971—1981年期间的离地高度10.53 m,因为这个高度与10 m很接近,所以可以不进行高度订正了。而1994—2001年间的年最大风速比1971～1993年间的年最大风速明显偏小,显然与深圳台四周出现了更高的建筑有关,不仅不需作高度(降低)订正,而且需要作系统(提高)订正。前后两个序列的均值经作 t 检验[15]差异显著:1971—1993年,$n_1=23$,$\overline{x_1}=15.3\ \mathrm{m\cdot s^{-1}}$,$s_1=4.1177$;1994—2001年,$n_2=8$,$\overline{x_2}=11.6\ \mathrm{m\cdot s^{-1}}$,$s_2=2.872$,据此算出 $t=2.273$。取信度0.05,自由度 $n_1+n_2-2=29$,查表得 $t_{0.05}=2.045$。因为 $t=2.273>t_{0.05}=2.045$,所以 $\overline{x_1}$ 与 $\overline{x_2}$ 的差异显著。两个均值的比值为1.31,用比值法将1994—2001年期间的历年年最大风速乘上1.31,就可以消除不均匀现象,图1中的粗实线即是订正后的年最大风速(也可见表3)。

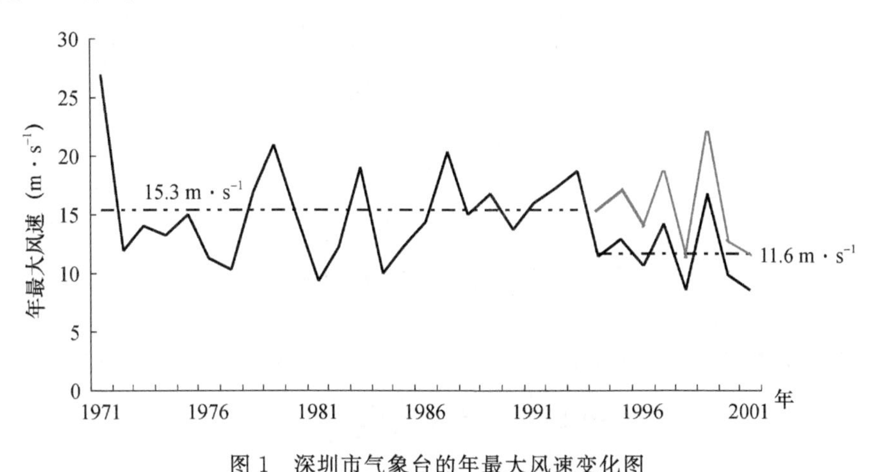

图1 深圳市气象台的年最大风速变化图

表3 深圳市气象站1971—2001年的年最大风速(m·s⁻¹)

年份	1971	1972	1973	1974	1975	1976	1977	1978	1979	1980	1981
年最大风速(m·s⁻¹)	27.0	12.0	14.0	13.3	15.0	11.3	10.3	17.0	21.0	15.0	9.3
年份	1982	1983	1984	1985	1986	1987	1988	1989	1990	1991	1992
年最大风速(m·s⁻¹)	12.3	19.0	10.0	12.3	14.3	20.3	15.0	16.7	13.7	16.0	17.3
年份	1993	1994	1995	1996	1997	1998	1999	2000	2001		
年最大风速(m·s⁻¹)	18.7	11.5	12.9	10.7	14.2	8.5	16.7	9.8	8.5		
订正后的值		(15.1)	(16.9)	(14.0)	(18.6)	(11.4)	(21.9)	(12.8)	(11.4)		

表2和表3共同构成了1954—2001年48年完整的相当于空阔地上的10 m高度10 min平均年最大风速序列,可用于基本风速的概率推算。

3.2 年最大风速的概率计算

本文使用的资料是经过订正的10 min平均年最大风速,有48年资料,符合指南或规范对资料的要求。并用极值Ⅰ型[16]计算出不同重现期的基本风速，由于耿贝尔的参数估算法的估算误差较小，所以，我们建议采用用耿贝尔法计算出的基本风速。也为了让设计人员有一个选择的余地，也为了有一个相互比较、相互验证的结果，我们也给出修正后的矩法参数估计法[1]计算出的基本风速。

极值Ⅰ型的分布函数是：$F(x)=p(X_{\max}<X)=e^{-e^{-\alpha(x-u)}}$ (1)

其超过保证率函数是： $p(x)=1-e^{-e^{-\alpha(x-u)}}$ (2)

3.2.1 用耿贝尔法估计参数 α 和 u

令 $y=\alpha(x-u)$，求得 y 的保证率函数为：

$$p(y)=p(Y\geqslant y)=1-e^{-e^{-y}} \tag{3}$$

$$E(Y)=\alpha[E(X_M)-u]$$

$$D(Y)=\alpha^2 D(X_M)$$

由此得到：

$$\alpha=\frac{\sigma_y}{\sigma_{XM}} \tag{4}$$

$$u=E(X_M)-\frac{1}{\alpha}E(y)=E(X_M)-\frac{\sigma_{XM}}{\sigma_Y}E(y) \tag{5}$$

可用表2和表3中订正后的年最大风速的均值 $\overline{x}=16.8\ \text{m}\cdot\text{s}^{-1}$，及标准差 $s_x=5.4213$ 作为 $E(X_M)$ 及 σ_{xM} 的近似估计值。而 $E(X_M)$ 和 σ_{XM} 的近似估计值 $\overline{y}$ 及 S_y 只与 N 有关，有表可查。本文 $N=48$，查表得：$\overline{y}=0.5477$，$S_y=1.1574$，将估计值代入(4)和(5)式得：

$$\hat{\alpha}=\frac{S_y}{S_x}=0.2135 \quad \hat{u}=\overline{x}-\frac{S_x}{S_y}\overline{y}=14.2\ \text{m}\cdot\text{s}^{-1}$$

由(2)式可得：$$X_p=\hat{u}-\frac{1}{\alpha}\ln[-\ln(1-p)] \tag{6}$$

由(6)式算出7个重现期的基本风速如表4。

表4 利用极值Ⅰ型(用耿贝尔法)计算出的不同重现期基本风速($\text{m}\cdot\text{s}^{-1}$)

重现期(a)	200	120	100	60	50	30	10
基本风速	38.2	36.4	35.6	33.2	32.3	30.4	24.7

3.2.2 矩法参数估算法

中国气象科学研究院的专家，在1999年给出了修正后的矩法参数估算法，方法较新，用这个方法再进行一次计算，目的是用来检验以上的计算结果。

极值Ⅰ型分布函数也可以写成：

$$F(x)=\exp\{-\exp[-\alpha(x-u)]\}$$

式中 u 是分布的位置参数，即其分布的众值：

α 是分布的尺度参数，它们与矩的关系为：

一阶矩(均值)：$E(x)=\frac{a}{\alpha}+u$，式中 $a=0.57722$

二阶矩(方差)：$\sigma^2=\frac{C^2}{\alpha^2}$，式中 $C=\frac{\pi}{\sqrt{6}}=1.28255$

因此得：$\alpha=\frac{1.28255}{\sigma} \quad u=E(x)-\frac{0.57722}{\alpha}$

在实际计算工作中，可用有限样本的均值 $\bar{x}$ 和标准差 S 作为理论值 $E(x)$ 和 σ 的近似估计，参数则可用下式估计：$\hat{\alpha}=\frac{C_1}{S}$　$\hat{u}=\bar{x}-\frac{a_1}{\hat{\alpha}}$

式中系数 C_1 和 a_1 也只与 N 有关，也有表可查。$N=48$，查表得 $C_1=1.15714$，$a_1=0.54764$。由表 2 和表 3 计算出年最大风速的平均值 $\bar{x}=16.8$ m/s，标准差 $S=5.4213$。求得 $\hat{\alpha}=0.2135$，$\hat{u}=14.2\ \mathrm{m\cdot s^{-1}}$，仍用(6)式计算出不同重现期的基本风速，其结果与用耿贝尔法结果一致(表略)。

3.3　深圳湾公路大桥桥位区设计风速的估算

为了求出深圳湾公路大桥桥位区设计风速，对以上求出的基本风速还需进行两步移植工作，先按一定比例(B_1，增大系数 1)将由气象站资料求得的基本风速移植到桥位岸边，再按一定比例(B_2，增大系数 2)将其移植到离海岸一定距离的海面上，最终的增大系数为 $B=B_1\times B_2$。

为了求出 B1，我们在桥位区附近选取蛇口和福永两个自动气象站，由于自动站观测时间短(最早始于 1997 年 1 月)，观测常常中断，为了增加样本，我们选取 10 min 平均月最大风速，这样蛇口共有 15 个有效样本((1997 年 8 月—1998 年 3 月、2000 年 9—11 月、2001 年 9—12 月)、福永共有 43 有效个样本(1997 年 6—11 月、1998 年 1 月、1998 年 4 月—2000 年 11 月、2001 年 9—12 月)。

先将以上序列与深圳气象站对应风序列建立回归方程(图 2)：

$V_{蛇口}=4.87+0.39V_{深圳}$　　$(n=15, r=0.54, r_{0.05}=0.4821)$

$V_{福永}=4.07+0.62V_{深圳}$　　$(n=43, r=0.62, r_{0.001}=0.4797)$

以上两方程分别通过了 0.05、0.001 的信度检验，说明桥位区风速与深圳气象站风速正相关显著，福永与气象站相关达到极显著，将气象站风速向桥位区外推是可行的。

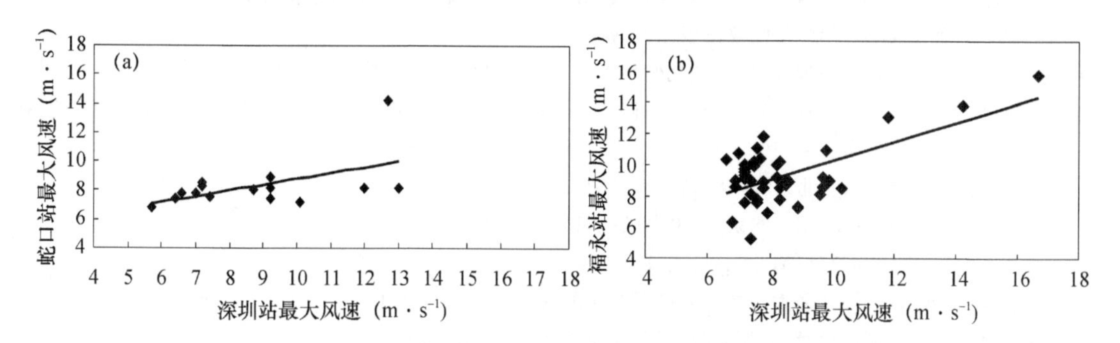

图 2　深圳市气象站与桥位区自动气象站月最大风速的对比与线形拟合

再分别求出蛇口和福永全部样本的均值($8.75\mathrm{m\cdot s^{-1}}$、$9.28\ \mathrm{m\cdot s^{-1}}$)，并分别求出气象站所有对应月份的 10 min 平均月最大风速的均值($8.31\mathrm{m\cdot s^{-1}}$、$8.44\ \mathrm{m\cdot s^{-1}}$)，便可得到两个 B_1 值。福永的 $B_1=1.100$、蛇口的 $B_1=1.057$，从大桥的安全性考虑，本文取两者中的大值 $B_1=1.100$。

至于增大系数 B_2，有规范可查[1,3]，一般离开海岸或在海岛上，B_2 可取 $1.0\sim1.2^{1/2}$。考虑到深圳湾只是内海湾，又处于全年主盛行风向的下风向，我们取中间值 $B_2=1.1^{1/2}(1.049)$。

于是 $B=B_1\times B_2=1.100\times1.049=1.154$。

有了这个增大系数之后，就可以将气象站不同重现期的的 10 min 平均年最大风速值（表 3）乘上该系数 1.154，即可得到大桥桥位区的不同重现期的 10 min 平均年最大风速（表 5）。

表 5　深圳湾公路大桥桥位区的不同重现期 10 min 平均年最大风速（$m\cdot s^{-1}$）

重现期(a)	200	120	100	60	50	30	10
基本风速	44.8	42.0	41.1	38.3	37.3	34.6	28.5

3.4　桥位区近地层各高度年最大风速的推算

对桥位区可取 $\alpha=0.12$，利用风速随高度变化的指数公式将 10 m 高度上的最大风速推算到 150 m 以内的各个高度层（10 m 一层），结果列于表（略）。还采用对数公式进行了同样计算（Z_0取 0.01 m，表略），两种方法推算出的同一高度同一重现期最大风速相差很小，最多不超过 $0.5\ m\cdot s^{-1}$。

参考文献

[1]《公路桥梁抗风设计指南》编写组. 公路桥梁抗风设计指南[M]. 北京：人民交通出版社，1996.

[2] 交通部重庆公路科学研究所. JJJ027—96：公路斜拉桥设计规范（试行）[S]. 北京：人民交通出版社，1996.

[3] 中国建筑科学研究院，等. GBJ50009—2002：建筑结构荷载规范[S]. 北京：中国建筑工业出版社，2002.

[4] Highway Department of Government of HK SAR.《Structures Design Manual》. HK：Government Publication Center，1997(2th edition).

[5] 铁道部大桥工程局. 武汉长江二桥技术总结[M]. 北京：科学出版社，1998.

[6] 张忠义，刘聪，居为民. 南京长江第二大桥桥位风速观测及设计风速的计算[J]. 气象科学，2000，20(2)：200-205.

[7] 刘峰，许德德，陈正洪. 北盘江大桥设计风速及脉动风频率的确定[J]. 中国港湾建设，2002，(1)：23-27.

[8] 鹿世瑾. 华南气候[M]. 北京：气象出版社，1990.

[9] 钟保麟，张小丽，梁碧玲. 近 50 年深圳气候特点[J]. 广东气象，2002(增刊)：11-14.

[10] 石熙春，焦敦基，王玮. 山区污染气象条件研究中地面风资料的订正方法[C]//大气湍流扩散及污染气象论文集. 北京：气象出版社，1982：139-145.

[11] 傅抱璞. 山地气候[M]. 北京：科学出版社，1983.

[12] 朱瑞兆. 应用气候手册[M]. 北京：气象出版社，1991.

[13] 章澄昌. 产业工程气象学[M]. 北京：气象出版社，1997.

[14] 张晓馨，吴志伟. 长江江面大风预报系统[J]. 江苏气象，1999(4)：9-11.

[15] H. T. 海斯莱特. 简明统计学[M]. 哈尔滨：黑龙江人民出版社，1981.

[16] 马开玉，丁裕国，等. 气候统计原理与方法[M]. 北京：气象出版社，1993.

北盘江大桥设计风速及脉动风频率的确定*

摘　要　文章对贵州省关岭至兴仁公路北盘江大桥设计风速、脉动风频率的分析、计算成果予以总结、介绍。

关键词　北盘江大桥；风速；风频；分析；计算

1　引言

北盘江大桥是关岭至兴仁公路的控制性工程，它横跨北盘江峡谷，采用低桥位悬索桥方案，设计主跨 388 m，桥面至江面约 350 m。北盘江是贵州省境内发育在深山峡谷中的主要河流，设计风速的确定直接影响到北盘江大桥抗风稳定性计算、主梁横断面尺度的确定及断面形状的选择，而现行的规范尚未完善地给出峡谷地形区域风速计算关系。本文叙述了北盘江悬索桥设计过程中所涉及的基本风速确定及脉动风压引起的脉动风速频率计算。

2　设计基本风速的确定

2.1　统计风速样本的选取

2.1.1　桥址处短期测风资料观测

据规范要求，北盘江悬索桥为特大桥，其设计风速标准为百年一遇 10 min 平均风速，需取得桥址处 25 年以上的测风资料的年最大值统计求得。但北盘江桥址地处偏远的深山峡谷地带，不可能有长系列的测风资料，因此在桥址处设了短期测风点，以取得与附近气象站测风资料同步的短系列测风资料统计样本，并与附近具有长系列测风观测气象站的测风资料作同步相关分析，将桥址处的短系列测风资料样本延伸成桥址处长系列测风资料样本。桥址处短期测风点还需解决的另一个问题是进行桥址处河谷内及低空的垂直风速观测，以取得峡谷处垂直风速增大系数及低空风速变化值。为此，1999 年 9 月至 10 月和 2000 年 3 月，分别在桥址处开展了短期定点风速观测以及峡谷内低空垂直风速观测。

2.1.2　长系列测风资料站的选择

长系列测风资料站的选择必须满足四个基本条件：

(1)该站必须有 25 年以上的 10 min 平均年最大风速测风资料；

(2)该站与设计桥位处在同一气象区域；

(3)该站尽可能距设计桥位较近；

(4)该站测风资料样本与桥位处测风样本具有较好的相关关系。

据调查，北盘江大桥一岸在兴仁县境内，另一岸在关岭县境内。兴仁县气象观测站具有

---

* 刘峰，许德德，陈正洪. 中国港湾建设，2002，(1)：23-27.

1966年至今共31年的10 min平均年最大风速自动记录资料，其他条件均满足设计要求，而关岭县气象观测站的测风资料不满足设计条件。经对比分析，将兴仁县气象观测站的长系列测风资料作为北盘江悬索桥设计风速的统计样本。

2.2 观测站测风资料样本的修正

据规范要求，设计基本风速的统计样本必须是兴仁县气象观测站地面高度以上10 m高度处的实测10 min平均风速。而兴仁县气象观测站的测风资料分别为气象站地面高度以上13.2 m、10.3 m处的10 min平均风速实测值，此实测值必须修正到地面高度10 m高度处的平均风速，才能作为设计基本风速的统计样本。风速资料样本修订的思路如下。

(1)在贴地层内，风速随高度变化的规律，可用下列对数公式表示：

$$V_n = V_1(\ln Z_n - \ln Z_0)/(\ln Z_1 - \ln Z_0) \tag{1}$$

式中：V_n 为高度 Z_n 处的风速，V_1 为已知高度 Z_1 处的已知风速，Z_0 为地面粗糙度，取 $Z_0=0.05$。

将兴仁站测风观测样本代入式(1)，率定系数后得：

$$V_{10} = 0.9502V_{13.2} \tag{2}$$

$$V_{10} = 0.9945V_{10.3} \tag{3}$$

(2)贴地层风速随高度变化的规律，也可用下列指数形式的公式表示：

$$V_n = V_1(Z_n/Z_1)^T \tag{4}$$

式中 T 为地面粗糙度指数，取 $T=0.16$。

式中其他各项含义与式(1)相同。用兴仁站实测资料率定其系数后，得

$$V_{10} = 0.9566V_{13.2} \tag{5}$$

$$V_{10} = 0.9953V_{10.3} \tag{6}$$

用兴仁气象观测站的实测风速资料，分别代入对数公式和指数公式，计算出的 V_{10} 是相近的。考虑到对数公式更能反映贴地层风速随高度变化的规律，本设计采用对数公式修订出兴仁气象观测站设计基本风速的样本统计值如表1。

表1 兴仁县气象观测站离地10 m高处的10 min平均年最大风速

年份	风仪离地面高度(m)	年最大风速(m/s)	增大系数	10 m高处的年最大风速(m/s)	年份	风仪离地面高度(m)	年最大风速(m/s)	增大系数	10 m高处的年最大风速(m/s)
1966	13.2	15.0	0.9502	14.3	1983	10.3	16.3	0.9945	16.2
1967	13.2	19.0	0.9502	18.1	1984	10.3	14.7	0.9945	14.6
1968	13.2	15.5	0.9502	14.7	1985	10.3	15.7	0.9945	15.6
1969	13.2	15.0	0.9502	14.3	1986	10.3	17.0	0.9945	16.9
1970	13.2	17.0	0.9502	16.2	1987	10.3	19.0	0.9945	18.9
1971	10.3	18.3	0.9945	18.2	1988	10.3	15.0	0.9945	14.9
1972	10.3	12.8	0.9945	12.7	1989	10.3	15.0	0.9945	14.9
1973	10.3	15.8	0.9945	15.7	1990	10.3	16.7	0.9945	16.6
1974	10.3	13.0	0.9945	12.9	1991	10.3	20.0	0.9945	19.9

续表

年份	风仪离地面高度(m)	年最大风速(m/s)	增大系数	10 m高处的年最大风速(m/s)	年份	风仪离地面高度(m)	年最大风速(m/s)	增大系数	10 m高处的年最大风速(m/s)
1976	10.3	16.0	0.9945	15.9	1993	10.3	13.0*	0.9945	12.9
1977	10.3	14.0	0.9945	13.9	1994	10.3	15.0	0.9945	14.9
1978	10.3	16.7	0.9945	16.6	1995	10.3	11.0*	0.9945	10.9
1979	10.3	17.7	0.9945	17.6	1996	10.3	18.0*	0.9945	17.9
1980	10.3	18.0	0.9945	17.9	1997	10.3	12.8	0.9945	12.7
1981	10.3	18.7	0.9945	18.6	1998	10.3	13.8	0.9945	13.7
1982	10.3	15.0	0.9945	14.9	V_{10}=15.6 m/s				

说明：1993年、1995年和1996年的年最大风速虽标出*号，但因气象站注明是挑自10 min平均最大风速，故仍参加统计。

2.3 观测站百年一遇设计风速计算

采用25年以上10 min平均风速的年最大值，按极值Ⅰ型分布函数法统计计算百年一遇的设计风速是最常规的计算方法。为使设计风速的计算结果更具对比性，本设计风速计算采取了三种计算方法对比。

2.3.1 极值Ⅰ型分布函数法

用《公路桥梁抗风设计规范》或《公路桥梁抗风设计指南》所确定的极值Ⅰ型分布函数来进行百年一遇的年最大风速的统计计算，得到兴仁站离地面10 m处百年一遇的10 min平均年最大风速为23.4 m/s。

2.3.2 矩法参数估计法

用《全国公路桥涵设计风压图研究报告》中给出的经过修正后的矩法参数估计法计算，算出的兴仁站百年一遇10 min平均年最大风速也是23.4 m/s。

2.3.3 全国基本风压分压图查取法

从中华人民共和国交通部发布的《公路桥涵设计通用规范》(JTJ021—89)附录3所示的全国基本风压分布图查得，兴仁地区的基本风压值 W_0 约为450 Pa，则离地面20 m高，百年一遇10 min平均最大风速为：

$$V_{20}=\sqrt{1.6W_0}=\sqrt{1.6\times450}=26.83\ \text{m/s}$$

代入式(1)，得

$$V_n=26.83(\ln Z_n-\ln 0.05)/(\ln 20-\ln 0.05)$$

因此，兴仁站离地面高10 m处百年一遇的10 min平均最大风速为

$$V_{10}=26.83(\ln 10-\ln 0.05)/(\ln 20-\ln 0.05)=23.73\ \text{m/s}$$

2.3.4 兴仁县气象观测站设计风速计算结果的确定

上述三种方法的计算结果非常接近，可信度较好。经综合比较，取兴仁气象观测站离地面高10 m处百年一遇10 min平均最大风速为23.4 m /s。

2.4 桥址处百年一遇设计风速确定

2.4.1 兴仁气象站与桥址处风速关系分析

兴仁县气象观测站长序列测风资料确定了兴仁县气象站百年一遇设计基本风速，这一设计风速要引伸至桥址处，作为桥址处百年一遇设计风速，为此必须明确兴仁站测风资料与桥址观测站测风资料的关系。桥址处采用 DEM 6 型轻便风速风向仪，观测高度为离地面1.8 m。每天在 8:00、14:00 和 20:00 整点进行 2 min 平均风速及其风向的观测。兴仁站的资料取自离地 10.3 m 高处的电接风资料。为了与桥址附近的观测资料进行比较，我们只从兴仁站资料中挑出 8:00、14:00、20:00 的整点 2 min 平均风速。再对三次观测资料作如下处理：从每天 3 次观测资料中各挑选出一个日最大风速，两个月共 61 对资料，分别求出其平均值，用来反映两地白天风速的平均状况。桥址附近离地面 1.8 m 高处的定时日最大风速的平均值为 1.9 m /s，而兴仁站离地 10.3 m 高处的定时日最大风速的平均值为 2.8 m /s。因为两地风仪离地高度不同，所以风速还不能直接进行对比。

用对数公式将桥址附近离地 1.8 m 高处的定时日最大风速的平均值订正到离地高度为 10.3 m 处的最大风速平均值，其高度增大系数为 1.4868，1.9× 1.4868=2.8 m/s。经过高度订正后，两地风速就可以比较了。因为两地日最大风速平均值都是 2.8 m /s，其比值为 1，即 $V_{桥址}=V_{兴仁}$。这个关系也适用于年最大风速。即可认为兴仁站离地面 10 m 高处的百年一遇的 10 min 平均年最大风速 23.4 m /s 就是桥址附近离地面 10 m 高处的百年一遇的 10 min 平均年最大风速。

2.4.2 桥址处最多风向分析

根据 2000 年 1—3 月的每天在低桥位关岭岸的电接风观测资料，统计各个风向出现的频率。对日最大风速的风向资料作如下处理：一是去掉日最大风速为 1 m/s 的记录，二是将原来观测的 16 个风向合并为 8 个风向，统计 8 个风向的出现频率。由表 2 可以看出，桥址附近出现的最多风向为 S 风，频率为 47% ；次多风向为 NE 风，频率为 33%。再将 SE、S 和 SW 风合并统称为偏南风，其出现频率就高达 59% ；而把 N E、N 和 NW 风合并统称为偏北风，其出现频率为 33% ，明显地小于偏南风出现的频率。由此可见，在北盘江大桥桥址处出现偏南风的频率最大。

表 2 北盘江大桥低桥位关岭岸的各风向出现的次数及频率

风向	N	NE	E	SE	S	SW	W	NW
次数	0	25	5	0	36	9	1	0
频率(%)	0	33	7	0	47	12	1	0

2.4.3 河谷对风速影响的估算

设计桥位段的北盘江呈从西北到东南的走向，受两边海拔高于 500 m 或高于 1000 m 的高原相夹，形成了在高原以下深达几百米的峡谷型河流。

表 2 的统计结果，正好说明了气流运行与北盘江的走向是基本一致的。又因为北盘江出现偏南风的频率为最大，表明偏南气流涌进向南开口的北盘江中下游河谷。由于狭管效应而使风速增大的分析，已经得到了观测事实的证明。2000 年 3 月 2 日至 12 日，观测人员在几乎

是直上直下的峡谷里进行垂直风速的观测及桥位处的低空测风，观测到了在700 m以下，由于狭管效应而使风速在峡谷内较大的事实。

前人受观测条件的限制，一般只在峡谷口设一个临时测风站，取得短期的测风资料，再与一个不受狭管效应影响的对比站的同期测风资料进行对比分析，求出一个比例系数，就是风速增大系数。对被河流切割很深的峡谷型河流，用单点对比法，不可能了解到峡谷内风速的垂直变化及其风速的最大高度。因此在取得了上述垂直风速观测资料的基础上，据此我们提出用峡谷内风速垂直变化的资料来确定狭管效应的想法。

垂直风速的观测，在海拔高度500～850 m之间每隔50 m读一次数；在海拔高度900～1300 m之间，每隔100 m读一次数。然后统计每一个高度上的最多风向及其平均风速。我们在利用该项资料时，仅作了一点处理，即在某一个高度上有两个最多风向及其风速，本文选取风速较大的一个值。由图1可以看出，峡谷内以500～750 m的高度范围内的风速最大，是狭管效应显著区，其6个高度上的风速平均值为4.7 m/s。用800～1300 m范围内的7个高度上的风速平均值3.9 m/s，代表受狭管效应影响较小或是不受狭管效应影响的风速。两者比值为1.21，即是低桥位河谷因狭管效应而使风速增大的风速增大系数。

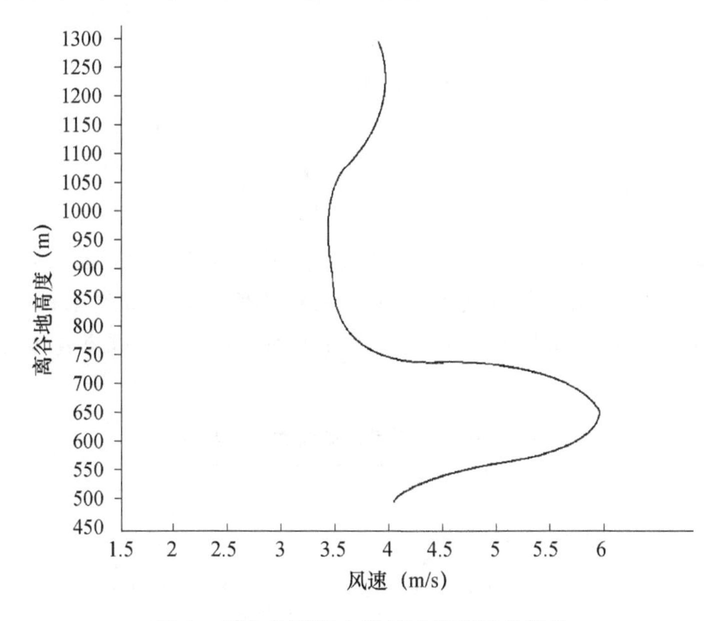

图1　桥位处河谷内的风速随高度的变化

2.4.4　桥址处百年一遇设计风速

因狭管效应而使河谷内风速增大，因此北盘江大桥设计风速还需考虑狭管效应对设计基本风速的影响。将兴仁站百年一遇10 min平均年最大风速值23.4 m/s，乘以在北盘江低桥位河谷内实测的风速增大系数1.21，得28.3 m/s，即为低桥位主梁高程处的百年一遇设计风速（10 min平均年最大风速）。

低桥位主塔65％高度处距桥面高26 m。用指数公式将离桥面10 m高处抬高到26 m高处的高度增大系数为1.1803，28.3×1.1803＝33.4 m/s，即为低桥位主塔65％高度处的百年一遇设计风速（10 min平均年最大风速）。

3 脉动风频率特征分析

风荷载是高耸构筑物的主要荷载。作用于任何建筑物的风力都有稳定风压和脉动风压两种，前面计算了稳定风压所涉及的基本风速。除了稳定风压引起的静力作用外，还有脉动风压引起的动力作用，这是由于空气湍流运动而构成的，它是一个不规则运动。风速中存在的高频脉动对不同刚度（自振频率）的结构物会产生不同的响应。

脉动风速的频率特征可用其功率谱密度来表述，目前，各国采用公认的 Davenport 经验式来计算风速功率谱密度，其表达式为：

$$S_V(n)=4K\,\overline{V}_{10}^2\frac{x^2}{n(1+x^2)^{4/3}}$$

其中：

$$X=\frac{Ln}{\overline{V}_{10}}$$

式中：K 为地面阻力系数，取值从河湾的 0.003 增至市镇的 0.03，与地面粗糙度有关；L 为假定的湍流行程长度，L 取 1200 m；n 为风频谱的频率；$S_V(n)$为功率谱密度。本报告从兴仁气象站 1966 年有自记风记录以来的大风记录中，选用了 6 次强风过程 10 min 间隔的自记风速进行了功率谱计算，结果见图 2、图 3、图 4，计算高度取低桥位 10 m、20 m 及其主塔 65%高度 26 m。从图 2—图 4 可见，功率谱密度主要集中在 0.002～ 0.2 Hz 频率范围内，在同一高度，密度极值相等，分布曲线随大风过程平均风速的增大而右移；对 10 m、20 m、26 m 高处的分布曲线比较可知，功率谱分布曲线极值随高度增加而稍有减小。

根据表 3“低桥位方案桥状态动力特性”，可见桥体各部位自振频率在 0.114 5～0.760 4 Hz之间，这个范围在图 2—图 4 中用阴影部分表示。可以看出，这 6 次大风过程功率谱极值与桥体自振频率相隔较大，阴影部分面积较小，对桥体影响不大。如果把百年一遇大风作一次极值大风过程分析，其功率谱分布见图 5，这时图中阴影面积增大，对桥表体有较大影响，但这种影响时间很短。

表 3 低桥位方案成桥状态动力特性

序号	振型特点	频率(Hz)	周期(s)
1	主梁一阶对称横弯	0.1145	8.734
2	主梁一阶反对称竖弯	0.2021	4.948
3	主梁一阶对称竖弯	0.2325	4.301
4	主梁一阶对称竖弯	0.3263	3.065
5	主梁一阶反对称竖弯	0.4401	2.272
6	主梁一阶反对称横弯	0.5470	1.828
7	主梁一阶对称竖弯	0.5798	1.725
8	主梁扭转	0.6582	1.519
9	主梁一阶反对称竖弯	0.7056	1.417
10	主梁纵飘	0.7604	1.315

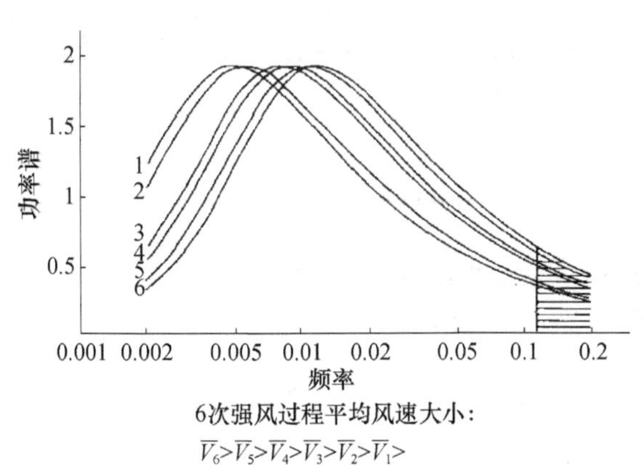

图 2　6 次强风过程 10 m 处风速功率谱

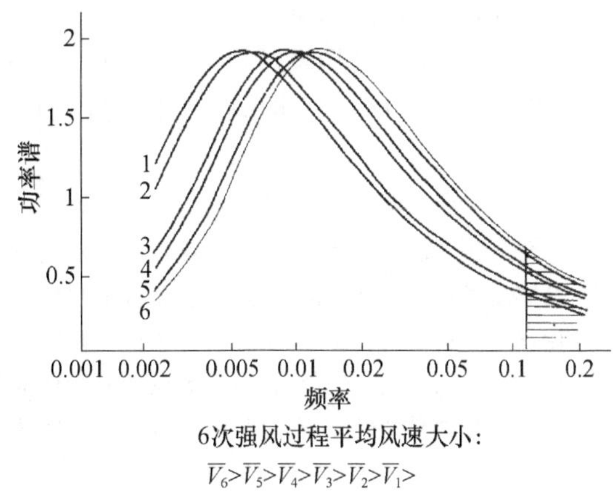

图 3　6 次强风过程 20 m 处风速功率谱

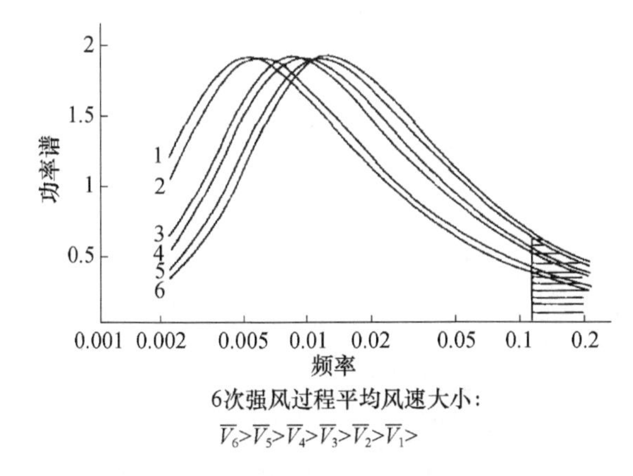

图 4　6 次强风过程 26 m 处风速功率谱

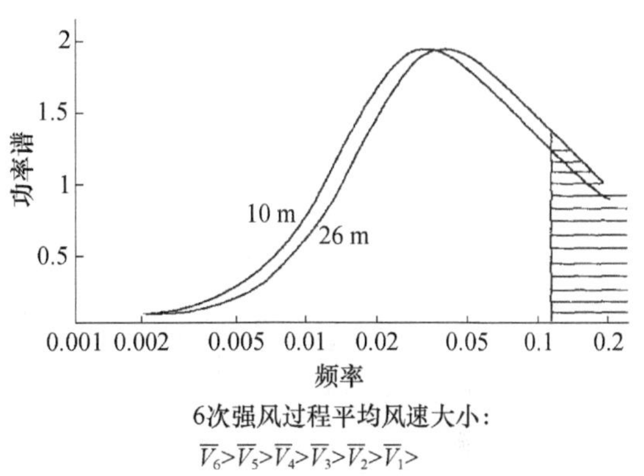

图 5　百年一遇 10 min 平均年最大风速功率谱

4　结论

北盘江悬索桥设计风速及脉动风频率的分析计算过程可归纳为如下 5 点。

(1)用对数公式将兴仁气象观测站离地 13.2 m 和 10.3 m 高处的 10 min 平均年最大风速订正到离地面 10 m 高处的 10 min 平均年最大风速。

(2)用三种算法算出兴仁站离地 10 m 高处的百年一遇 10 min 平均年最大风速为23.4 m/s。

(3)分析认为日最大风速平均值的 $V_{桥址}=V_{兴仁}$ 这个关系适用于年最大风速，则得出桥址处离地 10 m 高处百年一遇 10 min 平均年最大风速为 23.4 m/s。

(4)根据现场观测的实测资料，观测到了北盘江低桥位河谷的狭管效应比较明显，计算出风速的增大系数为 1.21，这个实测数据具有重要的实用价值和学术意义。

将桥址附近的基本风速 23.4 m/s 乘以 1.21 等于 28.3 m/s 即为低桥位主梁高程处的百年一遇 10 min 平均年最大风速。

用对数公式将低桥位离桥面 10 m 高处的设计风速提高到主塔 65％高程处的高度增大系数为 1.1803，用 28.3 m/s 乘以 1.1803 就得到低桥位的主塔 65％高度上的百年一遇 10 min

平均年最大风速为 33.4 m/s。

(5)通过对 6 次强风过程分析,其产生的高频脉动对低桥位桥体影响不大,百年一遇的强风功率谱极值频率与桥体固有频率相近,但影响时间较短。

参考文献

[1] 中华人民共和国交通部.公路桥梁抗风设计规范(初稿)[S].1999.

[2] 公路桥梁抗风设计指南编写组.公路桥梁抗风设计指南[M].北京:人民交通出版社,1996.

[3] 中国气象科学研究院.全国公路桥梁设计风压图研究报告[R].1999.

[4] 中华人民共和国交通部.公路桥涵设计通用规范[S].1988.

[5] 湖北省气象科学研究所.北盘江大桥设计风速的分析报告[R].2000.

核电站周边地区龙卷风时间分布与灾害特征*

摘　要　通过气象站记录、灾害大典、气候影响评价等多种途径，收集湖北通山核电站周边 300 km×300 km 区域范围内 1956—2000 年龙卷风资料，对龙卷风的时间分布和灾害特征进行了分析。结果表明：龙卷风有明显时间分布，一年中主要集中在夏春季，以 7 月、4 月最多；一天中，午后至傍晚最多；龙卷风平均持续时间为 17 min；近 45 年，1976—1985 年这 10 年中龙卷风出现最频繁；龙卷风出现时，蒲福风力等级一般在 10 级以上，平均 12～13 级，最大 17 级，富士达风力等级平均 F1 级，最大 F3 级，风速约 70 m/s；龙卷风从 NW→SE 向移动的频次最多；龙卷风影响宽度一般在 0.5 km 内，平均带长为 10.0 km；龙卷风灾害呈并发性，主要是风灾，往往伴有冰雹、暴雨、雷击及飞射物，使灾害加重。

关键词　龙卷风；时间分布；灾害特征；风力等级；飞射物

1　引言

龙卷风又称龙卷，其特点是范围小、生消快、风力强(其中心最大风力可达 100～200 m/s)、破坏性极大，对建筑物的破坏往往是毁灭性的。龙卷风在美国是气象灾害中最大的杀手[1]，如 1995 年美国俄克拉何马州阿得莫尔市出现一次陆龙卷，屋顶之类的重物被吹出数十英里远，较轻碎片物被吹至 300 km 外才落地。龙卷风属小概率事件，为节约成本，对其防御问题在一般建筑设计中通常不予考虑。但对核电站这样的特殊建筑，为保证核辐射不影响到公众的健康和安全，对其厂址周边一定区域出现龙卷风的可能性作出评价十分必要。

我国属于龙卷风多发国家，因其空间尺度小、历时短，气象观测台站很少有龙卷风记录，对其研究一般只能采取个例分析[2-6]，利用气象站记录进行相关统计分析，其可信度较低[7]。随着核电站建设的需要和探测手段的改进，有人在对龙卷风进行补充调查的基础上，开展了二次统计分析[8-10]、极值推算、风险评估[8,10-12]等研究工作，使人们对龙卷风的研究逐步深入。通山县地处鄂东南、幕阜山区中段，与江西省接壤，气候复杂，龙卷风灾情较为严重[13]。受湖北省核电项目筹备处的委托，武汉区域气候中心对湖北通山核电站周边地区龙卷风时空分布特征与灾害特征做了详细分析。

2　资料与方法

2.1　资料来源

按照文献[14]中的规定，首先要确定以通山核电站厂址为中心的龙卷风考查区域(以下简称考查区域)，该区域面积为 $300\times300\ km^2$，包括 44 个县(市)。其中，湖北 28 个，湖南 2 个，江西 13 个，安徽 1 个。龙卷风资料考查年限为为 1956—2000 年。

---

* 陈正洪，刘来林. 暴雨灾害，2008，27(1)：80-84.

在对湖北大畈核电站厂址区域作气候背景分析时，已收集到25次由气象站记录的龙卷风个例，其中22次有起讫时间记载，同时收集到50多次大风灾害的相关资料。为了专门研究龙卷风，对非龙卷风灾害事例予以剔除，并从《中国气象灾害大典》（各省分卷）、地方志、气候影响评价等文献资料中收集补充龙卷风个例，共得到42次龙卷风的灾情记录。将其中记录了开始时间的25次与气象站的22次记录合并，共47次；将其中记录了起讫时间的14次也与气象站的22次记录合并，共36次。另外，有发生月份记录的龙卷风，合计62次，这些记录中有不少含有龙卷风飞射物及路径资料。

2.2 方法

根据上述资料，采用统计计算、制图等方法，对龙卷风的时间分布、持续时间、灾害等级、移动路径、飞射物进行分析。将42次龙卷风过程各自的灾情程度，对照龙卷风的藤田-皮尔森(Fujita-Pearson)强度分类法（F分级）[14-15]，分别给出每次龙卷风过程的F等级（表1），再确定最终级别以及风速区间。

表1 F等级的特征和可能的破坏情况（藤田-皮尔森分类）

等级	风速区间(m/s)	伴生的破坏
F0	＜33	轻度破坏
F1	33～49	中等破坏
F2	50～69	相当大的破坏
F3	70～92	严重破坏
F4	93～116	摧毁性破坏
F5	117～140	难以置信的破坏
F6—F12	141～330	不可思议的破坏

3 龙卷风时间分布特征

3.1 年代变化

统计1956—2000年各年代考查区域出现的龙卷风次数，20世纪80年代龙卷风次数最多，70年代次之；考虑到50年代前5年无龙卷风记录，以5年为时间段，1981—1985年龙卷风次数最多（14次），依次（从多到少）是1976—1980年（9次）、1956—1960年（8次）、1961—1965年（7次），以一年为时间段，1983年最多，其次是1980年、1977年（图1）。

3.2 季、月变化

统计考查区域历年各月龙卷风出现次数，龙卷风在1月、2月、9月、11月、12月无记录，3月、4月、5月、6月、7月、8月、10月分别出现2次、13次、10次、7次、19次、10次、1次。可见，一年之中，龙卷风在夏季、春季出现较多，其中夏季36次，占58.1%；春季25次，占40.3%；秋季1次，冬季无龙卷风发生；4—8月共59次，占95.2%。按月而论，7月最多，19次，约占全年总次数的1/3；其次是4月，13次，约占全年的1/5。究其原因，春、夏季强对流天气较多，易产生龙卷风，春季龙卷风多起因于季节更替、天气系统转换，夏季龙卷风多起因于下垫面受热不均。

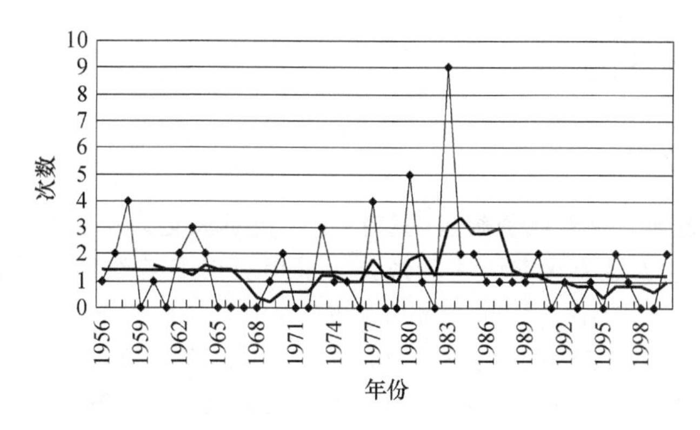

图 1 1956—2000 年以通山核电站厂址为中心的考查区域龙卷风次数的逐年变化

3.3 日变化

统计结果表明，一日之内(图 2)，龙卷风绝大部分出现在下午至傍晚，即 14:00—18:59 之间的 5 h 内，共 35 次，占全天龙卷风次数的 74.5%，约 2/3，尤其是 15:00—17:59 之间 3 h 内，出现 27 次，占全天的 57.4%；20 时至次日 08 时 12 h 内，仅 20—21，21—22，01—02，02—03，04—05，05—06 时各有 1 或 2 次，共 8 次，占全天的 17.0%；上午(08—12 时)无龙卷风发生。究其原因，陆龙卷通常来自雷暴单体，下午地面受热强烈，而下午到傍晚的大气对流最强烈，暖空气上升达到凝结高度形成积云乃至积雨云(也就是雷暴单体)，若再具备风切变等条件，就易形成龙卷风。

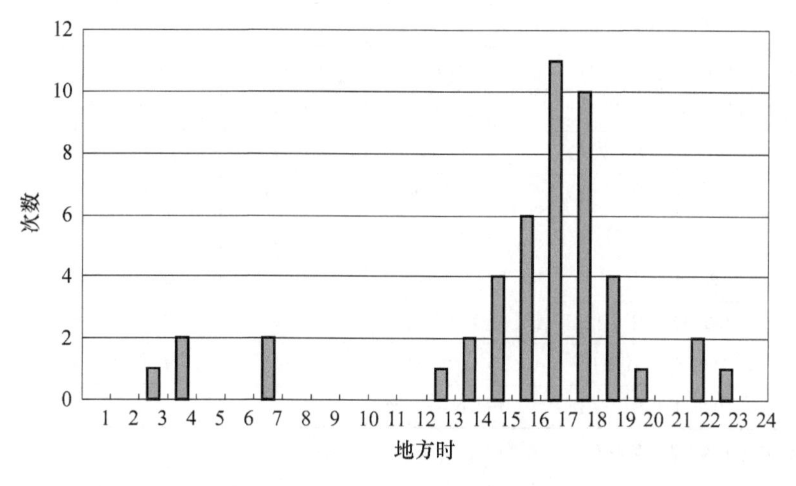

图 2 以通山核电站厂址为中心的考查区域龙卷风次数的日变化

3.4 持续时间

统计考查区域历年各次龙卷风的持续时间，持续时间在 0～10 min、11～20 min、21～30 min、31～40 min、41～50 min、51～60 min 和 60 min 以上的龙卷风分别出现 17、8、6、3、0、2、0 次，平均持续时间17 min，最长达 60 min(武昌，1980 年 7 月 27 日 17:30—18:30)，最短仅 1 min(潜江，1973 年 6 月 27 日 16:49—16:50)；绝大多数龙卷风持续时间小于 30 min，持续时间小于 30 min 的龙卷风共 31 次，占 86.1%，其中不超过 10 min 的有 17 次，约占 1/2。

4 龙卷风灾情统计特征

4.1 龙卷风风力分级

从考查区域收集到的龙卷风资料看，只有42次龙卷风记录了灾情，分别使用藤田F等级法、蒲福风力等级法对龙卷风等级进行统计。采用藤田F等级法统计，其结果是，F0级，16次，占38.1%；F1级，21次，占50.0%；F2、F3分别有4次和1次，出现概率较小；F4、F5级，无龙卷风灾情记录；F0、F1级，合计37次，占88.1%。采用蒲福风力等级法统计，其结果是，龙卷风大部分集中在10～14级，共34次，占81.0%；15～17级、8～9级分别有6次和2次。综上所知，破坏性较大的龙卷风，其风力一般在10级(26 m/s)以上，平均为12级(35 m/s以上)。

4.2 龙卷风的影响范围与移动方向

统计考查区域三个经纬度范围内灾情突出的部分龙卷风的移动方向、带宽、带长、面积(带宽与带长之积)、等级，其结果见表2。

表2 考查区域三个经纬度范围内部分龙卷风的移动方向、带宽、带长、面积及F等级

地点	时间	移动方向	带宽(km)	带长(km)	面积(km²)	F等级
汉川	1958年4月22日	NW→SE	(0.50)*	24.00	12.00	F2
五三农场	1958年4月22日	NW→SE	(0.50)	(5.00)	2.50	F0
黄冈	1964年4月2日	W→E	0.05	4.00	0.20	F1
安陆	1977年4月16日	NW→SE	(0.50)	10.00	5.00	F1
黄陂	1977年4月16日		(0.50)	10.00	5.00	F2
黄冈	1977年4月16日		(0.50)	5.00	2.50	F1
洪湖	1980年7月27日	E→W	(0.50)	5.00	2.50	F1
黄石	1983年4月27日	W→E	(0.50)	20.00	10.00	F1
孝感	1985年5月3日		(1.00)	25.00	50.00	F1
黄冈等地	2000年6月21日		5.00	25.00	75.00	F0
永修	1996年6月4日		0.20	0.90	0.18	F1
岳阳	1990年6月27日	NW→SE				F0

*加括号的数据为带宽、带长估计值。

从表2中可见：(1)龙卷风以NW→SE方向移动的频次最多，其次是W→E及E→W方向，尚无龙卷风以SE→NW或S→N方向移动的记录；(2)龙卷风带长最大25.0 km，最小仅0.9 km，另外，以龙卷风最短持续时间1 min、平均持续时间17 min、移动速度10 m/s来推算，可得出其最短带长为0.6 km，平均为10.2 km；(3)龙卷风带宽最大5.00 km，最小0.05 km，一般在0.50 km以内。值得注意的是，由2005年秦山核电二期扩建工程厂址龙卷风、热带气旋和极端风补充调查及分析报告可知，其电厂附近龙卷风一般从南向北移动，通山核电站厂址区域内出现的龙卷风与秦山核电厂附近龙卷风移动方向完全不同。

4.3 灾情及飞射物

龙卷风发生时，多伴随冰雹、暴雨、雷暴、飑线等天气现象，使灾情加重。经不完全统计，在考查区域内出现的42次龙卷风灾害记录中，有17次伴有冰雹，9次伴有暴雨，2次伴有雷击，1次伴有飑线。从这些个例资料来看，在龙卷风持续时间内，有较多个例伴随着飞射物(指被风从原地卷起而抛落至离开原地一定距离的人或物体)出现，从而酿成特殊灾情。考查区域内伴随飞射物的龙卷风所来的特殊灾情详见表3。

表3 考查区域内龙卷风所来的特殊灾情

地点	时间	特殊灾情
汉川	1958年4月22日15时许	死伤10141人，毁房18142栋，沉船202只；1小孩被卷至1.5 km外跌死；1农民在室外被冰雹击晕后在暴雨中毙命；省航运公司1客轮被风浪卷翻。
五三农场	1958年4月22日15时许	1妇女洗衣时被卷落至河对岸。
黄冈	1964年4月2日06时	倒屋74间，死伤38人；有塘水被吸干、大树连根拔起；1石磙吹过一丘田。
孝感	1964年7月31日	倒房171间，死伤99人；460余树被连根拔；1高压线铁塔被刮倒。
黄陂	1977年4月16日16时50分至17时20分	1拖拉机连同装满沙的拖车被吹翻；1重两吨半油箱被卷至200 m外；有钢筋水泥结构的房屋被吹倒。
黄冈	1977年4月16日18时30分至50分	1礼堂在放电影时被吹倒，伤400余人，死亡86人。
大冶	1983年4月25日16—19时	4部近40 t重的钢制屋架被吹至20 m外落地。
黄石	1983年4月27日下午	有3艘大船缆绳被吹断，船由长江南岸吹至北岸；1圆钢房架被吹倒，致死1人。
武昌	1983年4月27日下午	有直径30～40 cm的大树被拔起；数人被卷至20 m外；同时伴有冰雹。
阳新	1983年5月29日21时许	有预制钢梁被吹走；有百年古树被连根拔起。
孝感	1983年4月3日凌晨	100多座民房被揭瓦；死5人，伤24人；1礼堂被吹垮，砸死4人。
孝感	1985年5月3日	100多棵8 m以上白杨树被吹倒，造成铁路中断通行0.5 h。
武汉等地	2000年6月1—3日	百年古树被连根拔起；农作物成片倒伏；正在收割、晾晒的小麦被洪水或狂风卷走。
湘阴	1983年4月27日16时	有树干被旋扭呈麻花状；伤亡83人。

由表3可知，典型龙卷风的主要灾害特征：(1)龙卷风导致的灾害多呈并发性，如风灾、雹灾、雷灾、水灾等，但主要是风灾；(2)龙卷风的破坏力极强，足以吹倒房屋、拔起树木、折断电线杆、刮倒高压线铁塔、吹翻船只、卷走行人等；(3)龙卷风造成的生命财产损失十分巨大，既可毁坏农田和财物，也可致人死伤；(4)伴随龙卷风的移动，可出现大量飞射物，如屋架、瓦片、树木、钢梁等。

5 小结

(1)通山核电站厂址区域内的龙卷风主要发生在春夏两季，其中4—8月龙卷风次数占95.2%；按单月而论，7月份龙卷风次数最多，约占全年的1/3，其次是4月，约占全年的1/5。

(2)龙卷风的出现存在明显的日变化，一天之中，龙卷风主要发生在午后至傍晚这段时间，14 时～18 时这 5 h 内龙卷风出现次数占全天的 74.5%，约 2/3。

(3)出现在通山核电站厂址区域内的龙卷风，其持续时间一般不超过 30 min，最长的达 60 min，最短的仅 1 min，平均持续时间为 17 min。其中，约 1/2 的龙卷风持续时间不足 10 min。

(4)龙卷风之风力一般在 10 级或 10 级以上，9 级以下十分少见。其中，风力 10～14 级的龙卷风占 81.0%，15 级以上、9 级以下的龙卷风偶有出现。根据藤田 F 等级，F0、F1 级龙卷风出现次数占 88.1%，F2 级以上龙卷风出现概率较低。

(5)在通山核电站厂址区域内出现的龙卷风，一般都是从 NW→SE 向移动，也有少数是从 W→E 向或从 E→W 向移动。这与秦山核电厂附近龙卷风一般从南向北移动完全不同。

(6)出现在通山核电站厂址区域内的龙卷风，影响宽度最大 5.00 km、最小 0.05 km，一般在 0.50 km 以内。最长带长 72.0 km，最短带长 0.6 km，平均带长为 10.2 km。

(7)龙卷风灾害呈并发性，但主要是风灾，还伴随出现大量飞射物，其破坏力极强，造成的生命财产损失十分巨大。

致谢：湖南省气象科学研究所、江西省气候中心提供部分资料，陈璇、任光政参加部分资料收集和统计，袁业畅、周月华、李兰、向华、郭广芬等同志参与龙卷风评级，在此一并致以诚挚谢意。

参考文献

[1] 骆继宾. 龙卷风及其灾害[J]. 气象知识，2003，(3)：10-12.

[2] 蒋汝庚. 龙卷型强风暴：1995 年 4 月 19 日洪奇沥龙卷风剖析[J]. 应用气象学报，1997，8(4)：492-497.

[3] 杨金莲，李璨宇. 东洞庭湖湖洲"98·5"龙卷风分析[J]. 海洋湖沼学报，1998(4)：13-17.

[4] 林志强. "6·9"南海、广州龙卷风灾情调查[J]. 广东气象，1995(1)：36-38.

[5] 陈永林. 上海一次龙卷风过程分析[J]. 气象，2000，26(9)：19-23.

[6] 李拽英，光东华. 一次龙卷风的调查与分析[J]. 山西气象，1996(2)：37-37.

[7] 魏文秀. 中国龙卷风的若干特征[J]. 气象，1995，21(5)：37-40.

[8] 陈家宜，杨艳惠，宣德旺，等. 龙卷风风灾的调查与评估[J]. 自然灾害学报，1999，8(4)：111-117.

[9] 鹿世谨. 福建龙卷风的活动特点[J]. 气象，1996，22(7)：36-39.

[10] 薛德强，杨成芳. 山东省龙卷风发生的气候特征[J]. 山东气象，2003，23(4)：9-11.

[11] 干莲君. 龙卷风的风强分析与极值推断[J]. 气象科学，1999，19(1)：99-103.

[12] 薛德强. 一次强龙卷风过程破坏力的估计[J]. 气象，2002，28(2)：50-52.

[13] 乔盛西. 湖北省气候志[M]. 武汉：湖北人民出版社，1989.

[14] 国家安全局政策法规处. 核电厂厂址选择的极端气象事件(HAF101/10)附录Ⅵ//核电厂安全导则汇编[G]. 北京：中国法治出版社，1992，764-767.

[15] American national standard for estimating tornador and extreme wind characteristics at nuclear power site ANSI/ANS－2.3－1983[S]. American national standards institute Inc，1983.

湖北大畈核电站周边地区龙卷风参数的计算与分析*

摘　要　通过气象站记录、灾害大典、气候影响评价等多条途径，收集了核电站周边地区的300 km×300 km区域1956—2000年间的龙卷风资料，并根据《国家核电厂安全导则选编》规定的方法详细计算了龙卷风各个参数间的关系，最后给出核电站的龙卷风设计基准参数，即最大风速为70 m/s（对应概率为1×10^{-8}），平移速度13.5 m/s，旋转半径206 m，最大气压降9.9hPa，设计基准等级为F3级，这些结论提交交设计部门使用。

关键词　核电站；龙卷风；藤田等级（Fujita等级）；参数计算；最大风速；设计基准等级

1　引言

风灾是我国的主要气象灾害之一[1]。龙卷风则是地面最强烈的风，破坏力大，世界上以美国发生最多，我国与美国地理纬度相似，龙卷风发生也较多，但至今缺乏完整的气候观测和分析报告[2]。根据一些个例和区域性特征分析，可概括出龙卷风4个方面的特征及危害：(1)龙卷风中心最大风力大，所到之处大树被拔起、车辆被掀翻、甚至把人吸走[3]，龙卷风多发生于强对流之中[4-6]，伴有暴雨、雷电或冰雹，使危害加剧，如湖北通山大畈核电站周边42次龙卷风，17次伴有冰雹，9次伴有暴雨，2次伴有雷击，1次伴有飑线[5]。(2)龙卷风往往发生在对流不稳定性大的夏季午后或傍晚，此外龙卷风有着一定地域差异，如在我国是东部季风活动区多，西部地区少[4]，在福建[3]和山东[7]均是沿海、沿湖地区及丘陵山区出现概率大，较强龙卷风次数多。(3)由于龙卷风通常产生于对流单体或气旋中，影响范围较小，从数米到几十公里[8-15]，但对建筑物的破坏往往是毁灭性的[16]，除了风力极大外[17]，中心通过时产生的突然压力降可高达20 hPa，如果建筑物不能充分通风使内外压力迅速平衡，就可能引起爆炸[18,19]；(4)龙卷风产生的飞射物可撞击重要设备、构筑物及人畜。

由于核电站对安全性要求十分严格，而龙卷风又可能对核电站造成致命影响，因此国际上和国内均规定在核电站选址和设计阶段，必须对站址区域出现龙卷风的可能性作出评价，所以详细收集站址周边地区龙卷风资料与相关风参数的计算致关重要，这些风参数与上述第1、3、4个特征对应，即：旋转风速、平移速度和最大旋转风速半径，风压差和风压变化速率，飞射物等，此外包括设计基准等级[20,21]。

湖北通山大畈核电站(厂)是我国政府批准兴建的第一个内陆核电站，在选址和设计阶段要考虑的极端气象参数很多，其中龙卷风是最重要的。受湖北省核电项目办委托，湖北省气象部门承担了该项任务。前期工作中已收集了站址周边地区龙卷风资料，并进行了气候特征和灾害特征分析[5]。本文利用站址周边地区龙卷风资料，严格按照国家规范计算了湖北通山大

* 陈正洪，刘来林，袁业畅. 大气科学学报，2009，32(2)：333-337.

畈核电站周边地区龙卷风的相关风参数，最后给出了内陆地区核电站最大的设计基准等级为F3级和最大的设计风速取值(70 m/s)。计算结果经过国内权威核电专家组成的专家组的验收，并已提供给有关部门作为设计的重要依据。

2 资料与方法

2.1 资料来源

考虑核电站的绝对安全性，按规定要收集以站址为中心的300 km×300 km区域内历史灾害情况。本研究共涉及44个县市，其中湖北28个，湖南2个，江西13个，安徽1个。资料年代为1956—2000年。从所收集到的大风灾害个例中，若出现龙卷风的典型特征之一，如龙吸水、大树被连根拔起或扭断、车辆被掀翻、房屋被揭顶、甚至把人和物吸走、产生飞射物等，就记为1次龙卷风灾害过程，共得到42次龙卷风灾情记录，并有一些路径、带长和带宽的记录[5]。

根据灾情程度，按照龙卷风的藤田等级(Fujita等级)分类法(表1[21])，对每次龙卷风过程均由7人分别给出F等级，选取众数为其级别，同时参考《地面气象观测规范》中蒲福风力等级的风速范围和中数[22]，得到表2。

表1 龙卷风的藤田等级分类表

等级	伴生的破坏
F0	<33 m/s，轻度破坏。 对烟囱和电视天线有一些破坏；树的细枝被断；浅根树被刮倒。
F1	33～49 m/s，中等破坏。 剥掉屋顶表层；刮坏窗户；轻型车拖活动住房(或野外工作室)被推动或推翻；一些树被连根拔起或被折断；行驶的汽车被吹离道路。
F2	50～69 m/s，相当大的破坏。 掀掉框架结构房屋的屋顶，留下坚固的直立墙壁；农村不牢固的建筑物被毁坏；车拖活动住房(或野外工作室)被毁坏；大树被折断或连根拔起；火车车厢被吹翻；产生轻型飞射物；小汽车被吹离公路。
F3	70～92 m/s，严重破坏。 框架结构房屋的屋顶和一些墙被掀掉，一些农村建筑物被完全毁坏；火车被吹翻；钢结构的飞机库和仓库型的建筑物被扯破；小汽车被吹离地面；森林中大部分树被连根拔起、折断或被夷平。
F4—F12	略

表2 42次破坏性龙卷风两种分级情况

蒲福风力等级	风速中值(m/s)	龙卷风次数	藤田等级	龙卷风次数
8	19	2	F0	16
9	23	0	F1	21
10	26	9	F2	4
11	31	5	F3	1

续表

蒲福风力等级	风速中值(m/s)	龙卷风次数	藤田等级	龙卷风次数
12	35	6	F_4	0
13	39	9	F_5	0
14	44	11		
15	49	5		
16	54	4		
17	59	2		
	70	1		

注:蒲福风力等级最大只有17级,风速(m/s)≥70 m/s是为了与藤田等级F_3对应而增加的。

2.2 方法与模型

龙卷风的设计标准,即超出某一小概率的F等级或最大风速,此外还包括风险度评价。可根据表1的数据,按照《核安全导则汇编(上册)》中《核电厂厂址选择的极端气象事件(HAD101/10):附录Ⅳ 龙卷风》的规定[21]以及相关文献[23]进行计算。这些规范在众多核电站设计中得以应用[16-18],所用的资料和计算方法明显不同于普通建筑物设计风速采用的资料和计算方法[24,25,26]。

2.2.1 最大风速与藤田等级的换算

$$V_i=6.30\,(i+2)^{1.5},i=1,2,\cdots,5 \tag{1}$$

式中:i是龙卷风的F等级,V_i是F等级为i时第i等级的最大风速下限,单位为m/s。F等级(表1)是根据龙卷风引起的破坏程度对龙卷风强度所作的一种分类。发生在它的路径内的最大破坏被看作是对龙卷风的全面评价。

2.2.2 龙卷风风险度方法

龙卷风风险度模型考虑了破坏带横断面上不同的破坏程度。其计算的基本步骤如下:

(1)频次—强度关系

通常龙卷风风速超过U_i的累积次数N_i与风速呈指数关系,其线性表达式为:

$$\ln N_i=-AU_i+B \tag{2}$$

A和B是拟合系数(均为正值)。

(2)面积—强度关系

龙卷风危害面积与风速呈双对数关系,其线性表达式为:

$$\ln(a_i)=a\ln(\overline{V}_i)+b \tag{3}$$

式中:a_i是F等级为i时的平均破坏面积;$\overline{V}_i$是F强度等级为i时的中位值风速,a和b是拟合系数。

(3)风速概率关系

受破坏面积与风速V_j大小有关,假定在最大风速半径以外的分布为组合兰金涡流型(即$V\times R=$常数)。在这种风险度模型中的平均破坏面积假定是由等于或大于33.5 m/s的风速造成的破坏面积。利用关系式$V\times R=$常数,于是$V\times R=33.5R_d$,其中R_d是最大破坏半径。对于一个i等级的龙卷风,在整个破坏路径长度L_i上被扫过的破坏面积$a_i=2L_i\times R_d$,所以:

$$V \times R = 33.5 \frac{a_i}{2L_i} \tag{4}$$

式中：a_i 是破坏面积；最大强度为 i 的龙卷风破坏路径内的面积，相应于 F 等级（表 1）有关的风速区间，也就是区间 V_j 到区间 V_{j+1}，这个面积是：

$$a_{ij} = 2(R_j - R_{j+1})L_i = 33.5\ a_i \frac{V_{j+1} - V_j}{V_j \cdot V_{j+1}}, j < i \tag{5}$$

式中：V_i 为等级 i 的最低风速。

对于给定的 i 等级的龙卷风的最高风速区间，破坏面积从 $R=0$ 延伸到 $R=R_j$，而 $j=i$：

$$a_{ij} = 2R_{j=i} \times L_i = 33.5 \frac{a_i}{V_{j=i}} \tag{6}$$

局部区域某个点在一年之内经受 F_j 等级风速的概率 $P(V_j, V_{j+1})$ 是：

$$P(V_j, V_{j+1}) = \frac{\sum_{i=j}^{n} \lambda_i \cdot a_{ij}}{A} \tag{7}$$

式中：λ_i 为局部区域 i 等级龙卷风每年发生的次数（从事件—强度关系方程中得出）；A 为局部区域的面积；n 为局部区域所考虑的最强的龙卷风等级。

(4)超过风速 V_K 的概率

$$P_E(V_K) = \sum_{j=i}^{n} P(V_j, V_{j+1}) \tag{8}$$

通过概率风速曲线，可以很容易地得到关于风险度模型的概率谱。

2.2.3 龙卷风模型

$$\frac{\mathrm{d}P}{\mathrm{d}t} = \frac{V_T}{R_m} \rho V_m^2 \tag{9}$$

$$\Delta P \approx \rho V_m^2 \tag{10}$$

式中：$\frac{\mathrm{d}P}{\mathrm{d}t}$ 是最大压降速率；ΔP 是总压力降，ρ 是空气密度，V_m 是最大旋转风速，V_T 是龙卷风的平移速度，R_m 是最大旋转风速的位置半径。

3 模型拟合与参数计算

3.1 频次与强度的关系

表 2 为 42 次龙卷风灾害对应的风速、灾害等级，据此可绘图 1、2。由表 2 和图 1、2 可见：破坏性龙卷风最大风力（蒲福等级）一般都会达到 10 级或 10 级以上；龙卷风次数与风力呈抛物线关系，即在 10～14 级出现最多，平均在 12 级左右；如果不考虑两次 8 级龙卷风，龙卷风次数则随风速加大或风力等级升高呈指数规律减少。

根据表 2 数据，利用式(2)对大于等于 F0、大于等于 F1 级所有个例高于某一强度龙卷风的累积次数与阈值风速 U_i 进行非线性拟合，拟合程度很高，相关系数 R 在 0.998 以上，从而得到两组参数：大于等于 F0 级时，$A=0.0878$，$B=6.102$，$R=-0.999$；大于等于 F1 级时，$A=0.0844$，$B=5.895$，$R=-0.998$。其中大于等于 F0 级的临界风速取 24.5 m/s，即 10 级风的风速。

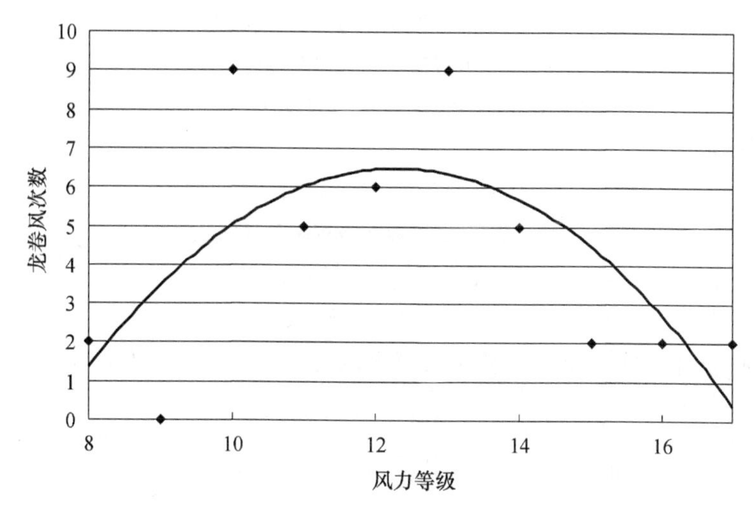

图 1　调查区域不同程度龙卷风的次数分布

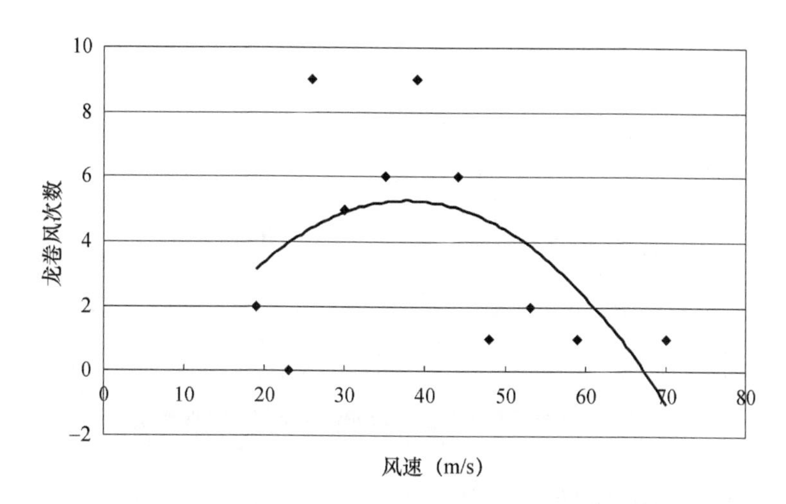

图 2　调查区域龙卷风风速与次数的关系

3.2　面积与强度的关系

从 F0 到 F2 各等级均有一些关于面积的记录[5]，根据面积与风速的对应关系，根据最小二乘法对面积与风速的对数进行线行拟合，得到式(3)的系数：

$$\ln(a_i)=2.794\ln(\overline{V}_i)-9.198 \quad (R=0.997) \tag{11}$$

可见，通常龙卷风的风速越大，其危害的面积也就越大。

3.3　与风速概率的关系

统计区域为 300 km×300 km，所以 $A=90000\ \text{km}^2$，根据式(4)—(8)，可推导出各级龙卷风危害面积 a_i 和平均次数 λ_i，其中 $\lambda_0=0.356$，$\lambda_1=0.467$，$\lambda_2=0.089$，$\lambda_3=0.022$，进而算出区域内各等级每年龙卷风出现概率如下：

$$P_0(24.5,33.0)=1.393\times10^{-6}$$

$$P_1(33.0,50.0)=1.79\times10^{-6}$$
$$P_2(50.0,70.0)=1.89\times10^{-7}$$
$$P_3(70.0,93.0)=2.8\times10^{-8}$$

累积频率则为：

$$P_{\geqslant0}(24.5)=3.45\times10^{-6}$$
$$P_{\geqslant1}(33.0)=2.057\times10^{-5}$$
$$P_{\geqslant2}(50.0)=2.17\times10^{-7}$$
$$P_{\geqslant3}(70.0)=2.8\times10^{-8}$$

由图 3 可见，设计基准龙卷风风速(V_F)可设定为 70 m/s，出现概率为 1×10^{-8}。

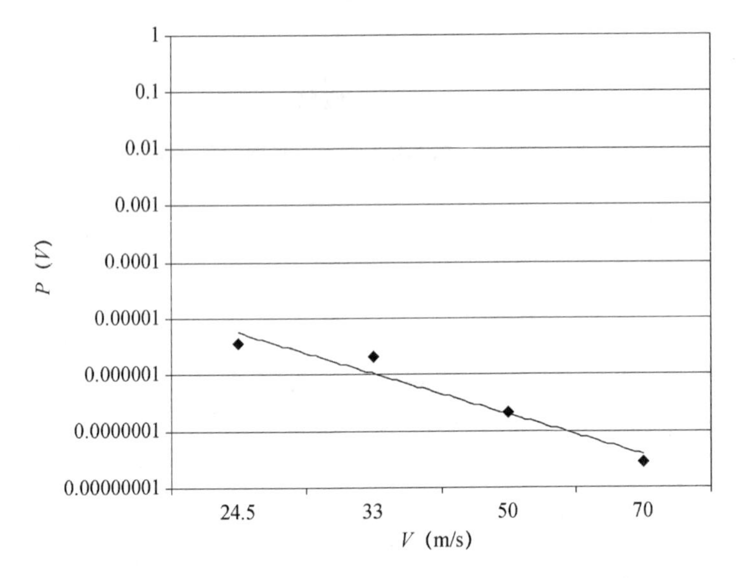

图 3　总区域一年中超过各级龙卷风下限风速的概率

3.4　设计基准龙卷风的压降

为了评价总压力降和最大压降速率，必须对最大旋转风速半径(R_m)和最大平移速度(V_T)两者进行评价。按照文献[21]，强龙卷风的最大旋转风速 V_m 和最大平移速度 V_T 之比为常数，即 $V_m/V_T=290/70$ 或 $V_T=0.24V_m$，F 级别风速 $V_F=V_T+V_m=1.24V_m=70$ m/s，从而可导出 V_m 和 V_T。

假定 R_m 约为 50 m，$\rho=1.15$ kg/m^3，则可计算出$\frac{\mathrm{d}P}{\mathrm{d}t}$和 ΔP，见表 3。

表 3　区域内有关龙卷风的设计参数

V_F(m/s)	V_T(m/s)	V_m(m/s)	dP/dt(hPa/s)	ΔP(hPa)
70	13.5	56.5	9.9	36.72

3.5　龙卷风产生的飞射物的碰撞动量

计算龙卷风产生的飞射物的碰撞速度是困难的，因为有很多不确定性，于是安全导则[21]

把设计基准龙卷风最大风速(70.0 m/s)的35%作为碰撞速度,即24.5 m/s。并建议将125kg重的20 cm穿甲炮弹和2.5 cm实心钢球作为龙卷风产生飞射物。两种情景的碰撞动量计算结果分别为3062.5 kg·(m/s)和1.602 kg·(m/s)。

4 小结与讨论

F3为设计基准等级在内陆地区取值是最大的,其合理性如何是设计和建设部门最关心的,因为这样要增加很大的成本。其依据是在300 km范围内发生了一次严重的龙卷风事件,即1983年4月25日发生在湖北省大冶县境内,龙卷风导致4个40吨重的钢架屋顶被龙卷风吹到60 m以上的地方落下,由于当时记录不详,关键是"吹起后再落地"还是"受力后从高处滚动落地",经过查阅历史档案,并实地调查和访问,确定是前者,只是每个钢架屋顶加上木梁和红瓦的重量大约为2000 kg,仍可考虑F3级,取其最小值是合理的。

致谢:湖南省气象科学研究所、江西省气候中心提供部分资料,陈璇、任光政参加部分资料收集和统计,周月华、李兰、向华、郭广芬等同志参与龙卷风评级,大冶市气象局在灾害调查中提供大力支持,在此一并致以诚挚谢意。

参考文献

[1] 章基嘉,周曙光. 我国的主要气候灾害及其对农业生产的影响[J]. 南京气象学院学报,1990,13(2):259-265.

[2] 骆继宾. 龙卷风及其灾害[J]. 气象知识,2003(3):10-12.

[3] 鹿世谨. 福建龙卷风的活动特点[J]. 气象,1996,22(7):36-39.

[4] 魏文秀. 中国龙卷风的若干特征[J]. 气象,1995,21(5):37-40.

[5] 陈正洪,刘来林. 核电站周边地区龙卷风时间分布与灾害特征[J]. 暴雨灾害,2008,27(1):78-72.

[6] MacGorman D R,Burgess D W. Positive Cloud Ground Lightning in Tornadic Storms and Hailstorms [J]. Mon Wea Rev,1994,122(8):1671-1679.

[7] 薛德强,杨成芳. 山东省龙卷风发生的气候特征[J]. 山东气象,2003,23(4):9-11.

[8] 林志强. "6·9"南海、广州龙卷风灾情调查[J]. 广东气象,1995,(1):36-38.

[9] 李拽英,光东华. 一次龙卷风的调查与分析[J]. 山西气象,1996,(2):37-37.

[10] 蒋汝庚. 龙卷型强风暴——1995年4月19日洪奇沥龙卷风剖析[J]. 应用气象学报,1997,8(4):492-497.

[11] 杨金莲,李璨宇. 东洞庭湖湖洲"98·5"龙卷风分析[J]. 海洋湖沼学报,1998(4):13-17.

[12] 陈永林. 上海一次龙卷风过程分析[J]. 气象,2000,26(9):19-23.

[13] 姚叶青,魏鸣,王成刚. 一次龙卷过程的多普勒天气雷达和闪电定位资料分析[J]. 南京气象学院学报,2004,27(5):587-594.

[14] 廖玉芳,俞小鼎,唐小新,等. 基于多普勒天气雷达观测的湖南超级单体风暴特征[J]. 南京气象学院学报,2007,30(4):433-443.

[15] Clark M R. The southern England tornadoes of 30 December 2006:Case study of a tornadic storm in a low CAPE,high shear environment[J]. Atmospheric Research,doi:10.1016/j.atmosres.2008.10.008.

[16] 陈家宜,杨艳惠,宣德旺,等. 龙卷风风灾的调查与评估[J]. 自然灾害学报,1999,8(4):111-117.

[17] 干莲君. 龙卷风的风强分析与极值推断[J]. 气象科学,1999,19(1):99-103.

[18] 薛德强. 一次强龙卷风过程破坏力的估计[J]. 气象,2002,28(2):50-52.

[19] Sengupta A,Haan F L,Sarkar P P,et al. Transient loads on buildings in microburst and tornado winds

[J]. Journal of Wind Engineering and Industrial Aerodynamics,2008,96(10/11):2173-2187.

[20] American national standard for estimating tornador and extreme wind characteristics at nuclear power site [S]. American National Standards Institute Inc,1983.

[21] 国家安全局政策法规处. 核电厂厂址选择的极端气象事件(HAD101/10):附录Ⅳ 龙卷风[S]//核电厂安全导则汇编[S]. 北京:中国法制出版社,1992:764-771.

[22] 中国气象局. 地面气象观测规范[M]. 北京:气象出版社,2003:131-132.

[23] 吴中旺,朱瑞兆. 大庆 200 MW 核供热堆安全级构筑物的设计基准龙卷风[J]. 核科学与工程,1998,18(3):285-288.

[24] American Society of Civil Engineers. Minimum Design Loads for Buildings and Other Structures[S]. ASCE 7-05,2006.

[25] 中国建筑科学研究院. GBJ 50009—2002:建筑结构荷载规范[S]. 北京:中国建筑工业出版社,2002.

[26] 陈正洪,向玉春,杨宏青,等. 深圳湾公路大桥设计风速的推算[J]. 应用气象学报,2004,15(2):227-233.

湖北大畈核电站周边地区飑线时空分布与灾害特征*

摘　要　湖北通山大畈核电站是我国政府批准兴建的第一个内陆地区核电站，为了保障核电站的绝对安全性，在选址和设计阶段对飑线出现的一些基本气候特征和设计参数进行科学评估尤其重要。通过气象站记录、灾害大典、气候影响评价等多条途径，收集了湖北通山核电站周边地区的 80 km×80 km 区域 1956—2000 年间的飑线资料，并据此对其时空分布和灾害特征进行了分析，同时与龙卷风对应特征进行了比较，结果表明：(1)飑线发生频次的年代、季(月)、一日内差异明显，且主要集中在对流强盛的时期(段)，这些特征与龙卷风基本一致；飑线平均持续时间为 95 min，远比龙卷风的 17 min 长。(2)飑线局地性很强，其中站址东北部和南部 50 km 以外的地区最多，而站址中心区的通山及临近的崇阳没有出现，这种特征与地理位置、地形以及系统移动路径有关。(3)飑线的移动方向以自西向东为主，即主要集中在 NNW-SSW 等 7 个方位，尤其是 WNW、W、WSW 等 3 个方位最多。(4)除风灾外，飑线出现时常伴有强烈的雷电、暴雨和冰雹天气，使灾害加重；(5)与龙卷风相比，飑线风力略小，所以设计风速取 12 级应当比较恰当。

关键词　核电站；飑线；时空分布；灾害；龙卷风

1　引言

气象上的飑指突然发生的风向突变、风力突增的强风现象，持续时间短，常伴有雷雨。飑线则是风向和风力发生剧烈变动的天气变化带，也即雷暴或积雨云带，持续时间较长，常伴有雷雨、冰雹、龙卷风发生，此外飑线出现时间还会出现气压急升、气温急降的特点，具有很强的破坏性。飑线是我国广大地区尤其是南方地区夏半年主要的中尺度灾害性天气之一[1-3]。

飑线个例分析论文较多[4-8]，却少见区域飑线气候及统计特征分析论文[9]。个例分析侧重于天气成因分析或新一代多普勒雷达资料应用，其中有不少关于单个飑线灾害的描述，如 1993 年 4 月 30 日，一条飑线横扫湖北中东部，历 7 个小时，所到之处出现雷雨大风和短时强降水，部分地区出现冰雹和龙卷风，全省 32 个县受灾，成灾面积 5.87 万 hm^2，人民群众生命和财产受重创，直接经济损失 7000 万元[4]；1999 年 8 月 30 日安徽亳州市教育电视塔就是在一次飑线袭击下倒塌[5]；2005 年 3 月 22 日，福建龙岩、漳州、泉州等地遭受飑线袭击，局部风力 10～11 级，造成受灾 211 万人，死 6 人，受伤 5032 人，直接经济损失 11.6 亿元[6]。

按照国家规定，对核电站这样特殊的建筑，为了保证其绝对安全性，以及保证核辐射对公众的健康和安全无过度影响的要求，必须收集和评价对核电站安全可能产生有害影响的外部

* 陈正洪，刘来林，袁业畅. 气象，2010，36(1)：79-84.

事件的历史资料，主要包括地震、大气弥散、洪水、龙卷风、热带气旋以及其他重要自然现象和极端条件如火山活动、大风、沙暴、暴雨、泥石流、降雪、冰冻、冰雹及地下潜冰等，如果肯定存在上述可能性，则必须确定这些事件的设计基准[10]。

湖北通山大畈核电站是我国政府批准兴建的第一个内陆地区核电站，该站地处湖北东南部，幕阜山区中段，鄂湘赣三省交界处，气候条件较复杂，飑线灾情较严重[11,12]。鉴于其危害性，需要详细收集站址周边地区飑线出现及其灾害资料，并进行气候分析，确定其设计标准，在规划、设计和建设中给予充分考虑。受湖北省核电项目办委托，本研究对湖北通山大畈核电站周边地区飑线的时空分布与灾害特征进行了较详细的分析，研究结果已被设计部门参考使用。

2 资料与方法

按委托方的要求，首先确定以站址为中心的 80 km×80 km 区域，共 11 个县市，其中湖北 9 个，江西 2 个(图 1)。

资料时代为 1975—2005 年共 31 年。11 个气象站共记录到 586 次飑线，平均每年 18.9 个(见表 1)。虽然飑线同龙卷风一样也属于较小范围、短历时天气现象，但飑线一般范围要大些，气象站记录明显多于龙卷风，但也只有发生时间、地点，没有灾情记录，于是仍从《中国灾害大典》各省分卷[12]、地方志、气候影响评价、气象报表等渠道收集了大量飑线灾情的详细资料，湖北 9 县市共记录 287 次，其中 269 次有最大风速、风向记录。

根据以上资料及各次飑线对应的起讫时间等可分别进行年、月、日分布及持续时间统计、制图、特征分析以及估算设计基准参数。由于时间关系，飑线发生起讫时间、移动方向、伴生天气现象、灾情等只分析了湖北 9 县市资料。同时与该区域的龙卷风特征进行了一些对比分析[13,14]。

并规定：夏季(6—8 月)、春季(3—5 月)、秋季(9—11 月)，冬季(12—2 月)。

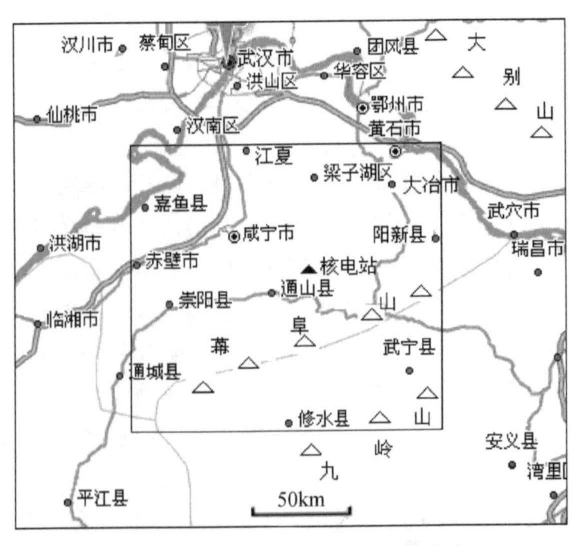

(━为长江河道，━、━为公路，━为省界)

图 1 以站址为中心的 80 km×80 km 区域内的 11 个县市分布

3 飑线时空分布特征及成因分析

3.1 年代变化

以 20 世纪 80 年代记录到的飑线最多,其中连续 6 年每年超过 30 次,最多的是 1983 年,高达 58 次,这个峰值年代与该地区龙卷风的峰值年代是一致的(龙卷风也是 1983 年最多),说明 20 世纪 80 年代的对流系统最强烈,二者正好可以相互辅证[13]。而最近 10 年飑线最少发生。

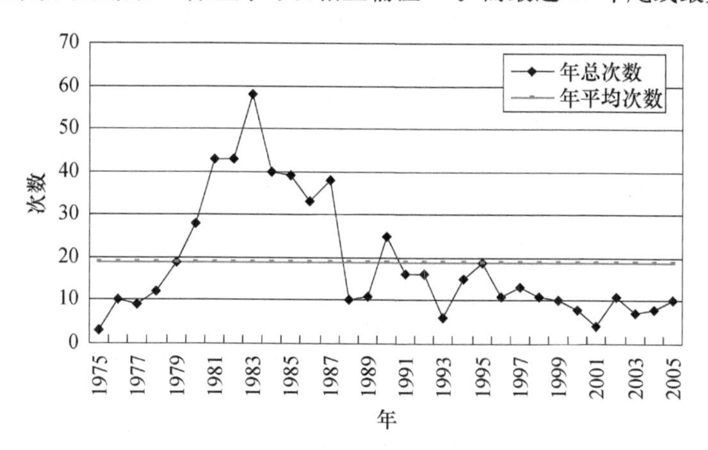

图 2 站址区域气象站记录的飑线总数逐年变化(1975—2005 年)

3.2 季、月变化

表 1 给出个气象站记录的飑线月分布次数。由表 1 可见,一年中,该区域内飑线发生季节从多到少的顺序是夏季、春季、秋季,冬季。其中夏季达到 374 次,占全年的 63.8%,春季 164 次,秋季 54 次,春季发生次数是秋季的 3 倍,冬季仅 4 次,只是偶有发生。从月份看,全年呈单峰型,全年中 4 月明显增多,9 月以后明显减少。4—9 月的 6 个月中,达到 554 次,占总数的 94.5%。峰值在 7 月、8 月,这两个月占全年的一半以上,1 月则没有记录。可见飑线和龙卷风一样,主要发生在热力作用明显和对流强烈的季节。

对次数最多的两个站对比发现,黄石站 4、5、6 月各月次数只及 7 月或 8 月的 1/3 左右,盛夏多发特点明显;而修水站 4 月、5 月、6 月各月次数达到 7 月或 8 月的 1/2～4/5 左右,春、夏季相差小。这与盛夏期间,修水站处于副热带高压系统内对流过程相对较少,而黄石处于副热带高压外围则对流过程相对较多等有关。另外修水地理纬度相对较低,全年温度较高,对流发生条件较强烈,且春季开始早,秋季结束晚,强对流发生时间长,如 3 月和 10 月仍有较多发生,2 月的 3 次和 10 月的 17 次均出现在这里,而黄石只集中在 4—9 月。

表 1 站址区域各气象站记录的飑线次数月分布(1975—2005 年)

台站	1月	2月	3月	4月	5月	6月	7月	8月	9月	10月	11月	12月	全年
大冶	0	0	0	9	12	12	22	16	4	0	0	0	75
蒲圻	0	0	0	2	4	1	4	6	2	0	0	0	19
崇阳	0	0	0	0	0	0	0	0	0	0	0	0	0

续表

台站	1月	2月	3月	4月	5月	6月	7月	8月	9月	10月	11月	12月	全年
咸宁	0	0	0	1	0	0	0	0	0	0	0	0	1
通山	0	0	0	0	0	0	0	0	0	0	0	0	0
黄石	0	0	3	22	19	23	63	57	12	0	1	1	201
阳新	0	0	0	1	0	1	0	0	0	0	0	0	2
江夏	0	0	0	1	1	1	4	2	0	0	0	0	9
嘉鱼	0	0	1	1	4	1	10	5	1	0	0	0	23
修水	0	3	11	32	20	24	44	38	11	6	2	0	191
武宁	0	0	2	9	9	7	17	16	3	11	1	0	65
合计	0	3	17	78	69	70	164	140	33	17	4	1	586

3.3 日变化

一日内，飑线大部分出现在下午至傍晚时刻，即12点以后的12个小时，共243次，占全天的86.2%，尤其是14:00—19:59之间的6个小时内，就有182次，占全天的64.5%，平均每小时内有20次以上，最多的是15:00－17:00，均在30次以上，这个集中时间与龙卷风基本相吻合。0—11时的12个小时内，仅39次，最多每小时只有6次，最少仅1次，最少时间段在3—6时，均每小时均不超过3次(图3)。说明一天内，地面接受太阳辐射后，14—15时温度达到最高，午后近地层感热输送达到最大，热气流上升，有利于强对流系统的生成或加强。

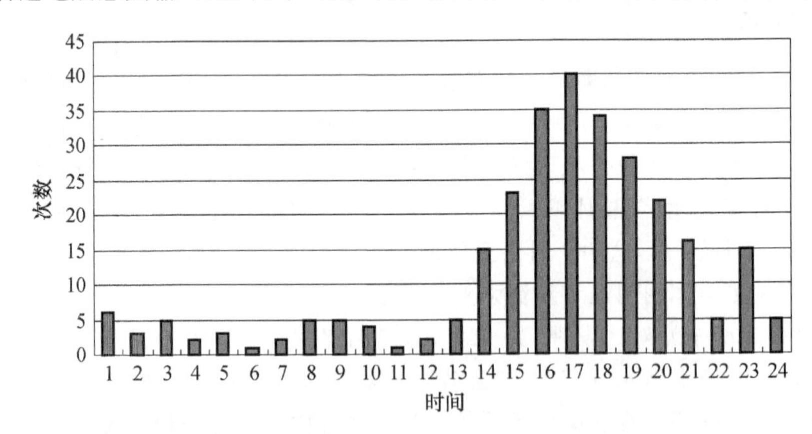

图3　站址区域气象站记录的飑线总数日内分布(时间段15表示15:00－15:59,余类推)

3.4 持续时间

飑线生命史一般比龙卷风长，范围也比龙卷风大，持续时间长。根据收集的235次有起讫时间的飑线个例统计，持续时间分布范围在2～284 min之间，平均为95 min，大约1.5 h。出现最多的时段为81～90 min，61～70 min，分别达22、20次(图4)。超过10次集中在10～130 min各时段，所以飑线持续时间一般在130 min以内(180/235=76.6%)。

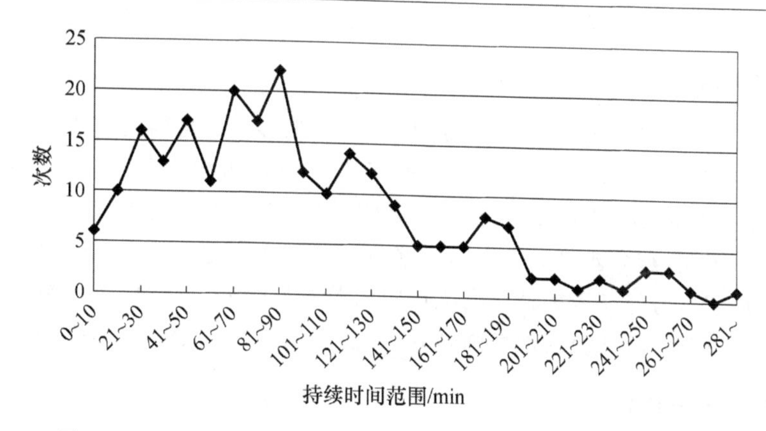

图 4 站址区域 11 个气象站记录的飑线持续时间分布(单位:min)

3.5 空间分布

在 586 次记录中,最多的黄石 201 个,超过总数的 1/3,其次是修水 191 次,再就是大冶、武宁等,分别为 75 次和 65 次。可见离站址 50 km 范围外的东北部和南部为飑线多发区,而站址 30～50 km 范围内以及西部和北部飑线少发,所在地的通山县及邻近的崇阳县则一个也没有,是十分有利的(见图 5)。

分析表明,这种分布格局主要与地理位置、地形、天气系统移动路径等有关。通山、崇阳位于幕阜山区,地形屏蔽作用明显;而东北部的黄石、大冶,南有西南一东北向的幕阜山脉,北有西北一东南向的大别山脉,构成了一个自西向东的喇叭口,西来气流在此遇阻产生反时针的绕流(气旋),对流加强,特别容易产生飑线等强对流系统;而修水和武宁,北有幕阜山、南有九岭山,处于修水水库的峡谷之中,春季和初夏的西南气流在此抬升和对流加强,也容易产生强对流系统,另外在 2.2 节已分析由于地理纬度较低,强对流发生时间长。

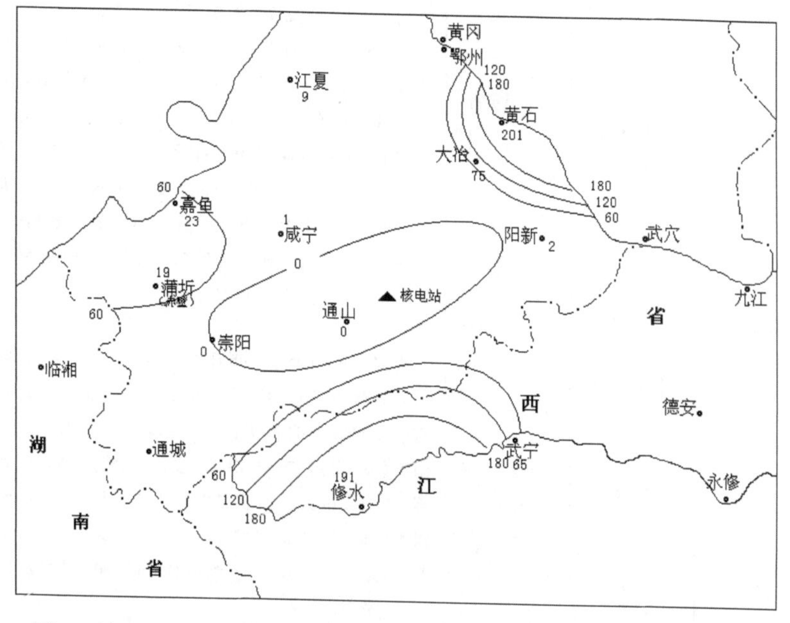

图 5 站址区域各气象站记录的飑线次数空间分布(1975—2005 年合计)

3.6 移动方向

对 269 次最大风速对应的风向记录，统计表明，系统移动为自西向东为主，WNW 最多，达到 37 次，占全部的 13.8%，而自 NNW－SSW 等 7 个方位占全部的 61.0%，尤其是 WNW、W、WSW 等 3 个方位最多(图略)。分季统计表明，春季以自西北向东南为主，夏季则有自西北向东南、西南向东北、东向西等 3 个方向。这与湖北的天气系统多为高空西风引导、或自西向东移动等密切相关，另外还因为处于喇叭口中的黄石夏季盛行东风，以及站址周围湖北 9 县市盛夏时节处于副高外围，系统局地性强，飑线等强对流具有多方向性等有关。

4 飑线灾情与设计基准

与寒潮、热带气旋、梅雨等大的天气系统相比，飑线危害的范围和持续时间均无法相比，但比龙卷风的影响范围大、持续时间长，常常多种灾害并发，造成的损失非常大。从表 2 的几次典型飑线灾害记录就可见，飑线出现时，除了大风外，还常伴有雷雨、冰雹天气，从而加重了灾害。根据湖北省 9 县市 287 次飑线灾害记录的统计表明，飑线发生时，其中 79.8%(229/287)伴随出现小到中雷雨，19%(55/287)伴随出现大到暴雨。

表 2　站址周边地区 3 次飑线灾情记录

台站	年份	季节	时间	灾害记录
黄冈、新洲、鄂城	1981	夏季	7 月 23 日 18—19 时	受飑线影响，黄冈、鄂城局地最大风力有 10－11 级。1－1.5 m 粗的大树被风吹断或拔根倒地，黄冈、新洲、鄂城 3 个县 22 个公社受灾，倒塌房屋 1162 间，死亡 8 人，重伤 135 人，损失船 21 只，倒树 2.2 万株，电杆 577 根，农作物受灾面积 0.92×10^4 hm^2。
咸宁、嘉鱼、蒲圻、崇阳	1982	春季	5 月 12 日 13—14 时	受飑线影响平均风力 6～8 级，阵风 9 级，同时伴有雷雨，有的雨中夹有冰雹，造成较严重的损失。气象站实测平均最大风速为：咸宁 11.7、嘉鱼 13.0、蒲圻 11.0、崇阳 18.3 m/s；极大风速为：咸宁 22、崇阳 27 m/s。12 日 8 时至 13 日 8 时的日降雨量：咸宁 42、嘉鱼 43、崇阳 38、蒲圻 61 mm。据统计，咸宁、嘉鱼、崇阳、蒲圻 4 县中有 57 个公社、295 个大队受灾；倒塌房屋 6923 间，刮倒电杆 1100 多根，刮倒、刮断树木 3 万多棵；因灾死亡 6 人，受伤 14 人；伤亡耕牛 5 头；1.6 万多 hm^2 夏收作物遭受不同程度损失，尤其是苎麻损失更为严重，有 0.27 万多 hm^2 被风刮断倒杆；烧坏变压器 5 台；损坏砖瓦 530 多万块；吹走晒场上的油菜籽 0.7 万 kg；总共损失 500 多万元。
阳新、通山、通城、崇阳、咸宁	1992	春季	4 月 20 日晚上到 21 日	受来自四川上空的低压槽影响，江汉平原及鄂东普降大雷雨，部分地区下了暴雨。雷雨时伴有 10 级左右大风，这次遭受风、雹或暴雨灾害的有黄梅、武穴、蕲春、浠水、罗田、黄州、阳新、通山、通城、崇阳、咸宁、洪湖、监利、江陵、枣阳、建始和神农架林区等 17 个县市区。据湖北省民政厅 4 月 23 日的不完全统计，农作物受灾面积 12.5×10^4 hm^2，成灾 8.2×10^4 hm^2；倒塌房屋 1.23 万间，损坏 5.2 万间；折断电杆 5693 根，树木 259 万株；因灾死亡 13 人，伤 1064 人。

至于设计基准，从站址周边区域11个气象站1980—2005年间飑线出现时记录到的累年最大和极大风速来看(表略)，10 min平均最大风速的累年最大值为17.0 m/s，1976年7月21日出现在修水，其次为14.0 m/s，1981年5月10日出现在武宁，极大风速的累年最大值为20.8 m/s，1992年8月1日出现在黄石，次大值为18.9 m/s，2005年7月16日出现在大冶。不过从表3还可发现，1982年5月12日，崇阳最大风速18.3 m/s，极大风速27 m/s。可见单纯飑线出现时的风速极值，远比龙卷风时小(龙卷风风速一般在10～12级以上)[11,12]。最大风速的设计基准以12级风考虑应该是可以的。

5 小结

(1)站址区域飑线发生频次的时间差异明显。时间上，飑线主要集中在对流旺盛的时段，1975—2005年31年间，以20世纪80年代飑线出现最频繁，其中1983年最多，一年中主要集中对流强烈的夏、春季，又以7月、8月、4月最多，一日内午后至傍晚最多，其年、季(月)、日内分布特征与龙卷风基本一致，而飑线平均持续时间为95 min，则远比龙卷风的17 min长。另外，分析表明，位置较南的江西两站飑线出现季节最长，且春季(4—5月)、初夏(6月)次数与盛夏(7—8月)基本相当，而黄石盛夏飑线的次数远比春季、初夏的多。

(2)空间上，以站址东北部的黄石和大冶、南部的修水和武宁最多，其中黄石和修水两市飑线次数占总数的2/3，而核电站中心区的气象站一次也没有记录到。分析表明，这种分布与地理位置、地形、天气系统移动路径等有关。但这些结论是来自于气象站记录，如飑线未经过气象站，就会漏记，这就是为什么在灾害记录里，通山和崇阳县境内均有灾害记录而气象站一次都没有。所以仍要重视飑线可能对核电站的危害。

(3)湖北省内9县市飑线的移动方向以自西向东为主，除风灾外，飑线发生时常伴有强烈的雷电和暴雨天气，由于持续时间长，危害范围大，往往使灾害加剧。飑线风力一般在10级以下，最大12级，明显比龙卷风小，因此推荐设计基准风级为12级。

致谢：陈璇、任光政参加部分资料收集和统计，特此致谢。

参考文献

[1] 温丽华. 谈谈飑的观测[J]. 广东气象，2005(3)：46-471.
[2] 谢梦莉，黄京平，俞炳. 一次罕见的飑线天气过程分析[J]. 气象，2001，27(7)：51-54.
[3] 姚叶青，俞小鼎，张义军，等. 一次典型飑线过程多普勒天气雷达资料分析[J]. 高原气象，2008，27(2)：373-381.
[4] 黄小吉，王登炎. 一次飑线过程的中尺度特征分析[J]. 湖北气象，1994(1)：29-31.
[5] 吕升亮，王兴荣，陈晓平，等. 亳州市电视铁塔倒塌事故的气象原因[J]. 气象，2001，27(2)：52-54，51.
[6] 冯晋勤，童以长，林河富. 一次强飑线过程的中小尺度特征分析[J]. 气象，2006，32(12)：72-75.
[7] 杨晓霞，李春虎，杨成芳，等. 山东省2006年4月28日飑线天气过程分析[J]. 气象，2007，33(1)：74-80.
[8] 刘淑媛，孙健，杨引明. 上海2004年7月12日飑线系统中尺度分析研究[J]. 气象学报，2007，65(1)：84-93.
[9] 应冬梅，郭艳. 江西省飑线的雷达回波特征分析[J]. 气象，2001，27(3)：42-45.
[10] 国家核安全局. HAF 0100(91)核电厂厂址选择安全规定[S]. 1991.
[11] 乔盛西. 湖北省气候志[M]. 武汉：湖北人民教育出版社，1989.

[12] 姜海如. 中国灾害大典·湖北卷[M]. 北京:气象出版社,2006.

[13] 陈正洪,刘来林. 核电站周边地区龙卷风时间分布与灾害特征[J]. 暴雨灾害,2008,27(1):78-72.

[14] 陈正洪,刘来林,袁业畅. 湖北大畈核电站周边地区龙卷风参数的计算分析[J]. 南京气象学院学报,2009,32(2):101-105.

[15] 刘峰. 一次强对流天气过程的诊断分析和模拟[J]. 气象,2008,34(2):18-24.

[16] 陈业国,农孟松,黄海洪,等. 一次华南强飑线过程的数值模拟分析[J]. 2009,35(9):29-37.

[17] 盛日锋,王俊,龚佃利,等. 山东一次飑线过程的中中尺度分析[J]. 气象,2009,35(9):91-97.

长江山区航道雾情联合调查考察报告*

摘　要　为了解长江山区航道(宜宾至宜昌段)不同区段地理状况、雾情分布及变化特征、危害情况、雾情监测预报服务现状,调查考察组奔赴沿线航道局、气象局、雾情信号台,开展了座谈、填写调查表、实地调查及采访船长等多种方式的调研活动。结果表明:(1)航道部门在重庆段布设了39个雾情人工观测台,在重庆2处、宜昌1处开展了能见度仪器性能对比观测试验,气象部门在重庆—宜昌段布置了41个能见度仪,长江三峡通航管理局在两坝附近布置了3个能见度仪,为船舶航行提供保障服务;(2)长江山区航道沿线全年雾日较多,冬半年雾情较重;重庆—宜昌、宜宾—南溪的山区河道,南溪—重庆的滩头及回水湾、三峡区间的支流河口等地有利于大雾发生;(3)可视距离小于1500 m便可对船舶航行形成不利影响,其中以团雾、强浓雾、漂浮的大雾危害最大;(4)三峡大坝蓄水使大坝至重庆航道区段雾的特征发生变化,如产生了一些新的雾区,季节规律变得模糊,局地夏半年多雾;重庆以上航道水位受到金沙江梯级电站蓄水影响较大,但雾情尚未受影响。深入揭示长江山区航道雾情特征、确定重点雾区和监测布点原则,需要综合利用各部门的人才和技术优势,做到资源节约、又好又快,最终实现长江山区航道能见度信息的实时、准确数字化采集、处理与服务,可为采取限航、限速、封航等水运交通管制确保船运安全提供科学依据。

关键词　长江;山区航道;雾;能见度;时空分布;测报

1　引言

长江横贯东西、通江达海,是连通东、中、西部地区的水运主动脉,是我国最重要的内河水运主通道,素有“黄金水道”之称。长江山区千里航道地形复杂、气候多样,航运受低能见度或大雾影响较为严重。如涪陵2003年6月19日“江龙”806号轮与涪州10号客轮在长江涪陵水域搬针沱处突遇浓雾碰撞,死亡53人,震动了海内外;同年7月14日,“长星”轮在丰都县境内触礁下沉,423名旅客被困江心,所幸救援及时,未造成人员伤亡;2005年6月22日,四川省合江县“榕建号”客船因严重超载、冒雾航行和违章操作而倾覆长江,130人死亡,酿成震惊全国的“6·22”重大事故;同年12月25日,长江石首段发生两船相撞重大沉船事故,3人死亡、8人失踪;2006年10月13日,长江三峡段曲溪口水域发生两船碰撞的恶性事故,“巴峡号”当即沉没,17人落水,其中7人失踪,这些事故均是大雾条件下发生的。2011年10月12日,三峡水域大雾弥漫,因能见度不足500 m,葛洲坝及宜昌江段航道一度实施近8个小时的禁航,近200艘船舶因大雾阻航。2012年

* 陈正洪,田树青,武泉,代娟,王林,孙朋杰,胡昌琼,刘静.华中师范大学学报(自然科学版)(T & S),2014,48(1):158-163.

4月28日16时至30日10时，三峡大坝上下游河段相继因雾禁航40余小时，230艘船舶，57个闸次运行计划被迫延迟。如此事例，不胜枚举。

目前长江航道局正着手研制多功能电子航道系统，此系统的研制和应用推广将全面提升长江航道管理和服务的信息化水平和能力，进而提升长江航运能力和安全保障能力。深刻了解长江山区航道雾情分布及测报现状，提出沿线能见度监测站（自动）和雾情（人工）监测站合理布局建议，最终实现能见度信息的实时、准确采集，为电子航道图提供较为可靠的可视距离测报数据，从而为高效引导船舶安全航行，为采取限航、限速、封航等水运交通管制提供科学依据。

开展长江山区航道雾情考察凸显重要，现将调查考察结果进行总结汇报。

2　资料与方法

2.2　前期准备

考察组设计了包括23个问题的调查表（表1），涉及雾情出现的具体时段、航段、雾的性质及变化趋势，影响，监测服务需求等。确定了参加人员，考察线路和各地航道局（处）、气象部门联络人。长江航道局还专门下发了文件。

表1　长江山区航道大雾调查问卷

问题	问题	问题
1.长江航道的出行概率	2.出行方式	3.大雾是否影响出行
4.是否对山区航道大雾有研究或观察	5.对那些河段的大雾比较了解	6.一年中大雾出现的月份
7.所了解河段大雾出现的最严重月份	8.一天中大雾经常出现时间	9.所了解河段大雾的性质
10.各种性质大雾出现的具体河段	11.各种性质大雾具体出现月份	12.所了解河段能见度
13.所了解河段出现各种能见度的频率	14.长江山区航道大雾是否有变化	15.雾对长江航运影响程度
16.长江航运遇到那种性质的雾最可怕	17.不利于航行的最小能见度	18.长江山区航道能见度布设情况
19.航运部门需要的气象服务产品	20.大雾预报服务提前时间	21.气象部门发布大雾预警的方式
22.气象部门为航运的服务	23.气象部门对所做服务的建议	

2.2　考察线路

2013年5月6—11日，考察组一行8人在重庆进行集结，赴当地航道、气象部门进行了座谈和资料收集，再分两路开展实地考察，即宜宾到重庆、重庆至宜昌枝城，其中宜宾至泸州、巫山一三峡大坝为水路考察，其余为陆路考察，此外在6月份又对长江三峡通航管理局、宜昌市气象局进行了补充调查，考察组完成了总长1095 km的长江山区航道的全覆盖（图1）。

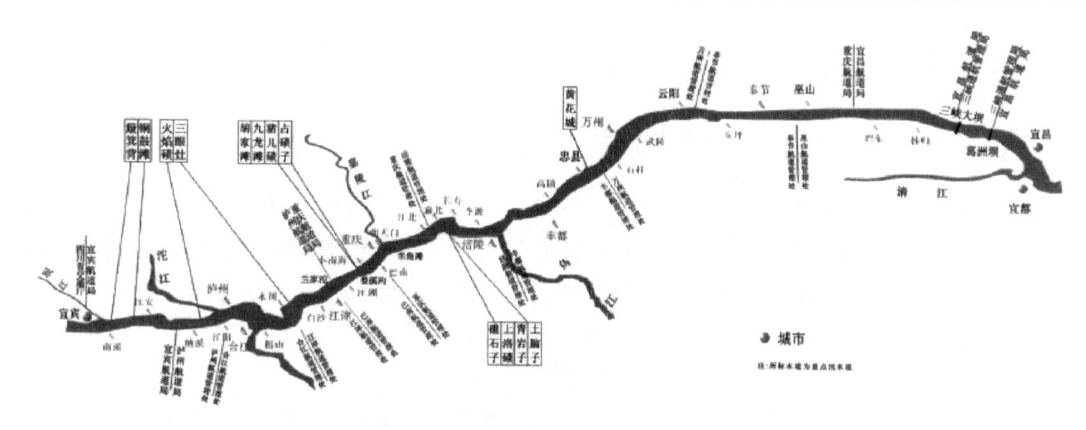

图 1　长江山区航道(长江上游)考察全线图

2.3　考察方式

通过与航道部门和气象部门的技术和管理人员座谈，考察航道沿线地形地貌、水域情况，了解能见度试验站代表性，与雾情信号台和航运老船长交流并填写调查表，多途径收集资料。

2.4　所收集的资料

(1)收集调查表 60 余份，主要来自航道部门，宜宾航道局提供了所辖 3 个信号台填写的《辖区雾情统计情况表》(2012 年 10 月—2013 年 4 月)。

(2)完成分航段考察报告 4 份和大量考察照片，其中气象、航道部门各完成 2 份，分别提出了自己考察成果。

(3)收集密切相关文字资料 5 份。其中重庆航道局提供了《三峡库区航道雾情监测系统研究》，长江三峡通航管理局提供了《恶劣气况条件下三峡河段通航管理对策》，重庆市气象局提供了《三峡库区长江航道航行安全气象保障服务系统实施方案》和《长江航道安全气象保障观测站网》，宜昌市气象局提供了《三峡和葛洲坝坝区大雾形成机制研究》。

(4)宜宾、泸州航道局分别提供了《长江宜宾航道局辖区航道图》、《长江泸渝段航道示意图》。

(5)从中国天气网重庆站下载了能见度布点和实时监测数据(图 2)。

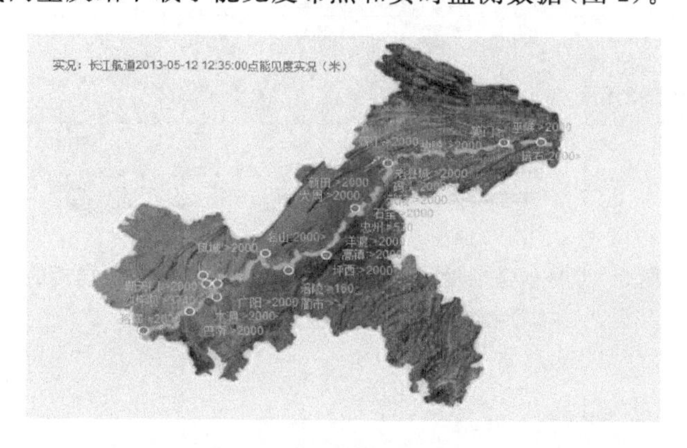

图 2　中国天气网重庆站给出的长江航道能见度监测情况

3 调查考察结果

3.1 长江沿线雾情和能见度观测站布点情况

重庆航道局在20世纪80年代设置了108个人工雾情信号台，三峡库区蓄水后仍保留10个观察哨和40多个雾情信号台（图3），主要作用是交通指挥和雾情观测。2012年邀请4家能见度仪器厂家在重庆羊角堡、金刚背、宜昌的枝城进行了一年的对比观测，取得了资料。长江三峡通航管理局在两坝间建立了3个能见度观测站，由宜昌市气象局代管。

如图4，重庆气象局于2005年开始布设了29个能见度观测站（含13个多要素站），在沿江雾情较重的万州布了4个，奉节2个，巫山4个，并开展未来24个小时的雾情预报，逐日向安监局、港航局、多种媒体提供服务产品，尚未为航道部门提供服务。中国气象局三峡局地气候监测项目12个能见度观测站（涪陵、丰都、宜昌各4个，图4红色标记），以揭示蓄水对能见度的可能影响。

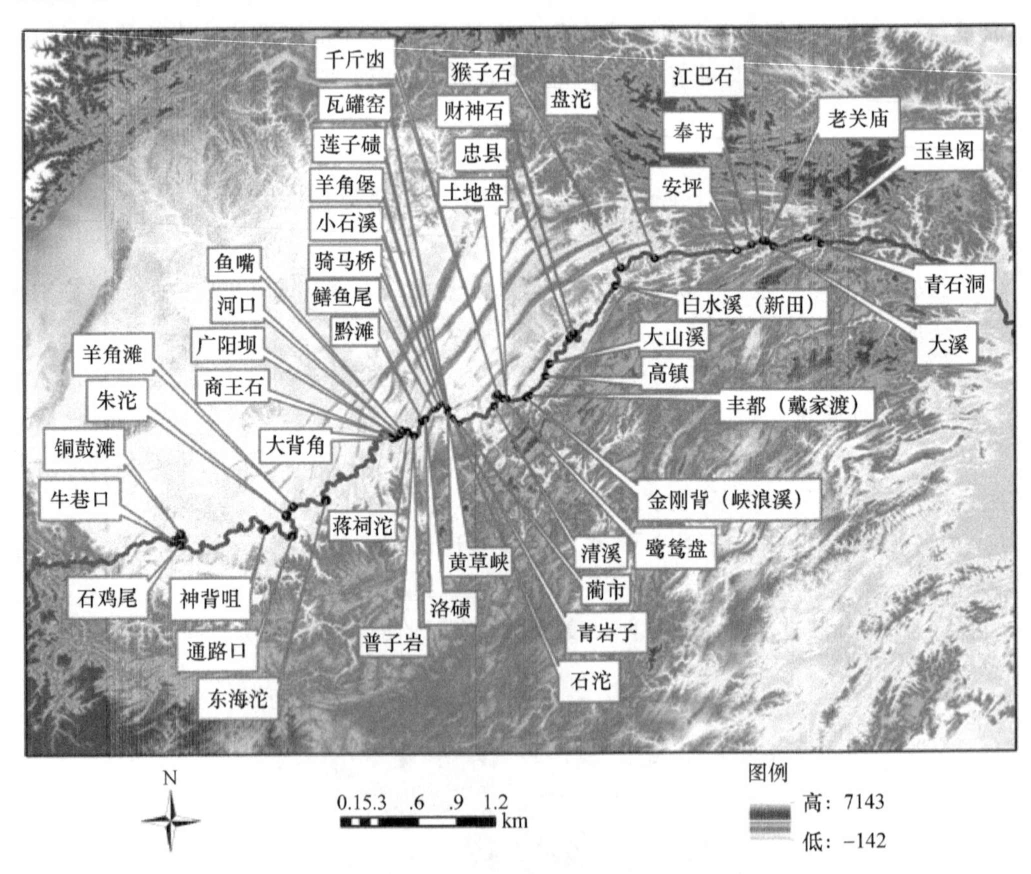

图3 重庆航道局设的39个雾情观测台和中国气象局设的12个能见度观测站位置图（重庆一宜昌）

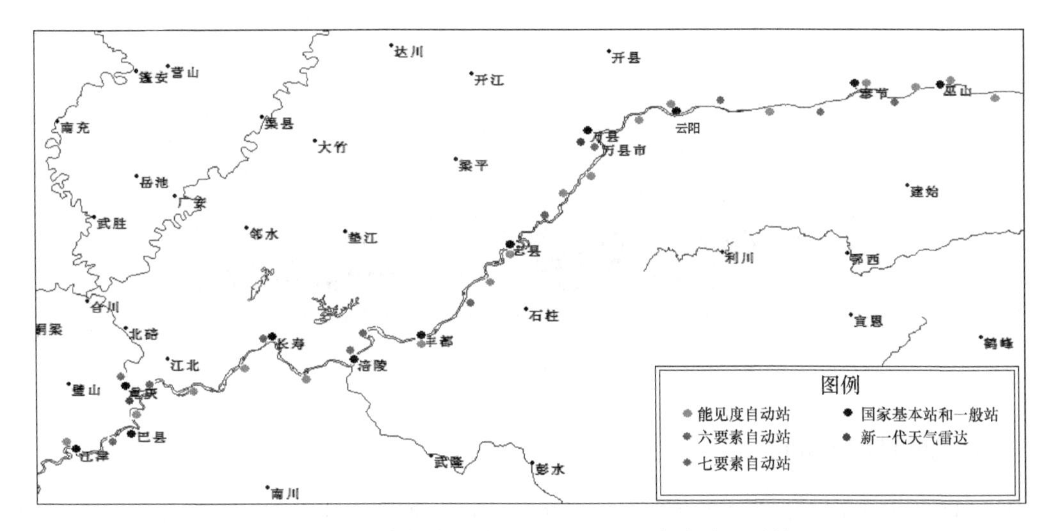

图 4　重庆市气象局布设的 29 个能见度自动监测站

3.2　航道河段地理环境

长江宜宾至宜昌段全长 1045 km，均为山区河段。河道迂回曲折，宽窄相间，浅滩与深槽交替。长江流经丘陵与高山峡谷地区，水量充沛。水流自西向东穿过四川盆地的东南边缘，江津以上两岸为低山丘陵，山势平缓，无高山峡谷，多呈单面低山及平坦山貌，其中宜宾南溪以上两岸山体较多略高，南溪至江津两岸较为平坦；经江津后，山势起伏增大，并有小型峡谷；重庆到奉节为高山、丘陵地区，奉节以下为三峡地区。受地质构造的影响，丘陵宽谷河段的水面宽度一般 800～1000 m，最宽达 1500 m 以上，河中多泥沙淤积成的边滩与江心洲。峡谷河段的水面宽度较窄，一般在 200～300 m。长江沿岸重庆以上主要有岷江、沱江、赤水，重庆主城区有嘉陵江，重庆以下有乌江等支流汇入。三峡区间由于蓄水原因，滋生大量库湾，水面大为扩大。

3.3　长江航道大雾性质

对长江航运危害最大的主要是团雾。团雾一般出现在支流河汊相交水域，与支流、主流河道气象条件差异所形成的小气候环境密切相关。团雾范围一般为数十米到数百米(500 m 左右)，能见度极低(有时甚至不到 20 m)，团雾外视线良好，团雾内朦胧一片。由于团雾局地性、突发性强，会使船员措手不及，容易造成重大交通事故，对航船造成严重威胁。

此外，辐射雾和蒸发雾也比较常见。辐射雾容易出现在水汽充沛、天晴风弱的秋冬夜晚或清晨，日出或风速加大后往往会自然消散，长江山区河道尤其是江津以下两岸山体高大，夜晚到早晨有冷空气源源不断下沉(气象学上称为“山风”)，在水面尤其在弯道、库湾地区堆积，形成“冷湖”和近水面“逆温”，使雾情加重。蒸发雾是因冷空气流经温暖水面，大量水汽凝结而成，一般范围小，强度弱，发生在回水湾周围，然而三峡蓄水后这种雾有加重趋势。

还有一种存在于天气阴沉之时，江面大范围灰蒙蒙的，可以持续一天不散，但是对船舶航运没有大的影响，航道观测人员叫瘴气(图 5)。

(a) 财神石，雾

(b) 羊角堡，瘴气

图 5 江面的雾与瘴气

3.4 雾情的时间空间分布

大雾发生时间在年周期内多发生在秋冬季节，在日周期内多发于下半夜及早晨。较大规模的雾可终日不散，一般的雾是在上午 10 时之前散去；较小规模的突发性团雾来得快去得快，但团雾极浓，能见度极差，危害最大。

大雾多发于以下几类地区：河道狭窄地区、弯曲河段、江边一侧或两侧有山、滩头地区、流水急，有回水地区、支流河口。较为狭窄的河段如宜宾至李庄、南溪(铜鼓滩)、巫山(青石洞)等容易起雾。弯曲河段发生雾的频率也较大，有支流交汇及库湾水面宽阔的地方因水温差异往往雾情严重，如观音阁、烈女岩、黄花城、李渡等地。在不同环境下，开阔地带与狭窄地带都有多雾的可能。

3.5 航道部门雾情分类

航道部门在山区航道设有信号台，兼雾情观测，根据雾情时间分布有常年和季节性观测之分。航道不同于高速公路，1500 m 以下的能见度就会对航运产生影响，尤其是突发性团雾，对航运危害更大。航道上观测的雾情分为三级：大雾(3 级)、中雾(2 级)、小雾(1 级)。具体标准及影响见表 2。

表 2 航道雾情分类及影响

分类	能见度(m)	航运影响	以前告知方式	现在告知方式	对应气象部门的分类
大雾	500 m 以下	上行封航	挂 3 个黑球	高频电话	大雾
中雾	500～1000	下行封航	挂 2 个黑球	高频电话	雾
小雾	1000～1500	有影响	挂 1 个黑球	高频电话	轻雾

3.6 三峡蓄水后雾情可能变化趋势

据调查，2003 年三峡蓄水后，对长江航道雾情影响较大，使山区航道雾情分布变得更为复杂。一是雾情在时间分布上趋于均匀或改变了原来的时间分布，如财神石(黄花城)(图 6a)，蓄水后全年雾日增多，夏季雾增多，冬季雾浓度减小，由季节性雾情观测变为常年观测；千斤凼也是全年雾情增多，以前夏季基本没有雾，蓄水后夏季每个月会有 2～3 次雾出现，雾情观测也由季节性变为常年观测；青石洞雾情增多。二是空间分布上也复杂多变，大多河段雾情增多，浓度增大，但是也有部分河段雾情减少，如羊角堡(图 6b)蓄水后雾情减少，而大坝下游处平原地带，江面开阔，三峡蓄水后没明显变化，重庆以上地区由于不受蓄水影响，雾情的季节和空间分布也没有明显影响。由于蓄水时间不长，水域的气候效应可能没有完全显现，因此航道的雾情变化还有待更长时间的观测和论证。

(a) 财神石，雾增多，变为常年观测

(b) 羊角堡，雾减少

图 6　三峡水库蓄水后雾可能变化的点

4　考察体会

(1)长江山区航道雾情较为严重，航道、气象、安监、港航、三峡通航等部门已开展了大量雾情、能见度监测工作，但侧重点不同，资源较为分散。进行整体规划设计，整合各部门资源，建成长江山区航道雾情、能见度测报系统，尽快纳入电子航道图，服务航行安全是当务之急。

(2)长江山区航道雾有一定规律可循。航道内有着丰富的水汽和凝结核，只要满足大气稳定的条件，便是大雾多发的时间或区段。通常秋冬季天晴、风弱的夜晚至早晨，大气辐射降温快，产生近地层逆温，在弯道、回水区、或支流库湾等水面容易成雾；当两岸山体高达，有冷空气沿山坡下沉、在水面上形成一个个“冷湖”，加厚“逆温层”、加重雾情。长江山区航道沿线已形成了一些相对固定、多发的雾区。

(3)长江山区航道雾也有一些不确定性。团雾出现时间和地点有较大不确定性，往往突然而来，能见度下降快，危害严重，监测预报难度大；三峡库区蓄水之后，在库区范围内，原有的山区航道雾情规律发生了变化，雾情发生区域与时间都有所改变，更需要科学布局、积累资料，揭示新规律，服务航行安全。

致谢：本次考察得到重庆、宜宾、泸州、宜昌航道局以及部分航道处，重庆、宜宾、宜昌市气象局、国家气候中心、三峡通航管理局等单位领导和专家的大力支持，熊金宝、刘思航参加考察，在此一并表示感谢！

长江山区航道雾情调查问卷分析*

摘　要　为了解长江山区航道不同区段大雾特征、危害情况以及开展雾情监测预报服务等，对在长江山区航道沿线工作人员进行问卷调查分析，结果表明：(1)大雾主要出现在秋冬季节；最严重的大雾，宜宾—重庆段出现在 11 月，重庆—宜昌段出现在 1 月；大雾主要出现在早上；(2)宜宾—重庆段以山谷雾为主，重庆—宜昌段以平流雾和山谷雾为主；大雾主要以团雾和成片雾形式出现；片雾主要出现在春秋冬季；团雾宜宾—重庆段主要出现在 10 月，重庆—宜昌段主要出现在 1 月、12 月、11 月、2 月；(3)宜宾—重庆段大雾能见度主要为 50 m，重庆—宜昌段大雾能见度选项为 50、100 m、200 m、500 m、1000 m，并依次递减；(4)蓄水后大雾出现更加频繁，浓度更浓；(5)雾对长江航运影响极其严重，航运过程中团雾最可怕；不利于航行的最小能见度为 500 m；封航能见度为 500 m；(6)航运同时需要大雾监测、预报等气象服务；预报服务最好提前 6～12 小时发布；发布方式除发布开始时间外，还要发布取消时间。

关键词　长江山区航道；雾；时空分布；能见度；监测预报服务

1　引言

长江是中国主要的运输河流，是海路运输的延续，其将内陆和沿海的港口与其他主要城市连成一个大的运输网。进入 21 世纪后，长江航运发展迅猛。长江干线货运量逐年提升，至 2010 年，长江干线完成货物通过量达到 15.02 亿 t，超过美国密西西比河的 3 倍、欧洲莱茵河的 5 倍，稳居世界第一。随着长江三峡水利枢纽的正式完工，5000 t 级船舶和万吨级船队可全年上行至重庆，较小的船舶也可到达四川宜宾。

长江山区航道从宜宾的合江门至宜昌的大埠街，全长 1095 km，为山区河段，河道迂回曲折，宽窄相间，浅滩与深槽交替。受水体和特殊地形环境影响，江面上经常浓雾弥漫，年雾日较多，严重影响航行。三峡工程建设完工以后，由于水位抬高，江面变宽，引发的大量江面雾气成为长江水上航运安全的头号"隐形杀手"，因此，了解长江山区航道大雾特征尤为重要。

自 1996 年建立了相关行业组成的长江三峡工程生态与环境监测网络，局地气候监测子系统的工作也同时展开[1]。在国务院三峡办和中国气象局的支持下，2009 年底在原有站点的基础上增加了 15 个自动站，12 套能见度观测仪，另外在涪陵、万州和宜昌建立了 3 个气象观测梯度铁塔，长江航道局于 2012 年 3 月开始在羊角堡、金刚背、宜都 3 个点分别安装了四家公司(研究所)仪器，进行长江航道能见度监测试用试验，三峡库区的监测能力得到了增强。

近年来，许多学者对三峡大雾进行了大量研究，熊秋芬[2]分析三峡坝区大雾得出：宜昌雾日最多，共 61 个，平均每年 1 5 个雾日，三峡雾日次之，共 20 个，平均每年 5 个雾日，秭归最

* 胡昌琼，田树青，武泉，陈正洪，刘静，王林，代娟，孙朋杰. 华中师范大学学报(自然科学版)(T & S)，2014，48(1)：152-156.

少，无雾日；黄治勇等[3]研究表明库区年平均雾日数呈弱的下降趋势；陈乾金等[4]分析了三峡坝区大雾的年、季、月、日变化特征，结果表明：三峡坝区大雾年平均值达23天以上，主要集中在冬半年，夏季一般少雾。在截流期内，各种级别的雾频数均以12月最多，10月、11月偏少。大雾出现时间主要集中在下半夜至上午日出前后，午后至前半夜基本无雾，12月在下半夜3点至凌晨8点前后出现雾最多。

由于长江山区航道特殊的地形特点，雾的局地性强，即使站网布设达到一定密度，也不能排除对范围较小的局地性雾的漏测，加之前期的研究成果是建立在距离航道较远的气象站点上的，会造成研究成果和实况的误差，因此，为了全面了解整个航道雾情特征，用人的直观感觉来弥补此缺陷非常必要。本文是对长江山区航道沿线工作人员，进行大雾问卷调查，然后加以统计分析，客观呈现大雾特征。

2 资料来源

为了解长江山区航道大雾特征，从22个方面设计问卷调查表(见表1)，联合考察组赴宜宾、泸州、重庆、宜昌航道部门及武汉长江轮船公司对员工进行问卷调查，有效问卷56份，其中，宜宾—重庆航段19份，重庆—宜昌航段37份。

表1 长江山区航道大雾调查问卷

序号	调查内容	你的选择(请打√或填数值文字，可多选)	补充意见
1	你在长江三峡段出行概率？	一周( )次 一月( )次 1年( )次 其他( )	
2	你主要出行方式是什么？	自己跑运输( )坐船( ) 其他( )	
3	大雾影响过你的出行吗？	经常影响( )有时影响( )没影响( )	
4	你对三峡大雾有研究吗？	有( )没有( )	
5	你对三峡哪段路程大雾比较了解？	重庆—宜昌( )(其他路段自己填写地名)	
6	你觉得现在三峡大雾有变化吗？	更加频繁( )有所减少( )没有变化( ) 更浓( )更淡( )没有变化( )	
7	你了解的路程大雾情况何种性质？	成片( )团雾( )其他( )	
8	各种性质大雾具体所在路段及出现月份？	成片( ) 团雾( )	
9	你了解的路段大雾主要出现在哪几个月？	1月 2月 3月 4月 5月 6月 7月 8月 9月 10月 11月 12月	
10	你了解的路段大雾最严重的月？	1月 2月 3月 4月 5月 6月 7月 8月 9月 10月 11月 12月	
11	你了解的路段大雾经常出现时间？	早上( ) 中午( )夜晚( )	
12	你了解的路段大雾出现能见度大概是多少？	50 m( ) 100 m( ) 200 m( ) 500 m( ) 1000 m( )	
13	你了解的路段大雾出现各种能见度概率是多少？ (请填写 %)	50 m( ) 100 m( ) 200 m( ) 500 m( ) 1000 m( ) 大于1000 m( )	
14	你认为雾对长江航运影响严重吗？	极其严重( ) 很严重( ) 严重( ) 一般( ) 轻微( ) 没有影响( )	
15	你认为长江航运遇到哪种性质雾最可怕？	成片( ) 团雾( )	

续表

序号	调查内容	你的选择(请打√或填数值文字,可多选)	补充意见
16	你认为能见度多少就封航?	50 m( ) 100 m( ) 200 m( ) 500 m( ) 其他( )	
17	有利于航行的最小能见度?	50 m( ) 100 m( ) 200 m( ) 500 m( ) 其他( )	
18	你知道三峡区间布设大雾监测站点了吗?	知道( ) 不知道( )	
19	你知道的三峡区间大雾监测站的有哪些?	填写站点地名	
20	你认为气象部门提供大雾什么服务有利于航行?	监测( ) 预报( )	
21	你认为大雾预报服务提前多长时间最好?	1～3 小时( ) 3～6 小时( ) 6～12 小时( ) 12～24 小时( )	
22	你认为气象部门大雾预警以什么方式发布最好?	预警只发开始时间( ) 预警发布开始和取消时间( )	

3 资料分析

3.1 调查对象基本情况

从 56 份调查表中发现,调查对象为长江山区航道维护、工作人员,以及自己货轮跑运输人员,出行方式为坐船,其中一年坐船 200 次以上的 40 人,占调查对象的 70%以上,对所行走航道大雾特征比较了解,26 人认为大雾经常影响出行,17 人认为大雾有时影响出行,仅 3 人认为对出行没有影响(图 1)。

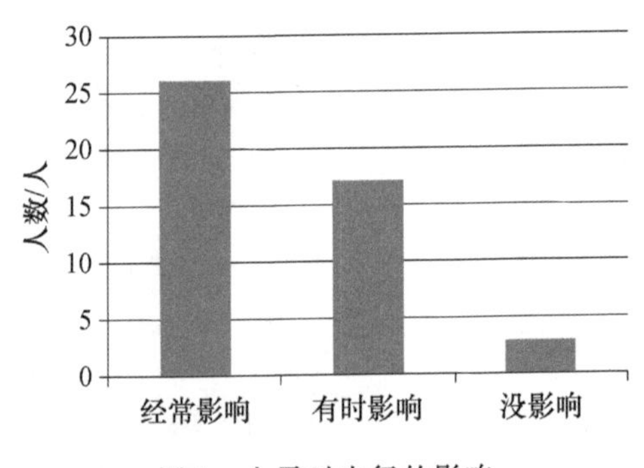

图 1 大雾对出行的影响

3.2 大雾的时间分布

3.2.1 月分布特征

分别对宜宾—重庆航段、重庆—宜昌航段调查问卷进行统计分析,获得所调查航道大雾的月分布情况(图 2),图中可以看出:所调查的长江山区航道大部分人认为大雾主要出现在秋冬季节,春季次之,夏季最少。大雾最严重程度各月有明显差异:大部分人认为宜宾—重庆段 11 月最严重,1 月、2 月、12 月、3 月、10 月次之,重庆—宜昌段 1 月最严重,12 月、11 月、2 月、3 月次之(图 3)。

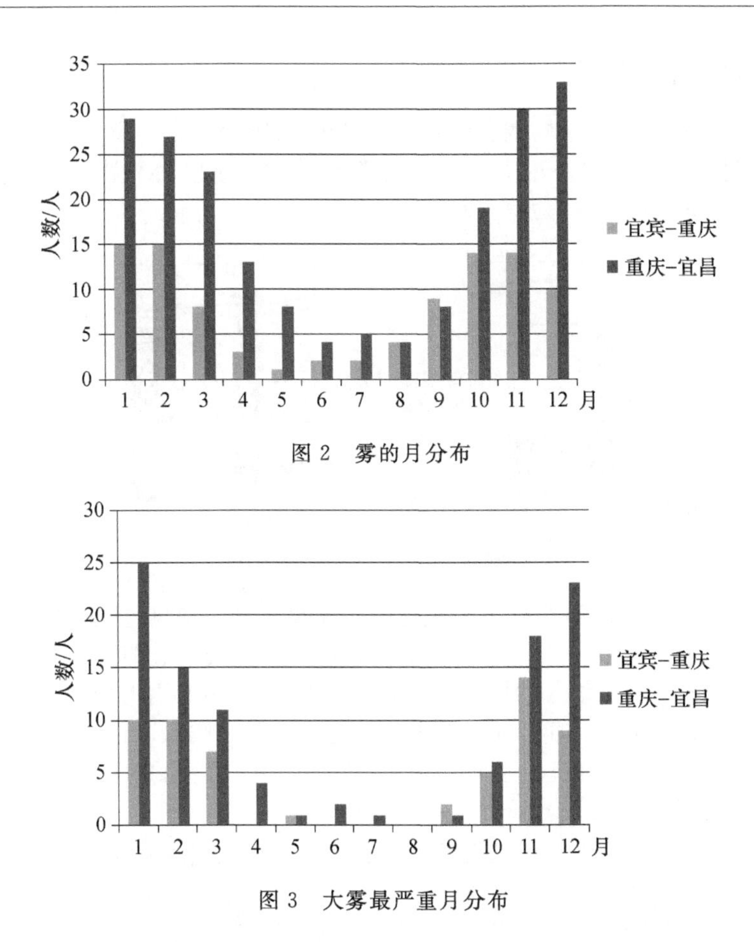

图 2　雾的月分布

图 3　大雾最严重月分布

从图 2 中发现，整个航道在夏季 6－8 月均有大雾出现，其中重庆－宜昌段 6 月、7 月影响还比较严重(图 3)。

3.2.2　日分布特征

通过调查问卷分析发现，长江山区航道大雾出现的时间大致相同，绝大部分人认为主要出现在早上，其次在夜晚，中午出现极少(图 4)。

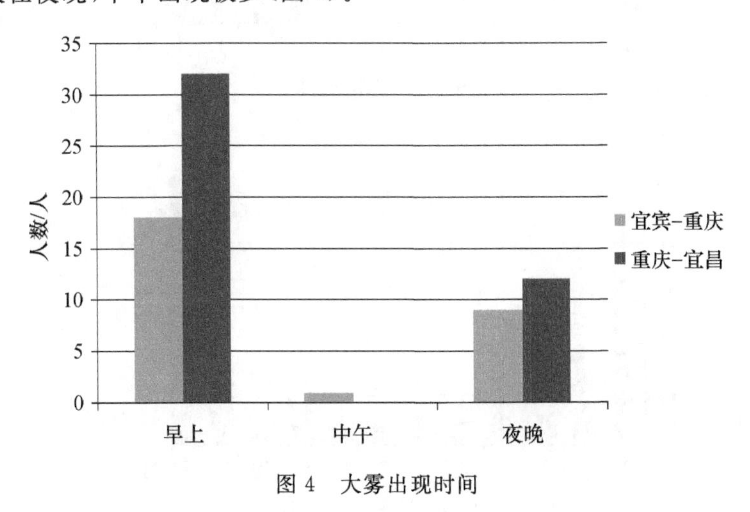

图 4　大雾出现时间

3.3 大雾性质及活动特性

长江山区航道雾的种类很多，调查问卷分析显示，大部分人认为宜宾一重庆段以山谷雾为主，平流雾和辐射雾次之，重庆一宜昌段以平流雾和山谷雾为主，瘴气次之，辐射雾较少。整个航道大雾主要以团雾和成片雾形式出现(图 5)。

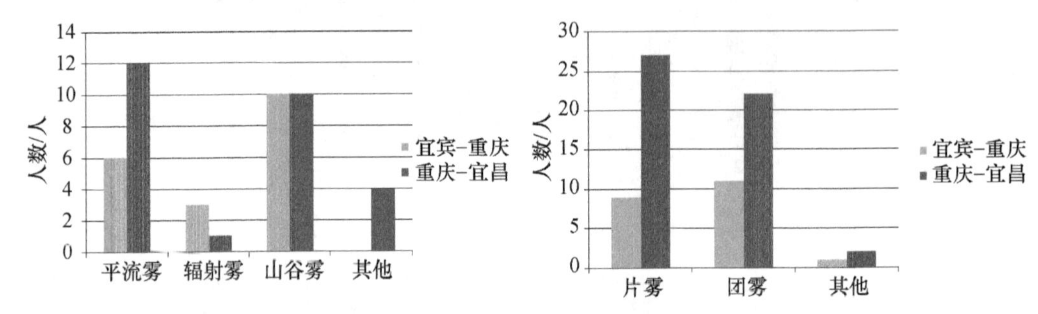

图 5　大雾性质调查结果

通过对调查问卷分析发现，长江山区航道团雾和片雾出现时间、空间均有一定差异。大部分人认为团雾在宜宾一重庆段主要出现在 10 月，除 6 月、7 月不出现外，其他各月均有出现，重庆一宜昌段主要出现在 1 月、12 月、2 月、11 月，3 月次之，其他各月有少量出现(图 6)；片雾在宜宾一重庆段主要出现在 1 月、2 月、10 月、11 月、12 月，9 月、3 月、8 月少量出现，4 月、5 月、6 月、7 月不出现，重庆一宜昌段主要出现在 12 月、1 月、11 月、2 月，3 月、4 月、10 月次之，其他各月也有出现(图 7)。

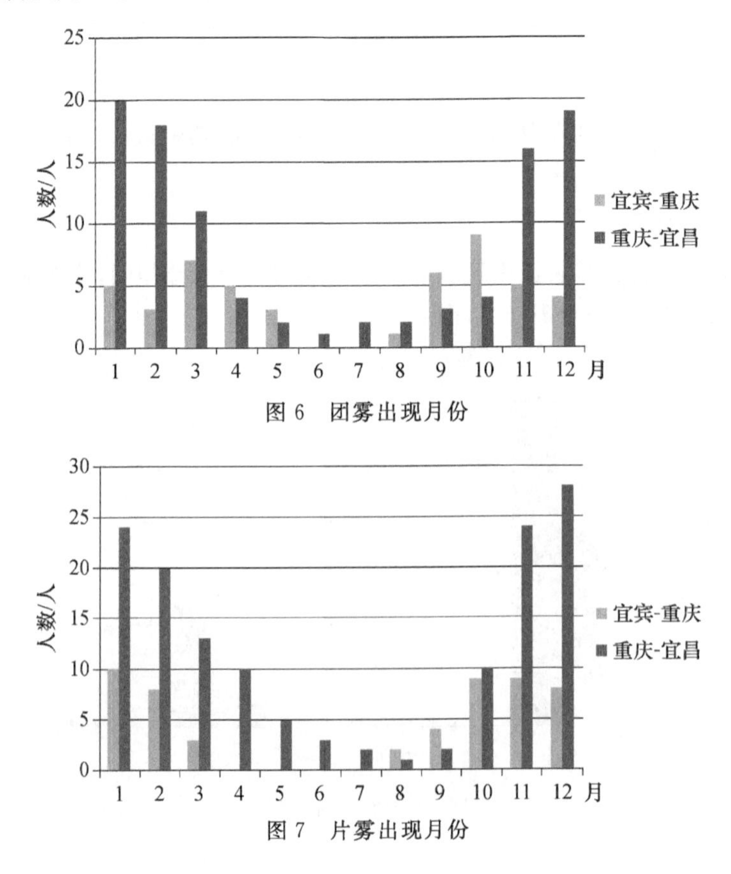

图 6　团雾出现月份

图 7　片雾出现月份

3.4 能见度特征

通过对能见度的调查分析发现，能见度大小存在一定空间差异，出现频次空间上则比较一致。大部分人认为宜宾－重庆段大雾的能见度主要为 50 m，100 m 次之，重庆－宜昌段大雾的能见度选项为 50 m、100 m、200 m、500 m、1000 m，并依次递减(图 8)；整个航道能见度出现频次从 50 m、100 m、200 m、500 m、1000 m 则依次递增(图 9)。

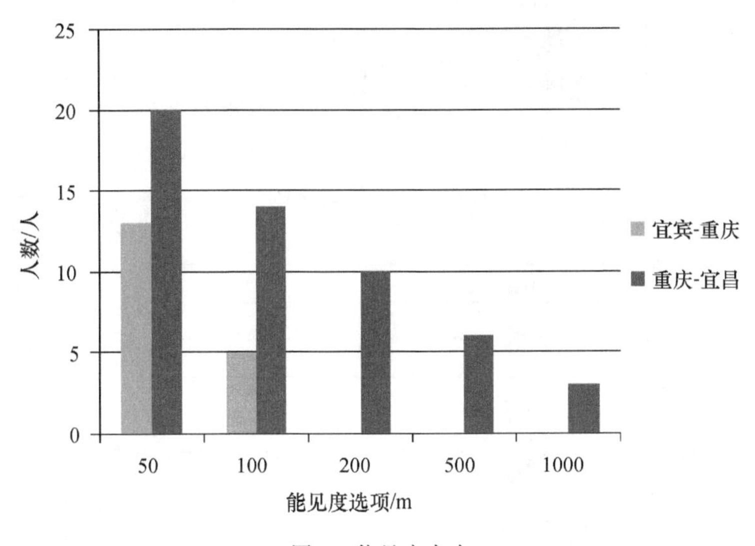

图 8　能见度大小

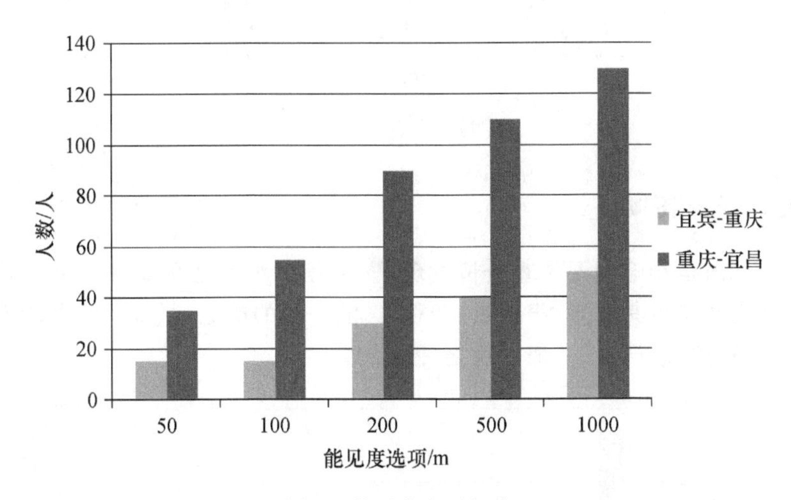

图 9　能见度出现频次

3.5 蓄水后大雾变化

通过对调查问卷的统计分析，获取了一些蓄水前后长江山区航道大雾变化信息。重庆－宜昌段绝大部分人认为蓄水后大雾变得更加频繁，宜宾－重庆段只有一半人认为变得更加频繁(图 10)。整个航道绝大部分人认为大雾变得更浓(图 11)。

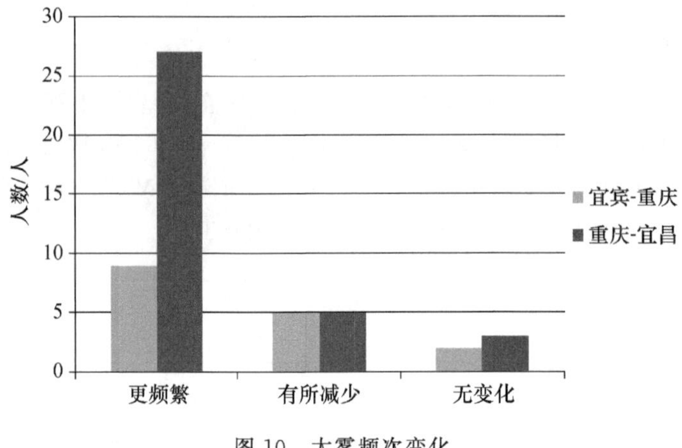

图 10　大雾频次变化

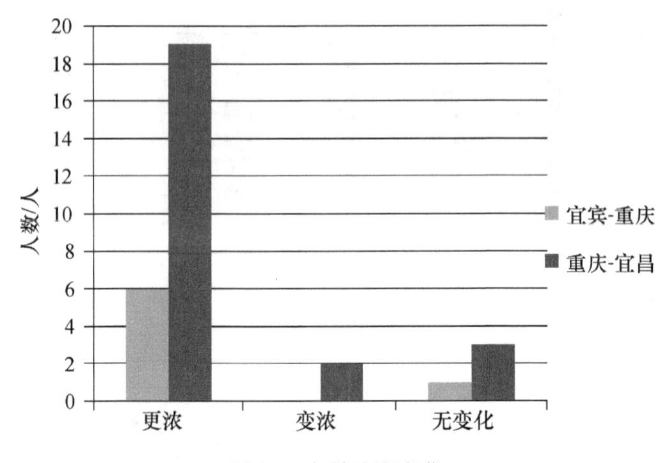

图 11　大雾浓度变化

3.6　雾对长江航运影响

通过雾对长江航运影响问卷调查分析发现，影响程度航段之间存在一定差异。宜宾一重庆段大部分人认为影响极其严重、很严重、严重，影响一般的次之，重庆一宜昌段绝大部分人认为影响极其严重，很严重、严重、一般的次之(图 12)。

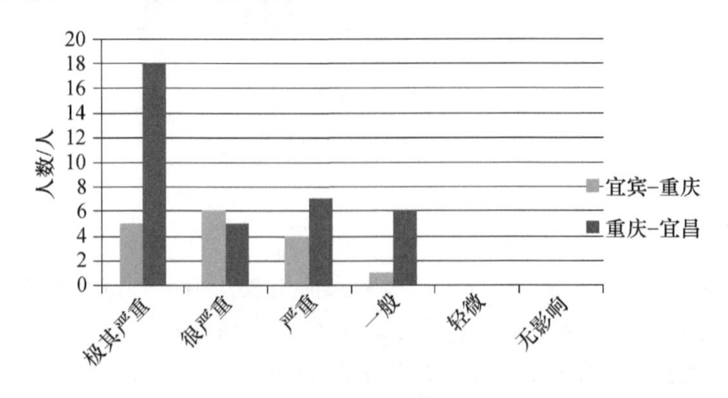

图 12　雾对航运的影响

整个航道大部分人认为，团雾最可怕，成片雾次之（图 13）；不利于航行的最小能见度为 500 m（图 14）；封航能见度为 500 m。

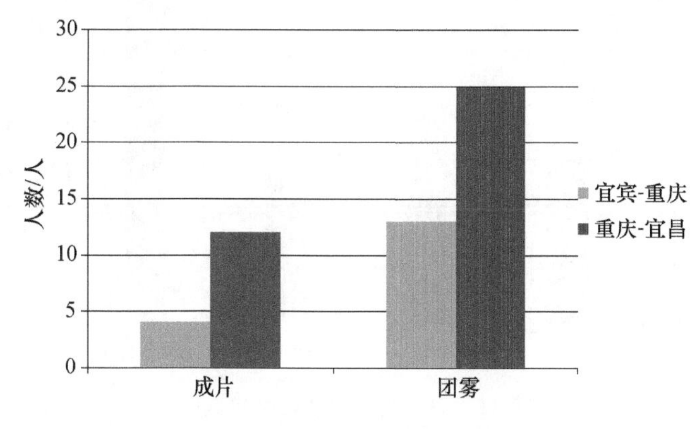

图 13　对航运那种雾更可怕

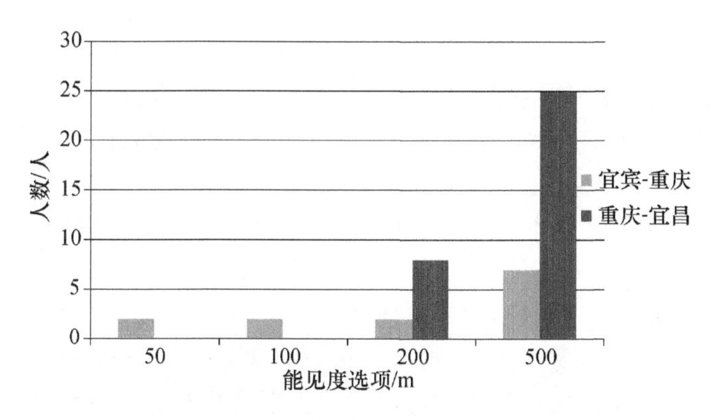

图 14　不利于航行最小能见度

3.7　气象服务

长江航运需要气象服务，通过对调查问卷分析发现，大部分人认为航运过程中大雾监测、预报产品同时需要（图 15）。大雾预报服务最好提前 6～12 小时发布，在重庆至宜昌段需要延长至 24 小时（图 16）。大雾预报发布方式除发布开始时间外，还要发布取消时间。

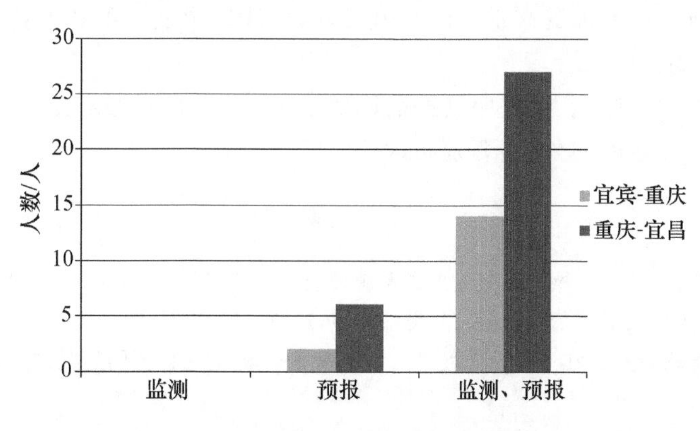

图 15　航运安全需要的气象服务产品

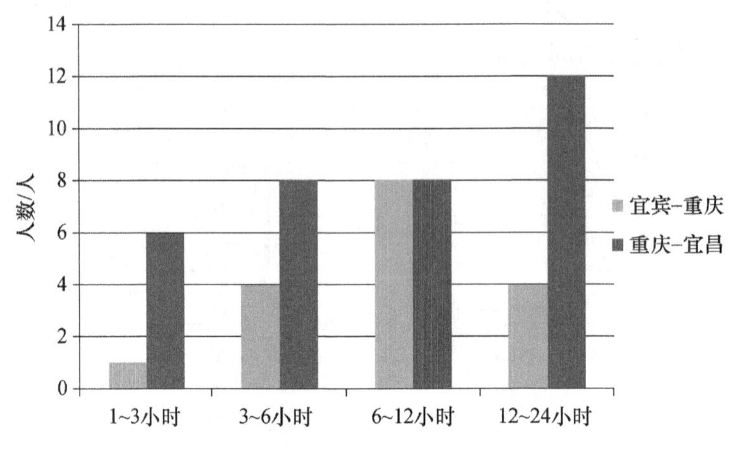

图 16　雾预报提前多长时间最好

4　结论

通过对长江山区航道雾情调查问卷统计分析发现，调查对象70％以上一年坐船200次以上，对长江山区航道大雾特征、大雾对航运的影响，以及航运所需要的气象服务产品比较了解，大部分人的意见如下：

(1)大雾主要出现在秋冬季节，春季次之，夏季最少。最严重雾宜宾一重庆段出现在11月，1月、2月、12月、3月、10月次之，重庆一宜昌段出现在1月，12月、11月、2月、3月次之；雾主要出现在早上，其次在夜晚，中午出现极少。

(2)宜宾一重庆段以山谷雾为主，平流雾和辐射雾次之，重庆一宜昌段以平流雾和山谷雾为主，瘴气次之。整个航道大雾主要以团雾和成片雾形式出现。团雾宜宾一重庆段主要出现10月，重庆一宜昌段主要出现在1月、12月、2月、11月；片雾宜宾一重庆段主要出现在1月、2月、10月、11月、12月，重庆一宜昌段主要出现在12月、1月、11月、2月。

(3)宜宾一重庆段大雾能见度主要为50 m，100 m次之，重庆一宜昌段大雾的能见度选项为50 m、100 m、200 m、500 m、1000 m，并依次递减。能见度出现频次从50 m、100 m、200 m、500 m、1000 m依次递增。

(4)蓄水后大雾出现次数更加频繁，浓度更浓。

(5)雾对长江航运影响极其严重。团雾最可怕，成片雾次之。不利于航行的最小能见度为500 m；封航能见度为500 m。

(6)航运过程中大雾监测、预报服务产品同时需要；大雾预报服务最好提前6～12小时发布；发布方式除发布开始时间外，还要发布取消时间。

参考文献

[1] 张强，王有民，祝昌汉．长江三峡局地气候监测系统及设计研究[J]．气象，2004，30(9)：32-34.

[2] 熊秋芬．长江三峡坎区大雾分析与预报[J]．暴雨灾害，1987，16(2)：18-19.

[3] 黄志勇，牛奔，叶丽梅，等．长江三峡库区极端大雾天气的气候变化特征[J]．长江流域资源与环境，2012，21(5)：646-652.

[4] 陈乾金，江滢，王丽华．长江三峡坝区的大雾分析[J]．气象，1997，23(6)：28-32.

长江山区航道雾的时空分布特征分析*

摘　要　利用长江航道局布设在长江航道沿线重庆段39个人工雾情信号台近3年的雾情观测资料，详细分析了重庆段航道雾的时空分布特征，并基于以上雾情及整个长江山区航道(宜宾到宜昌)逐里程的经度、纬度、水道宽度、河面弯曲度、河道变化剧烈度、河道支流岔道等6类地理信息因子，采用神经网络方法模拟了长江山区航道雾情综合指数的地域精细化分布。统计结果显示：长江山区航道雾总体上呈现冬多夏少的季节特点，但也有冬少夏多或四季比较平均的情况存在；大多数雾情形成于0—8时，结束于8—12时，其中大雾开始早、结束晚、持续时间长；重庆段航道雾空间分布差异较大，涪陵的蔺市到丰都段、到万州的黄花城分布最多，年均大雾30～50次，最少的安坪至夔峡段年均不到5次。模拟结果表明，利用地理信息因子及神经网络法基本可以模拟出重庆段航道雾情分布状况，此方法推广应用，可获取整个长江山区航道雾情的精细化分布，输出结果与航道雾情资料分析及实地考察调研结果在分布趋势上比较接近，但是由于试验存在局部误差收敛及因子选择局限问题，因此模拟结果还不能完全代表航道雾情的实际情况，模拟试验还需更多资料或影响因子加入。

关键词　长江山区航道；雾情；时空分布；神经网络法

1　引言

长江上游山区航道，地形独特，高差悬殊，基本呈东西向的长江河谷和众多南北向的支流将山脊和高原分割得异常破碎崎岖。山体、水体交错杂陈形成了山区航道多雾的气候特征[1,2,5-8]。随着三峡水利枢纽正式完工，长江上游航运能力提升，航运量发展迅猛，航道雾情对上游航运的影响愈加明显。了解山区航道雾的气候特点，对于有效防止航道雾对航运的影响具有重要意义。

多年来，针对长江上游雾的气候特征及预测预报开展了不少研究[1-8]。20世纪80年代俞香仁[1]等对长江雾的分布进行了考察，并结合沿岸气象台站的观测记录进行了初步分析探讨；90年代陈乾金等[3]、熊秋芬[2]对三峡坝区大雾进行了分析及预报。三峡蓄水后，鞠笑生等[2]、王忠等[5]、黄志勇等[7]发现，三峡库区雾在空间分布上有自西向东明显减少的特点，而且具有很强的局地性。在时间分布上，鞠笑生等[2]发现峡谷以西和以东地区，多雾季节发生在秋、冬季，奉节至巴东等峡谷地段多雾季节在夏季；王忠等[5]发现季节分布中冬季最多，其次是秋季、春季，夏季最少。虞俊等[6]发现蓄水后的4 a涪陵雾日最多，其次是重庆，奉节最少。

前期研究基本是基于气象观测站资料。气象观测站一般远离长江航道，很多研究[1,2,5-10]表明雾的局地性很强，而且与地形关系密切。因此三峡库区已有雾情研究能否代表库区航道雾情值得商榷。2012年宜昌市气象局(《三峡和葛洲坝坝区大雾形成机制研究》，三峡气象服

* 代娟，**陈正洪**，田树青，武泉，孙朋杰，白永清. 长江流域资源与环境，2015，24(2)：333-338.

务中心，2012 年）利用三峡坝区气象站大雾资料及三峡通航管理局布设在沿江的能见度自动观测资料，对比分析结果表明：近江面雾日远多于气象站观测雾日，而且月分布差别很大，气象站大雾 11 月至翌年 2 月最多，近江面雾 3－5 月最多。

基于这点，本文利用长江航道局布设在三峡库区航道上的信号台雾情观测资料及长江上游山区航道地理信息资料，对蓄水后的长江山区航道雾情进行分析，以期进一步了解长江山区航道雾的分布特征，为长江山区航道低能见度监测布局及预报服务提供更多参考依据。

2 资料及处理

本文分析使用的数据资料包括：(1)长江航道局三峡库区重庆段 39 个航道信号台 2010—2012 年各级雾逐月出现次数，用于分析航道雾空间分布分析。其中 24 个信号台提供了此 3 a 内各级雾每日出现及结束时间，用于分析航道雾情时间分布；(2)长江上游航道 63－1044 逐里程 6 类地理信息数据，其中经度、纬度、水道宽度为定量值，河面弯曲度、河道变化剧烈度、河道支流岔道为定性值，定性值采用(0,1)量化处理，即河面有弯曲记为 1，否则为 0；河道变化剧烈记为 1，否则为 0；河道有支流岔道记为 1，否则为 0。此类数据用于长江山区航道雾模拟分析。沿江航道信号台位置见图 1。

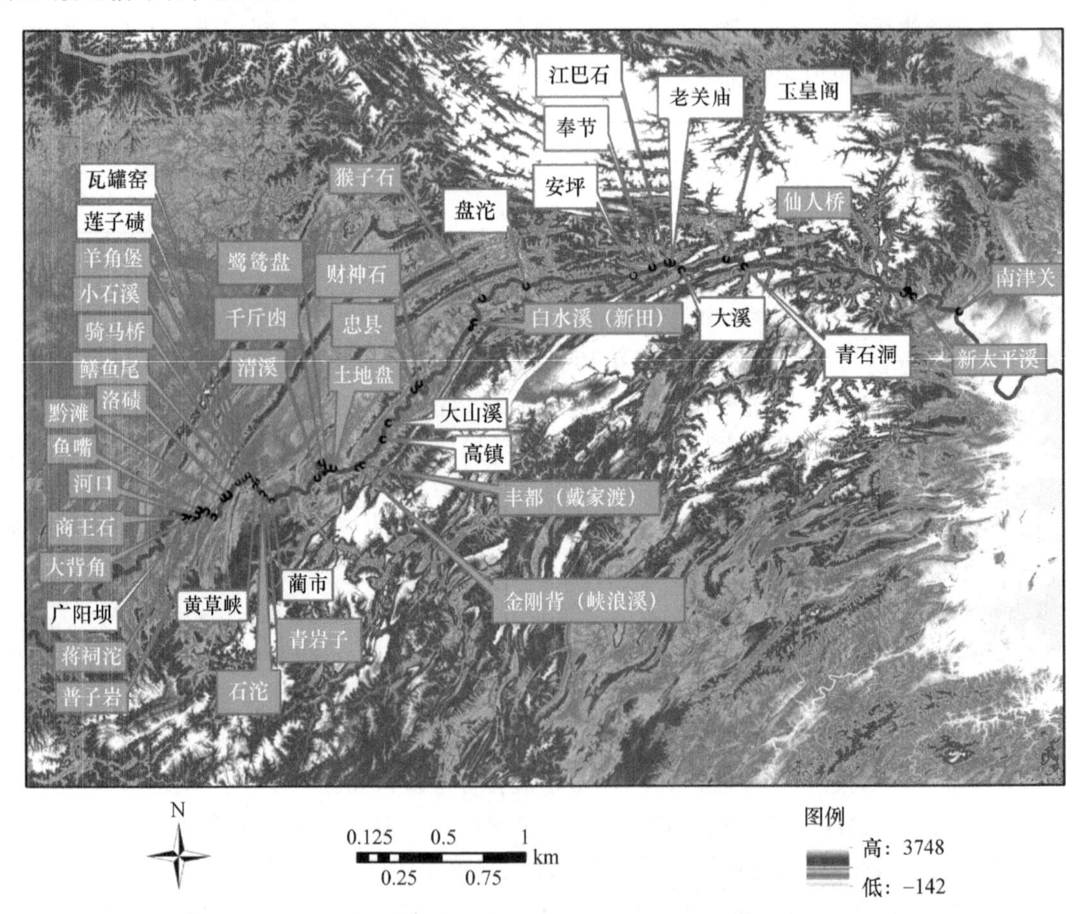

图 1　长江沿线 39 个航道信号台分布情况(蓝色为有日资料信号台)

航道信号台雾情资料是人工观测资料，雾情按轻雾（1000～1500 m）、中雾（500～1000 m）、大雾（500 m 以下）分级记录。航道信号台一般修建在弯曲、狭窄、控制河段的较高点上，工作人员视线可覆盖河段最大观察范围，指挥船舶航行，记录影响行船的天气情况。遇有雾日，当能见度小于 1500 m 开始记录轻雾及其观测时间，能见度小于 1000 m 记录中雾及时间，小于 500 m 时记录大雾及时间，之后大雾消散时，反过来记录其逐级消散时间，即大雾、中雾、轻雾及其结束时间。

3　三峡库区重庆段航道雾情时空分布特征分析

3.1　时间分布

3.1.1　月分布

分析 24 个信号台月平均雾情（1500 m 以下）次数占全年总次数的百分率（图 2）可看出，三峡库区重庆段平均雾情 1 月最多，占全年的 14.9%，2 月次之，8 月最少。1—5 月逐月减少，6 月突增，7 月、8 月呈减少趋势，8 月之后呈逐渐增多趋势。

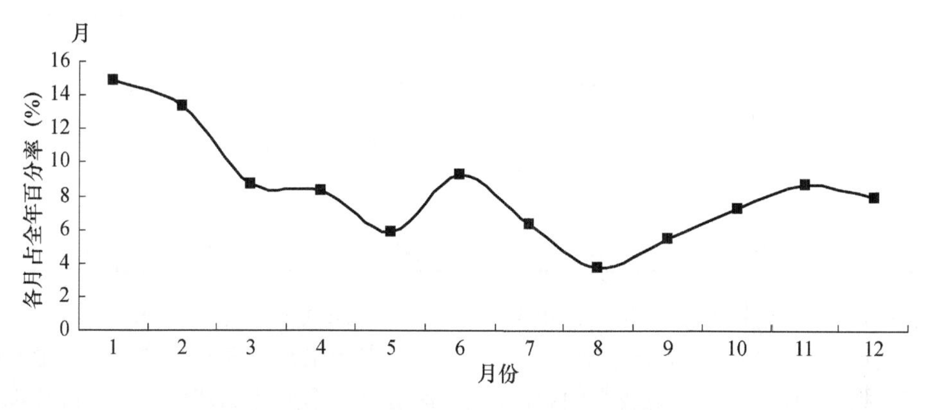

图 2　三峡库区航道雾情平均月分布

表 1 为各信号台每月出现雾情次数占全年总次数的百分率，从中发现航道不同观测点雾情具有明显的季节性。重庆的商王石至鱼嘴、涪陵的石沱至万州的财神石，全年都可能有雾出现，但各河段雾情分布差异较大：商王石至鱼嘴 11—3 月雾情最多 6 月次之，8 月最少；石沱到千斤凼，月分布比较平均，但清溪台侧重于 5—10 月，其他测点侧重于 1 月、2 月、6 月；鹭鸶盘至金刚背 1—3 月最多，忠县至财神石 1—6 月最多。重庆的井祠沱至涪陵羊角堡、万州的白水溪至猴子石，雾情主要出现在 10 月至翌年的 4 月，大部 12—2 月最多。

表 1　雾情点的月分布情况（%）

航道管理处	信号台	1 月	2 月	3 月	4 月	5 月	6 月	7 月	8 月	9 月	10 月	11 月	12 月
重庆	商王石	15	18	13	3	5	10	2	3	7	5	11	7
	大背角	11	11	5	8	5	11	7	2	8	8	14	8
	河口	45	11	11	9	0	5	0	0	2	5	7	5
	鱼嘴	18	15	1	5	3	12	9	1	3	9	12	13
	井祠沱	20	16	16	8	2	0	0	0	1	10	12	16
	普子岩	24	16	11	11	0	0	0	0	0	3	11	24

续表

航道管理处	信号台	1月	2月	3月	4月	5月	6月	7月	8月	9月	10月	11月	12月
涪陵	黔滩	42	12	0	4	4	0	0	0	0	12	23	4
	洛碛	43	11	0	6	0	0	0	0	0	6	17	17
	鳝鱼尾	20	0	20	40	0	0	0	0	0	0	0	20
	骑马桥	37	15	7	10	0	0	0	0	0	15	10	7
	小石溪	22	28	3	11	0	0	0	0	0	8	22	6
	羊角堡	33	15	5	10	0	0	0	0	3	10	10	13
	石沱	10	10	12	7	7	17	5	2	5	12	5	10
	青岩子	17	18	3	5	5	11	10	2	2	5	8	13
	清溪台	6	7	8	7	9	10	11	8	10	10	8	6
丰都	千斤凼	10	11	9	9	6	11	9	7	8	9	6	5
	鹭鸶盘	11	17	10	7	7	12	9	4	8	5	7	4
	土地盘	16	10	12	9	7	8	5	5	5	7	9	6
	金刚背	19	16	13	4	9	4	8	4	5	6	5	6
	戴家渡	13	11	8	9	7	6	8	6	8	9	7	9
	忠县	10	15	8	15	6	17	10	2	1	5	5	5
万州	财神石	12	11	8	15	8	20	7	5	4	2	4	4
	白水溪	18	39	9	12	0	3	0	0	0	3	3	12
	猴子石	10	17	5	13	7	11	2	0	4	5	10	17

综上所述，三峡库区雾情总体上秋冬季节较多，但不同河段的季节分布差异较大，一年四季都可能是库区不同河段的多雾季节。这与航道上丰富的水汽来源及测站周边地形有很大关系，航道信号台多数布设在弯道较多的山区河段，河道容易形成几面环山的小气候环境，风小、水汽容易聚集，夜间气温稍有下降就可能达到露点温度而凝结。另据实地考察及问卷调查分析，三峡蓄水对航道雾情影响较大，水位抬升、水面扩大所引起的局地气候变化[11]，使雾情在时间分布上趋于均匀或者改变了原来的时间分布规律，如财神石(黄花城)，蓄水后全年雾日增多，夏季雾增多、变浓；千斤凼以前夏季基本没有雾，蓄水后夏季雾情增多。

3.1.2 日分布

(1)开始时间：三峡库区航道上的雾在下半夜到清晨日出前(00—08 时)形成的最多，占总数的 95%；雾的浓度越大，开始形成的时间越早(图 3)，大雾 98%是在早上 08 时前形成，02—04 时形成最多；中雾 95%是在早上 08 时前形成，04～07 时形成最多；轻雾 89%是在 08 时前形成。

(2)消散时段：雾消散时间一般在日出后至正午前，其中 08—10 时占总次数的 50%；10—12 时次之，占总次数的 21%(图 4)。几种级别的雾消散时间基本一致，大雾相对落后一个时次，说明雾越浓，消散的稍晚。

(3)持续时间：总体来说，航道雾以持续 0～4 h 的短雾为主(占 48.6%)；5～10 h 的中长雾次之(占 44.6%)；10 h 以上(不包括 10 h)的长雾(占 6.8%)。分析还发现，持续 0～4 h 的短雾主要是轻雾和中雾，大雾持续时间大部集中在 4～10 h，占大雾总次数的 75%以上，持续

6～8 h 的最多(图 5)。近 3 a 资料显示库区航道上轻雾、中雾、大雾平均持续时间分别为 4.4 h、5.4 h、7.0 h。

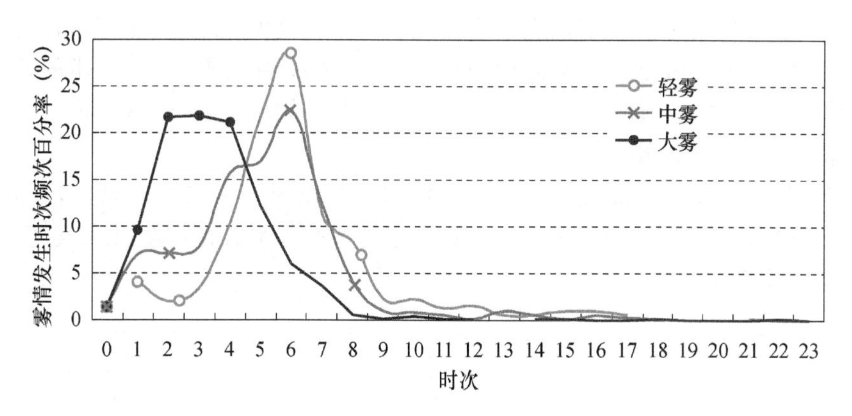

图 3　不同级别雾情开始时间日分布图

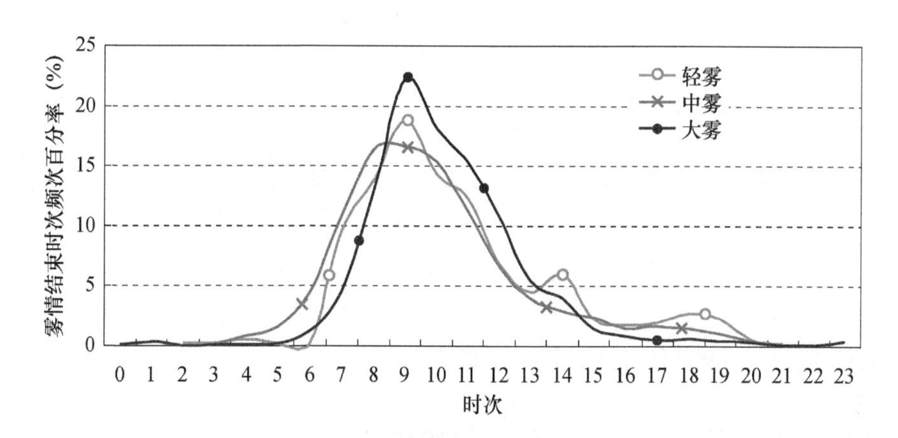

图 4　不同级别雾情结束时间日分布图

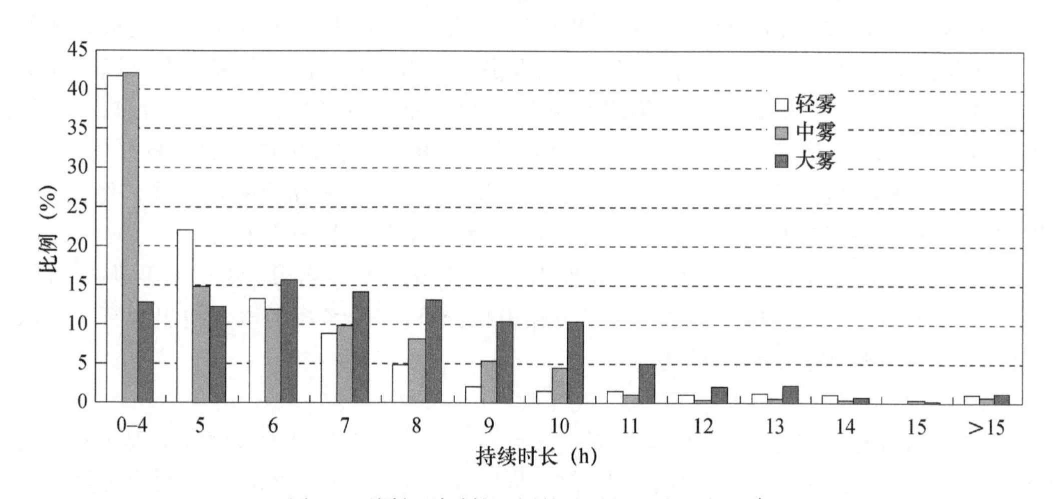

图 5　不同级别雾情不同持续时间所占比例(%)

3.2 空间分布

分析 39 个信号台近 3 a 年均雾情频次(见图 6),可以看出:在重庆至奉节段,雾情出现最多河段是明月峡(井祠沱信号台)、涪陵的蔺市(石坨至蔺市台)、丰都段、万州的黄花城(财神石),一年中出现中雾次数大部在 70～150 次之间,大雾次数在 30～50 次之间;其次是奉节的大溪一巫山段(大溪至青石洞),

出现中雾以上在 30～60 次,大雾 15～30 次;其他河段雾情分布相对较少,大部轻雾在 50 次以下,中雾 30 次以下,大雾 15 次以下,最少的是奉节的安坪至夔峡段(安坪至老关庙),大部年均大雾次数不足 5 次。

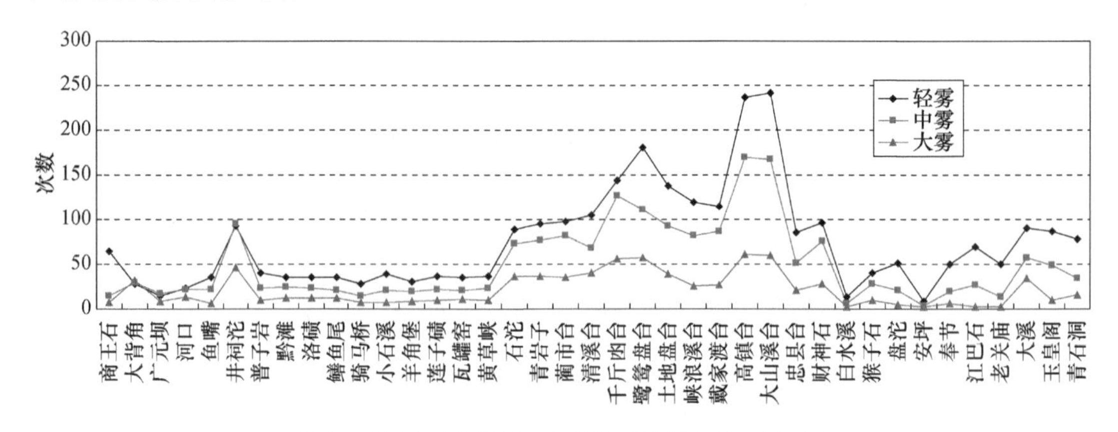

图 6　长江山区航道近三年年均雾情频次(自西向东)

4　长江山区航道雾情空间分布的模拟试验

4.1　三峡库区重庆段航道雾情空间分布特征模拟

航道信号台雾情观测资料集中分布在重庆段,不能完全代表长江山区千里航道雾情的实际分布状况。根据对长江山区航道的实地考察及调查问卷分析,航道大雾多发于以下几类地区:河道狭窄地区、弯曲河段、江边一侧或两侧有山、滩头地区、有回水地区、支流河口。利用此特点,尝试性将 39 个信号台雾情资料与地形因子进行相关分析,选取相关性较好的因子:经度、纬度、水道宽度、河面弯曲度、河道变化剧烈、河道支流岔道,采用目前应用最广泛的 BP 神经网络模型,通过数学建模方法,模拟长江上游山区航道雾情地域分布状况。

根据对航道部门的调查,1500 m 的视距对航运已经产生影响,1000 m 视距下行航船禁航,500 m 视距对上行航船应该禁航。为了方便模拟分析,综合考虑河段雾情出现频次及浓度级别因素,定义雾情综合等级指数为:

$$I_i = 0.1A_i + 0.2B_i + 0.3C_i$$

式中:I_i 是 i 站点雾情综合等级指数,A_i 是 i 站点出现轻雾(<1500 m)频次,B_i 是 i 站点出现中雾(<1000 m)频次,C_i 是 i 站点出现大雾(<500 m)频次,0.1、0.2、0.3 分别为轻雾、中雾、大雾权重系数。

基于已有的航道 39 个信号台的雾情资料,利用信号台对应里程读取相应地理信息各因子数据,代入 BP 神经网络运算模型,网络结构设为 6－7－1,输入端分别为经度、纬度、水道宽度、河面弯曲度、河道变化剧烈、河道支流岔道,输出端为雾情综合指数,样本数 39 个。通过反复多次调整参数,进行上千次样本训练,误差得以收敛。获得 39 个雾情观测站综合指标拟合效果见图 7,可以看出大部分站点拟合效果较理想。

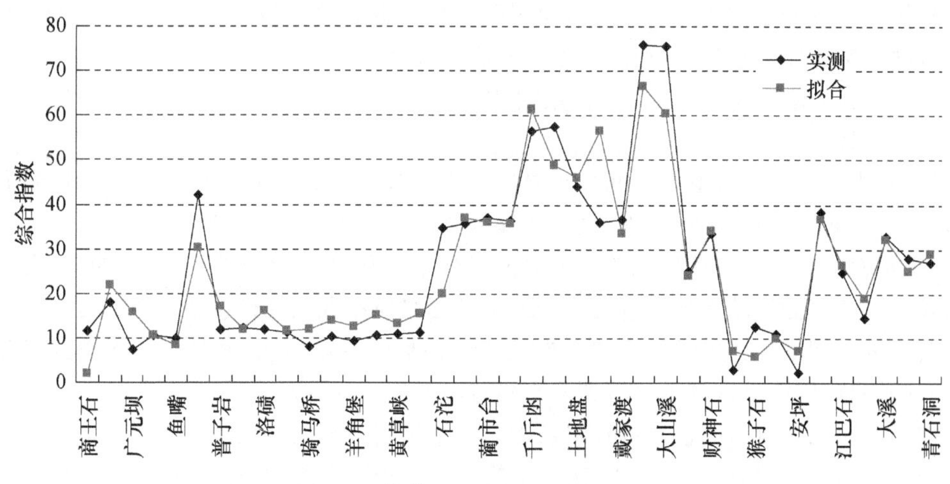

图 7　网络模型拟合效果(自西向东)

4.2　整个长江山区航道雾情空间分布特征模拟

基于训练好的模型结构、参数方案,对长江上游山区航道 63—1044 逐里程推广使用,可获得长江山区航道逐里程雾情综合指数(图 8)。

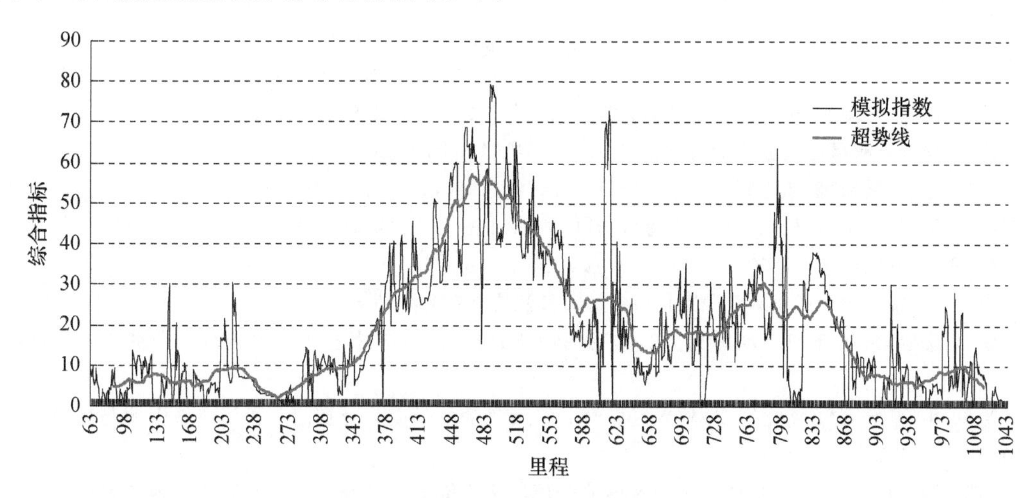

图 8　长江上游山区航道雾情模型输出结果(自东向西)

模拟输出结果反映出涪陵蔺市—丰都段航道上雾情最多,宜宾到重庆段、奉节以下至宜昌段相对较少的地域分布特点,这与航道雾情资料分析及实地考察调研结果在分布趋势上比较接近。但是,网络模型存在局部误差收敛问题,会导致模型泛化能力不足,39 个观测点所属里程范围之外的里程段模拟效果还需实测资料验证,而且模型只尝试性选择了 6 类地理信息因子,无法涵盖航道雾的众多影响因素,因此航道雾情模拟还需更多资料或影响因素加入,进而改善数学模型、取得更好的模拟效果。

5 小结

(1)长江山区航道雾情月分布复杂多样。总体上呈现冬多夏少的季节特点,其中以1月、2月频次最多,6月次之,8月、9月最少,但不同河段月分布差异较大,一年四季都可能是库区不同河段的多雾季节;航道雾的日变化也比较明显,大多数雾情形成于00—08时,结束于08—12时,其中大雾开始早、结束晚、持续时间长,通常持续4～10 h,以6～8 h最集中,轻雾和中雾多数持续0～4 h。

(2)长江山区重庆段航道雾空间分布差异较大,涪陵的蔺市到丰都段、到万州的黄花城分布最多,年均大雾多数在30～50次,最少的安坪至夔峡段年均不到5次。

(3)模拟发现长江山区千里航道雾情的地域分布具有“少一多一少”的分布特点,与实地考察调研及现有资料分析结果比较接近,但是,由于网络模型存在局部误差收敛问题,对39个观测点所属里程范围之外的里程段模拟结果还需进一步的资料验证,而且模型无法涵盖航道雾的众多影响因素,因此航道雾情模拟还需更多资料或影响因素加入。

本文属首次利用航道雾情监测资料及地理信息资料分析长江山区航道雾情分布特征。所得结论与已有研究相比,时空分布均有明显差异。在季节分布中,总体来说都是秋冬季节较多,但具体河段差异表现较大,本文首次显示涪陵东段到丰都段的一些河谷地带夏季是多雾季节。由于使用资料密集度较高,且测点临近航道,因此本文时空分布较已有研究更为精细。山区航道地形复杂,雾区分布不一定连续成片,可能在多雾区间存在少雾河段,在少雾区间也不能排除分布有雾情较多点,因此,对于长江山区航道雾情分布特征及机理的进一步研究还需更加密集和详实的数据资料支持。

参考文献

[1] 陈乾金,江滢,王丽华.长江三峡坝区的大雾分析[J].气象,1997,23(6):28-32.

[2] 熊秋芬.长江三峡坝区大雾分析与预报[J].湖北气象,1997(2):16-17.

[3] 俞香仁,苏茂,姚扬苑.长江雾的考察与分析[J].气象,1990,16(1):46-49.

[4] 鞠笑生,邹旭恺,张强.长江三峡库区雾分析[C]//长江三峡工程生态与环境监测系统局地气候监测评价研究.北京:气象出版社,2003:146-151.

[5] 王中,陈艳英.三峡库区航运气象条件分析[J].长江流域资源与环境,2008,17(1):79-79.

[6] 虞俊,王遵娅,张强.长江三峡库区大雾的变化特征分析及原因初探[J].气候与环境研究,2010,15(1):97-105.

[7] 黄治勇,牛奔,叶丽梅,等.长江三峡库区极端大雾天气的气候变化特征[J].长江流域资源与环境,2012,21(5):646-652.

[8] 罗菊英,周建山,刘健,等.鄂西南不同地形地貌环境下大雾气候特征分析[J].高原山地气象研究,2011,31(4):51-58.

[9] 刘小宁,张洪政,李庆祥,等.我国大雾的气候特征及变化初步解释[J].应用气象学报,2005,16(2):220-229.

[10] 顾清源,徐会明,陈朝平,等.四川盆地大雾成因剖析[J].气象科技,2006,34(2):162-165.

[11] 陈鲜艳,张强,叶殿秀,等.三峡库区局地气候变化[J].长江流域资源与环境,2009,18(1):47-151.

长江山区航道剖面能见度分析及局地影响因素初探*

摘　要　为了分析三峡航道不同区域能见度基本特征，比较不同垂直剖面、沿江距离对局地能见度的影响，基于中国气象局沿江、剖面布设的12个能见度监测点近3 a观测资料，对比分析了三峡航道涪陵、万州、宜昌3组区域12个监测点的能见度时空分布特征，并对能见度的局地差异做了初步讨论，结果表明：涪陵区雾情对航运安全影响最大，万州和宜昌区其次。涪陵区和万州区雾日的月际变化趋势一致，5月、6月和11月、12月为大雾高发时期。不同剖面能见度的日变化分析表明早晨至上午时间为大雾高发时段，午后至傍晚前为大雾低发时段。通过能见度与局地因子的关系模型验证，三峡航道能见度局地差异大部分源于监测点的海拔高度及可能的水体影响等，同组区域内，高海拔点、临近水域点平均能见度明显偏低，雾情频次也相对较高。

关键词　长江山区航道；能见度；垂直剖面；局地效应

1　引言

长江横贯东西、通江达海，是连通东、中、西部地区的水运主动脉，是我国最重要的内河水运主通道，对促进流域经济协调发展发挥了重要作用，素有“黄金水道”之称。三峡地区属中亚热带湿润气候区，千里航道地形复杂，受水体和特殊地形环境影响，江面上经常浓雾弥漫，年雾日较多，严重影响航行。三峡工程建设完工以后，三峡库区水深增加，流速变缓，急流险滩尽被淹没，航运条件得到根本改善。但是由于水位抬高，江面变宽，引发的大量江面雾气成为长江水上航运安全的头号“隐形杀手”。

自1996年建立了相关行业组成的长江三峡工程生态与环境监测网络，局地气候监测子系统的工作也同时展开[1]。张洪涛等[2]研究表明三峡大坝建成后，风、湿、温气象要素在方圆近10 km范围内均发生了改变，但变化的幅度不大。张强等[3]研究也指出，三峡水库建成后，水体对库区气温具有白天降温、夜晚增温的效应，水库蓄水以后对水域周围地区有降温效应。陈鲜艳等[4]研究表明蓄水后近库地区气温在冬季有增温效应，夏季有弱降温效应，而降水量无明显变化。

王中等[5]通过分析三峡库区影响航运的气象条件，结果表明能见度是影响三峡河道航运极其重要的因素，受地形地貌影响，重庆到忠县段出现低能见度的概率较大，万州以下河段（重庆段）基本上不出现低能见度现象。虞俊等[6]对三峡水库蓄水以后大雾的变化及其可能原因进行了讨论，结果表明2000年后库区的雾日明显减少，在全球变暖大背景及城市化的共同影响下，三峡库区气温显著升高，相对湿度明显减小，是导致雾日大幅减少的直接影响因素。黄治勇等[7]也研究表明库区年平均雾日数的总体减少在很大程度上是受全球气候变暖以及城市

* 白永清，陈正洪，陈鲜艳，代娟，祁海霞．长江流域资源与环境，2015，24(2)：339-345.

化共同影响的结果，没有证据说明三峡库区蓄水对大雾天气有明显影响。地形特征对大雾的影响尤为重要。刘健等[8]研究表明山区雾存在很强的局地性，主要由海拔高度和地形地势不同所造成，海拔较高地区雾的浓度较之低海拔地区明显偏强，冬季雾日随海拔高度的升高而减少，夏季雾日随海拔高度的升高而明显增多。罗菊英等[9]也研究表明高山山地、低山山地是鄂西南大雾频发区域，高山山地常年各季多雾，低山山地秋冬多雾，而迎风坡地、沿江河谷是大雾少发区，迎风坡地常年各季少雾。

本文研究分析了三峡航道沿江、剖面布设的12个能见度监测点时空特征，对比了不同垂直剖面、沿江距离的能见度变化特征，并初步讨论了影响局地能见度的因子，为三峡航道能见度剖面特征研究提供素材，也为三峡航道局地大雾的物理机制研究做铺垫。

2 资料来源

为加强三峡工程后期的局地气候监测、影响评估研究以及气候专题的分析，中国气象局对三峡局地气候监测系统建设提供了大力支持，并于2009年底沿长江三峡航道不同垂直剖面、沿江距离，在涪陵、万州、宜昌分3组共布设了12个能见度观测仪，监测点标注见图1。观测项目为00:00—23:00时逐小时整点能见度监测。该资料的储备，一方面为长江三峡航道大雾监测预警业务系统提供基础数据支撑，另一方面为长江山区航道能见度局地气候特征的研究提供了依据。

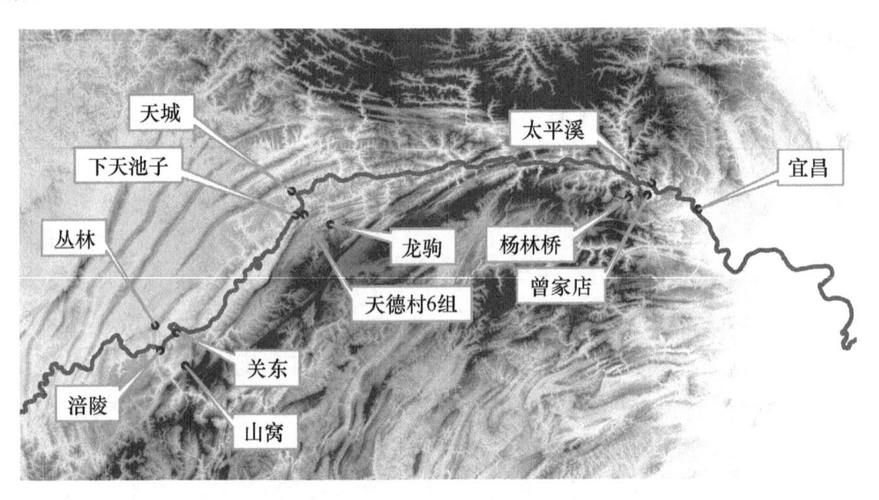

图1 三峡航道12个能见度监测点地理分布

三峡航道12个能见度监测点的详细信息见表1，其中，监测点与垂直库区江边的最短距离（与库区距离）是由长江航道测量中心通过测绘长江电子航道图所得。

由中国气象局提供的2010—2012年涪陵和万州区域的8个能见度监测点历史资料基本完整；宜昌区域的4个监测点2010年历史资料保存完整，近两年逐时数据有缺失。因此本文研究中，涪陵和万州区的资料年限选取2010年1月—2012年12月，宜昌区选取2010年1—12月。另外，所提供的涪陵和万州区能见度上限记录为20000 m，而宜昌区能见度2 km以上的均记录为2000 m，这会引起不同区域平均能见度的差异，文中在区域比较时候做了统一处理，令涪陵和万州区2 km以上能见度均记为2000 m。

表1　三峡航道12个能见度监测点信息说明

地址	监测站名称	海拔高度(m)	与库区距离(km)
涪陵区域	涪陵(近航道)	273.5	1.0
	丛林	500.0	9.5
	关东	376.0	1.8
	山窝	372.0	18
万州区域	天城	257.0	3.7
	下天池子(近航道)	211.0	0.3
	天德村6组	697.0	5.0
	龙驹	385.0	23.8
宜昌区域	宜昌观测场	133.0	1.6
	太平溪(近航道)	215.0	0.4
	曾家店	703.0	10.0
	杨林桥	265.0	6.3

3　三峡航道能见度区域特征

3.1　空间分布

气象部门根据水平能见度(visibility)距离,将雾等级划分为:轻雾(1～10 km)、雾(＜1000 m)、大雾(200～500 m)、浓雾(50～200 m)、强浓雾(＜50 m);而航道部门根据能见度对航运影响程度,习惯上划分为:轻雾(1000～1500 m)、中雾(500～1000 m)、大雾(＜500 m)。

项目组通过前期实地考察、走访了解到,长江山区航道具有丰富的水汽和凝结核,且大气层结较为稳定,低能见度往往与大雾天气密切相关,受强降水、沙尘等因素影响较小,在山区弯道、回水区、或支流库湾、两岸山体等水面容易形成雾气。

长江山区航道浓雾形成因素综合了多方面。一是具备充沛的水汽条件:宽阔的江面丰富了水汽来源,两岸的山体阻碍了水汽大范围的扩散,江面上水汽容易聚集;二是有利的冷却条件:由于山体与水体热容差异,夜间山体较冷,水体较暖,山风带着山体冷的气流吹向江面,易使江面暖湿空气遇冷凝结,为成雾提供了有利冷却条件;三是稳定的逆温层条件:受山体影响,江面气体流动受到限制,加上山风形成的"冷湖"效应,河谷中容易形成稳定的逆温层条件;四是特殊的地形环境:如在支流库湾,来自不同环境的两种水体由于水温或环境气温差异,冷暖空气交汇,容易形成雾气。

以全年逐小时能见度样本统计三峡航道每组区域的能见度等级频率分布(区域4点平均),见图2,分析三峡航道能见度区域分布特征。

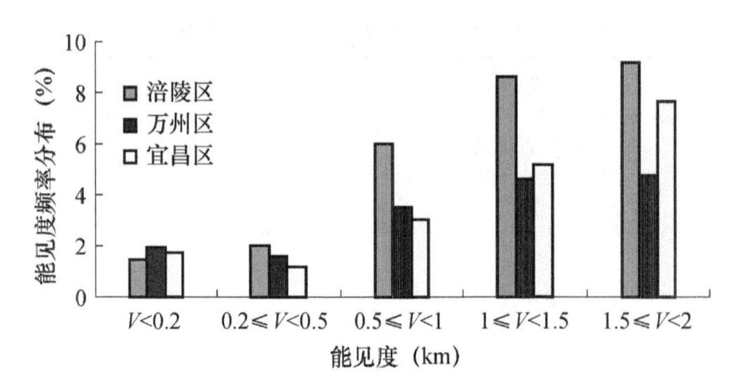

图 2　三峡航道区域能见度等级频率分布

由图可见，整体上看，涪陵区能见度在 2 km 以下出现频率最高，宜昌区其次，万州区频次最低。1～2 km 轻雾，涪陵区出现频率最高(17.8%)，宜昌区其次(12.8%)，万州区最低(9.3%)。1 km 以下雾，涪陵区出现频率最高(9.5%)，万州区其次(7%)，宜昌区略低(6%)；而 500 m 以下大雾，涪陵区和万州区出现频率相当(3.5%)，宜昌区略低(3%)；200 m 以下大雾，万州和宜昌区均较为严重。

大、中、轻雾(航道部门划分)对航运安全的影响程度依次降低，涪陵区中雾、轻雾频率明显最高，涪陵区和万州区大雾频率略高一些。可见，涪陵区雾情对航运安全影响最大，万州区和宜昌区雾情对航运安全影响其次。王中等[5]研究了长江航道(重庆段)能见度分布，表明重庆到忠县段出现低能见度(1000 m 以下)的概率较大，万州至巫山段较少出现低能见度现象。这与文本结论较为一致，涪陵区低能见度(1000 m 以下)出现频率明显要高于万州区。

3.2　时间分布

由于观测记录不完整，各监测点 1～3 a 内的观测有效日数差异较大，故采用频率计算方式(发生日数/有效记录日数)统计对比各区雾日分布特征。以当日出现能见度低于 1000 m 的雾情记为 1 个雾日，低于 500 m 记为 1 个大雾日，逐月统计每组区域雾日、大雾日(气象部门划分)的发生频次，见图 3，分析各区域雾情的时间分布特征。

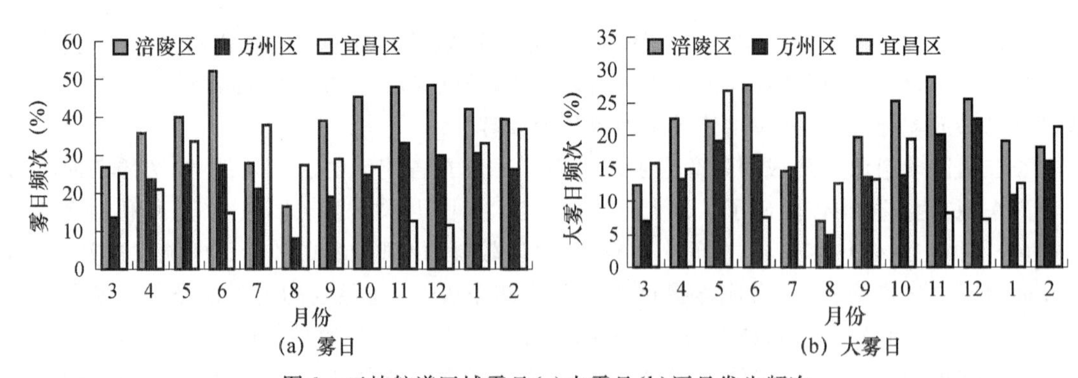

图 3　三峡航道区域雾日(a)大雾日(b)逐日发生频次

由图 3 可见，涪陵区和万州区雾日、大雾日的月际变化趋势较为一致，可以看出，年内变化为双峰型，以 6 个月为周期，春夏季和秋冬季分别为两个阶段。雾(大雾)日频次每年从 4 月开始上升，5 月、6 月达到春夏季最高，7 月、8 月下降；之后 9 月开始上升，11 月、12 月达到秋冬季最高,1 月、2 月下降。总体来说,涪陵区和万州区秋冬季雾日、大雾日发生频次要高于春夏季。

宜昌区雾日、大雾日的月际变化差异较大,6 月、11 月、12 月均为雾(大雾)的低发频次月份,2 月、5 月、7 月、10 月为大雾的高发频次月份。

4 三峡航道能见度局地特征

4.1 局地能见度分布

表 2 统计出航道三组区域 12 个监测点的能见度等级频率分布,分析同组区域内局地能见度等级分布差异。

由表 2 分析可见,对于能见度低于 200 m 的频率分布,宜昌区曾家店最为突出,由于该点在同组区域内海拔最高(703 m),这可能是其相对突出的重要原因;万州区天德在同组区域内海拔最高(697 m),其低能见度频率也最为突出;涪陵区丛林也因为海拔较高(500 m)而低能见度频率相对较大。高海拔山地由于辐射降温较强,冷空气沿斜坡流入低谷,辐射逆温得到加强,在水汽充沛时,容易冷凝形成浓重的雾气。

表 2 三峡航道监测点能见度等级频率分布

能见度等级划分/m	涪陵	丛林	关东	山窝	天城	天下池子	天德	龙驹	宜昌站	太平溪	杨林桥	曾家店
<200	0.1	1.4	3.8	0.6	0.4	2.6	4.6	0.1	0.3	0.5	0.1	5.9
[200,500)	0.3	2.1	3.9	1.8	1.5	2.3	2.2	0.2	0.6	1.4	0.2	2.4
[500,1000)	2.9	7.4	6.5	7.3	5.1	5.0	3.4	0.8	3.5	3.5	0.9	4.1
[1000,1500)	6.4	10.8	7.9	9.4	6.7	6.1	4.2	1.4	6.4	5.2	3.3	5.8
[1500,2000)	8.6	10.8	8.2	9.0	6.6	5.3	4.7	2.4	8.1	8.4	6.0	8.1
≥2000	81.7	67.4	69.7	71.9	79.8	78.6	80.9	95.2	81.1	81.0	89.7	73.7

另外,涪陵区关东低能见度频率也相对突出,由于该监测点恰好处在同组区域江面的内弯道附近,三面环水,可能是受到水体的局地气候效应影响;万州区天下池子低能见度频率也相对突出,该监测点在同组区域内距库区水体最近(300 m),受水体局地气候效应影响也很大。

200～500 m 大雾频率分布可见,由于宜昌区太平溪地处山区,大雾频率高于同区宜昌观测场(地势平坦),山区地貌也是影响能见度的重要因子。万州区龙驹距库区水体最远(23.8 km),水汽供应相对较差,这可能是大雾频率明显低于同组其他监测点的重要原因;杨林桥在同组区域内距库区水体也较远,大雾频率也较低。而涪陵区涪陵点大雾频率较低,可能与沿江河谷特殊地貌有关。

综上所述,三峡航道地形地貌对能见度空间精细化尺度影响显著,受山谷和水体的局地气候效应影响,同组区域内,高海拔监测点相比低海拔雾情严重,近库区水体监测点相比远库区水体监测点雾情严重。

4.2 局地日变化特征

能见度时间精细化尺度同样受三峡航道局地气候效应的显著影响。利用能见度小时分辨率数据,统计出每组监测点的逐时刻平均能见度,及逐时能见度低于 1000 m 的雾频次,见图 4。

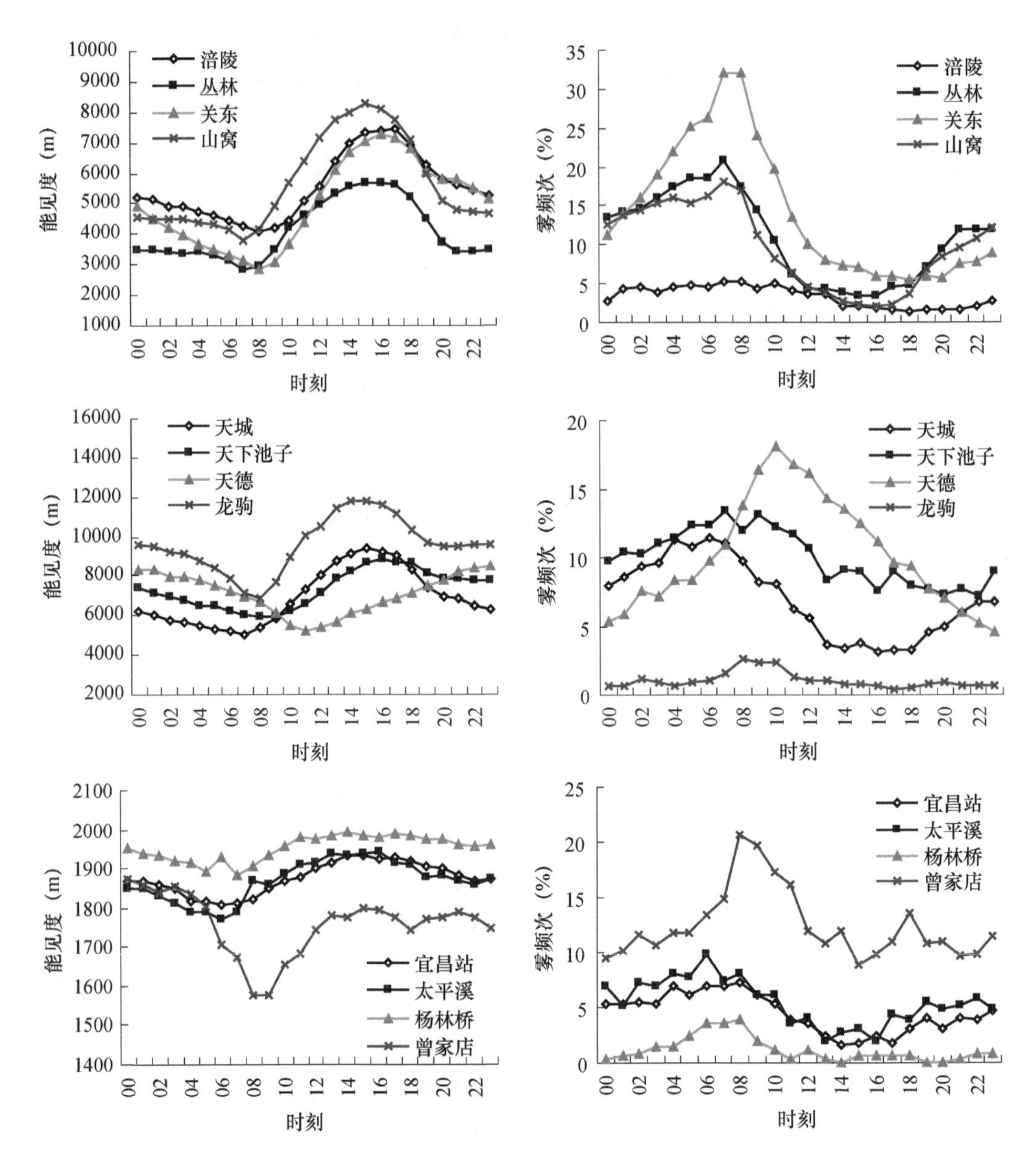

图 4 三峡航道监测点能见度(左)、雾频次(右)日变化曲线

由图 4 可见,区域各组监测点的逐时能见度均有明显日变化特征,且同组区域中表现出显著的局地性差异。

受辐射降温影响,各组雾情集中发生在晚上至次日上午时段,雾频次峰值一般出现在早晨至上午时间,午后至傍晚前为雾情低发时段。

受山区局地气候效应影响,宜昌区曾家店、万州区天德、涪陵区丛林逐时能见度较同组区域明显偏低,曾家店、天德雾情频次也最高。高海拔监测点的平均能见度最低,雾情也较为严重。

万州区天德雾频次峰值较同组滞后 2～3 小时,可能与该监测点地形坡向有关,如处在背阴坡时,由于地表接受太阳辐射时间较晚,温度上升缓慢,辐射降温持续时间延长,雾情可能会滞后发生。能见度日变化的位相差,可能取决于地形坡向的差异。

宜昌区杨林桥、万州区龙驹、涪陵区山窝均远离库区水体，平均能见度在同组中最高，杨林桥、龙驹雾情频次也最低，也从反面印证了近库区监测点在一定程度上受水体局地效应的影响。此外，涪陵区关东地处江道内弯附近，水汽充沛，雾情在同组中最为严重，受水体局地效应明显。

5 三峡航道能见度与局地因子的关系

通过以上分析研究，初步表明三峡航道能见度与监测点地形坡向、海拔高度、库区距离等局地因子有一定关系。以沿江、剖面分布的 12 个监测点为样本，建立能见度与海拔高度、库区距离的关系模型。

由图 5 可见，在有限样本，低能见度（1 km 以下）与海拔高度线性反相关，二者相关系数 0.7，由统计关系可知，海拔每升高 100 m，平均能见度降低 50 m。年均大雾日（500 m 以下）频次也与海拔呈正相关，但是受水体局地效应影响，尽管关东和龙驹也接近 400 m 高度，但该两点明显偏离直线关系，关东（江道内弯）年均大雾日频次最多，龙驹（远离江边）年均大雾日频次最低。尝试将水体影响因子引入能见度或雾情的关系模型中，对比前后差异。

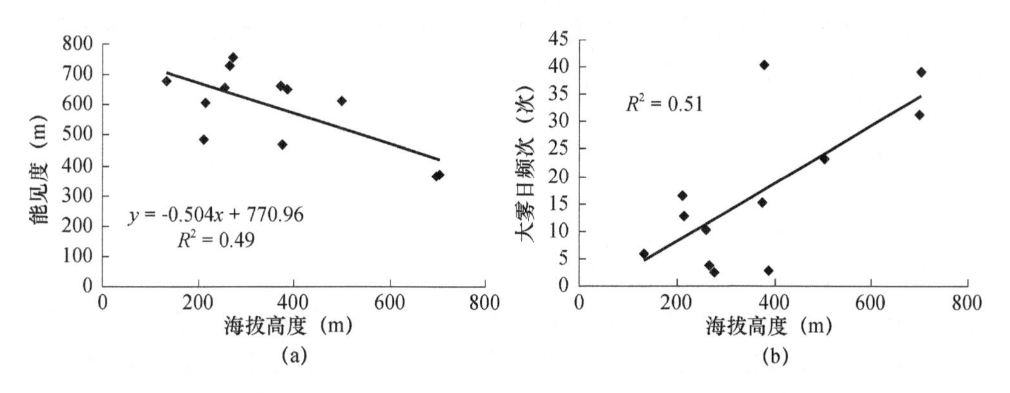

图 5　三峡航道监测点平均能见度(a)大雾日频次;(b)与海拔高度的关系

库区距离一定程度上反映了水体效应对能见度的影响，将海拔因子（x_1：m）和距离因子（x_2：km）同时作为模型输入因子，得到平均能见度关系式 $y=-0.576x_1+7.291x_2+747.79$ 和大雾日频次关系式 $y=-0.028x_1+0.06x_2-0.754$，综合因子的解释方差提高到 65%，见图 6。

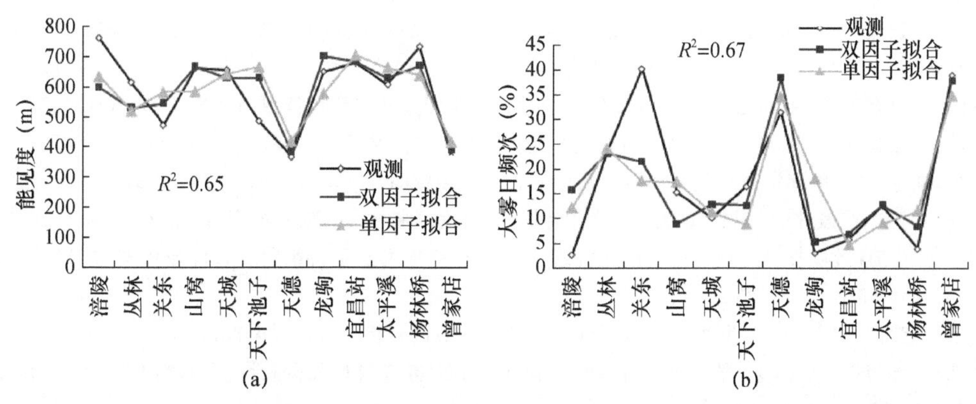

图 6　三峡航道监测点平均能见度(a)、大雾日频次(b)的观测与模拟对比

由图 6 可见，模型引入双因子后，多数监测点模拟效果有所改进，龙驹尤为明显，近航道水体的点包括关东、涪陵、天下池子、太平溪等均有不同程度改进。

由此可见，三峡航道能见度的局地差异大部分源于局地海拔因素，及可能的水体影响等。

6 结论和讨论

基于三峡局地气候监测系统中的 12 个能见度观测仪近 3 a 观测资料，对比分析了位于三峡航道涪陵、万州、宜昌三组区域沿江、剖面分布的 12 个监测点能见度时空分布特征，并对三峡局地能见度差异做了初步讨论，得到以下结论。

(1)雾情空间分布特征为：500～1500 m 中雾和轻雾，涪陵区出现频率最高；200～500 m 大雾，涪陵和万州区较为严重；200 m 以下大雾，万州和宜昌区较为严重。因此，涪陵区雾情对航运安全影响最大，万州和宜昌区其次。

(2)雾情时间分布特征为：涪陵和万州区月际变化趋势相一致，5 月、6 月和 11 月、12 月分别为春夏季和秋冬季的雾(大雾)频发月份；宜昌区月际变化差异较大，2 月、5 月、7 月、10 月为大雾频发月份。各监测点雾情集中发生在晚上至次日上午时段，雾频次峰值一般出现在早晨至上午时间，午后至傍晚前为雾情低发时段。

(3)三峡航道复杂地形对局地能见度影响显著，受山谷和水体效应影响，同组区域内，高海拔监测点相比低海拔点雾情严重，逐时平均能见度明显偏低，近水体监测点相比远水体点雾情严重。

(4)通过三峡航道能见度与局地因子的关系模型验证，航道能见度的局地差异大部分源于监测点的海拔高度因素，及可能的水体影响等。

需要指出的是，中国气象局以沿江、剖面的方式布设了 12 个能见度观测仪，重要意义在于比较各组区域不同剖面和沿江距离对局地能见度的影响。但是受资料长度所限(仅收集到1～3 a 数据)，本文所分析的部分结论不具备气候代表性，需要更长时间资料进行验证。此外，本文对三峡航道山谷和水体的局地气候效应解释不充分，缺少对局地其他气象要素的分析和验证，有关大雾影响的物理机制有待深入研究。

参考文献

[1] 张强，王有民，祝昌汉. 长江三峡局地气候监测系统级设计研究[J]. 气象，2004，30(9)：31-34.
[2] 张强，万素琴，毛以伟，等. 三峡库区复杂地形下的气温变化特征[J]. 气候变化研究进展，2005，1(4)：164-167.
[3] 张洪涛，祝昌汉，张强. 长江三峡水库气候效应数值模拟[J]. 长江流域资源与环境，2004，13(3)：133-137.
[4] 陈鲜艳，张强，叶殿秀，等. 三峡库区局地气候变化[J]. 长江流域资源与环境，2009，18(1)：47-151.
[5] 王中，陈艳英. 三峡库区航运气象条件分析[J]. 长江流域资源与环境，2008，17(1)：79-82.
[6] 虞俊，王遵娅，张强. 长江三峡库区大雾的变化特征分析及原因初探[J]. 气候与环境研究，2010，15(1)：97-105.
[7] 黄志勇，牛奔，叶丽梅，等. 长江三峡库区极端大雾天气的气候变化特征[J]. 长江流域资源与环境，2012，21(5)：646-652.
[8] 刘健，周建山，郭军，等. 湖北恩施山区雾的气候特征与成因分析[J]. 暴雨灾害，2010，29(4)：370-376.
[9] 罗菊英，周建山，刘健，等. 鄂西南不同地形地貌环境下大雾气候特征分析[J]. 高原山地气象研究，2011，31(4)：51-58.

气象因子与地理因子对长江三峡库区雾的影响*

摘　要　为研究长江三峡库区气象因子与地理因子对雾情(能见度)的影响程度,定量描述以厘定影响雾发生的主要气象因子和地理因子,为能见度监测预报提供科学依据。选用2011—2012年长江三峡航道湖北宜昌至重庆宜宾段29个人工观测雾情台站资料和12个能见度观测仪资料,首先采用判别分析法寻找不同月份对雾情等级影响较大的气象因子,进一步采用通径分析法对量化的雾情资料分析地形地貌及气象因子对其的直接、间接影响程度。结果表明:常规气象要素对判断站点中雾和大雾的符合率50%以上。风速、温度和湿度是影响秋末和冬季雾情等级的最主要气象因子。气象要素中的1000 hPa湿度对能见度值的直接作用最大,通径系数为-0.5182,而地理要素中山体与河面的落差对雾的滋生有间接作用。

关键词　三峡库区;雾情等级;能见度;判别分析;通径分析

1　引言

气象要素对雾的形成和消散有很大的影响。微风促使雾的形成,风速加大后往往会自然消散。湿度越大,雾形成的时间越长且越浓[1]。长江沿线川江段(万县至江津)多为暖性辐射雾,它容易出现在水汽充沛、天晴风弱的秋冬夜晚或清晨,日出或风速加大后往往会自然消散[2,3]。地形地貌也为辐射雾的发生提供了有利环境。长江山区河道尤其是江津以下两岸山体高大,夜晚到早晨有冷空气源源不断下沉,在水面尤其在弯道、库叉地区堆积,形成“冷湖”和近水面“逆温”,随着逆温层的抬高,雾体不断加厚,雾情加重[4]。研究表明,由辐射冷却而引起的降温与辐合上升运动产生的湍流交换系数均是由下向上递减的,降温高值区出现在中低空,湍流交换系数的最大值在贴地层[5,6]。有学者对于河谷雾,即长江山区雾消散时间的研究表明,大部分辐射雾在日出后10时之前一次性消散,另一种辐射雾由于日出后地面增温使地表上的霜、露蒸发,低层水汽增加,在10时之后发生第二次消散[7]。

在长江山区河道,雾情变化的区域局限性十分显著,航道部门很难从气象部门发布的预报中得出局部范围实时的能见度情况。以往对长江三峡雾的描述停留在其种类、性质及时空分布方面,很少对雾情程度(等级或能见度值)的发生条件或影响因子做定量研究。如何根据现有的气象观测站常规气象要素判断雾情发生的程度,不同季节不同时期哪些气象要素对雾情发生有较大影响,通常用来描述雾发生的气象条件和地理环境能不能用定量的形式去验证?带着这些问题,文章选取符合辐射雾常发地理条件的4个雾情观测站,采用判别分析法筛选不同月份对雾的发生影响较明显的气象要素,进一步采用通径分析法分析地形地貌及气象因子对其的直接、间接影响程度。尝试将影响雾情发生的地理和气象因素用定量的形式展现出来,以期为航道部门布设站点加强能见度观测,保障航运安全提供参考依据。

* 王林,**陈正洪**,代娟,汤阳.长江流域资源与环境,2015,24(10):1799-1804.(通讯作者)

2 资料

航道部门将雾分为轻雾、中雾、大雾三类,加上无雾,共计 4 个等级(表 1)。本文在长江三峡山区航道宜昌至宜宾段,在每个气象行政区域(图 1b)选取一个具有辐射雾多发的典型地貌站点,即周边有山并处长江弯道或支流河汊的雾情观测站点,时间序列一致为原则,反复筛选样本。最终确定选取时间长度为 2011 年 12 月—2012 年 11 月一整年的 4 个雾情观测站(图 1a 中用红色字体标注,图 1b 中用红色椭圆形框出),将观测逐日雾的等级设为未知量即因变量,将 4 个站逐日的平均风速、水汽压、湿度、最小相对湿度(简称最小湿度)、平均温度、气温日较差(简称温差)、日照时数作为自变量,采用判别分析法寻找典型地貌下逐月对雾等级影响较大的气象要素。

表 1 航道部门雾等级及其量化表

分类	等级	标准(m)	量化(m)
无雾	0	>1500	2500
轻雾	1	1000～1500	1250
中雾	2	500～1000	750
大雾	3	<500	250

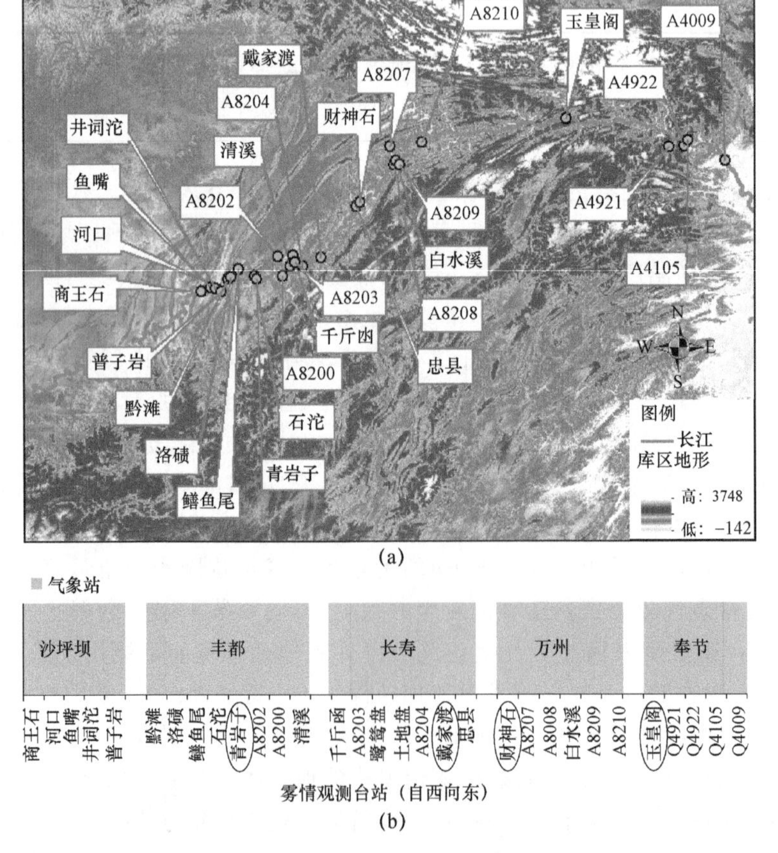

图 1 库区 31 个站点地理分布及所属气象行政区

(字母开头的站点是中国气象局布设的能见度自动观测站,其他站点为航道局布设的雾情观测台)

以上方法是基于时间轴的，可以反映出气象要素在不同时段的影响程度。根据分析结果锁定一个时间点，以空间位置为主轴，探索地理要素对雾（能见度值）的影响。选取冬季 2012 年 1 月 1 日 6 时，长江航道局有雾情等级记录的 19 个观测台站和中国气象局的 12 个能见度观测站（图 1a）能见度值，作为验证地理要素通过气象要素对雾情影响程度的样本来源。地理要素选用站点所在的河面宽度、河面高程、山体高度和山体与河面的落差（简称落差），气象要素选取同时刻（2012 年 1 月 1 日 6 时）GFS-grib2 的 0.5×0.5 格点全球模式再分析资料 1000 hPa的温度、相对湿度、经向风、纬向风和垂直气流（表 2）。中国气象局 12 个能见度仪记录的能见度值及量化后的航道局站点的雾等级（表 1，即没有雾的情况取 2500 m，一级雾取 1250 m，二级雾取 750 m，三级雾取 250 m）作为因变量，与各站点地理要素、气象要素建立线性关系，通过逐步回归筛选影响较大的变量并采用通径分析方法找出这些变量对能见度（雾情）的直接或间接影响程度。

表 2　地理要素与气象要素

地理要素	表示	气象要素	表示
河面宽度(m)	rk	经向风(m/s)	u
河高程(m)	rw	纬向风(m/s)	v
山海拔(m)	mh	垂直气流(m/s)	w
河与山落差(m)	lc	平均气温(℃)	t
		日较差(℃)	ct
		最小相对湿度(%)	hm
		平均相对湿度(%)	rh
		日照时数(h)	h
		水汽压(hPa)	sp

3　方法

3.1　判别分析法

判别分析法是根据所研究个体的观测值来构建一个综合标准用来推断个体属于已知种类中哪一类的方法[8]。文章采用 Fisher 判别分析法，它是借助于方差分析的思想，在已知有 4 种不同等级雾类型并已取得了青岩子、戴家渡、财神石和玉皇阁站点连续 2 a 逐日多气象要素的基础上，构造一组 4 种雾类型的线性判别函数，将 7 种气象要素（平均风速、水汽压、湿度、最小湿度、平均温度、温差和日照时数）作为自变量投影到线性判别函数中，根据投影后未知雾等级的组与组之间差异尽可能大，组内部离差最小的原则进行判断，把未知归属的雾情等级进行判定分类[9,11]。

判别方程以判别符合率越高说明判别雾情的效果越好，判别符合率 F 为：

$$F=\frac{m}{n}\times 100\%$$

式中，m 表示判别雾情等级正确的次数，n 表示实际发生雾情等级的次数。

3.2 通径分析法

通径分析是对线性回归的自变量和因变量直接相关系数的分解，既可反映自变量对因变量的直接作用也可反映自变量通过其他自变量对因变量的作用[12]。文章将31个站点的能见度值作为因变量 Z(能见度值 Z 服从正态分布)与地理要素和气象要素建立线性回归模型，其回归方程为 $Z=b_0+b_1x_1+b_2x_2+\cdots\cdots+b_kx_k(k=9)$，采用通径分析法判断各要素对能见度值的直接作用关系和各要素之间对能见度值的间接作用关系。

通径系数是从简单的相关系数矩阵开始，通过求解通径系数的标准化正规方程，进而求出直接通径系数和间接通径系数[12]。9个自变量(地理要素和气象要素)标准化后的各偏回归系数称为直接通径系数，记为 $P_i(i=1,2,\cdots k)$，即：$P_1=b_1\cdot\left(\frac{S_{X_1}}{S_z}\right)$，$P_2=b_2\cdot\left(\frac{S_{X_2}}{S_z}\right)$，…，$P_k=b_k\cdot\left(\frac{S_{X_k}}{S_z}\right)$，其中 S_{X_1}、S_{x_2}、S_{X_3} 分别为 x_1，x_2，x_k 标准差[13,14]。

有许多自变量影响着因变量，但是它们的重要性是不同的，其中一个自变量可能通过其他自变量对因变量起作用，这时可用间接通径系数来表示它。如 x_i 通过 x_j 对 Z 起作用，间接通径系数为 RP_{ij}，依据回归系数和通径系数的定义以及最小二乘法原理可得到：

$$r_{ij}=P_i+\sum RP_{ij}(i\neq j;i,j=1,2,\cdots k)$$

式中：r_{ij} 表示 x_i 和 x_j 之间的相关系数；P_i 表示 x_i 对 Z 的直接通径系数。即：一个自变量对因变量的直接通径系数和间接通径系数的总和等于这个自变量与因变量之间的相关系数[15]。

4 结果分析

4.1 气象要素对雾情等级的判别分析法

经分析，气象要素对雾情等级判别的符合率冬季最高，其次是秋季和春季，夏季最差。冬季2月份的判别符合率最高，达到62.1%，夏季8月份的判别符合率只有43.5%。从雾情等级不同季节的判别情况来看，大雾即3级雾的判别符合率较高，总体至少大于50%，夏末初秋判别3级雾的正确程度较高，8月、9月的发生大雾的次数能够完全根据气象要素判别出。中雾即2级雾的判别符合率也次之，总体至少大于36%。轻雾即1级雾的判别情况为秋冬季较好，10月份判别符合率达到80%，夏季最差，6月份一次轻雾都没有判别出。无雾即0级雾在全年中出现的次数最多，秋冬季判别符合率较高，1月份达到59.1%。倘若将判别雾情的标准改为，实际有雾，判别出有雾但级别相差1级，则符合率整体均提高。12月份的判别符合率提高了至少7个百分点，达到66.9%(表3)。

表3 雾情等级逐月判别分析

雾情等级	0(次)	1(次)	2(次)	3(次)	符合率(%)
1月	88(52)	14(9,10*)	14(9,12*)	8(4,6*)	59.7,64.5*
2月	86(50)	12(9,10*)	14(10,11*)	4(2,4*)	62.1,64.7*
3月	99(58)	10(7,9*)	11(4,8*)	4(3,3*)	58.1,62.9*
4月	91(50)	6(4,4*)	12(7,8*)	11(6,7*)	55.8,57.5*

续表

雾情等级	0(次)	1(次)	2(次)	3(次)	符合率(%)
5 月	93(45)	9(5,6*)	11(7,11*)	11(7,9*)	51.6,57.3*
6 月	76(30)	9(0,9*)	15(7,11*)	20(10,14*)	45.0,53.3*
7 月	88(41)	9(5,6*)	10(5,7*)	17(7,10*)	46.7,51.6*
8 月	101(42)	8(4,6*)	12(5,12*)	3(3,3*)	43.5,50.8*
9 月	95(45)	13(8,12*)	9(5,8*)	3(3,3*)	50.8,56.7*
10 月	90(50)	10(8,9*)	11(9,11*)	4(3,3*)	56.4,58.9*
11 月	98(60)	8(5,6*)	11(6,9*)	3(2,3*)	60.8,65.0*
12 月	91(56)	8(6,7*)	19(9,17*)	6(3,3*)	59.7,66.9*

注:“()”外的数字表示实际发生雾的次数;“()”内的数字表示判断出有雾发生的次数;带 * 号的数字表示判别出有雾但级别相差 1 级的次数或符合率。

在没有能见度观测仪,没有常规气象站的条件下,将所属气象行政区域的常规气象要素采用判别方法对判断站点周围的雾情有较好效果,尤其是判断中雾和大雾的准确率较高。而对于判别同一气象行政区内的雾情,也可采用判别分析法,以判别站点为中心与周围站点雾情和所属行政区气象要素建立判别方程。

气象条件对雾的产生有至关重要的作用,那么在不同季节中哪些气象要素的作用最大呢?在每个月雾情等级的判别方程建立过程中,筛选出变量的组均值的均等性检验小于 0.1 的气象因子。由表可看出,秋末和冬季影响雾情等级判别的最主要气象因子是风速、温度和湿度。春夏和秋初的 8 个月份均有不同的气象因子主导雾情判别过程。风速、温度和湿度对雾情的发生影响较大印证了客观上雾产生的气象环境,将平时对雾情发生的定性气象环境描述用定量的形式展现了出来(表 4)。

表 4　逐月影响雾情等级判别的主要因子

<table>
<tr><th>月份</th><th>1</th><th>2</th><th>3</th><th>4</th><th>5</th><th>6</th><th>7</th><th>8</th><th>9</th><th>10</th><th>11</th><th>12</th></tr>
<tr><td rowspan="3">要素</td><td>风速</td><td>日照时数</td><td rowspan="2">湿度</td><td rowspan="3">温度</td><td rowspan="2">日照时数</td><td rowspan="2">风速</td><td rowspan="3">水汽压</td><td rowspan="3">风速</td><td rowspan="3">湿度</td><td rowspan="3">风速</td><td>风速</td><td>风速</td></tr>
<tr><td>温度</td><td>温度</td><td>温度</td><td>温度</td></tr>
<tr><td>湿度</td><td>湿度</td><td>水汽压</td><td>温度</td><td>气压</td><td>湿度</td><td>湿度</td></tr>
</table>

对于观测站所处地理环境周边的山高、河面宽度与河面高程的变化是否为滋生雾的有利条件,文章选取了冬季同一时刻多个站点的能见度值(量化的雾等级),与站点的地理条件和气象条件进行通径分析,试图判断这些地理要素通过气象要素对雾(能见度)的直接或间接作用有多大。

4.2　通径系数法对影响能见度值因子的分析

对各站点能见度值 Z 进行了正态性检验,Shapiro-Wilk Test 统计量为 0.942,显著水平 Sig. ＝0.092＞0.05,即 Z 是正态变量可以进行统计分析。表 5 是对 10 种气象因子、地理因子与能见度值进行的相关性分析。长江山区航道能见度与山体高度、落差和 1000 hPa 经向风、纬向风、垂直气流、温度、湿度等相关性显著,与河面高程与河面宽度的相关性不显著。其中:

1000 hPa 经向风、纬向风和温度与能见度值的相关性达到极显著水平($P<0.01$),表明随着水平风速的增加与温度的升高,能见度值呈现增加的趋势,即可视距离增大,雾情减弱;1000 hPa 垂直气流和湿度与能见度呈负相关($P<0.01$),达到极显著负相关,表明垂直气流和湿度的增加使得能见度值减小,即容易出现雾。山体高度、落差与能见度值相关性显著($P<0.05$),山体海拔越高,山体与河面落差越大,能见度值越低,即雾越明显。但是,仅从各变量与能见度值的简单相关系数,判断其对雾的贡献大小,极易掩盖各变量之间的相互影响,不能从本质上揭示其内部规律性联系。

表 5 长江山区航道气象因子、地理因子相关性分析

因子	*z*	*rk*	*rw*	*mh*	*lc*	*u*	*v*	*w*	*t*	*rh*
z	1	.161	.168	−.399*	−.418*	.731**	.710**	−.853**	.938**	−.953**
rk		1	−.558**	−.281	−.240	.245	.039	−.187	.295	−.178
rw			1	.201	.124	−.117	.289	−.004	.047	−.141
mh				1	.997**	−.500**	−.241*	.344*	−.357*	.357*
lc					1	−.497**	−.267*	.349*	−.365*	.373*
u						1	.633**	−.694**	.710**	−.688**
v							1	−.593**	.650**	−.589**
w								1	−.880**	.787**
t									1	−.883**
rh										1

注:* 表示显著(P<0.05),* * 表示极显著(P<0.01).

为了进一步探究这些因子对能见度值的直接影响和间接影响,将各影响因子与能见度值的相关系数分为直接作用和间接作用作通径分析。表 6 表明,湿度对能见度值的直接作用最大(直接通径系数为−0.5182),其余按直接通径系数大小(绝对值)依次为温度、经向风、河面宽度和落差,其中温度和经向风对能见度值的直接影响是正效应,而其他因子对能见度值的直接影响则是负效应。湿度和温度的直接通径系数与间接作用系数总和相差很小,说明这 2 个气象因子对能见度值在直接作用和间接作用上均有影响。经向风对能见度值的影响主要是间接作用,是辐合上升气流在雾顶部的出流[6]。随着温度降低湿度增大,此时经向风保持一定的速度会促使雾的发展增大[22]。而在雾的成熟阶段,经向风增大又有利于雾的消散。河面宽度与落差对能见度值的直接通径系数相关性较低,通过表 6 中的间接通径系数可以看出,温度和湿度对这 2 个因子的间接通径系数分别为 0.1138、0.0922;−0.1409、−0.1943,温度和湿度对落差的间接通径系数之和贡献较大,表明了地理要素落差通过影响温度和湿度,并进一步对能见度值产生一定的影响(图 2)。这 5 个因子对能见度值的决定系数为 0.9713,说明参与讨论的这 5 个因子对能见度值的作用较大,下为能见度值的线性回归方程,可为今后能见度值的预测预报提供可靠依据:

$$Z=3686.2467-01616rk-0.1811lc+148.8315u+106.8956t-40.3008\,rh$$

表 6 能见度值影响因子的通径分析

因子	相关系数	直接通径系数	间接通径系数总和	间接通径系数				
				rk	*lc*	*v*	*t*	*rh*
rk	0.1607	−0.0656	0.2263		0.0148	0.0055	0.1138	0.0922
lc	−0.4177	−0.0615	−0.3562	0.0158		−0.0377	−0.1409	−0.1934
v	0.7105	0.1409	0.5696	−0.0026	0.0164		0.2506	0.3051
t	0.9383	0.3858	0.5524	−0.0194	0.0224	0.0915		0.4578
h	−0.9533	−0.5182	−0.4351	0.0117	−0.0229	−0.0829	−0.3409	

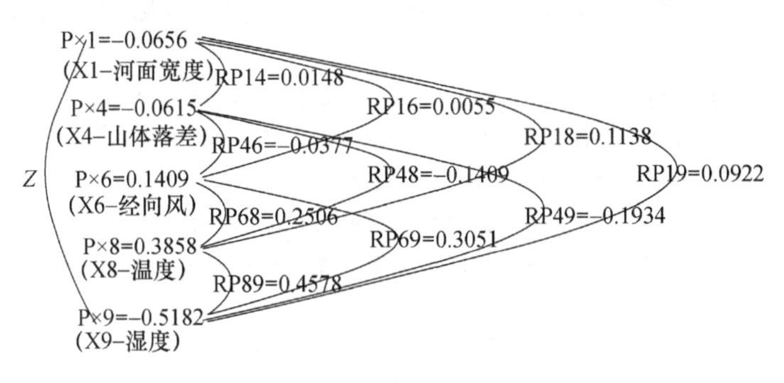

图 2 能见度值通径系数图

5 结论与讨论

秋末和冬季影响雾情等级判别的最主要气象因子是风速、温度和湿度，文章通过判别分析法应征了客观上雾产生的气象环境。进一步用通径分析法表明山体与河面的落差、河面宽度和 1000 hPa 经向风、温度、湿度对能见度值的影响较大，决定系数为 0.9713。其中，湿度对能见度值的直接作用最大，而地理要素落差通过影响温度和湿度进一步作用于雾体，对能见度值产生一定的影响。

随着中小城市经济的快速发展，大气污染物增加，污染物中的可溶性核可在尚未达到饱和的空气中产生水汽凝结现象，加速雾体的形成[23,24]。长江三峡库区巴东、万县、涪陵和泸州等中小城市，自 20 世纪 80 年代年以来，雾日均有明显上升趋势[2,5]。本文研究的三峡库区范围囊括了宜昌至重庆段，沿线中小城市迅速发展也伴随着空气污染，若在大气未饱和的情况下能见度持续很低，则有可能是霾[25,26]。又因长江沿岸宜昌至万县的夏季蒸发雾较多，万县至泸州段的秋冬季辐射雾较多，而文章中判别分析法选取的玉皇阁站点恰在宜昌至万县段，其雾的时空变化特征与其余站点有差异，可能会影响冬季和夏季的判别符合率。

在长江山区雾发展增厚的过程中，大量水汽聚集逆温层，雾体内湍流活动明显[27,28]。文章仅分析了气象要素与能见度的相互关系，没有深入研究雾体完整的物理特征。同时，在采用 GFS_grib2 的再分析资料时，也会产生格点与站点之间的地理误差。因此，增加能见度数据的时间样本，优化降尺度分析方法减小误差，结合比湿、动量等物理特性推测无观测点和少观测点区域雾的时空变化值得进一步研究。

参考文献

[1] 虞俊，王遵娅，张强. 长江三峡库区大雾的变化特征分析及原因初探[J]. 气候与环境研究，2010，15(1)：

97-105.
[2] 俞香仁,苏毛茂,姚杨苑.长江雾的考察与分析[J].气象,1990,16(1):46-49.
[3] 黄志勇,牛发奔,叶丽梅,等.长江三峡库区极端大雾天气的气候变化特征[J].长江流域资源与环境,2012,21(5):646-652.
[4] 罗菊英,周建山,刘健,等.鄂西南不同地形地貌环境下大雾气候特征分析[J].高原山地气象研究,2011,31(4):51-58.
[5] 李子华,仲良喜,俞香仁.西南地区和长江下游雾的时空分布和物理结构[J].地理学报,1992,47(3):242-251.
[6] 李子华,张利民.论山风对重庆雾形成和发展的作用[J].重庆环境科学,1992,14(3):7-11.
[7] 周自江,朱燕君,姚志国,等.四川盆地区域性浓雾序列及其年际和年代际变化[J].应用气象学报,2006,17(5):567-573.
[8] 田兵.Fisher 判别分析及其应用[J].数学与应用数学研究,2014,29(23):9-11.
[9] 颜可珍.基于 Fisher 判别分析法岩质边坡稳定性评价[J].公路,2010(1):1-4.
[10] 赵丽娜.Fisher 判别法的研究及应用[D].哈尔滨:东北林业大学,2013.
[11] 王昕,范九伦.基于多样本的多核 Fisher 判别分析研究[J].现代电子技术,2012,35(11):73-76.
[12] 赵益新,陈巨东.通径分析模型及其在生态因子决定程度研究中的应用[J].四川师范大学学报(自然科学版),2007,30(1):120-123.
[13] 敬艳辉,邢留伟.通径分析及其应用[J].统计教育,2006(2):24-26.
[14] 刘亚琦,刘加珍,张金萍,等.基于通径分析的黄淮海平原粮食产量驱动因素研究[J].山东农业科学,2015,47(1):153-156.
[15] 张聪聪,陈政民,张勇,等.气象因子对太湖地区旱作农田土壤水分动态的影响[J].中国农业科学,2013,46(21):4454-4463.
[16] 杨小华.长江中上游山区和平原辐射雾边界层结构及雾过程演变规律[D].南京:南京信息工程大学,2012.
[17] 黄智勇,牛犇,杨军,等.湖北西南山地一次辐射雾和雨雾气象要素特征的对比分析[J].气候与环境研究,2012,17(5):532-540.
[18] 石红艳,王洪芳,齐琳琳,等.长江中下游地区一次辐射雾的数值模拟[J].解放军理工大学学报(自然科学版),2005,6(4):404-408.
[19] 李子华,黄建平,孙博阳,等.辐射雾发展的爆发性特征[J].大气科学,1999,23(5):623-631.
[20] 黄健,吴兑,黄敏辉,等.1954—2004 年珠江三角洲大气能见度变化趋势[J].应用气象学报,2008,19(1):61-70.
[21] 江玉华,王强,李子华.重庆城区浓雾的基本特征[J].气象科技,2004,32(6):450-455.
[22] 吴兑.霾与雾的识别和资料分析处理[J].环境化学,2008,27(3):327-330.
[23] 吴兑.再论相对湿度对区别都市霾与雾(轻雾)的意义[J].广东气象,2006(1):9-13.
[24] 林建,杨贵明,毛冬梅.我国大雾的时空分布特征及其发生的环流形势[J].气候与环境研究,2010,15(1):171-181
[25] 曹志强,吴兑,吴晓京.1961—2005 年中国大雾天气气候特征[J].气象科技,2008,36(50):556-560.
[26] 邓雪娇,吴兑,唐浩华,等.南岭山地一次锋面浓雾过程的边界层结构分析[J].高原气象,2007,26(4):881-889.
[27] 邓雪娇,吴兑,叶燕翔,等.南岭山地浓雾的物理特征[J].热带气象学报,2002,18(3):227-236.
[28] 邓雪娇,吴兑,史月琴,等.南岭山地浓雾的宏微物理特征综合分析[J].热带气象学报,2007,23(5):424-434.

长江山区航道雾情等级插值方法研究*

摘　要　根据长江山区航道相邻的5个观测站雾情等级及邻近地区的气象要素，采用判别分析法，分季节、不同情景建立中间站雾情等级与其余4站雾情等级的判别方程，实现航道上任意地点雾情等级插值。结果表明：当周边2个站及以上观测到雾情时，目标站大多数实际雾的等级能准确推算出；当周边3个站及以上站没有观测到雾情时，目标站雾情插值基本依赖气象要素判断；春季和冬季雾情等级与气象要素高度相关，判别符合率高，而夏季和秋季空报有雾的概率较大。判别分析法也有一定的局限性，雾情等级空间插值还有待进一步研究。

关键词　长江；山区航道；雾情等级；判别分析；插值

1　引言

长江山区航道，从宜宾的合江门至宜昌的大埠街，地形复杂、气候多样，航运受大雾影响较为严重[1]。2011年10月12日，三峡水域大雾弥漫，因能见度不足500 m，葛洲坝及宜昌江段航道一度实施近8个小时的禁航，近200艘船舶因大雾阻航。2012年4月28日16时至30日10时，三峡大坝上下游河段相继因雾禁航40余小时，230艘船舶、57个闸次运行计划被迫延迟。如此事例不胜枚举，均可说明航道上低能见度或大雾的监测预报对航运安全是何其重要。

目前长江山区航道局从宜宾至宜昌沿江有36个人工观测平台，通过及时判断能见度距离确定雾情。然而，可视距离（能见度）观测布点仍很稀疏，站点距离≥3～10 km，对于站点之间雾情无法得知，完全靠航行经验主观判断。同时，传统的气象观测与预报信息远离航道，也难以满足船舶航行的需要[2]。如何根据长江山区航道有限观测点的雾情等级，获得未知点雾情等级的可靠信息，改变以往单凭主观判断的局限性，为采取限航、限速、封航等水运交通管制提供科学依据，十分必要而迫切。

一般情况下，气象站点定位观测获取的只是局部有限的空间点数据[3]，要想得到区域尺度的有关参数，只能利用以点代面或者空间内插和外推方法得到气象要素的空间分布数据[4]。国内外学者使用多种空间插值方法如泰森多边形、反距离加权、克里金方法设置合适的参数进行局部气温、降水等空间插值。但长江山区航道雾情等级为线状分布，数据资料为整数、多0值，若使用常规的空间插值方法则会受到0值（无雾）的干扰而增大误差，无法准确判断未知点的能见度等级。

因此，本文将采用Fisher判别分析法，将未知点的气象要素及以其为中心周边的雾情等级作为因变量，以实现目标点雾情等级的插值。

* 王林，**陈正洪**，汤阳，孙朋杰. 长江流域资源与环境，2015，24(2)：346-352.（通讯作者）

2 资料与方法

2.1 资料

航道部门将雾分为轻雾、中雾、大雾三类，加上无雾，共计 4 个等级。具体标准见表 1。

表 1 航道部门与气象部门雾的分类标准

航道部门			气象部门	
分类	等级	标准	分类	标准
无雾	0	1500 m 以上	轻雾	1000～10000 m
轻雾	1	1000～1500 m	雾	500～1000 m
中雾	2	500～1000 m	大雾	200～500 m
大雾	3	＜500 m	浓雾	50～200 m
			强浓雾	＜50 m

本文以站点相邻，时间序列一致为原则，反复筛选样本。最终确定选取时间长度为 2011 年 12 月至 2012 年 11 月一整年的 5 个相邻雾情观测站，将中间的观测站土地盘站雾的等级（0 级代表没有雾，1 级代表轻雾，2 级代表中雾，3 级代表大雾）设为未知量即因变量，将分布其左右的千斤凼、鹭鸶盘、金刚背和戴家湾 4 个站及土地盘站附近丰都逐日的气象要素作为自变量，通过判别分析的方法进行土地盘站雾的等级分类分析（图 1）。

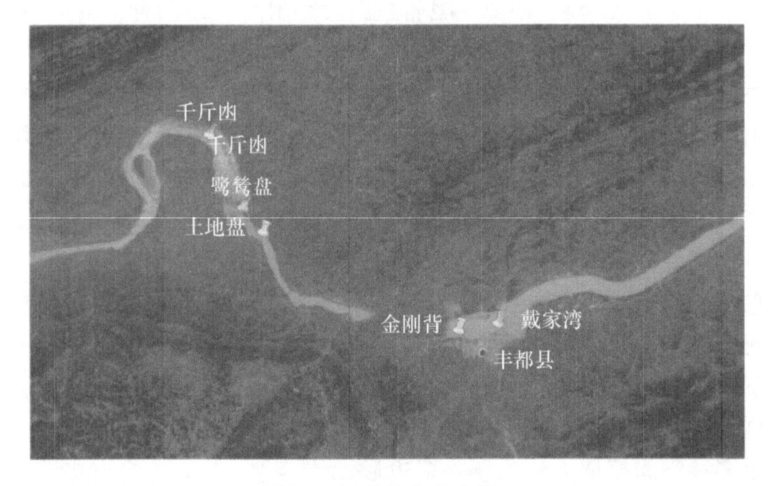

图 1 相邻站点分布图

采用土地盘邻近气象站的气象要素有平均风速、平均水汽压、平均湿度、气压日较差、气温日较差。由于雾情有显著的季节变化，分类过程中按季节性分为春季（3—5 月）、夏季（6—8 月）、秋季（9—11 月）和冬季（2011 年 12 月—2012 年 2 月）。

2.2 判别分析法

文章采用 Fisher 判别分析法，它是借助于方差分析的思想，构造一个线性判别函数 $U(X)$，将 m 元的数据投影到某一个方向，使得投影后组与组之间的差异尽可能的大，然后根据一定的判别规则对新样本的类别进行判断。线性判别函数 $U(X)$：

$$U(X)=A^{T}X=a_1X_1=a_2X_2+\cdots+a_mX_m$$

系数 $A=(a_1,a_2,\cdots,a_m)^{T}$ 的确定原则是使得总体间的差异最大，总体内部的离差最小。线性判别函数完全确定下来后，可构造下面的规则对于新样本 X 进行判别：

$$\begin{cases}X\in G_i\\ \text{if}:|A^{T}X-A^{T}\mu_j|=\min\limits_{1\leqslant j\leqslant k}|A^{T}X-A^{T}\mu_j|\end{cases}$$

本文将每个季节的序列拆分为 3 种情景下对应的 3 个序列，即：

(1)情景 1:雾情站数≥2,对应序列 1。即 4 个站点中至少 2 个或者 2 个以上的站点有雾的序列,雾情等级≥1;

(2)情景 2:雾情站数=1,对应序列 2。即 4 个站点中只有一个站点有雾的序列,雾情等级≥1;

(3)情景 3:雾情站数=0,对应序列 3。即 4 站点均无雾的序列,雾情等级均为 0。

将 4 个站的雾情等级与被插值站点的气象要素作为自变量，建立判别中间站点雾情等级的方程。将判别方程 F0、F1、F2 和 F3 分别作为 0 级、1 级、2 级和 3 级雾的代表函数。在自变量分组的时候，将每一个自变量带入 3 组判别函数，以函数的大小作比较，函数值最大值，表明属于该组。方程自变量及其涵义如表 2。

表 2 判别方程自变量涵义表

自变量	a	b	d	e
涵义	千斤凼雾情等级	鹭鸶盘雾情等级	金刚背雾情等级	戴家塆雾情等级

自变量	f	sp	h	cp	ct
涵义	平均风速(m/s)	平均水汽压(Pha)	平均湿度(%)	平均气压差(Pha)	平均气温差(℃)

各类情景中，判别符合率为 Y_{ij}：符合率越高说明判别效果越好：

$$Y_{ij}=\frac{x_{ij}}{x_{5j}}\times 100\%$$

在文中各判别分类结果的表中，i 为行，即情景 $N(N=1,2,3)$ 中判别方程模拟出的雾情等级；j 为列，即情景 $N(N=1,2,3)$ 中实际发生的雾情等级。x_{ij} 是实际的雾情等级 j 预报为雾情等级 i 的次数。当 $i=j$ 时，表示第 j 等级的雾情，预报与实际发生的次数相符。若 $x_{ij}=0$，则 Y_{ij} 也为 0，即实际没有第 j 等级的雾情发生。

各类情景中，正确分类百分比为 z：

$$z=\frac{\sum\limits_{i=1,j=1}^{i=4,j=4}x_{ij}}{\sum\limits_{j=1}^{j=4}x_{5j}}\times 100\%$$

式中分子 $\sum\limits_{i=1,j=1}^{i=4,j=4}x_{ij}$ 中 $i=j$，即预报雾等级与实际发生雾等级一致的次数。

3 结果分析

3.1 春季

情景 1(周边雾情站数≥2)土地盘站雾情等级的 Fisher 判别方程如下：

$F0=1.91a+3.95b-3.671d+3.01e+0.95f-0.14sp+1.51h-0.14cp+0.33ct-65.39$

$F2=4.11a+4.76b-5.50d+6.72e+1.04f-0.02sp+1.35h-0.12cp+0.24ct-83.91$

$F3=1.90a+2.69b-4.94d+5.02e+1.11f-0.04sp+1.27h-0.02cp+0.25ct-70.88$

此组由于土地盘站实际没有1级雾,因此判别函数只有3个。以下的分组中若判断土地盘站4种等级的雾情齐全,则应有4个判别方程。

此例中3种雾情等级的正确分类百分比为94.7%。其中判别0级雾的符合率为93.8%,只有1例为空报。出现2级、3级雾的符合率均为100%,即2/3级雾情均完整报出(表3)。

表3 土地盘站春季判别分类结果(情景1)(括号内为符合率,%,下同)

		实际雾情		
		0	2	3
预测雾情	0	15	0	0
	2	0	1	0
	3	1	0	2
	合计	16	1	2
符合率(%)	0	93.8	0.0	0.0
	2	0.0	100.0	0.0
	3	6.3	0.0	100.0

注:已对94.7%的初始分组案例进行了正确分类

情景2(周边雾情站数=1)土地盘站雾情等级的Fisher判别方程为:

$F0=-0.29a+4.19b+4.51d+1.12e+1.47f-0.04sp+2.57h+0.08cp+0.58ct-132.85$

$F1=-0.52a+3.87b+3.94d+1.32e+1.77f-0.03sp+2.47h+0.07cp+0.580ct-132.45$

$F2=1.35a+4.97b+5.18d+1.12e+1.37f-0.04sp+2.58h+0.03cp+0.61ct-133.77$

$F3=-0.58a+4.45b+5.42d+0.99e+1.53f-0.04sp+2.76h+0.01cp+0.66ct-152.12$

情景2的正确分类百分比为67.5%,远远低于情景1的判别结果。0级符合率为61.3%,空报多达12次,1级雾的符合率为50%,有一次漏报。判断2级雾和3级雾均为100%(表4)。

表4 土地盘站春季判别分类结果(情景2)

		实际雾情			
		0	1	2	3
预测雾情	0	19	1	0	0
	1	2	1	0	0
	2	5	0	4	0
	3	5	0	0	3
	合计	31	2	4	3

续表

		实际雾情			
		0	1	2	3
符合率(%)	0	61.3	50.0	0.0	0.0
	1	6.5	50.0	0.0	0.0
	2	16.1	0.0	100.0	0.0
	3	16.1	0.0	0.0	100.0

注:已对 67.5%的初始分组案例进行了正确分类

情景 3(周边雾情站数=0)土地盘站雾情等级的 Fisher 判别方程为:

$F0=1.78f-0.18sp+2.67h-0.28cp+0.61ct-115.40$

$F1=1.59f-0.18sp+2.60h-0.29cp+0.57ct-105.23$

$F2=1.53f-0.160sp+2.44h-0.24cp+0.54ct-95.88$

$F3=2.28f-0.14sp+2.53h-0.33cp+0.61ct-117.52$

对于 4 个站均无雾的组合,完全依靠气象要素的相关性建立判别方程,判别函数的正确分类百分比为 72.7%,比情景 2 的判别结果略高,说明春季雾情与气象要素相关性很高,对今后使用气象要素进行空间插值的研究提供了理论依据。出现 0 级雾的符合率为 69.2%,9 次空报。1 级雾和 3 级雾均能准备报出,符合率均为 100%。而 2 级雾的符合率为 66.7%,有 1 次误报为 1 级雾。若判对的标准设定为:判别与实际均有雾,但等级至多相差一级,则 2 级雾的符合率为 100%,整个正确分类百分比提高到 75.8%。

表 5 春季判别分类结果(情景 3)

		实际雾情			
		0	1	2	3
预测雾情	0	18	0	0	0
	1	5	2	1	0
	2	1	0	2	0
	3	2	0	0	2
	合计	26	2	3	2
符合率(%)	0	69.2	0.0	0.0	0.0
	1	19.2	100.0	33.3	0.0
	2	3.8	0.0	66.7	0.0
	3	7.7	0.0	0.0	100.0

注:已对 72.7%的初始分组案例进行了正确分类

3.2 夏季

夏季各情景的 Fisher 判别方程的系数和判别结果见表 6、表 7。从表 6 可见,1～3 种情景(组合)下的完全判别符合率分别为 94.7%,71%和 41.9%。其中情景 3 中若报有雾等级误差一级,则整个判别方程的符合率提高到 74.2%,报雾的等级误差两级,则整个符合率提高到 77.4%。

表 6　土地盘站夏季 Fisher 判别方程的系数

F	情景 1			情景 2				情景 3			
	0	2	3	0	1	2	3	0	1	2	3
a	2.82	2.33	1.22	15.81	16.28	18.05	17.32				
b	1.77	0.88	1.14	20.81	21.09	22.23	21.35				
d	−32.69	−36.28	−36.70	15.57	15.97	17.96	15.83				
e	4.31	3.81	2.83	30.06	32.12	34.01	31.93				
f	1.83	2.20	2.16	0.78	0.57	0.58	0.66	1.80	1.93	1.74	1.89
sp	1.06	1.07	0.93	0.11	0.12	0.13	0.12	0.37	0.31	0.35	0.40
h	8.30	9.01	9.16	1.66	1.71	1.74	1.76	1.96	1.98	2.03	2.01
cp	1.30	1.70	1.33	0.58	0.64	0.80	0.63	0.33	0.36	0.33	0.23
ct	1.80	1.86	1.99	0.58	0.62	0.57	0.63	0.65	0.67	0.67	0.67
常量	−546.94	−623.40	−601.15	−143.63	−156.21	−169.48	−163.62	−165.31	−158.75	−164.68	−176.19

表 7　土地盘站夏季判别分类结果

F			实际雾情等级				符合率(%)			
			0	1	2	3	0	1	2	3
预测雾情等级	情景 1	0	11	0	0	0	91.7	0.0	0.0	0.0
		1	0	0	0	0	0.0	0.0	0.0	0.0
		2	1	0	2	0	8.3	0.0	100.0	0.0
		3	0	0	0	5	0.0	0.0	0.0	100.0
		合计	12	0	2	5				
	情景 2	0	19	0	0	0	73.1	0.0	0.0	0.0
		1	5	1	1	1	19.2	100.0	50.0	50.0
		2	0	0	1	0	0.0	0.0	50.0	0.0
		3	2	0	0	1	7.7	0.0	0.0	50.0
		合计	26	1	2	2				
	情景 3	0	13	1	1	0	36.1	33.3	50.0	0.0
		1	7	2	0	0	19.4	66.7	0.0	0.0
		2	8	0	1	0	22.2	0.0	50.0	0.0
		3	8	0	0	2	22.2	0.0	0.0	100.0
		合计	36	3	2	2				

注：情景 1、2、3 中已正确分类的百分比分别为 94.7%、71.0%和 41.9%。

3.3　秋季

由于秋季两个站以上雾情能见度等级大于 0 的样本较少，因此秋季分为 4 个站观测雾等级不全为 0 的组合(情景 1+2)与观测均为 0 等级(情景 3)的组合。Fisher 判别系数如表 8。

表 8　土地盘站秋季 Fisher 判别方程的系数

F	情景 1+2				情景 3			
	0	1	2	3	0	1	2	3
a	4.26	3.98	4.29	4.23				
b	5.72	5.91	6.14	5.74				
d	5.32	5.58	5.47	5.49				
e	6.07	6.80	5.18	6.07				
f	1.77	1.82	1.56	1.58	1.72	1.69	1.96	1.77
sp	−0.22	−0.25	−0.20	−0.22	−0.10	−0.11	−0.13	−0.10
h	4.54	4.88	4.43	4.44	2.36	2.34	2.69	2.45
cp	0.13	0.19	0.14	0.12	0.29	0.30	0.23	0.33
ct	1.11	1.28	1.12	1.10	0.49	0.49	0.57	0.53
常量	−217.57	−258.44	−211.36	−208.74	−114.81	−110.73	−140.83	−126.81

两种组合的判别符合率分别为 60.5%和 41.7%(表 9)。第一种组合中判别有雾的等级误差一级,则符合率提高到 67.4%。其中第二种组合中判别有雾,但等级误差一级,则符合率提高到 43.8%。秋季的情景 3 判别结果最不理想,可以看到秋季影响雾产生和消散的因素很多,气象要素只能是一部分,雾情的产生会受到长江夏季旱或涝江面变化的影响[5],而地形地貌也成为对不同性质雾的产生条件和影响因子[6],如观测站所处地理环境周边的山高、河面宽度与河面高程的变化均可能成为滋生雾的有利条件。

表 9　土地盘站秋季判别分类结果

F			实际雾情				符合率(%)			
			0	1	2	3	0	1	2	3
预测雾情	情景 1+2	0	19	0	0	0	57.6	0.0	0.0	0.0
		1	1	1	0	0	3.0	100.0	0.0	0.0
		2	3	0	3	2	9.1	0.0	75.0	40.0
		3	10	0	1	3	30.3	0.0	25.0	60.0
		合计	33	1	4	5				
	情景 3	0	15	0	0	1	36.6	0.0	0.0	20.0
		1	14	1	0	1	34.1	100.0	0.0	20.0
		2	3	0	1	0	7.3	0.0	100.0	0.0
		3	9	0	0	3	22.0	0.0	0.0	60.0
		合计	41	1	1	5				

注:情景 1+2、3 中已正确分类的百分比分别为 60.5%和 41.7%。

3.4　冬季

分为 3 种情景建立判别方程,系数如表 10。

表 10　土地盘站冬季 Fisher 判别函数的系数

F	情景 1			情景 2			情景 3	
	0	2	3	0	1	3	0	2
a	2.61	2.85	2.76	3.28	15.51	13.25		
b	−0.62	−0.71	−0.37	5.01	16.86	13.03		
d	1.59	0.06	0.82	4.41	17.65	13.82		
e	1.56	1.04	1.07	1.43	18.21	11.52		
f	1.31	1.36	1.39	1.20	0.49	0.94	1.19	1.43
sp	−0.43	−0.57	−0.47	−0.21	−0.23	−0.07	0.05	−0.20
h	4.28	4.39	4.20	1.65	1.18	1.38	0.88	1.28
cp	−0.17	−0.18	−0.12	0.24	0.34	0.19	0.01	−0.06
ct	1.06	1.03	1.02	0.43	0.04	0.34	0.20	0.17
常量	−190.65	−185.36	−182.92	−80.70	−74.79	−88.65	−47.96	−58.86

3 种情景的正确分类百分比分别为 73.1%、96.4%和 91.9%(表 11)。情景 1 实际只判断了 3 种等级,若判别实际有雾,但相差一级,则 3 级雾的符合率为 100%,组合的正确分类百分比提高至 76.9%。情景 2 和情景 3 分别只判断了 3 种等级和 2 种等级,但正确分类百分比较高,空报的次数很少。冬季 3 种情景的判别结果说明,根据至少 3 个站雾情为 0 而预报被插值站也为 0,是可行的。也可以看到,冬季雾的产生受气象要素影响相当明显。

表 11　土地盘站冬季判别分类结果

F			实际雾情				符合率(%)			
			0	1	2	3	0	1	2	3
预测雾情	情景 1	0	11	0	0	0	64.7	0.0	0.0	0.0
		1	0	0	0	0	0	0.0	0.0	0.0
		2	3	0	4	1	17.6	0.0	100.0	20.0
		3	3	0	0	4	17.6	0.0	0.0	80.0
		合计	17	0	4	5				
	情景 2	0	24	0	0	0	96.0	0.0	0.0	0.0
		1	0	1	0	0	0.0	100.0	0.0	0.0
		2	0	0	0	0	0.0	0.0	0.0	0.0
		3	1	0	0	2	4.0	0.0	0.0	100.0
		合计	25	1	0	2				
	情景 3	0	33	0	0	0	91.7	0.0	0.0	0.0
		1	0	0	0	0	0.0	0.0	0.0	0.0
		2	3	0	1	0	8.3	0.0	100.0	0.0
		3	0	0	0	0	0.0	0.0	0.0	0.0
		合计	36	0	1	0				

注:情景 1、2、3 中已正确分类的百分比分别为 73.1%、96.4%和 91.9%。

由此可见,分类判别法是一种可行的雾等级判别方法。同时可以发现,当周边 2 个站及以上观测到雾情时,目标站大多数实际雾的等级能准确推算出;当周边 3 个站及以上站没有观测到雾情时,目标站雾情插值基本依赖气象要素判断;春季和冬季雾情等级与气象要素高度相关,判别符合率高,而夏季和秋季空报有雾的概率较大。

4 结论与讨论

影响空间雾的因素很多,主要包括:气象站点的地形地貌、河面宽度、回水湾弯度、支流河汊等。气象要素对雾的形成和消散有很大的影响。微风促使雾的形成,风速加大后雾往往会自然消散。湿度越大,雾形成的时间越长、越浓[7]。水汽压和日较差也对雾的形成有显著的正相关。

(1)各种插值方法各有优缺点,根据长江山区航道观测数据的特点,考虑到可操作性,选择分类判别法进行线性的插值分析,充分利用了周边雾情观测站和气象要素进行插值,有较好的判别结果。

(2)由于只使用了一年的雾情观测资料,分季节后再细分 3 种情况的样本均有限,还需延长时间尺度,增多样本数,得到更好的判别结果。同时,判别分类法也出现了空报的情况,尤其是 3 个站及以上的观测站雾的等级均为 0 时,基本依赖气象要素判断,空报有雾的概率增大,空报率甚至大于实报率(秋季最为明显)。

(3)当资料较全,即至少周边 2 个及以上观测站雾的等级大于 0 时,完全符合率很高,春季和夏季高达 90%以上。若根据 3 个及以上雾情观测站雾等级为 0 的情况判断预测站雾的等级也为 0,空报率虽然减少,航运安全却又受到影响。因此,判别分析法也有一定的局限性,能见度等级的插值只能为航运提供参考。

由于雾的日、月和年的时间尺度不同,在考虑地形影响的情况下,影响雾的变量参数随着时间尺度的增大而减少[8]。由于气象观测站点稀少而且分布不均,在很多地形复杂的地区,可用的气象数据非常有限,因此如何充分利用有限的气象资源,根据气象因子的空间分异规律,推测无观测点和少观测点区域的能见度值,将是后续研究的重点和难点。

参考文献

[1] 陈鲜艳,张强,叶殿秀,等.三峡库区局地气候变化[J].长江流域资源与环境,2009,18(1):47-51.

[2] 张强,王有民,祝昌汉.长江三峡局地气候监测系统及设计研究[J].气象,2004,30(9):31-34.

[3] 何红艳,郭志华,肖文发.降水空间插值技术的研究进展[J].生态学杂志,2005,24(10):1187-1191.

[4] 吴昌广,林德生,周志翔,等.三峡库区降水量的空间插值方法及时空分布[J].长江流域资源与环境,2010,19(7):752-758.

[5] 黄志勇,牛奔,叶丽梅,等.长江三峡库区极端大雾天气的气候变化特征[J].长江流域资源与环境,2012,21(5):646-652.

[6] 林建,杨贵明,毛冬梅.我国大雾的时空分布特征及其发生的环流形势[J].气候与环境研究,2010,15(1):171-181.

[7] 虞俊,王遵娅,张强.长江三峡库区大雾的变化特征分析及原因初探[J].气候与环境研究,2010,15(1):97-105.

[8] 朱会义,贾绍凤.降雨信息空间插值的不确定性分析[J].地理科学进展,2004,2(2):34-41.

三峡库区复杂地形下的降雨时空分布特点分析*

摘　要　根据三峡水库坝区周边10个气象站1992—2002年逐日降雨资料，先用比值法将短期考察资料延长，再通过对比、回归等方法，客观分析降雨量、降雨日数、暴雨量、暴雨日数等指标随时间（年内、年际）和地形（高度、坡向）的变化，其特点如下：三峡坝区具有冬干、夏雨、秋雨明显、近年降雨增多；与武汉市相比，有降雨日多但降雨量、暴雨日及大暴雨日少的特点；降雨量、降雨日数、暴雨量、暴雨日数等多随高度上升而递增；由于受南北边山地阻挡和峡谷的影响，长江以南降雨大于长江以北；水体抑制库周降雨，且夜间比白天明显，强降雨过程比弱降雨过程明显。三峡地区降雨周边山地多于谷底，蓄水后差异将更明显，利于地质灾害容易发生，应引起高度重视。

关键词　三峡水库；降雨；时间分布；高度变化；坡向差异；水体效应

1　引言

为了解三峡的基本气候特征和初步评估三峡水库建成后对局地气候的影响，已进行过多次考察研究，虽侧重点不同，但都在三峡的规划和建设中发挥过指导作用[1~8]。如南京大学等单位在苏联专家指导下开展的“三峡水库建成后对周围地区气候的影响”（1959年），湖北省气象科研所开展的“亚热带东部丘陵山区农业气候资源开发及其合理利用研究—神农架南坡剖面气候考察”（1982—1986年），中国科学院大气物理研究所、四川省气象科研所等在20世纪80年代参加的三峡工程综合论证局地气候模拟部分，国家气候中心主持的“长江三峡生态与环境监测系统——气候子系统”（1996年开始），宜昌市气象局和湖北省气象科研所开展的“三峡坝区大气扩散规律分析研究”（2000—2002年）等。

根据三峡水库（湖北侧）库周10个气象站的日降雨资料，分析了降雨指标的时空变化特征，长期为降雨的监测预报和地质灾害预报提供科学支持。

2　资料与方法

三峡水库（湖北侧）库周20 km范围内有6个常规气象站、2个小气候考察站和2个临时自动站（表1），这些站多分布于库首沿长江两岸宽不足2 km、长约8 km的河谷地带，海拔高度从71.6 m到1000.7m，基本可代表该区气象要素立体分布状况。三峡坝区地形及各站分布见图1。

需要说明的是：①苏家坳自动站靠近水体，与其高度相当的坛子岭站离水体较远，二者对比可分析水体对库周降雨的影响；②从大地形划分，长江以南的宜都、长阳、风箱沟、茅坪及太阳包等5站为北坡，长江以北的宜昌、苏家坳、坛子岭、兴山及乐天溪等5站为南坡；进行坡向分析时，为剔除海拔高度的影响，未考虑海拔最高的太阳包自动站；为了保证南北坡站数相同，

* 陈正洪，万素琴，毛以伟. 长江流域资源与环境，2005，14(5)：623-627.

就从南坡中去掉乐天溪气象站；③由于各站完全同步观测的时段只有 2002 年，所以对比分析均采用 2002 年的资料；④为保证资料序列的完整性和均一性，利用标准气象台站乐天溪气象资料，用比值法将风箱沟、茅坪、太阳包、苏家坳、坛子岭 1 到 5 年的降雨资料订正到与乐天溪气象资料相同年代平均资料(1992—2002)，以便对比分析。

表 1　三峡水库坝区周围气象站基本情况

站址	海拔(m)	地址	资料年份(年.月)	类型
宜都市	71.6	宜都市城关镇南郊	1992.01—2002.12	常规站
宜昌市	133.1	宜昌市东山顶	1992.01—2002.12	常规站
乐天溪(三峡)	139.9	宜昌县乐天溪镇	1992.01—2002.12	常规站
长阳县	140.6	长阳县城关镇北山头	1992.01—2002.12	常规站
风箱沟	185.3	大坝右岸中堡岛附近	2001.01—2002.12	补充考察站
苏家坳	195.0	永久船闸调楼船闸旁	2002.01—2002.12	临时自动站
坛子岭	206.6	大坝左岸坛子岭山顶	1999.01—2002.12	补充考察站
兴山县	275.6	兴山县城东大岭头山顶	1992.01—2002.12	常规站
秭归县(茅坪)	295.5	秭归县茅坪镇求雨堡	1998.01—2002.12	常规站
太阳包	1000.7	三峡坝区太阳包山顶	2002.07—2003.6	临时自动站

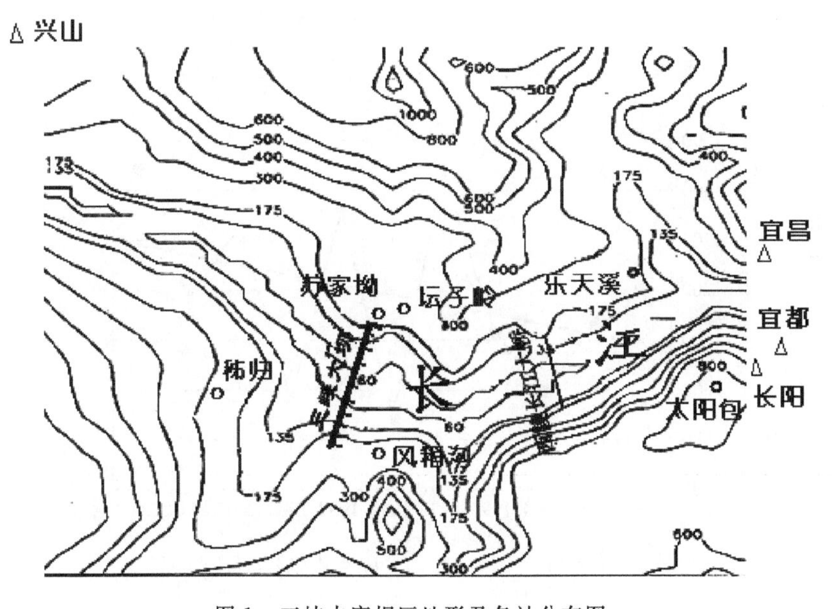

图 1　三峡水库坝区地形及各站分布图

3　降雨时空分布特点分析

3.1　降雨量

3.1.1　降雨量的年内和年际变化

图 2 是 3 个代表不同高度气象站的月平均降雨量的年内变化图，分析表明：由于受东亚季

风和华西秋雨的共同影响，三峡坝区各高度降雨量的年内变化均表现为双峰型，主峰在7月的初夏梅雨期，次峰在10月的华西秋雨期，但因三峡地区多局地暴雨，有时8月降雨量也很大。全年降雨主要集中在4—10月，此间降雨量可占全年总量的81.5%～94.5%，除兴山外，月降雨量均在80 mm以上，其中5—8月降雨量多在150 mm以上。11月—翌年3月，受冬季风控制，为少雨时段，降雨量不足全年总量的20%。

年降雨量的年际变化以坝区资料年代最长的乐天溪为例(图3)，1995年以前年际间波动较小，1995年以后波动较大，呈一年多一年少的分布特征，总体上趋于增多，即使在全省大旱的2001年，坝区年降雨量也接近1200 mm，比相距30 km左右的近坝区宜昌市要多280 mm以上。

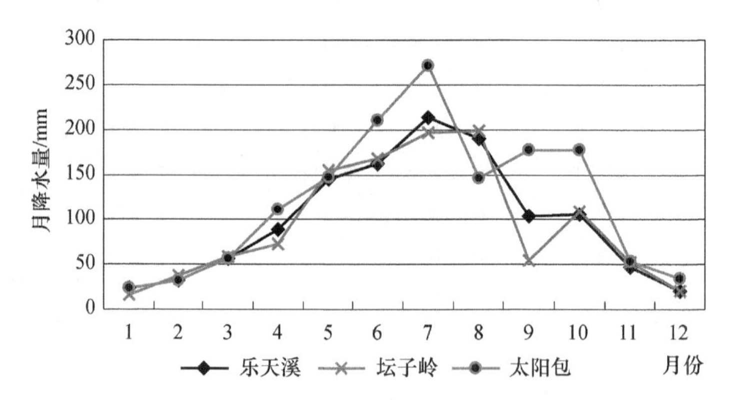

图2　三峡坝区周边3个不同高度上逐月平均降雨量变化曲线(1992—2002年)

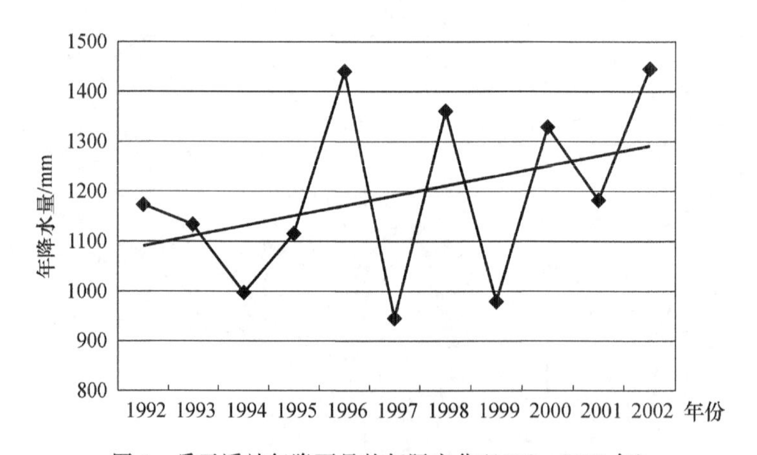

图3　乐天溪站年降雨量的年际变化(1992—2002年)

3.1.2　降雨量随高度的变化

从降雨量随海拔高度变化曲线可以看出，冬季1月、春季4月降雨量随高度变化不明显，夏季7月、秋季10月降雨量随高度增加而明显增多。

进一步分析表明，年雨量及其年内振幅、秋雨量、4—10月雨量及其占全年总降雨量的比例等随高度增加有增多(大)的趋势，而1—3月和11—12月降雨总量少，随海拔高度变化仍呈波动性变化，只是幅度较其他月份也要小(图4)。

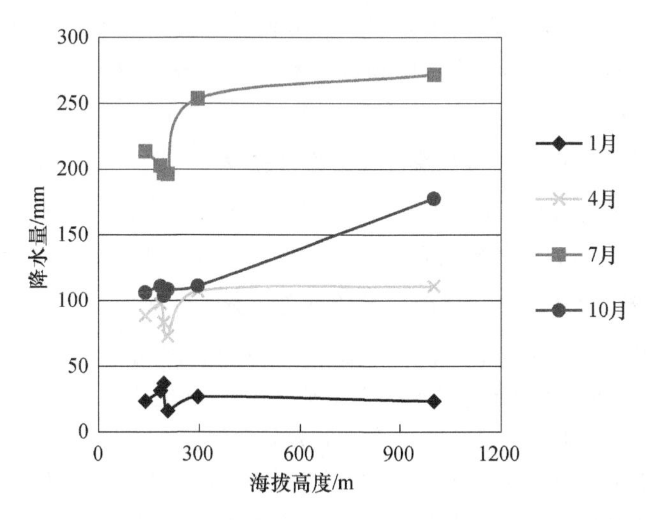

图 4 1 月、4 月、7 月、10 月降雨量随高度变化曲线(1992—2002 年平均)

3.1.3 降雨量随坡向的差异

一般地,同一高度的南坡降雨量总多于北坡[1],但因三峡河谷地形切割厉害,带有水汽的南来气流越过南边的山体后,在三峡河谷出现一个背风向的雨影区,从江南向江北雨量逐渐减少,从而出现了江南降雨量多于江北,导致北坡多于南坡,全年多出 213.4 mm,达总量的 19.1%,这与 20 世纪 80 年代进行的山区小气候考察结果是一致的(见《湖北省综合农业气候区划(1988)》)。其中 3—8 月增幅明显大于 10 月—翌年 2 月,全年各月增幅相对值差别大,规律不明显。

3.2 降雨日数、大雨日数和暴雨日数

3.2.1 降雨日数、大雨日数和暴雨日数的年变化

2002 年该地 4—8 月雨日较多,平均每月 15 d 左右,其中 5 月最多,平均 18~20 d;9 月—翌年3 月较少,平均 8 d 左右,其中 12 月、10 月平均每月各 14 d、10 d 左右,而 11 月、1 月只有 5 d 左右。其中春季 4—5 月份连阴雨频繁,雨日明显偏多,秋季雨日较少,与常年有别。

≥25 m 的大雨日数春季 4 月开始显着增加,到 9 月期间平均每月 3~4 d。≥50 mm 的暴雨日集中出现于夏季的 6 月、8 月,其次是 5 月、7 月、9 月。从 2002 年观测记录看,7 月暴雨日少,除峡外的宜都、长阳外,峡内没有出现暴雨,这与乐天溪站 10 年观测的 7 月平均暴雨日数有所差异。

乐天溪 1992—2001 年 10 年平均≥0.1 mm 有 138.3 d,≥10 mm 有 35.1 d,≥50 mm 有 3.7 d,≥100 mm 有 0.1 d,强降雨主要出现于 5—10 月,其中 6 月、7 月、8 月的暴雨日分别为 0.6 d、1.3 d、0.7 d。与武汉同期比较,乐天溪全年雨日比武汉多 17.2 d,但年平均降雨量却比武汉少 90.2 mm,说明乐天溪的平均降雨强度较武汉小,如≥50 mm 的暴雨日,武汉年平均有 4.8 d,≥100 mm 的大暴雨日武汉 10 年共有 12 天,而乐天溪仅于 1996 年 7 月 4 日记录到 1 个 131.7 mm 的大暴雨。三峡坝区与东部平原区的降雨强度差别主要发生于 4—8 月间,10 年间≥50 mm 降雨的暴雨日总数 4 月、5 月、6 月、7 月武汉分别为 7 d、7 d、14 d、14 d,比乐

天溪分别多 6 d、4 d、8 d、1 d，而武汉 8 月仅有 1 d，比乐天溪少 6 d，可见鄂东长江中游区强降雨主要出现于梅雨期的6—7 月间，而三峡坝区主要出现于盛夏的 7—8 月间，这与我们过去的研究结果相吻合[9]。

3.2.2 降雨日数、大雨日数和暴雨日数的高度差异

山区降雨日数一般也有随高度增加的趋势，例如，全年乐天溪降雨日数为 144 d，而茅坪为 151 d，≥10 mm、25 mm、50 mm 的降雨日数乐天溪分别为 30 d、17 d、5 d，茅坪为 36 d、19 d、6 d。

3.2.3 降雨日数、大雨日数和暴雨日数的坡向差异

2002 年三峡坝区≥0.1 mm 的降雨日数在 144～153 d 之间，由于受山区复杂地形地势影响，相距不远的各站之间降雨日数也有些差异，例如风箱沟(位于江南)与坛子岭(位于江北)隔江相望，但全年雨日风箱沟为 158 d，坛子岭为 147 d，两站相差 11 d；大雨日(≥25 mm)风箱沟为 18 d，坛子岭为 21 d，两站相差 3 d；暴雨日(≥50 mm)风箱沟为 6 d，坛子岭为 5 d，两站相差 1 d。总之，降雨日数和暴雨日数多为北坡(江南)多于南坡(江北)，此与降雨量分布特征一致。

3.3 降雨强度

3.3.1 最长连续降雨日数

2002 年各高度上观测点 2—8 月最长连续降雨日数一般在 6 d 以上，最长达 14 d。9 月—翌年1 月最长连续降雨日数一般 3～4 d，最长为 9 d。最长连续降雨日数随高度变化不明显。

3.3.2 24 小时最大降雨量

2002 年 24 小时最大降雨量为 111.7 mm(风箱沟)，最小为 43.3 mm(兴山)。一般海拔高度增加，24 小时最大降雨量增加。由于短时局地强降雨与地形地貌下垫面状况和局地小尺度天气系统等因素有关，该指标随高度变化不是简单的线性关系，往往峡谷地形对上、下部暴雨都有明显的增幅作用[4]。

4 水体对库周降雨量和降雨日数的影响

苏家坳与坛子岭站海拔几乎相同，但苏家坳离库岸近(0.7 km)，坛子岭离库岸远(1.0 km)，可以认为两站降雨指标的差异(本文取远水站减近水站)主要由于水体的影响。

4.1 降雨量

对两站逐月降雨量对比发现(表 2)，近水站(苏家坳)降雨普遍少于远水站(坛子岭)(3 月除外)，月均减少 4.7 mm，其中 5 月、8—11 月均在 4.6 mm 以上，9 月最多时达 11.6 mm；减少比例平均 3.4%，其中 7—11 月可达 8.9%，可见水体对库周降雨的抑制作用较明显，这与傅抱璞、王浩等的研究是一致的[1,10,11]。

进一步分别按白天、夜间对比发现(表略)，近水站 10 个月夜间总降雨量比远水站减少 29.4 mm(4.4%)，白天总降雨量减少 18.0 mm(2.5%)，可见水体对库周降雨的抑制作用在总量和比例上都是夜间比白天大；6—8 月，降雨的减少主要发生在夜间，白天不甚明显，甚至略有增加。

表 2 坛子岭与苏家坳月总降雨量对比(mm,2002 年)

月份	3	4	5	6	7	8	9	10	11	12	合计
苏家坳	78	208.1	231.9	241.3	99.9	199.4	142.7	60.7	80.7	40.4	1383.1
坛子岭	76.4	211.2	238.3	243.3	102.7	209	154.3	66.1	85.3	43.9	1430.5
差值	1.6	* −3.1	−6.4	−2	−2.8	−9.6	−11.6	−5.4	−4.6	−3.5	−47.4
百分比	2.1%	* −1.5%	−2.8%	−0.8%	−2.8%	−4.8%	−8.1%	−8.9%	−5.7%	−8.7%	−3.4%

注:苏家坳减坛子岭;加 * 数据指该时段内一方有缺测记录,另一方也未参加统计。

4.2 降雨日(次)数

近水站比远水站每月降雨日数均有减少(11 月除外),10 个月合计少 25 d,月均少 2.5 d,其中 4 月、6 月—8 月和 12 月份减少都在 3 d 以上,4 月、8 月份减少多达 5 d,减少比例从 10%~35.7%。若按夜间、白天统计,10 个月合计夜间、白天各减少 25、24 d,但减少比例分别为 28.1%、22.4%,减少最多分别为 77.8%、60%。可见雨日多的月、季(春、夏)以及夜间,近水站比远水站的降雨日(次)数减少明显。

4.3 不同级别降雨量差值极大值

远水站与近水站相比,各等级全天、夜间降雨量差值极值多为正值,其中 5—9 月较大;白天仍然多为正值,其中 4 月、9—10 月份较大,同时负极值有所增加,以 6 月、8 月较明显。比较不同降雨量级,50 mm 以下降雨量差值极值多为正值(6 月除外),其中 5—6 月、8—9 月,50 mm以上降雨量差值极值皆为正值,且普遍较 50 mm 以下降雨量差值极值要大,显示水体对暴雨以上强降雨的抑制作用更明显。

5 小结与讨论

对三峡水库坝区周边 10 个气象站(考察站)1992—2002 年间的逐日降雨资料分析研究表明:

① 三峡坝区具有冬干、夏雨、秋雨明显、近年降雨逐渐增多等特点;

② 与武汉相比,有降雨日多但降雨量、暴雨日及大暴雨日少的特点;

③ 降雨量、降雨日数、暴雨量、暴雨日数等指标随高度升高以递增为主;

④ 长江以南(北坡)降雨大于长江以北(南坡);

⑤ 水体对库周降雨有一定的抑制作用,且夜间比白天明显,强降雨过程比弱降雨过程明显。

可见,长江三峡地区降雨以周边山地多于水面,三峡水库蓄水后降雨的空间分布将重新分配,差异将更明显,即周围山地的降雨将增多,水面或离库岸一定范围内的降雨将减少,将使地质灾害更易发生,应引起高度重视。

参考文献

[1] 傅抱璞.山地气候[M].北京:科学出版社,1983.

[2] 于强,彭乃志,傅抱璞.三峡气候的基本特征和成因的初步研究[J].湖泊科学,1996,8(4):305-311.

[3] 段德寅,傅抱璞,王浩,等.三峡工程对气候的影响及其对策[J].湖南师范大学学报(自然科学版),1996,19(1):87-92.

[4] 彭乃志,傅抱璞,刘建栋,等.三峡库区地形与暴雨的气候分析[J].南京大学学报,1996,32(4):728-731.

[5] 倪国裕，杨荆安，刘可群，等. 神农架山地的若干气候特征//亚热带丘陵山区农业气候资源研究论文集[C]. 北京：气象出版社，1988：89-96.
[6] 张勇. 三峡水库对库区及其临域地区降雨影响的预断分析[J]. 四川气象，1987(S)：22-29.
[7] 李黄，张强. 长江三峡工程生态与环境监测系统局地气候监测评价研究[M]. 北京：气象出版社，2003.
[8] 杨荆安，陈正洪. 三峡坝区区域性气候特征[J]. 气象科技，2002，30(5)：292-299.
[9] ChenZhenghong, Yang Hongqing, Tu Shiyu. Temporal Variation of Heavy Rain Days and Torrential Rain Days in Wuhan and Yichang in the Last 100 Years[A]. The Proceeding of International Symposium on Climate Change(ISCC)[C]WMO(WMO/TD-No. 1172)in Sept. 2003：199-203.
[10] 王浩. 深浅水体不同气候效应的初步研究[J]. 南京大学学报(自然科学版)，1993，29(3)：517-522.
[11] 王浩. 陆地水体对气候影响的数值研究[J]. 海洋与湖沼，1991，22(5)：467-473.

三峡水库(湖北侧)蓄水前边界层风温场若干特征*

摘　要　本文利用乐天溪探空站2002—2003年4个代表月(1月、4月、7月、10月)低空探空资料，对三峡坝区边界层的风场和温度场资料进行了分析，结果表明，坝区边界层内主导逆温为低悬逆温，成因主要为晚间低空吹偏西北风时，山体冷空气的平流与泄流，其平均底高较高，日变化明显。坝区边界层内以偏东南风为主，风速的垂直分布呈现多极值性，成因与边界层内地面摩擦的日变化、地形斜压性与温度层结因子有关。

关键词　三峡坝区；边界层；低悬逆温；多极值

1　引言

中国长江三峡水利枢纽是具有防洪、发电、航运、供水等巨大综合效益的宏伟工程，为了摸清三峡坝区蓄水前气候的各种特征，为研究三峡水库蓄水之后的气候变化提供客观依据，对大坝蓄水后生态与气候环境的改变提供客观的评价，本文利用2002—2003年4个代表月在大坝下游6000 m处长江北岸岸边乐天溪观测站进行的大气边界层探空观测，进行坝区低空风、温度垂直分布特征的分析，希望能对坝区蓄水前低空气候分析提供基础资料。

2　地形与资料

三峡大坝东临江汉平原，西靠巫山山脉，东西向的长江河谷从坝区穿过，地形十分复杂，观测站位于大坝下游6000 m处长江北岸岸边乐天溪(111°05′E,30°52′N)，海拔98 m。测站东面有一条近南北走向的溪流，测站西部为山岳，西北部山顶高度约1000 m。长江在此处的走型为SW-NE转NW-SE向。资料为2002—2003年四个代表月(1月、4月、7月、10月)每天二个时次(08时、20时，北京时，下同)探空资料(观测仪器为“701型”测风二次雷达，“59型”电码式探空仪，采样间距≤15 s，垂直间距约50 m，气球升速≤200 m/min)、加密观测资料和历史天气图资料。

3　三峡坝区低空温度场特征

3.1　温度垂直递减率

为了分析坝区垂直温度的分布特征，将50 m间距的温度和高度资料进行回归分析，结果显示：2000 m以下，1月的平均温度递减率为0.42°C /100 m，4月为0.48°C /100 m，7月为0.52°C /100 m，10月为0.46°C /100 m。其中冬季最小，夏季最大。从分时次的各月垂直温度廓线上看，7月、10月的08时平均温度廓线在700 m左右的高度都有一段厚度100 m的等温

* 李兰，陈正洪. 暴雨·灾害(七)[G]. 北京：气象出版社，2004：64-72.

层(图略),在月平均温度廓线上出现等温层提示坝区早晨低悬逆温的频发性。

3.2 坝区逆温及其特征

表1为各代表月的逆温特征参数表,可以看到,各个代表月低悬逆温(或称空中逆温)[1]频率都高于接地逆温,低悬逆温为坝区主导逆温。低悬逆温冬季频率最高。接地逆温、多层逆温以秋季频率最大,同时,08时的低悬逆温频率高于20时,且各种逆温强度都不强(7月20时的接地逆温强度因其频率很低仅3%,无代表性),低悬逆温的平均底高较高。

从表1还可以看出,坝区的逆温有一部分属多层逆温,表现了山区逆温的特点[2],另外还有一点,就是低悬逆温的平均底高有明显的日变化,20时的平均底高明显高千08时,一般情况下,夏季是逆温发生率最低的季节,但从表中可以看到,夏季08时低悬逆温频率依然有48%。

表1 三峡坝区逆温特征参数

		1月			4月			7月			10月		
		08h	20h	平均	08h	20h	平均	08h	20h	平均	08h	20h	平均
频率(%)	a	42	16	29	13	17	15	0	3	2	48	23	36
	b	58	55	57	63	37	50	48	10	29	65	26	46
	c	32	10	21	17	0	9	3	3	3	42	13	28
平均厚度(m)	a	451	143	365	277	91	174	242	242	321	329	324	
	b	304	323	313	401	508	440	266	233	260	403	227	353
平均强度(℃/100 m)	a	0.46	0.42	0.45	0.32	0.70	0.43	1.07	1.07	0.28	0.27	0.28	
	b	0.62	0.47	0.55	0.57	0.36	0.48	0.40	0.09	0.35	0.41	0.45	0.42
底高(m)	b	960	1405	1176	1067	1520	1233	744	1566	881	710	984	789

a 接地逆温;b 低悬逆温;c 多层逆温。

3.3 逆温成因分析

3.3.1 天气背景与局地地形

1月是坝区低悬逆温频率最高的月份,10月是接地逆温和多层逆温频率最高的月份,以这两月为例,分析坝区各种逆温形成的天气背景和气象要素特征。

对逆温分析表明,除1次接地逆温发生在地面风速3 m / s的情况下,其余全部发生在地面风速2 m / s的条件下。对天气形势进行分析表明,不仅晴朗的晚上或清晨容易形成接地逆温,多云的情况下也可能形成接地逆温,只是相对来说强度较弱。坝区25%的接地逆温形成于总云量大于9成的天气状况下。

山区地面的冷空气可以说是经过了两个辐射冷却面的冷却,山体表面经过辐射冷却后的空气泄流到地 面并在地面继续辐射冷却,所以,即使在多云的夜晚,依然可以形成一定数量的接地逆温。同时,测站附近水体陆地效应在风速不大的夜晚,也有助于接地逆温形成。

山体表面的不平坦,使得每一个山坳在夜间都成了聚集冷空气的"池子"逆温常表现为多层性,地面和山体表面同是辐射冷却面,山体成了气柱的第二下垫面而引起较高气层的冷却,这样上下层温差小,各种逆温强度都较弱。

大多数接地逆温、低悬逆温都形成在地面高压控制下,如果高压系统深厚,高空会有高压脊配合。

3.3.2 低悬逆温成因

低悬逆温是坝区的主导逆温,一般认为,接地逆温主要由地表夜间长波辐射冷却造成,而低悬逆温的成因比较复杂,特别是坝区低悬逆温底高较高,许多因素都能造成低悬逆温,如冷锋过境、下沉逆温等等;为了分析坝区低悬逆温的成因,选取各月 1—10 日两个观测时次出现的全部低悬逆温资料,分析其存在时的空间层结曲线、风场垂直分布,结果表明,坝区低悬逆温 82%发生在风向廓线出现一定厚度的偏西北风的位置附近(如图 1 所示),如果低空整层都是偏东风则不容易出现低悬逆温。从前面的地形分析可以看到,测站西北部山顶较高,晚间或清晨山体表面的辐射冷却,温度较低,吹偏西北风时,会有一定的冷空气平流、泄流到谷区,到谷区的冷空气温度低于同高度谷区空气的温度,于是,谷区上空形成冷暖空气相叠加,形成低悬逆温。分析发现,在低悬逆温层顶附近常会出现风向大的变化,即偏西北风转换为东南风。同时,低悬逆温层顶容易出现风速的极值,可能是逆温阻碍了动量下传的结果。

低悬逆温其他特征的成因分析,涉及到风场资料,将在风场分析部分中给出。

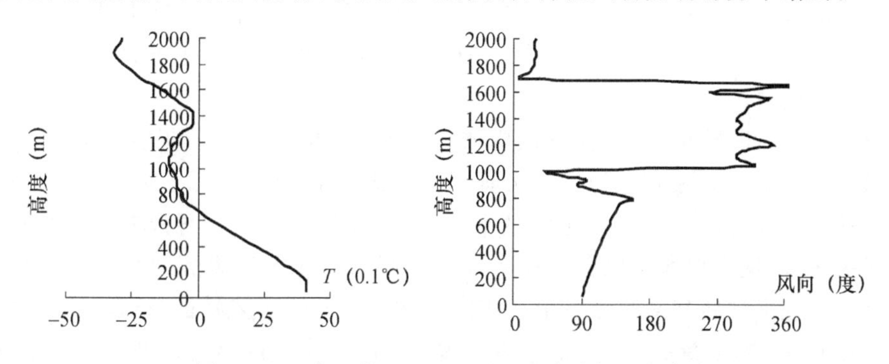

图 1　2003 年 1 月 06 日 20 时温度廓线与风向廓线

4　三峡坝区风场特征

4.1　风向特征及成因

坝区地形封闭,受地面天气系统影响的大风不易进入,地面静风频率很高,特别是清晨,由于一夜的地面辐射冷却,形成接地逆温和近地面稳定层结的影响,静风频率更大,08 时,1 月、4 月、7 月、10 月静风频率分别为 68%,68%,65%,52%,同时,地面风向单一,在 08 时、20 时两个时次,除一些河谷走向的偏东风外,其他风向出现频率几乎为零。

对于一般山区的地形风来说,08 时、20 时正好是山谷风的转换时间,坝区因为周围山地的阻挡,早晨日出较晚,坝区西部高大的山脉使日落更早,整个坝区日照时间很短,所以 08 时和 20 时的观测资料可以反映坝区风场的大部分特征,可以给我们一些很好的启示。表 2 为边界各代表层主导风向及其频率。

表 2　边界层各层在 08 时,20 时及日最多频率的风向及其频率

地面		200(m)	400(m)	600(m)	800(m)	1000(m)	1300(m)	
1月	08 时	E　23	ESE　23	E　26	WNW　23	WNW　23	WNW　19	WNW 19
	20 时	SE　42	ESE　50	ESE　45	ESE　32	ESE　26	ESE　19	SSE　13
	日最	E　24	ESE　36	ESE　27	ESE　21	ESE　21	WNW　16	WNW 16
4月	08 时	NE、SE 11	WNW 25	WSW 21	WNW　25	W　14	NE、WNW 14	NE　18
	20 时	E　37	ESE　37	ESE　47	ESE　30	E　20	NNE　17	NNE 17
	日最	E　22	ESE 28	ESE　26	ESE　21	E　14	NNE、NE、S WNW　10	NNE 14
7月	08 时	N　16	WNW 29	WSW　29	NW　29	WNW　29	WNW　23	NNE、WNW 19
	20 时	E　35	E　35	ESE　45	ESE　39	E　16	ENE　16	ENE　19
	日最	E　21	E　21	ESE　24	ESE　19	WNW　19	NE　13	ENE　16
10月	08 时	NE、E 16	W　26	W　29	WNW 39	E、WNW NW　13	WNW 23	NE　23
	20 时	NE　29	E　35	ESE 42	ESE　35	SE　26	SE　19	SE、SSW 13
	日最	NE　23	E、ESE 21	ESE　24	ESE　24	SE　15	WNW　16	NE、WNW 13

坝区西临巫山山脉，东临江汉平原，近东西向的河谷地形使夜间冷的西部山脉坡地与暖的东部谷区上空形成一指向东的气压梯度，冷空气沿山坡向三峡河谷汇集然后向下游流去(出山风)，局地高山由于辐射冷却形成的下坡风(偏西北风)影响测站。由于测站附近的山顶较高，山风能达到的高度也较高。

由于早晨日出时间较晚，08 时边界层内依然主要为出山风，从表 2 中可以看出，08 时各月主要为偏西 风，20 时则以偏东风为主。从前面温度场的分析可见，低悬逆温的主要成因为晚间或清晨吹偏西北风时山体表面冷空气 的平流或泄流，由于 08 时主导风向为偏西北风，20 时以偏东南风为主，即使出现西北风也在较高的高度，结合表 1 可以看到，20 时的低悬逆温频率明显低于 08 时，且平均底高又明显高于 08 时。所以，逆温的诸多特征与风场特征密切相关。1 月的偏西风达到的高度最高(2000 m 左右)，这与冬季日出时间最迟以及冬季冷空气活动最频繁有关。除冬季外，其他各月 08 时 1000 m 以上出现一些偏东风，为上层较暖的空气从相反方向流来补充山体表面流失的冷空气。另外，冬季因为日出时间最迟，08 时依然为较纯粹的出山风外，其他各月因为日出时间较早，较高的山顶已经接受太阳辐射，风向开始转换，1000 m 以上超出了局地高山的阻挡，天气尺度系统的影响也会留下一些痕迹。例如冬季南下的冷空气系统深厚，在局地山体高度以上影响坝区。成为西北风在冬季所达高度最高的原因之一。

从各月的日(08 时、20 时)最多风向看，坝区主导风向为偏东南风，这与地面大尺度天气系统的活动密切相关。由于坝区北面的近东西走向的神农架海拔在 2000～2500 m 之间，阻挡北方南下的冷空气，地面冷空气常常经江汉平原南下，到达江汉平原的冷空气与较暖的三峡河谷形成一指向西的气压梯度，冷空气沿长江河谷上行，坝区吹偏东风。冬季是地面冷空气南下最频繁的季节，1 月 400 m 以下偏东风频率也是各代表月中最大的，即便是在早晨 08 时，吹出山风(偏西风)时，400 m 以下主导风向依然为偏东风。

从表 2 还能看出，坝区低空风向没有明显的季节性变化。

4.2 风速特征

通过制作各代表月平均风速廓线,发现各时次的平均风速廓线从地面到 2000 m 呈现多(图略),特别是傍晚,多极值特征更加明显,在 20 时的风速廓线 上,1 00~400 m 左右, 平均风速随高度出现鼻状突起(图略),为了研究不同高度的风速分布规律,将风速分成若干等级,计算各级风速在不同高 度区间的出 现频率。

分析发现,坝区 2000 m 高度范围内大于 20 m/s 的风速出现很少,仅在 4 月出现过一次,现将风速分为四个等级,A :0~2.0 m/s,B:21~5.0 m/s,C:51~10.0 m/s,D:大于10 m/s。研究发现各代表月同一个观测时次分布曲线非常相似,但不同观测时次的曲线分布则差别很大,说明各等级风速随高度的分布季节性变化不明显但日变化很明显

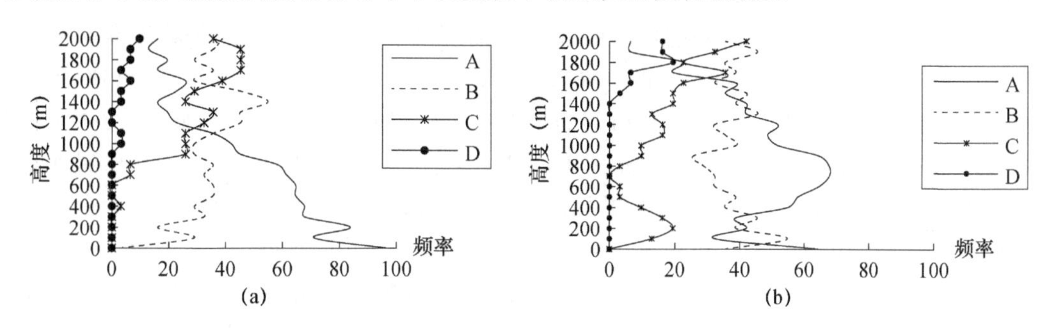

图 2　不同风速等级频率分布(a:08 时,b:20 时)

图 2 为 2003 年 1 月的风速等级分布图,从图 2 看出,大风速曲线 D 无论是晚间还是清晨 1500 m 以下几乎频率为零。在 08 时的曲线图上,小风速曲线 A(0~2.0 m/s)随高度的分布虽然有一些小的波动,但总的趋势是随高度递减,地面的小风速频率超过 95%,大风速 D 在边界层顶附近最大,较大风速曲线 C 随高度的分布有些波动,但总的趋势是随高度增加的。符合一般风速随高度增加的变化规律。20 时的风速频率分布和 08 时的曲线分布有较大的差异。在 20 时的曲线图上,小风速曲线 A(0~2.0 m/s)在 800 m 左右频率最大(甚至超过地面),且厚度较厚。而 C(5.1~10.0 m/s)在 800 m 左右的高度却出现小频率。反之在 200 m 左右,A 出现极小值,而 C 出现极大值,标志在 200 m 左右的高度容易出现较大的风速。而 800 m 左右的高度却常出现小风速。

4.3 坝区低空急流

大气边界层内水平风速的垂直分布常常在几百米的高度上出现一个显著的极大值,称其为超低空急流[3]。超低空急流是大气边界层的一种重要现象,它对国民经济和国防建设都有很重要的现实意义。

我们这里定义的超低空急流为 300 m 以下,极值风速 $V_{max} \geqslant 7$ m/s,位于极值风速上部最临近的 极小值为 V_{min},$V_{max} — V_{min} \geqslant 4$ m/s[4],风速廓线形式呈显著"鼻“状突起的为一次超低空急流过程。

从图 2 可以看出坝区 20 时在 200 m 左右的高度会出现较大的风速,显示 200 m 左右有超低空急流存在。由于急流位置较低,对于坝区污染物的扩散,飞机的起飞降落、坝区高空作业,都有重要的影响,同时由于超低空急流的存在,使地面到低空的风速切变增加,如果急流高度

很低,会对坝区建设的高空作业如吊车等造成严重不良的影响。

由于超低空急流主要出现在晚间,同时,平均风速廓线 100～400 m 处的极值以 4 月最明显(图略),所以以 4 月 20 时为例,分析超低空急流的状况,4 月 30 次观测,300 m 以下,出现急流的观测日共 6 天,其发生频率为 20%(这 6 天的地面平均风速为 3 m/s)。且 700 m 以下均为偏东南风。可见坝区超低空容易出现偏东南风急流。对这 6 个观测日分析表明,坝区都处于地面高压控制下,1000 m 以下并无逆温层存在。

4.4 观测实例分析

实例为 2003 年 4 月 15—16 日的加密观测资料(从 4 月 15 日 08 时起,每间隔 3 小时进行一次探空观测,至 16 日 08 时,其中 16 日 02 时缺测)其天气背景为地面高压中心西南部,500 hPa高压脊前,15 日 14 时风速廓线在 1000 m 高度以下虽然有一些小的极值,但波动不大(图略),反映白天湍流混合较剧烈。图 3 是 4 月 15 日 17 时—16 日 05 时温度、风速、风向廓线。从 15 日 17 时至 23 时,200～600 m 风速廓线有鼻状突起,到 20 时达到最大,23 时开始回落(图 3c,d);同时,800～1200 m 为风速极小值区。结合图 3e 和图 3f,200～600 m 处鼻状极大值区对应风向为偏东风,并且无逆温层配合(图 3a,b);800～1200 m(风速极小值区)风向有较大的切变。16 日 05 时,整个边界层风向转为偏西风(出山风),1 000 m 以下风向主要为西北风,温度廓线出现厚度 650 m 左右的低悬逆温,1000 m 处为低悬逆温顶部,200～600 m 处的风速极大值消失,800～1200 m 极小值转换成极大值并与低悬逆温顶部对应。可见,风向的转变对于低悬逆温的形成、风速垂直分布的变化有很重要的作用。逆温层顶和风速廓线中偏西风的极值有较好的对应关系,风速廓线中偏东风的极值不和逆温层相联系。

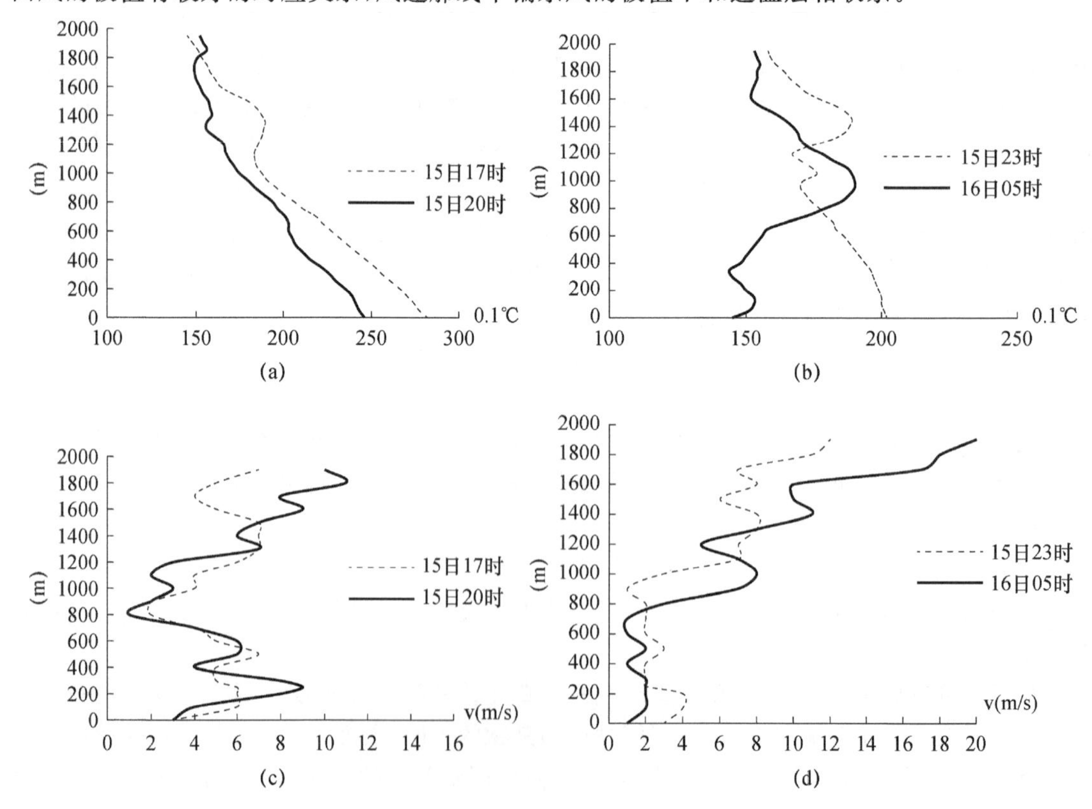

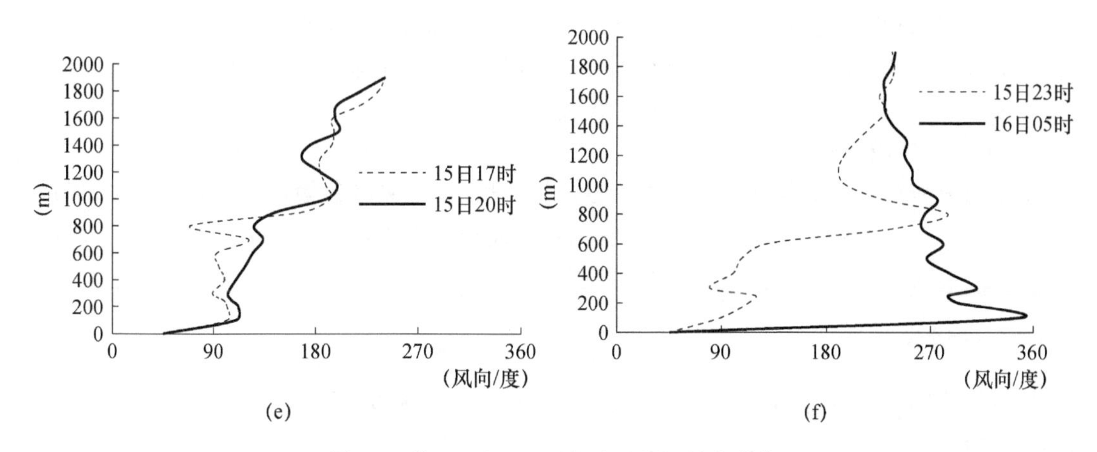

图3　4月15日—16日温度、风速、风向廓线

(a,b温度廓线;c,d风速廓线;e,f风向廓线)

图4是4月15—16日的250 m高度上风矢端迹图,从图中看出,风速在15日20时达到最大,且15日17时开始风矢随时间顺时针旋转。同时可以看到,除15日08时,16日05时为偏西北风外(02时无观测),其他时间均为偏东南风,由于坝区正处于地面高压中心西南部,为偏东风影响区域,大尺度天气系统对局地风场的影响,使得进山风的时间长于出山风。

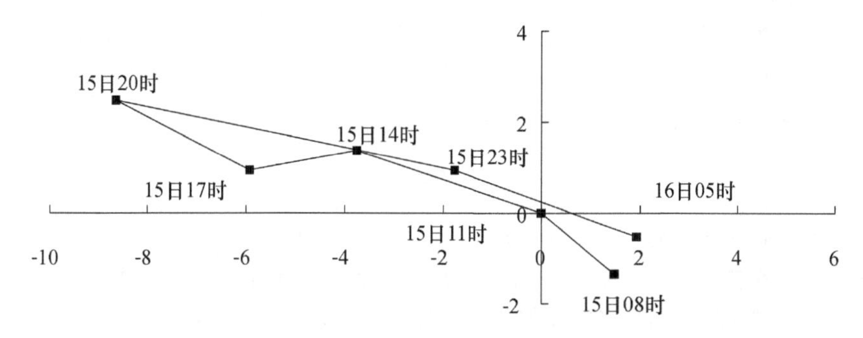

图4　4月15—16日的250 m高度上风矢端迹图

4.5　风速特征成因

(1)边界层内地面摩擦的日变化

各月20时的平均风速廓线100～400 m都有明显的鼻状突起,从以上实例分析也可以清楚的看出这一特征,初步分析为边界层内地面摩擦的日变化所造成。其实例分析与文献[3]中李兴生,叶卓佳的研究结论一致。白天,由于边界层内湍流混合剧烈,气压梯度力、柯氏力、摩擦力处于准平衡状态,日落后由于湍流摩擦迅速减小,气压梯度力与科氏力不平衡,所造成的地转偏差矢量作等幅顺时针旋转的惯性振荡,而形成风速极值。

(2)地形的斜压性

在坡谷起伏,地形复杂的山区,局地热力差异处处存在,这种局地热力差异。对山区边界层风温场特性有重要影响[5],局地热力差异引起的气层斜压性,是坝区风速廓线多极值的原因之一。假如太阳落山后的低层温度场水平分布应该是北冷南暖(夜间测站北面山坡的长波辐射冷却使其温度低于南面同高度江面上空的温度),则相应的热成风应为西风,若此时的实际风为东风，且处处等于地转风(除地面附近外)，则二者反向，合成风随高度减小。利于在一定高度上形成风速的极小值。反之，假如实际风除近地面外处处等于地转风且与热成风同向，则利于温度层结因子在一定高度形成风速的极大值。

(3)温度层结因子

从逆温分析和风场的实例分析都能看出，只有出现一定厚度的偏西北风时，才会出现低悬逆温，同时，由于逆温层对动量下传的阻挡作用，造成动量堆积，加大风速，所以，低悬逆温的顶部与风廓线中偏西风的极大值有较好的对应关系。

5 结论与讨论

(1)低悬低温为坝区边界层的主导逆温，其发生的主要原因为日落后，偏西北风所造成的山体表面冷空气的平流与泄流。

(2)坝区边界层内主导风向为偏东南风，其成因与坝区地形与天气尺度系统的活动密切相关。

(3)地面高压控制时，夜间容易出现超低空急流，它的出现对近地面污染物的输送有利，但对坝区高空作业、飞机起飞着陆的安全有严重影响。

(4)坝区垂直风速廓线存在多极值性，其成因初步分析与边界层内地面摩擦的日变化、地形的斜压性，温度层结因子有关。

(5)由于山区地形及下垫面特性复杂，资料仅有两个观测时次(08 时，20 时)，所能表示的山区风场和温度场的特征有限，如果能加密观测时次，同时采用数值模拟方法，可以对坝区的风温场给出更加精确的结论。

参考文献

[1] 乔盛西，等. 湖北省气候志[M]. 武汉：湖北人民出版社，1989：187-191.

[2] 中国科学院大气物理研究所. 山区空气污染与气象[M]. 北京：科学出版社，1978：2-3.

[3] 李兴生，叶卓佳，刘林勤. 夜间低空急流的分析研究[J]. 大气科学，1981，5(3)：310-317.

[4] 金维明，王学永，洪钟祥，等. 夜间逆温条件下超低空急流的间歇性特征[J]. 大气科学，1983，7(3)：296-302.

[5] 郝为锋，苏晓冰，王庆安，等. 山地边界层急流的观测特性及其成因分析[J]. 气象学报，2001，59(1)：120-128.

三峡水库坝区蓄水前水体对水库周边气温的影响*

摘　要　对三峡水库蓄水前位于坝区长江左、右两岸的3组气温观测资料的对比分析,结果表明:①水体对水库周边气温有白天降温、夜间增温效应,可抑制极端最高气温,抬升极端最低气温;②总体上增温幅度比降温幅度大,增温幅度夏季大于冬季,春秋季居中,在20:00夏半年多大于冬半年,在08:00冬半年多大于夏半年,20:00、08:00增温幅度0.2～1.0 ℃的日数分别占总日数的46%、55%以上;③增温效应与降水季节性变化趋势基本一致,降水多的月份增温明显,降水少的月份增温幅度则较小;④降温幅度为春夏季小于秋冬季;⑤逐时气温分析显示,远水区较近水区各时次气温在10:00～15:00高0.1～0.4 ℃,其他时间尤其是夜间低0.1～0.7 ℃。

关键词　三峡水库;水体;增温和降温效应

1　引言

水体对周边气候要素的影响,国内进行局地观测研究的较多[1-4]。黄淑玲、骆高远[1]研究后认为,平原水体在强冷空气和持续高温影响时,近水域地区的温度可增减2 ℃左右,对气温起到一定的调节和补偿作用。王浩[5-7]对深浅不同水体的气候效应以及水体的温度效应进行了数值模拟研究,段德寅、傅抱璞、王浩[5-7]等人用数值模拟方法研究了三峡水库的温度效应,认为三峡水库兴建后,白天有降温效应,夜间有升温效应,夏季夜间的升温效应小于白天的降温效应,冬季则相反;对三峡区局地气候特征研究分析的也很多[9-16],内容涉及三峡库区连阴雨、雷暴、相对湿度、气温日变化、降水、大雾等。但从实际观测资料入手,对比分析三峡水体对周边的影响,尚不多见。三峡坝区江段江面宽度一般800～1000 m,常年水位65～72 m;三峡水库建成蓄水至135 m后,大坝以上许多地段江面宽度将增加到3000 m左右,常年蓄水水位在135～175 m,水体效应将更加明显;另一方面,由于库区水位上升,地形的影响将相对减弱。这些变化将影响库区局地气候和生态平衡。本文通过对三峡工程坝区周边蓄水前6站3组气温观测资料的分析,揭示三峡水库蓄水前水体对水库周边气温影响及其季节与日变化,为今后研究蓄水后的局地气候变化提供宝贵的背景资料。

2　观测资料与方法

三峡坝区观测站点基本情况见表1,位置见图1,这3组测站在地理置上十分接近但离水体距离又有远近。如果能滤掉海拔高度的影响,可认为其差异主要由水体所致。坛子岭组中两测站海拔高度差仅为11.6 m,对比分析时未考虑海拔高度的影响。乐天溪组与三斗坪组中,两站海拔高度相差40 m以上,本文根据前期研究结果[10]对气温进行了订正。

由于地面观测与高空观测在08:00、20:00的地面气温实际观测时间相差了45 min左右,

* 毛以伟,陈正洪,王珏,居志刚.气象科技,2005,33(4):334-339.

对乐天溪组利用遥测站观测资料进行了校准；2001 年三斗坪组无遥测资料，故未做校准。

表 1　三峡坝区局地气候监测站基本情况

分组	序号	站名	海拔高度	离江边距离		测站类型	观测次数	观测时段	要素	地理位置
坛子岭组	1	坛子岭气象站	206.6 m	1.0 km	远	人工、遥测	人工 3 次，逐时遥测	2000 年元月建站，2002 年建遥测站	气温降水	位于长江左岸永久船闸与大坝之间的坛子岭山头
	2	苏家坳气象站	195 m	0.7 km	近	遥测	逐时遥测	2002 年起建站	气温降水	位于长江左岸永久船闸与长江交汇处右侧山上
三斗坪组	3	三斗坪气象站	185.3 m	0.5 km	远	人工、遥测	人工 3 次，逐时遥测	2001 年元月建站，2002 年建遥测站	气温降水	位于长江右岸的枫箱沟山上
	4	高家溪临时探空站	85 m	5 m	近	临时	每天 08、20 时 2 次	2001 年	气温	位于长江右岸高家溪溪口与长江交汇处岸边
乐天溪组	5	乐天溪气象站	140.5 m	0.4 km	远	人工、遥测	人工 4 次，逐时遥测	1992 年元月建站，2002 年建遥测站	气温降水	位于长江左岸乐天溪大桥桥头、大坝下游约 5 km
	6	乐天溪临时探空站	98m	0.3 km	近	临时	每天 08、20 时 2 次	2002 年 7、10 月及 2003 年 1、4 月	气温	位于乐天溪地面气象观测站处山脚下临江面

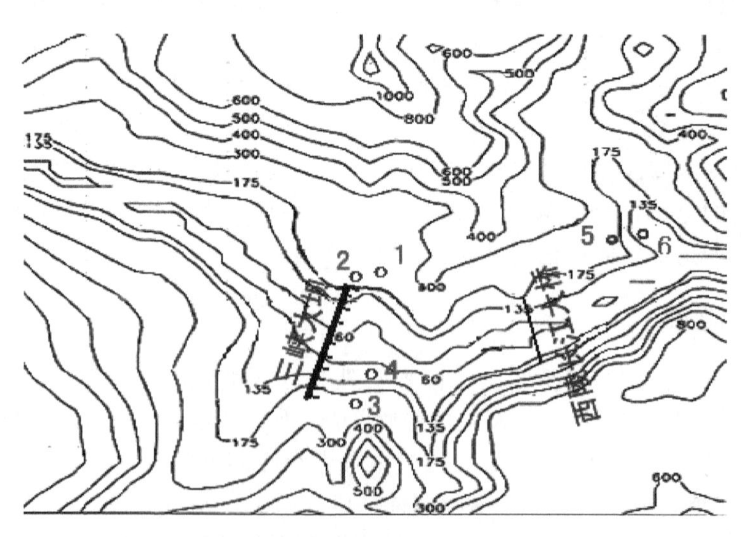

图 1　三峡坝区局地气候监测站点位置示意图

（图中 1 ～ 6 分别对应表 1 中 1～ 6 号监测站；等值线为海拔高度，单位：m）

3 水体对气温影响分析

3.1 坛子岭组

(1)08:00、20:00 温差

2002 年 1—12 月坛子岭与苏家坳 08:00、20:00 平均温差(图 2)显示,1—12 月的 08:00、20:00,一致表现为坛子岭(远水区)较苏家坳(近水区)气温低,显然与水体的增温效应有关,且 08:00 增温效应大多小于 20:00。其可能原因是:20:00 太阳落山后,陆地降温明显,远水的坛子岭站降温较快,气温较低,而近水的苏家坳站则由于白天水体潜热的释放,降温幅度小,气温较高,从而导致坛子岭较苏家坳温度偏低幅度较大;08:00 太阳东升,陆地升温明显,远水的坛子岭站气温迅速升高,而近水的苏家坳站在太阳辐射作用下,因水体抑制作用,升温较陆地慢,但由于夜间水体潜热释放作用,低温已较坛子岭要高,因而温差幅度变小。另外其增温效应具有一定的季节性特点,5—9 月的 08:00,坛子岭较苏家坳温度偏低的幅度较其他各月要小,6—11 月的 20:00,坛子岭较苏家坳温度偏低的幅度则较其他各月要大,反映出增温效应在 20:00 夏半年多大于冬半年,08:00 则冬半年多大于夏半年。

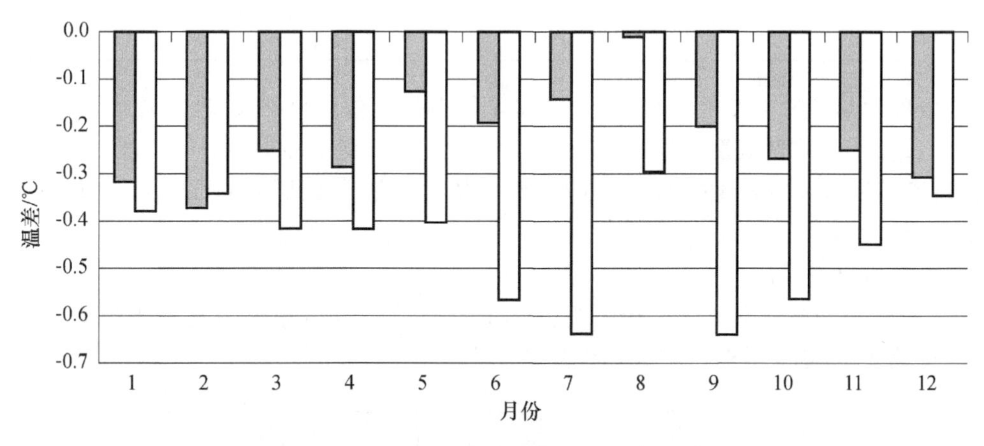

图 2 2002 年 1—12 月坛子岭与苏家坳 08:00、20:00 平均温差

(灰色为 08:00,白色为 20:00)

(2)日变化

对 2002 年 1—12 月坛子岭与苏家坳逐时平均温差分析表明,在白天 10:00—15:00(6 月除外)坛子岭(远水区)较苏家坳(近水区)各时次气温平均高 0.1～0.4 ℃,水体起一定程度的降温作用;在夜间远水区较近水区各时次气温平均低 0.1～0.7 ℃,水体起着显著的增温效应。而且白天降温幅度春夏季小于秋冬季,夜间升温幅度夏季大于冬季,春秋季居中。有研究[5]认为夏季水体较深水面宽广,水容量大,吸收热量多,降温效应应较冬季水面窄、水体浅时明显。本观测结果与之并不一致,但总体上与王浩[6]用数值模拟方法得出的水体温度效应相符,即水体在白天有降温效应,夜间有升温效应。三峡坝区水体对周边气温的影响,总体上以增温为主,因为夜间增温超过白天降温,另外增温效应与降水变化趋势基本一致(10 月除外),降水多,增大三峡坝区水体对周边气温的影响,总体上以增温为主,因为夜间增温超过白天降温,另外增温效应与降水变化趋势基本一致(10 月除外),降水多,增温明显,反之亦然。

(3)08:00、20:00 不同级别温差特征

表 2　2002 年各代表月坛子岭与苏家坳 08:00、20:00 不同等级温差出现日数

时次	08:00					20:00				
年月	2002.1	2002.4	2002.7	2002.10	合计	2002.1	2002.4	2002.7	2002.10	合计
0 ℃以上	3	2	5	2	12	0	0	0	0	0
0 ℃以下	26	26	21	27	100	28	29	31	31	119
0.2 以上	2	1	2	1	6	0	0	0	0	0
0.2～0 ℃	1	1	3	1	6	0	0	0	0	0
0 ℃	2	2	5	2	11	3	1	0	0	4
−0.2～0 ℃	2	7	7	3	19	2	0	0	0	2
−0.5～−0.2 ℃	12	11	11	19	53	19	18	5	12	54
−0.5～−1.0 ℃	12	8	3	5	28	7	8	23	18	56
−1.0～−1.5 ℃	0	0	0	0	0	0	3	3	1	7
−1.5～−2.0 ℃	0	0	0	0	0	0	0	0	0	0
−2.0 ℃以下	0	0	0	0	0	0	0	0	0	0

从 2002 年坛子岭与苏家坳 08:00、20:00 不同等级温差出现日数(表 2)看出，4 个代表月中，08:00、20:00 远水区温度低于近水区 0.2～1.0 ℃的天数分别达 66%、89%，，而 08:00 远水区温度高于近水区的天数仅 10%，20:00 则一次也没有。可见 08:00、20:00 水体基本上都为增温效应。

(4)月平均温差

2002 年坛子岭与苏家坳月平均温差(图 3)显示，水体增温效应以夏半年最明显，9 月最大，秋季也较明显，冬季最弱，如 12 月至翌年 2 月。

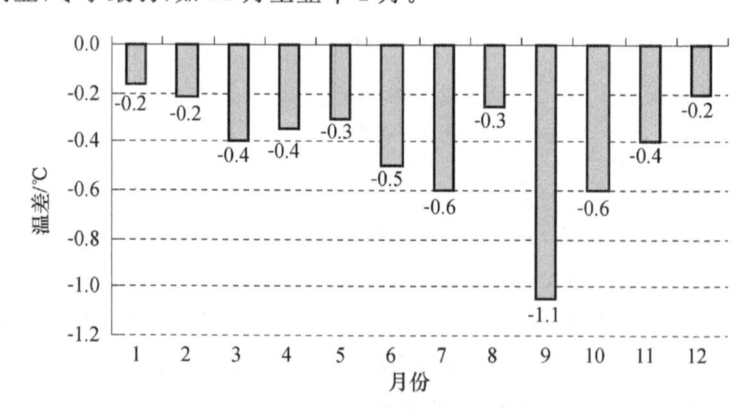

图 3　2002 年坛子岭与苏家坳月平均温差

3.2　乐天溪组

(1)08:00、20:00 月平均温差

乐天溪地面气象站与探空站 08:00、20:00 月平均温差(图 4)显示，08:00、20:00 乐天溪的

地面气象站(远水区)较探空站(近水区)气温普遍偏低,说明水体对水库周边气候的影响以增温效应为主,但 08:00 更明显;08:00,4 月增温最高,7 月最低;20:00,1 月增温最高,7 月为弱的降温。

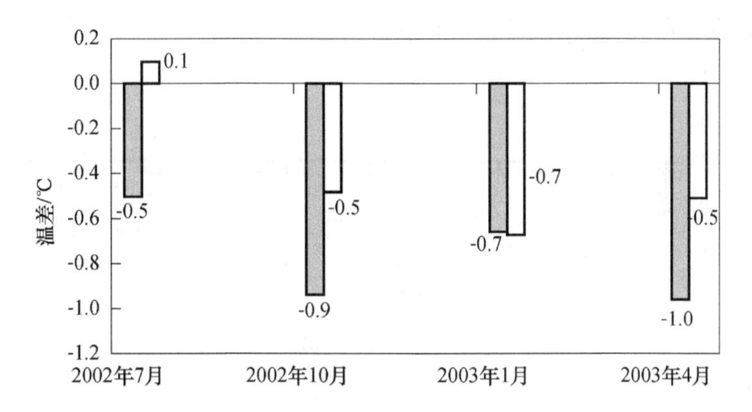

图 4 乐天溪地面气象站与探空站 08:00、20:00 月平均温差(说明同图 2)

(2)08:00、20:00 不同级别温差特征

从乐天溪地面气象站与探空站 08:00、20:00 不同等级温差出现日数(表 3)可见;4 个代表月 08:00、20:00,远水区气温较近水区气温低 0.2~1.0 ℃ 的天数分别占总天数的 81%、55%,而远水区气温较近水区气温高的日数仅分别 2%、23%,说明 08:00 水体几乎全为增温效应,20:00 则有近 1/4 的时间为降温效应。

表 3 乐天溪地面气象站与探空站各代表月 08:00、20:00 不同等级温差出现日数(d)

时次	08:00					20:00				
年.月	2003.1	2003.4	2002.7	2002.10	合计	2003.1	2003.4	2002.7	2002.10	合计
0 ℃以上	2	0	1	0	3	2	3	16	7	28
0 ℃以下	28	30	29	31	118	29	26	13	23	91
0.2 以上	2	0	1	0	3	2	3	13	7	25
0~0.2 ℃	0	0	0	0	0	0	0	3	0	3
0 ℃	1	0	1	0	2	0	1	2	1	4
−0.2~0 ℃	5	1	9	0	15	5	4	5	5	19
−0.5~−0.2 ℃	14	15	18	18	65	15	13	8	7	43
−1.0~−0.5 ℃	9	11	2	13	35	9	7	0	9	25
−1.5~−1.0 ℃	0	3	0	0	3	0	0	0	0	0
−2.0~−1.5 ℃	0	0	0	0	0	0	0	0	0	0
−2.0 ℃以下	0	0	0	0	0	0	2	0	2	4

3.3 三斗坪组

(1)08:00、20:00 月平均温差

三斗坪地面气象站与高家溪探空站 08:00、20:00 月平均温差(图 5)显示,除 12 月、5 月

外,08:00 近水区以增温效应为主,但增温效应不明显;而 20:00,除 12 月外,增温效应尤为明显。此种情况与乐天溪组有一定差异,原因可能是 08:00,高空观测(近水区)时间(07:15)较地面观测时间(07:50)早,气温本身就较低,增温效应因此被减小,同理,晚上 20:00 高空观测气温本身较地面气温高,增温效应则因此扩大。

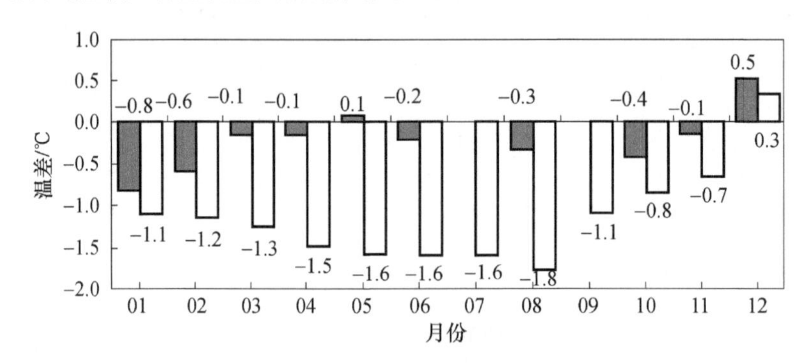

图 5　三斗坪地面气象站与高家溪探空站 08:00、20:00 月平均温差(说明同图 2)

(2)08:00、20:00 不同级别温差特征

由三斗坪地面气象站与高家溪探空站不同等级温差出现日数(表 4)可知,4 个代表月 08:00、20:00,三斗坪地面气象站(远水区)较高家溪探空站(近水区)气温低 0.2～1.0 ℃的天数占总天数的 46%、59%,而远水区气温较近水区气温高的日数分别占 26%、2%,表明该地 20:00 水体几乎全为增温效应,08:00 则有近 1/4 的时间为降温效应。

表 4　三斗坪地面气象站与高家溪探空站各代表月不同等级温差出现日数(d)

时次	08:00					20:00				
年.月	2001.1	2001.4	2001.7	2001.10	合计	2001.1	2001.4	2001.7	2001.10	合计
0 ℃以上	1	11	14	6	32	1	0	0	1	2
0 ℃以下	27	19	14	25	85	29	30	31	29	119
0.2 以上	1	11	10	5	27	1	0	0	0	1
0～0.2 ℃	0	0	4	1	5	0	0	0	1	1
0 ℃	3	0	3	0	6	1	0	0	1	2
−0.2～0 ℃	2	5	6	6	19	1	0	1	1	3
−0.5～−0.2 ℃	9	7	4	13	33	7	4	3	18	32
−1.0～−0.5 ℃	15	4	0	4	23	16	10	8	6	40
−1.5～−1.0 ℃	1	1	0	1	3	5	7	8	2	22
−2.0～−1.5 ℃	0	0	1	0	1	0	9	10	2	21
−2.0 ℃以下	0	2	3	1	6	0	0	1	0	1

3.4　三组温差的对比分析

三组气温观测的温差对比(表 5)显示,水体对周边气温的影响,除个别情况外,大多为增温效应(远水区气温低于近水区,负值较多)。总体上 20:00 较 08:00 增温效应明显。从增温幅度上看，三斗坪组最大、乐天溪组其次、坛子岭组最小，这与它们离水体的距离是成反比的。显然，与水体距离愈近，增温效应愈明显。三组对比 08:00、20:00 温差分级情况显示，近水区较远水区在 08:00、20:00 温度偏高 0.2～1.0 ℃日数分别占 46%、55%以上，08:00 最高时乐天溪组达 81%，，20:00 坛子岭达 89%。温差 0 ℃以下的天数，三组对比有很大差别，坛子岭组 08:00 出现 12 天远水区高于近水区气温，而乐天溪组则只有 3 天，20:00 坛子岭组没有低于 0 ℃，而 乐天溪组则出现了 28 天。

表 5　三组对比各代表月 08:00、20:00 温差(℃)

时次	08:00				20:00			
月份	1	4	7	10	1	4	7	10
坛子岭组(1)	−0.3	−0.3	−0.1	−0.3	−0.4	−0.4	−0.6	−0.6
乐天溪组(2)	−0.5	−0.9	−0.7	−1.0	0.1	−0.5	−0.7	−0.5
三斗坪组(3)	−0.8	−0.1	0.0	−0.4	−1.1	−1.5	−1.6	−0.8
极大组	(3)	(2)	(2)	(2)	(3)	(3)	(3)	(3)

4　小结

(1)水体对库周有白天降温、夜间增温效应，增温效应大于降温效应，可抑制极端最高气温，抬升极端最低气温，总体上以增温为主，且与降水变化趋势基本一致，降水多比降水少时更明显。

(2)对逐时气温，远水区较近水区各时次气温在 10:00～15:00 高 0.1～0.4 ℃，其他时间尤其是夜间低 0.1～0.7 ℃。

(3)对 08:00、20:00 气温，几乎为近水区较远水区气温高，20:00 比 08:00 更明显，但均属于水体的夜间增温效应。且 08:00 为冬半年比夏半年更明显，20:00 为夏半年比冬半年更明显；气温偏高 0.2～1.0 ℃之间的日数分别占总日数的 46%、55%以上，08 时最高时达 81%，20:00 最高时达 89%；气温偏低的日数最高为总日数的 1/4 甚至没有降温出现。

(4)水体造成对水库周围的白天降温幅度夏季小于冬季，夜间升温幅度则夏季大于冬季，春秋季居中；水体增温效应以 6 月份最大。

参考文献

[1] 黄淑玲，骆高远．平原水体气候效应及合理利用初探—以嘉兴市为例[J]．地域研究与开发，1996，15(2)：94-96.

[2] 万军山，吕丹苗．夏季鄱阳湖水体温度场及其气温效应[J]．应用气象学报，1994，5(3)：374-379.

[3] 王浩．深浅水体不同气候效应的初步研究[J]．南京大学学报(自然科学版)，1993，29(3)：517-522.

[4] 卢兵，汪泽培．森林和水体对庐山南麓的气候效应[J]．环境与开发，1993，8(2)：49-54.

[5] 王浩，傅抱璞．水体的温度效应[J]．气象科学，1991，11(3)：233-243。

[6] 于俊伟，赵广忠．威宁草海水体变化的气候效应[J]．贵州科学，1991，9(1)：40-47.

[7] 王浩．陆地水体对气候影响的数值研究[J]．海洋与湖沼，1991，22(5)：467-473.

[8] 段德寅，傅抱璞．三峡工程对气候的影响及其对策[J]．湖南师范大学自然科学学报，1996，19(1)：87-92.

[9] 赵玉春，周月华．三峡地区连阴雨气候特征分析[J]．湖北气象，2002(4)：3-6.

[10] 杨荆安,陈正洪.三峡坝区区域性气候特征[J].气象科技,2002,30(5):292-299.
[11] 孙士型,居志刚.三峡坝区相对湿度变化特征[J].气象科技,2002,30(5):300-303.
[12] 秦承平,仇苏宁.三峡坝区气温日变化特征[J].气象科技,2002,30(5):304-305.
[13] 陈本华,杨林章等.2000年库区水土坝流域气候特征研究[J].农业系统科学与综合研究,2002,18(4):287-290.
[14] 孙士型,秦承平.三峡坝区气候特征分析[J].中国三峡建设,2002,(6):22-24.
[15] 刘云鹏,张麟.三峡地区自然降水资源变化特征初探[J].四川气象,2000,20(3):47-48.
[16] 王丽华.长江三峡坝区的雷暴规律[J].气象,1998,24(2):45-48.

三峡坝区区域性气候特征(摘)*

摘 要 文章利用2001年三峡坝区及宜昌等5站气象资料,分析了三峡坝区的气温、降水气候特征,揭示出三峡坝区具有冬季温暖,夏季炎热湿润,秋季降水多等我国西南亚热带区的气候特征;受峡谷地形的影响,日较差大、逆温出现较为频繁;受山地地形影响,降水量随高度递增且局地差异大;与其东部长江中游武汉相比,三峡坝区具有年雨日多、年降水量却相对较少,平均暴雨日少,梅雨不显著,且春雨少、秋雨多,冬、夏季较短,秋季较长等气候特征。

关键词 三峡坝区;温度;降水;小气候特征

1 引言

自古以来三峡就以其绮丽的自然风光著称于世,三峡工程启动后,长江三峡举世瞩目,由于特殊的峡谷地理环境,造就了许多独特的小气候。配合三峡工程的建设,1992年在三峡工程坝区下游1 km处的长江北岸山坡上建立了三峡气象站(乐天溪),2001年又在坝区附近另设2个气象站进行了为期一年的气象观测,加之邻近的秭归新城和宜昌的气象资料,共收集了5站资料,对三峡坝区的温度、降水气候特征进行了分析,以揭示三峡坝区现今的基本气候特色。当大坝建成完工,“高峡出平湖”的景观出现之后,由于下垫面状况发生的较大变化,必将引起坝区局地气候变化,因此该项工作也为三峡大坝建设前后气候环境的变化研究打下一个基础。

2 资料与方法

选取了2001年三峡坝区4站及宜昌市的各月平均气温、各月极端最高、最低气温、气温平均日较差、降水日数资料,以及2001年宜昌、乐天溪、秭归、风箱沟、坛子岭各月及年降水量以及乐天溪10年平均(1992—2001年)各月的降水量;以宜昌站为基准对地形的温度效应进行了估算,即按温度递减率和三峡4个测站的海拔高度,以宜昌站的温度值为起点推算出相应与三峡4个测站海拔高度的温度值,然后以三峡4个测站实际观测到的温度值与之相减,以其差值反映地形的温度效应。

3 结果和讨论

(1)三峡坝区处于我国亚热带东部气候区与西部气候区的过渡地带,具有冬季温暖、夏季炎热湿润、秋季多雨的基本气候特征。(2)受峡谷地形的影响,气温日较差大,冬季绝少冰雪霜冻,夏季午间高温炎热,秋季持续时间较长。(3)夜间至清晨易形成山坡逆温,不利于大气污染物的扩散。(4)降水的年际差异大,且受山地影响降水局地差异也较大,一年观测资料难以反映降水的气候概况。(5)与长江中游武汉相比,降水日数多、降水强度小,梅雨不显著而秋雨却十分突出。

三峡是我国的重点自然生态建设保护区,这里的气候条件为多种动植物提供了栖息繁衍的生态环境。本文仅分析揭示了三峡坝区温度、降水的一些基本特征,随着观测资料的积累,将对三峡坝区的气候进行更为全面的分析。

---

* 杨荆安,陈正洪. 气象科技,2002,30(5):851-858.

三峡坛子岭单点地面矢量风分析(摘)*

摘　要　本文利用UVW三轴风速仪三峡坛子岭单点地面风观测资料分析了三峡坝区地面风速量值、风向风速出现频率分布、风的日变化规律等，并根据这些观测事实、结合一些地形风理论知识和观测现象推测了三峡坛子岭附近地面风平面流场特征，提出了一种河道地形回流风的假设。三峡坛子岭附近地面的这种回流风尺度在百米到千米量级，与由于地形热力因子引起的山地风不同是由于小地形的动力作用引起的，其风向与长江河道引导的山地风相反。

关键词　三峡坛子岭；地面矢量风；日变化；河道地形回流风

1　引言

对地面风的观测与分析在研究大气扩散规律、风能利用以及为工程服务等方面有着重要的意义，同时在研究强对流天气过程的发生、发展中也很有意义。由于地面风场的复杂性和湍流特性，对特殊地形下的风场特征进行物理描述和理论解释是很难的。分析三峡坛子岭地面风中发现风变化规律不能用山地风等地形风理论得到很好的解释，在试图对这一特殊地形下的风场特征进行合理的解释过程中，提出了一种河道地形回流风的假设。

2　资料与方法

使用南京大学UVW三轴风速仪，通过电缆与微机连接，自动记录存档每次观测的矢量风。时间自2000年12月27日开始，2001年6月31日结束，每小时观测一次，每次观测整点开始，540秒后结束，每秒采集u,v,w三个数据，数据精确到0.01 m/s，试验期内共获得3593次观测数据，近600万个数据。

3　结果和讨论

在水平方向上，由于宜昌以东的山地到江汉平原之间存在向西的地形梯度，白天和夜晚将产生不同的热力下垫面，在山地和平原之间产生地形风并存在明显的日变化：白天吹上山风(东风)，夜晚吹下山风(西风)。白天风速逐渐增大，傍晚前风偏大，16—18时为最大，夜间风速逐渐减小。在垂直方向上，观测点主要是受上升气流影响，08—19时均有上升气流，01—08时有很弱的上升气流，中午前后有较大的上升气流，14时最大，平均为0.106 m/s，上半夜则有弱的下沉气流。

坛子岭附近地面的这种回流风尺度在百米到千米量级，风向与河道引导的地形风相反，与由于地形热力因子引起的山地风不同是由于局地小地形的动力作用引起的。我们对这种局地风场的分析是非常粗浅的，是分析单点风资料后的一种推测，有待更进一步的理论探索和更多的观测与试验来验证。

---

* 沈铁元，陈少平，陈正洪，杨维军，毛以伟．气象，2003，29(3)：12-16.

湖北侧长江三峡河谷地形对风速的影响(摘)*

摘 要 选取地处长江三峡河谷(湖北侧)的香溪长江公路大桥桥位区(郭家坝站)附近沿江3个气象站、6个自动站多年的风速、风向资料进行对比分析,讨论了峡谷对河谷内不同区域风速的不同影响。结果表明:在水平方向上,烟墩堡、郭家坝、庙堡等临江3站平均风速偏大、最大风速及极大风速出现大值频次偏高,狭管效应明显,其余非临江站则受局地地形遮蔽影响平均风速偏小、最大风速及极大风速出现大值频率偏低;在垂直方向上,150 m以下风速几乎没有明显的高度变化,实测风廓线指数几乎为0;桥位处阵风性强,阵风系数为1.56。

关键词 河谷地形;狭管效应;阵风系数;风廓线指数

1 引言

湖北省风灾风险最大的地区位于三峡河谷地区及江汉平原东部地区。香溪长江公路大桥主桥位于三峡河谷的兵书宝剑峡,河道狭窄、两岸陡峭,实地考察发现风速到此处明显增大,形成明显的狭管效应。峡谷内风向的不确定性以及谷地本身地形的不一致性等使得河谷内各处风速产生了不确定性。本文对桥位区附近沿江各气象站、自动站的风速、风向进行分析,以确保桥梁建设的安全性。

2 资料与方法

本文在长江三峡河谷(湖北侧)选取分布于香溪长江公路大桥桥位(郭家坝站)附近9个气象自动站(统称沿江站)及1个百米铁塔的风速、风向资料,分别做不同站点的风速极值统计及其对应风向的对比分析,并对各个自动站和宜昌探空站日平均风速(500 m高度)进行了相关性分析,用于检验各自动站受局地地形影响是否显著。另外,采用太平溪铁塔2010年1月—2012年12月各层(10 m,30 m,50 m,70 m,100 m)年最大风速、2013年7月4日—2013年7月12日桥位处雷达测风的梯度观测资料(对近地层每隔10米一层的风速、风向及垂直风进行观测、记录),分析大风随高度变化的特征。

3 结果和讨论

(1)沿江9个自动气象站的风速极值均较大,可见宜昌到三峡大坝的喇叭口地形,使得气流有明显的汇集加强效应。(2)9个站点中,烟墩堡、郭家坝、庙堡三个临江站受狭管效应的影响最为明显,其余非临江站受局地地形、风向、河谷宽度、平均遮蔽角等因素的影响风速极值相对偏小。(3)对比桥位附近几个站点,发现郭家坝站处(桥位)阵风性强,所以在建桥时需引起重视。(4)桥位区最大风速垂直变化不大,其地表粗糙度指数值接近为0。

---

* 张雪婷,**陈正洪**,孙朋杰,许杨. 长江流域资源与环境,2016,25(5):851-858.(通讯作者)